内容简介

兰花（兰科植物）以引人注目的美丽著称，几百年来都是最受欢迎的植物之一，植物学家和采集家都为之倾倒。然而，兰花并非只有美丽的一面，为了完成传粉和努力生存，它们演化出了惊人策略，从而成为地理分布第二广泛的科。地球上每七种有花植物中就有一种是兰花。

兰花的生境十分多样，在不宜居的荒漠和北极圈内都欣欣向荣。它们见于所有主要的生态系统，其花色、花形和香气都丰富多彩。从鹭兰羽毛般的花瓣到斑花太阳兰的惊人色调，兰花都展现了激动人心的精巧特性和天赋异禀。兰花又是拟态大师，其花朵形态巧妙，可以吸引包括很多昆虫和鸟类在内的传粉者。

本书是一部科学性与艺术性、学术性与普及性、工具性与收藏性完美结合的兰花高级科普读物，为读者提供了600种迷人兰花的视觉盛宴和科学介绍。全书共1800余幅插图，每一种兰花所配的照片都捕捉到了它的精妙细节，并以实际大小展示。每个种又都有生境、花期和分布介绍，书中还讲述了许多有趣的传粉故事，并对兰花在全世界的用途有所述评。

本书既可作为兰花研究人员的重要参考书，也可作为收藏爱好者的必备工具书，还可作为广大青少年读者的高级科普读物。

世界顶尖兰花专家联手巨献

600幅地理分布图，再现全世界最具代表性的600种兰花及其相近物种

详解原产地、生境、分布、保护现状及花期

1800余幅高清插图，真实再现各种兰花美丽的艺术形态

科学性与艺术性、学术性与普及性、工具性与收藏性完美结合

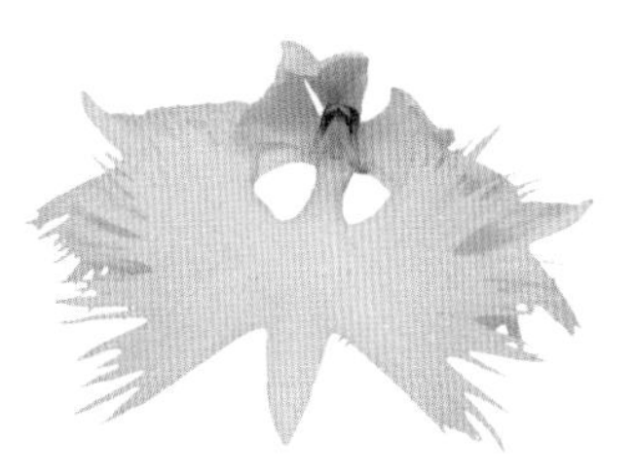

本书作者

〔英〕马克·切斯（Mark Chase）是英国皇家植物园邱园的资深科学家。他也是伦敦大学生物科学学院和西澳大利亚大学植物生物学学院的兼职教授，英国林奈学会和皇家学会会员。他参与主编了《兰科属志》（*Genera Orchidacearum*），已发表500多篇（部）植物学方面的学术论著。

〔荷〕马尔滕·克里斯滕许斯（Maarten Christenhusz）是芬兰自然博物馆、英国自然博物馆和皇家植物园邱园的植物学顾问。他是学术期刊《植物分类群》（*Phytotaxa*）的创办人，《林奈学会植物学报》（*Botanical Journal of the Linnean Society*）的副主编，已发表约100篇（部）学术论著和科普著作。

〔美〕汤姆·米伦达（Tom Mirenda）是美国华盛顿市史密松研究所的兰花收集专家。他常在美国和其他国家讲授兰花生态学和保育方面的课程，是美国兰花学会刊物《兰花》（*Orchids*）的专栏作者。

The Book of Orchids

兰花博物馆

博物文库

总策划：周雁翎

博物学经典丛书	策划：陈　静
博物人生丛书	策划：郭　莉
博物之旅丛书	策划：郭　莉
自然博物馆丛书	策划：唐知涵
生态与文明丛书	策划：周志刚
自然教育丛书	策划：周志刚
博物画临摹与创作丛书	策划：焦　育

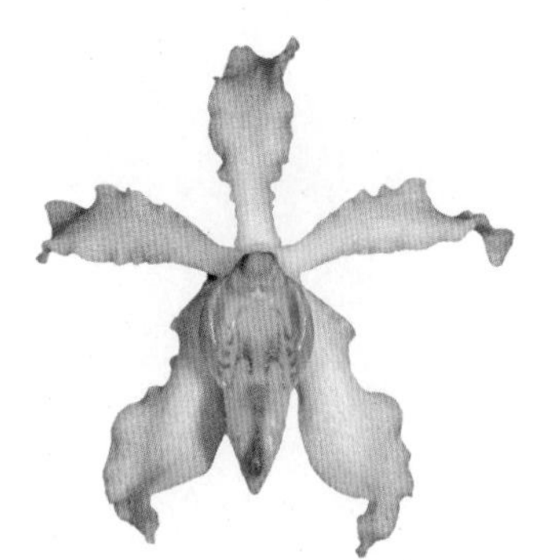

博物文库·自然博物馆丛书

The Book of Orchids

兰花博物馆

〔英〕马克·切斯（Mark Chase）
〔荷〕马尔滕·克里斯滕许斯（Maarten Christenhusz）著
〔美〕汤姆·米伦达（Tom Mirenda）
刘夙 李佳 译

北京大学出版社
PEKING UNIVERSITY PRESS

著作权合同登记号 图字：01-2017-1116
图书在版编目(CIP)数据

兰花博物馆/(英) 马克・切斯 (Mark Chase),(荷) 马尔滕・克里斯滕许斯 (Maarten Christenhusz),(美) 汤姆・米伦达 (Tom Mirenda) 著；刘夙，李佳译. — 北京：北京大学出版社，2018.11
（博物文库・自然博物馆丛书）
ISBN 978-7-301-29673-8

Ⅰ. ①兰… Ⅱ. ①马… ②马… ③汤… ④刘… ⑤李… Ⅲ. ①兰花—介绍 Ⅳ. ①Q949.71

中国版本图书馆CIP数据核字(2018)第144093号

Original title: *The Book of Orchids*
First Published in 2017 by The Ivy Press Limited
an imprint of The Quarto Group

Cover photograph credits:
Jason Marcus Chin, Nature Guide (TG11678), Cameron Highlands, Malaysia; Maarten Christenhusz; Felix/CC BY-SA 2.0; Branka Forscek; Jason Hollinger/CC BY 2.0; Eric Hunt; Daniel Jiménez; Dr Henry Oakeley; Herbert Stärker; Jeremy Storey; Swiss Orchid Foundation/S Manning; Rogier Van Vugt.

书　　名 兰花博物馆
LANHUA BOWUGUAN
著作责任者 〔英〕马克・切斯 (Mark Chase)
〔荷〕马尔滕・克里斯滕许斯 (Maarten Christenhusz)
〔美〕汤姆・米伦达 (Tom Mirenda) 著
刘 夙 李 佳 译
丛书主持 唐知涵
责任编辑 唐知涵
标准书号 ISBN 978-7-301-29673-8
出版发行 北京大学出版社
地　　址 北京市海淀区成府路205 号 100871
网　　址 http://www.pup.cn 新浪微博：@ 北京大学出版社
微信公众号 科学与艺术之声（微信号：sartspku）
电子信箱 zyl@pup.pku.edu.cn
电　　话 邮购部 62752015 发行部 62750672 编辑部 62753056
印 刷 者 北京华联印刷有限公司
经 销 者 新华书店
889毫米×1092毫米 16开本 41.75印张 450千字
2018年11月第1版 2018年11月第1次印刷
定　　价 680.00元

目　录

Contents

右图：**黄花折腭兰** *Maxillaria egertonianum* 属于兰花中众多演化出一整套假交配传粉特征的属之一，其花瓣可以唤醒某些雄蜂的性冲动。这种兰花每年会连续开大约七个月的花。

前　言

多年来，兰花一直给我带来大量独特的乐趣。我有几十年都把分享这种喜悦作为我的使命。我相信兰花是植物中最不同凡响的家族，我很想引发和传播人们对兰花的赏识之情，参与本书的创作正意味着我的这种愿望达到了顶峰。兰花是毫无疑问的可爱生灵，只用“美丽”远不足以形容它们。兰花似乎有无穷无尽的多样性，每时每刻都散发着令人不可抗拒的魔力，而且很好地适应了令人难以置信而震惊不已的多种生态位和演化伴侣。尽管从地质年代角度看，兰科是一个古老的科，但其成员却栖息到了我们这颗行星的边远角落，只有环境最恶劣的地方——极北和极南的地方，高山之巅，最荒凉的荒漠，当然还有湖泊、河流和海洋的深水区——才没有它们的身影。

通过演化，兰科得以现身于如此多样的生境之中，它们还有颇为完美的能力可以与各种各样的生物互动，利用它们和自己共生，因此是一个理想的植物科，可用来让我们了解生物多样性，并可展示这种多样性的重要性。每一种兰花都有独到的结构和颜色，它们讲述了有关其生态、演化和生存策略的故事。一旦经过分析和破解，这些故事便可以赋予我们深邃的洞察力，得以理解千万年来塑造了我们周边世界的过程，还能鼓舞我们满怀希望地保护那些历经千万年才创造出来的美丽造物。

兰花是欺骗和操纵的大师，它们通过撒谎和欺骗的方式赢得了许多演化上的成功，这一点已广为人知。兰花可以利用令人眼花缭乱的一大群体形微小的传粉者事先已经存在的行为为自己服务，这不仅极具科学教导意义，而且光是想一想就让人觉得乐趣无穷。就连令人尊敬的查尔斯·达尔文（Charles Darwin，1809—1882），也说兰花是“绝好的趣物”，终生都对它们保有热情。不可否认，兰花已经攫取了很多人的心智。近年来，兰花甚至成了观赏植物中栽培最多、最为热卖的种类。光靠它们的美丽并不足以解释这种现象。

左图：**紫斑卡特兰** *Cattleya aclandiae* 具2片叶，是一种小巧可爱的兰花，特产于巴西巴伊亚州帕拉瓜苏河边高原上的一小片地区。

已经有很多理论想要解释为什么兰花对我们有如此大的诱惑力。据说它们两侧对称的花朵结构会影响我们用类似观看人脸的方式去观看它们，于是让它们不仅拥有美貌，而且还有了某种“人格”。有些人发现，某些兰花的唇瓣会让人想到我们通常会遮蔽起来的人类解剖结构，这让它们有了能激发潜意识的狂野吸引力。还有些人干脆认为兰花拥有颜色、形态、风姿和香气的最动人的组合。然而，并不是所有兰花的这些特性都能组合成传统上那些惹人注意的类型。在最为迷人的兰花之中，就颇有一些气味难闻，颜色黯淡，或是长在粗笨的植株之上的品种。哪一种理论都不足以解释为什么人们会如此疯狂地迷恋兰花。最后我们只能说，它们就是些挑逗性的造物，想方设法要在传粉者和人类那里激起相同的强烈反应。

在这本雄心勃勃的书中，我们邀请你和我们一起遨游世界，看一看兰花——这些自然界中的真正奇迹。我们希望书中的图片和故事能够让所有决定投身于兰花研究这个回报颇丰的领域的人——不分老少——都萌生欣赏和照管之心，为他们带来巨大乐趣。

汤姆 · 米伦达

右图：单花石豆兰 *Bulbophyllum lobbii* 是在亚洲热带地区广布的一种兰花，属于兰科中最大的属之一。

导论

兰科包括 749 属，约 26,000 种。在包括草本、乔木、灌木和藤本植物在内的习性多样的被子植物（也叫有花植物）中，兰科是最大的两个科之一。和它齐名的大科是菊科，菊花和莴苣就属于这个科。不同植物学家在估算科的大小时各有其观点，取决于种的数目如何计算。这便让兰科和菊科哪个更大成了一个争论激烈的问题。很多人对于“兰花是什么”都有一个模模糊糊的概念，然而大多数人可能不会把本书中包括的所有种都视为兰花。所以，究竟什么是兰花?

所有兰花可以分成 5 个亚科——拟兰亚科、香荚兰亚科、杓兰亚科、树兰亚科和红门兰亚科。这种划分依据的是 DNA 研究和形态，反映了营养器官特征的主要差异，以及更重要的花部构造的主要差异。以前，一些植物学家曾根据这些区分特征把这 5 个亚科独立成 5 个科，它们唯一共有的特征，是胚的发育过程都始于一种名为“原球茎”（protocorm）的结构，这是一小团没有根、茎和叶的细胞。

兰花的原球茎要发育为成株，就必须先被一种真菌感染。兰花幼苗在发育伊始要从真菌那里获取生长所需的所有养分（以糖分的形式吸收）和矿物质。刚诞生的兰花可以认为是真菌身上的寄生生物。然而，绝大多数（虽然不是全部）兰花在长成之时会继续发育出根和叶，通过光合作用制造养分。在其生活史较晚的阶段，兰花仍然继续保持与真菌的联系，并将其转变为互惠共生的模式。在自然界中，兰花会拿自己通过光合作用制造的糖分，去交换真菌更容易获取的矿物质。在栽培条件下，兰花原球茎对真菌伴侣的需求则可以用人工的养分和矿物质资源来替代。很多兰花在进行商业种植时，都会用到添加了糖分和矿物质的萌发介质。

合蕊柱

大多数植物学家用来识别兰花的另一个主要特征，是名为“合蕊柱”（或叫“雌雄蕊柱”）的结构，由花中的雄性部位（雄蕊）和雌性部位（雌蕊）合生而成。在兰科的 5 个亚科中，有 4 个亚科都共有这一特征。唯一的例外是拟兰亚科，只有 2 属（拟兰属 *Apostasia* 和三蕊兰属 *Neuwiedia*）14 种，其花的雄性部位和雌性部位全都没有完全合生。

另一个亚科——杓兰亚科——包括杓兰属 *Cypripedium*、镊萼兜兰属 *Mexipedium*、兜兰属 *Paphiopedilum*、美洲兜兰属 *Phragmipedium* 和璧月兰属 *Selenipedium* 5 个属，169 种，这个亚科的兰花在英文中通称“拖鞋兰”（Slipper Orchids），具有 2 枚雄蕊（花中产生花粉的结构）。另外 3 个亚科则只有 1 枚雄蕊，它们是香荚兰亚科（14 属 247 种）、红门兰亚科（200 属约 3,630 种）和树兰亚科（535 属约 22,000 种）。这些兰花的 3 枚柱头合生，仅有唯一一个接受花粉的区域，它们又与唯一的雄蕊合生。

下图：一朵产自墨西哥的兰花——灵夜蕾丽兰 *Laelia gouldiana*，图中注出了构成一朵典型兰花的各个花部的名称。

兰花的各个部位

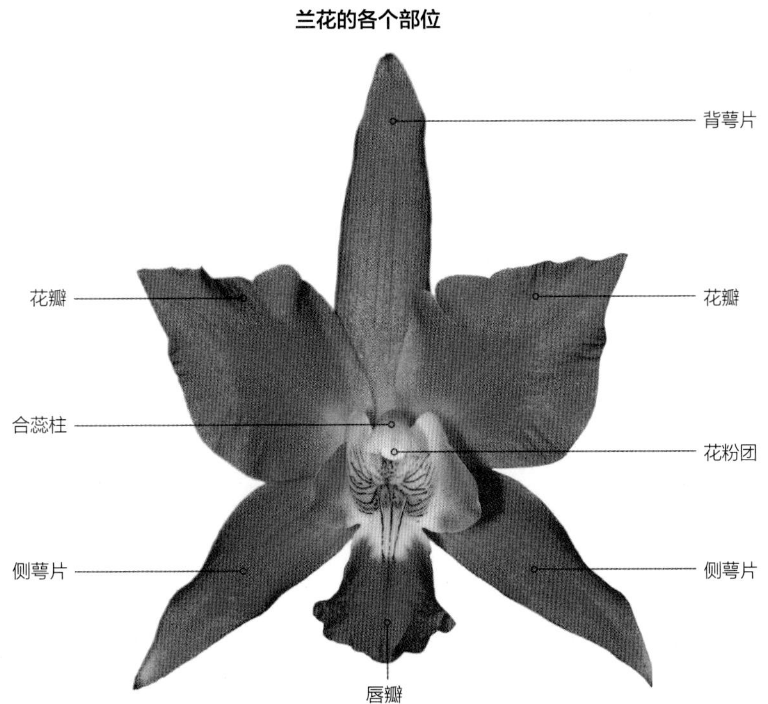

图：大紫疣兰 *Epidendrum wallisii* 是产自中南美洲的一种兰花，由搜寻花蜜的蝶类传粉。

所有兰花里面有99.95%的种类都有这种特征性的合生结构。兰花的传粉是件引人注目的事情，要求蜜蜂、胡蜂或蛾子之类的传粉者去做兰花想要它们做的事情。合蕊柱担负的正是传粉的责任。兰花的花粉通常由数以千计的花粉粒聚集成坚实的球形“花粉团”。合蕊柱的结构可以让花粉团以准确的方式沾到传粉动物身上。之后，因为柱头和花药（雄蕊中容纳花粉的部分）位置非常接近，花粉团又可以准确地从动物身上卸下。因此，兰花的传粉是一个高度精确的事件序列，只要传粉者之前曾经访问过同一种兰花的另一朵花并沾上花粉团，那么只需一次访问，便可以让兰花完成受精，在心皮（或叫子房）中发育出数以千计的胚。

唇 瓣

大多数兰花的雌性器官接受花粉的表面（也就是柱头）是合蕊柱侧面的一个凹陷，朝向花中另一个高度特化的结构——唇瓣。唇瓣是3片花瓣中形状发生改变的一片，具有多种功能，比如可以作为传粉者的着陆平台，或作为吸引传粉者的标志，它还可以模仿传粉者所需的花蜜、花粉、配偶或产卵地等事物，在兰花用来愚弄传粉者的多种骗术中起着重要作用。

很多兰花看上去并没有唇瓣。一个典型的例子是澳大利亚的太阳兰属 *Thelymitra*（英文名 Sun Orchids）。这个属的兰花并无特化的唇瓣，而是具有3枚萼片和3片彼此形似的花瓣（萼片是花发育初期可以起到保护作用的一组叶状结构，但在很多兰花中颜色变得鲜艳；花瓣也是颜色鲜艳的叶状器官）。然而，这种3片花瓣彼此相似的情况只是例外，大多数兰花仍然都有高度特化的唇瓣。

尽管人们早就知道兰花可以控制唇瓣的外观，让它特立独行，和花中其他颜色鲜艳的部位——另两片花瓣和3枚萼片——都不一样，但直到最近，我们才从遗传或发育的角度了解了兰花控制唇瓣的机制。科学家为了这个问题研究了很多植物，在几乎所有其他植物中，3片花瓣都为同一组花部基因所控制，它们大体上都遵循相同的发育过程，看上去也一样。以百合和郁金香为例，它们的3片花瓣就是相同的。而在兰花中，花部基因发生了一次复制，其中一套复制的副本只在唇瓣中表达，在另外两片花瓣中则不起作用，这就让唇瓣这片花瓣可以拥有不同的外观，从而在兰花操纵传粉者的过程中起到和另两片花瓣不同的功能。因为拥有这种更为复杂的遗传控制机制，兰花的花在植物界中是最为复杂的类型之一，这毫无疑问也是它们的花能够适应如此多样的传粉动物的主要原因。

区别特征

合蕊柱是兰花首要的独有特征，唇瓣和花粉团虽非兰花所独有，但在其他植物中也少见。这三个特征组合起来，便让植物学家能够把一种植物识别为兰花，哪怕是那些看上去似乎明显不是兰花的种类。用生物学的术语来说，这套特征组合让兰花得以发生“爆发式演化”，从而形成了现生的约26,000个种。

下图：髯唇盘树兰 *Epidendrum medusae* 生于安第斯山高处，其精致的唇瓣流苏可以吸引蛾类前来传粉。

兰科中最大的属——树兰属 *Epidendrum*、石豆兰属 *Bullbophyllum*、石斛属 *Dendrobium* 和婴靴兰属 *Lepanthes*——种数都以千计。没有哪一本书可以囊括兰科的所有种，所以我们集中介绍、描绘了600个种。它们都是精选而来，既展示了兰花丰富的多样性，又覆盖了地球上有兰花分布的所有地区。这600个种先按5个亚科划分，再进一步划分为族（有时还分为亚族），最后按拉丁学名的字母顺序排列。

右图：兰花的地理分布可能非常狭窄。比如反戈兰 *Ceratocentron fesselii*，就只见于菲律宾吕宋岛的山地。

兰花的演化

兰花在大约 1.05 亿到 7,600 万年前的晚白垩纪演化出来。这比植物学家之前认为的时间要早得多，也让兰科成为被子植物全部 416 个科中最古老的 15 个科之一。然而，已经发现的兰花化石几乎都不早于 3,000 万到 2,000 万年前，人们过去因此认为，兰花比起被子植物的很多其他类群来是相对较晚才出现的种类。兰花缺乏化石记录并不是件意外的事情，因为大多数兰花是草本植物，一般无法形成良好的化石，它们高度特化的花粉团在化石记录中也难于识别。

对恐龙的依赖

兰科所有 5 个亚科都在白垩纪结束之前就演化出来，这意味着兰花和恐龙的生存年代彼此重叠。考虑到兰花传粉者的巨大多样性，我们

拟兰亚科

杓兰亚科

香荚兰亚科

不免会好奇，在恐龙于6,500万年前灭绝之前，兰花是否也曾设法适应于恐龙传粉。一般来说，脊椎动物不是常见的兰花传粉者，然而已记录的几乎所有这些传粉者都是鸟类，而它们是恐龙的直系后代。恐龙有很多小型种类，因此其中一些种有可能会访问兰花、采集花蜜，并像今天的很多传粉动物那样被兰花骗来进行传粉工作。任何适应于恐龙传粉的兰花可能都已经与其传粉者一起灭绝，从而不为今天的我们所知。

分 布

兰花比以往认为的要古老得多，这个发现是广泛的DNA测序的结果，而这个技术在20世纪90年代中期才得以广泛应用。兰科更古老的年龄，对于理解它们的地理分布具有重要意义。人们曾经长期猜测兰花可能是通过长距离散播其小到肉眼几乎不可见的种子，而在相对较晚的时期才形成当前的全世界广泛分布的格局。因为兰花依赖于与其共生的真菌提供养分和矿物质，它们不会像豆类那样在较大的种子中储备养分，使养分成为种子中的主要物质。因此，兰花的种子很轻，很容易随风散播，理论上可以被带到很远的距离。然而，兰花种子在空中漂浮的时间越长，其中微小的胚就越容易干透，这让大多数兰花种子在完成长距离旅行之前就已经丧失了活性。因此，大多数兰花的种只有很狭小的分布区，甚至只局限在一座山上。与过去的推测不同，兰花目前的世界性分布格局只是大陆漂移造成的被动结果。在这类植物刚演化出来时，地球各大陆彼此之间的距离要比今天近得多。

红门兰亚科

树兰亚科

从左至右：兰科5个亚科的代表种：香花三蕊兰 *Neuwiedia veratrifolia*，肯塔基杓兰 *Cypripedium kentuckiense*，紫唇香荚兰 *Vanilla aphylla*，橙花银苏兰 *Platanthera ciliaris*，卷缘盾羚兰 *Warczewiczella marginata*。

右图：木鞋卷瓣兰 *Bulbophyllum frostii* 原产越南，由蝇类传粉，蝇类以为花是其食物，飞来之后却掉落在袋状的唇瓣中，唯一逃出的办法是爬过兰花的生殖部位。

传 粉

上图：查尔斯·达尔文对兰花很着迷，曾在他英格兰肯特郡的家中研究过本土兰花以及热带兰花。

兰花以其精致的传粉机制著称，这些演化出来的机制可以实现不同植株之间的交配，也即异花传粉。包括兰花在内的大多数植物的花同时包含两种性别的器官，但植物和动物一样，通常不希望发生自花传粉。很多植物——特别是兰花——因此演化出了避免发生自花传粉的方法，其机制常常极为复杂。这个过程长期吸引着科学家的兴趣，查尔斯·达尔文就是其中之一。他曾详细地研究过兰花的传粉，而且因为对这类植物太过着迷，他在《物种起源》(1859) 问世之后出版的第一本书就完全和兰花有关。这本书的简短标题是《兰科植物的受精》，从中找不到书中主要假说的任何线索，但全书的完整标题就解释得很明白了:《论英国国内外兰科植物通过昆虫受精的种种发明，以及杂交的良好效果》(*On the Various Contrivances by Which British and Foreign Orchids are Fertilized by Insects, and On the Good Effects of Intercrossing*, 1862)。在达尔文研究的兰花中，有很多热带种类是由时任英国皇家植物园邱园主任的约瑟夫·D. 胡克（Joseph D. Hooker，1817—1911）提供的。

对传粉者的欺骗

大多数兰花的花粉形成 2~6 个紧密的团块，叫作花粉团。它们通常还附着有一些附属结构，合起来称为花粉块。花粉块可以把花粉团附着到传粉者的身体上，通常是附着在动物难于将其清除掉的位置。大多数兰花看上去好像为传粉者提供了回报，但真正这么做的兰花实在没有几种。有的种类甚至会长出根本没有花蜜的长形蜜距。不难理解，传粉昆虫访问这些欺骗性花朵的概率很低。虽然昆虫很快就能学会避开这些无回报的花朵，但是因为单独一次访问就足以搬运数以千计的花粉粒，每个花粉粒都可以让一朵兰花产生的数以千计的胚珠之一受精，在这样的体系中，昆虫犯的错误已经足以让兰花的骗术产生效果。换句话说，受骗的传粉者只要犯一次不常犯的错误，就足以让兰花结出大量种子。

上图：富仙兰 *Zelenkoa onusta* 是产自秘鲁和厄瓜多尔的一种兰花。来访的蜂类受其花愚弄，以为可以在花中获得回报。

达尔文本人得出的结论认为，杂交，也即彼此无亲缘关系的植株之间的传粉，对大多数兰花具有很大益处，以致欺骗和相应的低访花率成了兰花世界中的一般规律。虽然只有少量花能结出种子，但它们可以保证这些种子有较高的质量（这正是源于不同植株的花之间的异花受精），这显然让欺骗成了一种成功的策略。在这种情况下，尽管兰花以恶劣的行为对待它们所依赖的昆虫，但靠这种骗术却得以昌盛地繁衍。和那些提供回报的植物的传粉体系不同，在兰花及其传粉者之间并无互惠关系。欺骗性的兰花有可能会灭绝，此时其传粉者的生存状况反而会有轻微的改善，因为不能获取回报的访花过程也少了。然而，如果给欺骗性的兰花种类传粉的动物灭绝，兰花也会绝迹，或是发展出自花传粉的方式。人们已经知道，当一种兰花到达岛屿上而没有传粉者与其相伴时，就可能演化出这种传粉机制。

下图：兜唇石斛 *Dendrobium aphyllum* 为亚洲种，花序很大，其花中无回报，只有几朵可以结出种子。

结　种

对兰花的单独一次访问就可以传送整个花粉块，并让子房中与之相应的大量胚珠受精，这两个现象的组合意味着传粉者的单独一次访花就可以让兰花结出大量种子。很多兰花都像石斛属 *Dendrobium*、树兰属 *Epidendrum* 和文心兰属 *Oncidium* 的一些种那样长出硕大的花序，其中有数以百计的花，这看上去是能量的极大浪费。然而，这些兰花并没有同时产生成熟胚珠，而是要一直拖延到传粉过程发生之后，才让胚珠成熟到可以受精的程度，这就降低了与如此大量花朵相关的能量输入。

拟态和欺骗

通过模拟其他为传粉者提供回报的本地植物来施行骗术，是兰花惯用的另一个伎俩。尽管兰花自己不提供回报，但它可以让传粉者无法分清欺骗性的兰花和能提供回报的植物，并从中获益。这样一来，兰花就可以获得一定程度的传粉服务，而在所模拟的植物不存在时，传粉服务就大为减少。另有一些欺骗性的兰花，模拟的不是附近不远处的单独一种提供回报的植物，而是使用了一套特征，其中每个特征都可以被传粉者与回报的存在联系在一起。这些特征包括香气，颜色，指引传粉者到达花心的“蜜导”，以及形状和大小合适、似乎表明其中有花蜜而实无花蜜的凹陷和距。瞥一眼本页图片上的兰花，便可以看到很多这类可称之为“一般性”欺骗或“非特殊性”欺骗的特征。

在兰花的很多类群中演化出了更为特殊的骗术，采取的是性诱惑策略。尽管达尔文推测过英国本土有分布的蜂兰和黄蜂兰（均属于蜂兰属 *Ophrys*）可能会有怎样的传粉过程，但他并不知道这种现象。这种骗术的细节本来很可能会让他和同时代的其他许多植物学家大为震惊。现在认为，对某种蜜蜂、胡蜂或蝇类雌性的模拟始于其他某种更一般的骗术，后来才变得更复杂、更特殊。以纹蝶兰 *Anacamptis papilionacea* 为例，它看上去并没有专门模拟其生境中某种能生产花蜜的植物，而只是在对回报型花进行一般性模仿。然而，在它吸引到的昆虫中，雄

右图：金铲兰 *Cyrtochilum aureum* 原产秘鲁和玻利维亚的安第斯山区。其花无回报，通过模仿周围环境中几种有回报的花的形态来吸引传粉者。

左图：中美洲的三肋合粉兰 *Chysis tricostata* 不提供回报，却能吸引足够数量的蜂类完成传粉，并成功地结出种子。

性比雌性数量更多，因此其中似乎有某种性诱惑机制在发挥作用，而这在将来可以让这种兰花中的部位发生进一步变化，增强这方面的欺骗效果。

很多采取视觉性拟态的兰花，也能产生与某种昆虫的性激素相同的花香，而这些性激素本是雌性制造出来吸引雄性的物质。这个说法乍一听极为荒谬——花怎么可能演化出像动物外激素这样对植物来说完全陌生的东西？然而，一旦了解到制造这些动物激素的生物化学途径的运转过程，我们就又明白，植物也具备同样的一般生化途径，而且本来就常常会制造微量的这类化合物，作为其一般性花香的组分。因此，兰花在能够制造高度特化的性激素之前，已经可以生产少量的类似化合物。而当增大这类化合物在混合花香中的含量可以提高雄性昆虫的访问率时（就像在纹蝶兰那里观察到的情况那样），这些物质就会逐渐变成花香中的优势成分。这样的芳香化合物如果和视觉线索组合起来，就可以把更明晰强大的信息送到雄性昆虫那里，结果就形成了性拟态。很多亲缘关系很远的兰花类群都独立地演化出了这一整套性拟态特征。既然我们已经知道了其遗传和生物化学细节，它也就不像学界第一次知道的时候那样令人大感意外了。

下图：纹蝶兰 *Anacamptis papilionacea* 是广布于欧洲南部的一种兰花，展示了欺骗式传粉的一套混合特征，且吸引的雄蜂多于雌蜂。

共生关系

兰花与土壤真菌之间具有共生关系。这可以让兰花种子得以萌发，并在兰花发育早期还不能通过光合作用为自己制造养分的阶段能够继续生长。这些真菌是所谓的“木材腐朽菌”，可以分解土壤中的死亡木质，并在兰花的胚细胞内部形成名为“卷枝吸胞”(peloton)的大丛真菌组织。在兰花萌发早期发生的物质交换几乎完全是有利于兰花的单向运输，目前还不清楚真菌为什么会参与到这个过程中。真菌伴侣在其中并没有明显获益，胚胎期的兰花生长旺盛，而真菌却只有付出。一旦兰花幼苗长出自己的叶，由兰花制造的糖分就可以用来交换真菌吸收的矿物质，因为真菌从土壤中汲取矿物质的能力要比植物强得多。然而，有些兰花终生都继续消耗着真菌伴侣的养分储备。

下图：抱婴郁香兰 *Anguloa virginalis* 原产南美洲北部，其花香成分可以提供给传粉蜂类作为回报。

真菌伴侣的更换

已知有些地生兰会在长到一定阶段之后更换其真菌伴侣，改而与“内菌根”真菌结合，这些真菌可以一直用矿物质去交换森林树木制造的糖分。已经发现，与内菌根真菌结合的兰花体内含有树木制造的糖分。这些糖分之所以能被人发现与兰花自己制造的糖分不同，是因为当它们经过真菌的时候，真菌会在其上加上清楚的化学指纹。这类兰花就这样放弃了曾经帮助它们萌发的木材腐朽菌，甚至都没有因为这些帮助而给予这些真菌什么回报，它们改而建立了另一种真菌共生关系，由此可以获得由其生境中的树木制造的糖分。我们还不清楚兰花怎样操控这些复杂的关系，也不清楚为什么某些真菌会参与到这种再清楚不过的单边关系中来。

顶图：地下兰 *Rhizanthella gardneri* 是产于澳大利亚西南部地下的兰花，其花序把地表顶开一道裂缝，让传粉者可以靠近它。

上图：鸟巢兰可通过真菌伴侣从邻近的树木那里盗取养分和矿物质，其伴侣真菌可以用矿物质交换树木制造的糖分。

对真菌的依赖性

很多地生兰把寄生关系向前又推进了一步，干脆放弃了光合作用。这种现象叫作“全菌根异养性”（holomycotrophy），其英文单词的字面意思是“完全以吃真菌为生”。包括亚欧大陆的鸟巢兰 *Neottia nidus-avis* 在内的这类兰花也会像上面所说的那样把伴侣更换为内菌根真菌，并从邻近的树木那里间接获取所有糖分。澳大利亚的地下兰属 *Rhizanthella* 兰花不仅不为自己制造一点养分，甚至都不会让花长到地表之上。毫不意外的是，人们还不知道地下兰属的地下传粉者是什么。

全菌根异养性并不限于兰科植物之中。举例来说，拥有杜鹃花和蓝莓等成员的杜鹃花科中就有另一些成员，可以和内菌根真菌形成类似的寄生关系。包括兰花在内的所有全菌根异养植物完全从真菌那里获取养分，在过去曾被归为“腐生植物”，意思是说这些植物通过分解土壤中的物质为生。然而，这是一个不合适的术语，因为这类植物寄生在真菌之上，并不直接通过分解有机物生活。不仅如此，这些兰花所窃取的养分也并非来自能让土壤中的木材腐朽的真菌，而是来自与附近的森林树木形成共生关系的真菌。

野生种所受的威胁

保　护

比起动物保护来，植物保护一直显得冷冷清清。针对象、虎、大熊猫、犀牛和猎豹之类所谓“魅力型大动物”的募捐请求很容易就能吸引公众的注意力。几乎没有什么植物有这种吸引力，但兰花算是比较有魅力的一类。在园艺热的背景下，兰花也可以攫取公众的注意力，数以千计的人会被兰展所吸引。

兰花的保护已经取得了一些成功。比如说，杓兰 *Cypripedium calceolus* 曾经是英国政府的环境保护机构“英格兰自然”（English Nature）资助的长期修复项目的目标种。十年前有一批栽培的幼苗被重新引入几处野地，现在它们已经开始开花。尽管到目前为止，这些野

右图：杓兰的居群在英国野外已经衰退到仅剩1棵植株，它已成为得到成功再引种的植物的例子。

化的杓兰还没有结出种子，但是植物保护本来就是个缓慢的过程，即使用最快的速度来做也是如此。植物保护工作要花很长时间去克服前人带给我们的各种困难，就好比我们的下一代也要花很长时间去消除现在这代人带给他们的伤害一样。

上图：国王兜兰的小型成株再引种到马来西亚的原产地生境中之后，很快就被兰花盗采者挖走。

迎合园艺需求

用栽培的幼苗去修复自然生境的其他努力都令人沮丧地失败了。国王兜兰 *Paphiopedilum rothschildianum* 是亚洲热带的一种壮丽的兜兰，曾经被重新栽植到马来西亚沙巴州基纳巴卢山的森林保护区中，这里还是个联合国世界遗产地。然而就在重新引入的几个月内，盗采者就把这些兜兰挖除一空。对多种花朵绚丽的兰花来说，出于园艺贸易目的的采集是主要威胁因素，而且是一个已经证明几乎不可能抑制的因素。

上面提到的两种兰花都属于拖鞋兰类，结局却完全不同，但这在很大程度上是因为杓兰的生长地点完全保密，当其植株开花时，一天 24 小时都有专人看护。此外，园艺上对杓兰属 *Cypripedium* 植株的需求很小，因为它们以难于栽培著称，而这种名声确有一定的合理性。相形之下，国王兜兰易于栽培，也就有很大的市场需求。

左图：在图中这个兰展上展示的 4 株兰花中，有 3 株是原种，而非杂交种，这说明园艺上对兰花原种有很大需求。

右图：对兰花居群来说，出于农业、采矿和人类定居的目的的毁林行为，比起园艺采挖来是更主要的威胁因素。

相比全世界兰花的总种数，因为不可持续的园艺采集而受威胁的兰花只占很小比例。绝大多数兰花的种几乎没有园艺需求，因此可以不用担心它们会出于这个因素而灭绝。目前，相关的立法——《濒危野生动植物种国际贸易公约》(CITES)——已经生效，这部法规旨在管控很多物种的不可持续的捕捉采集行为，其中大部分是动物，但也有很多植物，包括兰花的所有种。对那些有园艺需求的种（如国王兜兰）来说，CITES 的规定并没有禁止对其野外采集的植株进行商业开发，这不能不说是个败笔。在很多国家，兰花所面临的最大威胁在于其天然生境被转变为农田、矿区和人类居住区，而 CITES 的规章对此无计可施。在所有兰花中，只有杓兰亚科（拖鞋兰类）的濒危状况得到了世界自然保护联盟（IUCN）正式而全面的评估。

右图：有好几个国家都在大量采集像石斛 *Dendrobium nobile* 这样的兰花，以满足中国和印度的传统草药贸易的需求。

人类消费

兰花面临的另一个主要威胁，是被用作食品和药品。兰根粉（salep）是用地中海地区东部和中东的多种地生兰的块根制作的一种淀粉，人们用它来制作甜点或酒饮。这些兰花包括了纹蝶兰属 *Anacamptis*、红门兰属 *Orchis* 和蜂兰属 *Ophrys* 的成员。从野外采挖其块根的行为具有不可持续性，在土耳其的很多地区，所有种类的地生兰都因此变得罕见。雪上加霜的是，在土耳其周边很多不消费兰根粉的国家，这些兰花也遭到了采挖，以便满足那些消费兰根粉的国家的需求。

在包括赞比亚在内的一些东非国家，人们会制作一种叫“奇坎达”（chikanda）或“非洲波洛尼”（African polony）的糕点。其原料包括花生和用一些地生兰块根磨制的粉，这些兰花大部分（但非全部）属于玉凤花属 *Habenaria*、萼距兰属 *Disa*、鸟足兰属 *Satyrium* 和苞叶兰属 *Brachycorythis*。像兰根粉一样，这种糕点也越来越流行，导致很多地方的兰花已经全被挖光，然后采挖又转移到了邻近国家。

在东亚，用石斛属 *Dendrobium* 的种充当传统中药也导致了这类兰花的局地灭绝。当其野生居群因为不可持续的采挖而崩溃之后，邻近国家的植株也遭到采挖，以便迎合迅猛增长的市场需求。在欧洲，几种兰花的化学提取物被添加到洗发水和化妆品中。尽管容器上声明这些兰花来自“可持续的采集”，然而没有任何证据表明有哪种地生兰的栽培规模大到了能满足这种贸易的程度。

左图：意大利红门兰 *Orchis italica* 在采挖之后可制作一种淀粉——兰根粉。

右图：安哥拉苞叶兰 *Brachycorythis angolensis* 的块根磨粉后可制作奇坎达，是在东非很受欢迎的一种糕点。

右图和下图：香荚兰的种荚在发酵和干燥之后可制成香草，是一种商业调味品。

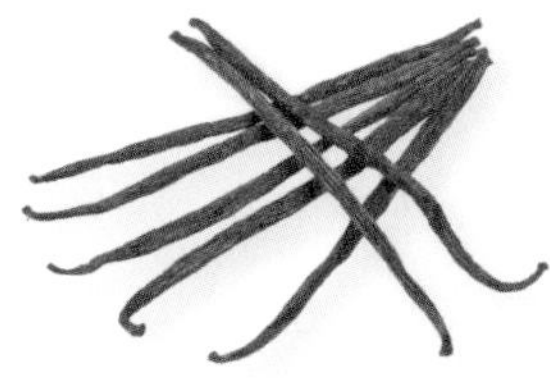

上面这些把兰花作为食品或药品的利用方式全都不受 CITES 的管控，因为这一公约本来并非用来管控这类利用行为。我们只能建议，不管标牌上说了什么，都不要购买任何含有兰花成分的产品。已经有大量证据表明，这些兰花的采集是不可持续的，至少会导致很多种在局地灭绝。

香荚兰

到目前为止，兰花中最有经济价值的种是香荚兰 *Vanilla palnifolia*，也叫"香草"，原产墨西哥，现已在热带地区广泛栽培。在香荚兰及其传粉者的天然分布区之外，其花要靠手工传粉才能结出果荚。香荚兰接近成熟的蒴果含有一种叫香草醛的风味物质，发酵之后即成为商品"香草"，在马达加斯加和留尼汪等地区有很大的商业生产规模。在其他地方，塔希提香荚兰 *Vanilla* × *tahitensis*（为一杂交种）和西印度香荚兰 *Vanilla pompona* 也是小宗作物。在巴西和巴拉圭则栽培有香钗兰 *Leptotes bicolor*，以收获其富含香草醛的果荚。出于此目的，这些兰花得到了大量繁育，因此其利用具有可持续性。我们可以继续食用用真正的香草制成的冰激凌，而无须为此心存愧疚。

左图：荷兰的一间兰花温室，种有数以千计的人工繁育的蝴蝶兰杂交品种，将作为盆栽花卉售卖。

兰花的其他用途

- 香水工业会从细茎石斛 *Dendrobium moniliforme* 和红唇卡特兰 *Cattleya trianae* 等多种兰花中提取香气成分。
- 一些兰花可用于酒饮调味。在留尼汪，仅产于该岛的香矛唇兰 *Jumellea fragrans* 用于给当地一种叫“调味朗姆酒”（rhum arrangé）的酒调味，这种兰花现在也因此濒临灭绝。
- 在印度，石斛属 *Dendrobium* 的一些种由于大量生长，而被用作牛饲料。
- 天麻属 *Gastrodia*（一类非光合或全菌根异养的地生兰）的种在中国和亚洲其他国家被广泛用作传统草药。
- 天麻属在澳大利亚的原生种作为淀粉的来源，曾为澳大利亚原住民所食用。

下图：作为在食品店和其他商店出售的花卉，很多兰花类群的杂交种都有种植，但蝴蝶兰属的品种最为常见。

家养兰花

在兰花的所有用途中，最大的还是用于园艺，作为极受欢迎的家养观赏植物和切花，其中种植最广泛的是卡特兰属 *Cattleya*、兰属 *Cymbidium*、文心兰属 *Oncidium*、蝴蝶兰属 *Phalaenopsis*、兜兰属 *Paphiopedilum* 和万代兰属 *Vanda* 的杂交种。目前，市场上已经有 10 万多个品种（绝大多数是杂交品种），其中很多还没有正式命名。包含有数以千计的杂交品种植株幼苗的组培瓶从中国和日本装载上船，运到荷兰和美国，在那里的温室中，兰花幼苗会迅速长到可以开花的大小，然后在超市和园艺中心售卖。

右图：中美拟白及广布于美洲热带地区，它是欧洲人知道的第一种热带兰花。

兰花狂热症

兰花的合蕊柱、唇瓣和花粉团的组合，使之比任何其他类群的植物都有可能利用多种多样的动物作为传粉者。由此导致的形态、大小、形状和颜色多样性，就像艺术家的调色盘一样，为兰花杂交者的育种工作提供了惊人的丰富可能性。不过，最先在欧洲出现的热带兰花种类虽然引发了人们很大的兴趣，却并没有激起他们杂交育种的念头，因为那个时候还没有人知道如何让兰花杂交，或如何用种子种出兰花。

最早到达西方的兰花

西欧记录的第一种非本土的“异域”兰花是中美拟白及 *Bletia purpurea*，于 1731 年从巴哈马群岛运至英格兰。在这之后不久，香荚兰属 *Vanilla* 植物也引种到了英格兰的温室，但这些植物和其他早期引种的热带兰花被当成了喜热植物，种在热得不可思议的环境下，结果很快就死了。到 1794 年，有 15 种热带兰花在英格兰的皇家植物园邱园得到了不同程度的成功种植，它们几乎都来自西印度群岛。虽然人们用了将近 65 年才意识到兰花不是喜热植物，但一旦有了这种意识，在欧洲成功栽培兰花的时代大幕也就徐徐开启了。

东亚的传统

除欧洲以外，中国人至少从汉代开始就已经能成功地栽培兰花了。其时，中国的贵族会从野外采集植物，种到自己的私家庭园中。

在中国还有更早的文献提到“兰”，但这个名字可能只是用来指任何芳香植物，其中也包括兰属 *Cymbidium* 的兰花。直到唐代，兰花才在一般人中流行开来，介绍兰花栽培各个方面——包括植株品相、类型、养护和浇水等——的专著也开始出现了。

尽管中国人对兰花种植的文化方面颇有兴趣，但令人意外的是，他们竟然从来没有记载如何用种子种出兰花。对中国人来说，兰花的繁殖仅限于把较大的植株分成几棵较小的植株。

最古老的杂交种

热带兰花在欧洲出现后不久，第一个兰花杂交种就诞生了。它是在 1853 年由种子培育的植株，由虾脊兰属 *Calanthe* 的两个种—— *Calanthe masuca*（现为长距虾脊兰 *Calanthe sylvatica* 的异名）和 *Calanthe furcata*（现为三褶虾脊兰 *Calanthe triplicata* 的异名）杂交而成。培育者并不明白如何让那些极为微小的种子萌发，但是把种子撒播到种植亲本植株的花盆里之后，它们却真的萌发成了幼苗。这很可能是因为成体兰花的盆栽介质中生存着合适的真菌菌种，从而促进了种子的萌发。

顶图：建兰 *Cymbidium ensifolium* 在中国已经栽培了上千年，但在 20 世纪之前，中国没有任何用它的种子种出植株的记录。

上图：虾脊兰属的 *Calanthe masuca*，是已知在欧洲培育出的第一个兰花杂交种的亲本种之一。

兰花的第一个属间杂交种（由不同属的种杂交而成的杂交种）育成于 1863 年，第一个三属间杂交种育成于 1892 年，不过，它们今天都被认为只是卡特兰属 *Cattleya* 下的种的杂交种。从 1906 年开始，英国皇家园艺学会开始记录每个育成的兰花杂交种及其亲本，一直持续至今。

萌发方面的发现

1922 年，美国植物学家刘易斯·纳德逊（Lewis Knudson, 1884—1958）发现，如果把兰花种子撒播在含有养分的琼脂栽培介质上，则它们可以萌发。他就此开启了用栽培所得的种子大规模生产兰花的种和杂交种的时代。然而，在人们开始把兰花种子撒在成株根部周围令其萌发之后，很长时间内都没有人意识到兰花种子在天然萌发时要依赖于真菌。那时就经常有人报告植物根系和真菌之间的相互关系，却没有人能理解这种关系得以发生的本质。

1885 年，德国植物学家阿尔伯特·伯恩哈特·弗兰克（Albert Bernhard Frank, 1839—1900）为真菌和植物的根之间的联系引入了“菌根”这一术语。但直到 1899 年，法国菌物学家诺埃尔·贝尔纳（Noël Bernard, 1874—1911）才发现兰花种子会被真菌感染。贝尔纳在 1903 年用一种兰花菌根真菌的纯培养物感染了兰花种子，追踪了它们发育为幼苗的过程，从而证明合适的真菌感染可以促进兰花种子的萌发。1909 年，他又发表了一项有关兰花萌发的更一般性的研究。

上图：很多种类的地生兰——比如紫斑掌裂兰 *Dactylorhiza fuchsii*——如果用合适的真菌接种，则可以成功地在栽培条件下生长。

尽管几乎所有种类的附生兰和许多种类的地生兰可以用种子在养分丰富的琼脂上种出植株，但是大多数类群的兰花都可以依赖菌根真菌萌发。

大规模生产和种类多样性

下图：安第斯山区的毛角兰 *Trichoceros antennifer* 通过被性欺骗策略诱来的雄蝇传粉。尽管该种外形如苍蝇，但在园艺上却常见栽培。

虽然在欧洲和北美洲，最初只有较为富裕的人种植兰花，但是随着时间推移，通过琼脂培养或真菌感染而萌发的种子进行大规模人工生产的兰花植株越来越易得，价格也越来越低，它们也因此得到了极为广泛的栽培。今天，荷兰、美国和东亚都在栽培大规模生产的兰花杂交品种，其效率之高，足以让开花的兰花植株的价格便宜到可以由超市和商业苗圃大量供应。不过，某些杂交种和珍稀种的价格仍然昂贵得多，基本只在专业收集的圈子里流通。说到底，对兰花的痴迷几乎可以肯定是因为其花朵类型有巨大的多样性，以及兰花相对不太有吸引力的植株与绚丽多姿的花朵之间形成了不太相称的组合。没有人会对卡特兰属 *Cattleya* 尚未开花的植株产生哪怕一丝一毫的兴趣，但当这种丑陋的植物绽放出花朵之后，它就立刻会引发人们的赞美，结果把丑陋的

兰花博物馆

The Orchids

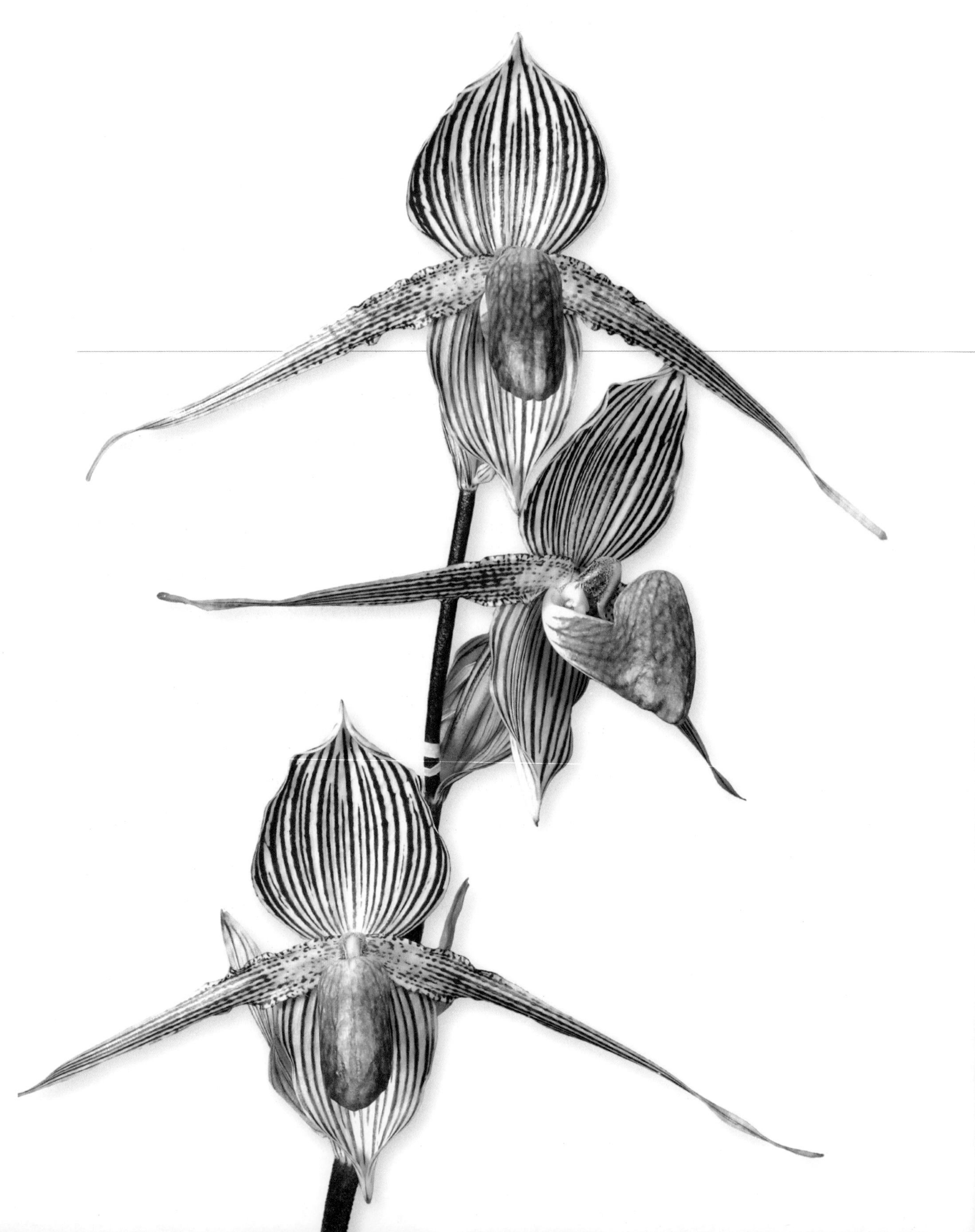

拟兰亚科、香荚兰亚科和杓兰亚科

Apostasioideae, Vanilloideae & Cypripedionideae

在兰花为数众多的种中，这三个亚科只包含很少种类，但就营养器官和花的形态来说，它们却呈现出了很大变化。三个亚科中最小的亚科是拟兰亚科，仅有 2 属 14 种，分布完全限于亚洲热带地区，因为其花中的雄蕊和雌蕊不像一般兰科植物那样合生，所以在原产地很少被当成兰花。这个特征也让一些植物学家认为拟兰类是比较原始的兰花，然而除了雌雄蕊不合生之外，拟兰亚科的种事实上是高度特化的种类，和我们想象的那种“原始兰花”并不一样。

与拟兰亚科不同，香荚兰亚科的花像兰花，但营养器官却不像兰花。这个亚科有 14 属 247 种，是热带地区的藤本植物，或是温带地区的一些叶微小或无叶、大部分为草本的植物。

杓兰亚科（5 属 169 种）既有热带种类，又有北温带种类。它们的主要特征在于虽然雄蕊已经和雌蕊完全合生，但花药仍分离为 2 枚，因此与真正的兰花有别。杓兰亚科的种大都是草本植物，但也有少数种形似竹子，可长到 6 m（20 ft）高。

亚科	拟兰亚科
族和亚族	无
原产地	热带东亚，从喜马拉雅地区东部经东南亚，北达屋久岛（日本），南达昆士兰（澳大利亚），海拔约 200~1,700 m（650~5,600 ft）
生境	热带阔叶常绿湿润森林，常生于有雾气和河流或瀑布溅沫的地区
类别和位置	地生或附生于石上
保护现状	局地多见
花期	6 月至 9 月（雨季）

花的大小
1 cm（⅜ in）

植株大小
达 40 cm × 36 cm
（16 in × 14 in）

剑叶拟兰
Apostasia wallichii
Yellow Grass Orchid

R. Brown, 1830

剑叶拟兰看上去像一丛禾草，花也不像其他兰花。其花不扭转（唇瓣在最下），花药仅部分与花柱合生。花的形状大多规则对称，形似一种叫毛小金梅草 *Hypoxis hirsuta* 的禾草状草本植物。拟兰属 *Apostasia* 因为具有不同寻常的特征，曾经与三蕊兰属 *Neuwiedia* 共同置于一个独立的科中。拟兰属的学名 *Apostasia* 也反映了它的独特性——这个词在古希腊语中意为“分离”或“离婚”。

剑叶拟兰的花粉在受到传粉昆虫的振动后散出。其根有浓郁的粪肥气味，有时药用，治疗腹泻和眼痛。因与菌根真菌有共生关系，其根上长有根瘤，为这类兰花的典型特征。

实际大小

剑叶拟兰的花芳香，有 6 枚略肉质、舟形的黄色花被片；雄蕊 2 枚，离生，与花柱平行，花丝与花柱部分合生，花药围抱花柱。

亚科	拟兰亚科
族和亚族	无
原产地	马来群岛至美拉尼西亚，从加里曼丹岛和爪哇岛至菲律宾群岛和瓦努阿图，生于海平面至海拔 1,000 m（3,300 ft）处
生境	砂岩、灰岩、超基性土壤或页岩上的常绿龙脑香林，通常生于潮湿的极阴暗地
类别和位置	地生或附生于石上
保护现状	局地丰富
花期	6 月至 9 月（雨季）

花的大小
3.5 cm（1⅜ in）

植株大小
56 cm × 46 cm
（22 in × 18 in）

香花三蕊兰
Neuwiedia veratrifolia
False Hellebore Orchid

Blume, 1834

几乎不会有人在见到香花三蕊兰之后认为它是一种兰花。这是些硕大多毛的植物，生有多至 10 片折扇状的叶，外形非常像藜芦科藜芦属 *Veratrum* 植物。三蕊兰属的学名 *Neuwiedia* 纪念的是德国博物学家、民族志学者和探险家马克西米利安·亚历山大·菲利普·维德诺伊维德王子（Prince Maximilian Alexander Philipp zu Wied-Neuwied, 1782—1867），这个属和拟兰属 *Apostasia* 一样，过去曾置于单独的科中，因为它有 3 枚离生花药，而不像其他大多数兰花那样具有单独一枚合生花药。然而，这两个属和“真”兰花共有一些独特特征，现在认为也是兰科的成员。

香花三蕊兰的花自交亲和，大多自花传粉。此外，无螯刺的无刺蜂属 *Trigona* 也会访问其花，振动花药，因此沾上散放出的花粉。

香花三蕊兰的花在组织中有白色晶体；上萼片和花瓣形状不对称，唇瓣则形状对称，比花瓣宽；雄蕊 3 枚，生于合蕊柱基部，花药与花柱离生。

实际大小

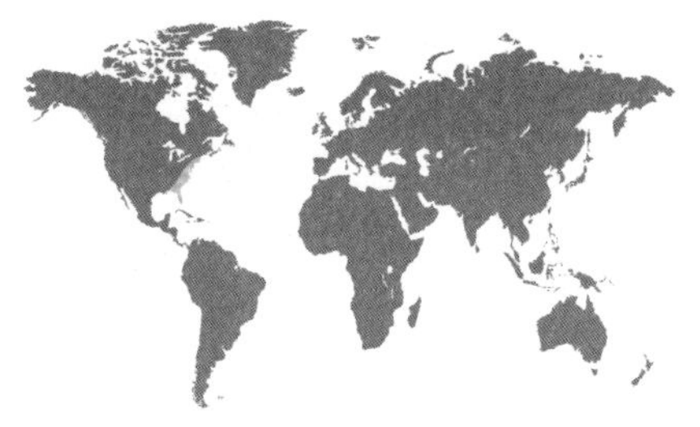

亚科	香荚兰亚科
族和亚族	朱兰族
原产地	美国东南部（新泽西州至佛罗里达州、田纳西州东部和肯塔基州）
生境	平原矮松林，泥炭沼，潮湿草甸，溪流
类别和位置	地生
保护现状	易危或濒危
花期	4月至6月（春季）

花的大小
11.4 cm（4½ in）

植株大小
茎高达 61 cm（24 in）

玫蕾兰

Cleistesiopsis divaricata

Rosebud Orchid

(Linnaeus) Pansarin & F. Barros, 2008

玫蕾兰的花芳香，有香草气味，见于北美洲东南部的湿地。本种茎细长，通常只生一朵艳丽的花，其下围以一片叶状苞片，通常长于子房。蜂类可从唇瓣基部的一对腺体中采集花蜜。其地下具一丛粗根，附着于根状茎上，而无块根。

玫蕾兰属的学名 *Cleistesiopsis* 的前半部分来自另一个美洲朱兰属 *Cleistes*，后者又来自意为“封闭”的古希腊语词，指花瓣和唇瓣形成管状，将合蕊柱隐藏其中。这使花形如未开，状似花蕾，因而得名“玫蕾兰”。属名的后半部分 *-opsis* 指植株形似这个新热带的大属美洲朱兰属，以前曾经并入该属，但 DNA 研究表明应该从该属中分出。

实际大小

玫蕾兰的花的萼片长，渐尖，通常褐红色；花瓣为柔和的玫红色，从不完全开放；唇瓣有长脊，亦为玫红色，有深色斑纹，与花瓣共同形成隧道形的长管。

亚科	香荚兰亚科
族和亚族	朱兰族
原产地	美国密歇根州经加拿大安大略省到新英格兰，南达田纳西州、佐治亚州和南卡罗来纳州
生境	北美洲东部半开放的中生森林
类别和位置	地生
保护现状	易危
花期	4月至5月（春季）

小仙指兰
Isotria medeoloides
Small Whorled Pogonia
(Pursh) Rafinesque, 1838

花的大小
3.8 cm（1½ in）

植株大小
茎高达 30 cm（12 in），叶在花下方不远处轮生

小仙指兰被视为密西西比河以东最罕见的兰花，见于温带树林中，在生态习性上与它周围的树木深深联系在一起。种加词 *medeoloides* 源于本种的形态在表面上与巫女花 *Medeola virginiana* 近似，且生于类似的生境中。本种的茎中空，顶生单独 1 朵花，偶为 2 花，5~6 片无柄的叶在花下方不远处排成一轮，对于兰花来说都是罕见特征。其地下具丛生的根而无块根。

与更艳丽的姊妹种仙指兰 *Isotria verticillata* 不同，小仙指兰分布稀疏，植株通常单生，或组成小群体。和很多树林中的地生兰一样，本种可连续多年消失不见或隐匿于地下，使其居群研究颇为困难。

实际大小

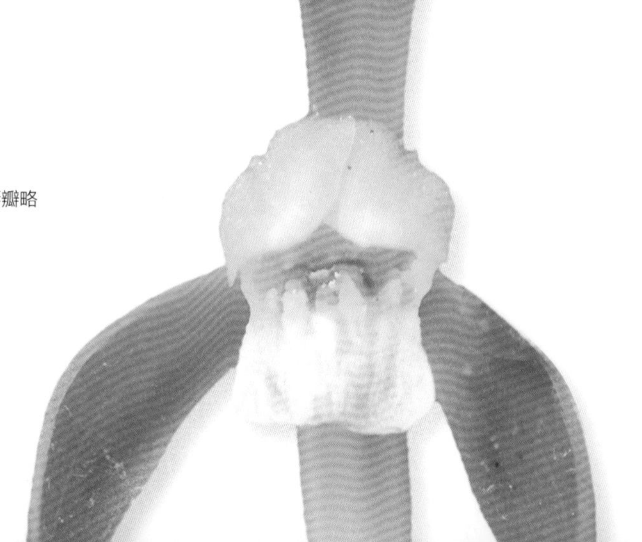

小仙指兰的花的萼片和花瓣为浅绿色，唇瓣略呈白色；花不完全开放，寿命常较短。

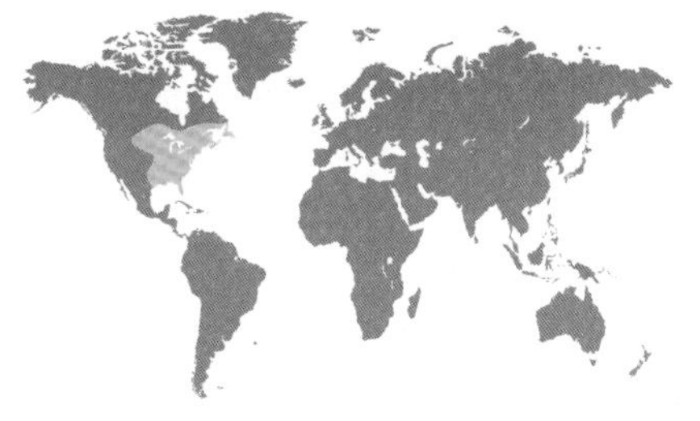

亚科	香荚兰亚科
族和亚族	朱兰族
原产地	北美洲东部，从加拿大到美国佛罗里达州，西达明尼苏达州
生境	潮湿草甸，泥炭沼，溪畔，常见于排水不良的路边沟中
类别和位置	地生
保护现状	易危或濒危
花期	在分布区南部为早春，北部为仲夏

花的大小
3.8～5 cm（1½～2 in）

植株大小
15～25 cm（6～10 in），包括花序

玫红朱兰
Pogonia ophioglossoides
Rose Pogonia

(Linnaeus) Ker Gawler, 1816

实际大小

玫红朱兰是美丽的兰花，为纤细的半水生植物，常见于泥炭沼和溪边。局地的数量可十分丰富，常繁殖成繁茂而能多次生长的群体。本种喜生于较容易获得纯水的地方，在降雨稀少的年份少见，但在降雨充沛的时期又重新繁茂。花寿命短，大多为浅粉红色，但色调和亮度多变，其唇瓣边缘颜色较深，并有略呈黄色的丝状冠，很可能用来吸引传粉者。因为花形如张开的嘴巴，故本种在英文中有别名 Adder's Mouth（蝰口兰）或 Snake Mouth（蛇口兰）。其地下具丛生的根而无块根。

朱兰属 *Pogonia* 兰花生于斑驳的阳光下，通常长在湿润的泥炭藓中，可以形成大片群体。属名 *Pogonia* 来自古希腊语词 pogon，意为“胡须”，指唇瓣有毛。

玫红朱兰的花通常为浅粉红色，唇瓣颜色较深，边缘有略呈紫红色的条纹，上生有黄色的冠；花常在茎上单生，但在健壮的植株上也有多至 3 花的记载。

亚科	香荚兰亚科
族和亚族	香荚兰族
原产地	中国东南部，朝鲜半岛，日本，琉球群岛，海拔 1,000~1,300 m（3,300~4,300 ft）
生境	荫蔽树林
类别和位置	地生，为与木材腐朽菌共生的菌根异养兰
保护现状	未评估，但局地常见
花期	5 月至 7 月（春季）

花的大小
4 cm（1 9/16 in）

植株大小
营养器官位于地下，
花莛高达 91 cm（36 in）

血红肉果兰
Cyrtosia septentrionalis
Northern Banana Orchid

(Reichenbach fils) Garay, 1986

血红肉果兰无叶，开花前生于地下。其幼苗寄生于木材腐朽菌（为蜜环菌属 *Armillaria* 的种）之上，靠真菌获得所需的碳，赖此完成整个生命过程。其花既无花蜜又无气味，所以很难想象会有昆虫或其他动物访问这些花朵。然而，研究表明本种的花实为自花传粉，每朵花都能结种子。花受精后即长出亮红色的果实，状如香蕉，靠鼠类和鸟类传播。

肉果兰属的学名 *Cyrtosia* 来自古希腊语词 kyrtos，意为“弯曲”，指合蕊柱弯曲；血红肉果兰的种加词 *septentrionalis* 在拉丁语中意为“北方”。在日本，其果实曾用于治疗泌尿疾病、淋病和头皮屑。

血红肉果兰的花为橙褐色，簇生；萼片外侧多疣，花瓣较短薄；唇瓣杯状，边缘流苏状；合蕊柱强烈弯曲，有两枚侧生、具齿的翅，2 枚粒粉质的花粒团生于合蕊柱顶端。

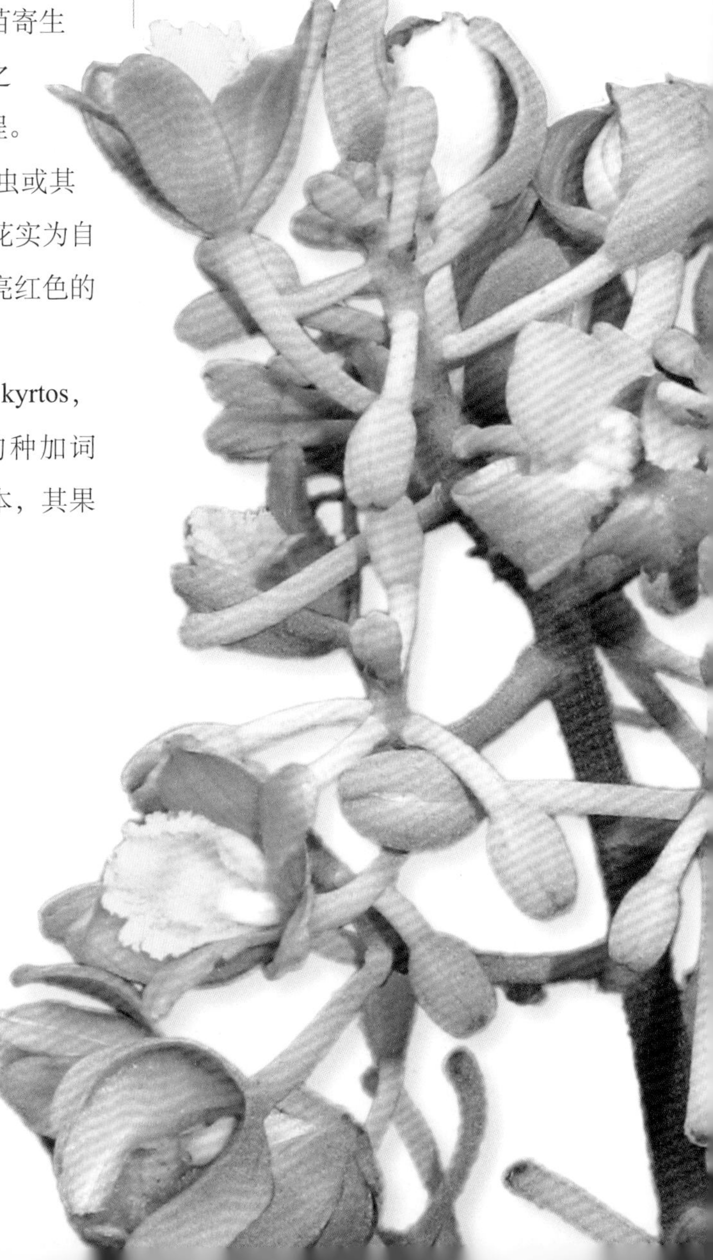

实际大小

亚科	香荚兰亚科
族和亚族	香荚兰族
原产地	南美洲热带地区，海拔 100～900 m（330～2,950 ft）
生境	雨林和稀树草原中的开放地
类别和位置	地生
保护现状	未评估
花期	全年

花的大小
10～12 cm（4～5 in）

植株大小
76～190 cm × 25～38 cm（30～75 in × 10～15 in），包括花序时为193～485 cm × 64～97 cm（76～191 in × 25～38 in）

革叶美蕉兰
Epistephium sclerophyllum
Leather-leafed Crown Orchid

Lindley, 1840

革叶美蕉兰是大型地生兰，茎直立，覆有革质、坚硬、卵形的叶；地下则具水平根状茎，有分枝，并具众多坚韧的根。花序顶生，苞片小，花众多，依次开放，每次开 2 或 3 朵。在子房顶端生有扇状的脊，这一冠状结构即是美蕉兰属的学名 *Epistephium*（来自古希腊语词 epi-“上”和 stephanos“冠”）的由来。革叶美蕉兰与香荚兰属 *Vanilla* 近缘，是同一个族的成员。

本种花艳丽，为典型的兰花形状（形似卡特兰属 *Cattleya* 的种），意味着它们很可能由蜂类传粉。尽管美蕉兰属的花极美丽，这些兰花却从未能栽培成功。

革叶美蕉兰的花的萼片3枚，相对较狭，粉红色，花瓣 2 片，较宽；唇瓣大，粉红色，包围于合蕊柱之外，具有黄色和白色的蜜导斑纹，并在中部附近有一丛长毛。

实际大小

亚科	香荚兰亚科
族和亚族	香荚兰族
原产地	新喀里多尼亚
生境	开放、阳光充足的热带稀树草原
类别和位置	地生
保护现状	无危
花期	春季

花的大小
3~5 cm（1³⁄₁₆~2 in）

植株大小
高 60~92 cm（2~3 ft），包括花

绒珊兰
Eriaxis rigida
Maquis Orchid

Reichenbach fils, 1876

绒珊兰特产于遥远的太平洋岛屿新喀里多尼亚。该岛属于热带气候，是地球上一些最古老的植物的产地。本种的茎为坚韧的线状，沿全茎生有叶，顶端则生有多至 12 朵的花。

绒珊兰生于全日照之下，其花蕾和花序均覆有微小的白毛。本种已经适应于常绿硬叶灌丛生境，这是一种生于养分贫瘠土壤上的植被，土壤中富含重金属，对很多其他植物会有毒害性。本种的唇瓣生有一列尖锐鳞片，鳞片可活动并向内倾斜，使传粉昆虫难于退出花朵，而更容易爬到最能沾到易于碎裂的花粉的位置。

绒珊兰的花为肉质，寿命短，生于连续开放的花序之上，通常一次开 2 朵；花为白色或浅粉红色，唇瓣管状，红紫色。

实际大小

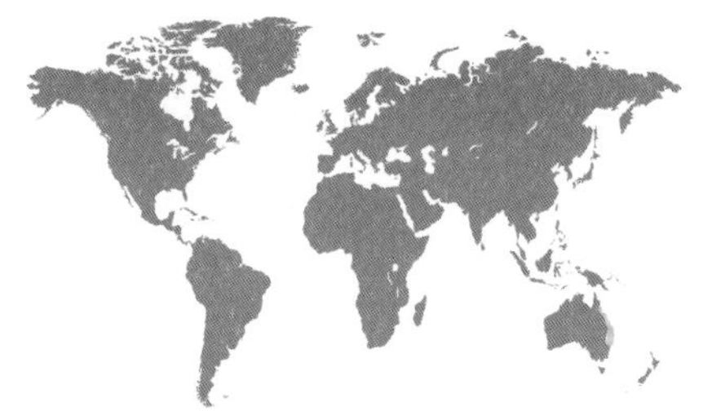

亚科	香荚兰亚科
族和亚族	香荚兰族
原产地	澳大利亚北部和东部（昆士兰州，新南威尔士州）
生境	全日照的硬叶森林，攀于桉树倒木、树桩和朽木之上，海拔 50~500 m（165~1,640 ft）
类别和位置	地生藤本，为菌根异养兰
保护现状	未评估
花期	9月至12月（春季至早夏）

花的大小
1.3 cm（½ in）

植株大小
达 6 m（20 ft），
无叶

香倒吊兰
Erythrorchis cassythoides
Black Bootlace Orchid

(A. Cunningham ex Lindley) Garay, 1986

香倒吊兰为菌根异养兰，这意味着它没有叶绿素，养分全部都改而从它所寄生的真菌那里获取。其茎条纤细，褐色，攀援而生，很像无根藤属 *Cassytha* 的寄生藤本，因此种加词叫 *cassythoides*。其英文名意为“黑靴带兰”，则指其茎条带状，形如鞋带。

本种的茎以肉质厚根攀爬固定，其高度分枝的花序生有很多芳香的花，可吸引小型蜂类传粉。其花形很像香荚兰属 *Vanilla*，而它也与该属有亲缘关系。另一些无叶绿素的属如山珊瑚属 *Galeola* 也和它有亲缘关系。据记载，本种植株寿命颇短，在有朽木的地方则更为健壮而多见。

香倒吊兰的花有 3 枚萼片，乳白色，开展；花瓣 2 片，与萼片形似，开展，乳白色；唇瓣亦为乳白色，管状，围抱合蕊柱，边缘有不规则的缺刻或裂片。

实际大小

亚科	香荚兰亚科
族和亚族	香荚兰族
原产地	热带东南亚和马来群岛，从中国海南岛到新几内亚，生于海平面到海拔 1,700 m（5,600 ft）处
生境	腐朽树桩，常生于有阳光而潮湿的倒木林隙处或溪流边
类别和位置	地生，攀援，为菌根异养兰
保护现状	未评估，但局地常见
花期	4 月至 6 月

花的大小
3 cm（1¾₁₆ in）

植株大小
在树上攀至 20 m（66 ft）高

蔓生山珊瑚
Galeola nudifolia
Leafless Helmet Vine
Loureiro, 1790

蔓生山珊瑚的合蕊柱顶端有一对突起的附属物，形似一顶小头盔。头盔在古希腊语中叫 galeole，这便是山珊瑚属的属名 *Galeola* 的由来。本种为缺乏叶绿素的大型藤本兰花，以略呈红色的茎和根攀援于腐朽的树干上，寄生在这里的木材腐朽菌上，由真菌为其提供碳和养分。其花色鲜明，最可能由小型蜂类传粉，但目前还未对其传粉做过专门的观察。

山珊瑚属兰花的种子有翅，比绝大多数兰花细如尘埃的种子大得多。在稠密的雨林中，几乎没有风可让种子迁移到适合萌发的新地点，因此种翅可以帮助山珊瑚属的种子在这样的生境中散播。蔓生山珊瑚的近缘种日本山珊瑚 *Galeola septentrionalis* 是用于栽培香菇的木屑菌床中的杂草。

蔓生山珊瑚的花为肉质，萼片离生，开展；花瓣与萼片大小相似，较薄；唇瓣肉质，圆形，杯状，边缘内卷；合蕊柱强烈向前弯曲，生有一对突起物，并有 2 枚花粉团。

实际大小

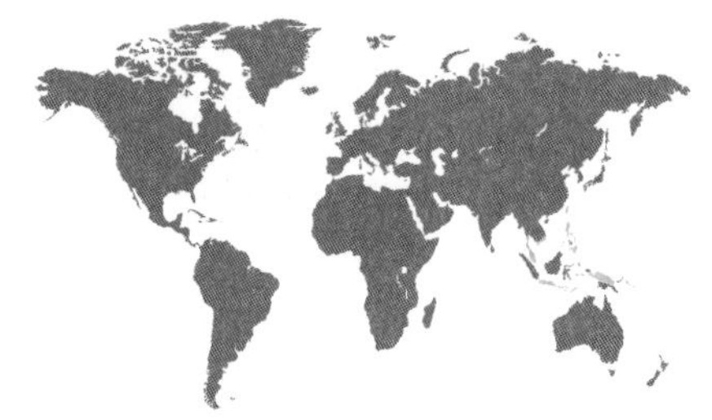

亚科	香荚兰亚科
族和亚族	香荚兰族
原产地	东南亚的马来半岛、爪哇岛西部、菲律宾，中国台湾岛，新几内亚
生境	阴暗潮湿的森林，海拔 300～1,600 m（985～5,250 ft）
类别和位置	地生
保护现状	未知
花期	3 月至 6 月（春季）

花的大小
1.6 cm（⅝ in）

植株大小
营养器官位于地下，
花茎可达 51 cm（20 in）

三裂盂兰

Lecanorchis javanica

Basin Orchid

Blume, 1856

三裂盂兰为无叶植物，一生都依赖真菌生活，仅在开花时钻出土壤。它的花中有一个杯状结构，可在子房顶端宿存，这是中文名“盂兰”和盂兰属的学名 *Lecanorchis* 的由来（来自古希腊语词 lecane，意为“盂”“壶”）。

本种的花只略微开放，并不艳丽，也没有香气。它们因此大多为自花传粉，尽管唇瓣上所生的长毛也可能是蝇类传粉的指示。不过，目前对本种的生态相互关系还几无所知。

三裂盂兰的花具 3 枚萼片，绿黄色；花瓣绿黄色，长圆形；唇瓣 3 裂，白色或浅黄色，中裂片有毛，边缘有不规则的缺刻；合蕊柱无毛，顶端生有半圆形的翅。

实际大小

亚科	香荚兰亚科
族和亚族	香荚兰族
原产地	塞舌尔（马埃岛、普拉兰岛、锡卢埃特岛和费利西泰岛）
生境	花岗岩露头和其他干燥开放地，生于海平面至海拔 400 m（1,300 ft）处
类别和位置	攀于岩石和树上
保护现状	无危
花期	12 月至 2 月（雨季）

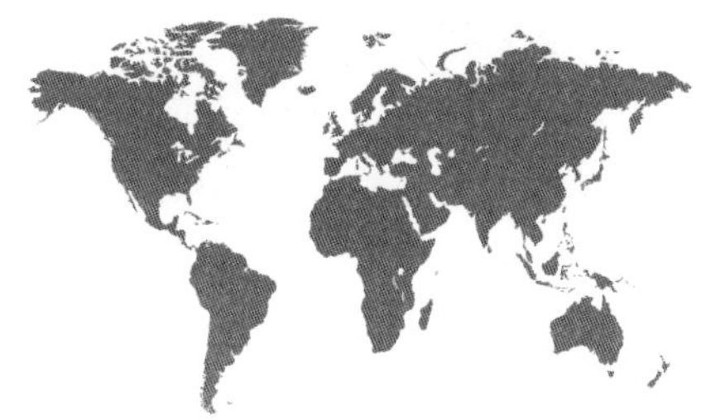

塞舌尔香荚兰
Vanilla phalaenopsis
Seychelles Vanilla
Reichenbach fils ex Van Houtte, 1867

花的大小
8 cm（3⅛ in）

植株大小
茎可长至约 5.5 m（18 ft）

塞舌尔香荚兰是香荚兰属 *Vanilla* 中最美丽的种之一。它没有叶，但有绿色肉质的攀援茎，借助其上的气生根攀爬在岩石和树上。它在暴雨过后开花，但只有高到超过了茎的承受力的植株才会开花，这样的植株有下垂的枝条，花序就生于其上。其花序一次可开放多至 3 朵芳香的花，颇为引人注目。

尽管本种的分布限于多花岗岩的塞舌尔群岛，它在那里却是较为多见的种。它与东南亚和马达加斯加有分布的紫唇香荚兰 *Vanilla aphylla* 形似，但后者的唇瓣为淡紫色，而非橙色。本种果实绿色，和商业化种植的香荚兰 *Vanilla planifolia* 不同，并不含有后者那种特征性的芳香化合物。

塞舌尔香荚兰的花为纯白色；萼片长圆形，开展；花瓣 2 片，与萼片等长，但边缘波状；唇瓣全缘，边缘反折，中央为杏黄色。

实际大小

亚科	香荚兰亚科
族和亚族	香荚兰族
原产地	墨西哥（但在其他热带地区广泛栽培和归化）
生境	低海拔热带森林
类别和位置	地生，但攀于树上
保护现状	无危
花期	全年

花的大小
6.4 cm（2½ in）

植株大小
6 m（20 ft）以上

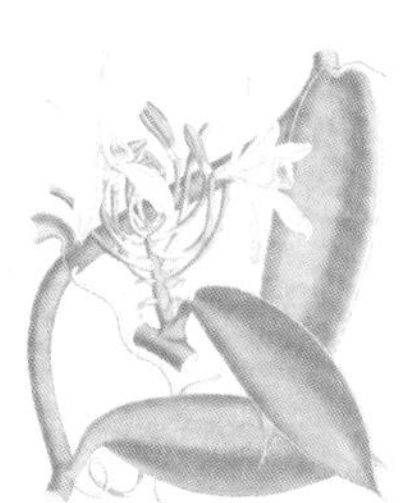

香荚兰

Vanilla planifolia

Vanilla Orchid

Jackson ex Andrews, 1808

香荚兰通称香草，是商业价值最大的兰花，在全世界热带地区均有栽培，以收获其“果荚”。其果实在发酵和干燥之后可提取香草香精，是一种广受欢迎的调味品。香荚兰属 *Vanilla* 在五大洲均有分布，有 100 多种，也是兰科中仅有的 5 个藤本属之一，它们都需要树木的支持才能充分生长。香荚兰藤可以长到相当可观的长度。

本种的花寿命短，在总状花序的轴上依次开放，其唇瓣管状。在其原产地墨西哥，其花由胡蜂传粉，但在本种大量栽培的马达加斯加、留尼汪和塔希提等地方的种植园中，则不得不靠人手工传粉。本种出产的果实占到了全世界商业化出产的香草果荚的 95%。

实际大小

香荚兰的花通常为黄色或略呈绿色，萼片、花瓣和唇瓣均有相似的颜色，其中唇瓣管状，具脊；尽管单独一朵花只有一天的寿命，但同一植株可在较长的一段时间内连续频繁开花。

亚科	杓兰亚科
族和亚族	无
原产地	欧洲和亚洲北部的温带地区，从不列颠群岛到朝鲜半岛和日本
生境	温带森林和灌丛，海拔至 2,000 m（6,600 ft）
类别和位置	地生
保护现状	广布，但在一些地方濒危
花期	4 月至 6 月（春季）

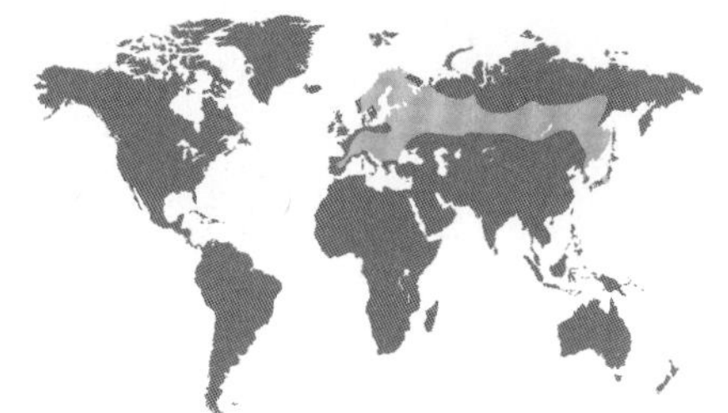

杓兰
Cypripedium calceolus
Yellow Lady's Slipper

Linnaeus, 1753

花的大小
5～8 cm（2～3 in）

植株大小
38～76 cm（15～30 in），包括花

杓兰的原生分布广泛，包括了北半球相当广袤的地区。曾有人认为北美洲的另一种梯唇杓兰 *Cypripedium parviflorum* 也属于本种，或者只是本种的变种，但现在知道它是一个独立的种。杓兰花美丽，在灰岩丰富地区的潮湿基质上生长良好，这也是本种较易栽培的原因。尽管本种分布很广，但盗采和城市扩张还是威胁到了它的一些居群。

杓兰的种加词 *calceolus* 在拉丁语中意为“小鞋”，指其唇瓣状如拖鞋，这也是中文名叫“杓兰”（“杓”为“勺”的异体）的原因。其囊状唇瓣作为昆虫陷阱，可以拦截倒霉的传粉者（通常是蜂类），但不会给它们任何回报。当传粉者逃出时，身上已经沾上了花粉。

杓兰的花颜色多变，但萼片和花瓣通常为黄色至褐色；唇瓣囊状，亮黄色；茎有柔毛，花通常在茎顶单生，下方有一片叶状苞片。

实际大小

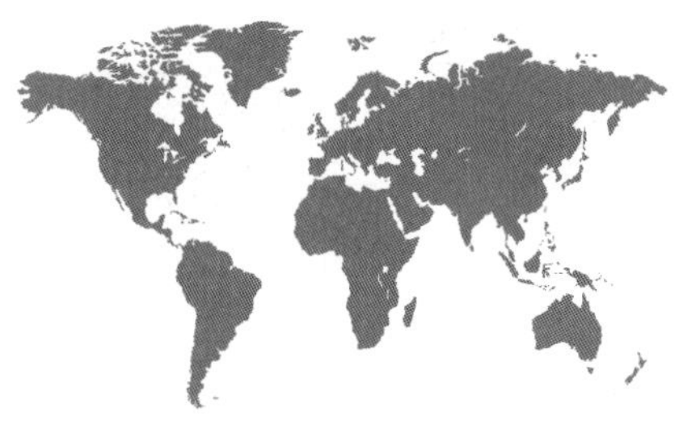

亚科	杓兰亚科
族和亚族	无
原产地	中国台湾中部山地
生境	溪边及湿润河畔树林中
类别和位置	地生
保护现状	濒危
花期	4月至5月

花的大小
9～10 cm（3½～4 in）

植株大小
基生叶高达 20 cm（8 in），
花莛包括花高达
61 cm（24 in）

台湾杓兰
Cypripedium formosanum
Taiwanese Lady's Slipper

Hayata, 1916

台湾杓兰的花的萼片和花瓣通常为白色至浅粉红色；唇瓣为较深的粉红色，囊状，常有紫红色斑块；唇瓣内侧则可为更深的紫红色。

台湾杓兰是最独特的杓兰类兰花之一，其基生叶对生，折扇状，形如伊丽莎白女王时期的皱边环领。本种与扇脉杓兰 *Cypripedium japonicum* 是姊妹种，但比它更美丽、更娇小。相比之下，扇脉杓兰不那么精致，但分布较广泛。台湾杓兰可以长成大丛，单独一棵植株可生出 100 多枚花莛。其花莛有毛，生有单独 1 朵（稀 2 朵）引人注目的花。其唇瓣囊状，底色为白色或略带粉红色，其中点缀着略呈紫红色的斑点。唇瓣前方的开口则常为心形，传粉的蜂类被迫从这一开口进出。其地下具一丛粗根而无块根。

本种为耐寒的温带植物，在园艺上极受欢迎，也易于繁殖。然而，其野生居群特有性强，分布高度局限，在采挖的威胁之下已经越来越稀见。

实际大小

亚科	杓兰亚科
族和亚族	无
原产地	北美洲中东部
生境	泥炭沼边缘和湿润温带森林中
类别和位置	地生
保护现状	广布，但局地受盗采威胁
花期	5月至6月

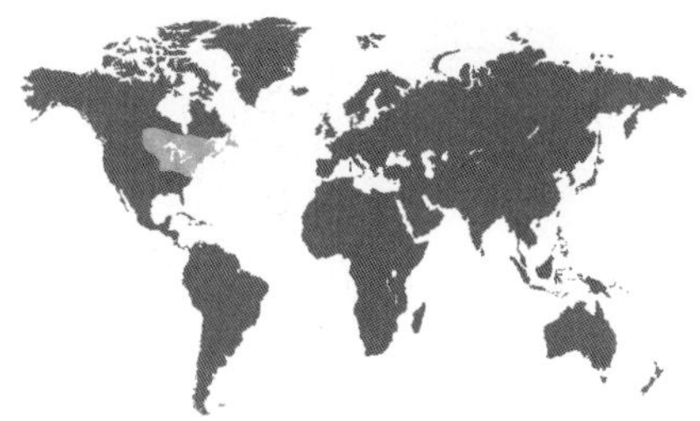

花的大小
10～11 cm（4～4¼ in）

植株大小
高 38～102 cm（15～40 in），包括花

秀丽杓兰
Cypripedium reginae
Showy Lady's Slipper
Walter, 1788

秀丽杓兰因其颀长的身形和壮丽的花朵而备受尊崇和喜爱。本种比同属很多其他种都要高大，花也更大。当它处在盛花期时，在野外很容易就能留意到它。和杓兰亚科几乎所有其他种一样，本种的唇瓣形成颜色鲜艳的囊，起着陷阱的作用，强迫蜂类只能从一条路退出，顺便就沾上了花粉。蜂类接近秀丽杓兰，本来期待它鲜艳的花是花蜜的来源，不料这些花竟丝毫不给回报。本种在地下具一丛粗根，但无块根。

因为秀丽杓兰格外美丽和耐寒，它经常被人从野外盗采，用于园艺。这种挖走的植株很少能存活，反而是在苗圃中由种子培育植株会有更大的成功率。

秀丽杓兰的花通常具白色的萼片和花瓣；唇瓣大，膨为囊状，玫红色（稀为白色）；花下通常有一片叶状苞片。

实际大小

亚科	杓兰亚科
族和亚族	无
原产地	墨西哥瓦哈卡州
生境	季节性干旱的灰岩露头
类别和位置	地生或石生
保护现状	极危
花期	通常 9 月（秋季）

花的大小
2～2.5 cm（¾～1 in）

植株大小
5～10 cm（2～4 in），
不包括花莛

镊萼兜兰

Mexipedium xerophyticum

Mexican Lady's Slipper

(Soto Arenas, Salazar & Hágsater) V. A. Albert & M. W. Chase, 1992

实际大小

1985 年，镊萼兜兰这种肉质小型兰花的发现震惊了拖鞋兰的狂热爱好者。其原始采集地点位于墨西哥南部，上方的岩石为其植株遮挡住了直射的阳光，在这里一共只有 7 株兰花。后来有一年十分干旱，这个地点经历了严重的火烧，此后便连一株兰花都找不到了（虽然现在已经知道了第二个分布地点）。本种的属名意为“墨西哥的杓兰”，种加词意为“旱生的”，描述了它所产的国家和旱生生境。不过，在本种生长的地方，一年中大部分时间事实上是有相当充沛的雨水的，只是在仲冬才会经历为期三个月的极端干旱天气。

本种可生出名为“长匍枝”的水平生长的茎条，因此易于蔓生。同一植株可生出几朵花，在花莛上依次开放。

镊萼兜兰的花微小，白色至浅粉红色，中央退化雄蕊多少粉红色；花瓣镰刀状；唇瓣亦为微小的囊状，为略呈粉红色的白色。

亚科	杓兰亚科
族和亚族	无
原产地	印度南部（喀拉拉邦）
生境	裸露草地的岩隙中
类别和位置	地生于岩石上
保护现状	极危
花期	3 月至 4 月（春季）

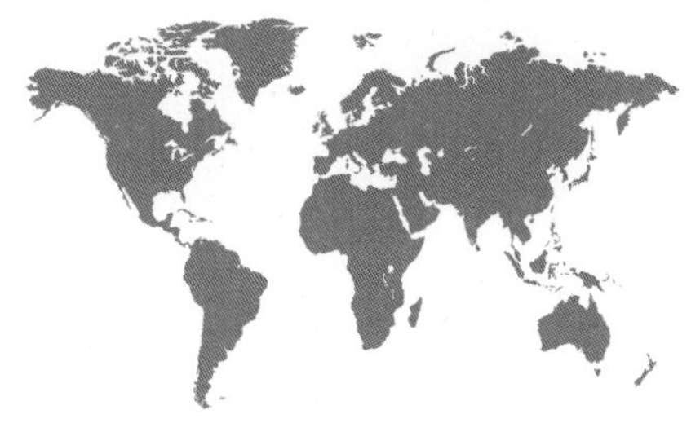

印度兜兰
Paphiopedilum druryi
Drury's Slipper Orchid
(Beddome) Stein, 1892

花的大小
7.5 cm（3 in）

植株大小
20～36 cm × 25～51 cm（8～14 in × 10～20 in），不包括花莛

1856 年，驻扎在印度的一名英国军人德鲁里上校（Colonel Drury）首次记录了印度兜兰，后来这种兰花便以他的名字命名。它仅有一片扇形、革质的绿叶，其上没有任何斑点；其花莛紫红色，有毛，具绿色的鞘，即从这片叶旁边抽出；花莛顶端生有单独一朵花，其下具一片有毛的苞片。在兜兰属 *Paphiopedilum* 中，本种是具根状茎的几个种之一，其根状茎可以在基质表面或表面以下不远处蔓生。杓兰亚科的任何种都无地下块根。

印度兜兰最近再无采集记录，据信已在野外灭绝。它目前仅有栽培，因为花朵美丽而很受欢迎。本种的传粉过程未知，尽管从其颜色推测可能由蜂类传粉。

印度兜兰的花大部为黄色，2 枚侧萼片合生，位于拖鞋状的唇瓣后方；背萼片在唇瓣上方弓曲，具褐色条纹，边缘白色；花瓣 2 片，开展，具褐色条纹和斑点。

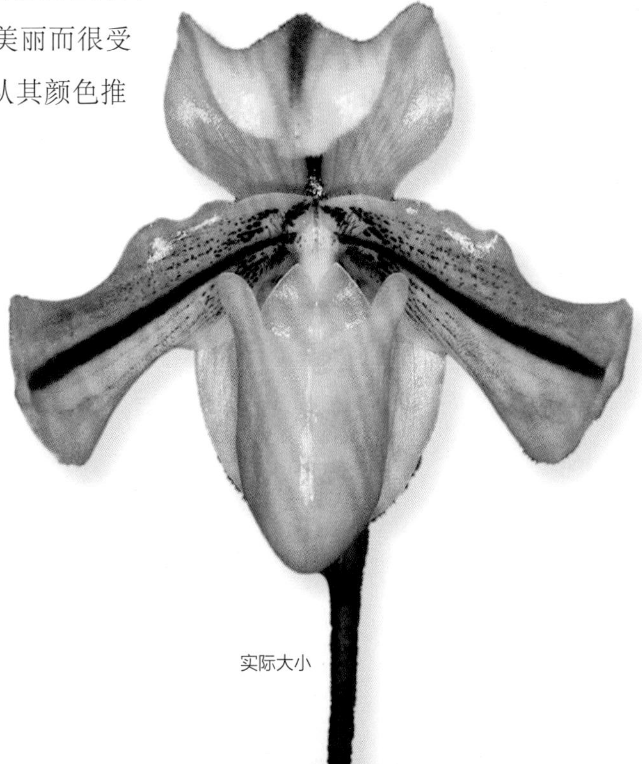

实际大小

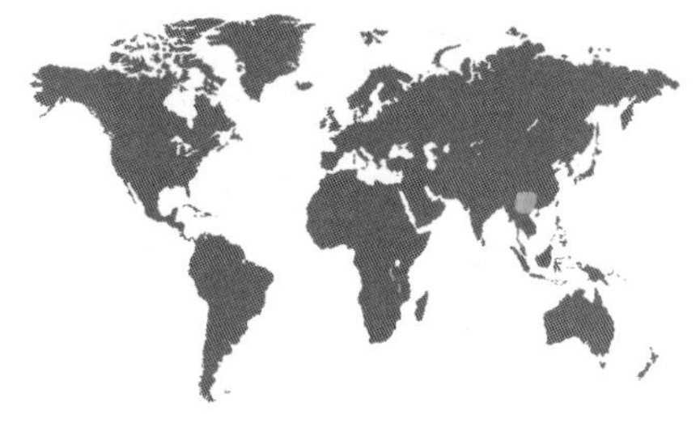

亚科	杓兰亚科
族和亚族	无
原产地	中国云南省东南部、老挝东南部和越南北部
生境	始终潮湿的原生阔叶云雾林，海拔 900～1,900 m（2,950～6,200 ft）
类别和位置	地生，通常生于硅质土壤上积满落叶的荫蔽凹处或花岗岩悬崖上
保护现状	极危
花期	9 月至 12 月（秋季至早冬）

花的大小
8 cm（3¼ in）

植株大小
31～51 cm × 36～76 cm
（12～20 in × 14～30 in），
包括花莛

瑰丽兜兰
Paphiopedilum gratrixianum
Gratrix's Slipper Orchid

Rolfe, 1905

瑰丽兜兰最早于 1905 年描述。描述所依据的植株最早由威尔海姆·米霍利茨（Wilhelm Micholitz, 1854—1932）在老挝采集，后由桑德斯苗圃在英国展出。其学名则用来纪念英国曼彻斯特的工业家、兰花种植爱好者萨缪尔·格雷特里克斯（Samuel Gratrix）。本种的叶为扇形，从中抽出紫红色的花莛，顶端生有单独一朵花。叶片下面近基部略有紫红色斑点，顶端则有浅缺刻或 3 齿。其地下无块根。

目前本种的传粉尚无研究，但根据其花部形态，特别是背萼片上的斑点，可知它很可能通过模拟蝇类的产

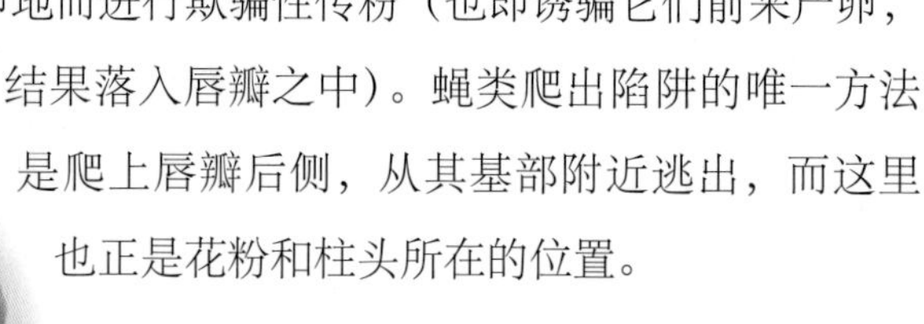

卵地而进行欺骗性传粉（也即诱骗它们前来产卵，结果落入唇瓣之中）。蝇类爬出陷阱的唯一方法是爬上唇瓣后侧，从其基部附近逃出，而这里也正是花粉和柱头所在的位置。

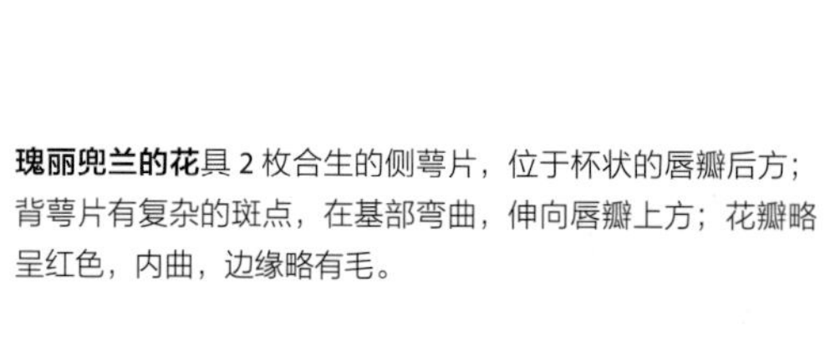

瑰丽兜兰的花具 2 枚合生的侧萼片，位于杯状的唇瓣后方；背萼片有复杂的斑点，在基部弯曲，伸向唇瓣上方；花瓣略呈红色，内曲，边缘略有毛。

实际大小

亚科	杓兰亚科
族和亚族	无
原产地	越南北部到中国西南部，包括广西西部和北部、云南东南部及贵州西部
生境	灰岩悬崖和岩隙，海拔 360～1,600 m（1,200～5,250 ft）
类别和位置	地生或石生，生于陡峭的石坡上
保护现状	由于过度采挖而极危
花期	4 月至 5 月（春季）

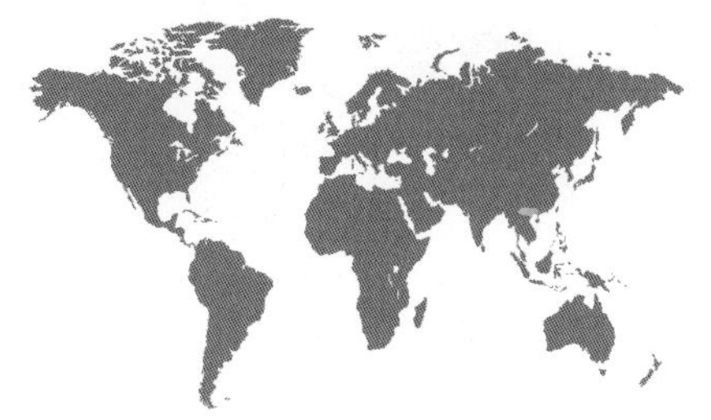

硬叶兜兰
Paphiopedilum micranthum
Tropical Pink Lady's Slipper

Tang & F. T. Wang, 1951

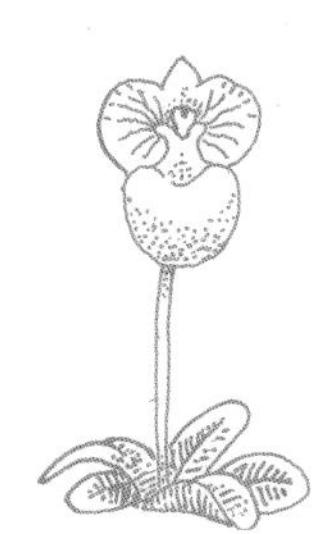

花的大小
10～14 cm（4～5½ in）

植株大小
30～40 cm × 20～30 cm（12～15 in × 8～12 in），包括花莛

自从硬叶兜兰在 1951 年被发现以来，采集者一直都渴望能采到这种兰花。它是拖鞋兰中最有观赏性的种之一，属于兜兰属 *Paphiopedilum* 的小萼组 sect. *Parvisepalum*，这个组的兰花以萼片退化、花瓣和唇瓣却大而鲜艳知名。硬叶兜兰的种加词 *micranthum* 在古希腊语中意为“花微小的”，据信是对一份未成熟的具花标本的描述，与这种兰大得惊人的花并不匹配。本种的花生于直立的花莛上，唇瓣为巨大的碗状。

硬叶兜兰坚韧的革质叶具有暗绿和白色相间的奇异纹样，在叶片下表面又布满紫红色的斑块。其花已经有几种颜色类型得到描述，因为花极美丽，本种作为受人欢迎的亲本，已用于培育不计其数的杂交品种。在其原产生境中，冬季温度常降至冰点附近，可以诱导花在春季开放。

硬叶兜兰的花的花瓣通常为粉红色或白色，具略呈红色的脉，有时则有黄色或金黄色的底色；唇瓣圆形，碗状，通常粉红色或白色，常布满浅紫红色的斑块。

实际大小

亚科	杓兰亚科
族和亚族	无
原产地	加里曼丹岛北部基纳巴卢山附近的雨林，海拔 500～1,200 m（1,640～3,950 ft）
生境	溪流或水塘附近陡峭的蛇纹岩悬崖
类别和位置	地生
保护现状	因盗采而极危
花期	4 月至 5 月（春季）

花的大小
15～25 cm（6～10 in）

植株大小
25～38 cm × 30～51 cm（10～15 in × 12～20 in），不包括花莛

国王兜兰

Paphiopedilum rothschildianum

Rothschild’s Slipper Orchid

(Reichenbach fils) Stein, 1892

正如其中文名所示，国王兜兰常被称为“兰花之王”，其花莛上可开多朵花，给人深刻印象。学名种加词 *rothschildianum* 以斐迪南·詹姆斯·冯·罗斯柴尔德（或译洛希尔，Ferdinand James von Rothschild, 1839—1898）命名，他是罗斯柴尔德家族的成员之一，也是园艺科学的赞助者。本种植株大，花有鲜明的颜色，使之成为采集者觊觎的对象，也是园艺杂交品种的优秀亲本。本种仅知产于基纳巴卢山附近的几个地点，由于过度狂热的采挖，已经数度濒临灭绝。

本种花瓣外伸，具有一列细毛和斑点，诱引蝇类前来。它们试图在不育雄蕊上产卵，因此落入了陷阱般的囊状唇瓣，当它们从唇瓣的顶部逃出时，身上便沾到了花粉团。

国王兜兰的花的萼片和花瓣为乳白色，有很多红褐色的粗条纹和斑点；唇瓣囊状，前伸，颜色多变，从浅红褐色到深褐红色不等。

实际大小

亚科	杓兰亚科
族和亚族	无
原产地	墨西哥南部经中美洲到委内瑞拉、哥伦比亚、厄瓜多尔和秘鲁
生境	溪流和水塘附近多禾草的石坡
类别和位置	地生，生于悬崖、陡岸和水塘边。在中美洲偶有附生记载
保护现状	濒危
花期	全年，但多在冬春季

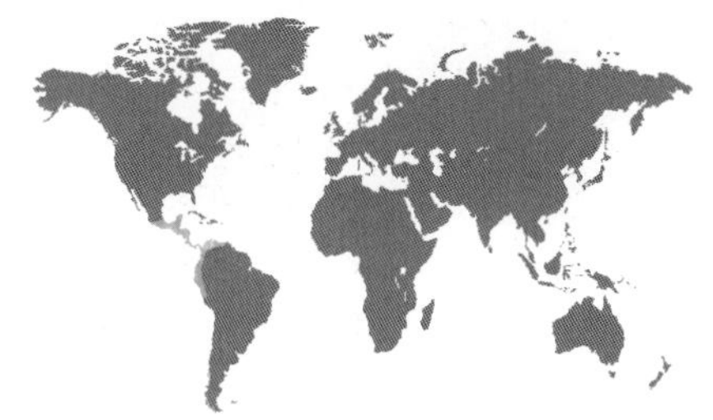

美洲兜兰
Phragmipedium caudatum
Long-tailed Slipper Orchid
(Lindley) Rolfe, 1896

花的大小
达 75 cm（30 in）

植株大小
30 ~ 71 cm × 51 ~ 91 cm（12 ~ 28 in × 20 ~ 36 in），不包括花莛

美洲兜兰的花瓣极长，为其特征，它是拖鞋兰中具有这种不可思议而十分迷人的花部特征的大约 6 种兰花之一。其花瓣会一直伸长，直到碰到某个坚硬的表面为止，并会在微风中扭动和飘荡。它们会散发一种难闻的气味，吸引传粉者前来。

本种的花由寻找产卵地的食蚜蝇类传粉。据信，环绕囊状唇瓣的囊口的斑点模拟了体形微小的蚜虫或其他昆虫，令食蚜蝇类误以为它们可以充当新孵化的食蚜蝇幼虫的食物。和几乎所有其他拖鞋兰一样，本种唇瓣的囊口很滑，传粉昆虫会落入囊中，然后从唇瓣顶端逃出，并在这里碰到花粉（以及之后访问的花的柱头）。

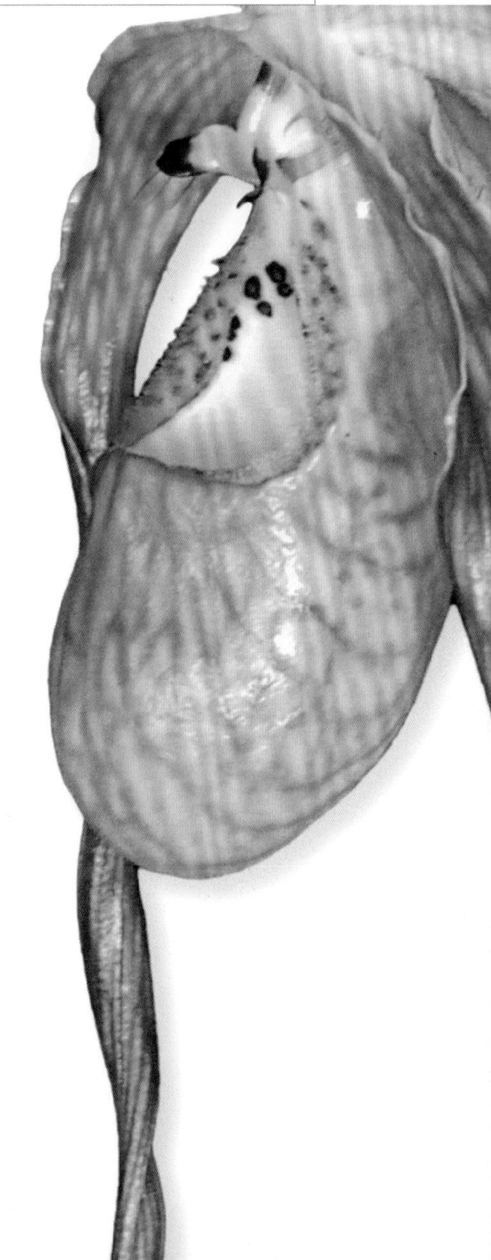

实际大小

美洲兜兰的花颜色多变，但通常由黄褐、棕黄和绿色的浅斑块组成；花瓣下垂，扭曲，常为深绿褐色；唇瓣常生有网状纹样。

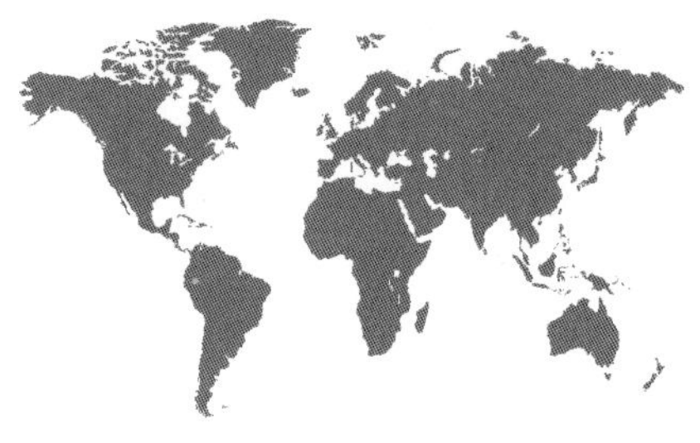

亚科	杓兰亚科
族和亚族	无
原产地	秘鲁安第斯山区东北部
生境	云雾林，生于陡峭的石质悬崖壁上，海拔 1,800～2,200 m（5,900～7,200 ft）
类别和位置	地生，生于陡岸上
保护现状	极危
花期	春季

花的大小
15 cm（6 in），
有时超过 18 cm（7 in）

植株大小
30～71 cm × 41～91 cm
（12～28 in × 16～36 in），
不包括花莛

圣杯美洲兜兰

Phragmipedium kovachii

Peruvian Giant Slipper Orchid

J. T. Atwood, Dalström & Ricardo Fernández Gonzales, 2002

圣杯美洲兜兰的花以拖鞋兰的标准衡量可谓巨大，生于长达 1 m（3 ft）、给人深刻印象的连续开花的花莛顶端；花瓣大而圆，与多数拖鞋兰相比形状独特，颜色则为亮紫红色至紫红色；唇瓣囊状，颜色更为鲜亮。

圣杯美洲兜兰的花壮美硕大，为鲜艳的紫红色，据说是 20 世纪发现的最出色的兰花，但也因此深陷于阴谋和丑闻之中。一位叫迈克尔·科瓦奇（Michael Kovach）的美国采集家从秘鲁的一个路边贩子手中买下了这种兰花，把它走私到了美国佛罗里达州，它就在这里得到命名和描述。然而在秘鲁政府出面干预下，科瓦奇被处以罚款，并被判处两年缓刑。

秘鲁政府已经发起一个保护和繁育项目，向园艺界提供种子培育的植株。多亏了这一项目，这种美艳超群的兰花如今才能种遍世界，以其花色、大小和健壮性给拖鞋兰的杂交育种带来了一场革新。

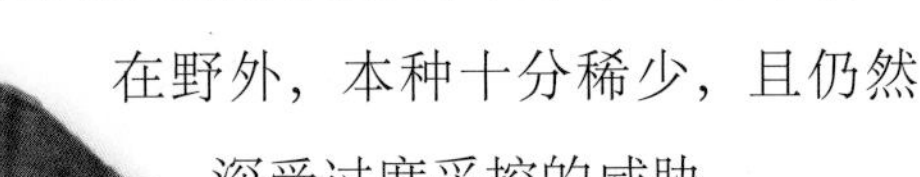

在野外，本种十分稀少，且仍然深受过度采挖的威胁。

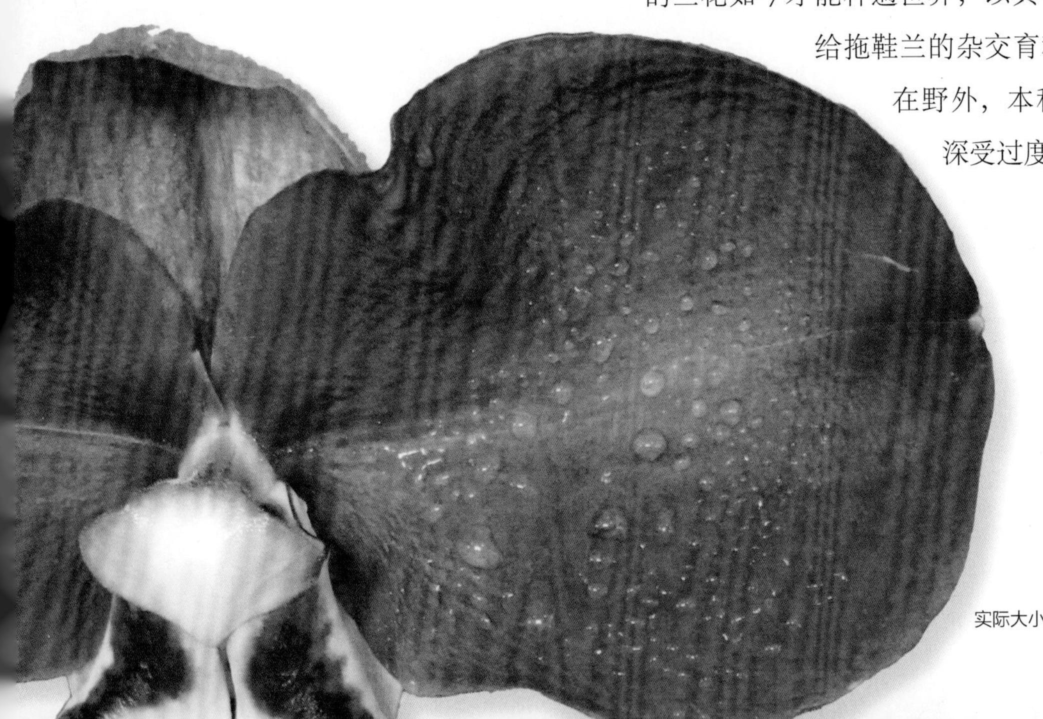

实际大小

亚科	杓兰亚科
族和亚族	无
原产地	厄瓜多尔
生境	森林迹地中贫瘠、沙质、有时沼泽化的环境中，海拔 550～1,000 m（1,800～3,000 ft）
类别和位置	地生
保护现状	濒危——见于稀少的几个局地居群中，从未达到极多见的程度
花期	春夏季

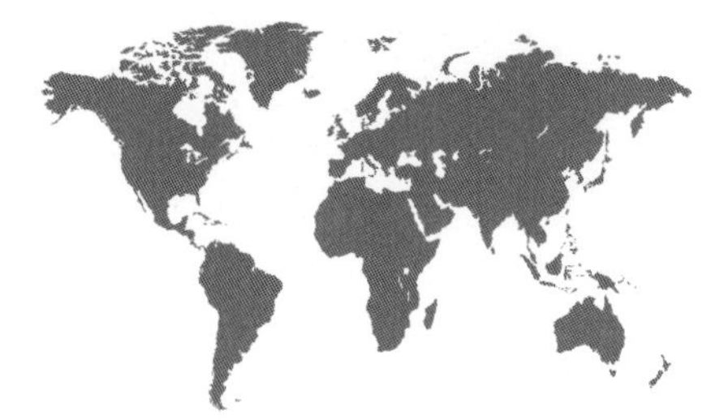

花的大小
4～5 cm（1½～2 in）

植株大小
1.8 m × 3 m（6 ft × 10 ft），包括花

菱蕊鼗月兰

Selenipedium aequinoctiale

Equatorial Moon-slipper

Garay, 1978

尽管在野外极为稀少，菱蕊鼗月兰却可能是杓兰亚科各属中最奇特的鼗月兰属 *Selenipedium* 下最常能遇到的种。本种尚未得到充分研究，也几乎无法栽培。它的茎叶巨大，但顶生的总状花序却由相对不显眼的花组成。和杓兰亚科几乎所有种一样，本种的花也可以用陷阱困住传粉者，它们只能从囊状唇瓣的顶端逃出，并在第一次访问本种的花时在这里碰到花粉，在第二次访问时再把花粉卸下。

本种的茎纤细柔软，叶为折扇状，形似竹子或高大禾草。

菱蕊鼗月兰的花生于高大的茎的顶端；花被各部通常为米黄色，背萼片和合生的腹萼片均为圆形；唇瓣囊状，大型，中央血红色，其他部位黄色。

实际大小

红门兰亚科

Orchidoideae

红门兰亚科有 200 属，大约 3,630 种，为兰科的第二大亚科，在很多温带地区是占优势的兰科类群。这些地区包括亚欧大陆和北美洲（红门兰族红门兰亚族）、非洲南部（红门兰族萼距兰亚族和鸟足兰亚族）、南美洲南部（盔唇兰族绿丝兰亚族）和澳大利亚（双尾兰族）。在热带地区，红门兰亚科的种也很多样，但因为树兰亚科在此呈现了巨大的多样性，相比之下，红门兰亚科就逊色多了。

红门兰亚科和树兰亚科的共同特征是花药仅一枚，与柱头完全合生。然而，和树兰亚科这个大得多的亚科不同，红门兰亚科几乎全都是草本植物，具块根或附着在短茎（根状茎）之上的丛生粗根。其叶也缺乏坚韧的纤维，而这是树兰亚科的典型特征。红门兰亚科的模式属（是该亚科学名 Orchidoideae 和兰科学名 Orchidaceae 的词源）是分布于亚欧大陆的红门兰属 *Orchis*，属名意为“睾丸”，指植株有睾丸状的块根。该属的模式种则是由林奈（Linnaeus）命名的四裂红门兰 *Orchis militaris*。

亚科	红门兰亚科
族和亚族	银钟兰族
原产地	智利中南部，阿根廷南部，马尔维纳斯群岛
生境	有恒定高湿度的森林化地区，海拔 20~1,900 m（65~6,200 ft）
类别和位置	地生
保护现状	局地多见，但不常见
花期	1 月下旬至 6 月（秋冬季）

花的大小
2.5 cm（1 in）

植株大小
50 cm × 5 cm
（20 in × 2 in），
包括花序

银钟兰
Codonorchis lessonii
Little Pigeon Orchid

(D'Urville) Lindley, 1840

实际大小

银钟兰在西班牙语中叫 palomita（小鸽兰），是一种精致的兰花，其茎中间生有一轮 3 或 4 片叶，茎顶则生有单独一朵白花。本种之前曾让分类学家十分困惑，尽管它很明显属于红门兰亚科，但它的特征异乎寻常，以致人们不清楚它和其他类群之间的关系。DNA 研究证实了它在红门兰亚科中的孤立地位，它因此自成一族。银钟兰为地生兰，生于低矮的植被中，地下有单独一条块根，由此生出单独一条具有环纹的茎。

本种的花很可能大多数为自花受精，但从花部结构可知某些蜂类也可能是天然的传粉者。银钟兰属的学名 *Codonorchis* 来自古希腊语词 kodon，意为“铃”“钟”，指唇瓣上有明显的附属物。

银钟兰的花为白色，萼片 3 枚，开展；花瓣 2 片，具紫红色斑点，弯至直立的合蕊柱上方；唇瓣饰有紫红色或绿色的疣；合蕊柱有绿纹，具翅。

亚科	红门兰亚科
族和亚族	盔唇兰族，绿丝兰亚族
原产地	智利中部
生境	低海拔的滨海地区，海拔 0~200 m（0~650 ft）
类别和位置	地生
保护现状	未评估
花期	7 月至 11 月（冬春季）

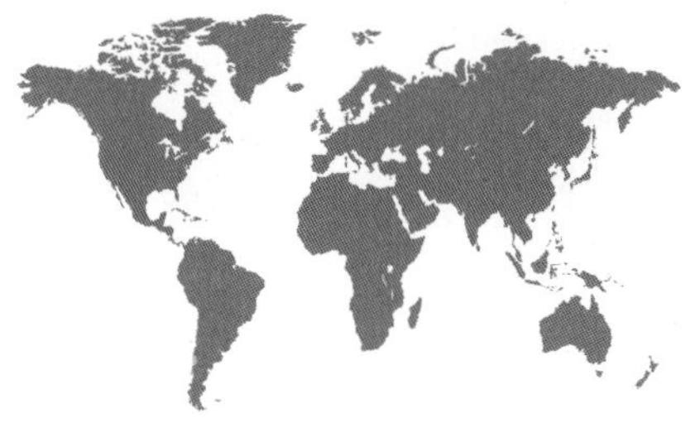

翠须兰
Bipinnula fimbriata
Green Beard Orchid
(Poeppig) I. M. Johnston, 1929

花的大小
4~6 cm（1½~2⅜ in）

植株大小
18~25 cm × 25~71 cm
（7~10 in × 10~28 in），
包括花序

羽须兰属 *Bipinnula* 的大多数种具有兰科中最古怪的花部结构之一。该属的翠须兰特产于智利，就生有这种标志性的萼片延伸结构，充分体现了作为属名 *Bipinnula*（在拉丁语中意为“两根羽毛”）词源的这一特征。萼片上的这个结构可以散发气味，吸引传粉者，但目前还未有该种传粉者的记载。

翠须兰生于智利中部低海拔滨海地区的干燥灌丛中，在晚冬开花，此时多数其他植物刚刚结束休眠。其总状花序从基部的莲座状叶丛发出，每条茎生有一枚花序，花序上可有 5~15 朵花。本种在地下则具丛生粗根(但无块根),位置靠近的一些植株可形成小群体。

翠须兰的花的萼片绿色，侧萼片顶端具流苏状延伸物；花瓣白色，具绿色纹，唇瓣白色，表面有很多深绿色的疣状结构。

实际大小

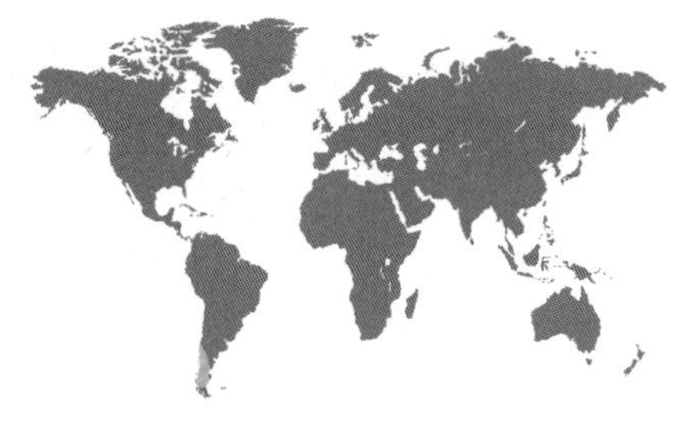

亚科	红门兰亚科
族和亚族	盔唇兰族，绿丝兰亚族
原产地	智利中南部至阿根廷西南部
生境	灌丛或森林，沿河湖分布，通常生于潮湿环境中
类别和位置	地生
保护现状	未评估
花期	11 月中旬至 1 月上旬（春夏季）

花的大小
3 cm（1⅛ in）

植株大小
75 cm × 10 cm
（30 in × 4 in），
包括花序

绿斑鹦喙兰

Gavilea araucana

Araucania Orchid

(Philippi). M. N. Correa, 1956

实际大小

绿斑鹦喙兰的传粉者最可能是胡蜂。当它试图饮用兰花合蕊柱基部分泌的花蜜时，会落在可活动的唇瓣上并向内爬去，最终会经过平衡点，被唇瓣压到合蕊柱上。绿斑鹦喙兰的花粉不形成花粉团，传粉者先会沾染上柱头分泌的液体，再沾上干燥的花粉。然而，有时这种兰花也会自花传粉。其地下具短茎（根状茎），向外生有辐射状的一丛多毛的粗根。

绿斑鹦喙兰的种加词 *araucana* 以智利一个叫阿劳卡尼亚（Araucanía）的地区命名。这个地区曾是由原住民马普切人统治的独立王国，植物学家正是在这里第一次见到了这种兰花。

绿斑鹦喙兰的花的萼片为乳白色，卵状披针形，顶端有绿色长尖；花瓣有绿色的虚线纹或斑点；唇瓣杯状，具红色的狭爪并 3 裂，中裂片有不规则的绿色条纹，侧裂片直立，黄色。

亚科	红门兰亚科
族和亚族	盔唇兰族，绿丝兰亚族
原产地	智利和阿根廷山区
生境	巴塔哥尼亚草原，安第斯山前灌丛
类别和位置	地生
保护现状	无危
花期	积雪融化后的早春

花瓷兰

Chloraea magellanica

Porcelain Orchid

J. D. Hooker, 1846

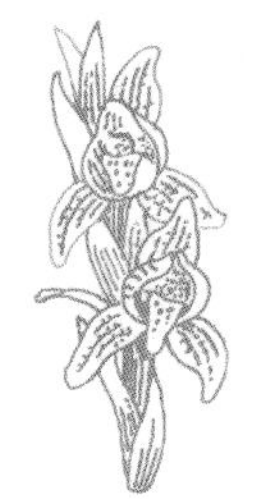

花的大小
5~8 cm（2~3 in）

植株大小
10~20 片基生叶长达 15 cm（6 in），通常平贴于地，形成基生莲座状叶丛

花瓷兰是绿丝兰属 *Chloraea* 兰花。这个属分布于南美洲纬度极南地区，花瓷兰是其中分布最广泛、极为美丽的种类之一。其花颇大，生于密集的叶丛之上，质地白色而有粗犷生动的绿色脉纹，形如青花瓷，“花瓷兰”这个中文名由此而来。本种和绿丝兰属其他种一样，可以在巴塔哥尼亚地区严酷艰难的气候下生存，在积雪融化时开花。种加词 *magellanica*（麦哲伦海峡的）指它可见于南美洲南端的麦哲伦海峡。

本种的唇瓣表面据说有腺体，可以散发香气。其花部形态适合蜂类传粉，而绿丝兰属的一些种已知由熊蜂传粉。然而，其花中没有明显的回报，所以其传粉过程可能属于欺骗性传粉。本种在地下具一丛粗根。

花瓷兰的花为绿白色，高度纹饰化，具深绿色的网纹；萼片开展，花瓣下弯，在合蕊柱和唇瓣上方呈兜帽状；唇瓣倒置，下弯，具斑点。

实际大小

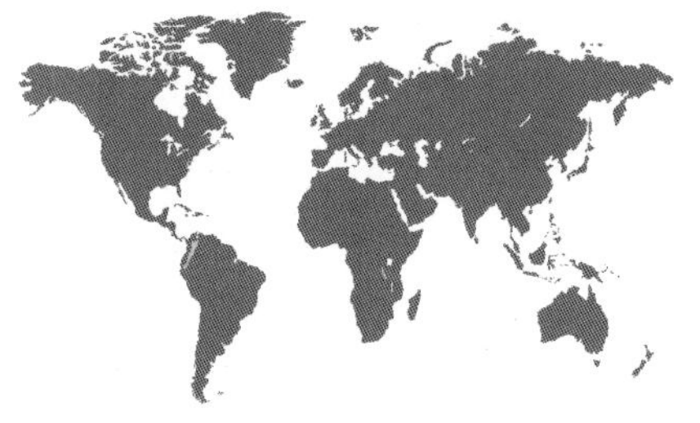

亚科	红门兰亚科
族和亚族	盔唇兰族，盔唇兰亚族
原产地	哥伦比亚和厄瓜多尔
生境	雪线附近陡峭的高海拔河岸
类别和位置	地生
保护现状	可因气候变化濒危
花期	冬季

花的大小
0.7～1 cm（¼～½ in）

植株大小
30～61 cm × 20～30 cm（12～24 in × 8～12 in），包括花序

哥伦比亚纸苞兰
Aa colombiana
Paper Orchid
Schlechter, 1920

哥伦比亚纸苞兰见于高海拔山地的陡峭河岸和森林中的其他开放地区，是一种独特的兰花。其花序长而直立，花在花莛近顶处簇生。花不扭转（唇瓣在最上方），下方托以一片苞片。苞片透明，常为纸质，有时覆盖在花上，保护花蕾免受风狂雨骤的高山生境中的多变天气伤害。其地下具一丛肥壮而有毛的根。

纸苞兰属 *Aa* 成员的分类历史，和它们经历的天气一样混乱。这些种曾被德国兰花专家海因里希·古斯塔夫·赖兴巴赫 (Heinrich Gustav Reichenbach, 1823—1889) 在纸苞兰属和近缘的贝壳兰属 *Altensteinia* 中丢来丢去。有人认为他之所以要造出 *Aa* 这个属名，是为了让他发表的这个属在任何以字母顺序排列的植物属名列表中可以始终排在第一位。本种及其亲缘种的传粉目前尚无研究。

哥伦比亚纸苞兰的花小，球形，和其他花在花莛顶端密集排成紧密的圆柱状总状花序；唇瓣直立，通常略呈白色，盔状，边缘流苏状；萼片、花瓣和苞片常透明而略带褐色。

亚科	红门兰亚科
族和亚族	盔唇兰族，盔唇兰亚族
原产地	南美洲安第斯山区，从委内瑞拉西北部到玻利维亚
生境	开放地、潮湿草甸或开放的云雾林，海拔 1,800～4,300 m（5,900～14,100 ft）
类别和位置	地生，通常生于花岗岩基质上
保护现状	局地多见，无危
花期	3 月至 5 月

花的大小
2 cm（¾ in）

植株大小
50 cm × 10 cm
（20 in × 5 in），
包括花序

流苏贝壳兰
Altensteinia fimbriata
Fringed Ground Orchid

Kunth, 1816

流苏贝壳兰产于气候寒冷的安第斯山区，其叶在地面上形成莲座状叶丛，地下茎则生有辐射状的根系；其根有毛，肉质，白色。本种在花期抽出花莛，其上覆有小型纸质苞片，绿白色的花即从苞片中伸出。其花小型，不扭转，因此唇瓣位于花的上侧，对兰花来说是较为少见的特征。

贝壳兰属 *Altensteinia* 的种通常见于山区高海拔的草甸和岩石表面，在这些地方可多见并长成大片。属名以普鲁士政治家卡尔·西格蒙德·佛朗茨·弗莱赫尔·冯·施坦因·阿尔滕施坦因男爵（Baron Karl Sigmund Franz Freiherr von Stein zum Altenstein, 1770—1840）命名。

流苏贝壳兰的花具 3 枚萼片，有毛，反曲；花瓣 2 片，小型，反曲；唇瓣略呈绿色，比花瓣大得多，直伸，状如兜帽，边缘流苏状，围抱合蕊柱；合蕊柱有毛。

实际大小

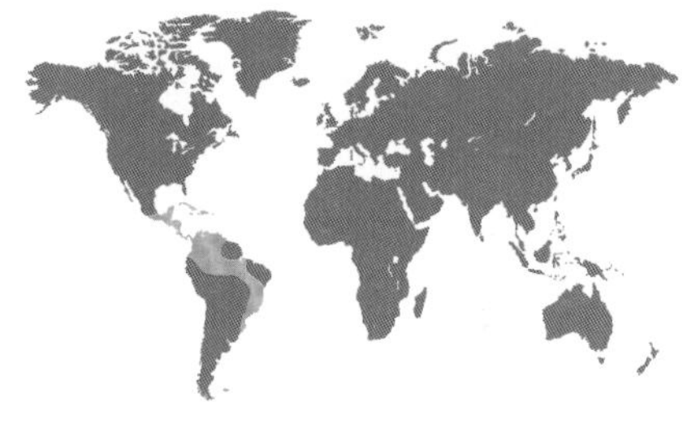

亚科	红门兰亚科
族和亚族	盔唇兰族，盔唇兰亚族
原产地	美洲热带地区，从美国佛罗里达州南部到秘鲁和巴西
生境	潮湿森林和荫蔽的河岸，海拔 200~3,000 m（650~9,850 ft）
类别和位置	地生
保护现状	未评估，但分布广泛，局地多见
花期	除 8 月至 10 月外的全年多数时间

花的大小
0.6 cm（¼ in）

植株大小
达 30 cm × 13~20 cm
（12 in × 5~8 in），
包括花序

盔唇兰
Cranichis muscosa
Mossy Helmet Orchid

Swartz, 1788

盔唇兰属的学名 *Cranichis* 来自古希腊语词 kranos，意为“头盔”，指唇瓣兜帽状，向上伸展。盔唇兰具基生莲座状叶丛，由多至 7 片叶组成，在秋季从手指状的肥壮而有毛的根上生出；叶片椭圆形，全为绿色，有明显的叶柄。其花穗生于叶丛顶部，直立，紫绿色，具叶状的苞片和许多花；花排列密集，依次开放。本种几乎所有花都能结出蒴果，因此它可能是自花传粉植物。

盔唇兰分布区广大，在其分布区中是最常见的地生兰之一。它既可见于原生林，又可见于次生林，甚至在松树和桉树的种植园中也有生长。这两类树种已知均可合成一些化学物质，对大多数美洲热带的地生兰有毒。

实际大小

盔唇兰的花不扭转，萼片有 2 枚为绿白色，反曲，另一枚则小得多；花瓣 2 片，白色，下伸；唇瓣上伸，兜帽状，有绿色斑点和条纹。

亚科	红门兰亚科
族和亚族	盔唇兰族，盔唇兰亚族
原产地	厄瓜多尔和秘鲁的安第斯山区
生境	高海拔草甸和灌丛
类别和位置	地生
保护现状	未评估
花期	春季

山甸曲钉兰
Gomphichis macbridei
Páramo Helmet Orchid

C. Schweinfurth, 1941

花的大小
1 cm（⅜ in）

植株大小
100～140 cm × 8～14 cm
（39～55 in × 3～6 in），
包括花序

山甸曲钉兰生于安第斯山区高海拔处的禾草和矮灌木间，具一丛柔软的线形叶，及一丛块状的覆有毛被的粗根。其花穗覆有苞片和绵毛，即从叶丛中抽出，其上生有许多不扭转（唇瓣在上方）的花。其花无蜜腺，很可能由蝇类或小型蜂类传粉，但目前对此尚无记载。其唇瓣上有一些腺毛，如果它们能分泌花蜜，则可能具有吸收传粉者的作用。

曲钉兰属 *Gomphichis* 的生物和生态性状普遍缺乏研究。属名来自古希腊词语 gomphos，意为“钉子”或“棍棒”，可能是指唇瓣上的腺毛，也可能是指合蕊柱的形状。中文名中的“山甸”是西班牙文 páramo 的翻译，指的是安第斯山区高海拔的草甸地区，本种即在那里发现。

实际大小

山甸曲钉兰的花具 3 枚萼片，内面白色，外面有毛；花瓣为兜帽状的下萼片所包藏；唇瓣有肋，黄色，具略呈绿色的脉，向上弯曲。

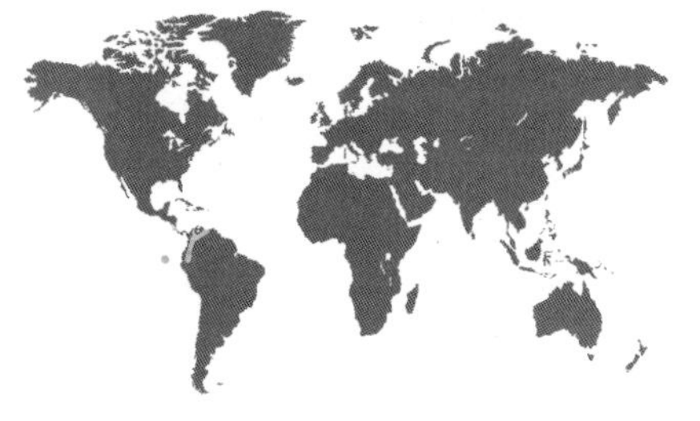

亚科	红门兰亚科
族和亚族	盔唇兰族，盔唇兰亚族
原产地	南美洲西北部，加拉帕戈斯群岛
生境	雨林和云雾林，海拔 500~3,000 m（1,640~9,850 ft）
类别和位置	地生
保护现状	未评估
花期	2月至4月（晚冬至春季）

花的大小
3 cm（1¼ in）

植株大小
30~45 cm × 15~30 cm
（12~18 in × 6~12 in），
包括花序

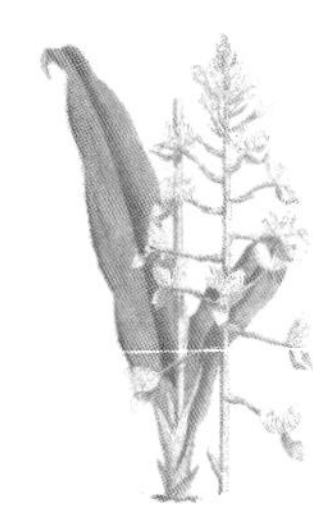

斑萼魔杖兰

Ponthieva maculata

Spotted Shadow Witch

Lindley, 1845

实际大小

魔杖兰属 *Ponthieva* 的种喜生于云雾林和其他潮湿森林地面上的湿润之处。其中一种毛魔杖兰 *Ponthieva racemosa* 向北分布到北美洲东部的美国弗吉尼亚州，在一群主要分布于热带的兰花中显得不同寻常。斑萼魔杖兰具一丛肥壮而有毛的根，其上生有几乎无柄的叶；叶有毛，组成莲座状叶丛，其上生出花序；花序有小型苞片，有毛，生有 15~20 朵具长梗的花。其唇瓣和侧萼片的腺体可分泌油质，而非花蜜，据此可猜测（虽然尚无观察）其传粉者是采集油质的条蜂类。

本种的花不扭转，且花中最吸引昆虫的部位是直立的侧萼片，这在兰花中非比寻常。其根在哥斯达黎加据说可用作一种叫“吐根”的催吐药的替代品。

斑萼魔杖兰的花外侧覆有毛被；侧萼片 2 枚，密生斑点，上伸；花瓣 2 片，黄色，具爪，基部有鼓起的腺体；唇瓣中央有凹穴。

亚科	红门兰亚科
族和亚族	盔唇兰族，盔唇兰亚族
原产地	巴西东南部和乌拉圭
生境	开放地区，天然草场
类别和位置	地生，生于潮湿而排水良好的地方
保护现状	未评估，但分布广泛
花期	10月（春季）

花的大小
0.6 cm（¼ in）

植株大小
25～46 cm × 15～25 cm（10～18 in × 6～10 in），包括花序

密花雪绶草
Prescottia densiflora
Snow-white Lady's Tresses

(Brongniart) Lindley, 1840

密花雪绶草的种加词 *densiflora* 特别适合用来描述这个种——其花莛上紧密排列有多达 100 朵的花。花不扭转，白色，各托以一片大型的绿色苞片。花莛本身又从莲座状叶丛中抽出，其叶卵形，无毛，无柄。莲座状叶丛则生于短根状茎上，根状茎上还生有一丛有毛的粗根。在 19 世纪早期，雪绶草属 *Prescottia* 有一个种成为第一种用种子栽培而成的兰花。在此之前，用种子栽培兰花的过程无一成功，曾经长期让欧洲的园艺师们困惑不解。

密花雪绶草由隧蜂类传粉，它们采集花蜜，可为本种的香气所吸引。其花粉团可沾在隧蜂口器的腹面。当隧蜂访问另一朵花时，它会让花粉团刷过柱头表面，蹭下小团花粉，这样就完成了传粉。

密花雪绶草的花具 3 枚反曲的萼片，其中 1 枚在其他兰花中通常位于最上的萼片在其花中位于最下；花瓣小，顶端钝，反曲；唇瓣围抱短合蕊柱，肉质，杯状，内面有毛。

实际大小

亚科	红门兰亚科
族和亚族	盔唇兰族，盔唇兰亚族
原产地	南美洲西部（哥伦比亚、厄瓜多尔和秘鲁）
生境	安第斯山区的高山草甸，海拔 2,600 ~ 4,100 m（8,530 ~ 13,450 ft）
类别和位置	地生至石生，生于岩石上的藓丛中
保护现状	未评估
花期	8 月至 10 月

花的大小
0.5 cm（⅛ in）

植株大小
9 ~ 55 cm
（3½ in × 21⅝ in），
包括花序，并把叶
多少拉直

三裂翼盔兰

Pterichis triloba

Sunny Páramo Orchid

(Lindley) Schlechter, 1911

实际大小

三裂翼盔兰在地下有短茎，生有一丛肥壮而有毛的根，从根向上生出单独一片直立的叶（有时有 2 片叶）。叶上有腺体，并有短柄。从叶的基部（常在叶枯萎后）再抽出疏松的花序，其上生有 10~20 朵不扭转的花。本种在南美洲高山雪线以上常见，它可能保持着生长海拔最高的兰花的记录。

尽管三裂翼盔兰在上述生境中相当多见，对它的研究却很少。目前对它的传粉一无所知，其花不像能给予传粉者任何类型的回报。其唇瓣边缘有腺点，但对其功能还未进行考察。

三裂翼盔兰的花不扭转，2 枚上萼片部分合生，略呈褐色，下萼片有绿色条纹；花瓣略呈褐色，下伸，与下萼片重叠；唇瓣下凹，黄色，兜帽状，顶端向上突起。

亚科	红门兰亚科
族和亚族	盔唇兰族，盔唇兰亚族
原产地	秘鲁（普诺省）和巴西（马托格罗索州）
生境	云雾林，海拔 3,000～3,700 m（9,850～12,100 ft）
类别和位置	地生
保护现状	未评估
花期	3 月（夏季）

花的大小
1 cm（⅜ in）

植株大小
60～100 cm × 20～30 cm（24～39 in × 8～12 in），包括花序

尖裂狭翼兰

Stenoptera acuta

Narrow-winged Orchid

Lindley, 1840

尖裂狭翼兰的根肉质，丛生。从根生出莲座状叶丛，叶倒披针形，近无柄。在这些叶中间抽出高大的花莛，上面生有绿色小花，托以绿色的苞片。其花和叶同时出现。狭翼兰属 *Stenoptera* 的种和盔唇兰亚族的其他属的共同特征在于唇瓣不倒置，但这个属的植株要比其他多数属的种大得多。尽管它们和贝壳兰属 *Altensteinia* 等其他安第斯山区的属共有很多花部特征，但并不生于极高海拔处。

目前尚未观察过尖裂狭翼兰的传粉，但其花缺乏明显的蜜腺，意味着可能存在某种类型的欺骗性传粉，可能由蝇类或小型蜂类进行。

实际大小

尖裂狭翼兰的花不扭转，3 枚萼片形成管状，位于弯曲的子房顶端；唇瓣短，边缘波状，上折，部分围抱合蕊柱。

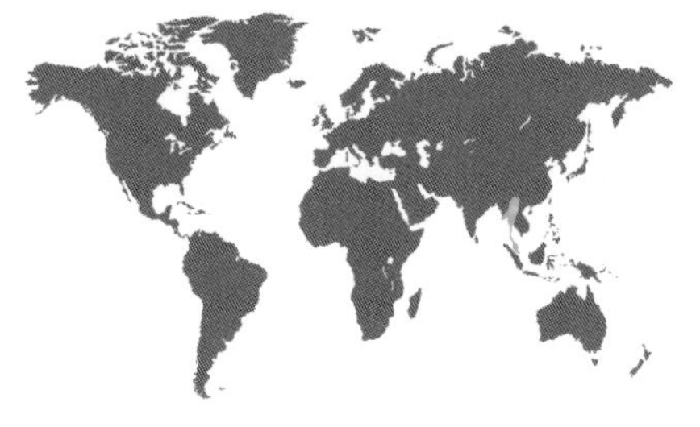

亚科	红门兰亚科
族和亚族	盔唇兰族，斑叶兰亚族
原产地	中国云南省、缅甸、泰国、老挝和马来半岛
生境	常绿林，海拔 400~1,400 m（1,300~4,600 ft）
类别和位置	地生，生于腐殖质丰富的荫蔽地
保护现状	未评估
花期	10 月至 12 月（秋季至早冬）

花的大小
1.5 cm（⅝ in）

植株大小
15~31 cm × 13~25 cm（6~12 in × 5~10 in），包括花序

滇南开唇兰
Anoectochilus burmannicus
Yellow Jewel Orchid

Rolfe, 1922

滇南开唇兰在园艺贸易中常被称为滇越金线兰 *Anoectochilus chapaensis*，并以这一名称售卖，然而后者（产自越南和邻近的中国）的唇瓣较短，白色，萼片有尾尖。滇南开唇兰的茎直立，多少增粗，生有 3~6 片排列紧密的叶；其叶有柄，为带铜褐色的绿色，并有铜红色的脉纹；其花序直立，有细毛，花排列疏松，每朵花下有一片小苞片。在一年中至少部分季节较为潮湿的森林中，其茎或根状茎沿基质匍匐生长。本种为常绿性，无块根或其他贮藏器官。

本种的传粉未有研究，但考虑到其花部形态，可能由蝶类传粉，其近缘类群已经确定是这种传粉方式。其花无具花蜜的距。

滇南开唇兰的花朝向不规则，很少扭转；萼片 2 枚，有毛，具腺体；背萼片和花瓣形成杯状，围绕短合蕊柱；唇瓣长，外伸，顶端由 2 枚张开的裂片组成。

实际大小

亚科	红门兰亚科
族和亚族	盔唇兰族，斑叶兰亚族
原产地	印度北部、尼泊尔、不丹、缅甸、中国（浙江省、广东省和海南省）、泰国、老挝和越南
生境	低海拔热带森林，常近溪流和水塘
类别和位置	地生或生于岩石上
保护现状	因采挖草药而受威胁
花期	夏秋季

金线兰

Anoectochilus roxburghii

Roxburgh's Jewel Orchid

(Wallich) Lindley, 1839

花的大小
达 1.85 cm（¾ in）

植株大小
23 ~ 51 cm x 25 ~ 46 cm（9 ~ 20 in x 10 ~ 18 in），包括花序

金线兰的叶在植物界中是最引人注目的叶之一。它之所以叫“金线兰”，正是因为它的叶有令人惊异的晶莹质地，在深绿色至几乎褐红色的底色上是色泽艳丽、常闪闪发光的金色脉纹。本种根状茎长，沿森林地面匍匐生长，隔较远的距离才生一丛根，其叶则在直立的花莛基部附近簇生。

尽管金线兰的叶比花更被人喜爱，它们的花却既小巧又复杂。它在中国台湾有一个近缘种台湾银线兰 *Anoectochilus formosanus*，其提取物据说可以抑制恶性肿瘤的生长。生长于高度荫蔽之处、像本种这样在花上生有短距的种，可能均由蛾类或蝶类传粉。

金线兰的花具绿紫色的萼片和花瓣；唇瓣裂成复杂的裂片，略呈白色，其两侧沿中肋生有分裂较深的流苏状边缘，顶端又分为 2 枚匙形裂片。

实际大小

亚科	红门兰亚科
族和亚族	盔唇兰族，斑叶兰亚族
原产地	巴西东南部
生境	森林中始终潮湿的荫蔽地
类别和位置	地生
保护现状	未评估
花期	9 月至 3 月（春季至秋季）

花的大小
1.3 cm（½ in）

植株大小
15~22 cm × 6~10 cm（6~8½ in × 2⅜~4 in），包括花序

银带盾喙兰
Aspidogyne fimbrillaris
Silver-striped Orchid

(B. S. Williams) Garay, 1977

银带盾喙兰常生于潮湿森林的阴暗处。其花分泌有花蜜，作为对传粉者的回报，而常为弄蝶类和隧蜂类所访问；然而，只有后者是有效的花粉搬运者。花粉团可以粘在隧蜂类的上唇处，对蜂类来说，这是一个很难清理的位置。

银带盾喙兰是引人注目的小植物，有匍匐的根状茎，顶端生有紧密排列的绿色叶，叶片中部以下有宽阔的银色条纹。其花莛直立，顶端为一枚疏松至紧密排列的花穗，生有精致的花。其地下具粗根，有毛，在蔓生的根状茎上疏松地间隔生长。其茎有时有分枝，而形成一簇紧密靠近的植株。

实际大小

银带盾喙兰的花小，萼片 3 枚，白色，中部以下有绿褐色条纹；花瓣位于兜帽状的上萼片内部；唇瓣短，围抱合蕊柱。

亚科	红门兰亚科
族和亚族	盔唇兰族，斑叶兰亚族
原产地	美国路易斯安那州、佛罗里达州、西印度群岛至南美洲北部
生境	沼泽、阔叶林和岛状林，海拔至 200 m（650 ft）
类别和位置	地生，生于腐殖质上
保护现状	未评估
花期	9 月至 5 月上旬（秋季至春季）

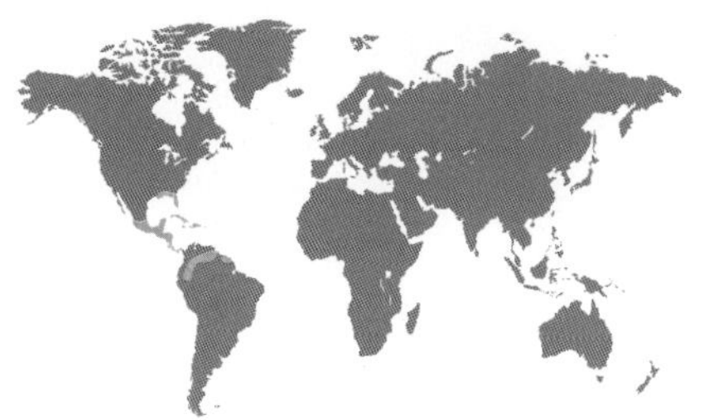

花的大小
0.5 cm（⅛ in）

植株大小
13～30 cm × 8～13 cm（5～12 in × 3～5 in），包括花序

壶距兰
Aspidogyne querceticola
Jug Orchid
(Lindley) Meneguzzo, 2012

壶距兰生于低海拔生境中，特别是荫蔽潮湿的地点。它生有匍匐的根状茎，每节生有 2~3 条根，又向上抽出茎，每条茎具多至 6 片螺旋状排列的叶，叶常有白色脉，并有膨大、具鞘的叶基。本种在中南美洲的近缘种可有深色带白色至金黄色脉纹的叶片。壶距兰有时会有分枝，而形成植株的小群体。它在一年中大部分时间均可抽出花莛，其上生有许多微小的花，下面各有 1 片苞片。

目前对本种的传粉尚无数据。然而，其唇瓣宽阔，具短而圆的距，中含花蜜，花扭转，这些特征加上花色都暗示它由蜂类或可能由蝶类传粉。

壶距兰的花具 3 枚萼片，杯状，白色；花瓣 2 片，小，具褐色色调，与上萼片共同构成管状；唇瓣反曲，3 裂，白色，基部延伸为囊状的花蜜距。

实际大小

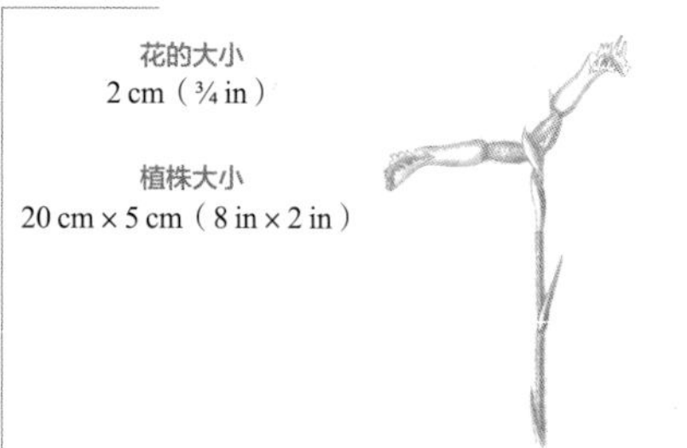

亚科	红门兰亚科
族和亚族	盔唇兰族，斑叶兰亚族
原产地	喜马拉雅山区至中国云南、缅甸和泰国
生境	森林中的潮湿地，海拔 1,000~2,400 m（3,300~7,875 ft）
类别和位置	地生
保护现状	很可能濒危，但尚未正式评估
花期	9 月（秋季）

花的大小
2 cm（¾ in）

植株大小
20 cm × 5 cm（8 in × 2 in）

大花叉柱兰
Cheirostylis griffithii
Himalayan Jewel Orchid

Lindley, 1857

实际大小

叉柱兰属的学名 *Cheirostylis* 来自古希腊语词 cheilos，意为“手”，指合蕊柱有手指状的裂片。大花叉柱兰的种加词 *griffithii* 用来纪念英国医生和博物学家威廉·格里菲斯（William Griffith, 1810—1845）。他是一位卓有成效的采集家，共采集了 12,000 份标本，其中就包含他在喜马拉雅山区发现的这种小巧精致的兰花。本种及其近缘种在营养生长期中具有紧密簇生的一丛叶，为深绿褐色，上有银白色斑块；正是这些极具装饰性的叶，让本种在英语中有了 Jewel Orchid（珠宝兰）的普通名。

本种的叶到夏季已枯萎，此时生出 1~3 朵花。花由昆虫传粉，传粉者可能是小型蛾类，尽管目前对它和传粉者之间的相互关系还几无所知。

大花叉柱兰的花的萼片部分合生，形成管状，覆有棕色毛，花瓣位于其内；唇瓣基部有 2 枚绿色斑点，并有 2 枚深裂的裂片，每枚再分裂出 8~10 枚手指状的裂片；合蕊柱有 4 枚匙状指突。

亚科	红门兰亚科
族和亚族	盔唇兰族，斑叶兰亚族
原产地	北半球温带地区
生境	主要为针叶树或针阔叶混交的森林的荫蔽处，稀见于泥炭沼或雪松沼泽，生于海平面到海拔 2,900 m（9,500 ft）处
类别和位置	地生，生于腐殖质上
保护现状	未评估，但广布
花期	7 月至 9 月上旬（夏季）

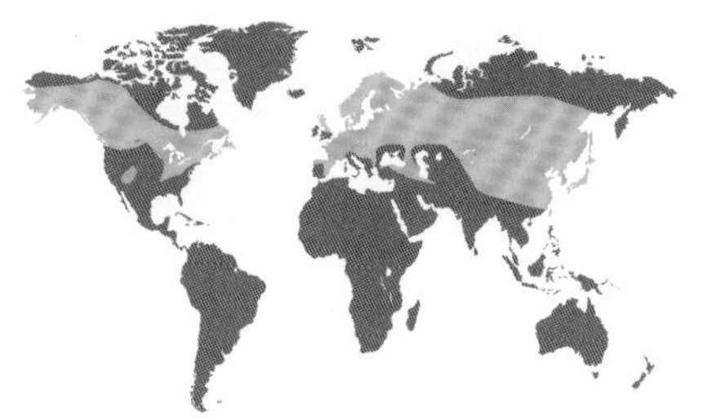

花的大小
0.6 cm（¼ in）

植株大小
10～20 cm × 10～15 cm（4～8 in × 4～6 in），包括花序

小斑叶兰
Goodyera repens
Dwarf Rattlesnake Plantain

(Linnaeus) R. Brown, 1813

小斑叶兰是一种可爱的小型兰花，在整个北半球的针叶林中都极常见。它有在地面以下很浅处匍匐生长的根状茎，其上生有螺旋状排列的叶，可为纯绿色，或点缀有不同程度的白色斑点、斑块或条纹。其花穗有毛，花为白色，外面有毛，每朵下面有一片长而尖的绿色苞片。本种在英国的英文普通名叫 Creeping Lady's Tresses（匍匐绶草），指它形似绶草属 *Spiranthes* 的种，但后者不"匍匐"。

本种唇瓣下部为杯状，其中分泌有花蜜，其花也有香气。在北美洲，这可吸引熊蜂前来，把花粉团沾在喙上，虽然它们可能并不是最有效的传粉者。在欧洲，普通淡脉隧蜂 *Lasioglossum morio* 的体形大小正合适，可以展现最恰当的传粉行为。

小斑叶兰的花具 3 枚等大的萼片，白色，有毛，形成小钟状；花瓣和唇瓣为萼片所包围，亦为白色。

实际大小

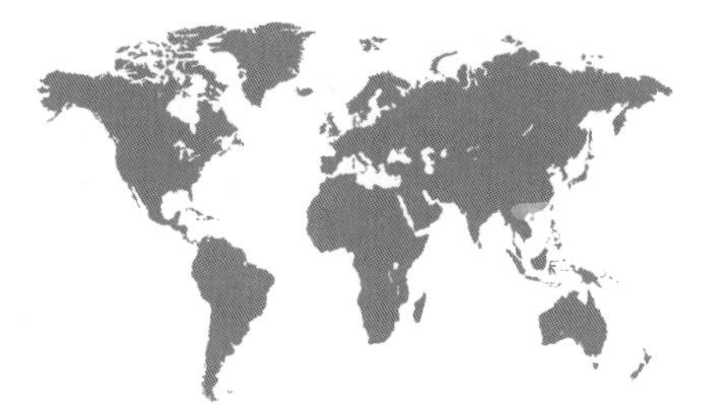

亚科	红门兰亚科
族和亚族	盔唇兰族，斑叶兰亚族
原产地	中国大陆南部、海南岛，泰国北部，越南
生境	季节性常绿林和低海拔落叶混交林，海拔约 120～900 m（390～2,950 ft）
类别和位置	地生
保护现状	未评估
花期	3 月至 4 月（早春）

花的大小
0.5 cm（⅛ in）

植株大小
20～40 cm × 7.5～20 cm
（8～16 in × 3～8 in）

香港翻唇兰

Hetaeria youngsayei

Young Saye's Lady's Tresses

Ormerod, 2004

翻唇兰属的学名 *Hetaeria* 来自古希腊语词 hetairos，意为"同伴之谊"或"兄弟之情"，指的是该属和斑叶兰属 *Goodyera* 等其他属近缘，以前曾经置于这些属中。和斑叶兰属一样，翻唇兰属的种也有匍匐生长的地下根状茎，每节生有 1 或 2 条肥壮而有毛的根，又在近地表处生有螺旋状排列的叶丛。其叶为阔卵形，有柄，叶丛之上抽出具浓毛的花序；其花小，唇瓣在最上方，花上也覆有短毛。

本种的种加词以杨俊成（J. L. Youngsaye）的英文姓氏命名，他是中国香港的一位兰花爱好者；令人意外的是，本种到 2004 年才得到描述。

实际大小

香港翻唇兰的花具上伸的唇瓣；萼片 3 枚，兜帽状，紫绿色，有毛，顶端紫白色；花瓣无毛，白色；唇瓣黄白色，短于其他花被片。

亚科	红门兰亚科
族和亚族	盔唇兰族，斑叶兰亚族
原产地	中国大陆南部经中南半岛至苏门答腊、加里曼丹岛和菲律宾
生境	低海拔常绿林，生于荫蔽地，常近溪流，海拔至 1,300 m（4,300 ft）
类别和位置	地生或石生，生于岩石基质上
保护现状	未评估
花期	2 月至 4 月（春季）

血叶兰
Ludisia discolor
Common Jewel Orchid
(Ker Gawler) A. Richard, 1825

花的大小
1.7 cm（⅝ in）

植株大小
25 ~ 46 cm × 15 ~ 25 cm（10 ~ 18 in × 6 ~ 10 in），包括花序

“血叶兰”这个中文名指其叶为红褐色，叶上又有略带粉红色的白色脉纹，是其近缘的开唇兰属 *Anoectochilus*、玛瑙兰属 *Dossinia*、笼纹兰属 *Macodes* 和叉柱兰属 *Cheirostylis* 也具备的特征。血叶兰的根状茎肉质，匍匐生长，大多数水平的节上生有 1~3 条具绒毛的根，根状茎又向上生出茎，其上生有螺旋状排列的叶。从叶丛中间抽出花序，具苞片和毛，由 10~25 朵花构成。花的子房有绵毛，花下各有一片略呈粉红色的苞片。其合蕊柱扭向一侧，花药和黏盘顶端则呈钩状。

血叶兰生于石质基质上，其花白色，可吸引一种叫银带弄蝶 *Plesioneura asmara* 的蝶类来从唇瓣基部的蜜穴中吸取花蜜。蝴蝶在吸蜜的时候，花粉团就沾到其腿上。本种经常作为盆栽花卉种植。

血叶兰的花具 2 枚反曲、白色的萼片；另一枚萼片兜帽状，盖于黄色的合蕊柱及唇瓣之上；唇瓣小，弯曲，白色，顶生 2 枚裂片，向侧面突起。

实际大小

亚科	红门兰亚科
族和亚族	盔唇兰族，斑叶兰亚族
原产地	泰国和马来西亚的马来半岛地区、苏门答腊岛、加里曼丹岛、爪哇岛、菲律宾和日本琉球群岛
生境	低地森林和低海拔山地林，海拔达 1,500 米（4,920 ft）
类别和位置	地生
保护现状	未评估，常见栽培
花期	全年

花的大小
1 cm（⅜ in）

植株大小
20～30 cm × 14～20 cm
（8～12 in × 6～8 in），
包括花序

笼纹兰
Macodes petola
Sparkling Jewel Orchid
(Blume) Lindley, 1840

笼纹兰是英语中所谓“珠宝兰”（Jewel Orchid）的一种。相比其花，这类兰花更以精巧的叶面斑纹著称。笼纹兰具莲座状叶丛，叶美丽，具银色脉纹，在光照下闪闪发亮。植株具长根状茎，可在土壤表面或其下不远处生长，使植株多少沿地面蔓生。沿其根状茎生有根，基部可成丛。

因为笼纹兰精致的脉纹形如笔迹，人们一度相信把这种植物的汁液滴到眼睛里可以提升写作能力。本种亦有药用的记载，尽管其治病的确切机理还不清楚。考虑到花的形态，传粉者最可能是蛾类或蝶类，但因为唇瓣和合蕊柱的扭转状态，它们必须从花的一侧接近花粉。目前未见花中有花蜜的记载。

笼纹兰的花不扭转，萼片开展，外面有毛，内面有棕红色斑块；花瓣弯曲，部分与下萼片合生；唇瓣结构复杂，与合蕊柱合生并围抱合蕊柱。

实际大小

亚科	红门兰亚科
族和亚族	盔唇兰族，斑叶兰亚族
原产地	加勒比海群岛和委内瑞拉北部
生境	山地雨林和云雾林
类别和位置	地生
保护现状	因生境破坏而受威胁
花期	9 月至 5 月（秋季至春季）

车前状小唇兰
Microchilus plantagineus
Caribbean False Helmet Orchid

(Linnaeus) D. Dietrich, 1852

花的大小
0.5 cm（⅛ in）

植株大小
30～46 cm × 8～13 cm
（12～18 in × 3～5 in），
包括花序

车前状小唇兰属于小唇兰属 *Microchilus*。该属有大约 40 种，与斑叶兰属 *Goodyera* 有亲缘关系，有类似的长而横走的根状茎，每节生出 1~2 条有毛的粗根。根状茎转为直立生长时，则生出一系列螺旋状排列的叶，叶有叶柄，花莛亦从叶丛中抽出。一些个体在叶上有白色斑点。其叶无毛，而与植株常被密毛的其他部位不同。

本种有花蜜距，暗示其花由蜂类或蝶类传粉，但在野外还未观察过其传粉过程。在从多米尼加共和国发掘出的中新世琥珀化石中曾见有一只蜂类携带有与本种近缘的绝灭种加勒比蜜兰 *Meliorchis caribea* 的花粉团，意味着这类兰花在 2,000 万年前就已经在加勒比地区存在了。

车前状小唇兰的花为白色，上萼片兜帽状，位于合蕊柱上方；花瓣 2 片，小型，位于上萼片侧面；唇瓣下伸，顶端具 2 枚唇须状小裂片，背面有短花蜜距。

实际大小

亚科	红门兰亚科
族和亚族	盔唇兰族，斑叶兰亚族
原产地	印度锡金邦至中国台湾岛，南达中南半岛
生境	常绿阔叶林和山谷，海拔 800~2,200 m（2,625~7,200 ft）
类别和位置	地生或生于潮湿地点的岩石上
保护现状	未评估
花期	6 月至 9 月（夏季至早秋）

花的大小
2 cm（¾ in）

植株大小
15~30 cm（6~12 in），包括顶生的花序

齿唇兰
Odontochilus lanceolatus
Yellow Fishbone Orchid

(Lindley) Blume, 1859

齿唇兰生于阴暗的森林中，其鲜亮的花色使之易于看到，并易于吸引传粉者。其茎匍匐，在枯叶很多的森林地面穿行，并能向上生长，发出 2~8 片带白色脉纹的叶。叶上方则是花茎，生有多至 12 朵花。齿唇兰属的学名 *Odontochilus* 来自古希腊语词 odontos 和 cheilos，意为“具齿的唇”，指其唇瓣两侧有手指状的齿。这些齿看上去像鱼骨，所以本种的英文名意为“黄鱼骨兰”。种加词 *lanceolatus* 意为“披针形的”，指的则是叶形为披针形。

对本种的生活史及其可能的传粉者还几无所知。不过，其鲜亮的花色、花的形状和在森林较阴暗处生长的习性均暗示其传粉者为蝶类。

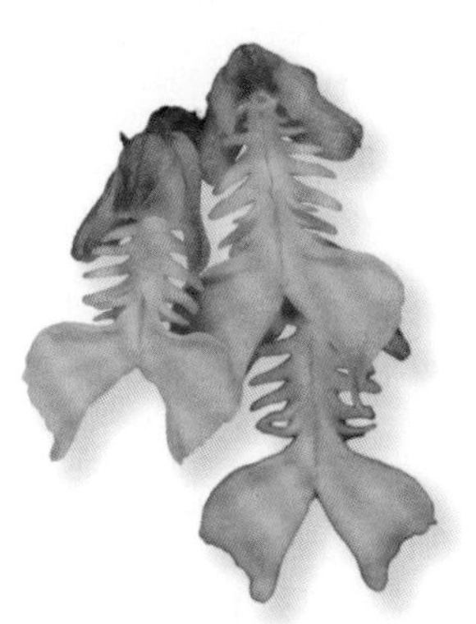

实际大小

齿唇兰的花的萼片和花瓣为绿黄色，前伸，在合蕊柱周围形成管状；唇瓣黄色，两侧各有一列手指状的齿，顶端则裂为 2 枚大型旗状裂片。

亚科	红门兰亚科
族和亚族	盔唇兰族，斑叶兰亚族
原产地	新喀里多尼亚
生境	雨林，海拔 100~1,000 m（330~3,300 ft）
类别和位置	地生，生于潮湿森林中
保护现状	未评估，但在局地已受保护
花期	9 月至 10 月及 4 月至 5 月（春季和秋季）

粗距兰
Pachyplectron arifolium
Arum-leaved Spurlip Orchid
Schlechter, 1906

花的大小
1 cm（⅜ in），
包括距长

植株大小
18~30 cm x 15~25 cm
（7~12 in x 6~10 in），
包括花序

粗距兰的叶和花均为褐色，因此它常被误当成枯死的植物而被忽视。它也可生长在几乎没有其他植物生长的阴暗条件下，几乎没有人会期望在这种地方找到兰花。本种在太平洋岛屿新喀里多尼亚岛的一些地方多见，但对其生态习性则几无所知。

这种不同寻常的兰花有匍匐的根状茎，其上生出一些箭头状的叶，叶为铜红色，平铺在地面上。植株在开花时会抽出细线般的花序，其上生有几朵具距的花。因为花有短花蜜距，所以蝇类可能是其传粉者。粗距兰属 *Pachyplectron* 共 3 种，其中一种无叶（因而完全依赖与其共生的真菌提供养分），至今极少被采到。

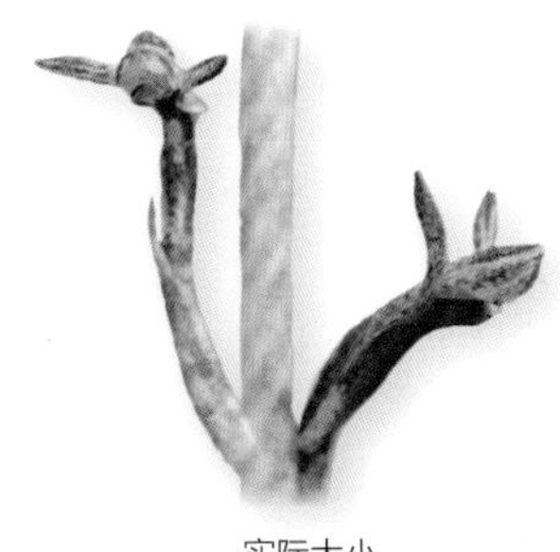

实际大小

粗距兰的花的萼片和花瓣为乳白色，有褐色斑点；其中 2 片花被片反曲，其余向前伸；唇瓣褐色，短，位于前方，在花的后方则伸出 1 枚粗距。

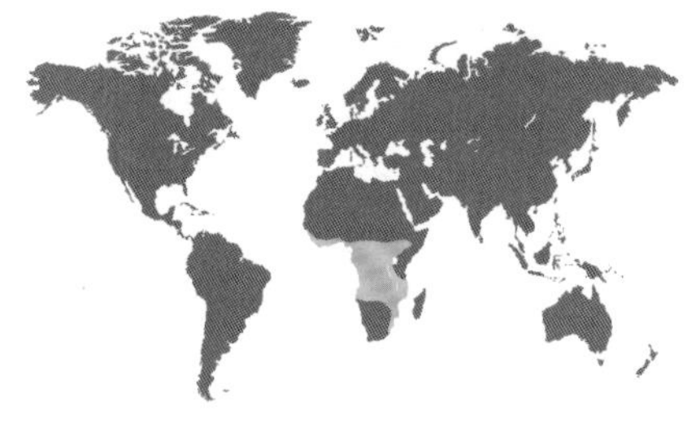

亚科	红门兰亚科
族和亚族	盔唇兰族，斑叶兰亚族
原产地	非洲热带地区和南部
生境	沼泽化森林，海拔 30~1,330 m（100~4,360 ft）
类别和位置	地生，生于极荫蔽处
保护现状	未正式评估，但看来未受威胁
花期	12 月至 4 月（夏秋季）

花的大小
1 cm（⅜ in）

植株大小
20~63 cm × 15~25 cm（8~25 in × 6~10 in），包括花序

黏绥兰

Platylepis glandulosa

Sticky Lady's Tresses

(Lindley) Reichenbach fils, 1876

黏绥兰生于潮湿的生境中，这使它生有无块根的茎，在近地面处或地面上匍匐，每个茎节上则生有单独一条有毛的肉质根。从这些横走的根状茎上抽出直立的茎，其上生有 3~7 片螺旋状排列的叶，各具 3 条显眼的叶脉。其花序紧密，生于茎顶，具腺体，生有 15~45 朵花，每朵花均托以一宽阔的苞片。本种属于平苞兰属 *Platylepis*，属名来自古希腊语词 platys 和 lepis，意为“扁平的鳞片”，指的正是这些显眼的苞片。

黏绥兰无花蜜距，其花的整体形状和颜色暗示它由小型蜂类传粉，但这还只是推测。平苞兰属和斑叶兰属 *Goodyera* 的不同之处主要在于花下面的苞片的形态，以及唇瓣基部两侧是否有隆起至冠状的增厚部位。

实际大小

黏绥兰的花具绿褐色的萼片，2 枚侧萼片反曲，背萼片则呈兜帽状；花瓣小，生于背萼片内侧；唇瓣肉质，下方一半长度与合蕊柱合生，基部有 2 个胼胝体。

亚科	红门兰亚科
族和亚族	盔唇兰族，斑叶兰亚族
原产地	印度东北部、东南亚南部至新几内亚和日本南部（九州岛）
生境	森林中极荫蔽处，海拔约 1,500 m（4,920 ft）
类别和位置	地生
保护现状	未评估
花期	10 月至 11 月（秋季）

花的大小
0.3 cm（3/16 in）

植株大小
31~71 cm × 20~36 cm
（12~28 in × 8~14 in），
包括花序

披针叶菱兰
Rhomboda lanceolata
Striped Jewel Orchid
(Lindley) Ormerod, 1995

披针叶菱兰的根状茎有分枝，匍匐，一些茎节上生有 1 或 2 条有毛的根。根状茎前端又可形成直立的茎，茎上有毛并生叶。其叶有柄，卵状披针形，有白色条纹，有时为深红色。本种的茎在开花时每节生有一片有毛的大苞片，花小型，有 10~14 朵。和大多数生长在潮湿阴暗森林中的兰花一样，本种不形成块根，叶则始终存在，为其特征。

目前对于菱兰属 *Rhomboda* 尚无传粉的记载，但其花有孔口，昆虫可以由此进入花中，并获得回报。披针叶菱兰的花瓣宽阔，唇瓣基部肉质，这些特征可能都用来指引来访的昆虫到达正确的位置。

披针叶菱兰的花微小，萼片 3 枚，形状相似，红褐色；花瓣 2 片，上弯，白色；唇瓣具爪，白色，有 2 枚大型裂片，状如唇须。

实际大小

亚科	红门兰亚科
族和亚族	盔唇兰族，斑叶兰亚族
原产地	东南亚热带地区，从印度阿萨姆邦到新几内亚和菲律宾
生境	低海拔山地热带雨林，沿溪岸生于阴暗潮湿之地，海拔 250～1,830 m（820～6,000 ft）
类别和位置	地生
保护现状	未评估
花期	5 月至 10 月（晚春至早秋）

花的大小
1 cm（⅜ in）

植株大小
30～66 cm × 20～30 cm（12～26 in × 8～12 in），包括花序

黄花二尾兰

Vrydagzynea albida

Tonsil Orchid

(Blume) Blume, 1858

黄花二尾兰的茎匍匐，节上生有 1 或 2 条有毛的粗根，向上则生出具常绿叶的分枝，其叶有柄，卵形，有时中央有一条白纹，叶基则抱茎。其花序顶生，为密集的总状花序，每朵花下有一大型苞片。和斑叶兰属 *Goodyera* 及其他亲缘属一样，黄花二尾兰喜生于低地潮湿森林，在其中生于阴暗环境中。其根状茎多有分枝，因此其植株可形成较大的群体。

因为本种的花开口很小，它可能为自花传粉；但考虑到这种兰花的生境和形态，特别是较长的距，也可能有某种蛾类为其传粉者。二尾兰属拼写古怪的学名 *Vrydagzynea* 纪念的是 T. 弗雷达格 · 塞南（T. Vrydag Zynen），他是命名人布鲁姆（Blume）的荷兰朋友。

实际大小

黄花二尾兰的花开口很小；萼片黄绿色，与唇瓣形成管状，将较短的花瓣和合蕊柱包藏其中；花在成熟并闭合之时颜色变深。

亚科	红门兰亚科
族和亚族	盔唇兰族，斑叶兰亚族
原产地	亚洲热带和亚热带地区，从伊朗和土库曼斯坦到日本和新几内亚，在美洲热带地区和夏威夷归化
生境	开放的草地，但常生于草坪、路边、苗圃、花园、田地等有扰动的地方，有时也见于松林
类别和位置	地生，生于湿润土壤上
保护现状	多见，杂草状
花期	10 月至 2 月（秋季至早春），偶尔也在晚春开花

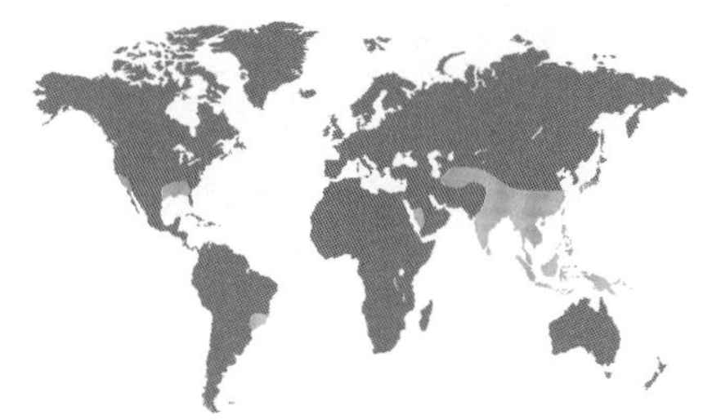

线柱兰

Zeuxine strateumatica

Soldier's Lawn Orchid

(Linnaeus) Schlechter, 1911

花的大小
1.2 cm（½ in）

植株大小
10~25 cm × 8~12 cm（4~10 in × 3~5 in），包括花序

线柱兰生于全日照之处，地上部分从地下的根状茎发出。根状茎每节生有 1~3 条有毛的根，向上生出直立的茎，茎上生叶。叶为螺旋状排列，有中肋，狭窄。其花序可含多达大约 50 朵花，很可能为自花传粉或无融合生殖。花后可结出很多蒴果，其中充满种子。本种在无昆虫的环境中仍可结果。

本种在旧世界①热带地区广布，但在北美洲南部和巴西也成为入侵植物，并在迅速扩张。它甚至曾被看到在美国佛罗里达州的人行道裂缝中生长。其花无蜜腺，尽管唇瓣基部形成一凹穴。若本种有来访昆虫的话，它们最可能是某些类型的蜂类。

线柱兰的花常不全开；3 枚萼片和 2 片花瓣为白色，前伸；唇瓣黄色，较花瓣和萼片伸出略多。

实际大小

① 译者注：旧世界和新世界是生物地理学术语，旧世界指亚洲、欧洲、非洲和大洋洲，新世界指南北美洲，二者无政治意味。

亚科	红门兰亚科
族和亚族	盔唇兰族，翅柱兰亚族
原产地	新喀里多尼亚
生境	潮湿密林，有时生于硬叶灌丛的灌木下方荫蔽之地
类别和位置	地生
保护现状	未评估，但在岛上广布
花期	9 月至 3 月（夏季至冬季）

花的大小
4.5 cm（1¾ in）

植株大小
51～91 cm × 25～41 cm
（20～36 in × 10～16 in），
包括花序

绿绡兰

Achlydosa glandulosa
Green Fairy Orchid

(Schlechter) M. A. Clements & D. L. Jones, 2002

绿绡兰为大型地生兰，具一簇相当大的叶，叶片长而坚硬。其茎高大，茎上又生有高大而不分枝的花序。花序上覆有腺毛，并疏生几朵花。其地下具一丛肥壮而有毛的根。

本种以前曾置于大柱兰属 *Megastylis*，该属包括多种大型地生兰，在新喀里多尼亚多见。然而，绿绡兰与该属并无亲缘关系，甚至不同族（大柱兰属为双尾兰族）。与绿绡兰关系最近的实为翅柱兰属 *Pleurostylis*，该属是盔唇兰族成员，在整个澳大拉西亚都多见。尽管有记载表明绿绡兰可分泌花蜜，目前却尚无其传粉者的信息。其绿色的花色可能暗示该种以蛾类为传粉者，但花形又指示传粉者可能为蜂类。

实际大小

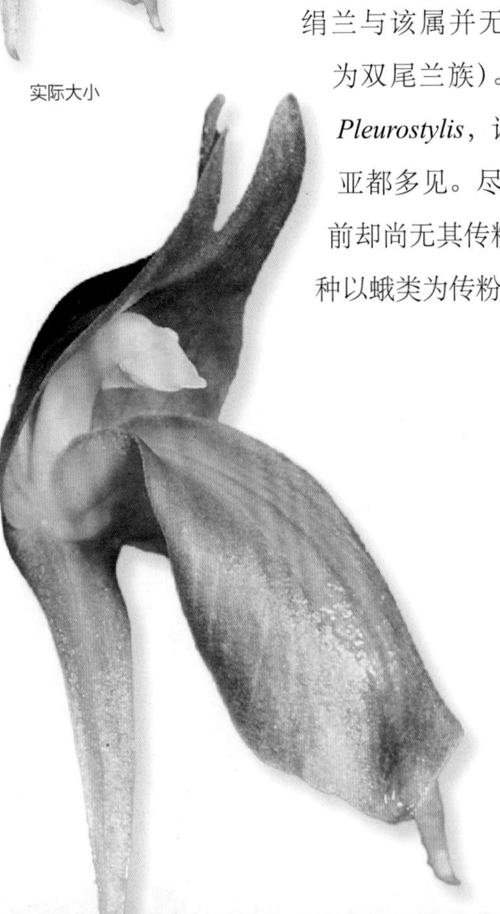

绿绡兰的花具 3 枚绿色的萼片，其中的上萼片位于花的上方，与 2 片绿色的花瓣形成兜帽状；唇瓣有宽阔的绿色檐部，基部有花蜜距。

亚科	红门兰亚科
族和亚族	盔唇兰族，翅柱兰亚族
原产地	澳大利亚东部和东南部，豪勋爵岛，新喀里多尼亚
生境	开放森林，近溪流处，海拔达 1,400 m（4,600 ft）
类别和位置	地生
保护现状	无危
花期	4 月至 10 月（晚秋至春季）

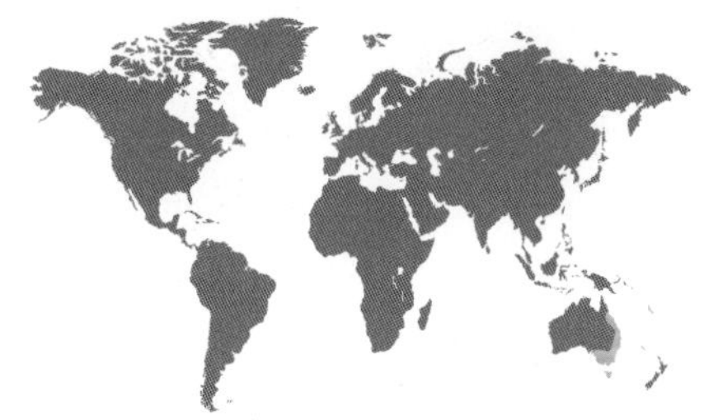

翅柱兰
Pterostylis curta
Blunt Greenhood

R. Brown, 1810

花的大小
2.8 cm（1⅛ in）

植株大小
15～25 cm × 5～8 cm（6～10 in × 2～3 in），包括花

翅柱兰的营养繁殖使之可以由单一的幼苗形成大群体。它在地下具球形小块根，由其散发出一列根，并在离母株一小段距离的地方形成子块根。每条块根均形成小型莲座状叶丛，由多至 6 片叶组成。叶为卵形至长圆形，边缘波状。花莛随后抽出，顶端生有单独一朵花。

翅柱兰的花为绿色，每一朵的后部颜色均较浅，可诱惑传粉者前来进入花中。其传粉者为真菌蚊属 *Mycomya* 的雄性蕈蚊。蕈蚊在探索入口的过程中会激发“敏感”的唇瓣，而被推向在花中最多已经准备了 3 个小时之久的花粉团。曾有人推测蕈蚊进入花中是为了搜寻雌性，所以翅柱兰的花可能有一种能吸引雄蕈蚊的气味（但人类鼻子嗅不到）。

实际大小

翅柱兰的花有一枚盔状花被，由背萼片和花瓣形成；侧萼片基部合生，向上翘起；唇瓣小，弯至侧萼片分裂处上方。

亚科	红门兰亚科
族和亚族	盔唇兰族，翅柱兰亚族
原产地	澳大利亚西南部和南部
生境	多样，包括树林、灌丛和开放草地，在海拔至 400 m（1,300 ft）的干旱地区的花岗岩露头附近多见
类别和位置	地生
保护现状	多见，广布
花期	6 月至 9 月上旬（冬春季）

花的大小
2.5 cm（1 in）

植株大小
7~30 cm × 7~13 cm
（3~12 in × 3~5 in），
包括花序

紫红纹篷兰
Pterostylis sanguinea
Dark-banded Greenhood

D. L. Jones & M. A. Clements, 1989

在紫红纹篷兰长到可以开花的大小之前，它先长出无花而生于土中的莲座状叶丛，由 3~10 片叶组成。在下个季节它抽出花茎的时候，基生叶已不存在，取而代之的是在花茎上螺旋状排列的叶。其花 2~8 朵，呈兜帽状，生于茎顶。每朵花下方的苞片亦呈叶状。其地下有一条块根，作为附近另一条块根的替代，根的末端则生有子块根，结果使其植株形成疏丛。

蕈蚊类和蚊类为其花的访问者，“敏感”的唇瓣会被它们激活，在被触碰时翻转，而让昆虫陷到合蕊柱上。昆虫可沿具翅的合蕊柱逃出，在此过程中会先经过柱头，再沾到花粉团。

实际大小

紫红纹篷兰的花具 2 枚略呈紫红色的离生萼片，向下突出；第三枚萼片和 2 片花瓣合生为兜帽状，罩于合蕊柱上方，具绿色条纹；合蕊柱有明显的翅；唇瓣可活动，短，褐色，有毛。

亚科	红门兰亚科
族和亚族	盔唇兰族，绶草亚族
原产地	北美洲南部（墨西哥），向南至中美洲的哥斯达黎加
生境	峡谷和草坡，生于岩石中或有深厚腐殖质的土壤上，或生于栎林或栎 - 松林中，海拔 1,500 ~ 2,200 m（4,920 ~ 7,200 ft）；亦生于有扰动的地点，如路边和田地中
类别和位置	地生
保护现状	未评估，但为杂草状，局地多见
花期	4 月至 7 月（春夏季）

塔序冰绶草
Aulosepalum pyramidale
Cone Orchid

(Lindley) M. A. Dix & M. W. Dix, 2000

花的大小
0.6 cm（¼ in）

植株大小
46 ~ 76 cm × 20 ~ 38 cm（18 ~ 30 in × 8 ~ 15 in），包括花序

塔序冰绶草在秋冬季生出莲座状叶丛。在这些叶死亡干枯之后，再抽出高大的花莛，其上生有许多排列紧密、呈螺旋状排布的花，其下各托以一片多少纸质的苞片。其地下具一丛肥壮的根，几呈块根状，覆以密毛。

本种不介意扰动的环境，常见于路边、安全岛和后院等人工环境中。其花形及萼片、花瓣和唇瓣上的条纹（蜜导）看来均暗示其传粉者为蜂类。然而，目前尚无人报道其唇瓣基部的凹穴中有花蜜，也无人观察到任何访问其花的昆虫。

塔序冰绶草的花为白色至浅乳黄色，带有红褐色色调，并具中脉；萼片和花瓣开展，但形成短而弯曲的管；唇瓣杯状，口部朝前。

实际大小

亚科	红门兰亚科
族和亚族	盔唇兰族，绶草亚族
原产地	秘鲁和智利至阿根廷西南部
生境	干旱至湿润地区的开放灌丛和森林
类别和位置	地生
保护现状	不多见，但尚未评估
花期	9 月至 11 月（春季）

花的大小
0.5 cm（⅕ in）

植株大小
38 cm × 20 cm
（15 in × 8 in）

短柱兰
Brachystele unilateralis
Emerald Lady's Tresses

(Poiret) Schlechter, 1920

短柱兰是一种不太显眼但并不低矮的兰花，生有很多带白色斑块的绿色的小花，沿花莛形成螺旋状的序列。熊蜂会频繁访问其花，饮用花蜜，并在这个过程中把花粉团沾到喙上，之后又会把花粉团塞入另一朵花中，完成有效的传粉。短柱兰属的学名 *Brachystele* 中的 brachys 在古希腊语中意为“短”，指其合蕊柱短，位置离蜜腺很近，因而可以让花粉有最大的机遇被蜂类带走。

本种不在花期时则在地面上生有莲座状叶丛。种加词 *unilateralis* 意为“单侧的”，指这种兰花的花偏向一个方向。其地下具短茎，其上散发出一丛 3~6 条被有密毛的粗根。

实际大小

短柱兰的花的萼片 3 枚，白色，有绿色脉，杯状；花瓣 2 片，短于萼片；唇瓣下伸，倒置，绿色，边缘波状；合蕊柱位于管状的花被深处。

亚科	红门兰亚科
族和亚族	盔唇兰族，绶草亚族
原产地	尼加拉瓜至厄瓜多尔
生境	森林，海拔 1,800～2,900 m（5,900～9,500 ft）
类别和位置	地生
保护现状	未评估
花期	3 月至 6 月（秋季至早冬）

花的大小
4 cm（1½ in）

植株大小
15～30 cm × 20～30 cm（6～12 in × 8～12 in），包括花序

大苞红伞兰
Coccineorchis bracteosa
Hummingbird Lady's Tresses

(Ames & C. Schweinfurth) Garay, 1980

红伞兰属 *Coccineorchis* 的学名来自古希腊语词 kokkinos（猩红色）和 orchis（兰花），指包括本种在内的几个种花常为亮红色或橙色，它们颜色艳丽，由蜂鸟传粉。以前，所有和绶草属 *Spiranthes* 有亲缘关系而花为红色的种都被置于狭喙兰属 *Stenorrhynchos* 中，但遗传（DNA）研究显示这些兰花的亲缘关系颇远，它们在花形和颜色上的相同之处来自它们各自独立演化的由蜂鸟传粉的习性。大苞红伞兰生于山区，可为地生兰，或附生于树上（大多生于多藓类的树干上，或生于树枝分叉处）。

红伞兰属的种在地下具短根状茎，其上生有成丛的有毛的粗根。其叶有明显的叶柄，叶片骤然变宽，花则与叶同时生出。

大苞红伞兰的花簇生，组成密集的花序，其苞片颜色鲜艳显眼；萼片橙色或红色，彼此相似，合生成弓曲的管状；花瓣、唇瓣和合蕊柱位于萼管中。

实际大小

亚科	红门兰亚科
族和亚族	盔唇兰族，绶草亚族
原产地	美洲热带地区，从美国佛罗里达南部到南美洲北部，及南美洲东南部
生境	湿润多石岛状林中的腐殖质上，海拔至 20 m（65 ft）
类别和位置	地生
保护现状	未评估，但广布，局地多见
花期	全年，但主要在春季

花的大小
1.3 cm（½ in）

植株大小
38~71 cm × 20~31 cm
（15~28 in × 8~12 in）

高大合环兰
Cyclopogon elatus
Tall Lady's Tresses

(Swartz) Schlechter, 1919

高大合环兰属于环须兰属 *Cyclopogon*。属名和本种的关系并不清楚。这一学名来自古希腊语词 cyclo（环）和 pogon（胡须），可能指花的各部位在花的开口处周围排成环状，唇瓣位于开口之内。本种具短根状茎，生有许多有毛的粗根。根状茎又生出莲座状叶丛，含 2~6 片叶，有明显的叶柄，叶片上还常有银白条纹或其他纹样。其花与叶同时生出，在绿褐色的花莛上生有多至 50 朵的小花，为绿褐色，唇瓣则为白色。

本种形态多变。变异类型可同时出现，或在局地占优势，这种局地的变异类型可能由自花传粉保持。而在正常情况下，应该会有昆虫介导的传粉过程，但目前对于何种昆虫会访问本种花朵还无记录。

实际大小

高大合环兰的花的唇瓣位于最下，白色；其他花被片绿褐色至乳白色；唇瓣和花瓣形成管状，顶端有近圆形的开口。

亚科	红门兰亚科
族和亚族	盔唇兰族，绶草亚族
原产地	墨西哥中部和西南部
生境	松林下的草地，海拔约 2,000 m（6,600 ft）
类别和位置	地生
保护现状	未评估
花期	2 月（晚冬）

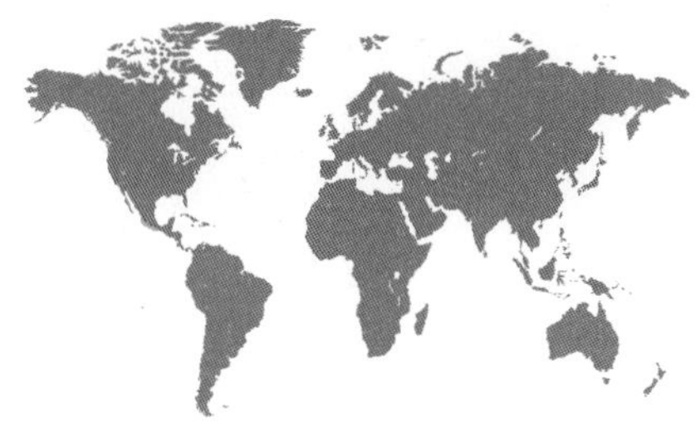

纸苞足缎兰

Deiregyne chartacea

Neck Orchid

(L. O. Williams) Garay, 1980

花的大小
1 cm（⅜ in）

植株大小
30 ~ 45 cm × 15 ~ 28 cm（12 ~ 18 in × 6 ~ 11 in），包括花序

纸苞足缎兰属于蜜囊兰属 *Deiregyne*，其学名来自古希腊语词 deire（颈）和 gyne（女性或子房），指子房顶端缢缩为颈。纸苞足缎兰是相对多见的地生兰，生于墨西哥中部和西南部的山区。其叶在夏季的月份生出，其花则开放于冬季叶枯萎之后。

本种生有莲座状叶丛和一丛肥壮而有毛的根。其花螺旋状排列，分布紧密，部分为纸质的苞片所覆盖。花在白天开放，芳香，在唇瓣基部有花蜜。最可能的传粉者是某种类型的小型蜂类，但迄今为止对其传粉过程还没有直接的观察。

实际大小

纸苞足缎兰的花具 3 枚萼片，褐红色，形成管状，顶端反曲；上部一枚在花之上形成兜帽状；唇瓣白色，顶端尖。

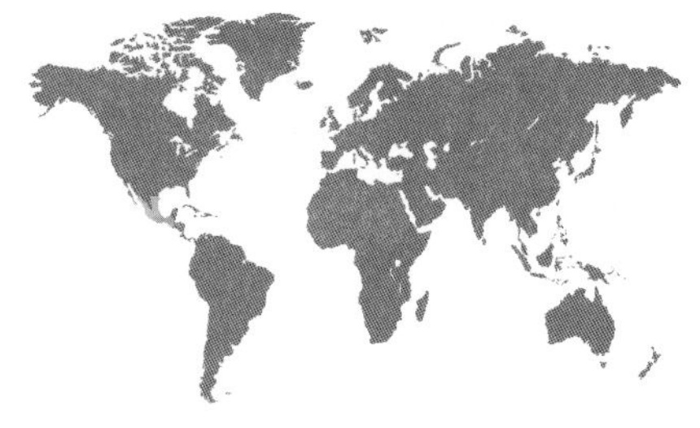

亚科	红门兰亚科
族和亚族	盔唇兰族，绶草亚族
原产地	墨西哥中部（杜兰戈、格雷罗、莫雷洛斯、新莱昂、瓦哈卡和韦拉克鲁斯州及联邦区）
生境	草地和松－栎林中的开放地，海拔 1,500~3,200 m（4,920~10,500 ft）
类别和位置	地生
保护现状	未评估
花期	1月至3月（冬春季）

花的大小
3 cm（1⅛ in）

植株大小
高 4~7 cm（1½~2¾ in），
莲座状叶丛高
10~18 cm（4~7 in），
宽 8~14 cm（3~6 in）

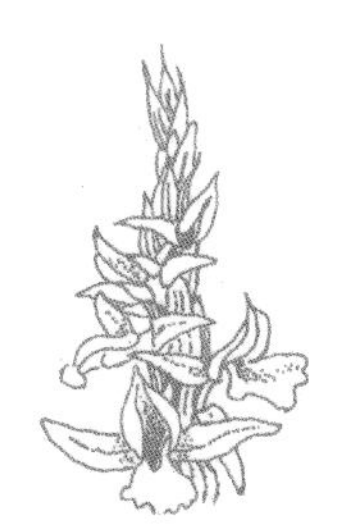

足缎兰
Deiregyne eriophora
Woolly Orchid

(B. L. Robinson & Greenman) Garay, 1980

足缎兰的叶有柄，组成基生的莲座状叶丛。叶枯萎后才开花。其地下具短根状茎，生有一丛肥壮而有毛的根。其花序包于纸质近透明的苞片中，花莛则覆有绵毛。种加词*eriophora*来自古希腊语词erio和phorein，意为“具绵毛的”，正是指这种兰花的花莛多毛。本种经常被列为缎兰属 *Schiedeella* 下的一种，但最近的遗传学研究表明它应该被置于蜜囊兰属 *Deiregyne*。

本种的花为螺旋状排列，白天有香气。其传粉者未知，但考虑到花的形状和颜色，以及唇瓣基部存在花蜜穴，并由 2 枚小腺体向其中分泌花蜜，其最可能的传粉者应是蜂类，很可能是熊蜂。

足缎兰的花的萼片为狭披针形，白色；花瓣镰刀形，白色，与上萼片形成管状；唇瓣白色，在喉部有增厚的黄色胼胝体。

实际大小

亚科	红门兰亚科
族和亚族	盔唇兰族，绶草亚族
原产地	墨西哥至洪都拉斯
生境	季节性湿润的森林、草甸、牧场和休耕地，海拔 800~3,000 m（2,625~9,850 ft）
类别和位置	地生
保护现状	未评估，但在田中为多见的杂草，故未引起关注
花期	6月至10月（夏秋季）

橙花丹绶草

Dichromanthus aurantiacus
Orange Lady's Tresses

(Lexarza) Salazar & Soto Arenas, 2002

花的大小
长 2.5 cm（1 in），
宽 0.5 cm（⅛ in）

植株大小
25~46 cm × 20~31 cm（10~18 in × 8~12 in），包括花序

橙花丹绶草的花为橙色，十分坚硬，可以阻止蜂类从本种的花中偷取花蜜。绶草类兰花一般以蜂类为传粉者，但本种的花却由蜂鸟传粉，因此不得不保护自己免受蜂类侵害——这些蜂类会把花的基部嚼破，取走花蜜，却并没有给花传粉。其地下具短茎，生有肥壮而有毛的根，但其叶并不形成基生的莲座状叶丛。与此相反，本种会在雨季抽出茎，叶散生于茎上。在旱季，本种则在地下休眠。

橙花丹绶草和其他类似的花为红色的兰花曾被视为狭喙兰属 *Stenorrhynchos* 的成员，但 DNA 研究显示它们之间并无亲缘关系，而是各自独立地适应了蜂鸟传粉。与本种真正近缘的丹绶草 *Dichromanthus cinnabarinus* 也有橙色花，但唇瓣为黄色。丹绶草属的学名 *Dichromanthus* 意为“具两种色调的花”，即源于此。

橙花丹绶草的花为管状，从红橙色的苞片中生出；萼片 3 枚，橙色，外面有毛，顶端张开；2 片花瓣和唇瓣均与萼片形似，也均为亮橙色。

实际大小

亚科	红门兰亚科
族和亚族	盔唇兰族，绶草亚族
原产地	美国佛罗里达州南部、加勒比海地区和南美洲热带地区
生境	半落叶林中的溪流边
类别和位置	地生
保护现状	在美国（佛罗里达州南部）易危
花期	1月至4月

花的大小
2.5～5 cm（1～2 in）

植株大小
51～81 cm × 8～23 cm（20～32 in × 3～9 in），包括花序

长爪兰
Eltroplectris calcarata
Longclaw Orchid

(Swartz) Garay & H. R. Sweet, 1972

长爪兰的花大型，生于加勒比海地区、南美洲北部向北一直到美国佛罗里达州南部的溪流附近。在它开花之前，其植株常不易引人察觉。其花莛高近 1 m（3 ft），顶端高处生有多至 15 朵花，有翅和距。本种在地下具一丛有毛的粗根，有时在开花时叶已枯萎。本种常只生有单独 1 片直立的叶，有时叶上有白色脉或散布有斑点。

长爪兰的花有芳香气味，和其他唇瓣有流苏状附属物的芳香白色花一样，很可能吸引蛾类前来作为其传粉者。据记载其距中有花蜜。

长爪兰的花的花瓣和萼片长，顶端锐尖；唇瓣边缘流苏状；花瓣以 45° 角张开，使整朵花形似张开双臂的舞者。

实际大小

亚科	红门兰亚科
族和亚族	盔唇兰族，绶草亚族
原产地	哥斯达黎加
生境	云雾林，海拔 1,400~1,500 m（4,600~4,920 ft）
类别和位置	附生于荫蔽潮湿的环境中
保护现状	未评估
花期	全年

花的大小
0.4 cm（3/16 in）

植株大小
3 cm x 10 cm
（1⅛ in x 4 in），
包括花序

绿带垂狮兰
Eurystyles standleyi
Custard Orchid

Ames, 1925

垂狮兰属 *Eurystyles* 是兰科中的一个奇特的属，其下的种为低矮的附生植物，形成莲座状叶丛，最初被描述为姜科植物，但因花柱（在花中，柱头是接受花粉的雌性器官，花柱即支撑柱头的柄）很粗，在姜科中异乎寻常。其属名在古希腊语中意为“粗花柱”，因而是个很合理的命名，然而这一特征在兰科中却不稀奇，因为几乎所有种都有相对大型的合蕊柱——花柱和花药的合生结构。

绿带垂狮兰的叶组成莲座状叶丛，为橄榄绿色，有时也泛红色，有蜡状光泽。花莛从莲座状叶丛抽出，悬垂，顶端由密集排列的花组成短而有毛的头状花簇，每朵花均从苞片腋部生出，苞片卵形，有长尖。其根粗大，开展，有毛。垂狮兰属和翠珍兰属 *Lankesterella* 是红门兰亚科中仅有的两个真正附生的属之一，该亚科的绝大多数种都是地生兰。

实际大小

绿带垂狮兰的花具 2 枚杯状萼片；中萼片下伸，花瓣绿色，扁平，亦下伸；唇瓣短阔，有绿色带纹，两侧浅黄色，边缘贴生于合蕊柱上。

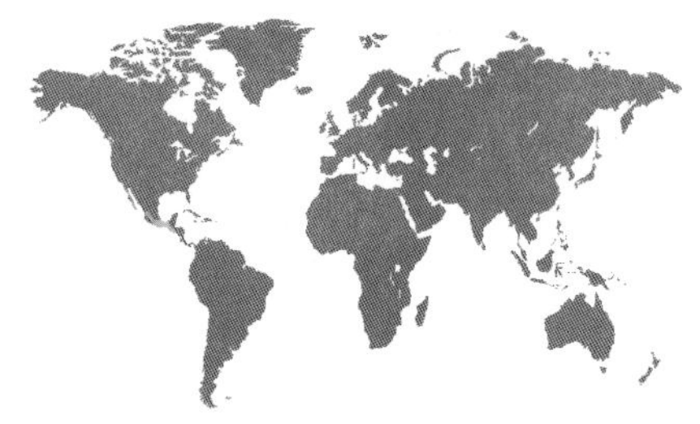

亚科	红门兰亚科
族和亚族	盔唇兰族，绶草亚族
原产地	墨西哥至危地马拉
生境	高海拔冷杉林中多苔藓的岸边，也生于高山草甸，海拔达 4,000 m（13,100 ft）
类别和位置	地生
保护现状	未评估
花期	12 月至 2 月（冬季）

花的大小
1.5 cm（⅝ in）

植株大小
15～35 cm × 10～20 cm（6～14 in × 4～8 in），包括花序

杉林兰
Funkiella hyemalis
Monarch Orchid

(A. Richard & Galeotti) Schlechter, 1920

杉林兰在墨西哥的神圣冷杉 *Abies religiosa* 林中多见，这里是黑脉金斑蝶（俗称“帝王蝶”）的越冬地。本种具一丛多毛的肉质根，其上生出 1~5 片狭窄的肉质叶，组成疏松的基生叶簇。它通常见于覆盖有大量凋落的阔叶和冷杉针叶的土壤上。沿其花序生有抱茎的苞片，从最上部的苞片生出 1~5 朵芳香的白色大花。杉林兰是墨西哥和中美洲生长海拔最高的兰花，可见于海拔高至 4,000 m（13,100 ft）的地方。

其花很可能由熊蜂传粉，可迫使熊蜂的头部钻进由唇瓣、花瓣和背萼片组成的狭小的室中。杉林兰属的学名 *Funkiella* 是为纪念比利时探险家和兰花采集者尼古拉斯 · 丰克（Nicolas Funck, 1816—1896）。

杉林兰的花为白色，从苞片中生出；侧萼片窄长，向外张开；上（背）萼片和花瓣形成上唇；唇瓣在喉部有红色色调，向下张开，具爪，并有“V”形的檐部。

实际大小

亚科	红门兰亚科
族和亚族	盔唇兰族，绶草亚族
原产地	委内瑞拉、巴西东部和东南部、巴拉圭和阿根廷东北部
生境	湿润山地林，海拔 400~1,500 m（1,300~4,920 ft）
类别和位置	附生于多藓类的树干上的荫蔽处
保护现状	未正式评估，但因森林砍伐和采集而在局地受威胁
花期	6 月至 10 月（冬春季）

蜡叶翠珍兰
Lankesterella ceracifolia
Wax-leaved Orchid
(Barbosa Rodrigues) Mansfeld, 1940

花的大小
1.5 cm（⅝ in）

植株大小
2.5~7.5 cm × 5~7.5 cm（1~3 in × 2~3 in），包括花序

翠珍兰属 *Lankesterella* 为附生兰。其学名纪念的是英国兰花爱好者查尔斯·兰开斯特（Charles Lankester），他一生大半时间生活在哥斯达黎加，建立了一座植物园，现在即以他的名字命名。翠珍兰属各个种的根有毛，但不太粗，生有一丛叶。其叶为肉质，具中脉，卵形，有光泽，沿边缘有细毛。

实际大小

蜡叶翠珍兰的花莛弓曲，有毛，生有大型苞片，每片苞片生出多至 4 朵花。其花白色，有距。本属与绶草亚族中的另一个附生属垂狮兰属 *Eurystyles* 近缘，但花形不同。不在花期的时候，它们容易被误当成小型凤梨类植物（看上去很像松萝凤梨或其他类似的空气凤梨）。蜡叶翠珍兰有一些植株的叶色可较其他植株更偏灰白色。本种的传粉者未知，但其花形和花色暗示传粉者为小型蛾类。

蜡叶翠珍兰的花有毛，管状；萼片 3 枚，绿白色，外面有毛；花瓣 2 片，乳白色，上弯，与唇瓣相对；唇瓣宽阔，白色，有绿色斑块，在后面突起，形成大型的花蜜距。

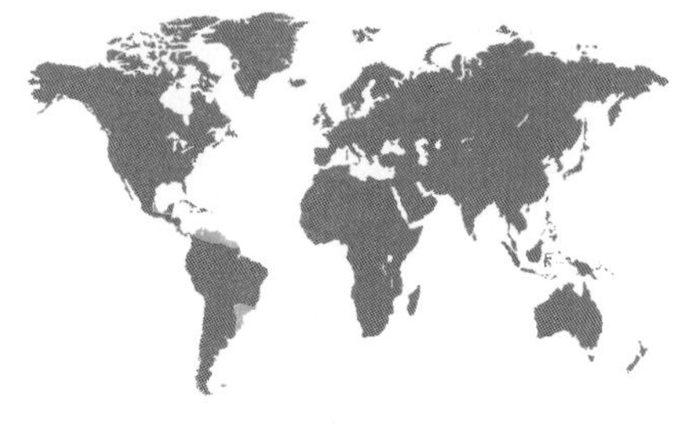

亚科	红门兰亚科
族和亚族	盔唇兰族，绶草亚族
原产地	南美洲东北部和东部的热带地区、巴西东南部和特立尼达岛
生境	开放的稀树草原
类别和位置	地生
保护现状	未评估，但很可能无危
花期	6 月至 12 月

花的大小
1.25 cm（½ in）

植株大小
10～15 cm（4～6 in），
包括花序

琴唇兰
Lyroglossa grisebachii
Lyre-lipped Lady's Tresses

(Cogniaux) Schlechter, 1921

琴唇兰是一种鲜有研究的兰花。其根众多，短，有毛而肥壮；茎直立，生有数片叶；叶形小，长圆状披针形，有密毛。在叶之上是形状类似的苞片，有毛，从每片苞片中各生出花，花可多至 12 朵，外面有毛。如此小的叶似乎不可能通过光合作用产生足够的养分，以支持如此多的花发育；然而，本种又确实有绿色的叶，而不寄生于真菌过活。其花的形态与绶草亚族中一些靠蜂鸟传粉的种类的花类似，但花色则表明其传粉者不太可能是蜂鸟。

本种的种加词 *grasebachii* 纪念的是德国植物学家奥古斯特・格里泽巴赫（August Grisebach, 1814—1879），他是西印度群岛植物区系专家。琴唇兰属的学名 *Lyroglossa* 由古希腊语词 lyra（里拉琴）和 glossa（舌，对兰花来说指唇瓣）构成，指唇瓣琴形。

实际大小

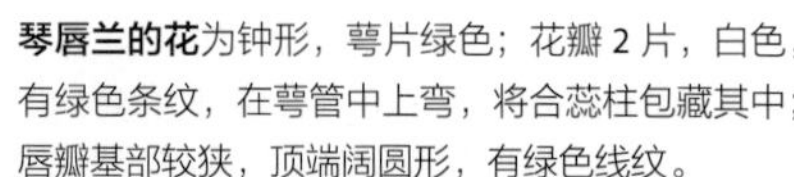

琴唇兰的花为钟形，萼片绿色；花瓣 2 片，白色，有绿色条纹，在萼管中上弯，将合蕊柱包藏其中；唇瓣基部较狭，顶端阔圆形，有绿色线纹。

亚科	红门兰亚科
族和亚族	盔唇兰族，绶草亚族
原产地	美洲热带地区，从墨西哥南部到阿根廷东北部
生境	雨林，海拔达 2,100 m（6,900 ft）
类别和位置	地生，或生于岩石上
保护现状	未评估
花期	全年

花的大小
1 cm（⅜ in）

植株大小
20~35 cm × 10~20 cm（8~14 in × 6~8 in），包括花序

疏花肥根兰
Pelexia laxa
Lax Helmet Orchid
(Poeppig & Endlicher) Lindley, 1840

疏花肥根兰生于多种生境之中，但大多见于湿润的森林中。其根成丛，粗而有毛，由此生出莲座状叶丛，具 4~8 片叶。其叶有斑点，有柄，有时具浅乳黄色的斑点或条纹。其花序具密毛，每朵花均托以一片苞片。肥根兰属的学名 *Pelexia* 来自古希腊语词 pelex，意为“盔”。本种的种加词 *laxa* 在拉丁语中则是“疏松”的意思，二者指的都是背萼片和花瓣的形态。

本种的花由熊蜂传粉。其长距中深藏有花蜜，熊蜂在试图把口器探入花朵以吸取花蜜时，便会接触到合蕊柱的尖形顶端。

实际大小

疏花肥根兰的花的背萼片和 2 片花瓣形成兜帽状；侧萼片向前伸，后部有一枚囊状的距；唇瓣和萼片为白色，其余花被片为略带红色的绿色至浅绿色。

亚科	红门兰亚科
族和亚族	盔唇兰族，绶草亚族
原产地	美洲热带地区，从墨西哥南部至巴拉圭和巴西南部
生境	中海拔的林缘荫蔽地
类别和位置	地生，生于腐殖质、砾石地或沙地上
保护现状	未评估，但广布
花期	全年

花的大小
2.3 cm（⅞ in）

植株大小
15～41 cm × 10～41 cm
（6～16 in × 4～16 in），
包括花序

红白翅唇兰
Pteroglossa roseoalba
Spotted Jewel Orchid

(Reichenbach fils) Salazar & M. W. Chase, 2002

红白翅唇兰以前曾置于另一个长爪兰属 *Eltroplectris*，虽然这个分类位置可能更为人熟知，但它和该属实无密切亲缘关系。本种具一丛肥壮而有毛的根，生出莲座状叶丛；其叶为倒披针形（拉长的倒卵形），具黄色或白色的斑点；在叶丛中又抽出直立的花莛，具少数至多数花。花莛上的苞片带有紫红色调，覆盖了大部分花莛和从中伸出的花。其叶仅在部分季节出现，开花之后，植株就转入休眠阶段（通常在旱季），此时它便潜入地下而消失不见。

本种的花在多数情况下具粉红色调，没有气味，但其长距中却有丰富的花蜜。本种的传粉者未知，但其较粗的花被管和颜色染得更深的合蕊柱都暗示它可能靠蜂鸟传粉。

实际大小

红白翅唇兰的花为管状；萼片 3 枚，离生，狭窄；花瓣 2 片，形状类似；花为白色，但常带粉红色调，花药和柱头则为更鲜亮的粉红色或红色。

亚科	红门兰亚科
族和亚族	盔唇兰族，绶草亚族
原产地	美洲热带地区，从美国佛罗里达州南部和墨西哥到巴拉圭
生境	热带落叶林中开放而多禾草的地方，海拔达 1,700 m（5,600 ft）
类别和位置	地生
保护现状	未评估，但局地多见，也生于受扰动的生境中
花期	7 月至 11 月（夏秋季）

焰绶草

Sacoila lanceolata

Scarlet Lady's Tresses

(Aublet) Garay, 1980

花的大小
2.3 cm（⅞ in）

植株大小
30～90 cm（12～36 in），包括花序，但不包括在花期已不存在的叶

焰绶草具短根状茎，其上连有一丛有毛的肉质粗根，向上生出基生的莲座状叶丛，由披针形的叶构成。在叶枯死或行将枯萎之时，再抽出粗壮的总状花序，由 15~30 朵珊瑚红、粉红、红色或橙色的花组成。本种在新世界的热带和亚热带地区广布，但有的居群不经传粉（甚至不经自花传粉）就可以结出种子，另一些居群则有蜂鸟访问。在一些地区，本种已呈杂草状，可在受扰动的地点密集出现。

本种的花为管状，无气味，频为不能感知气味的蜂鸟所访问。和大多数靠蜂鸟传粉的兰花不同，本种为蜂鸟所带走的花粉团为黄色，而不是一般的那种和蜂鸟鸟喙颜色类似的灰色。

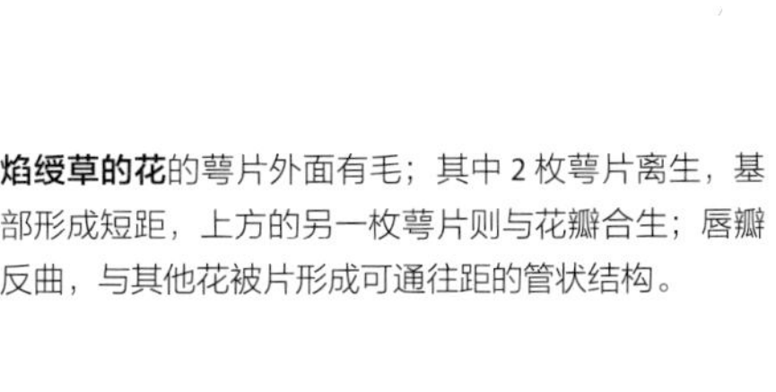

焰绶草的花的萼片外面有毛；其中 2 枚萼片离生，基部形成短距，上方的另一枚萼片则与花瓣合生；唇瓣反曲，与其他花被片形成可通往距的管状结构。

实际大小

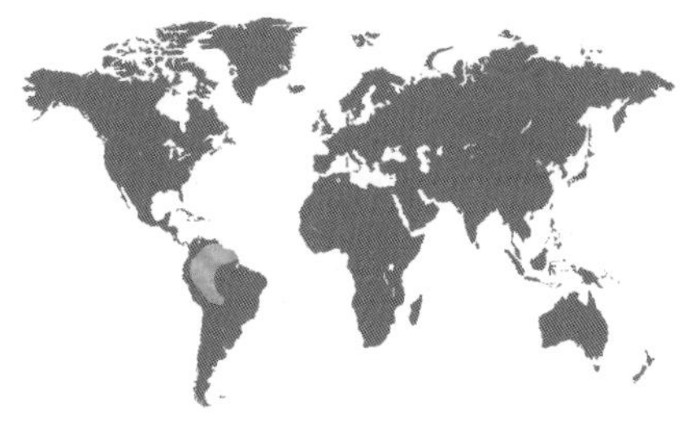

亚科	红门兰亚科
族和亚族	盔唇兰族，绶草亚族
原产地	南美洲热带地区、特立尼达、多巴哥和格林纳达
生境	热带湿润低地森林和山地林，生于海平面至海拔 2,700 m（8,900 ft）处
类别和位置	地生
保护现状	未评估
花期	2 月至 10 月（夏季至春季）

花的大小
2 cm（¾ in）

植株大小
63～102 cm × 76～102 cm
（25～40 in × 30～40 in），
包括花序

无茎肉舌兰
Sarcoglottis acaulis
Stemless Jewel Orchid

(Smith) Schlechter, 1919

无茎肉舌兰生于森林地面，具莲座状叶丛；其叶为倒卵状椭圆形，有斑点或白色条纹，从中抽出有毛的直立花莛；花莛上生有直立的花，下方各有一片顶端尖的披针形苞片。其地下则具一大丛肥壮而有毛的根。

本种的花含有花蜜，分泌到唇瓣基部的凹穴中。其花粉块曾见于一种叫环纹熊兰蜂 *Eulaema cingulata* 的兰花蜂口器之上。为人熟知的是，这种蜂类的雄蜂可从属于其他和本种无亲缘关系的类群的兰花中采集芳香成分。然而，对肉舌兰属 *Sarcoglottis* 其他种来说，雄蜂和雌蜂都曾观察到为其花朵传粉。因为雌兰花蜂会采集花蜜，所以对本种来说，花的香气明显不是回报。

实际大小

无茎肉舌兰的花为绿色，直立，顶端外弯；萼片外面有密绒毛；花萼有绿色条纹，与上萼片共同形成兜帽状；唇瓣在 2 枚下方萼片中反曲，浅绿色，具深绿色斑块。

亚科	红门兰亚科
族和亚族	盔唇兰族，绶草亚族
原产地	哥伦比亚和厄瓜多尔、巴西南部至阿根廷北部和玻利维亚
生境	湿润森林和草地，海拔 1,800 ~ 2,500 m（5,900 ~ 8,200 ft）
类别和位置	地生
保护现状	未评估
花期	全年

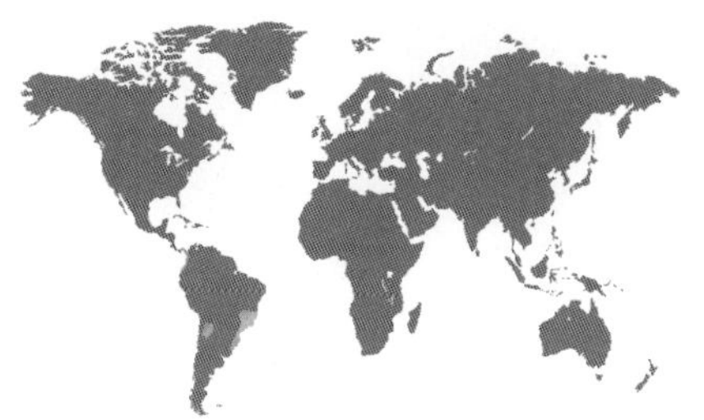

花的大小
0.5 cm（⅛ in）

植株大小
30 ~ 81 cm x 25 ~ 51 cm
（12 ~ 32 in x 10 ~ 20 in），
包括花序

蜥舌兰
Sauroglossum elatum
Lizard-tongue Orchid

Lindley, 1833

蜥舌兰的叶和花同时出现。其根丛生，肥壮而有毛，向上生出莲座状叶丛。叶有粗脉，长圆状披针形，从中抽出直立的花莛，每节生有一片苞片。

本种与亮叶蜥舌兰 *Sauroglossum nitidum* 类似，常与后者混淆。然而本种的叶较少，草质，有柄，花序不太密集，唇瓣的边缘更为翘起。蜥舌兰属的学名 *Sauroglossum* 来自古希腊语词 sauros（蜥蜴）和 glossa（舌），指萼片直立，形如蜥蜴的舌。本种的花在唇瓣基部似可产生花蜜，但目前尚未观察过其传粉；不过，其总体花形与肥根兰属 *Pelexia* 的种类似，而后者则由熊蜂传粉。

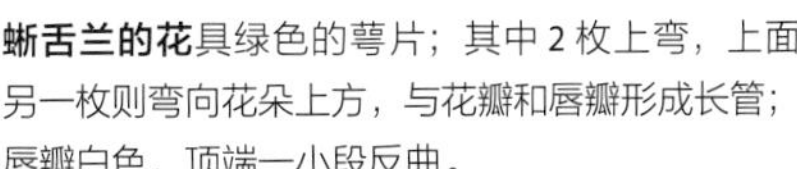

蜥舌兰的花具绿色的萼片；其中 2 枚上弯，上面另一枚则弯向花朵上方，与花瓣和唇瓣形成长管；唇瓣白色，顶端一小段反曲。

实际大小

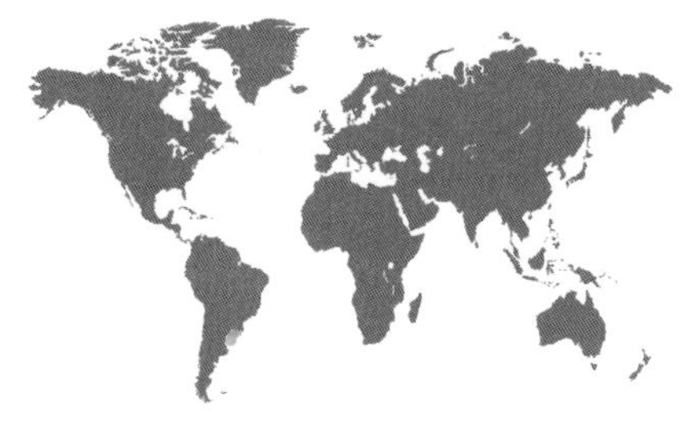

亚科	红门兰亚科
族和亚族	盔唇兰族，绶草亚族
原产地	巴西南部和乌拉圭
生境	开放的草地和灌丛，生于海平面至海拔 1,600 m（5,250 ft）处
类别和位置	地生
保护现状	未评估
花期	10 月至 12 月（晚春至早夏）

花的大小
0.75 cm（¼ in）

植株大小
36～66 cm × 15～25 cm（14～26 in × 6～10 in），包括花序

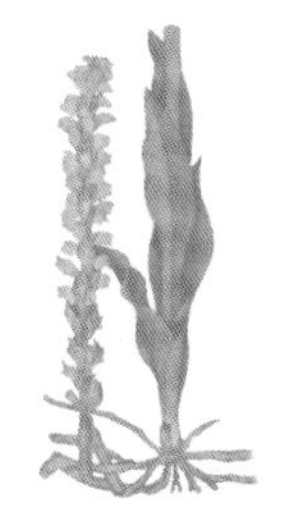

橙花权杖兰

Skeptrostachys arechavaletanii

Scepter Orchid

(Barbosa Rodrigues) Garay, 1980

橙花权杖兰生于开放地区，包括易受季节性火灾影响的湿润草甸和沼泽。它也见于石质草原（在巴西称为 campos rupestres）中。本种具短根状茎，生有一丛手指状的有毛的肉质根，向上则抽出中央主茎，生有一列螺旋形排列的叶，向上很快变小，而渐过渡为苞片。苞片大型，色浅，每一片中生 1 朵花。花茎顶端具 25~50 朵紧密排列的花，组成穗状。

本种目前并无有关其传粉的信息。不过，其花形和花色类似焰绶草 *Sacoila lanceolata*（见 105 页），这可能暗示它也由蜂鸟传粉。

实际大小

橙花权杖兰的花为珊瑚红色至橙红色，小，肉质，不全开放；萼片和花瓣前伸；唇瓣在 2 枚侧萼片之间下伸，形成一条通道，可通往唇瓣基部的花蜜穴。

亚科	红门兰亚科
族和亚族	盔唇兰族，绶草亚族
原产地	北美洲中东部（包括加拿大东南部），但不见于美国佛罗里达州
生境	开放、潮湿、沙质地区，以及泥炭沼
类别和位置	地生
保护现状	无危
花期	9 月及 10 月，有时可开至 11 月

花的大小
1 cm（⅜ in）

植株大小
15 ~ 41 cm × 10 ~ 15 cm（6 ~ 16 in × 4 ~ 6 in），包括花序

垂头绶草
Spiranthes cernua
Nodding Lady’s Tresses

(Linnaeus) Richard, 1817

垂头绶草是北美洲最常见的兰花之一，常在潮湿或沼泽化的地区和草地上形成大片繁茂的群体，但它平时不易发现，到长出亮丽而芳香的白色小花时才比较显眼。在卡尔・林奈（Carl Linnaeus，1707—1778）于 1753 年正式描述它之前，它便已经是一种知名的兰花了。本种英文名中的 Lady’s Tresses（女士发辫，为绶草属 *Spiranthes* 所有种的通称）指其花序很像女士们头上编起的发辫。

本种可以通过有性和无性两种方式结出种子，且在优越的环境条件下极易通过蔓生的长匍枝产生大量新的小植株。垂头绶草常可占据受扰动的地区，如路边水沟；它甚至可生于草坪，因为开花晚，在草坪修剪之后仍可存活。秋季在较为古老的墓地中常可见它开出大片质朴的花朵。本种的传粉昆虫为蜂类，特别是熊蜂。

垂头绶草的花为晶莹的纯白色，深杯状，通常在花莛上部排列成引人瞩目的螺旋状。

实际大小

亚科	红门兰亚科
族和亚族	盔唇兰族，绶草亚族
原产地	日本、朝鲜半岛、俄罗斯部分地区、伊拉克、东南亚、澳大利亚、新西兰及太平洋其他岛屿
生境	开放、潮湿的多禾草地区，泥炭沼以至草坪。常生于稻田土埂之类受扰动的地方（在世界很多地方归化）
类别和位置	地生
保护现状	无危
花期	7月至8月

花的大小
1 cm（⅜ in）

植株大小
15～38 cm × 10～20 cm
（6～15 in × 4～8 in）

绶草
Spiranthes sinensis
Pink Lady's Tresses
(Persoon) Ames, 1908

实际大小

绶草是温带和热带亚洲无处不见的美丽野草，可以在几乎一切有充足水分、阳光而多禾草的开放地点繁茂生长、蔓延和结实。本种分布区跨越了令人难以置信的纬度范围，已经适应了多种类型的气候，可以忍耐严酷的隆冬和高温高湿的环境。它喜欢占据受扰动和开垦的地域，还常出现在花坛之中。

绶草为有限多年生植物，寿命大约仅有5年，人们相信它会定期通过所结的大量种子来进行世代的更新。本种是绶草属 *Spiranthes* 中唯一一种花的色调不是白色或黄色的种。其花引人瞩目，颜色多变，但通常为粉红色或紫红色，尽管也有淡紫色、红色和白色的变型。这些花围绕着直立的花莛排列成优雅的螺旋形。已有记载表明本种通过切叶蜂类传粉。

绶草的花小型，在直立的花莛上排列成螺旋状的总状花序；萼片和花瓣为鲜艳的粉红色或紫红色；唇瓣常为晶莹的纯白色。

亚科	红门兰亚科
族和亚族	盔唇兰族，绶草亚族
原产地	墨西哥、加勒比海地区至秘鲁
生境	季节性干旱的半落叶林中较潮湿的地区，常生于水塘附近的陡岸上，海拔 1,200~3,000 m（3,950~9,850 ft）
类别和位置	地生，偶有附生
保护现状	无危
花期	冬季

花的大小
1.8 cm（¾ in）

植株大小
20~91 cm × 15~25 cm（8~36 in × 6~10 in），包括花序

狭喙兰
Stenorrhynchos speciosum
Vermilion Lady's Tresses
(Jacquin) Richard, 1817

狭喙兰是地生兰中最壮丽的种类之一，也较易栽培。它是一种分布广泛的兰花，其叶组成螺旋状排列的基生莲座状叶丛，上有花纹（条纹或斑点），形似玉簪属 *Hosta* 的园艺植物。其后从莲座状叶丛中央抽出的亮红色花穗则更为壮丽，其上生有绚烂的火炬状总状花序，由多可至 50 朵（通常 20~30 朵）的兼具红色和白色的小花组成，每朵花下面又托以一片亮红色的苞片。蜂鸟完全无法抵抗这些花的吸引而来为其传粉，其花有蜡状光泽，质地坚硬，足以承受鸟喙的戳击。

狭喙兰在地下具一丛有毛的粗根，在叶枯萎后可凭此度过旱季。其休眠通常在开花之后不久进行。本种有一些类型的叶全为绿色，而无任何花纹。

狭喙兰的花小型，杯状，白色，但混有亮红色，其下并具绚丽的红色苞片，使花和花序呈现为纯红色。

实际大小

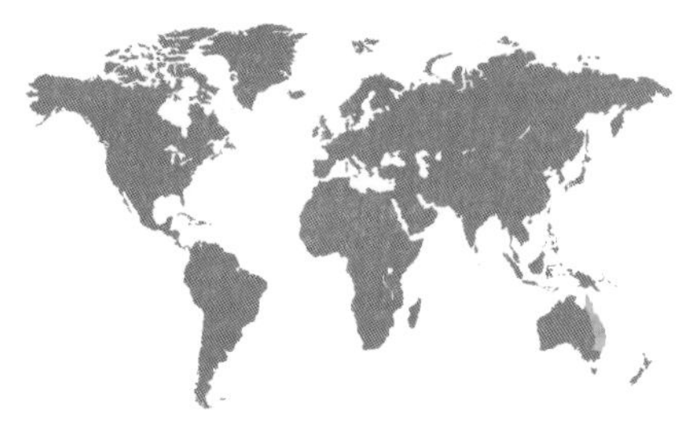

亚科	红门兰亚科
族和亚族	双尾兰族，针花兰亚族
原产地	澳大利亚东部新南威尔士州和昆士兰州的海滨地区
生境	沙丘和冲沟附近的海滨灌丛，常生于灌木之下
类别和位置	地生
保护现状	无危
花期	4月至5月（秋季）

花的大小
1 cm（⅜ in）

植株大小
10～15 cm × 4～6 cm
（4～6 in × 1½～2½ in），
包括花序

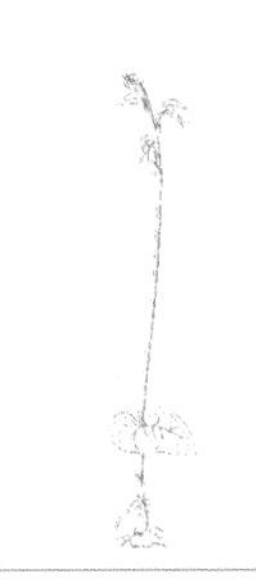

针花兰
Acianthus fornicatus
Large Mosquito Orchid

Robert Brown, 1810

实际大小

针花兰见于澳大利亚东部的海滨灌丛中，是那里极为常见的兰花。据说因为它数量太多，长得又密，在考察其生境时根本无法避免踩在一些植株之上。本种为群体性的落叶植物，地下具小块根。在经历了澳大利亚溽热的夏季中一段为期两个月的干热天气之后，它会在秋季开花。

随着降雨重新到来，针花兰会先长出单独一片易于识别的心形叶，其上布有紫红色的斑纹。每片叶中央再抽出单独一枚纤细的花莛，高至15 cm（6 in），其上排列有具兜帽状花被的小花。本种的英文名意为“大蚊兰”，即是源于其小花形似蚊子。传粉者据信为小型蝇类，可为腐烂的植株或真菌的气味所吸引，但其花中也有少量花蜜。

针花兰的花小型，绿色；花被片合生，顶端尖锐；背萼片兜帽状。

亚科	红门兰亚科
族和亚族	双尾兰族，针花兰亚族
原产地	澳大利亚东南部，从南澳大利亚州南部和坎加鲁岛至维多利亚州、新南威尔士州和塔斯马尼亚岛
生境	具地中海气候的树林和灌丛
类别和位置	地生
保护现状	未评估，但局地极多见
花期	6 月至 10 月（冬春季）

花的大小
1.5 cm（⅝ in）

植株大小
4 cm × 1.5 cm
（1⁹⁄₁₆ in × ⁹⁄₁₆ in），
包括花序

塔岛髯铠兰
Corybas diemenicus
Purple Helmet Orchid

(Lindley) Rupp, 1928

实际大小

塔岛髯铠兰是一种迷人而精致的小植株，据信是在模仿蕈类的形态。其花在合蕊柱两侧均具小腺体，戳刺之后可流出汁液，其功能和用途未知。为其携带花粉团的蕈蚊的体型正好适合于腺体和花粉团之间的狭小空间。然而，其传粉效率不高，因为通过观察得知只有少数子房能够受精。其地下深处具单独一条小块根，向外伸出纤细的侧根。

塔岛髯铠兰属于铠兰属 *Corybas*，其学名来自弗里几亚神话中一群统称为“科律班忒斯”（Korybantes）的男性舞者，他们崇拜科律巴斯（Corybas）的母亲库柏勒（Cybele）女神，据描述他们都戴有一种有冠的头盔。本种的种加词 *diemenicus* 指的则是范迪门地（Van Diemen's Land），这是塔斯马尼亚岛的旧名，本种最早就是在这里发现。

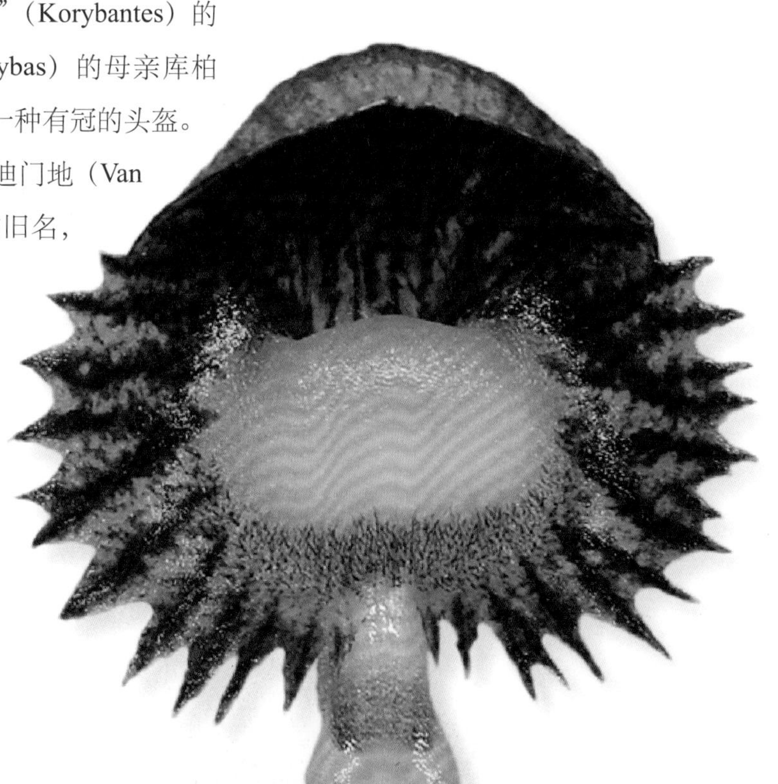

塔岛髯铠兰的花为红褐色，有光泽，直接位于心形的叶之上；上萼片有齿状边缘，弯至花的其余部位上方；其他花被片高度退化，形成管状；合蕊柱短，隐藏于花中，两侧有 2 枚腺体。

亚科	红门兰亚科
族和亚族	双尾兰族，针花兰亚族
原产地	马来西兰和印度尼西亚西部（爪哇岛、苏门答腊岛、加里曼丹岛）
生境	中海拔森林
类别和位置	地生于多藓类的岩石和树干上，通常生于陡坡上
保护现状	未评估，但稀见
花期	10月至2月

花的大小
1.3 cm（½ in）

植株大小
3 cm × 1 cm
（1⅛ in × ⅜ in），
包括花序

画铠兰
Corybas pictus
Painted Helmet Orchid

(Blume) Reichenbach fils, 1871

实际大小

画铠兰是一种纤弱而微小的兰花，其花有兜帽状花被和细长的“触须”，仿佛地外来客。本种为热带种，生于山地森林中，需要阴暗潮湿的环境，常生长在树蕨多纤维的树皮上或其他森林树种藓类密布的树干上。种加词*pictus*来自拉丁语动词*pingere*，意为“涂画”“装饰”，指其微小的叶上有醒目的白色脉纹。

和铠兰属 *Corybas* 大多数种一样，画铠兰由菌蚊传粉。萼片和花瓣上的细长延伸部分仅见于本属的热带种，它们据信可以引导菌蚊到达花心。不过，其花中这些特化结构的功能尚未得到实验检测，因此有关其可能功能的说法还只是推测。

画铠兰的花位于单独一片心形、有银色脉纹的叶上方；上萼片（盔）为深褐红色，有白边；唇瓣有白色的“垫状物”；萼片和花瓣延伸成触角状。

亚科	红门兰亚科
族和亚族	双尾兰族，针花兰亚族
原产地	东亚，包括日本南部、中国大陆（湖南省南部和福建省北部）和台湾地区，以及泰国东北部
生境	稠密森林极阴暗处，生于腐殖质丰富的沟谷中
类别和位置	地生，生于腐殖质和腐朽落叶中
保护现状	未评估，但在日本受威胁，其他地区也同样不多见
花期	8月至9月（晚夏）

花的大小
2.5 cm（1 in）

植株大小
10~20 cm × 5~7 cm（4~8 in × 2~3 in），包括花

指柱兰
Stigmatodactylus sikokianus
Asian Cricket Orchid

Maximowicz ex Makino, 1891

指柱兰在地下具长2~3 cm（¾ ~ 1⅛ in）的块根，由此生出具鳞片的短根状茎；它在地上具纤细的茎，高达20 cm（8 in），生有1或2片小而圆的叶，宽约5 cm（2 in），顶端则生有1~3朵花。和生长在如此阴暗地点的许多其他兰花一样，本种维持生命所需的一部分碳可能通过共生的真菌获得，作为它通过有限的光合作用获得的碳的补充。

作为双尾兰族的成员，指柱兰的分布非同寻常，因为该族的种大部分局限于澳大拉西亚地区。指柱兰属的学名 *Stigmatodactylus* 来自古希腊语词 stigmatos（烙印状的结构）和 daktylos（手指），指该属的合蕊柱上有手指状的结构。

实际大小

指柱兰的花小型，纤弱；萼片和花瓣线形，开展；唇瓣宽阔，具粉红色、中间呈角状的胼胝体；合蕊柱绿色，有翅，在唇瓣上方向前突出。

亚科	红门兰亚科
族和亚族	双尾兰族，裂缘兰亚族
原产地	新西兰
生境	新西兰南岛近海滨的高海拔南青冈 *Nothofagus* 林、高山杂类草草地和高山草甸
类别和位置	地生
保护现状	无危
花期	12 月至 1 月（夏季）

花的大小
2 cm（¾ in）

植株大小
11.5 cm × 6 cm
（4½ in × 2½ in）

藓蛛兰
Aporostylis bifolia
Odd-leaf Orchid

(J. D. Hooker) Rupp & Hatch, 1946

实际大小

藓蛛兰为一种小型兰花，生于新西兰（南峡湾区）南方山地的高海拔处。其植株形成紧密的群体，每株的茎均为带红色的绿色至绿色，并覆有腺毛。其叶 2 片，有毛，不等大，上方一片较短，但 2 片叶均常有紫红色斑点。

本种的花鲜艳，其上有斑点（蜜导），可引导传粉者靠近花朵。本种显然为异株传粉，但还未观察到其具体的传粉者。其地下具小块根，其上所生的茎又可以在附近长出新的小块根，因此本种的植株常紧密靠近而成丛。藓蛛兰以前曾被包括在种类极多、分布广泛的裂缘兰属 *Caladenia* 中，它虽然和该属有一定亲缘关系，但并不特别近缘。

藓蛛兰的花大多为白色，有时带浅粉红色调；侧萼片和花瓣勺形，大小相同；上萼片在合蕊柱上方形成兜帽状；唇瓣宽阔，边缘光滑，具多变的黄色至略呈褐色的斑块。

亚科	红门兰亚科
族和亚族	双尾兰族，裂缘兰亚族
原产地	澳大利亚西南部
生境	森林和岩石露头、沼泽、湖边和海滨灌丛，海拔至 300 m（985 ft）
类别和位置	地生，生于沙地、黏土质壤土、红土或砾石地上
保护现状	无危
花期	7 月至 11 月（冬春季）

大白灵蛛兰
Caladenia longicauda
Large White Spider Orchid
Lindley, 1839

花的大小
6~9 cm（2⅜~3½ in）

植株大小
30~46 cm × 5~8 cm
（12~18 in × 2~3 in），
包括花序

大白灵蛛兰在英语中也叫“Daddy Long Legs”（幽灵蛛），见于澳大利亚珀斯附近，具有美丽的蜘蛛状花朵，是西澳大利亚春季野花中的标志种。其地下具块根，借此可以度过旱季和火灾。块根上生出单独一片叶和花序，花序具 1~6 朵大花，叶与花莛均有毛。

灵蛛兰类兰花最可能通过食物欺骗传粉，其访问者据记载包括多种蜜蜂、胡蜂和蝇类，所有这些种均以花蜜和花粉为食。一些学者认为，这些开白花的种呈现了一套混合性的传粉特征，它们对雄性膨腹土蜂类也有性吸引力，但这个猜测还没有得到详细研究的证实。

大白灵蛛兰的花具细长蜘蛛状的萼片和花瓣；其中 4 枚反曲，但背萼片则直伸，或伸向合蕊柱上方；唇瓣白色，反曲，边缘有褐色至红紫色的流苏状毛。

实际大小

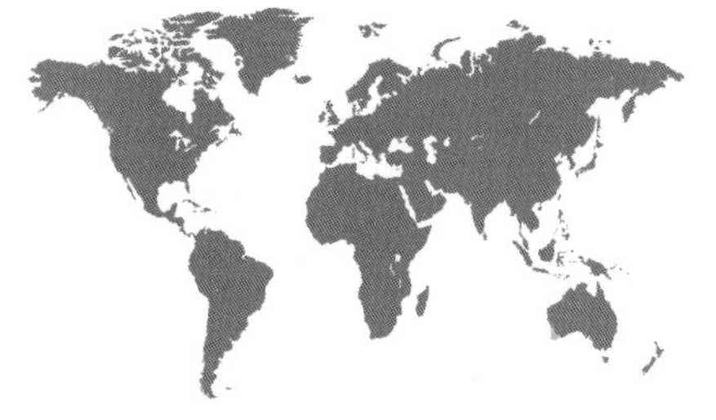

亚科	红门兰亚科
族和亚族	双尾兰族，裂缘兰亚族
原产地	澳大利亚西南部
生境	木麻黄和桉树密灌丛，生于花岗岩露头附近
类别和位置	地生，生于河流或溪流两岸
保护现状	无危
花期	9 月至 10 月（春季）

花的大小
3～4 cm（1⅛～1⅝ in）

植株大小
13～25 cm × 8～20 cm
（5～10 in × 3～8 in），
包括花莛

慵蛛兰

Caladenia multiclavia

Lazy Spider Orchid

Reichenbach fils, 1871

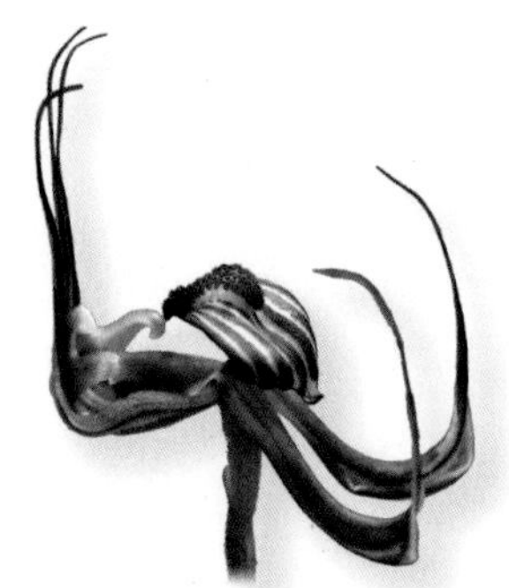

实际大小

慵蛛兰通常只有单独一朵花，呈水平或倾斜开展，像一只慵懒的蜘蛛，故名“慵蛛兰”。本种植株成丛，一丛常有多至 6 株，每个植株在地下均具单独一条块根，并生有单独一片有毛的叶。

本种可以作为性欺骗式传粉兰花的代表。其唇瓣覆有胼胝体，在风中会颤动，使之形似昆虫。萼片和花瓣向上弯曲的尖端可分泌性激素，吸引雄性膨腹土蜂前来。它们被迫从上方靠近唇瓣，并试图抓住唇瓣上的假“雌蜂”以将其带走，但可活动的唇瓣会把它向下抛至合蕊柱处，宽阔的合蕊柱翅便捕捉到了这倒霉的昆虫。之后，花粉便沾到了雄蜂的胸部。

慵蛛兰的花的花瓣和萼片向上弯曲，红褐色，环绕在唇瓣周边；唇瓣可活动，状如昆虫，有条纹；合蕊柱有阔翅，为花瓣和背萼片所环绕。

亚科	红门兰亚科
族和亚族	双尾兰族，裂缘兰亚族
原产地	西澳大利亚西南部约克和宾顿之间
生境	桉树（红柳桉、万朵桉）森林中的开放地，通常仅在夏季火灾后开花
类别和位置	地生，生于黏重的红土之上
保护现状	未评估
花期	8 月下旬至 10 月（春季）

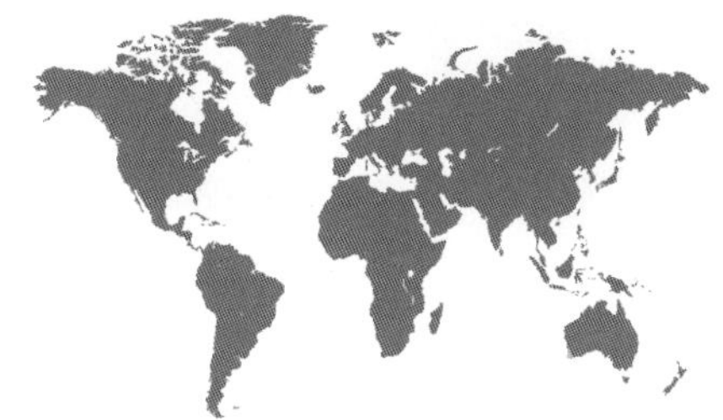

花的大小
4 cm（1⅜ in）

植株大小
5～15 cm × 5～8 cm
（2～6 in × 2～3 in），
包括花

黄瓷兰
Cyanicula ixioides
Yellow China Orchid

(Lindley) Hopper & A. P. Brown, 2000

黄瓷兰是蓝瓷兰属 *Cyanicula* 中唯一开黄色花的种。其他大多数种的花为蓝色，其属名来自古希腊语词 cyano（蓝色）和指小后缀 -icula，即源于此。本种在地下具一条或更多条球形小块根，在离地很近处（但非贴地）生有单独一片叶，上有密毛。本种几乎完全靠种子繁殖，而很少形成子块根。其花大多在夏季火灾后开放，其植株似乎喜生于没有很多与之竞争的植物的开放地点。

实际大小

本种及其近缘种蓝瓷兰 *Cyanicula gemmata*（花为蓝色）的传粉昆虫是搜寻花蜜的金龟子类甲虫。考虑到它们有相同的传粉昆虫，这两个种可能只是同一个种的不同花色类型。遗传学研究表明它们的居群几乎没有差异，但二者混生的居群却很少见。

黄瓷兰的花具开展的黄色萼片和花瓣，它们基本等大，形状也基本相同；唇瓣较其他花被片短得多，反曲，中央有褐色胼胝体。

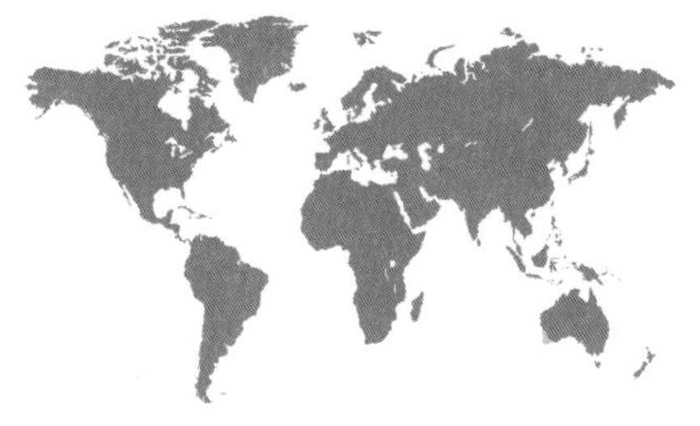

亚科	红门兰亚科
族和亚族	双尾兰族，裂缘兰亚族
原产地	西澳大利亚西南部海滨地区
生境	沙地，生于开放的海滨灌丛中
类别和位置	地生
保护现状	无危
花期	10 月至 11 月（春季）

花的大小
2～4 cm（¾～1½ in）

植株大小
15～30 cm × 4～6 cm
（6～12 in × 1.5～2.5 in），
包括花序

珐琅兰
Elythranthera brunonis
Purple Enamel Orchid

(Endlicher) A. S. George, 1963

珐琅兰是西澳大利亚海滨最美丽动人的花朵之一，是当地春季景观中的常见特色野花。其地下具小块根，叶长形，有毛，春雨过后即从叶基部抽出精致的花莛。其花有光泽，仿佛涂有硬釉，状如精致的瓷器，但非常脆弱，很容易碰坏。每枚花莛具多至 3 朵花，盛花期很短，气温一高就会迅速萎蔫。

在同一地域还分布有本种的姊妹种大珐琅兰 *Elythranthera emarginata*。其花较大，长 5 cm（2 in），为深粉红色，生于较短而分枝的花莛上。在这两种壮丽的兰花的混生种群中亦可见它们的天然杂种中间珐琅兰 *Elythranthera intermedia*，在两个种的植株彼此接近、共享相同的传粉者时经常出现。它们的花并不会给传粉者回报，而是使用了食物欺骗策略，把搜寻花蜜的蜂类从邻近的植物那里吸引过来。

实际大小

珐琅兰的花为有光泽的紫红色，布有深红褐色斑点，顶端反曲部位颜色较浅，几乎为白色；花瓣和萼片几乎等大，开展；合蕊柱翅兜帽状，覆于生殖部位和唇瓣之上。

亚科	红门兰亚科
族和亚族	双尾兰族，裂缘兰亚族
原产地	澳大利亚西部和西南部
生境	海滨灌丛和红柳桉林
类别和位置	地生，生于沙质土或石质土上
保护现状	未评估
花期	3 月至 6 月（秋冬季）

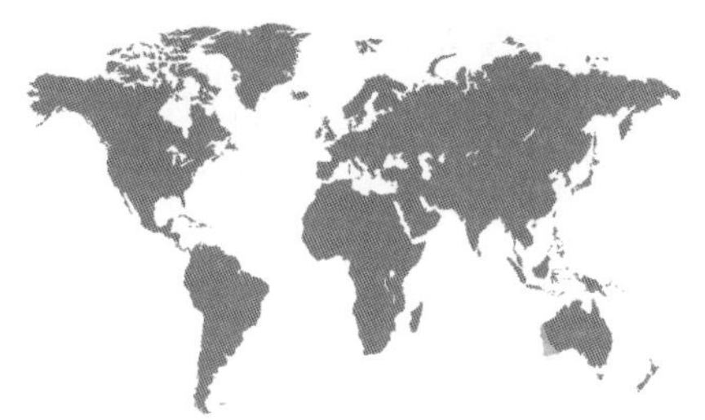

白兔兰
Eriochilus dilatatus
Easter Bunny Orchid
Lindley, 1840

花的大小
1.5 cm（⅝ in）

植株大小
10～35 cm × 8～10 cm（4～14 in × 3～4 in），包括花

白兔兰及其近缘种的唇瓣上有显著的毛。兔兰属的学名 *Eriochilus* 由古希腊语词 erion（羊毛）和 cheilos（唇）构成，即源于此。其地下有块根，生出 1 或 2 片长披针形的叶，花莛最终可生出 3~8 朵（偶有多至 20 朵）花。其花似乎在夏季火灾烧过灌丛之过才盛开，尽管火并不是开花所必需的环境因素。

其传粉昆虫为小型蜂类，可将口器伸入合蕊柱和唇瓣之间，并在此处碰到花粉团。为了促成异株传粉，在蜂类爬入花中时，扁平的花药可以挡住柱头，不让它和虫体接触，但在蜂类退出时却又让虫体可以碰到花粉团，并将其带走。本种的花有强烈气味可吸引蜂类，但这只是虚假的广告，因为这些花似乎并不能提供什么回报。

白兔兰的花具 2 枚白色、下伸的萼片；第三枚萼片位于上方，与 2 片花瓣均为深色（通常为红褐色），并在合蕊柱上方呈兜帽状；唇瓣有绵毛，黄色，反曲，有紫红色斑点。

实际大小

亚科	红门兰亚科
族和亚族	双尾兰族，裂缘兰亚族
原产地	澳大利亚南部和塔斯马尼亚岛
生境	冬季湿润的地区，但花须经历夏季火灾或扰动后开放，常见于花岗岩露头、溪畔或沼泽附近
类别和位置	地生
保护现状	无危
花期	9 月至 10 月（春季）

花的大小
1.5 cm（⅝ in）

植株大小
10～30 cm × 6～10 cm（4～12 in × 2⅜～4 in），包括花序

野兔兰
Leptoceras menziesii
Rabbit Orchid
(R. Brown) Lindley, 1840

野兔兰这种小型兰花可呈大片生长，花在火灾后开放尤盛。其地下具 1~2 条块根，在根的末端会生出子块根，这使它可以长出大量彼此紧密靠近的植株。其叶只有一片，基生，无毛，其上抽出短花莛，生有 1~4 朵花。野兔兰属的学名 *Leptoceras* 来自古希腊语词 leptos（细）和 keras（角），指花瓣直立，形如动物的角。

对于野兔兰属这个唯一的种的传粉还几无所知，但有记载指出小型蜂类会访问其花。它们最初可能是被雄蕊状的花瓣吸引而来，但很快便会发现合蕊柱基部形成的花蜜滴，并在此处沾上或卸下花粉团。另一些记载还指出其花有芳香气味。

野兔兰的花具 2 枚侧萼片，白色，前伸；上萼片粉红色，覆盖合蕊柱；花瓣 2 片，紫红色，上伸，状如动物的角；唇瓣粉红色，具疣，围抱合蕊柱。

实际大小

亚科	红门兰亚科
族和亚族	双尾兰族，裂缘兰亚族
原产地	西澳大利亚西南部和澳大利亚东南部
生境	生于沙地的开放海滨灌丛
类别和位置	地生
保护现状	无危
花期	8 月至 9 月（晚冬至春季）

青须兰
Pheladenia deformis
Blue Fairies

(Robert Brown) D. L. Jones & M. A. Clements, 2001

花的大小
4~5 cm（1½~2 in）

植株大小
13~20 cm × 5~10 cm（5~8 in × 2~4 in），包括花序

青须兰是一种体形微小的兰花，是澳大利亚植物热点区中开花最早的兰花之一。其花为鲜艳的蓝色，从看似贫瘠的沙地上健壮地生出。其鳞茎深埋地下，使植株可以躲过夏季的炎热和火灾。在以前，原住民会挖出它的小鳞茎，采集起来食用。

青须兰现在独立为一个单种属，但以前曾认为是其他近缘属（如蓝瓷兰属 *Cyanicula* 和裂缘兰属 *Caladenia*）的成员。本种的种加词 *deformis* 意为“畸形的”，因为它最开始被视为裂缘兰属中的一个形态独特的种。青须兰是在野外能让人眼前一亮的兰花，可以形成大而密集的群体，甚至可生长在久经践踏的小道旁边。其花由一种隧蜂传粉，可能是靠唇瓣基部的腺状突起物来吸引传粉者。

实际大小

青须兰的花形似蜘蛛，其花被片狭窄，为浅至中度的蓝色或紫堇色；唇瓣为深而鲜艳的紫红色，正面朝上，生有疣状的小型胼胝体；胼胝体紫红色，有时黄色。

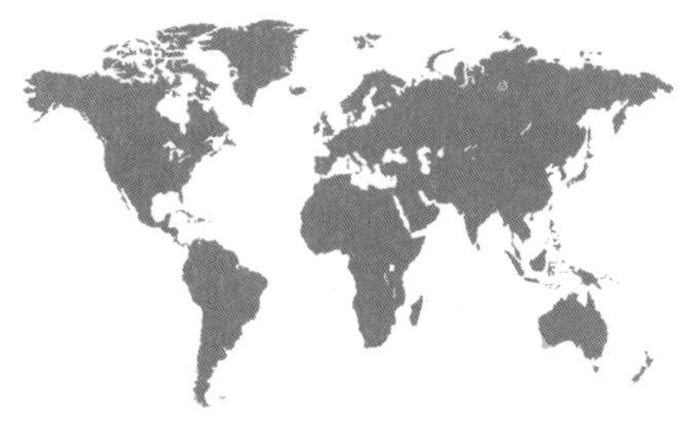

亚科	红门兰亚科
族和亚族	双尾兰族，隐柱兰亚族
原产地	澳大利亚西南部
生境	低矮海滨灌丛、稠密树林和森林
类别和位置	地生，生于沙质土上
保护现状	无危
花期	11 月至 4 月（夏季）

花的大小
2.5 cm（1 in）

植株大小
38～64 cm × 10～25 cm（15～25 in × 4～10 in），不包括花莛

卵叶隐柱兰
Cryptostylis ovata
Australian Slipper Orchid

R. Brown, 1810

1938 年，卵叶隐柱兰成为第一种记载到的通过性欺骗来传粉的澳大利亚兰花。它是一种外形十分独特的兰花，可以吸引姬蜂类的雄性。这些寄生性的蜂类落在其扭转的花的唇瓣上，用细足抱住唇瓣，随后把身体探入管状的唇瓣中，就在腹部沾上了花粉团。

隐柱兰属的学名 *Cryptostylis* 中的 crypto 在古希腊语中意为“隐藏”，stylis 意为“花柱”，指其花上下倒置，合蕊柱又较短，而藏于唇瓣中。卵叶隐柱兰的种加词 *ovata* 意为“卵形的”，指的则是其卵形的常绿叶片。除此之外，本种的花莛高大，花序多花，均指本种易于识别。其地下具短茎，生有很多光滑的粗根，但无任何类型的块根。

实际大小

卵叶隐柱兰的花常上下倒置，使中萼片和唇瓣下伸，2 枚侧萼片上伸；花瓣绿色，线形，反曲；唇瓣红褐色，拖鞋状，围绕合蕊柱形成封闭的室。

亚科	红门兰亚科
族和亚族	双尾兰族，双尾兰亚族
原产地	澳大利亚西南部
生境	冬季湿润的沼泽
类别和位置	地生，生于沙质黏土上的莎草丛中
保护现状	无危
花期	10 月至 11 月（春季）

高大双尾兰
Diuris carinata
Tall Bee Orchid
Lindley, 1840

花的大小
3 cm（$1\frac{1}{8}$ in）

植株大小
51～76 cm × 20 cm
（20～30 in × 8 in），
包括花序

高大双尾兰以前可与澳洲双尾兰 *Diuris laxiflora* 混淆，但其花期不同，花莛较高大，花也较大。其地下具一条块根，形状可相当细长。子块根很少形成，因此本种的植株大多为单株独立生长。每植株具 1~5 片叶，禾草状，光滑。

双尾兰类兰花［在英文中叫 Bee Orchid（蜂兰），又因直立的花瓣形似驴耳而叫 Donkey Orchid（驴兰）］没有为传粉者提供回报，其花据信是模仿了常与其共同生长的豆科一些春季开花的种（如苦麟豆属 *Daviesia* 和火木豆属 *Pultenaea*）。其传粉者包括多种蜂类，常为隧蜂类，但其他蜂类（包括非澳大利亚原产的蜜蜂类）也有传粉的记载。

实际大小

高大双尾兰的花为黄色，具红褐色斑点；2 枚萼片狭窄，下弯，另一枚萼片宽，正面朝上；花瓣 2 片，具长柄，直立；唇瓣侧面有 2 枚宽翅，围抱合蕊柱。

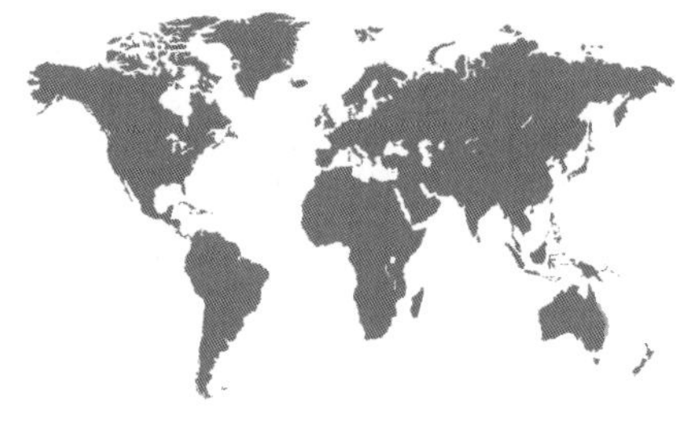

亚科	红门兰亚科
族和亚族	双尾兰族，槌唇兰亚族
原产地	澳大利亚东部海滨地区（昆士兰州、新南威尔士州）
生境	有森林的斜坡和山岭，生于禾草丛或灌丛间
类别和位置	地生，生于沙质和黏土质的壤土上
保护现状	易危
花期	12 月至 2 月（夏季）

花的大小
1 ~ 1.8 cm（⅜ ~ ¾ in）

植株大小
32 cm × 14 cm
（12⅝ in × 5½ in），
包括花序

肘兰
Arthrochilus irritabilis
Clubbed Elbow Orchid

F. Mueller, 1858

实际大小

所有肘兰属 *Arthrochilus* 兰花均为性欺骗式传粉。其花具有香气，模仿了膨腹土蜂属 *Rhagigaster* 的雌蜂释放的用来吸引雄蜂的性激素，于是雄蜂便被吸引而来。其花的唇瓣上有多毛的特化结构，可哄骗雄蜂，以为可以和这个结构交配。雄蜂抱住唇瓣，试图带走“雌蜂”交配。不料可活动的唇瓣却把雄蜂抛向合蕊柱顶端花粉团所着生的位置。雄蜂因此会沾上或卸下花粉团，然后再在另一朵兰花上重复这个过程。

肘兰具莲座状叶丛，由 3~7 片叶组成，从莲座状叶丛的一侧生出与之分离的无叶花莛，花序即生于其上。其地下具块根和长匍枝，新的块根即在长匍枝上形成。

肘兰的花为浅绿色，有红紫色毛；萼片和花瓣为披针形，反曲；唇瓣具有一枚有毛的角状物，并有 2 裂的顶端；合蕊柱弯曲，翅呈镰刀状。

亚科	红门兰亚科
族和亚族	双尾兰族，槌唇兰亚族
原产地	澳大利亚东部和东南部及塔斯马尼亚岛
生境	桉林、硬叶灌丛、沼生灌丛，通常生于近海滨的沙质土上
类别和位置	地生
保护现状	在澳大利亚东部无危，但在澳大利亚南部因生境破坏而易危
花期	9月至1月（春夏季）

花的大小
2~2.5 cm（¾~1 in）

植株大小
15~51 cm（6~20 in），
包括花序

飞鸭兰

Caleana major

Flying Duck Orchid

R. Brown, 1810

正如“飞鸭兰”这个中文名所示，本种的花形似一只飞翔的野鸭。其地下具单独一条块根，每年更替。在短的长匍枝末端又可生出子块根，因此使本种的植株形成紧密靠近的小群体。每个植株具单独一片叶，其花葶上生有2~4朵花。

实际大小

飞鸭兰的唇瓣可活动，可以主动把来访的昆虫捕捉到由合蕊柱的翅形成的碗状结构中，并在唇瓣复位之后将其释放。其花能散发一种挥发性化学物质，可吸引长尾锯蝇属*Pterygophorus*的雄性锯蝇前来落入陷阱。在它们为逃脱而挣扎时，便把花粉涂到了柱头上，又会带走花粉团，准备转运到另一朵花上。

飞鸭兰的花的萼片形成“鸭子”的翅，唇瓣形成颈部和头；鸭子的身体由宽阔的合蕊柱翅构成，尾部由中萼片构成；花瓣狭窄，下伸，则构成鸭子腿。

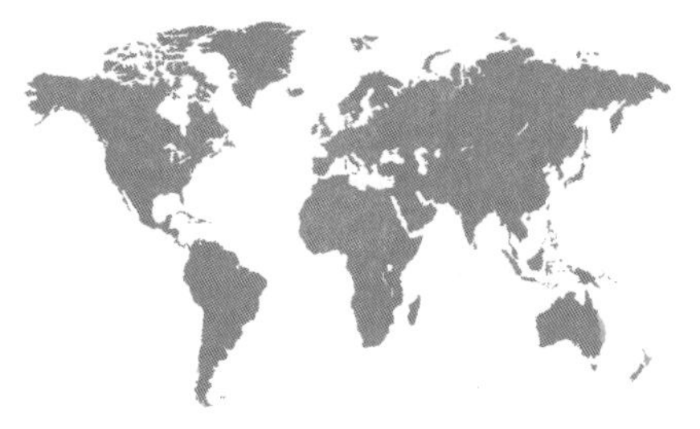

亚科	红门兰亚科
族和亚族	双尾兰族，槌唇兰亚族
原产地	澳大利亚东部、豪勋爵岛和新西兰北岛
生境	开放的森林和冲沟，生于海平面到海拔 800 m（2,625 ft）处
类别和位置	地生
保护现状	在澳大利亚东部多见，但自 20 世纪初期以来就不见于新西兰，最近在豪勋爵岛也有发现
花期	8 月至 11 月（晚冬至春季）

花的大小
1.5 cm（⅝ in）

植株大小
20 cm × 2 cm
（8 in × ¾ in），
包括花序

蚁兰
Chiloglottis formicifera
Ant Orchid

Fitzgerald, 1877

实际大小

蚁兰唇瓣上突起的疣模仿了一种姬蜂的不会飞的雌性。其花散发的气味又与雌蜂的性激素相同，可吸引雄蜂前来。它们试图抓住唇瓣并将其带走，在用劲的过程中，花中 4 枚花粉团中的一枚便会沾到雄蜂的头上。受挫的雄蜂飞走之后，又会被另一朵花吸引，在访问那朵花并用力挣扎的过程中便完成了传粉。

本种的唇瓣在人眼看来像蚂蚁，因此得名“蚁兰”，其种加词 *formicifera* 也是“带有蚂蚁的”之意。这个名称自然是错误的，但这也是因为在本种得到命名很久之后人们才了解到它的整个传粉习性。其地下具埋藏较深的球形块根，由此生出莲座状叶丛。

蚁兰的花为绿褐色，上萼片生有香腺（散发气味的腺体）；侧萼片和花瓣狭窄，反曲；唇瓣具狭窄而光滑的黑色胼胝体，状如蚁类；合蕊柱弓曲，悬于唇瓣上方，具狭翅。

亚科	红门兰亚科
族和亚族	双尾兰族，槌唇兰亚族
原产地	澳大利亚西南部
生境	滨海平原的开放地、路边、沼泽边缘
类别和位置	地生，生于湿润的沙质土上
保护现状	局部多见，但因人类发展和农业而受威胁
花期	8 月至 10 月（春季）

雕齿槌唇兰
Drakaea glyptodon
Hammer Orchid

Fitzgerald, 1882

花的大小
2.5 cm（1 in）

植株大小
达 35 cm × 3 cm
（14 in × 1.2 in），
包括花莛

雕齿槌唇兰的叶为心形，其上由浅绿色和深绿色组成砖墙般的纹样。叶上方抽出纤细的花莛，生有 1~2 朵形状奇特的花。其唇瓣有狭柄，有一个可活动的关节，可以向后移动，靠近合蕊柱，顶端则生有一个昆虫状的突起物。唇瓣可以散发一种外激素，专门吸引槌唇兰蜂 *Zaspilothynnus trilobatus* 的雄性个体。雄蜂误将其唇瓣当成落在草叶上的雌蜂，试图把它带走，在飞行中交配。上当的雄蜂因此被多次弹向合蕊柱，而把花粉团沾到胸部。求偶心切的雄蜂会多次重复这一行为，从而把花粉团转运到其他花朵的柱头上。

槌唇兰属的学名 *Drakaea* 以萨拉·安·德雷克(Sarah Ann Drake, 1803—1857)命名，她是一位植物插画师，是植物学家约翰·林德利（John Lindley, 1799—1865）子女的家庭教师。

实际大小

雕齿槌唇兰的花为绿黄色，唇瓣红色；2 枚萼片和花瓣带粉红色调，反曲；上萼片托起具翅的合蕊柱；唇瓣生有一个具裂片的结构，覆有略呈红色的毛和黑色的疣突。

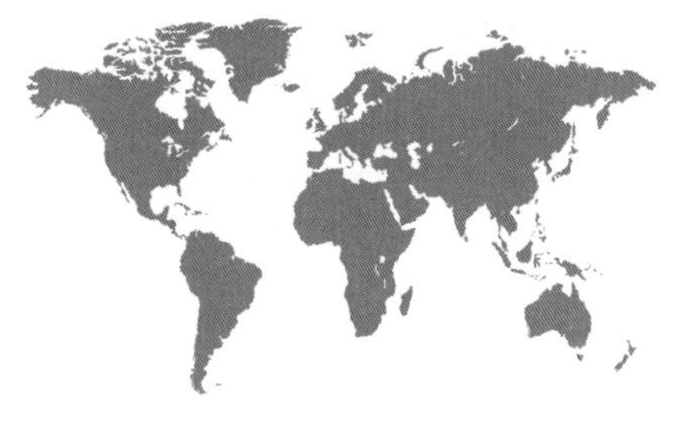

亚科	红门兰亚科
族和亚族	双尾兰族，槌唇兰亚族
原产地	澳大利亚西南部，已知仅产于埃尼巴和平杰利之间的几个地点
生境	佛塔树属 *Banksia* 密灌丛中
类别和位置	地生，生于深厚的沙质土上
保护现状	在澳大利亚列为濒危种
花期	10 月下旬至 1 月（晚春至夏季）

花的大小
2.5 cm（1 in）

植株大小
高 12~18 cm
（4¾ in × 7 in），
叶小，紧贴地表

沙原鸭兰
Paracaleana dixonii
Sandplain Duck Orchid

Hopper & A. P. Brown, 2006

实际大小

鸭兰属 *Paracaleana* 兰花通过性欺骗传粉，受骗的是膨腹土蜂类的雄性，试图抓住可活动的唇瓣，带着它飞走。这会让它们被抛向合蕊柱，在那里沾到花粉团，之后带着花粉团飞走。沙原鸭兰在地下具 1~2 条块根，根的末端又可长出子块根。本种主要靠种子繁殖，可形成虽大但不甚显眼的群体。

沙原鸭兰的种加词 *dixonii* 以金斯利·迪克逊（Kingsley Dixon）的名字命名，他是西澳大利亚州的一位植物学家和研究兰花的科学家，第一次认出这个新种。本种是鸭兰属兰花中植株最大的种，花期较其他大多数种晚，在气温升至 37° C（98.6° F）时开花。本种可以在肉质茎中贮存水分和养分，以应对这样的高温。

沙原鸭兰的花的萼片和花瓣为带红色的黄色，形成“鸭子”的身体；唇瓣有柄，反曲，构成鸭子的颈部，扩大的檐部构成头部，顶端深色的疣状腺体则构成鸭子的喙。

亚科	红门兰亚科
族和亚族	双尾兰族，槌唇兰亚族
原产地	澳大利亚西南部
生境	花岗岩露头
类别和位置	地生于花岗岩上的浅沙质土上，生于藓类和垫状植物（特别是耐旱草属 *Borya*）中
保护现状	无危
花期	10 月下旬至 1 月（夏季）

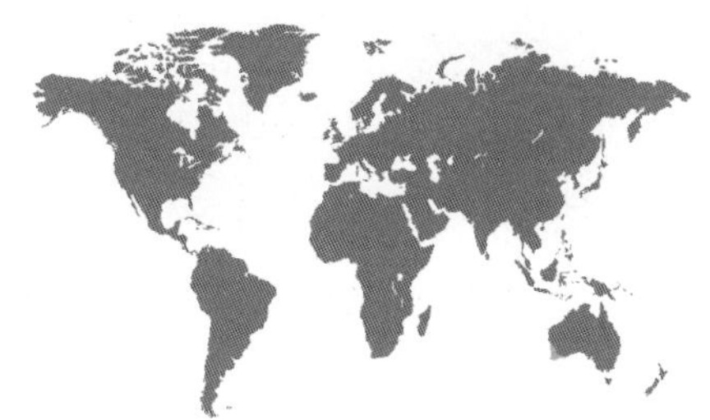

花的大小
2 cm（¾ in）

植株大小
8~18 cm × 13~15 cm（3~7 in × 5~6 in），包括花序

西肘兰
Spiculaea ciliata
Elbow Orchid

Lindley, 1840

西肘兰名字中的“肘”字是指它的唇瓣有一个灵活松动的关节，在此形成肘状折曲。它在气温超过37°C（98°F）的夏季开花。在较为湿润的春季的几个月中，本种长出肉质多汁的茎。到夏季其叶萎蔫之时，茎可以为花提供水分，而块根也在此时形成，将在下一年长出新植株。本种具短的长匍枝，可生出子块根，构成小群体，其植株仅有单独一片叶，紧贴地面生长。

本种的唇瓣为铁砧形，模拟的是膨腹土蜂类的雌性，并可散发吸引其雄性的外激素。这些雄性试图带着唇瓣飞走（以便在飞行中和它们交配），但结果只能被甩到合蕊柱上，卡在钩曲的合蕊柱翅中，而不得不挣扎着逃脱。如果雄蜂重复这一过程，便可让本种完成异株传粉。

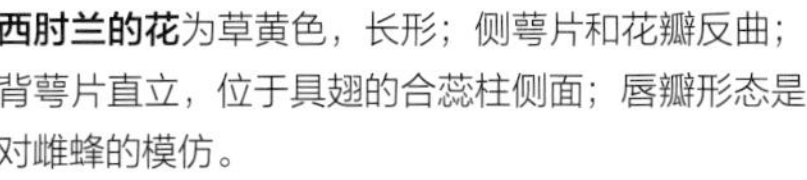

西肘兰的花为草黄色，长形；侧萼片和花瓣反曲；背萼片直立，位于具翅的合蕊柱侧面；唇瓣形态是对雌蜂的模仿。

实际大小

亚科	红门兰亚科
族和亚族	双尾兰族，大柱兰亚族
原产地	澳大利亚西南部和塔斯马尼亚岛
生境	灌丛中的沼泽化地区
类别和位置	地生，生于湿润的泥炭土上
保护现状	易危
花期	8月至12月（春季）

花的大小
2.5 cm（1 in）

植株大小
花莛高 10~15 cm
（4~6 in）

蜥蜴兰
Burnettia cuneata
Australian Lizard Orchid

Lindley, 1840

蜥蜴兰为无叶的菌根异养兰，生于沼泽化地区，但只有在火灾之后才出现在地面上，其一生中的剩余时间则都在地下度过。其种子萌发后先形成小块根，通过与真菌共生而获得有机养分和矿物质，并在土壤中等待一次野火烧过头顶。本种在火后开花，然后死亡。开花时，从块根抽出纤细的浅色花莛，顶端生有多至4朵花，其苞片略呈红色。本种的块根并无更替现象，因此它是严格靠种子繁殖的种。

蜥蜴兰生于酸性硬叶灌丛中，大多长在香白千层 *Melaleuca squarrosa*（属桃金娘科）树丛之下。目前对其生活史几无所知，也从未观察过其传粉。不过，因为这种兰花无法规律性地结实，说明它应该有某种动物为其传粉。

实际大小

蜥蜴兰的花的上萼片兜帽状，具紫红色脉；侧萼片和花瓣张开，上部白色，下部略带红色；唇瓣具紫红色条纹，3裂，侧裂片位于兜帽状萼片内部，此外还具短齿，基部并有一胼胝体。

亚科	红门兰亚科
族和亚族	双尾兰族，大柱兰亚族
原产地	澳大利亚南部和塔斯马尼亚岛
生境	林地、灌丛、海滨硬叶灌丛和沼泽边缘
类别和位置	地生
保护现状	无危
花期	3 月至 6 月（秋冬季）

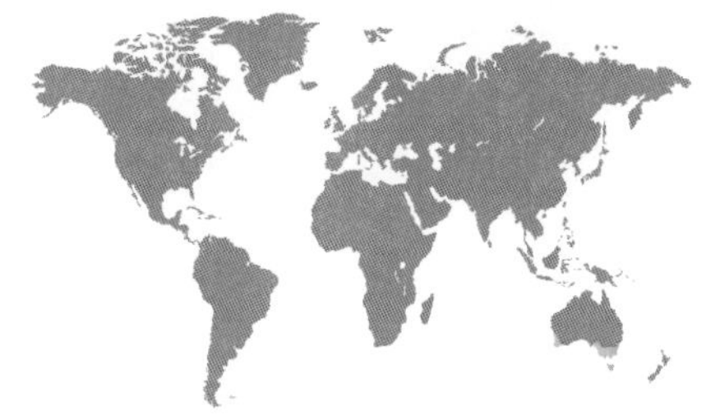

花的大小
1 cm（⅜ in）

植株大小
10～25 cm × 8～13 cm（4～10 in × 3～5 in），包括花莛

小兔兰
Leporella fimbriata
Hare Orchid

(Lindley) A. S. George, 1971

小兔兰属 *Leporella* 仅有小兔兰一种，其花形似野兔，因此叫“小兔兰”，属名在拉丁语中也是“小兔”的意思。本种具卵球形的肉质块根，在母植株一些根的末端又可形成新的块根，这些根则从土壤表面下方不远处一个苞片状的结构中伸出。其叶基生，1~2 片，多少平贴于土壤表面。其花莛直立，仅具 1 或 2 朵花而无叶。

实际大小

本种的传粉很特殊，因为其花仅吸引会飞的雄蚁。雄蚁试图与具流苏状边缘的唇瓣（本种的种加词 *fimbriata* 意为“边缘具须毛的”，即指此）交配，便这样带走花粉团。小兔兰是已知唯一一种以蚁类作为常规花粉搬运者的兰花。

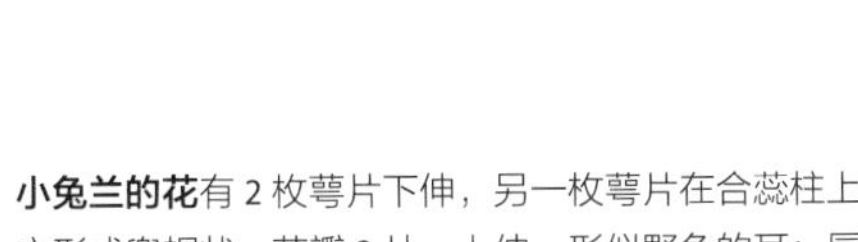

小兔兰的花有 2 枚萼片下伸，另一枚萼片在合蕊柱上方形成兜帽状；花瓣 2 片，上伸，形似野兔的耳；唇瓣有流苏状边缘，褐红色，有斑点，中央绿黄色。

亚科	红门兰亚科
族和亚族	双尾兰族，大柱兰亚族
原产地	澳大利亚东部和塔斯马尼亚岛
生境	硬叶灌丛和酸性土森林，生于山脚排水良好至潮湿的土壤上
类别和位置	地生，生于部分荫蔽的泥炭土上
保护现状	无危，广布
花期	8 月至 11 月（春季）

花的大小
3 cm（1⅛ in）

植株大小
高 18~46 cm（7~18 in），包括花序，并将叶拉直

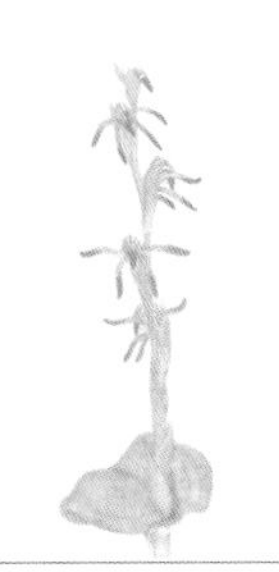

喙兰
Lyperanthus suaveolens
Brown Beaks

R. Brown, 1810

在春季，喙兰从地下单独一条块根长出单独一片直立的禾草状叶，以及一枚花莛，其上生有 2~8 朵黄褐色或深红褐色的花。其花在温暖的天气中有芳香气味，其种加词 *suaveolens* 在拉丁语中意为“气味芳香的”，即指此。其花色较为黯淡，这又是喙兰属的学名 *Lyperanthus* 的由来——此名来自古希腊语词 lyperos，意为“悲伤的”。其根长，顶端生有子块根，每年会在接近土壤表面的一片苞片状结构下方生出新根。其花莛上的苞片大型，绿色，各托有一朵花，并覆盖其子房大部。

喙兰的香甜气味和花蜜暗示本种可能由蜂类传粉。其唇瓣颜色鲜亮，覆有冠状物和疣突或腺毛，可能是在模拟花粉。

实际大小

喙兰的花的 2 枚萼片和花瓣狭窄，基部略呈黄色，顶端红褐色；上萼片呈兜帽状；唇瓣 3 裂，围抱合蕊柱，中裂片黄色，生有一枚具手指状突起的胼胝体。

亚科	红门兰亚科
族和亚族	双尾兰族，大柱兰亚族
原产地	新喀里多尼亚至瓦努阿图南部
生境	开放灌丛，海拔 100~200 m（330~650 ft）
类别和位置	地生，通常生于超基性岩石上
保护现状	未评估，但局地多见，其生境因采矿活动而受威胁
花期	9 月至 12 月（春季至早夏）

花的大小
8 cm（3⅛ in）

植株大小
76~102 cm x 30~38 cm（30~40 in x 12~15 in），包括花序

巨大柱兰
Megastylis gigas
Giant Fairy Orchid
(Reichenbach fils) Schlechter, 1911

巨大柱兰为一种大型兰花，多为地生，偶尔也生于岩石上，在开花时形象壮观。其叶细长，禾草状，地下无块根，根为肉质，有毛。本种全靠种子繁殖。其花芳香，通常白色，中间粉红色，但也有花为深粉红色或全绿色的变异类型。

对本种的传粉尚一无所知，但其花与澳大利亚产的裂缘兰属 *Caladenia* 形似。裂缘兰属的种为蜂类传粉，这意味着蜂类也可能以本种的唇瓣作为极好的落脚平台，由此进入由背萼片和唇瓣形成的花被管中，并试图在唇瓣基部搜寻并不存在的花蜜。大柱兰属的学名 *Megastylis* 来自古希腊语词 megas（巨大）和 stylos（柱子），指合蕊柱大型。

巨大柱兰的花的中萼片呈兜帽状；侧萼片和花瓣白色，向下和前方伸展；唇瓣粉红色至略呈黄色，覆以短粗毛，并与萼片一同形成环绕合蕊柱的管。

实际大小

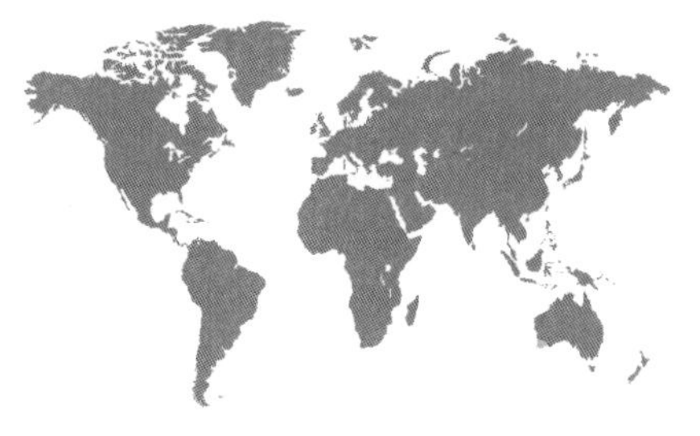

亚科	红门兰亚科
族和亚族	双尾兰族，大柱兰亚族
原产地	西澳大利亚州西南部低海拔地区，位于奥古斯塔和切恩滩之间
生境	沿溪流和沼泽的冬季湿润地区
类别和位置	地生，生于泥炭土上
保护现状	无危
花期	11 月至 12 月上旬（夏季）

花的大小
1.8 cm（¾ in）

植株大小
10～30 cm × 8～10 cm
（4～12 in × 3～4 in）

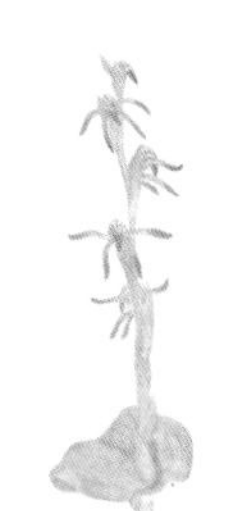

粉红喙兰
Pyrorchis forrestii
Pink Beaks

(F. Mueller) D. L. Jones & M. A. Clements, 1994

粉红喙兰的花几乎只在夏季的一场大火之后开放。本种具卵球形的块根和 2~3 片叶，其中抽出花莛，具 2~7 朵芳香的花。无花的植株可生存数年，直至野火催开其花。本种每年可生出 1 或 2 片贴地生长的叶。其子块根在母植株附近形成，因此本种的群体在春季火灾过后开花时可形成大片色块。红喙兰属 *Pyrorchis* 的学名来自古希腊语词 pyr（火），即是指本种与火的关系。

考虑到本种的花色、芳香、花蜜的存在和花形，它可能由蜂类传粉，并强迫蜂类进入合蕊柱和唇瓣之间，但目前还未观察过其传粉。在红喙兰属于 1995 年得到描述之前，本属 2 种曾被认为是喙兰属 *Lyperanthus* 的成员。

粉红喙兰的花的 2 枚萼片和花瓣为粉红色或带粉红色调，多少等大，形状亦相似；中萼片弯至花上方，与唇瓣在合蕊柱周围形成管状；唇瓣弯曲，边缘褶皱，深粉红色或有深红色斑块。

实际大小

亚科	红门兰亚科
族和亚族	双尾兰族，蒜兰亚族
原产地	澳大利亚东部（昆士兰州东南部和新南威尔士州，南达瑙拉）
生境	干燥或多石的桉林和硬叶灌丛，具频繁的野火和较高的降水量
类别和位置	地生，通常生于大片砂岩上的藓丛中及硬叶灌丛中
保护现状	未正式评估，但目前尚未受到任何威胁
花期	1月至5月（秋季）

花的大小
1 cm（⅜ in）

植株大小
20～25 cm（8～10 in），包括花序

流苏侏儒兰
Genoplesium fimbriatum
Fringed Midge Orchid

(R. Brown) D. L. Jones & M. A. Clements, 1989

流苏侏儒兰的生命历程始于地下的一对疙瘩状的块根，它们向上长出单独一片中空的叶，唯一一根花莛生于叶片里面，然后从其顶端穿出。花莛顶端为总状花序，由多至30朵疏松排列的花组成。其花上下倒置，只要微风吹来，唇瓣上的流苏就会翻动。

本种的传粉主要由小型的黄潜蝇类完成。它们会被这种兰花散发的柠檬般的香气和花蜜吸引。由于花蜜的存在，本种的自花传粉率很高，因为蝇类会在开放的花上爬来爬去，之后才会去搜寻下一朵花。侏儒兰属的学名 *Genoplesium* 来自古希腊语词 genos（种族或亲族）和 plesios（近），指本属与蒜兰属 *Prasophyllum* 近缘。

实际大小

流苏侏儒兰的花的上萼片狭窄，有条纹，顶端有长睫毛；花瓣有条纹，边缘有睫毛；唇瓣可活动，顶端反曲，边缘有粗大的粉红色、红色或紫红色的流苏状毛。

亚科	红门兰亚科
族和亚族	双尾兰族，蒜兰亚族
原产地	澳大利亚西南部（但在很多国家已成杂草）
生境	多样，从花岗岩露头到沼泽，从开放密灌丛到林地
类别和位置	地生
保护现状	未评估，但局地多见，无危
花期	9月至1月（春季至早夏）

花的大小
0.3 cm（⅛ in）

植株大小
20～60 cm（8～24 in），
包括花序和直立的叶

中型葱叶兰
Microtis media
Mignonette Orchid

R. Brown, 1810

中型葱叶兰具单独一根中空的圆柱形茎，顶端生有一片叶，包藏着花莛的基部，其花在花莛上密集着生。葱叶兰属 *Microtis* 是双尾兰族中分布最广泛的属之一，北达日本、东达爪哇岛都有生长。属下的种似较喜生于比较湿润的地方，一些种甚至可生于静水中。中型葱叶兰已经成为一种温室和苗圃杂草。

蚁类很少是有效的传粉者，但虹臭蚁属 *Iridomyrmex* 的无翅蚁类却会为葱叶兰属兰花的花蜜吸引，为其传粉。蚁类体表的角质层会分泌抗真菌物质，通常会阻碍花粉的萌发，但葱叶兰属的花粉却不受影响。属名来自古希腊语词 mikros（小）和 otos（耳），指合蕊柱两侧有一对小臂。

实际大小

中型葱叶兰的花小型，子房相对较大；萼片2枚，绿色，反曲；背萼片兜帽状，覆于合蕊柱和2片微小的花瓣上方；唇瓣小，形态复杂华丽，下弯，表面粗糙，两侧有2枚臂形物。

亚科	红门兰亚科
族和亚族	双尾兰族，蒜兰亚族
原产地	澳大利亚西南部海滨，北达卡尔巴里附近的柴特多普崖，东达伊斯里厄莱特湾
生境	海滨硬叶灌丛和树林，常生于冬季湿润的沼泽附近
类别和位置	地生，生于深厚的沙质土上
保护现状	无危
花期	9月至11月（春季）

巨蒜兰
Prasophyllum giganteum
Bronze Leek Orchid

Lindley, 1840

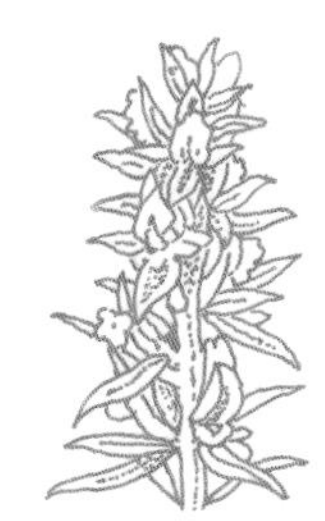

花的大小
1.8 cm（¾ in）

植株大小
高41～122 cm（16～48 in），包括花序，其叶狭窄，直立

蒜兰属的学名*Prasophyllum*来自古希腊语词prason和phyllon，意为“叶似韭葱”（南欧蒜），指该属兰花形态似洋葱一类植物。本种叶仅一片，鞘状中空，圆柱状，从中抽中花穗，由多至50朵不扭转的花组成，但只在夏季火灾之后才开花。其地下通常具一对球形块根，但子块根很少形成。本种更常靠种子繁殖，如果火灾发生时间恰当，可有大量花朵开放；但因花色很深，常不能引人注意。

本种的花有强烈气味，并分泌有花蜜，可吸引多种昆虫，包括蝇类、蜜蜂、胡蜂和甲虫。与本种共同生长的黄脂木属*Xanthorrhoea*植物也能吸引类似的昆虫，因此巨蒜兰和蒜兰属其他较高大的种据信是在模仿黄脂木的花序。

巨蒜兰的花颜色多变，从乳黄色到略呈紫红色和绿褐色；萼片合生，上伸；花瓣开展，远为狭窄；唇瓣上伸，边缘波状；合蕊柱有2枚明显的翅。

实际大小

亚科	红门兰亚科
族和亚族	双尾兰族，地下兰亚族
原产地	澳大利亚西南部
生境	白千层灌丛
类别和位置	地（下）生，生于养分贫瘠的沙质土中
保护现状	易危
花期	5 月至 7 月（充足夏雨后的冬季）

花的大小
0.6 cm（¼ in）

植株大小
地下生，花莛长约
25 cm（10 in）

地下兰
Rhizanthella gardneri
Underground Orchid

R. S. Rogers, 1928

地下兰是一种独特的兰花，一生都在地下度过。它生有形似根状茎的假块根，无叶，通过菌根中的真菌间接寄生在豆状白千层 *Melaleuca uncinata*（桃金娘科）之上。其花序头状，花朝向内侧，外面围有肉质巨大的重叠苞片。苞片可伸到土壤表面附近，在地面上形成裂缝。这些缝隙常被它所寄生的豆状白千层落叶所一直掩盖。本种的具体传粉者未知，但蕈蚊、小型胡蜂、白蚁和蚁类都可通过土壤中的缝隙访问其花。花中显然无任何回报。

本种的种子传播方式亦未知。和其他兰花不同，地下兰的种子较大，包藏在肉质果实中。种子虽不靠风力传播，但很可能靠小型有袋类传播。这些动物会食用其果实，之后种子可穿过它们的消化道而不受损害。

实际大小

地下兰的花略呈红色；萼片 3 枚，肉质，直立；花瓣 2 片，略小；唇瓣颜色较深，围抱直立的合蕊柱，反曲；花在睡莲状的花序中簇生。

亚科	红门兰亚科
族和亚族	双尾兰族，太阳兰亚族
原产地	澳大利亚东部和南部、塔斯马尼亚岛和新西兰北岛
生境	生境多样，从树林和灌丛到硬叶灌丛和沼泽
类别和位置	地生，常生于贫瘠的黏土质土壤上
保护现状	在澳大利亚无危，在新西兰受威胁
花期	10 月至 12 月（春季至早夏）

紫红胡须兰
Calochilus robertsonii
Purple Beard Orchid

Bentham, 1873

花的大小
2～2.5 cm（¾～1 in）

植株大小
30～46 cm x 5～8 cm（12～18 in x 2～3 in），包括花序

紫红胡须兰的植株相对较高，具 1~2 片狭窄直立的叶。每棵植株生有多至 15 朵花，各托以 1 片大型叶状苞片。在一年中的不同时候，其地下可具 1 或 2 条块根。因为本种不形成子块根，其块根向上只能生出单独一棵孤立的植株。本种的营养器官很像近缘的太阳兰属 *Thelymitra*。

本种的一些居群似乎只由自花传粉的个体组成，但在另一些居群中，其美丽的胡须状唇瓣可散发性激素，吸引长腹土蜂属 *Campsomeris* 的雄蜂前来。它们试图与唇瓣交配，在此过程中花粉团即被带走，再在下一次访问中被卸下。如果一朵花始终无雄蜂来访，它又可自花传粉，于是所有的花均可结实。

紫红胡须兰的花的萼片绿色，内侧有红色条纹；花瓣较短，两面有条纹，和萼片一同围抱短合蕊柱；唇瓣覆有紫红色的长毛，其中央则有深紫红色的疣突。

实际大小

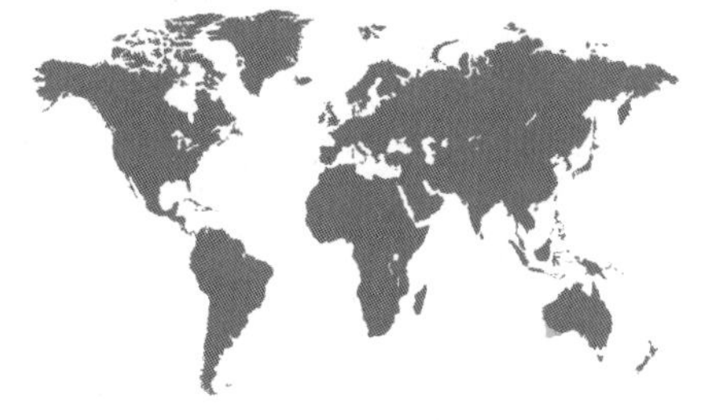

亚科	红门兰亚科
族和亚族	双尾兰族，太阳兰亚族
原产地	西澳大利亚西南部，生于海滨地区，北达卡尔巴里，东达伊斯里厄莱特湾
生境	矮灌丛中的佛塔树 *Banksia* 树林
类别和位置	地生，生于沙质土上
保护现状	无危
花期	9 月至 10 月（春季）

花的大小
2 cm（¾ in）

植株大小
18～51 cm × 10～25 cm（7～20 in × 4～10 in），包括花序

蓝铃太阳兰
Thelymitra campanulata
Bell Sun Orchid

Lindley, 1840

实际大小

蓝铃太阳兰的花仅在晴朗温暖的天气下才会完全开展。本种与蓝花太阳兰 *Thelymitra canaliculata* 和天蓝太阳兰 *Thelymitra azurea* 近缘，但花为较浅的蓝色，脉纹颜色较深。

太阳兰属 *Thelymitra* 的一些种据记载为自花传粉，但蓝铃太阳兰似乎是这些种中典型的靠搜寻花蜜或花粉的蜂类传粉的种类。其花无花蜜，有人认为它是在模仿鸢尾科和阿福花科（可能还有茄科）中开蓝色花的种。其传粉方式可能是蜂鸣传粉（蜂类振动翅膀，使花粉被震出，然后作为食物采集回去喂给幼虫），但本种也不提供花粉作为回报。

蓝铃太阳兰的花具开展的萼片、花瓣和唇瓣，其形似和大小均类似，均为浅蓝色并有较深的蓝色脉纹；合蕊柱短，深紫红色，具花色的花药帽和翅，以及一个白色的有绒毛的附属物。

亚科	红门兰亚科
族和亚族	双尾兰族，太阳兰亚族
原产地	西澳大利亚西南部
生境	灌丛和禾草丛中的开放迹地
类别和位置	地生，生于沙质土上
保护现状	未评估
花期	6月至9月（晚冬至春季）

花的大小
4 cm（1⅝ in）

植株大小
15~35 cm×6~10 cm
（6~14 in×2~4 in），
包括花序

斑花太阳兰
Thelymitra variegata
Queen of Sheba

(Lindley) F. Mueller, 1865

斑花太阳兰是一种壮丽的兰花，其英文名是个威武的名字，意为“示巴女王兰”。其地下具一对块根，春季长出一条螺旋状扭曲的叶，十分独特，花序则生有多至5朵花。其唇瓣和大多数兰花不同，形态与其他花被片相似。合蕊柱突起，高度复杂精致，看来取代了唇瓣的功能，用来吸引传粉者，作为它们的落脚之处。

斑花太阳兰的花模仿了澳丽花属 *Calectasia*（属鼓槌草科）的花。后者具反折的蓝紫色花和3枚黄色雄蕊，这些雄蕊被斑花太阳兰用合蕊柱的裂片来模仿。

实际大小

斑花太阳兰的花的萼片、花瓣和唇瓣形状和大小相同，均为蓝紫色，有橙色条纹和深红褐色斑点；合蕊柱杯状，具3枚黄色裂片。

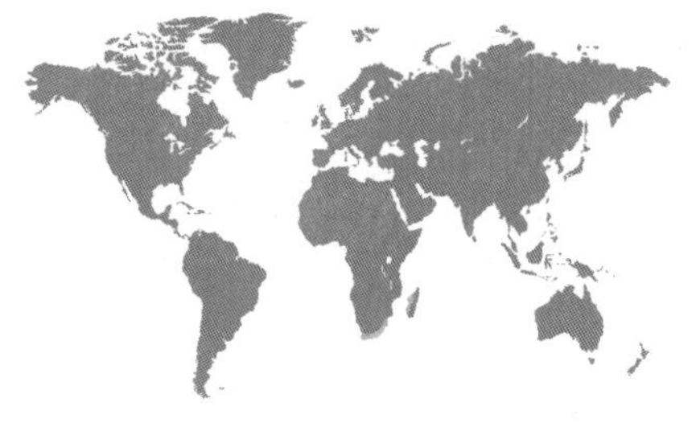

亚科	红门兰亚科
族和亚族	双尾兰族，凤仙兰亚族
原产地	南非东部、斯威士兰和马达加斯加中部
生境	小片森林中的石棱上，或树木上的荫蔽处或藓丛中，生于海平面至海拔 1,800 m（5,900 ft）处
类别和位置	地生或偶见附生于藓丛中，通常生于冬季干旱、夏季湿润的沙质或砾石质土上
保护现状	未评估，但局地多见
花期	10 月至 5 月（春季至早秋）

花的大小
2 cm（¾ in）

植株大小
30 ~ 50 cm × 10 ~ 15 cm
（12 ~ 20 in × 4 ~ 6 in），
包括花序

蓝花凤仙兰

Brownleea caerulea

Balsam Orchid

Harvey ex Lindley, 1842

蓝花凤仙兰具 2~4 条有长绒毛的长球形块根，其上生出有毛的粗根和高达 50 cm（20 in）的细茎。沿茎生有 3 片卵状披针形的叶，基部圆形，抱茎。茎顶则是含 5~10 朵大花的花序，每朵花下托以一片大型披针形苞片。其花为淡紫色，上萼片基部有长距，使花形类似凤仙花属 *Impatiens*（属凤仙花科）的花，因此叫“凤仙兰”。

蓝花凤仙兰由冈氏长吻蝇 *Prosoeca ganglbaueri* 这种大型长舌蝇类传粉，它可把花粉团沾到喙的下部。也有人认为这种兰花模仿了同一时段开药的其他植物，可能是刺头草属 *Cephalaria*（属忍冬科）植物。其花未见有花蜜分泌。

实际大小

蓝花凤仙兰的花为带蓝色的粉红色；萼片大部合生，但顶端分离，有深色斑点，形成兜帽状，后部有长距；花瓣 2 片，离生，下伸；唇瓣小，匙形。

亚科	红门兰亚科
族和亚族	双尾兰族，凤仙兰亚族
原产地	南非开普省西南部和南部
生境	开放草地的渗水地，海拔 1,000～1,100 m（3,300～3,600 ft）
类别和位置	地生，生于潮湿的砂岩上
保护现状	居群稳定，局地的保护现状为“无危”
花期	7月至9月（冬春季）

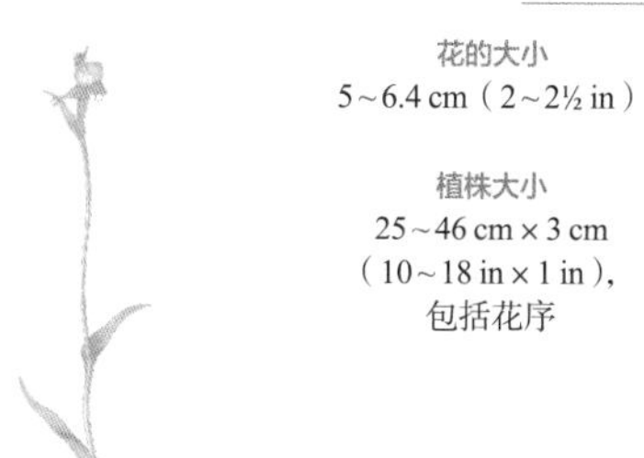

花的大小
5～6.4 cm（2～2½ in）

植株大小
25～46 cm × 3 cm
（10～18 in × 1 in），
包括花序

开普双袋兰
Disperis capensis
Granny’s Bonnet
(Linnaeus) Swartz, 1800

开普双袋兰的种加词 *capensis* 意为“好望角的”“开普地区的”，指其原产地为南非的开普地区。其花色模仿小苞远志 *Polygala bracteolata*（属远志科），后者也见于开普地区，开花时间与开普双袋兰相同，并有花蜜。在访问小苞远志花的木蜂属 *Xylocopa* 的蜂类胸部已经观察到携带有开普双袋兰的花粉团。双袋兰属 *Disperis* 大多数种在合蕊柱基部分泌有油质，亦会有某些蜂类前来采集，但无论是这种油质还是花蜜在开普双袋兰的花中似乎都不存在。

本种的茎上生有少数短而狭的叶。其地下具块根，为当地人所采食，有时入药。本种英文名意为“奶奶的无边帽”，指其花形像欧洲妇女所戴的老式帽子。

开普双袋兰的花的萼片 3 枚，深红色（有时绿色），袋状，其中 2 枚伸长，反曲，另一枚兜帽状，有距；花瓣 2 片，粉红色，弯曲，边缘深红色；唇瓣有狭爪，并有一枚二裂的大型附属物。

实际大小

亚科	红门兰亚科
族和亚族	红门兰族，乌头兰亚族
原产地	南非开普省南部
生境	季节性湿润的海滨灌丛，海拔至 450 m（1,475 ft）
类别和位置	地生，生于沙质土上
保护现状	未评估
花期	11 月至 1 月（夏季）

花的大小
2.8 cm（1⅛ in）

植株大小
51～91 cm × 15～25 cm
（20～36 in × 6～10 in），
包括花序

大花叉角兰
Ceratandra grandiflora
Yellow Horned Orchid

Lindley, 1838

大花叉角兰是一种壮硕的兰花，其茎直立，叶坚硬而狭窄，在茎上螺旋状排列。其地下具一条块根，生有一丛肥壮的根，在较长的一条根末端偶尔会产生子块根。其茎顶为密集的花序，由亮黄色的花组成，花蕾则常有红色的顶端。

两种学名为 *Lepithrix hilarus* 和 *Heterochelus podagricus* 的猴金龟（为金龟子的一类）常访问其花。这两种甲虫（尤其后一种）的雄性守在大花叉角兰的花序上，一边捍卫自己的领地，一边等待雌性来访。雄甲虫对花朵分泌的油质无兴趣，看来本种的祖先曾由采油蜂属 *Rediviva* 的蜂类访问并采集油质，后来这种油质就成为演化的遗留物。

实际大小

大花叉角兰的花的萼片 3 枚，开展，杯状，外侧带红色色调；花瓣和唇瓣黄色，形状和大小类似，基部有爪；合蕊柱有 2 枚突起的角状物。

亚科	红门兰亚科
族和亚族	红门兰族，乌头兰亚族
原产地	南非东开普省和莱索托
生境	高原草原
类别和位置	地生
保护现状	无危
花期	12 月至 2 月（夏季）

花的大小
2.5 cm（1 in）

植株大小
38～58 cm × 13～23 cm（15～23 in × 5～9 in），包括花序

紫纹乌头兰
Corycium flanaganii
Monkshood Orchid

(Bolus) Kurzweil & H. P. Linder, 1991

乌头兰属的学名 *Corycium* 来自古希腊语词 korys（盔），指属下大多数种的花扭转，盔形，具下伸的唇瓣。然而，紫纹乌头兰的花却不扭转，也无盔状花被片，其唇瓣上伸。本种生于草原，不同个体彼此相距甚远。其叶大多较短，围抱花莛。

本种在地下具 2 条块根，其中一枚在上一生长季形成，另一枚则在当前生长季形成。块根上亦生有一些较长的粗根。草原开垦为农田是本种的主要威胁因素，但当地人还用本种的块根入药，或磨制成粉，用来制作当地的一些食品（如一种叫“奇坎达”的糕点），则对本种产生了越来越大的毁灭性影响。

紫纹乌头兰的花与苞片和其他花一起紧密排列，组成稠密的花穗；萼片 3 枚，反曲，其中 2 枚下弯；侧花瓣膨大；唇瓣上伸，有膨大的耕胝体。

实际大小

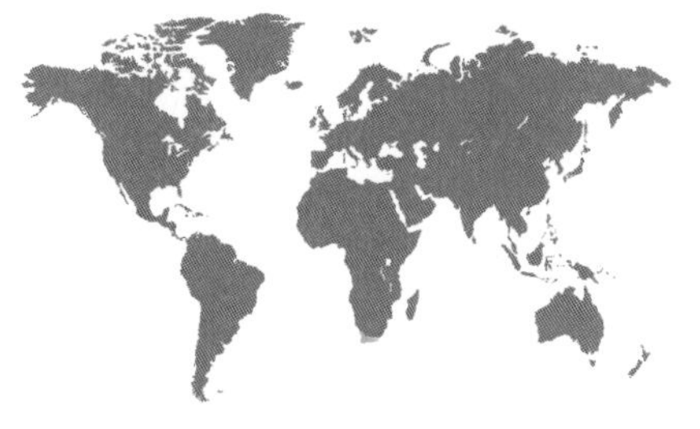

亚科	红门兰亚科
族和亚族	红门兰族，乌头兰亚族
原产地	南非开普省西南部和南部
生境	开放灌丛，海拔达 1,600 m（5,250 ft）
类别和位置	地生，生于湿润的沙质土上
保护现状	无危，居群稳定
花期	9 月至 10 月（春季）

花的大小
2.5 cm（1 in）

植株大小
13～30 cm × 8～13 cm
（5～12 in × 3～5 in），
包括花序

修士冠萼兰
Pterygodium catholicum
Cowled Friar

(Linnaeus) Swartz, 1800

修士冠萼兰的花形如披风，仿佛一位戴上兜帽的天主教修士，其中文名因此得名。本种具一条块根，其上生出茎，茎上又可形成新的块根，因而本种可形成密集的无性繁殖群体。每棵植株具单独一条茎，生有一片较大的叶和 2~3 片较小而抱茎的叶。茎顶端为花穗，散发出原油般的古怪气味。本种最常在火灾后开花，为冠萼兰属 *Pterygodium* 大多数种所不具备的特征。

和冠萼兰属其他几个种一样，本种由采油蜂 *Rediviva peringueyi*（属蜜蜂科）的雌性传粉，它们会从唇瓣上采集油质。尽管这些种拥有同一种传粉昆虫，但它们的花粉块大小不同，花粉块在雌蜂身体上也各有特定的附着位置，两两都不相同，从而降低了杂交的可能。

修士冠萼兰的花为绿黄色；2 枚萼片隐藏于中萼片之下；中萼片与宽阔的花瓣合生，在合蕊柱和唇瓣上方形成大型兜帽状；唇瓣狭窄，恰好容纳于兜状花被中；合蕊柱有 2 枚小型臂状物。

实际大小

亚科	红门兰亚科
族和亚族	红门兰族，萼距兰亚族
原产地	南非开普省西南部和南部
生境	全日照的干燥砂岩上的稠密灌丛，海拔 300～1,000 m（985～3,300 ft）
类别和位置	地生
保护现状	未评估，但局地多见
花期	1 月至 3 月（夏季）

青萼距兰
Disa graminifolia
Blue Mother's Cap
Ker Gawler ex Sprengel, 1826

花的大小
3.8 cm（1½ in）

植株大小
102 cm × 25 cm
（40 in × 10 in），
包括花序

在南非的阿非利坎语中，青萼距兰的名字是 bloumoederkappie，意为“母亲的蓝帽”，指的是它的花形似欧洲女性的一种传统的帽子。本种的叶为禾草状，夏季枯萎，之后抽出花莛，每枚之上生有多至 10 朵美丽的蓝花。其地下具一条球状块根，为当地人所采食，磨成粉后可制作一种糕点。

青萼距兰的花有芳香气味，尽管其中并无花蜜，但木蜂类为了寻找新的蜜源，还是频频光顾。蜂类在进入花朵时会把粗壮的合蕊柱推向一边，此时花粉团便可沾到它的胸部。本种的花在一些特征上与萼距兰属 *Disa* 下更典型的那些种不同，因此曾被分到另一个青萼距兰属，并以 *Herschelianthe graminifolia* 的学名广为人知，但今天大多数植物学家都把这个属作为萼距兰属的一部分。

青萼距兰的花的花瓣高度复杂精巧，常有紫红色和绿色的斑点，在兜帽状萼片下位于合蕊柱两侧；一枚萼片为兜帽状，并形成上伸的棒形距；唇瓣深紫红色，边缘下弯，颜色向中部渐变为白色。

实际大小

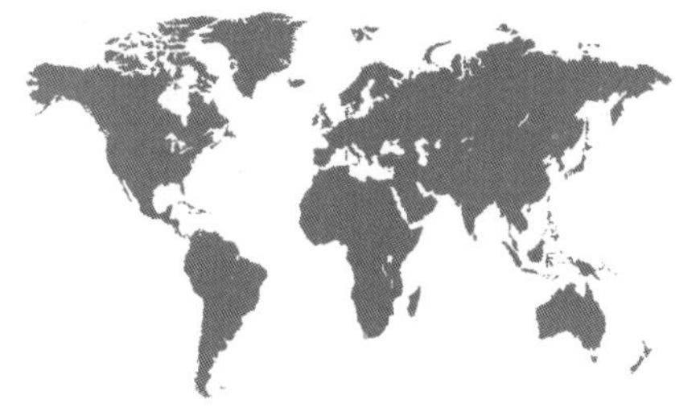

亚科	红门兰亚科
族和亚族	红门兰族，萼距兰亚族
原产地	南非开普省西南部
生境	溪流和瀑布等潮湿地点附近
类别和位置	地生
保护现状	在适宜的生境中局地多见
花期	12 月至 3 月，盛花期为 2 月（晚夏）

花的大小
10 cm（4 in）

植株大小
23 ~ 51 cm × 13 ~ 23 cm（9 ~ 20 in × 5 ~ 9 in），包括花序

萼距兰
Disa uniflora
Pride of Table Mountain

P. J. Bergius, 1767

萼距兰是一种壮丽的兰花，是南非桌山的标志性植物。它由萼距兰蝶 *Aeropetes tulbaghia* 传粉。这种蝴蝶可被任何红色的东西强烈吸引，而红色是其他很多昆虫看不到的颜色。萼距兰是萼距兰属 *Disa* 中唯一产花蜜的种。其花粉团附着并悬吊在蝴蝶的腿部，因此很容易和另一朵花的柱头接触。本种有一个少见的黄花变异类型，虽然常见栽培，并被用于培育萼距兰类的杂交品种，却被传粉蝶所忽视，而很少得到传粉。本种经栽培之后已经育出了多种色型。

尽管萼距兰的种加词 *uniflora* 意为“具一朵花”，但它的花莛经常生有更多的花，甚至多至 8 朵。其叶为常绿性，而与萼距兰属其他种不同，其地下具一条球形的大块根。

萼距兰的花具 3 枚红色萼片，其中的上萼片兜帽状，具短距；花瓣退化为 2 条略呈黄色的线状物，在兜帽状萼片内部位于合蕊柱两侧；唇瓣薄，几不可见。

实际大小

亚科	红门兰亚科
族和亚族	红门兰族，萼距兰亚族
原产地	南非东开普省和夸祖鲁－纳塔尔省
生境	温带森林中的极荫蔽处，海拔 1,800~2,000 m（5,900~6,600 ft）
类别和位置	地生
保护现状	未评估
花期	10 月至 12 月（晚春至夏季）

花的大小
1.25 cm（½ in）

植株大小
8~15 cm × 3~5 cm（3~6 in × 1~2 in），包括花序

长柄喙柱兰
Huttonaea fimbriata
Fringed Cape Orchid
(Harvey) Reichenbach fils, 1867

尽管长柄喙柱兰并不高大，但这种美丽的兰花沿茎生有 1~3 片有柄的心形叶，其上可生出多至 20 朵花。这些花无距，但在花瓣中部一些略呈红色的斑点附近却有一小块可分泌油质的腺体。其传粉者为艳丽采油蜂 *Rediviva colorata*，这些斑点可帮助它们定位，并能在分泌油质的腺体上落脚。采油蜂可同时用前足刮取两个斑点，从腺体上采集油质，与此同时，其腹部也接触到了合蕊柱，从而把花粉团带走。

这一传粉策略和独特的形态特征，使喙柱兰属 *Huttonaea* 成为一个很特别的属。这个属以采油蜂传粉的习性看来是独立演化的，而与它所在的萼距兰亚族中其他花具油质的属没有关系。喙柱兰属无近缘属。

实际大小

长柄喙柱兰的花具 2 枚侧萼片，阔披针形，上萼片小得多；花瓣 2 片，有柄，杯状，边缘明显流苏状，在相邻的边缘有一些略呈红色的斑点；唇瓣宽阔，下部沿边缘呈不规则的流苏状。

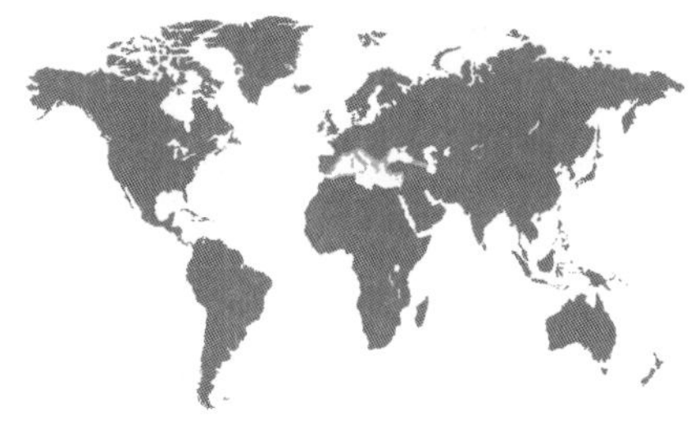

亚科	红门兰亚科
族和亚族	红门兰族，红门兰亚族
原产地	广布于南欧、亚欧大陆和北非，沿地中海周边分布
生境	钙质草甸和田地、灌丛及开放的林地
类别和位置	地生
保护现状	无危
花期	2 月下旬至 5 月（晚冬至春季）

花的大小
2.5 cm（1 in）

植株大小
13~30 cm × 10~15 cm（5~12 in × 4~6 in），包括花序

纹蝶兰
Anacamptis papilionacea
Butterfly Orchid

(Linnaeus) R. M. Bateman, Pridgeon & M. W. Chase, 1997

纹蝶兰是一种习见而十分美丽的兰花，在它所分布的地中海地区受到人们喜爱。本种见于放过牧的地方，其花穗在早春抽出。因为它常生长在易于到达的地方，所以是最容易被人识别的欧洲兰花之一。尽管其植株的花部形态多样，又有很多地方性变异，但很多植物学家还是相信这些变化仍然可以方便地归为一种——虽然也有一些植物学家还承认另外的几个种。

本种展示了一套特别的传粉系统，似乎是混合了食物欺骗（其花本身不提供花蜜作为回报，而是模仿同一生境中其他提供回报的花）和性欺骗（似乎仅雄蜂会被其花朵吸引）两种策略。来访的蜂类常停在花中过夜，这也是本种的花的另一种引诱方法。

实际大小

纹蝶兰的花通常略呈粉红色，花被片（特别是唇瓣）上有深紫红色脉纹，但有很多变异类型；花莛和花下的苞片也常有鲜艳颜色。

亚科	红门兰亚科
族和亚族	红门兰族，红门兰亚族
原产地	南非西开普省至纳米比亚西南部
生境	多灌木的植被，生于海平面至海拔 1,800 m（5,900 ft）处
类别和位置	地生，生于沙地上
保护现状	未评估
花期	9 月至 12 月（春季至早夏）

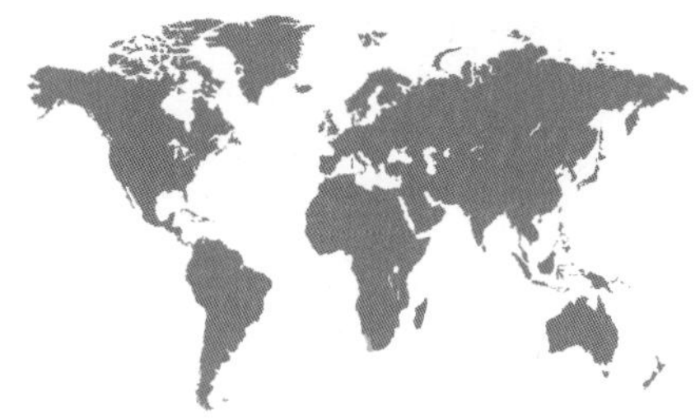

绿花秀蛛兰

Bartholina etheliae

Cape Spider Orchid

Bolus, 1884

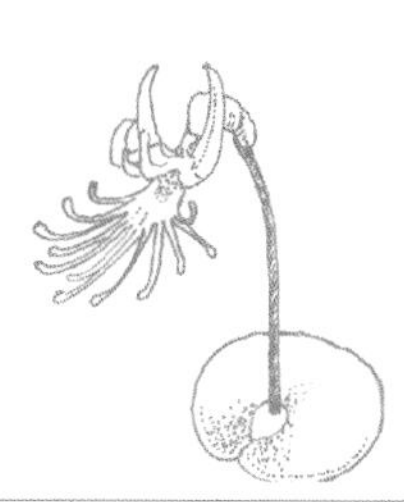

花的大小
3.3 cm（1$\frac{5}{16}$ in）
植株大小
10～18 cm × 1.3～2.5 cm（4～7 in × ½～1 in），包括花

绿花秀蛛兰的花莛直立，有毛，高达 18 cm（7 in），顶生单独一朵蜘蛛状的花，故以“蛛”字命名。本种在地下具一对块根，向上生出单独一片叶，平铺于地面，有毛，常带红色色调，之后再在其上抽出花莛。这种纤弱的兰花见于灌丛边缘，常在一场火灾之后变得多见；不过，因为它体形相对较小，也可能只是在火灾后变得更显眼而已。

本种花的形态颇适于蛾类传粉，但还未有任何研究证实这一点。本种的唇瓣有手指状附属物，其顶端有腺体状结构，因此也有一些人管它的英文名叫 fiber-optic orchid（光纤兰）。然而，目前还不知道这些结构的功能。

实际大小

绿花秀蛛兰的花的萼片小，多少反曲，绿色；花瓣 2 片，白色，直立；唇瓣白色，形似水螅，具深裂的裂片，其上生有顶端膨大的触须状物，唇瓣中央的开口则通向花蜜距。

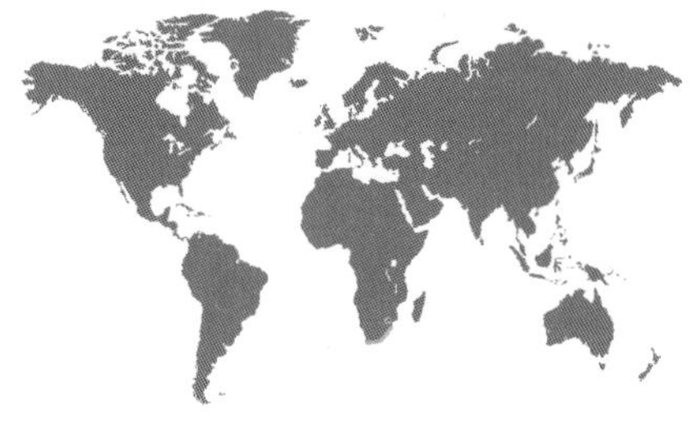

亚科	红门兰亚科
族和亚族	红门兰族，红门兰亚族
原产地	莫桑比克海滨地区至南非南部
生境	低海拔处的海滨灌丛、开放落叶林和森林边缘
类别和位置	地生
保护现状	无危
花期	春夏季

花的大小
5～6 cm（2～2⅜ in）

植株大小
38～114 cm × 20～51 cm
（15～45 in × 8～20 in）

凤盔兰
Bonatea speciosa
Beautiful Rein Orchid
(Linnaeus fils) Willdenow, 1805

正如凤盔兰的种加词 *speciosa*（美丽）所示，这种高大兰花的花朵很美，紧密排列为直立的总状花序。本种见于排水良好的沙质土上，在冬季的旱季期间枯死，仅余地下被有绵毛的圆柱形大块根。本种是南非兰花中最独特、数量最多的种之一，在二百多年前即广为人知。和很多地生兰不同，本种易于种植，因此常见栽培，赏其独特的盔状花朵。

本种由一种天蛾传粉。其花显眼，兼具绿色和白色，夜晚开放，芳香、有距，正好吸引天蛾。其花中有一个特殊结构，自首次描述以来一直处在争议之中。尽管学界最开始认为它是一枚 5 裂的唇瓣，实际上其中还有花瓣的成分。其 2 片花瓣各 2 裂，其中一枚裂片与唇瓣合生，便形成了这个特殊结构两边多出的 2 枚裂片。

实际大小

凤盔兰的花兼有绿色和白色，背萼片盔状；花瓣不同寻常地 2 裂，构成唇瓣两侧多出的裂片。

亚科	红门兰亚科
族和亚族	红门兰族，红门兰亚族
原产地	非洲中部，从刚果和安哥拉至赞比亚和坦桑尼亚
生境	草地和热带稀树草原
类别和位置	地生
保护现状	未评估，但因过度采挖而受威胁
花期	10 月至 2 月

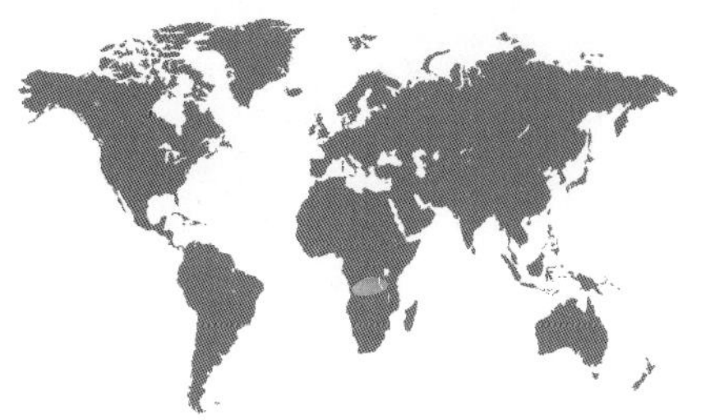

安哥拉苞叶兰
Brachycorythis angolensis
Angel Orchid

(Schlechter) Schlechter, 1921

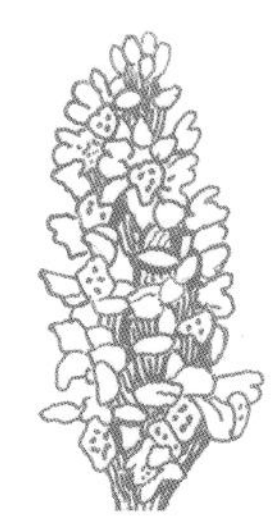

花的大小
1 cm（⅜ in）

植株大小
28～58 cm × 10～20 cm（11～23 in × 4～8 in），包括花序

苞叶兰属的学名 *Brachycorythis* 来自古希腊语词 brachys（短）和 korys（盔），指 2 片花瓣和上萼片形成盔状。本属为红门兰亚族的成员，这一亚族包括了欧洲的大多数地生兰。从形态上看，安哥拉苞叶兰也确实明显属于这一亚族，就一般形态来说，它非常像掌裂兰属 *Dactylorhiza* 的种，也和该属很多种一样生于同样的潮湿草地和沼泽中。然而，其不同之处主要在于花无蜜距，块根为球形，而非手掌状。

安哥拉苞叶兰的块根和非洲其他种类的地生兰块根一样，在当地用作草药，并用来制作一种叫“奇坎达”的糕点，本种因此受到威胁。它喜生于因农业需求而易于排水的生境中。

安哥拉苞叶兰的花具 3 枚白色的萼片，其中 2 枚外伸，中间一枚弯至花上方；唇瓣 3 裂，中裂片最长，布有紫红色圆点。

实际大小

亚科	红门兰亚科
族和亚族	红门兰族，红门兰亚族
原产地	非洲中南部，从安哥拉和坦桑尼亚至南非北部
生境	浅水湿地和其他沼泽化地区，海拔 1,250～1,700 m（4,100～5,600 ft）
类别和位置	地生
保护现状	濒危
花期	11 月至 1 月（夏季）

花的大小
5 cm（2 in）

植株大小
76 cm × 15 cm
（30 in × 6 in）

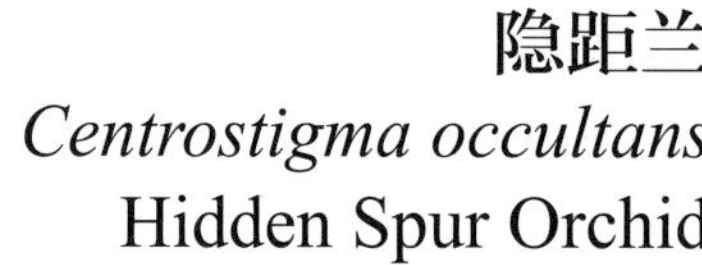

隐距兰
Centrostigma occultans
Hidden Spur Orchid

(Welwitsch ex Reichenbach fils) Schlechter, 1915

隐距兰有长距，基部都隐藏在苞片中，“隐距兰”这一中文名及其种加词 *occultans*（在拉丁语中意为“隐藏的”）由此得名。其传粉者必然具有可够到花蜜的长舌，很可能是一种天蛾，尽管在野外还未观察到具体的传粉者。把距遮在苞片之中可以让其他无法有效传粉的昆虫不能窃取花蜜。只有当体形恰当的蛾类把舌探入距管中时，它的头才能碰到位于兜帽状上萼片之中的合蕊柱，而把花粉团带走。

本种的花茎上生有叶和苞片，但不形成基生的莲座状叶丛。其地下具一条球形块根和细根。

隐距兰的花为浅黄绿色；上萼片兜帽状，侧萼片较小，下弯；花瓣较短，位于上萼片内部；唇瓣 3 裂，侧裂片有流苏状边缘，中裂片线形，全缘；距长达 15 cm（6 in），纤细，下伸。

实际大小

亚科	红门兰亚科
族和亚族	红门兰族，红门兰亚族
原产地	欧洲亚北极和亚高山地区，从阿尔卑斯山和喀尔巴阡山至斯堪的纳维亚半岛，向北达挪威的北角、芬兰拉普兰地区和俄罗斯科拉半岛
生境	树线以上的北极－高山草甸，海拔 2,000～2,700 m（6,600～8,900 ft），在北极地区则生于低海拔处
类别和位置	地生，生于干燥钙质土的草地上
保护现状	无危，局地数目很多，但不多见
花期	7 月至 8 月（夏季）

矮麝兰
Chamorchis alpina
Alpine Dwarf Orchid

(Linnaeus) Richard, 1817

花的大小
0.4 cm（3⁄16 in）

植株大小
10 cm × 1 cm
（4 in × 3⁄8 in）

矮麝兰的英文名意为“高山矮兰”，有时也叫 False Musk Orchid（假麝香兰），是欧洲最小的兰花。尽管它常可长成大群体，但仍然难于发现。其花绿褐色，非常不显眼，很多人甚至意识不到它也是一种兰花。在其分布生境中，和冬季运动相关的活动（特别是滑雪缆车和滑雪坡的建造）加上气候变暖都威胁到了这个种的存续。

本种的传粉者是微小的蝇类。因为传粉常不能成功，本种也靠根状茎进行营养繁殖。其地下具一对块根，其中一条在生长季中不断增大，以维持植株在随后的冬季中生存，另一条是前一年越冬用的块根，则在生长季中不断缩小。

实际大小

矮麝兰的花仅略张开，为绿色，常有褐红色的条纹或斑点；上萼片和 2 片花瓣形成小盔形，覆于花上方；唇瓣绿色，略微 3 裂，下伸。

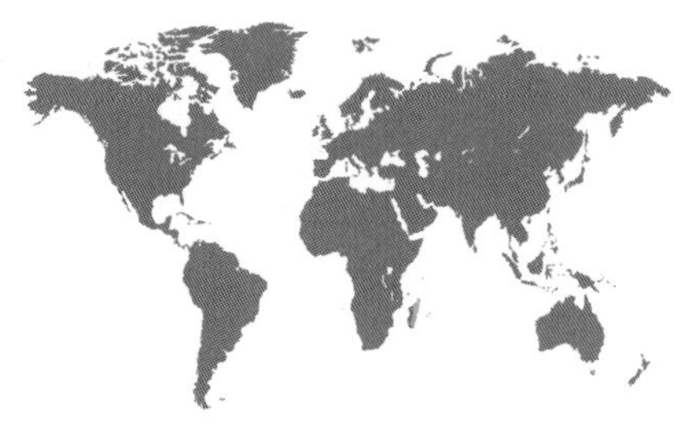

亚科	红门兰亚科
族和亚族	红门兰族，红门兰亚族
原产地	马斯克林群岛、科摩罗群岛、塞舌尔和马达加斯加
生境	林缘和溪谷、常绿林或草地，常生于岩石间或树干基部，海拔 100~2,000 m（330~6,600 ft），也常见于受扰动的地点
类别和位置	地生或附生于多藓类的树干上
保护现状	未评估，但局地多见
花期	全年

花的大小
3 cm（1⅛ in）

植株大小
15~76 cm × 13~30 cm（6~30 in × 5~12 in），包括花

狗兰
Cynorkis fastigiata
Mascarene Swan Orchid
Thouars, 1822

狗兰属的学名 *Cynorkis* 在古希腊语中意为“狗睾丸”，指其地下生有 1 或 2 条球形至长形的小块根。从这些块根生出很多较小的侧根，以及由 1 或 2 片（有时多至 4 片）带状的叶组成的莲座状叶丛，从叶丛中又抽出花莛，其上生有几朵至数朵花，其花连续开放，粉红色至白色，并有粉红色或略带蓝色的斑块。其花有长而后伸的花蜜距，依赖天蛾为其传粉。在天蛾无分布的地方（比如大多数较小的岛屿上），本种则为自花传粉。

本种和狗兰属其他几个种可成为温室杂草，在多种堆肥上萌发。在其原生生境中，狗兰是一种常见兰花，似喜生于路边绿化带和荒田等受扰动的地方。

实际大小

狗兰的花具 2 枚开展的萼片，上萼片与略呈粉红色的花瓣形成兜帽状；唇瓣深 4 裂，中央区域隆起，粉红色至略带蓝色。

亚科	红门兰亚科
族和亚族	红门兰族，红门兰亚族
原产地	马达加斯加
生境	荫蔽的花岗岩块、陡峭河岸、溪边、渗水地及林缘，海拔 600～2,000 m（1,970～6,600 ft）
类别和位置	地生，常生于岩石上
保护现状	未评估，但局地多见
花期	12 月至 4 月（仲春至秋季）

花的大小
2.5 cm（1 in）

植株大小
25～60 cm × 20～46 cm（10～22 in × 8～18 in），包括花序

鼓唇狗兰
Cynorkis gibbosa
Lipstick Orchid
Ridley, 1883

鼓唇狗兰具 3~6 条有毛的长形块根，其地上部分由此发出，先生出一片布有紫红色斑点的叶，其基部抱茎，之后再抽出塔形花序，其上覆有粒状小瘤或刚毛。花序中可具多至 40 朵花，一次可开放 10～15 朵，每朵花下托以一片狭窄的苞片。

本种的花粉团有不同寻常的长柄，其每一朵花后面有长而弯曲的距，因此看来适应于天蛾传粉。目前未有花蜜的记载。在一些兰花苗圃中，鼓唇狗兰可成为杂草，在其他兰花的盆中自生。因此，尽管本种对兰花种植者也有吸引力，但除非需要培育很大的居群，否则最好还是避免它结实。

鼓唇狗兰的花具 2 枚侧萼片，向两侧张开；背萼片弯至合蕊柱上方，与 2 片花瓣和唇瓣张开的基部形成管状；唇瓣 3 裂，中裂片又浅 2 裂。

实际大小

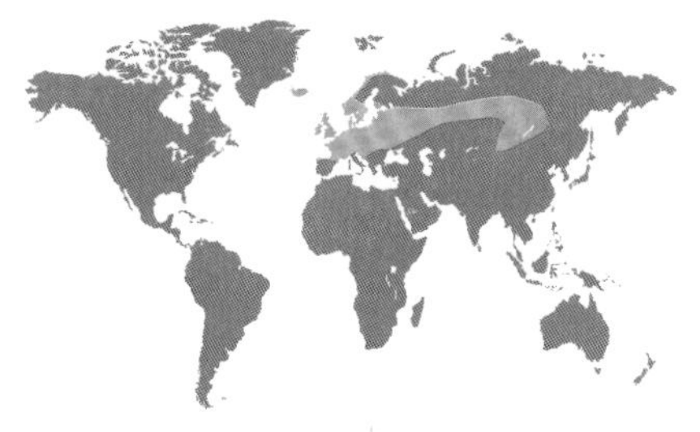

亚科	红门兰亚科
族和亚族	红门兰族，红门兰亚族
原产地	欧洲，东达蒙古，北达西伯利亚和斯堪的纳维亚半岛南部
生境	森林、林缘或湿润至略干旱的草甸，通常生于钙质土上，从海平面分布至海拔 2,300 m（7,545 ft）处
类别和位置	地生
保护现状	极多见
花期	6 月至 8 月（夏季）

花的大小
1 cm（⅜ in）

植株大小
达 60 cm × 10 cm（24 in × 4 in），包括花序

紫斑掌裂兰
Dactylorhiza fuchsii
Common Spotted Orchid

(Druce) Soó, 1962

掌裂兰属的学名 *Dactylorhiza* 由古希腊语词 daktulos（手指）构成，指其根呈手掌形。紫斑掌裂兰的种加词 *fuchsii* 纪念的是德意志植物学家莱昂哈特 · 富克斯（Leonhart Fuchs, 1501 — 1566）。本种是所有欧洲兰花中最常见的种类之一，已知可与其他种杂交。

春季，本种生出疏松的一丛叶，叶上通常有紫红色斑点，之后又抽出具叶的茎，茎上生多至 100 朵近白色至粉红色、布有紫红色斑点的花。其地下每年会生出一条手掌状的块根。这种形状的根仅在红门兰亚族中为本种及其最近缘种所具备，而不见于兰科其他种。掌裂兰属中只有凹舌兰 *Dactylorhiza viridis* 这一个种有花蜜，因此该属几乎所有种都通过欺骗来传粉，被骗的昆虫包括锯蝇、胡蜂和蜜蜂等。

实际大小

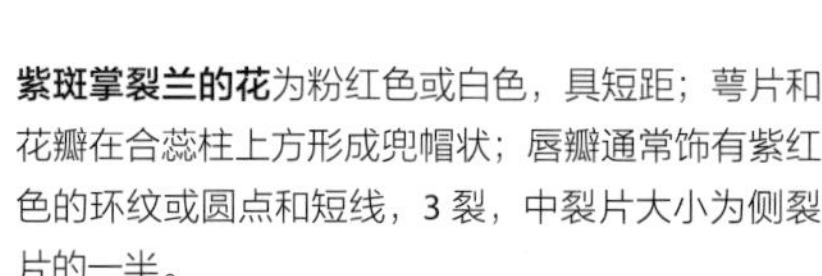

紫斑掌裂兰的花为粉红色或白色，具短距；萼片和花瓣在合蕊柱上方形成兜帽状；唇瓣通常饰有紫红色的环纹或圆点和短线，3 裂，中裂片大小为侧裂片的一半。

亚科	红门兰亚科
族和亚族	红门兰族，红门兰亚族
原产地	欧洲，东达乌克兰
生境	干旱草甸、高山草地、开放树林和迹地，生于钙质或硅质土上，海拔 300~2,000 m（985~6,600 ft）
类别和位置	地生
保护现状	无危，但数量在减少
花期	4 月至 7 月（春季）

阴阳掌裂兰
Dactylorhiza sambucina
Elder-scented Orchid

(Linnaeus) Soó, 1962

花的大小
1 cm（⅜ in）

植株大小
达 40 cm × 10 cm（16 in × 4 in），包括花序

阴阳掌裂兰是一种引人瞩目的兰花，其花朵气味像西洋接骨木 *Sambucus nigra*，因此种加词为 *sambucina*。在瑞典，本种被叫作“亚当和夏娃”，指它的花有两种颜色类型（黄色和紫红色）。本种的花大多由熊蜂传粉，熊蜂为香气所吸引，但得不到任何回报。然而，因为本种有两种颜色类型，这让蜂类更难学会避开它的花，从而让本种的花有更大概率获访，传粉率也因此更高。

阴阳掌裂兰在兰花中非比寻常的另一点，在于它获得了皇家般的待遇——其花由刚结束冬眠的年幼熊蜂蜂后传粉。气候变化可导致本种的开花时间和熊蜂蜂后的苏醒时间不再相合，这可能是本种在最近被发现数量衰退的因素之一。

阴阳掌裂兰的花有紫红色和黄色类型，通常在同一居群中出现，而无中间色型；距肥大，其中无花蜜；萼片位于花上方，翅状；花瓣在合蕊柱上方形成兜帽状。

实际大小

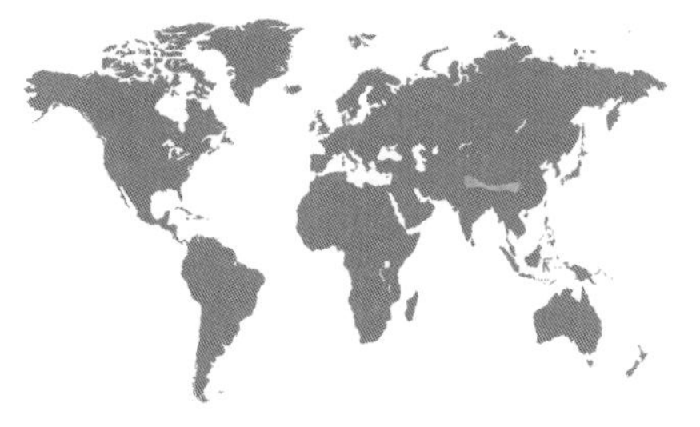

亚科	红门兰亚科
族和亚族	红门兰族，红门兰亚族
原产地	喜马拉雅地区
生境	草地中的砂岩，低海拔山坡，海拔 200 ~ 700 m（650 ~ 2,300 ft）
类别和位置	地生，生于多藓类的岩石上
保护现状	未评估，但很可能因为建筑、作为草药过度采挖等人类活动而易危
花期	7 月下旬至 9 月上旬（夏季）

花的大小
3 cm（1⅛ in）

植株大小
8 cm × 5 cm
（3 in × 2 in），
包括花序

毛叶合柱兰
Diplomeris hirsuta
Snow Orchid

(Lindley) Lindley, 1835

毛叶合柱兰生于砾石上的藓丛中，其叶下垂，多绒毛，具 1 或 2 朵开展的白色花，有一种纤巧的美感。本种花具狭而长的距，喜生于陡峭的河岸，都暗示其花的传粉者可能是夜行性的蛾类。然而，因为这种兰花比较稀少，对它和传粉者之间特别的相互关系还几乎无所知。其地下具一对球形的块根，在季风季节由此会生出 1~3 片松散的基生叶。

本种全株覆有坚硬的银白色毛，其种加词 *hirsuta*（具硬毛的）因此得名。合柱兰属的学名 *Dplomeris* 在古希腊语中意为“具二份的”，指其柱头分裂。由于森林过度砍伐，本种很容易受滑坡危害，加上它在当地又有入药的传统，都导致本种数量衰退，灭绝风险提升。

毛叶合柱兰的花外面有毛，具绿色的长距；萼片小，但花瓣较大，张开；唇瓣白色，2 裂，中央有黄色斑点，在基部有 2 枚绿色腺体。

实际大小

亚科	红门兰亚科
族和亚族	红门兰族，红门兰亚族
原产地	北美洲东部，从加拿大魁北克省至美国亚拉巴马州
生境	潮湿钙质土树林、灌丛和荒田，海拔达 1,300 m（4,300 ft）
类别和位置	地生
保护现状	未正式评估
花期	4 月至 6 月（春季至早夏）

花的大小
2.5 cm（1 in）

植株大小
25～36 cm × 25～51 cm（10～14 in × 10～20 in），包括花

盔花兰
Galearis spectabilis
Showy Orchid
(Linnaeus) Rafinesque, 1833

春季，从盔花兰的一丛肥壮的根和短根状茎上生出一对宽阔的叶，之后又抽出花序，其上生有叶状的绿色苞片，苞片中各生有一朵花。在野外，已知其花有纯白和纯粉红色两种类型，还有一些植株的唇瓣为浅黄色，花瓣和萼片为粉红色。尽管本种的个体不喜竞争，分布稀疏，但植株常产生新芽，而形成紧密簇生的丛。本种生于荫蔽地，但叶会在树冠长满叶之前萌发，以便利用能直射森林地面的阳光。

本种的花可吸引熊蜂属 *Bombus* 的长舌蜂类，特别是蜂后，它们会在其花长而下伸的距的末端搜寻其中分泌的花蜜。其花粉团可沾到蜂类的舌或眼睛下面的额上。

实际大小

盔花兰的花的萼片和花瓣在合蕊柱上方形成兜帽状，粉红色；唇瓣可为白、粉红或黄色，菱形，后部有距。

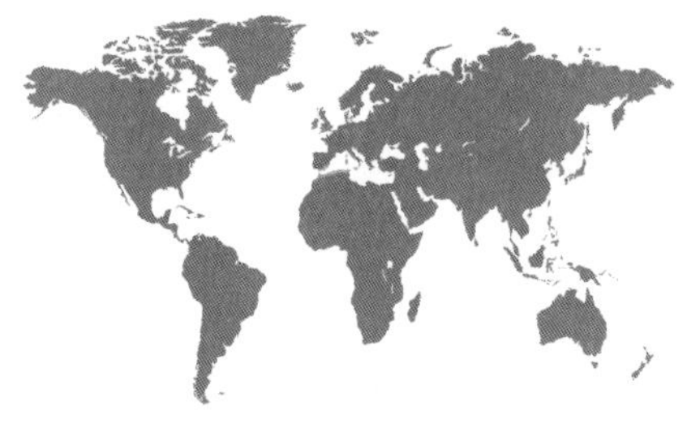
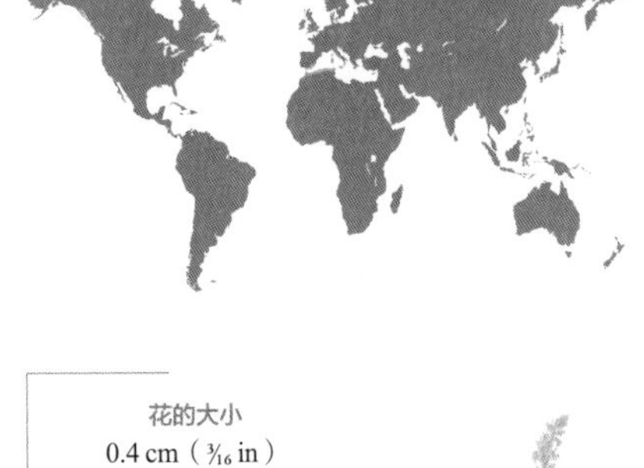

亚科	红门兰亚科
族和亚族	红门兰族，红门兰亚族
原产地	地中海地区西部（伊比利亚半岛南部、马格勒布地区北部、巴利阿里群岛、撒丁岛、厄尔巴岛），马德拉群岛，加那利群岛
生境	多少荫蔽之地，开花时气候略凉爽，之后变干燥炎热，常生于松树（地中海松 *Pinus halepensis* 和意大利松 *Pinus pinea*）下、灌丛或月桂林中
类别和位置	地生，生于酸性或中性的土壤上
保护现状	濒危，虽然局地较多见，但因其喜生的海滨生境被城市扩张和森林砍伐所破坏而受威胁
花期	1 月至 3 月（冬季至早春）

花的大小
0.4 cm（3/16 in）

植株大小
25～51 cm × 15～25 cm（10～20 in × 6～10 in），包括花序

玉爵兰
Gennaria diphylla
Two-leaved Rein Orchid
(Link) Parlatore, 1860

玉爵兰在地下具块根，其上生出茎，具 2 片抱茎的心形叶，下方一片较上方另一片大。其茎顶端为直立的花穗，花绿色，下弯，全都朝向相同的方向。本种并不艳丽，很多人会完全忽视它。因为它花期早，在晚冬即开花，此时很少有人会到户外寻找兰花，这也是它难得一见的原因。

本种的花有花蜜和挥发性化合物，后者对吸引夜行性传粉者发挥着重要作用。在马德拉群岛，其传粉者为夜蛾类，主要是铜色锞纹夜蛾 *Chrysodeixis chalcites*、沃氏衫夜蛾 *Phlogophora wollastoni* 和单斑秘夜蛾 *Mythimna unipuncta*。玉爵兰属的学名 *Gennaria* 以一位意大利艺术家命名，本种的种加词 *diphylla* 意为“二叶”，指植株（大多）具 2 片叶。

玉爵兰的花子房下弯，顶端具 3 枚深绿色、略呈兜帽状的萼片和 2 片外突、狭窄、黄绿色的花瓣；唇瓣黄绿色，3 深裂，每枚裂片形似 1 片花瓣，其中 2 枚侧裂片略狭。

实际大小

亚科	红门兰亚科
族和亚族	红门兰族，红门兰亚族
原产地	亚欧大陆温带地区，从爱尔兰至日本，北达斯堪的纳维亚半岛和西伯利亚，南达西班牙、土耳其和喜马拉雅地区
生境	草甸、牧场、草原、沙丘和悬崖，生于海平面至海拔 2,400 m（7,875 ft）
类别和位置	地生，通常生于贫瘠的碱性土上
保护现状	无危，广布，局部极多见
花期	6 月至 7 月（夏季）

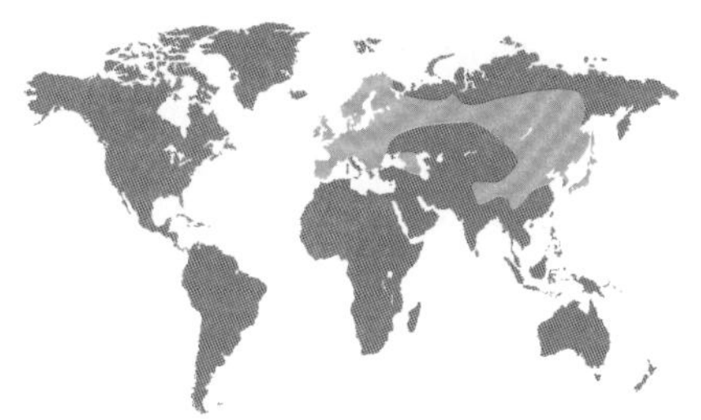

手参
Gymnadenia conopsea
Fragrant Orchid
(Linnaeus) R. Brown, 1813

花的大小
1 cm（⅜ in）

植株大小
60 cm × 10 cm（24 in × 4 in），包括花序

手参的距有丁子香般的芳香气味，所吸引的几乎都是蛾类，特别是象红天蛾 *Deilephila porcellus* 和小豆长喙天蛾 *Macroglossum stellatarum*。然而，因为本种的地理分布广泛，其传粉者颇为多样。手参属 *Gymnadenia* 与掌裂兰属 *Dactylorhiza* 近缘，在地下均具手掌状的块根。春季从本种的块根生出疏松的一簇狭窄的叶，再生出花序。本种是夏季开花最迟的兰花之一。

手参属的学名来自古希腊语词 gymnos（裸露）和 aden（腺体），指其蜜腺裸露。本种的种加词 *conopsea* 意为“蚊状”，很可能是因为其细长的距在人们眼中仿佛蚊子的口器。

手参的花为粉红色，稀为紫红色或白色，排列成紧密的花序；每朵花托以一片苞片，并具一枚长距；萼片 3 枚，张开；花瓣 2 片，在合蕊柱上方弓曲；唇瓣 3 裂。

实际大小

亚科	红门兰亚科
族和亚族	红门兰族，红门兰亚族
原产地	印度尼西亚
生境	季风性草原
类别和位置	地生
保护现状	无危
花期	夏季

花的大小
9 cm（3½ in）

植株大小
20~46 cm × 13~25 cm（8~18 in × 5~10 in），包括花莛

蛇发十字兰

Habenaria medusa

Medusa's Rein Orchid

Kraenzlin, 1892

实际大小

蛇发十字兰原产于从苏门答腊岛到苏拉威西岛的季节性干旱草原，这个美丽超凡的种所开的花是最壮丽、最引人注目的兰花之一。其唇瓣的侧裂片深深分裂，形成放射型丝状物，令人想起古希腊神话中的蛇发女妖墨杜萨的头。像本种这样有距和流苏的花一般都拥有一套适应于天蛾传粉的特征，包括白色的花色和高度割裂的边缘，这让花朵在夜间能看得更清楚，从而吸引路过的传粉者注意。

本种具长形小块根，在叶枯萎之后会回到地下度过漫长而干旱的冬季。块根周围常形成几条小块根，使其植株密集成簇，各自生出花莛。春季降水过后，地上部分即开始生长。

蛇发十字兰的花的唇瓣白色，3 裂，2 枚侧裂片再高度细裂为多至 18 条放射型的长丝；唇瓣基部深红色，其他花被片不显眼，为中等程度的绿色。

亚科	红门兰亚科
族和亚族	红门兰族，红门兰亚族
原产地	中国南部、东南亚和菲律宾
生境	荫蔽、季节性干旱的森林，生于排水良好的石块或砾石上面多藓类的表层；在旱季休眠，无叶
类别和位置	地生
保护现状	无危
花期	7月至9月（夏季）

橙黄玉凤花

Habenaria rhodocheila

Red Rein Orchid

Hance, 1866

花的大小
3.8 cm（1½ in）

植株大小
38～64 cm × 15～20 cm（15～25 in × 6～8 in），包括花莛

橙黄玉凤花的唇瓣常为橙黄色至亮红色，4 裂，它可能是玉凤花属 *Habenaria* 这类大型兰花中最绚烂艳丽的一种。就像很多原产地范围广阔的兰花一样，本种的变异性也很大，并有一些近缘种如黄唇玉凤花 *Habenaria xanthocheila* 和粉红玉凤花 *Habenaria erichmichaelii* 等，有的学者并不把它们视为独立的种。本种在春雨过后即旺盛萌发，开始长出可爱的披针形叶，其上常有花纹，到仲夏又开出大量花朵，而在旱季开始的时候进入休眠。

本种在冬季会经历经为干旱的天气，地上部分枯萎，仅余地下的长形块根。尽管本种的花颜色醒目，因为有距，据信仍是由在黄昏活动的蛾类传粉，就像玉凤花属这个泛热带分布、种数极多的大属中其他大多数成员一样。

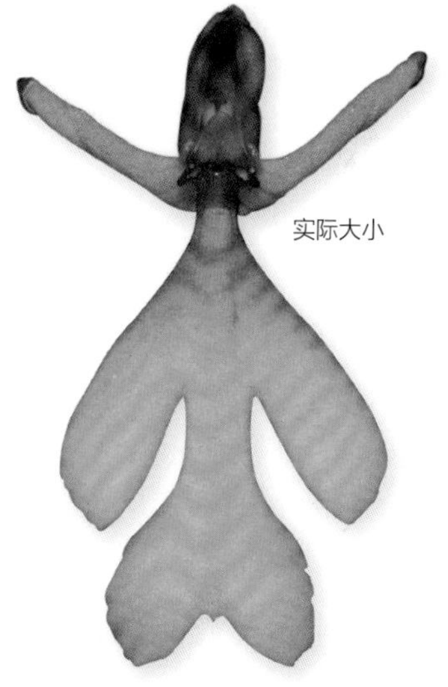

实际大小

橙黄玉凤花的花为橄榄绿色，带有浅橙红色调；唇瓣 4 裂，通常为亮红色，也可为黄色和淡紫色等其他颜色。

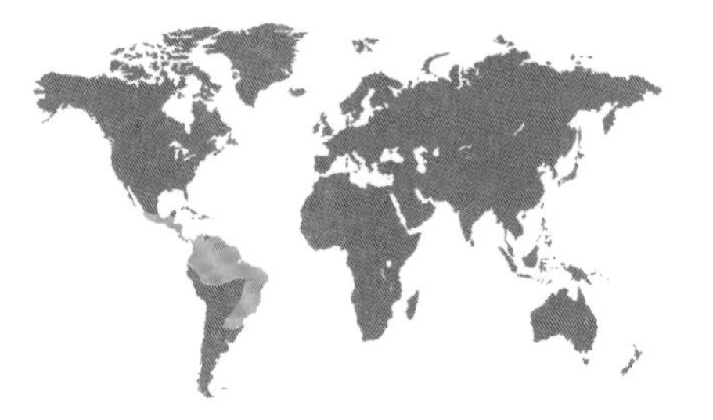

亚科	红门兰亚科
族和亚族	红门兰族，红门兰亚族
原产地	美洲热带和亚热带地区，从墨西哥至阿根廷
生境	红树沼泽、湿润草地和稀树草原，海拔达 1,600 m（5,250 ft）
类别和位置	地生或近水生
保护现状	未评估
花期	夏秋季，取决于当地的季节

花的大小
2 cm（¾ in）

植株大小
25～61cm × 10～20 cm（10～24 in × 4～8 in），包括花序

三裂缰兰
Habenaria trifida
Three-lobed Bog Orchid

Kunth, 1816

实际大小

三裂缰兰在地下具一对块根（在春季形成），向上生出有叶的茎；其叶抱茎，茎顶的花序上的苞片大型，叶状，亦抱茎；其花序生有多至 4 朵花。本种常生于潮湿生境中，有时其根和下部叶没于水中。在旱季，这些类似热带稀树草原的生境易于起火。因为大火可以烧除与本种竞争的植物，让传粉者更容易接近其花，所以对本种有益。

考虑到花形和花色，本种的花最可能由天蛾传粉，就像玉凤花属 *Habenaria* 其他大多数种一样，但目前还没有对它的传粉做过专门研究。其花有花蜜距，长达 8 cm（3 in），顶端 2 裂，这同样是一个和天蛾传粉相关的特征。

三裂缰兰的花的萼片绿色，其中 2 枚开展，另一枚和花瓣在合蕊柱上形成兜帽状；花瓣 2 片，各具一枚狭长的下裂片；唇瓣乳白色，3 裂，有长花蜜距。

亚科	红门兰亚科
族和亚族	红门兰族，红门兰亚族
原产地	马来半岛
生境	混交林和落叶林、多禾草的松林、竹子密灌丛或瀑布附近，海拔 200~1,300 m（650~4,300 ft）
类别和位置	地生，或生于多藓类的岩石上
保护现状	未评估
花期	4 月（春季）

黄唇玉凤花
Habenaria xanthocheila
Yellow Rein Orchid
Ridley, 1896

花的大小
2.5 cm（1 in），
不包括距

植株大小
40~60 cm × 20~30 cm（16~24 in × 8~12 in），
包括花序

黄唇玉凤花常被视为橙黄玉凤花 *Habenaria rhodocheila*（见 167 页）的异名；但它的花为黄色，开花时间与后者不同，实际上可能是独立的种。其地下具 1~2 条球形块根，向上生出莲座状叶丛，由绿色、披针形的叶组成，从叶丛中央再抽出花莛，下部覆有 1~3 片叶状苞片。花莛上部的其他苞片形态则较不像叶，花即在这些苞片的腋部着生。

实际大小

本种的花多少像是人形，“身体”由唇瓣（具 4 枚裂片）构成，兜帽状的萼片和合蕊柱则像“人头”。本种花的后部有长而几乎笔直的花蜜距，花粉团具长柄，花色鲜明，很可能提示它由蝶类传粉。

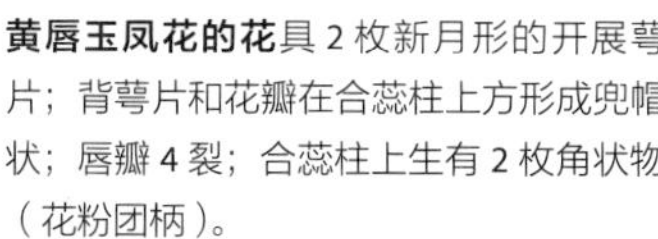

黄唇玉凤花的花具 2 枚新月形的开展萼片；背萼片和花瓣在合蕊柱上方形成兜帽状；唇瓣 4 裂；合蕊柱上生有 2 枚角状物（花粉团柄）。

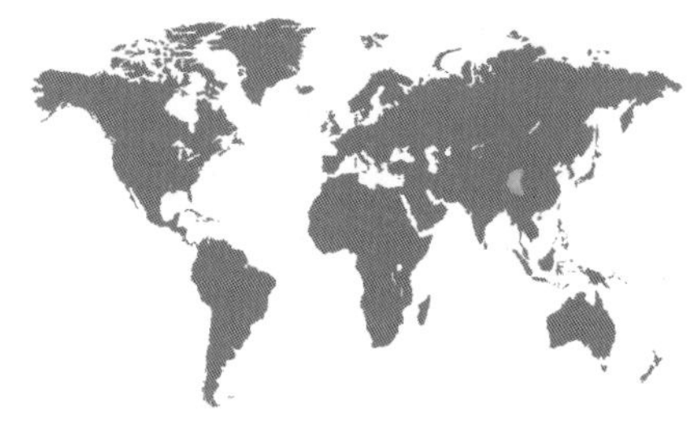

亚科	红门兰亚科
族和亚族	红门兰族，红门兰亚族
原产地	中国中南部（贵州省西北部、四川省西南部和云南省西北部）
生境	开放森林中多藓类的石质地，海拔 1,600～3,200 m（5,250～10,500 ft）
类别和位置	地生，生于灰岩上
保护现状	未评估
花期	6月至8月（夏季）

花的大小
1.5 cm（⅜ in）

植株大小
15～28 cm × 10～15 cm（6～11 in × 4～6 in），包括花序

扇唇舌喙兰
Hemipilia flabellata
Felt Orchid

Bureau & Franchet, 1891

扇唇舌喙兰在地下具一对椭球形块根（春季形成），由此生出茎。茎上具单独一片心形的叶，下面紫红色，上面绿色并常有紫红色斑点和条纹。其花序为总状花序，具少数苞片和4～8朵（有时多至15朵）疏松排列的花。其花的特征是具有比花梗还长的弯曲的距。花色多变，从红紫色至近纯白色均有。

这种兰花见于岩石露头中的开放地，在这里几乎没有和它竞争的其他植物。尽管它的分布区所处的纬度带大多为相当温暖的地区，但因为它分布于海拔较高的山区，仍被视为一种喜凉的植物。

实际大小

扇唇舌喙兰的花的侧萼片粉红色并略带绿色，反曲；上萼片兜帽状，与花瓣合生；唇瓣通常也为粉红色，表面略有绒毛，边缘反曲，具长而弯曲的距。

亚科	红门兰亚科
族和亚族	红门兰族，红门兰亚族
原产地	亚欧大陆温带地区，从不列颠群岛至日本，南达西班牙、保加利亚、喜马拉雅地区至中国南部
生境	白垩质和灰岩质的草原和高山草甸
类别和位置	地生，生于碱性土上
保护现状	易危，尽管分布广，局部较多见，但土地用途的变化和过度放牧已导致很多居群消亡
花期	6 月至 8 月（夏季）

角盘兰
Herminium monorchis
Musk Orchid
(Linnaeus) R. Brown, 1813

花的大小
0.7 cm（¼ in）

植株大小
15 cm × 5 cm（6 in × 2 in），包括花序

角盘兰是一种微小的兰花，其花为黄绿色至近白色，会让大多数人视而不见，但它的花有强烈的蜂蜜香气，值得跪下来一闻。这种气味可以吸引寄生蜂来为花朵传粉，但其花不提供任何回报，导致寄生蜂以后即使再闻到这种愉悦的香气，也会有意避开其花。因为这种传粉策略有风险，所以其结实率较低。然而，本种还采取了另一种策略，就是利用地下茎进行营养繁殖。其地下茎可产生离母植株有一段距离的球形块根，使之可以形成大群体。块根在春季会生出一丛狭窄的叶，从叶丛中再抽出花序。

角盘兰属的学名 *Herminium* 可能来自古希腊语词 hermin，意为“床柱”，指的是其花药两侧各有 2 枚退化雄蕊，形似雕刻精美的床柱。

实际大小

角盘兰的花在苞片腋中下垂；萼片和 2 瓣花瓣均上弯，绿色，萼片短于花瓣；唇瓣狭窄，具 2 枚短侧裂片，除此之外与花瓣相似。

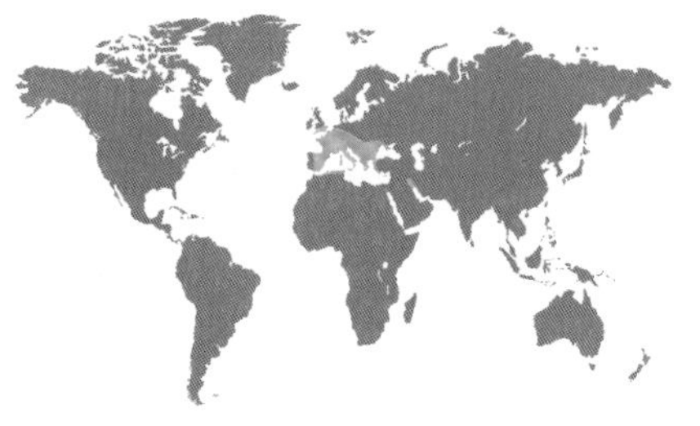

亚科	红门兰亚科
族和亚族	红门兰族，红门兰亚族
原产地	中南欧，北非，伊拉克
生境	崎岖地、沙丘、石质地、灌丛、路边绿化带、丘坡
类别和位置	地生于碱性（灰质）土上
保护现状	无危，但数量有减少的趋势
花期	4月至6月（晚春至早夏）

花的大小
5 cm（2 in）

植株大小
51～71 cm × 20～30 cm（20～28 in × 8～12 in），包括花序

带舌兰

Himantoglossum hircinum

Lizard Orchid

(Linnaeus) Sprengel, 1826

在其分布区边缘，带舌兰是一种数量可随气候变化而波动的植物，目前其分布范围已经向北扩展到包括英格兰在内。其花有山羊般的气味（因此种加词得名 *hircinum*，意为“山羊般的”），由切叶蜂类传粉。本种的花据说形似蜥蜴，故英文名意为“蜥蜴兰”。其唇瓣有 3 枚长裂片，在花蕾中像钟表发条一样卷曲，并在花朵开放时很快展开。

本种在地下具一对球形块根，其中一条大小不断增大（以在下个生长季萌发），另一条则不断缩小（形成于上个生长季）。其叶在秋季生出，整个冬季仍保持绿色，在花莛抽出时则变为黄色。

实际大小

带舌兰的花具一枚兜帽状花被和 3 裂的唇瓣，后者比花的其余部分大得多；其中裂片最长，顶端分裂；胼胝体及花瓣和萼片的内侧有酒红色斑点、斑块和条纹。

亚科	红门兰亚科
族和亚族	红门兰族，红门兰亚族
原产地	热带非洲南部，从坦桑尼亚至安哥拉、赞比亚和马拉维
生境	开放的短苞豆 *Brachystegia* 树林、岩石缝隙、多板状岩石的山地草原和渗水坡，海拔 1,650～1,900 m（5,400～6,200 ft）
类别和位置	地生
保护现状	未评估
花期	6 月至 8 月（冬季）

长花绒凤兰
Holothrix longiflora
African Spider Orchid
Rolfe, 1889

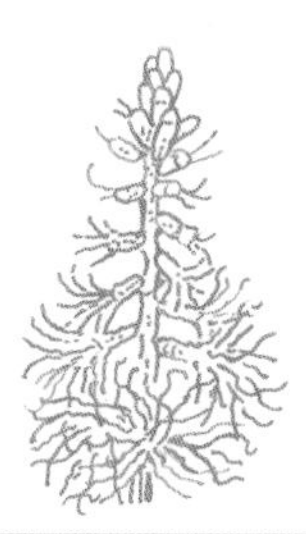

花的大小
2.5 cm（1 in）

植株大小
23～53 cm × 10～20 cm
（9～21 in × 4～8 in）

长花绒凤兰这种地生兰具 2 条有毛的块根，长约 3.5 cm（1⅜ in）。由块根生出 2 片肉质的心形叶，其中一片大于另一片，均紧贴地面。在叶上再抽出无叶的花莛，生有 6~20 朵花。其花芳香，有短距，形如蜘蛛。本种常生于岩石和砾石间有渗水的地方。和绒凤兰属 *Holothrix* 一些花和叶在不同时期出现的种不同，本种的叶在花期仍生长良好。

其花的传粉尚属未知，但因为具有距，并在夜晚有香气，访花者可能是蛾类。不过，比起其他在夜间传粉的种来，本种的距较短。绒凤兰属的学名来自古希腊语词 holos（全部）和 trichos（毛发），指属中一些种有毛。

实际大小

长花绒凤兰的花为白色，萼片 3 枚，短，绿色；花瓣 2 片，远长于萼片，分裂为 9 枚线形裂片；唇瓣亦生有 9~11 枚裂片；花的后部具距，圆锥形，紧密卷曲。

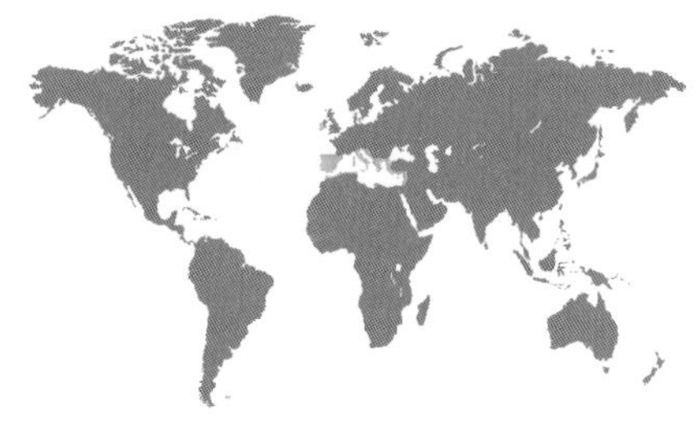

亚科	红门兰亚科
族和亚族	红门兰族，红门兰亚族
原产地	欧洲西北部至地中海地区、北非、地中海东岸和马卡罗尼西亚
生境	草地、常绿矮灌丛、灌丛和针叶林，海拔达 2,000 m（6,600 ft）
类别和位置	地生，生于湿润至略干旱、主要为碱性的土壤上，但一些植株也生于略呈酸性的土壤上
保护现状	在分布区内多数地区无危，但局地需受保护关注
花期	3 月至 6 月（春季）

花的大小
0.5 cm（⅛ in）

植株大小
10～30 cm × 10～20 cm（4～12 in × 4～8 in），包括花序

斑鸭兰
Neotinea maculata
Dense-flowered Orchid

(Desfontaines) Stearn, 1974

斑鸭兰在春季具有由带斑点的叶组成的莲座状叶丛（在冬季生出），到花莛抽出时则开始枯萎。其地下具 2 条球形块根。其花小型，组成稠密花穗，并已记载到两种颜色类型——绿白色和粉红色。在一些地区只有一种色型的记录，在另一些地区则二者兼有。

本种的花自交可育，结实率很高。然而，这些花也有香气，在唇瓣基部的短距中还有花蜜作为回报，很可能用来吸引小型蝇类或胡蜂类，尽管目前对其传粉尚无详细记录。斑鸭兰属 *Neotinea* 的其他成员则无花蜜，通过欺骗传粉者（已有甲虫和蜂类的记载）来传粉。

实际大小

斑鸭兰的花为绿白色或略呈粉红色，仅略张开；萼片和花瓣在合蕊柱上方形成兜状物；唇瓣 3 裂或 4 裂。

亚科	红门兰亚科
族和亚族	红门兰族，红门兰亚族
原产地	欧洲、地中海盆地、西南亚和高加索地区
生境	草地、灌丛、草甸和沙丘
类别和位置	地生，生于碱性土上
保护现状	无危
花期	4 月中旬至 7 月（春季）

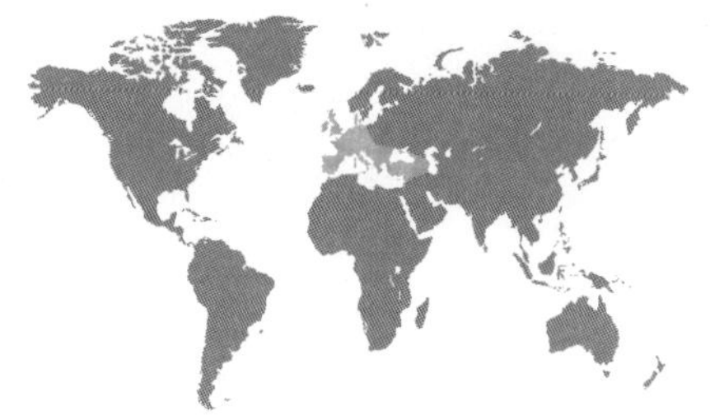

蜂兰

Ophrys apifera

Bee Orchid

Hudson, 1762

花的大小
2.5 cm（1 in）

植株大小
15～50 cm × 10～20 cm（6～20 in × 4～8 in），包括花序

尽管蜂兰的花像蜂类，它却是蜂兰属 *Ophrys* 中唯一以自花传粉为主的种。博物学家查尔斯·达尔文曾经研究过这种兰花，为其相当艳丽的花朵和自花传粉的行为所困惑。在地中海地区，其花有外激素般的气味，是对雌蜂的模拟，因而吸引了长须蜂属 *Eucera* 和四条蜂属 *Tetralonia* 的独居蜂类来访。其唇瓣作为诱饵，可以诱骗雄蜂试图与其交配，在这个假交配的过程中就完成了花粉的转运。

蜂兰具一对球形块根，秋季生出莲座状叶丛。春季在叶枯萎的同时抽出花莛，可生有多至 12 朵花。本种很少靠营养繁殖扩散，居群的维持依赖于种子的传播。

实际大小

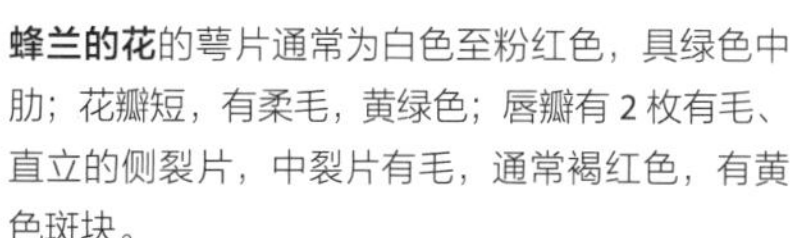

蜂兰的花的萼片通常为白色至粉红色，具绿色中肋；花瓣短，有柔毛，黄绿色；唇瓣有 2 枚有毛、直立的侧裂片，中裂片有毛，通常褐红色，有黄色斑块。

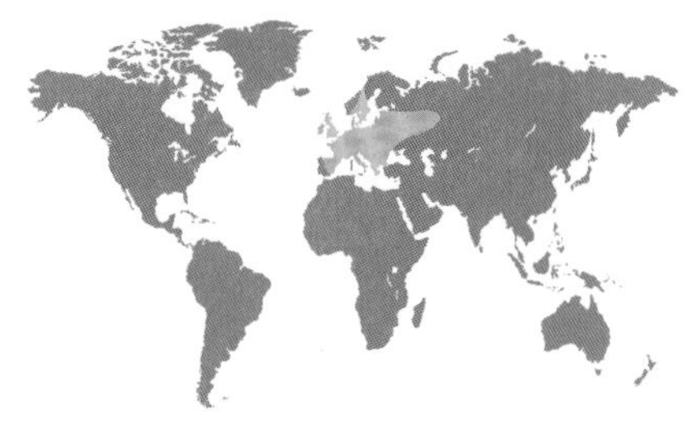

亚科	红门兰亚科
族和亚族	红门兰族，红门兰亚族
原产地	欧洲
生境	树林、灌丛和草地，以及沼泽附近的土堆
类别和位置	地生，生于碱性土上
保护现状	无危，但在很多国家数量有减少的趋势
花期	5 月至 7 月（春季和早夏）

花的大小
2.5 cm（1 in）

植株大小
15～61 cm × 7.6～18 cm
（6～24 in × 3～7 in），
包括花序

黄蜂兰
Ophrys insectifera
Fly Orchid

Linnaeus, 1753

实际大小

和蜂兰 *Ophrys apifera*（见 175 页）一样，黄蜂兰有一对球形块根，在春季由此生出叶，因此和蜂兰属 *Ophrys* 大多数种不同，其叶并非冬绿性。其花莛形似一根草茎上面停留着几只蝇类，也因此很容易被人们误当成这种景象。

黄蜂兰的花可产生模仿雌性胡蜂外激素的化学物质。滑胸泥蜂属 *Argogorytes* 的雄性尤其受这种气味吸引，试图与花交配。在这个假交配的过程中，花粉团就从一朵花转运到了另一朵花。包括蜂兰属在内，亚欧大陆很多野生地生兰的块根都遭到不可持续的采挖，用来磨制兰根粉，用于制作酒饮和甜点。

黄蜂兰的花具 3 枚绿色的萼片；花瓣短，线形，褐色；唇瓣深褐色，有毛，3 裂，中裂片顶端再 2 裂，中央有蓝色至灰色的镜状斑块。

亚科	红门兰亚科
族和亚族	红门兰族，红门兰亚族
原产地	地中海盆地
生境	硬叶灌丛、常绿矮灌丛、开放森林、灌丛、荒田和路边，生于海平面至海拔 1,200 m（3,950 ft）处
类别和位置	地生，生于碱性或中性土上
保护现状	无危，其分布区在欧洲西北部因为气候变暖而在扩张
花期	2 月至 5 月（晚冬至春季）

叶蜂兰
Ophrys tenthredinifera
Sawfly Orchid
Willdenow, 1805

花的大小
2.5 cm（1 in）

植株大小
15～30 cm × 10～20 cm
（6～12 in × 4～8 in）

和蜂兰属 *Ophrys* 其他种一样，叶蜂兰的花也是通过假交配传粉。其花可散发出一种类似外激素的气味，吸引长须蜂属 *Eucera* 蜂类——特别是黑唇长须蜂 *Eucera nigrilabris* 的雄性前来。它们试图和唇瓣交配，在这个过程中便带走花粉团，卸在下一朵花之上。本种靠种子繁殖，在条件合适的时候可形成密集的群体。其种子萌发之后一到两年内即可开花。蜂兰属的蒴果较大，其中可包含 10,000～15,000 枚种子。

蜂兰属的学名在古希腊语中意为“眉毛”，指本属植物花中有毛的部分形似眼眉。本种的种加词 *tenthredinifera* 在拉丁语中意为“生有胡蜂的”，因为其唇瓣形似叶蜂或锯蝇，其中文名“叶蜂兰”也由此而来。

实际大小

叶蜂兰的花的萼片 3 枚，大型，浅粉红色至深粉红色，具绿色中肋；花瓣较萼片小得多，有密绒毛，粉红色；唇瓣有毛，3 裂，通常黄色，中央有褐色或紫红色和略呈灰色的斑块。

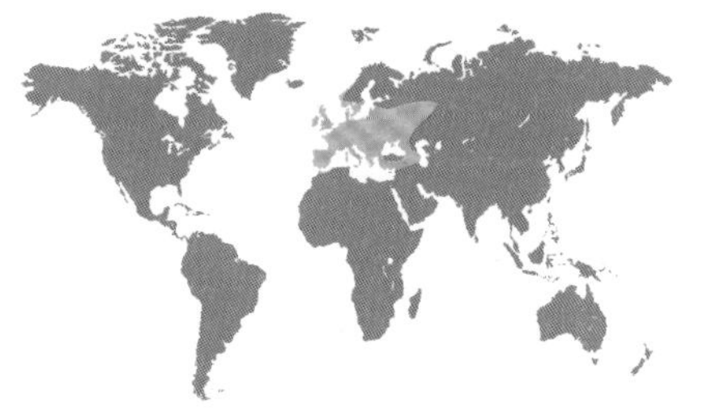

亚科	红门兰亚科
族和亚族	红门兰族，红门兰亚族
原产地	欧洲、北非、西亚至伊朗，以及马德拉群岛和加那利群岛
生境	草地、灌丛或开放树林
类别和位置	地生，生于中性或碱性土上
保护现状	无危，但在分布区东南部受威胁
花期	3月至6月（春季）

花的大小
2.5 cm（1 in）

植株大小
25～51 cm × 20～36 cm（10～20 in × 8～14 in），包括花序

雄兰
Orchis mascula
Early-purple Orchid
(Linnaeus) Linnaeus, 1755

雄兰属于红门兰属 *Orchis*。其学名在古希腊语中的本义为“睾丸”，但后来便成为红门兰属植物的名字，由此衍生的英文单词“orchid”如今进一步用于称呼兰科的所有植物。这个名字暗指的是红门兰属兰花的 2 条块根（一条不断增大，另一条不断缩小），古欧洲人把它比作人类的睾丸，也因此让这类植物有了壮阳药的名声。和黄蜂兰（见 176 页）一样，雄兰的块根在中东常用于磨制兰根粉，可作为酒饮或甜点的调味品。兰根粉对男性健康有未经证实的益处，这让兰花的居群遭到了过度采挖的威胁。不仅如此，兰花的植株还常在开花时被采挖，导致种子不能散播。

雄兰的花为粉红色至紫红色，散发有强烈的尿味，其花有距，但不含花蜜。它们通过模仿其他有花蜜的花而得到传粉。

实际大小

雄兰的花具 3 枚萼片，其中 2 枚开展，中萼片下弯，与 2 片花瓣形成兜帽状；唇瓣 3 裂，中央有开放的喉部，通往上翘的距。

亚科	红门兰亚科
族和亚族	红门兰族，红门兰亚族
原产地	欧洲至蒙古，北达芬兰的奥兰群岛，南达伊朗和阿富汗。在大陆性气候下最为多见，在欧洲的大西洋和地中海气候区则稀见
生境	白垩质草原、草甸和林缘，海拔达 2,000 m（6,600 ft）
类别和位置	地生，生于碱性土上
保护现状	无危，但在一些国家稀见而受保护
花期	4 月至 6 月（春季）

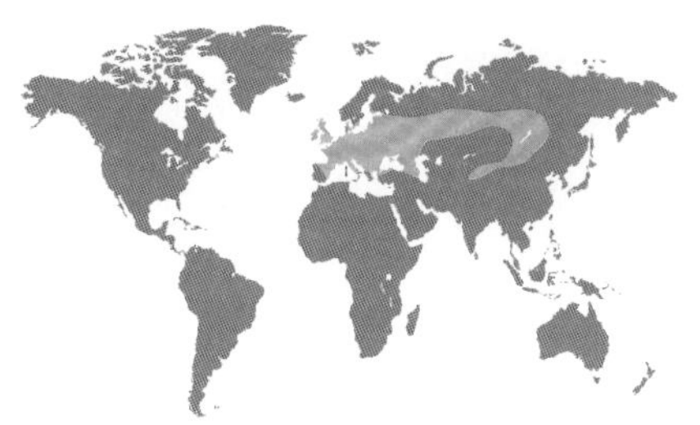

四裂红门兰
Orchis militaris
Military Orchid
Linnaeus, 1753

花的大小
2 cm（¾ in）

植株大小
25 ~ 71 cm × 20 ~ 46 cm（10 ~ 28 in × 8 ~ 18 in），包括花序

四裂红门兰是红门兰属 *Orchis* 的代表种，而红门兰属又是兰科 Orchidaceae 的代表属，兰科的学名即由红门兰属而来。四裂红门兰的种加词 *militaris* 意为“军队的”，指其花形似戴着银色头盔的士兵，其中唇瓣构成身体，而合蕊柱构成脸。四裂红门兰具一对块根，其上生出高大的茎，茎基部生有少数几片螺旋状排列的叶，具叶鞘，纯绿色。茎顶是红紫色的花序，具苞片，并生有多达 30 朵花。

四裂红门兰的花可欺骗多种昆虫——特别是蜂类——作为其传粉者。其花有气味，但无花蜜，传粉者很可能被颜色鲜亮、形象招摇的花吸引而来。不过，有时候它的花也可能是在模拟同一生境中开放的其他花朵。

四裂红门兰的花的萼片和花瓣部分合生，在合蕊柱上形成“盔”；唇瓣 4 裂，具 2 枚侧裂片（“手臂”）和 2 枚顶裂片（“腿”）；唇瓣粉红色，有紫红色斑点，裂片亦有紫红色的尖端；距粗而短。

实际大小

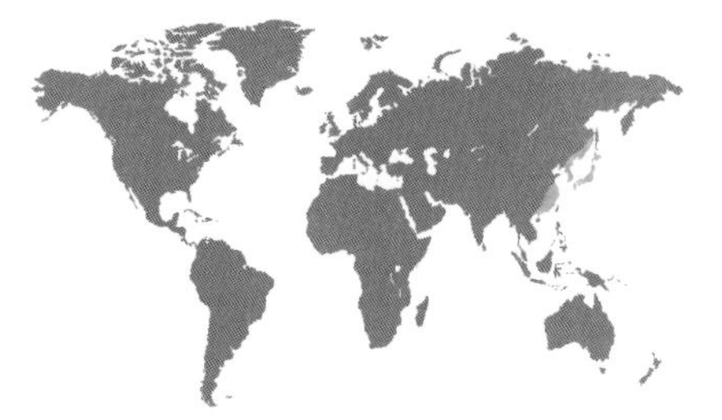

亚科	红门兰亚科
族和亚族	红门兰族，红门兰亚族
原产地	中国、日本、朝鲜半岛和俄罗斯远东的温带地区
生境	山地森林旁边季节性泥沼化的森林中的空地
类别和位置	地生
保护现状	无危
花期	晚春至早夏

花的大小
3 cm（1⅛ in）

植株大小
15~51 cm × 10~20 cm（6~20 in × 4~8 in），包括花序

鹭兰

Pecteilis radiata

Egret Flower

(Thunberg) Rafinesque, 1837

实际大小

鹭兰是一种广为栽培的小型兰花，其每一朵花都具有羽状唇瓣，其上生有精致的流苏，活似一只白鹭，因此得名“鹭兰”（中文名也叫狭叶白蝶兰）。其白色的花色、具流苏的唇瓣、花蜜距和夜间散发的香气都是用来吸引蛾类作为传粉者的典型特征。

鹭兰的花通常一次开 2~3 朵，生于纤弱的花莛上，花莛则从一条豌豆大小的小块根上生出。本种在亚洲有大量人工繁殖，以供应盆花市场，是一种常见的栽培兰花，可供初学养花的人养在窗台上，尽管其中很少有植株能活过一年。在原生生境中，本种会经历寒冷而较为干燥的冬季，其野生个体可能天然就较为短命。

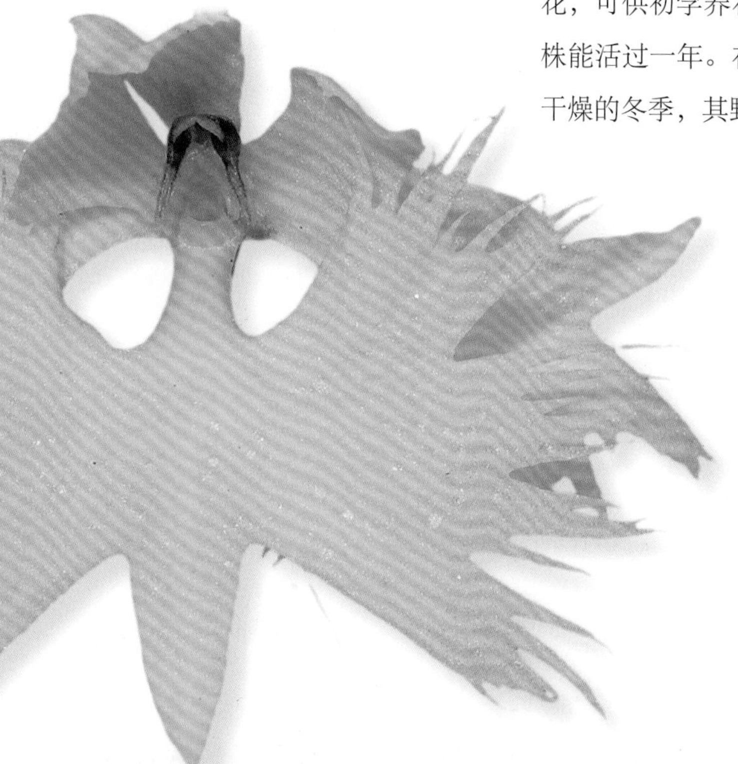

鹭兰的花具浅绿色萼片，花瓣白色，唇瓣显眼，3 裂；中裂片窄，侧裂片边缘则呈复杂精致的流苏状，形如白鹭展翅。

亚科	红门兰亚科
族和亚族	红门兰族，红门兰亚族
原产地	印度和喜马拉雅地区至中南半岛和菲律宾
生境	生有灌丛的斜坡，海拔 1,500~2,800 m（4,920~9,200 ft）
类别和位置	地生
保护现状	未评估
花期	5 月至 8 月（春夏季）

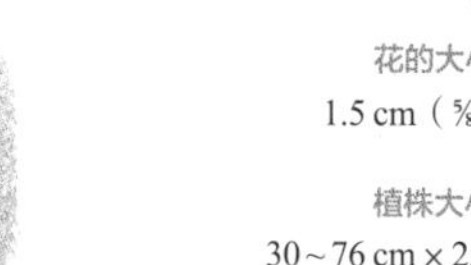

花的大小
1.5 cm（⅝ in）

植株大小
30~76 cm x 25~41 cm（12~30 in x 10~16 in），包括花序

大花阔蕊兰
Peristylus constrictus
Constricted Butterfly Orchid
(Lindley) Lindley, 1835

大花阔蕊兰是一种高大的兰花，生于森林边缘的灌丛植被中。其地下具一对长球形块根，由此生出茎，其上先生出几枚抱茎的短鞘状鳞片，再生出 4~6 片螺旋状排列的叶。其花序生有数片不育的叶状苞片，及 30 朵以上的紧密排列的花。阔蕊兰属 *Peristylus* 的学名由古希腊语词 peri（周围）和 stylos（花柱）构成，指本属兰花的合蕊柱两侧有臂状物。不过，现在有证据表明阔蕊兰属的种应该并入比该属更大的玉凤花属 *Habenaria*，它们只是玉凤花属这个大类群中的一个小分支。在印度传统医药中，这两个属都入药，其制剂用于治疗疟疾。

目前尚未研究过本种的传粉。不过，其花色和花蜜距暗示传粉者可能是蝶类或蛾类。

大花阔蕊兰的花形状开展；萼片开展，浅绿褐色至白色；花瓣白色；唇瓣亦为白色，3 裂；合蕊柱基部两侧各有短臂状物。

实际大小

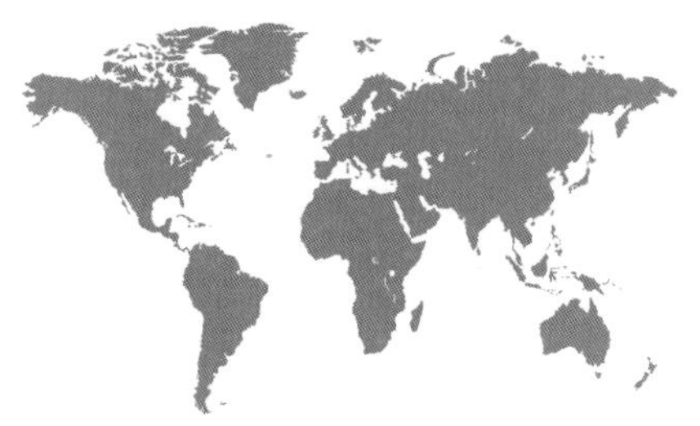

亚科	红门兰亚科
族和亚族	红门兰族，红门兰亚族
原产地	亚速尔群岛（葡萄牙）圣若热岛希望峰东坡
生境	高山草地，海拔约 1,100 m（3,600 ft）
类别和位置	地生
保护现状	未正式评估
花期	6 月上旬（春季）

花的大小
1 cm（⅜ in）

植株大小
15～38 cm × 15～20 cm
（6～15 in × 6～8 in），
包括花序

亚速尔舌唇兰

Platanthera azorica

Hochstetter’s Butterfly Orchid

Schlechter, 1920

亚速尔舌唇兰是欧洲最稀有的兰花之一。它最初被认为是亚速尔群岛的另一种微花舌唇兰 *Platanthera micrantha* 的异名，后者在表面上与它相似，但花要小得多。本种最早由德国植物学家卡尔·霍赫施泰特（Karl Hochstetter）于 1838 年在希望峰这座火山的一条山脊上发现，一度认为已灭绝，直到 2013 年才重新发现。中文名中的“亚速尔”和种加词 *azorica* 的含义因此显而易见。

和舌唇兰属 *Platanthera* 其他种一样，亚速尔舌唇兰具一对球形块根，顶端为长尖形。其叶离地很近，通常 2 片，有时更多。每朵花下均有大型苞片，为绿色至绿黄色。考虑到花色和相对较长的花蜜距，本种可能靠蛾类传粉。

亚速尔舌唇兰的花为浅绿色，具 2 枚反曲的萼片；背萼片和花瓣在合蕊柱上方形成兜帽状；唇瓣线形，略弯曲，基部有开口，通向纤细的距。

实际大小

亚科	红门兰亚科
族和亚族	红门兰族，红门兰亚族
原产地	北美洲中东部，从加拿大安大略省至美国佛罗里达州和得克萨斯州
生境	潮湿草甸、沼泽、草原、开放林地和平原矮松林，也生于路边、泥炭沼和渗水坡
类别和位置	地生，生于泥炭或沙地上
保护现状	未评估
花期	6月至9月（夏季至早秋）

花的大小
2.5 cm（1 in）

植株大小
30～102 cm x 15～25 cm（12～40 in x 6～10 in），包括花序

橙花银苏兰
Platanthera ciliaris
Yellow Fringed Orchid
(Linnaeus) Lindley, 1835

橙花银苏兰常生于湿润环境中，但也见于北美洲东部阿巴拉契亚山脉的坡地。它可长至 1 m（3 ft）多高，形成壮观的群体。其地下具一丛纤细的块根，延伸成为长根尖，由此生出茎，在茎下部生有多至 4 片倒披针形的叶。叶的大小向上渐小，渐变为茎顶花序中的苞片，花序具密集排列的花。

本种的传粉者是大型蝴蝶，在山区主要是银月豹凤蝶 *Papilio troilus*，在低地则主要是黄斑豹凤蝶 *Papilio palamedes*。银月豹凤蝶的喙比黄斑豹凤蝶短 5 mm（⅛ in），因此本种的山地居群和海滨平原居群的距的长度也有大约 2 mm（1/16 in）的差异。

橙花银苏兰的花为橙色；侧萼片反曲，上萼片杯状；花瓣亦为橙色，与萼片形似；唇瓣边缘为不规则锯齿状，后面有长距；合蕊柱有 2 枚明显突出的直立的翅。

实际大小

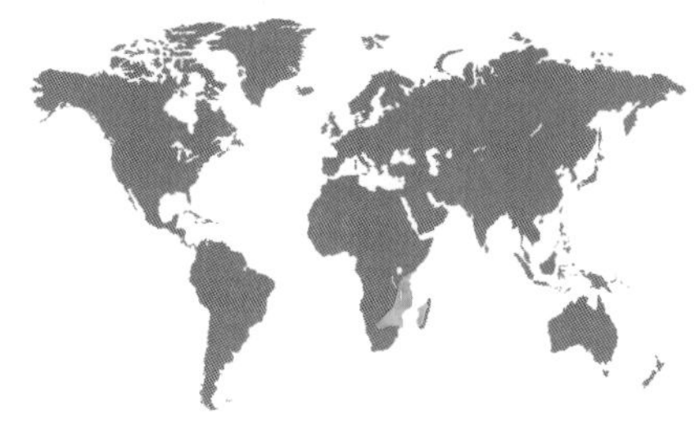

亚科	红门兰亚科
族和亚族	红门兰族，红门兰亚族
原产地	热带非洲西部，向南远达津巴布韦和马达加斯加西北部
生境	湿润草原、草甸、谷地和渗水坡，海拔达 1,100 m（3,600 ft）
类别和位置	地生
保护现状	多见
花期	1 月至 4 月（夏季和早秋）

花的大小
3.8 cm（1½ in）

植株大小
20 ~ 61 cm × 8 ~ 13 cm
（8 ~ 24 in × 3 ~ 5 in），
包括花

平棒兰
Platycoryne pervillei
Scarlet Rein Orchid

Reichenbach fils, 1855

平棒兰在地下具圆形肉质块根，生有很多细根；其地上沿茎生有数片狭窄的叶，向上渐变为花下的一列显眼的苞片；其花数在 3 ~ 12 朵之间。花直立，亮红橙色或黄橙色，有长花蜜距，常插入花下的苞片中。本种喜生于终年或至少季节性潮湿的生境中。

在平棒兰属 *Platycoryne* 中，本种和其他种几乎可以确定都由蝶类传粉，其具体机制与生于北美洲潮湿地区的橙花银苏兰类似，都有类似的合蕊柱和花蜜距。平棒兰属的花的总体形态非常像分布广泛的大属玉凤花属 *Habenaria*，它们可能只是该属中适应了蝶类传粉的种类。

平棒兰的花为亮红橙色；侧萼片反曲；上萼片上凸，与花瓣形成兜帽状；唇瓣全缘，下弯或前伸，后面有距。

实际大小

亚科	红门兰亚科
族和亚族	红门兰族，红门兰亚族
原产地	韩国和日本南部
生境	悬生于陡峭岩石的缝隙中和石棱上
类别和位置	石生
保护现状	易危，因园艺上的过度采挖而受威胁
花期	6月至7月（早夏）

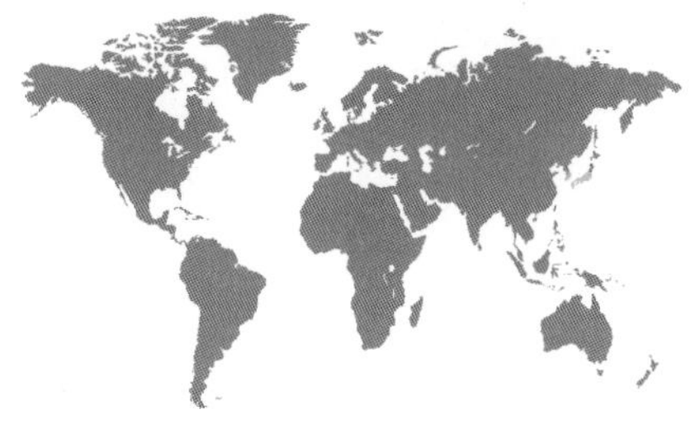

小红门兰
Ponerorchis graminifolia
Showy Grass Orchid

Reichenbach, 1852

花的大小
2 cm（¾ in）

植株大小
15~20 cm x 10~20 cm（6~8 in x 4~8 in），包括花序

小红门兰是园艺上的常见种，特别是在日本。很多地方的居群已经因此灭绝或剧烈衰退。考虑到本种所生长的地点通常很难到达，就不能不惊讶于采挖者竟然可以靠近它们。本种已知有多种颜色类型，从纯白色到深紫红色不等，可具斑点和条纹或无，其中珍稀的类型可卖出天价。

本种在地下形成块根，由此生出茎；茎上有多至6片叶，狭窄，禾草状，灰绿色；顶端又生有多至20朵花。其花有长花蜜距，但目前尚不知其中是否有花蜜，也未观察过其传粉。不过，考虑到花中的长距和生境喜好，本种可能靠蝶类传粉。

小红门兰的花具反曲的侧萼片；中萼片和花瓣形成兜帽状，盖在合蕊柱上方；唇瓣有距，深裂；在栽培植株中，唇瓣可有各种形状和颜色。

实际大小

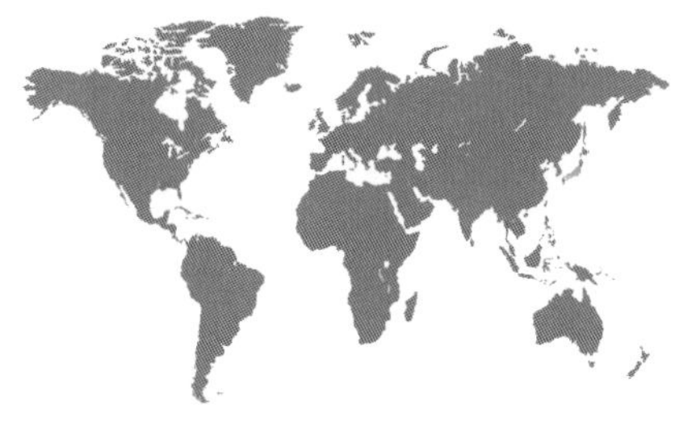

亚科	红门兰亚科
族和亚族	红门兰族，红门兰亚族
原产地	日本本州岛中部和四国岛
生境	山溪附近的岩石
类别和位置	地生，生于沼泽地和潮湿的岩石露头上
保护现状	未评估，但野外少见
花期	4月至6月（春季）

花的大小
0.6 cm（¼ in）

植株大小
8~15 cm × 10~15 cm（3~6 in × 4~6 in），包括花序

岩鸻无柱兰

Ponerorchis keiskei

Rock Plover Orchid

(Finet) Schlechter, 1919

岩鸻无柱兰生于潮湿而多藓类的地点。其地下具块根，并具2~3片长3~7 cm（1³⁄₁₆~2¾ in）的狭披针形叶。其花序可生有多至12朵花，通常为粉红色。其花在唇瓣基部有大型花蜜距，尽管可以期待蝶类会为本种传粉，但目前尚无其传粉者的记载。

本种的花在色型上多变，日本园艺界已经选育了几个罕见色型的品种。本种的种加词 *keiskei* 以生物学家和植物学家伊藤圭介（Keisuke Ito, 1803—1901）命名，他是德国医生和植物学家菲利普·弗兰茨·冯·西博尔德（Philipp Franz von Siebold, 1796—1866）的日本学生，也是日本最早受到西方训练的植物学家之一。英文名中的Rock Plover（以及中文名中的“岩鸻”）是其日文名“岩千鸟”的意译，在描述中更显诗意。

实际大小

岩鸻无柱兰的花具杯状的短萼片和花瓣，其中2枚萼片开展；唇瓣大，3裂，中裂片在顶端再分裂；唇瓣基部有一枚深粉红色的斑块或一些斑点。

亚科	红门兰亚科
族和亚族	红门兰族，红门兰亚族
原产地	欧洲山地（包括比利牛斯山脉和亚平宁山脉）和北极地区、西伯利亚至俄罗斯远东地区、英国、爱尔兰、格陵兰和加拿大东北部（纽芬兰省）
生境	高地或亚寒带矮草原，开放的硬叶灌丛、林地或山地沼泽，海拔可达约 1,000 m（3,300 ft）
类别和位置	地生，生于碱性土或酸性土上，通常见于较干燥或排水良好的地点
保护现状	无危
花期	6 月至 7 月（晚春至早夏）

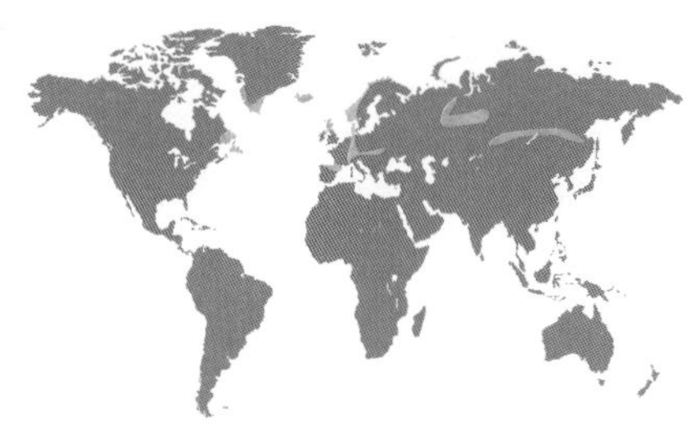

花的大小
0.5 cm（⅛ in）

植株大小
13～30 cm × 10～20 cm（5～12 in × 4～8 in），包括花序

白手参
Pseudorchis albida
Small-white Orchid

(Linnaeus) A. Löve & D. Löve, 1969

白手参是白手参属 *Pseudorchis* 的唯一种，属名意为“假红门兰”，指其形态与红门兰属 *Orchis* 的种类似。本种具数条肥壮的手掌状根和一些较细的根，由此生出茎，基部生有多至 7 片抱茎的叶，顶端则是具多花的总状花序。其花近白色至略呈绿色，通常偏向一侧，而使本种形态颇为独特。

本种的花有浓郁的香草味，并有花蜜，因此极常见有昆虫来访。很多昆虫并不会带走花粉团，仅谷蛾科的一种小型蛾类可为它传粉。然而，本种的结实率很高，这很可能是自发进行自花传粉的结果，这在昆虫稀少的格陵兰尤为可能。曾有人推测本种由维京人在无意中引入了加拿大，但它也可能凭借自己的力量就能主动到达那里。

实际大小

白手参的花为白色至绿黄色，杯状；多数花水平伸展（此时唇瓣指向一侧）；所有萼片和花瓣均部分愈合，形成兜帽状，并连同 3 裂的唇瓣一起将合蕊柱包藏其中。

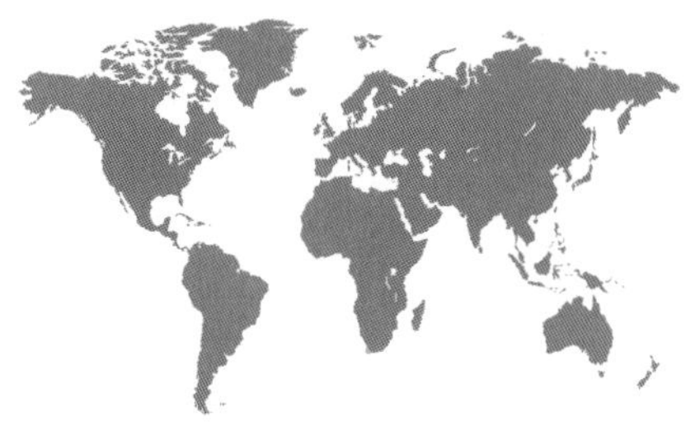

亚科	红门兰亚科
族和亚族	红门兰族，红门兰亚族
原产地	南非开普省西部和西南部
生境	台地高原和干旱硬叶灌丛中的干燥内陆谷地
类别和位置	地生，生于沙质土上
保护现状	未评估
花期	7 月至 9 月（冬季至早春）

花的大小
2.5 cm（1 in）

植株大小
28～58 cm × 20～41 cm（11～23 in × 8～16 in），包括花序

直立鸟足兰
Satyrium erectum
Pink Ground Orchid

Swartz, 1800

直立鸟足兰的块根肉质，在秋季萌生出基生叶，通常为一对，从中再抽出覆有苞片的花莛，其上生有 25～60 朵具 2 枚距的花。鸟足兰属的学名 *Satyrium* 来自古希腊语词 satyros，意为“萨梯尔”，是酒神狄俄尼索斯的随从，形态为半人半马（或半人半山羊），长有两只角。

本种的花散发出芳香刺激的气味，可吸引独居蜂类，它们会钻入 2 枚距中，并带走花粉团。本种的花形、花色与欧洲由蜂类传粉的红门兰属 *Orchis* 类似。然而，其花中的 2 枚距由唇瓣形成，唇瓣本身位于最上，因此蜂类的有效落脚平台就改由花瓣和中萼片提供，唇瓣本身则形成合蕊柱上方的兜帽状花被。

直立鸟足兰的花的花瓣和萼片形状均相似，小，线形；花不扭转，因此唇瓣位于最上，并形成 2 枚距，其入口在合蕊柱两侧；深色的斑点或条纹可引导传粉者爬向距。

实际大小

亚科	红门兰亚科
族和亚族	红门兰族，红门兰亚族
原产地	地中海盆地
生境	潮湿草甸和开放地、沙丘间湿地和沼泽、常绿矮灌丛、灌丛、硬叶灌丛，海拔达 1,900 m（6,200 ft）
类别和位置	地生，生于碱性土至中性土上
保护现状	无危，但在分布区东部数量有减少
花期	4 月至 6 月（春季）

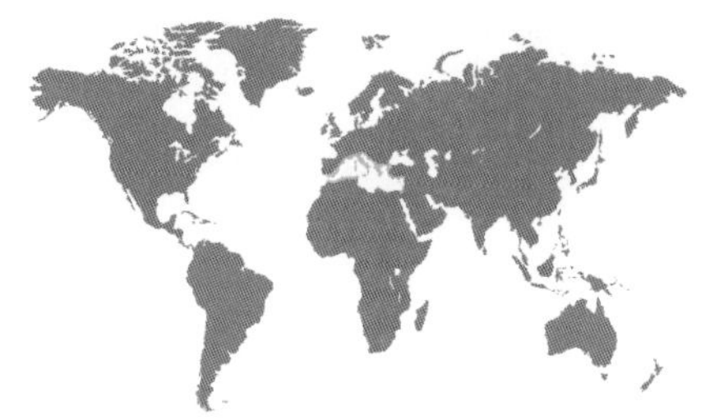

长药兰
Serapias lingua
Tongue Orchid

Linnaeus, 1753

花的大小
2.5～3.8 cm（1～1½ in）

植株大小
25～51 cm × 15～30 cm（10～20 in × 6～12 in），包括花序

长药兰属 *Serapias* 的种比亚欧大陆很多其他兰花更偏爱较为潮湿的地方，其个体可大量出现。长药兰有一对块根，由此生出几片线形叶，从中又抽出疏松花序，由 2~15 朵花组成，并有大型苞片，苞片的颜色常与萼片相似，至少包围花的基部。唇瓣大，外伸，整朵花形成了小型蜂类的睡眠之处，它们可在花中过夜，从而有效地完成传粉工作。

长药兰属的学名来自古希腊－埃及神话中的神塞拉皮斯，他是生育力的象征。古希腊人把这个神名用于一种可以做催情剂的兰花（很可能是红门兰属 *Orchis* 的一种）。野生的长药兰块根遭到了不可持续的采挖，用以酿酒或制作兰根粉糕点（见 176 页和 178 页），这种糕点也被当成一种催情剂。

长药兰的花有 3 枚乳黄色萼片，具略呈粉红色的脉纹；花瓣较短，与萼片形似，且与萼片均包于具条纹的浅色苞片中；唇瓣外凸，3 裂，侧裂片为很深的褐红色，上翘形成管状。

实际大小

亚科	红门兰亚科
族和亚族	红门兰族，红门兰亚族
原产地	南非夸祖鲁－纳塔尔省
生境	海拔多样的荫蔽森林中，生于排水良好的石头或砾石之上多藓类的腐殖质上
类别和位置	石生，有时附生于覆以藓层的树干近基部
保护现状	无危
花期	春季至秋季

花的大小
1.5～2 cm（⅝～¾ in）

植株大小
25～64 cm × 15～20 cm（10～25 in × 6～8 in），包括花序

长叶狭舌兰
Stenoglottis longifolia
Plume Orchid

J. D. Hooker , 1891

在分布于非洲南部的狭舌兰属 *Stenoglottis* 的各种精美而广泛栽培的兰花中，长叶狭舌兰是最大、最健壮的一种。本种植株成丛，可以开出 100 多朵小花，持续好几个月。其花序圆柱形，粗壮，从螺旋形排列的莲座状叶丛中心呈矛状抽出。该属学名来自古希腊语词，意为“狭舌”，指其唇瓣上有薄而呈舌状的突起。唇瓣也让本种粉红色或浅紫色的花呈现出精美的外观，仿佛一道花边。

本种叶大小多变，呈披针形，醒目，边缘常为波状，有时具有略呈紫红色的斑块。本种有一个体型小得多的姊妹种流苏狭舌兰 *Stenoglottis fimbriata*，叶更常具这一特征。本种植株在短暂的冬季旱季会休眠。目前本属尚无传粉者的报道，但其花部形态和颜色暗示传粉者可能是蝶类。

实际大小

长叶狭舌兰的花为白色、浅粉红色或浅紫色，具粉红色或紫红色斑点；唇瓣上的流苏使花莛呈现出羽毛状的外观，因此其英文名意为“羽毛兰”。

亚科	红门兰亚科
族和亚族	红门兰族，红门兰亚族
原产地	欧洲和高加索地区的山区
生境	氮元素贫瘠的潮湿草甸、山地牧场、沼泽和针叶林中的开放地区，海拔 1,000～2,700 m（3,300～8,900 ft）
类别和位置	地生，生于灰岩、页岩和略酸性的花岗岩质土壤上
保护现状	无危
花期	5 月至 8 月（晚春至仲夏）

葱序兰
Traunsteinera globosa
Alpine Globe Orchid
(Linnaeus) Reichenbach, 1842

花的大小
1 cm（⅜ in）

植株大小
20～51 cm × 10～15 cm（8～20 in × 4～6 in），包括花序

葱序兰有 2 条卵形块根，由此生出中央主茎，其上长有几片螺旋状排列的线形叶，顶端则是球形的稠密总状花序。花有短距，但不分泌任何花蜜作为对传粉者的回报。其球形的花序模拟了其他同时开花的植物的花序，如红车轴草 *Trifolium pratense* 和飞鸽蓝盆花 *Scabiosa columbaria* 等。有证据表明，这些被模仿的种的居群规模越大，葱序兰的生殖成功率也最高，二者呈正相关。

本种的传粉者似乎较为多样，但目前尚无研究确定具体种类。很多在其花上观察到的昆虫体形很可能太小，而不足以有效地取走或卸下花粉团。葱序兰属 *Traunsteinera* 与形态微小的矮麝兰 *Chamorchis alpina*（见 157 页）近缘，二者构成了形态极为对立的一对姊妹种。

实际大小

葱序兰的花为浅粉红色至白色，杯状，萼片和花瓣外凸；背萼片、2 片花瓣和唇瓣顶端有加粗的棒状结构，模拟花药的形状；唇瓣 3 裂，具紫红色斑点。

树兰亚科

Epidendroideae

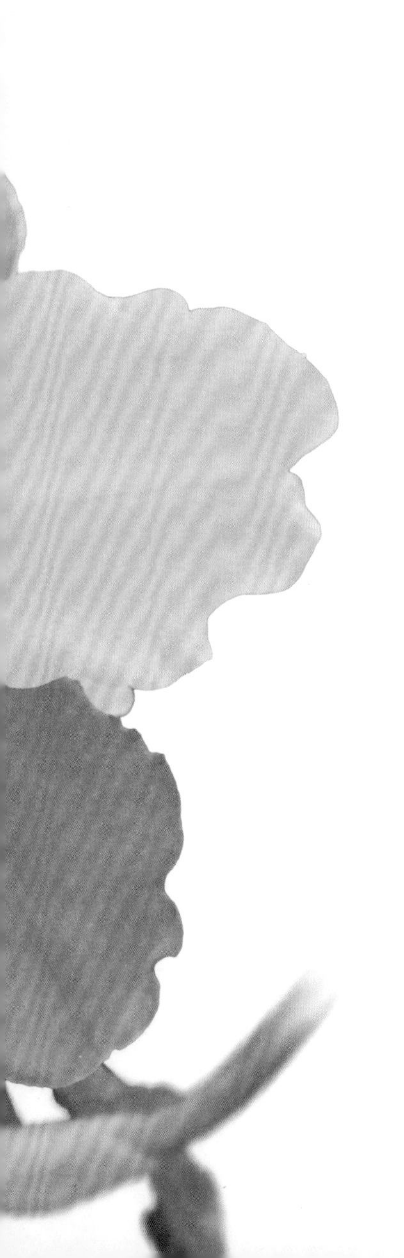

树兰亚科有535属，约22,000种，为兰科5个亚科中最大的亚科，远超其他亚科。其最大的种多样性中心位于南美洲和亚洲的湿润热带地区，兰科在这些地方是植物大科。有人认为，是兰花的很多特征——特别是那些和附生习性及传粉者特化相关的特征——导致了这样高的多样性。因为附生的习性，兰花的根覆盖有高度吸水性的组织（根被），并具有假鳞茎。为了适应特化的传粉者，兰花有了很多和复杂花粉块相关的特征。另一个多样性因素，则是兰族和树兰族向新世界（美洲）的长距离扩散，它们在那里演化出了兰科的一些最大的亚族。尽管杓兰亚科和红门兰亚科的一些种也为附生，但附生习性在树兰亚科中是更占优势的特征。然而，从地生习性向附生习性的转变并不是一条单行道，系统发育研究显示，双向的转变都经常发生。比如文心兰亚族大多附生，但有几个属如凸唇兰属 *Cyrtochilum*、宫美兰属 *Gomesa* 和文心兰属 *Oncidium* 等，其中却有一些种为地生。树兰亚科的种在营养器官的形态上也很多样，既有草本（附生和地生），又有藤本和灌木。

亚科	树兰亚科
族和亚族	龙嘴兰族，龙嘴兰亚族
原产地	印度阿萨姆、尼泊尔至中国南部和中南半岛
生境	半落叶的干燥森林和热带稀树草原状的林地，海拔 1,200～2,300 m（3,950～7,545 ft）
类别和位置	地生
保护现状	未评估
花期	9 月至 10 月（夏秋季）

花的大小
从距至唇瓣为 2.5 cm（1 in）

植株大小
18～30 cm × 25～30 cm（7～15 in × 10～12 in），不包括花序

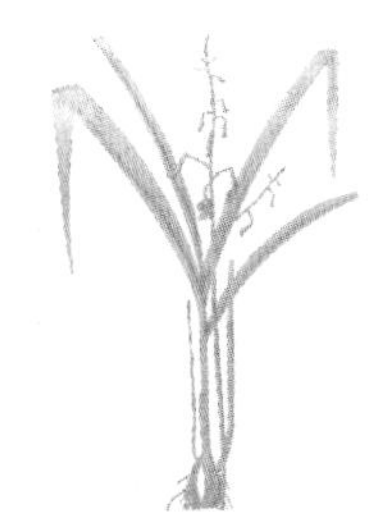

筒瓣兰
Anthogonium gracile
Fumitory Orchid
Wallich ex Lindley, 1836

筒瓣兰的假鳞茎卵球形，部分埋藏于土壤和落叶中，生有多至 5 片叶，叶狭披针形，脱落性。花莛生有 3～12 朵花，花有短距，形似罂粟科紫堇属 *Corydalis*（英文名 fumitory）植物，其英文名由此得名。本种花色多变，可为白色而唇瓣边缘粉紫色，或粉紫色而唇瓣边缘白色。过去曾认为筒瓣兰属 *Anthogonium* 和拟白及属 *Bletia* 关系密切，但二者的相似性更可能源于对热带草原生境的适应。事实上，筒瓣兰属和竹叶兰属 *Arundina*、龙嘴兰属 *Arethusa* 和美须兰属 *Calopogon* 亲缘关系更近。

筒瓣兰的长花被管和花色暗示它由蝶类传粉，但学界对此尚无研究。属名在古希腊语中意为“有折角的花”（anthos 意为“花”，gonia 意为“折角”），指花与花梗形成明显的肘状折角。

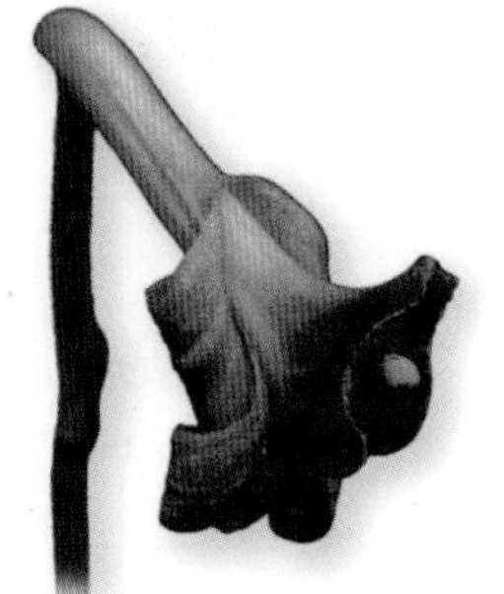

实际大小

筒瓣兰的花不扭转，形成长管，并有短距；萼片大部合生，仅上侧分离，顶端反卷；花瓣和唇瓣围抱长合蕊柱，合蕊柱向上弯入花被管的口部。

亚科	树兰亚科
族和亚族	龙嘴兰族，龙嘴兰亚族
原产地	北美洲东部温带地区，从加拿大到美国南卡罗来纳
生境	酸沼，多生于有藓类基底之处
类别和位置	地生
保护现状	无危
花期	晚春

龙嘴兰
Arethusa bulbosa
American Dragon Mouth

Linnaeus, 1753

花的大小
5 cm（2 in）

植株大小
15 cm × 25 cm
（6 in × 10 in），
在花期仅有一条无叶的茎

龙嘴兰是一种可爱的兰花，见于泥炭藓酸沼和其他湿地。虽然并非濒危植物，但其居群分布范围已不如过去那么广。它在分布区南部生于山区高处，居群较小；位于分布区北界较冷凉地区的居群则较大。龙嘴兰属的学名 *Arethusa* 来自古希腊神话中的海洋仙女阿瑞图萨，后来被化为一股清泉。

龙嘴兰的茎生于地下，开花时几乎无叶，自球茎（一种类似鳞茎的膨大的变态茎）生出，其种加词 *bulbosa* 意为“具鳞茎的”，即指此。在龙嘴兰开花初期，其芳香的花可诱惑橙带熊蜂 *Bombus ternarius* 和黄带熊蜂 *Bombus terricola* 这两种熊蜂的蜂后前来，之后它们会发现一无所获，才学会避开这种植物。龙嘴兰的球茎曾用于治疗灼伤、牙痛、肿瘤和多种退行性疾病。

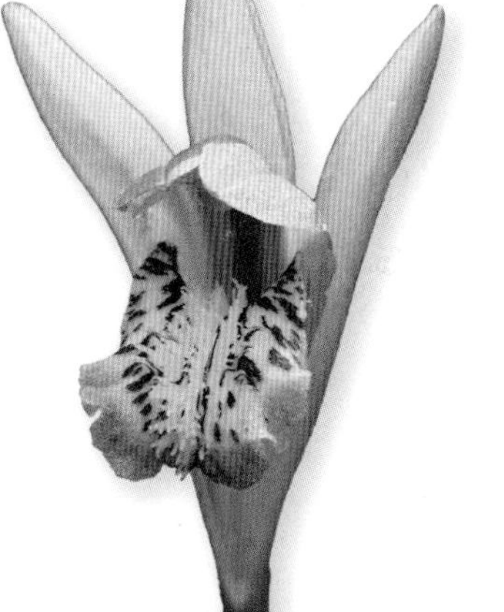

实际大小

龙嘴兰的花通常为粉紫色，萼片和花瓣直立，花瓣覆盖合蕊柱；唇瓣强烈反曲，浅粉红色至白色，具堇紫色条纹和斑块，中肋黄色，覆以指状突起的髯毛。

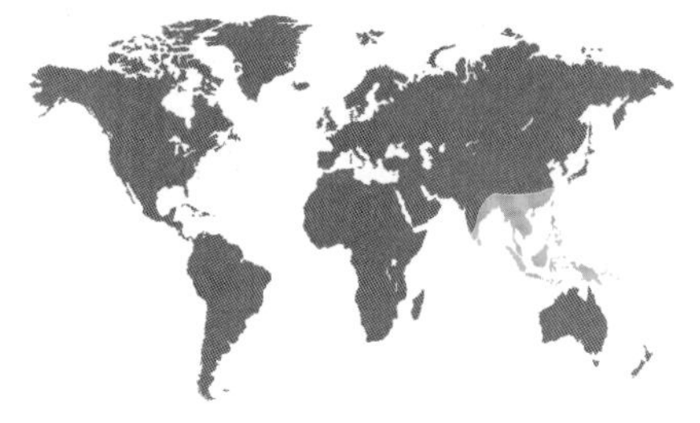

亚科	树兰亚科
族和亚族	龙嘴兰族，龙嘴兰亚族
原产地	亚洲热带和亚热带地区，也在美洲和非洲热带地区归化
生境	开放生境、岩石、熔岩流、草甸，海拔达 1,200 m（3,950 ft）
类别和位置	地生
保护现状	在原产和非原产地为常见种
花期	1 月至 12 月（但也可全年开花）

花的大小
6.5 cm（2½ in）

植株大小
127～254 cm × 31～76 cm（50～100 in × 12～30 in），包括位于高大植株顶端的花序

竹叶兰
Arundina graminifolia
Bamboo Orchid

(D. Don) Hochreutiner, 1910

竹叶兰是全球热带地区最常遇到的兰花之一。它曾多次从花园逸为野生，常成为岛屿植物区系的组成部分。它在波多黎各、牙买加、瓜德罗普、夏威夷和留尼汪等岛屿上都有生长，可在刚凝固的熔岩流上生长。其叶披针形，互生，生于高大的茎上，使植株形似竹子。花序生于每条茎上，具苞片和多至 6 朵花。花芳香，一次只开一朵。

竹叶兰的花无蜜腺，但在花序上有花外蜜腺，可吸引多种昆虫访问，特别是蚁类。因为它常结实良好，很可能是个自花授粉的种。此外，在竹叶兰原产或引栽的很多地方，其花又可由木蜂属 *Xylocopa* 的蜂类传粉。

实际大小

竹叶兰的花为亮紫红色，萼片狭窄，其一直立，另一枚对折于唇瓣之后；唇瓣喇叭形，围抱合蕊柱，其中央常有黄色圆斑；花瓣开展，宽阔而艳丽。

亚科	树兰亚科
族和亚族	龙嘴兰族，龙嘴兰亚族
原产地	北美洲东部从加拿大到美国佛罗里达州，巴哈马，古巴
生境	泥炭沼、草甸、稀树草原、沼泽和渗水坡地
类别和位置	地生
保护现状	通常安全，但在美国伊利诺伊州、肯塔基州和马里兰州濒危，在纽约州易危
花期	4月至7月（春季）

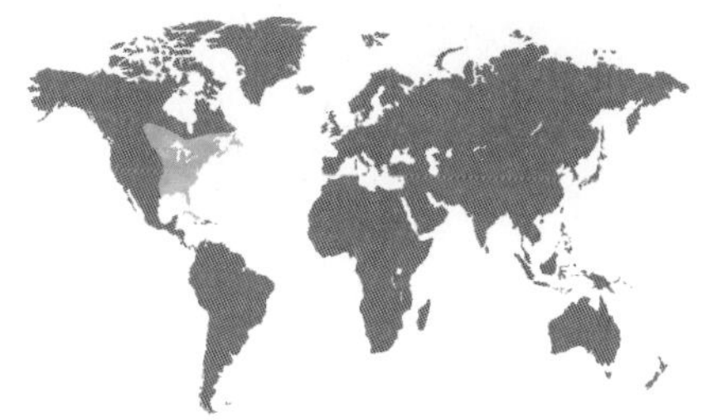

美须兰
Calopogon tuberosus
Grass Pink
(Linnaeus) Britton, Sterns & Poggenburg, 1888

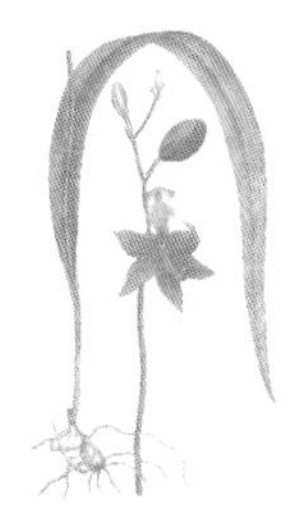

花的大小
2.5～3.5 cm（1～1⅜ in）

植株大小
51～89 cm × 15～25 cm（20～35 in × 6～10 in），包括花序，其花序顶生，直立，远长于叶

美须兰植株纤细，叶狭而呈折叠形，基部有鞘，包围着生于地下的球茎的顶端。美须兰属的学名 *Calopogon* 在古希腊语中意为“美丽的胡须”(kalos 意为“美丽”，pogon 意为“胡须”)，指唇瓣上有亮黄色的毛，据信是为了模仿花粉、吸收传粉者。

本种和类似种龙嘴兰 *Arethusa bulbosa* 均由熊蜂传粉。但在众多传粉个体中，只有体形大小和体重合适的个体才能成为有效的传粉者。这两种兰花可在同一地区共同生长，花期并有重叠，但龙嘴兰的花粉由熊蜂胸部背面携带，而美须兰的花粉由熊蜂腹部携带，这样就避免了杂交。因为这两种兰花都有花粉拟态，它们花形的相似性即是这种趋同演化的结果。

美须兰的花为亮粉紫色，唇瓣位于最上；侧萼片和花瓣上曲、开展，唇瓣弯曲，略有爪，可活动，覆有金黄色毛；合蕊柱向下突起，具翅。

实际大小

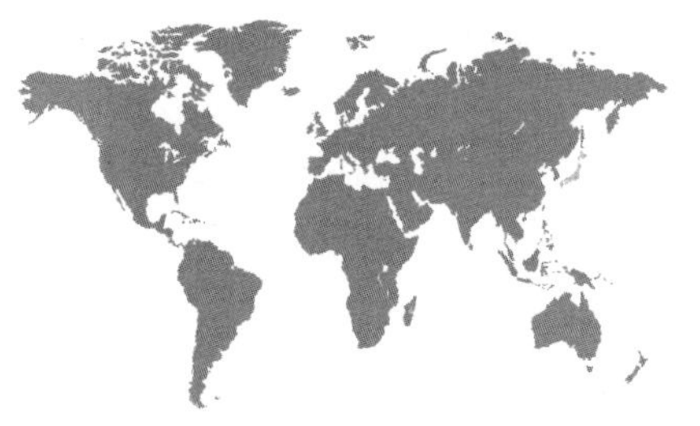

亚科	树兰亚科
族和亚族	龙嘴兰族，龙嘴兰亚族
原产地	日本北部至千岛群岛南部
生境	有泥炭藓的酸沼
类别和位置	地生
保护现状	易危
花期	7 月（夏季）

花的大小
2.5 cm（1 in）

植株大小
13～25 cm × 8～15 cm（5～10 in × 3～6 in），包括在纤细的茎上顶生的花序

旭兰
Eleorchis japonica
Japanese Dragon Mouth

(A. Gray) Maekawa, 1935

旭兰的茎从地下球茎生出，基部包围有 2 片鞘状鳞片。茎上生有一片鞘状叶，顶端则生有一朵（稀 2 朵）下垂的花。本种与龙嘴兰 *Arethusa bulbosa* 近缘。属名 *Eleorchis* 来自古希腊语词 helos（沼泽）和 orchis（兰花），指该属生于阳光充足的酸沼。本种英文名意为“日本龙嘴兰”，则指花形似龙嘴，其中伸出一枚颜色鲜艳的舌头（唇瓣冠）。

目前尚未研究过其传粉，但很可能与龙嘴兰类似。龙嘴兰为本种的北美洲近缘种，生于类似的酸沼生境中，由熊蜂传粉。与之类似，旭兰也有柔软、粒粉质的花粉团，可以牢牢黏附在体表多毛的蜂类身上。

旭兰的花的萼片纤细，粉红色，向前伸或略反曲；花瓣粉红色，和唇瓣形成花冠管，唇瓣在花冠管前又略延伸，形成围抱合蕊柱的管；唇瓣中央尚生有冠，边缘褶皱，黄色至白色。

实际大小

亚科	树兰亚科
族和亚族	龙嘴兰族，贝母兰亚族
原产地	新几内亚
生境	森林，海拔 1,100～1,700 m（3,600～5,600 ft）
类别和位置	附生，稀地生
保护现状	未正式评估
花期	12 月至 1 月

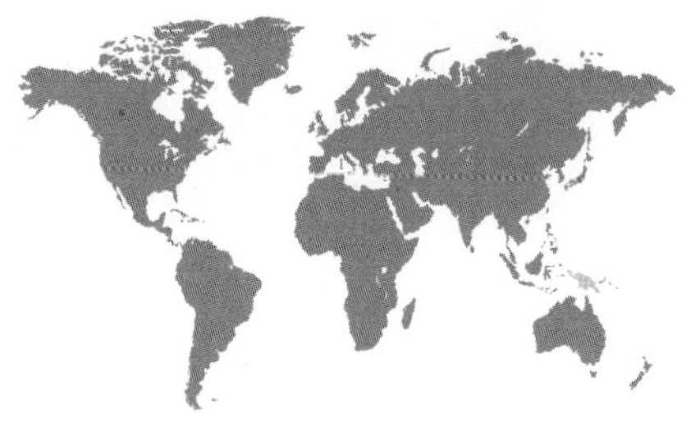

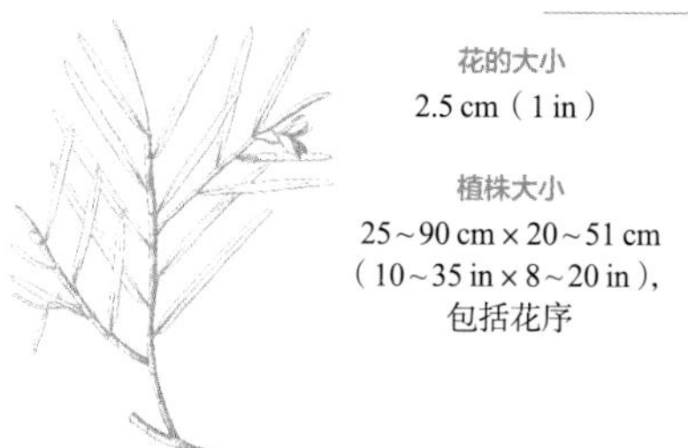

花的大小
2.5 cm（1 in）

植株大小
25～90 cm × 20～51 cm（10～35 in × 8～20 in），包括花序

亮叶油灯兰
Aglossorrhyncha lucida
Glossy Oil-lamp Orchid

Schlechter, 1912

亮叶油灯兰的茎略压扁，顶端完全由鞘状的叶基包围。其花序短，生于茎顶，仅具 1 花（稀 2 花），从围抱花的苞片中生出。叶光亮，基部有叶舌。在茎向上生长时，下端的叶即凋落。本种的茎基常覆有一厚层藓类，特别是地生的植株。

本种合蕊柱形似老式的油灯，故中文名为“油灯兰”。属名 *Aglossorrhyncha* 指唇瓣上没有喙或吻突，而与近缘的舌吻兰属 *Glossorhyncha*（古希腊语意为“舌上具吻的”）相对，后者在唇瓣上有这样的突起。其传粉过程尚属未知，但从花的形态来看，传粉者可能是蜂类。

亮叶油灯兰的花为黄绿色，花瓣和上萼片均开展；侧萼片基部弯曲，围绕唇瓣；合蕊柱有大型花粉帽。

实际大小

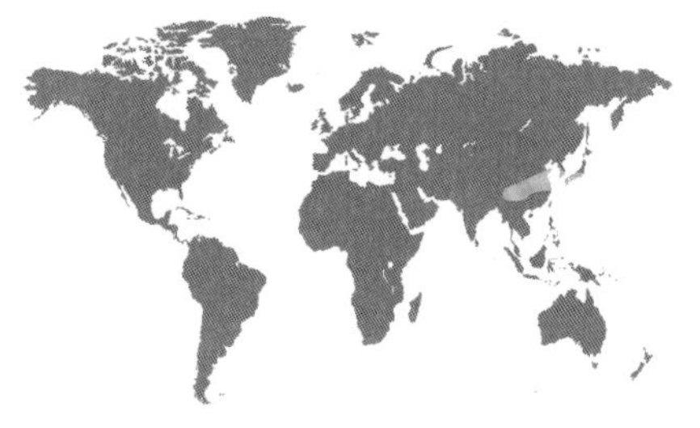

亚科	树兰亚科
族和亚族	龙嘴兰族，贝母兰亚族
原产地	缅甸北部经中国和朝鲜半岛到日本
生境	常绿阔叶或针叶林、禾草草甸或石隙，海拔 100～3,200 m（330～10,500 ft）
类别和位置	地生
保护现状	由于过度采挖，在野外已濒危，但易栽培，也常见栽培
花期	4 月至 6 月（春季）

花的大小
4 cm（1½ in）

植株大小
25～76 cm × 20～51 cm（10～30 in × 8～20 in），不包括比叶长 10～20 cm（4～8 in）的花序

白及
Bletilla striata
Asian Hyacinth Orchid

(Thunberg) Reichenbach fils, 1878

白及的假鳞茎状如球茎，春季生出大型折扇状叶。在这些叶中又抽出总状花序，生有少数下垂的花，芳香而艳丽。花通常粉紫色，但在园艺上有白花品种，又有花叶品种。在日本，有报道表明白及由一种叫日本四条蜂 *Tetralonia nipponensis* 的长须蜂的雄性和雌性个体传粉。

白及属 *Bletilla* 为传统中药，其假鳞茎苦涩，常用于复方，治疗肺、胃和肝病，可消肿、止血、生肌。假鳞茎分泌的黏液亦可用于制造陶瓷。白及根在很多亚洲集市和特产店中有售卖，但因该种耐寒，易于种植，也常有栽培。

白及的花的萼片和花瓣开展，深紫红色，花瓣略分裂；唇瓣 3 裂，形成管状，生于合蕊柱基部，可活动，中裂片有褶片。

实际大小

亚科	树兰亚科
族和亚族	龙嘴兰族，贝母兰亚族
原产地	苏拉威西岛（印度尼西亚）
生境	多藓类的山地森林，海拔约 1,600～2,000 m（5,250～6,600 ft）
类别和位置	附生于藓类覆盖的树干和树枝上
保护现状	未评估
花期	9 月至 11 月（秋季）

密花裤萼兰
Bracisepalum densiflorum
Trouser Orchid

De Vogel, 1983

花的大小
3 cm（1³⁄₁₆ in）

植株大小
每株为
20～38 cm × 10～15 cm
（8～15 in × 4～6 in），
不包括茎

密花裤萼兰生长于树木中部被藓类覆盖的凉爽位置，而非树冠中。它生有一簇光滑的卵形假鳞茎，每个假鳞茎都生有单独一片直立的椭圆形叶。花序从未成熟的假鳞茎顶端发出，起初直立，后变弓曲下垂，具多达 30 朵紧密排列的花，有百合香气。

裤萼兰属的学名 *Bracisepalum* 来自拉丁语词 *braca*（裤子）和 *sepalum*（萼片），指侧萼片在唇瓣基部合生为二裂的囊状，几乎将唇瓣覆盖。对这种兰花的传粉还不清楚，但其花部结构和香气都暗示传粉者可能是一种夜间活动的蛾子或一种长舌的蜂类。

密花裤萼兰的花为黄橙色，花瓣侧展，萼片基部合生；唇瓣基部囊状，瓣片心形，围抱弯曲的合蕊柱。

实际大小

亚科	树兰亚科
族和亚族	龙嘴兰族，贝母兰亚族
原产地	加里曼丹岛
生境	矮林和次生林，海拔 800～3,000 m（2,625～9,850 ft）
类别和位置	附生于藓类覆盖的树干和树根上
保护现状	未评估
花期	春季

花的大小
3 cm（1³⁄₁₆ in）

植株大小
38～64 cm × 25～51 cm（15～20 in × 10～20 in），不包括长 25～51 cm（10～20 in）的花序

浅黄穹柱兰
Chelonistele lurida
Sallow Turtle Orchid

Pfitzer, 1907

浅黄穹柱兰的假鳞茎膨大，有纵向的沟槽。在植株将要开花时，其上会长出单独一片坚硬的折扇状叶。从新长出的茎上再抽出花序，含有多至 12 朵花。花为醒目的黄色，并带有亮红色调。穹柱兰属的学名 *Chelonistele*（来自古希腊语词，意为“形似龟的”）及其英文名（意为“浅黄海龟兰”）均指其合蕊柱有宽平的翅，形似龟壳。

本种尚无传粉报告，但某些种类的蜂类可能是有效的传粉者。其唇瓣有一对狭窄的侧裂片，肯定起到了把传粉者安置于唇瓣上的作用，这样它们便可带走花粉团。穹柱兰属本应并入贝母兰属 *Coelogyne*，但属下各种的学名尚无相应的组合，因此在本书中仍处理为独立的属。

实际大小

浅黄穹柱兰的花的萼片宽阔，花瓣狭窄；唇瓣鞍形，有红色和白色的流苏状边缘；合蕊柱宽阔，在唇瓣上方形成贝壳状的盔状物。

亚科	树兰亚科
族和亚族	龙嘴兰族，贝母兰亚族
原产地	喜马拉雅山区东部和越南
生境	凉爽山地中藓类茂盛的地区，海拔 1,000~2,000 m（3,300~6,600 ft）
类别和位置	附生及石生
保护现状	无危
花期	晚冬至早春

贝母兰
Coelogyne cristata
Crested Snow Orchid
Lindley, 1824

花的大小
10 cm（4 in）

植株大小
15~25 cm × 10~20 cm（6~10 in × 4~8 in），不包括花序，其花序通常弓曲下垂，长 20~33 cm（5~13 in）

分布在喜马拉雅山区的贝母兰喜欢生长在凉爽地带，当它盛花时可呈现令人振奋的景象，是贝母兰属 *Coelogyne* 中最壮观的种之一。其植株可开出大量花，花大型，为耀眼的白色，唇瓣上有橙色的冠状褶片，其种加词 *cristata*（具冠状物的）由此得名。贝母兰的美貌和醉人芳香使之成为全世界冷凉气候区最受欢迎的栽培兰花之一。

在其天然生长的山地环境中，其花在早春积雪融化后从大小如胡桃的休眠假鳞茎基部生出。得到良好养护的植株可以长得十分巨大，开出数以百计的花，常常沉重到难以移动。在印度北部靠近本种分布区中心有一个城镇叫库尔瑟昂（Kurseong），这个地名就来自古代定居于此的雷布查人的语言，意为“白色兰花之地”。

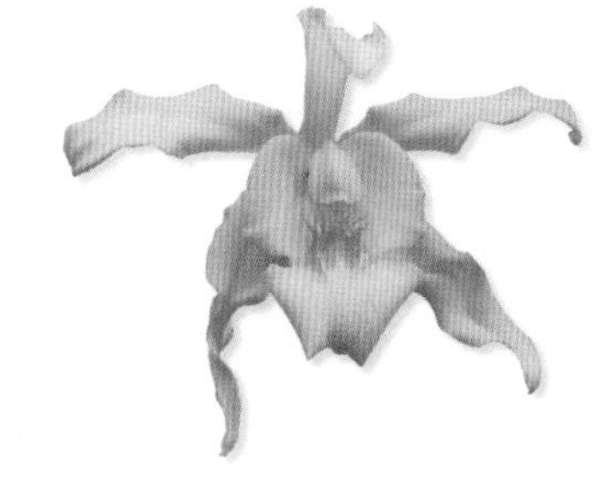

贝母兰的花的萼片和花瓣为晶莹的白色；唇瓣宽阔，喇叭形，生有由橙色的鸡冠状乳突组成的褶片。本种尚有全白色花的类型。它是贝母兰属中花最大的种之一。

实际大小

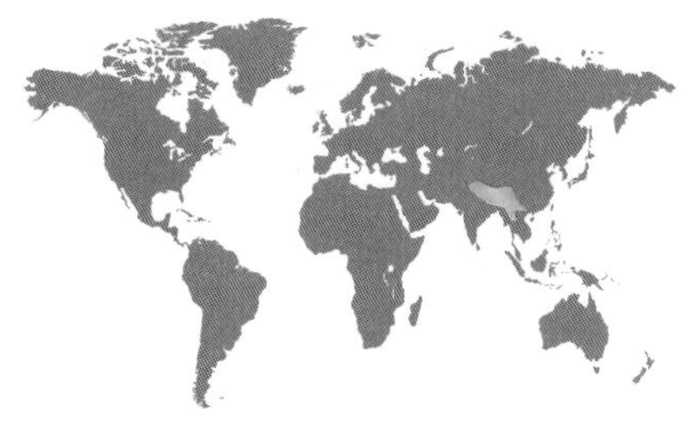

亚科	树兰亚科
族和亚族	龙嘴兰族，贝母兰亚族
原产地	喜马拉雅山区至中国（云南省），以及印度阿萨姆邦至中南半岛
生境	常绿湿润林的荫蔽谷地，海拔 600~2,000 m（1,970~6,600 ft）
类别和位置	附生
保护现状	无危
花期	夏季至冬季

花的大小
3.8 cm（1½ in）

植株大小
15~25 cm × 8~15 cm（6~10 in × 3~6 in），包括花序，其花序弓曲，花顺次开放，长 10~15 cm（4~6 in）

长鳞贝母兰
Coelogyne ovalis
Falling-scale Orchid

Lindley, 1838

实际大小

长鳞贝母兰的假鳞茎为长卵形，顶生一对披针形的叶。其花序顶端覆有大型的脱落性苞片，故其英文名意为“落鳞兰”。其植株长期生长之后常可形成巨大的植物体，长而细的根状茎相互交织，把所有分株连成一体。一朵花凋谢之后，会再开另一朵花，总共最多可开 5 朵花。贝母兰属的学名 *Coelogyne* 来自古希腊语词 koilos（空）和 gyne（雌性），指柱头生于一个中空的地方（凹穴），但这其实是几乎所有兰花的特征，而不限于贝母兰属的种。

长鳞贝母兰有淡香、管状唇瓣和外观十分明显的蜜导，很可能由蜂类传粉，但目前还没有相关的记录。贝母兰属中其他具有类似花形和斑纹的种，其传粉者为蜜蜂和胡蜂类，本种因而也可能有类似的传粉者。

长鳞贝母兰的花的萼片披针形，为略带乳黄色的绿色至黄色；花瓣狭窄，线形，开展；唇瓣相对较大，边缘流苏状，具深褐色的蜜导，3 裂，其中裂片大得多，前伸，侧裂片在合蕊柱旁卷曲。

亚科	树兰亚科
族和亚族	龙嘴兰族，贝母兰亚族
原产地	马来西亚、苏门答腊岛、加里曼丹岛和菲律宾
生境	热带湿润森林，常近溪流，海拔 1,500～2,000 m（4,950～6,600 ft）
类别和位置	附生，攀援
保护现状	无危
花期	多在夏季

提琴贝母兰

Coelogyne pandurata

Black Fiddle Orchid

Lindley, 1853

花的大小
8 cm（3 in）

植株大小
38～71 cm × 20～30 cm（15～28 in × 8～12 in），不包括花序，其花序弓曲至下垂，长 25～76 cm（10～30 in），可长于叶

提琴贝母兰以其不同寻常的黑色唇瓣著称，因其唇瓣形如提琴或欧洲古代的鲁特琴，故名“提琴贝母兰”，其学名中的种加词 *pandurata* 亦为拉丁语“提琴状的”之意。本种的茎沿大树树干攀援，其假鳞茎大而扁平，在茎上以较远的间隔生长。其花引人注目，同时开放，一次可开至 15 朵，有强烈的蜜味，但只能持续几天。

尽管提琴贝母兰全年均可开花，但贝母兰属 *Coelogyne* 中其他很多种却来自季节性干旱的生境。在这种生境中，它们的假鳞茎如果枯萎，便常常意味着花即将开放。在自然界中尚未观察到本种这些美丽而迷人的花朵的传粉过程，但其花无距，唇瓣侧裂片包围合蕊柱，表明它们最可能适应于蜜蜂或胡蜂类传粉。尽管本种的花有蜜味，却不提供回报。

实际大小

提琴贝母兰的花的萼片和花瓣为黄绿色；唇瓣大，略带绿色，密布黑色斑点和条纹，并生有许多褶片和瘤突，唇瓣边缘则呈皱褶状。

亚科	树兰亚科
族和亚族	龙嘴兰族，贝母兰亚族
原产地	菲律宾
生境	中海拔的岩石露头和森林，常近溪流
类别和位置	多为石生，有时地生或附生
保护现状	无危
花期	9月至10月（秋季）

花的大小
2 cm（¾ in）

植株大小
25～41 cm × 8～10 cm（10～16 in × 3～4 in），不包括花序，其花序高 30～51 cm（12～20 in），顶端骤然下垂

金链草香兰

Dendrochilum cobbianum
Dangling Chain Orchid

Reichenbach fils, 1880

金链草香兰属于足柱兰属 *Dendrochilum*。这个不断扩大的属（现在已有约 250 种）与贝母兰属 *Coelogyne* 近缘，金链草香兰是其中最知名的种。其植株生长旺盛，可形成大丛，在多种环境中都见有繁茂生长，既可在树冠下方荫蔽处附生，又可生于阳光充足的岩石露头上。

本种的花茎像直立的钓鱼竿上带着一条垂下的渔线。它与新生的茎叶同放，可含有多至 50 朵花，它们整齐排列成 2 列。花的香气多样，有时香甜，有时似烂水果的气味，这个证据支持了一些学者认为本种微小的花可诱惑果蝇属 *Drosophila* 之类小型蝇类的观点，这些蝇类因此可能是传粉者。足柱兰属的学名来自古希腊语词 dendron（树）和 chilos（食物），指这些兰花通过在树上生长来获取食物。不过，它们并不会威胁到所附生的树木。

金链草香兰的花的萼片和花瓣为浅黄色至略呈白色；唇瓣略宽，2 裂，突出于其他花被片构成的平面之前；唇瓣上有沟槽，其中部常积有一滴花蜜。

实际大小

亚科	树兰亚科
族和亚族	龙嘴兰族，贝母兰亚族
原产地	马来群岛地区，从泰国的半岛地区和马来西亚到新几内亚
生境	林缘，通常生于暴露而阳光充足的石质岸边，海拔 150~2,000 m（490~6,600 ft）
类别和位置	地生，生于石质岸边；或为附生
保护现状	未评估，但因为分布广泛，可能暂不需要保护
花期	3 月至 4 月（春季）

蔗兰
Dilochia wallichii
Wallich's Bell Orchid
Lindley, 1830

花的大小
2.5 cm（1 in）

植株大小
76~127 cm x 25~41 cm（30~50 in x 10~16 in），不包括花序，其花序顶生，常分枝，高 20~41 cm（8~16 in）

蔗兰的茎较长，叶椭圆形，在茎上对生。花穗顶生，很少分枝，含有 10~20 朵多少下垂的花。花为钟形（因此其英文名为 Wallich's Bell Orchid，意为“瓦利希氏钟兰”），围以大型苞片。蔗兰属的学名 *Dilochia* 来自古希腊语词 di（二）和 lochos（列），指其叶序。

根据本种的花形及缺乏蜜距的特征，可推测其花通过欺骗吸引蜂类前来访问。然而，一些居群通常进行自花传粉。蔗兰属的 5 个种曾经被一些学者置于竹叶兰属 *Arundina* 中，这是一个在整个亚洲热带地区都多见的属。本种的种加词是为纪念纳撒尼尔·瓦利希（Nathaniel Wallich, 1786—1854），他是一名丹麦外科医生，后来为东印度公司雇用，担任该公司的加尔各答植物园的主任。

蔗兰的花的萼片和花瓣为黄色至略带粉红色的黄色，杯形，围绕合蕊柱；唇瓣 3 裂，中裂片后卷，超出于萼片之外，2 枚侧裂片直立，部分围绕合蕊柱。

实际大小

亚科	树兰亚科
族和亚族	龙嘴兰族，贝母兰亚族
原产地	西南太平洋岛屿，从新几内亚至斐济和萨摩亚
生境	热带雨林，海拔 250～1,200 m（820～3,950 ft）
类别和位置	附生
保护现状	未评估
花期	9 月

花的大小
1.4 cm（½ in）

植株大小
76～127 cm × 18～28 cm（30～50 in × 7～11 in），包括花序，其花序顶生，下垂，长 2.5～5 cm（1～2 in）

太平洋舌吻兰
Glomera montana
Pacific Globe Orchid

Reichenbach fils, 1876

太平洋舌吻兰的茎为木质，被基部鞘状的叶完全覆盖。其叶坚硬，线形，顶端 2 钝裂，裂片不等长。和很多高大的兰花一样，本种较老的植株常变匍匐状或下垂。其花组成球状的花序，这是它所在的球序兰属的学名 *Glomera* 的由来（来自拉丁语词 *glomero*，意为“形成球形”）；其英文名意为“太平洋球形兰”，亦源于此特征。

本种的花肉质，紧密排列，并有短蜜穴，穴口宽阔，可能适合鸟类传粉。鸟类进食时需要一个栖息之地，而太平洋舌吻兰的木质茎和粗硬的叶正提供了这个栖息场所。本种又有暗色的花粉团，研究者认为当它们沾到鸟喙时，黯淡的颜色可以让它们不易被鸟发现。

太平洋舌吻兰的花为白色，杯形；萼片 3 枚，略反曲；花瓣前伸；合蕊柱有深色药帽；唇瓣短，顶端圆形，为偏红的粉红色；唇瓣具短蜜距。

实际大小

亚科	树兰亚科
族和亚族	龙嘴兰族，贝母兰亚族
原产地	亚洲热带，从尼泊尔、中国西南部和印度东北部至越南
生境	湿润的热带森林和亚热带地区的谷地，海拔 250~2,300 m（820~7,545 ft）
类别和位置	附生或石生
保护现状	未评估
花期	10 月至 3 月（秋季至春季）

花的大小
2.5 cm（1 in）

植株大小
10~20 cm × 8~13 cm（4~8 in × 3~5 in）

单花曲唇兰
Panisea uniflora
Orange-spotted Flask Orchid

(Lindley) Lindley, 1854

单花曲唇兰的植株小，根状茎肉质，覆有褐色的鞘和丛生的假鳞茎。其假鳞茎卵形或瓶形，顶端各生有 2 片线形、折叠的叶。本种的英文名意为“橙斑瓶兰”，指的正是其假鳞茎的特殊形状。其花莛直立，从假鳞茎基部抽出，通常仅具单花，花下有褐色苞片。

曲唇兰属的学名 *Panisea* 来自古希腊语词，意为“全等”，指花瓣和萼片有相同的形状和大小。单花曲唇兰的种加词 *uniflora* 意为“单花的”，指花序仅具一朵花。其花形（无蜜距，合蕊柱与唇瓣靠近）与近缘的贝母兰属 *Coelogyne* 和独蒜兰属 *Pleione* 有类似构造，暗示本种与这两属一样靠蜂类传粉。不过，目前尚无野外观察可以确认这一猜测。

单花曲唇兰的花的萼片 3 枚，同形，前伸，黄色至浅橙色；2 片花瓣略小，基部有爪；唇瓣颜色较深，有橙色斑点，中裂片上有 3 道褶片，2 枚较小的侧裂片位于合蕊柱两侧。

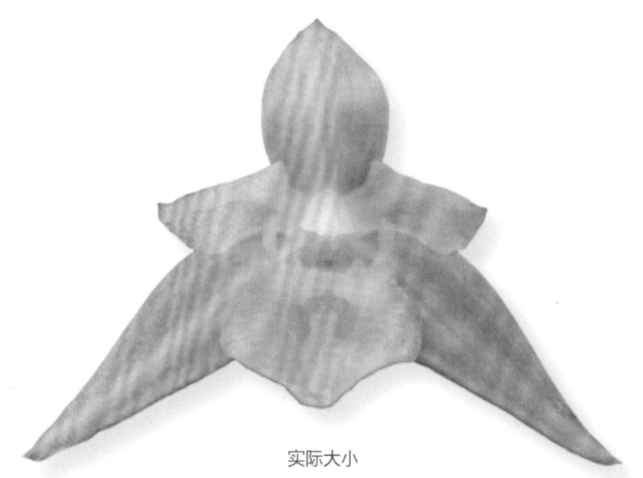

实际大小

亚科	树兰亚科
族和亚族	龙嘴兰族，贝母兰亚族
原产地	亚洲热带和亚热带地区至西南太平洋岛屿
生境	常绿热带森林，海拔 500～1,000 m（1,640～3,300 ft）
类别和位置	附生，石生
保护现状	无危
花期	春夏季

花的大小
1 cm（⅜ in）

植株大小
20～36 cm × 8～13 cm（8～14 in × 3～5 in），不包括花序，其花序起初直立，后来下垂，此时全长为 41～61 cm（16～24 in）

宿苞石仙桃
Pholidota imbricata
Necklace Orchid
Hooker, 1825

宿苞石仙桃植株坚实健壮，是一个常见而分布广泛的种。其英文名意为“项链兰”，指其正在发育的花序质地柔软，外观非常像缀有很多闪亮珠宝的项链。在花序下垂的顶端部分可有多达 60 朵杯状的花，排成 2 列。每一朵花都托有一片鳞状苞片，其种加词 *imbricata* 意为“覆瓦状的”，指的就是这些苞片在花朵开放时相互重叠，状如屋顶的覆瓦。石仙桃属的学名 *Pholidota* 来自古希腊语词 pholidotos，意为“覆有鳞片”，同样也是指这个特征。

本种的假鳞茎肉质多汁，紧密簇生，使之可以在开放而季节性干旱的环境中生长。在中国，已经观察到有一种尚未鉴定的胡蜂为本种的传粉者，但还需要进一步研究。从本种的近距离照片上看，其唇瓣凹穴里似乎存在花蜜。

宿苞石仙桃的花为乳白色，略带粉红色或褐色色调；萼片 3 枚，杯形，围抱花的其他部位；花瓣与背萼片平行；唇瓣有一对反曲的顶裂片和深穴，深穴具黄色脉纹。

实际大小

亚科	树兰亚科
族和亚族	龙嘴兰族，贝母兰亚族
原产地	中国大陆东南部和台湾岛
生境	季节性干旱而凉爽的森林，海拔 1,500~2,500 m（4,920~8,200 ft）
类别和位置	石生、在藓类中地生或附生于树干基部
保护现状	无危
花期	春季

台湾独蒜兰

Pleione formosana

Formosan Rock Orchid

Hayata, 1911

花的大小
8 cm（3 in）

植株大小
15~30 cm × 8~13 cm（6~12 in × 3~5 in），包括花序，花序大多只含一朵花，直立，开花时植株无叶

台湾独蒜兰是一种美丽的兰花，其假鳞茎锥形，有棱，艳丽的花即从无叶的假鳞茎上开出。本种见于霜冻带附近，常生长在垂直的悬崖面、覆有一层藓类的岩石上以及树干基部周围。其花序由前一年形成的假鳞茎生出，在其枯萎之后，从植株新生长的部位上再长出与花序不在一处的新生假鳞茎和叶。独蒜兰属的学名 *Pleione* 为古希腊语词，意为“一年生”，指的是叶的生长和凋落以一年为周期。

台湾独蒜兰的花有愉人的芳香，唇瓣上有醒目的蜜导，可以吸引几种熊蜂（精选熊蜂 *Bombus eximius*、黄色熊蜂 *Bombus flavescens* 和三条熊蜂 *Bombus trifasciatus*）作为传粉者；但对于被吸引来的蜂后和工蜂，其花并无花蜜作为回报。本种和独蒜兰属其他种被当成传统中药，用于治疗肿瘤。

台湾独蒜兰的花通常以淡紫色为主，其萼片和花瓣披针形，形状和颜色通常相似；唇瓣有非常明显的流苏状边缘，喉部有略呈红色的斑块和黄色的褶片，两侧围抱合蕊柱，而形成管状。

实际大小

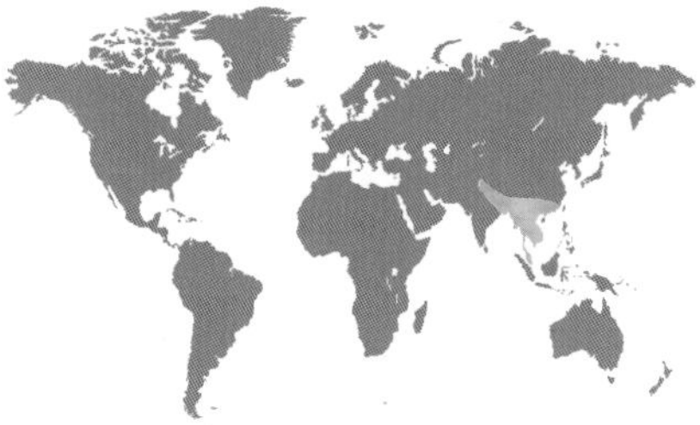

亚科	树兰亚科
族和亚族	龙嘴兰族，贝母兰亚族
原产地	东南亚，从喜马拉雅地区至中国南部和马来西亚半岛地区
生境	森林或荫蔽的石质地，海拔 1,000~2,300 m（3,300~7,545 ft）
类别和位置	附生于较低的树枝上，或为石生
保护现状	未评估，但因为分布广泛，可能暂时不需要保护
花期	6 月（夏季）

花的大小
9 cm（3½ in）

植株大小
61~102 cm × 30~51 cm（24~40 in × 12~20 in），包括花序，其花序顶生，顶端下垂，长 20~30 cm（8~12 in）

笋兰
Thunia alba
White Bamboo Orchid
(Lindley) Reichenbach fils, 1852

笋兰的花的萼片和花瓣开展，白色，披针形；唇瓣环抱合蕊柱，内面有毛，具一个黄色大斑，在一些花色变形中可有深橙色至红紫色脉纹。

笋兰植株高大，茎直立至下垂（当它生于不荫蔽而多阳光的地点时），生有多至 10 片叶。叶狭窄，基部具鞘，冬季凋落。叶的这一习性似竹笋，故名“笋兰”。其花大型，气味浓郁，开放时间短。

目前尚未观察到笋兰的传粉过程，但其唇瓣环抱合蕊柱，花有花距和蜜导，这些花形暗示蜂类是最可能的访问者。本种有 2 种花色类型，一个类型的唇瓣喉部为黄色，另一个类型在唇瓣的一列褶片上有颜色较深的脉纹。

实际大小

亚科	树兰亚科
族和亚族	吻兰族
原产地	菲律宾
生境	荫蔽的森林，海拔 500～1,500 m（1,640～4,950 ft）
类别和位置	地生
保护现状	未正式评估，但分布区狭窄，可能已受威胁
花期	夏季

菲律宾坛花兰
Acanthephippium mantinianum
Mantin's Saddle Orchid

L. Linden & Cogniaux, 1896

花的大小
5 cm（2 in）

植株大小
30～51 cm × 20～30 cm（12～20 in × 8～12 in），不包括长 20～30 cm（8～12 in）的花序

菲律宾坛花兰的假鳞茎为深紫绿色，长矩圆形，生有 3 片（稀更多）折扇状的肉质叶，在旱季枯萎。本种与很多附生兰一样，具有假鳞茎和覆有根被（为一层海绵状组织，一般认为可以帮助植株快速吸收水分和养分）的根，但它通常生于非常荫蔽的地面。本种的花莛从新生的营养器官上单独抽出，生有 5 朵以上花。其花芳香，紧密簇生而颇为醒目。

坛花兰属的学名 *Acanthephippium* 由古希腊语词 acanthos（刺）、epi（在……上面）和 hippos（马）构成，指其唇瓣马鞍状，两侧各有 1 枚刺状突起。目前对本种的传粉尚一无所知，但从其花形和花色来看，传粉者可能是一种蜂类。其假鳞茎据说可以用来制胶。

菲律宾坛花兰的花为亮黄色，具红色条纹，基部有袋状凹穴；侧萼片反曲到上萼片上方；唇瓣曲褶片，与花瓣一同形成围抱合蕊柱的管状物。

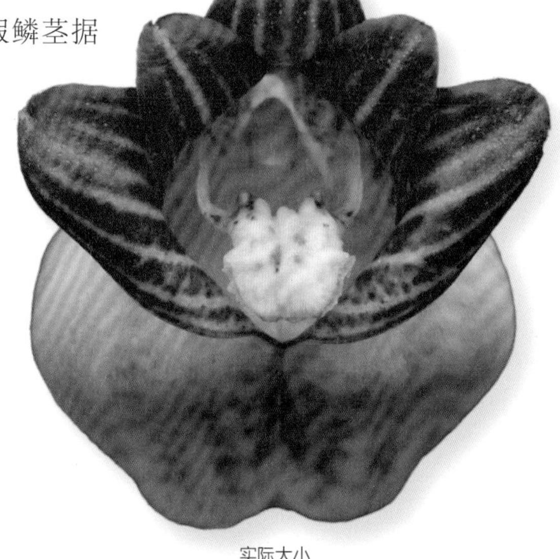

实际大小

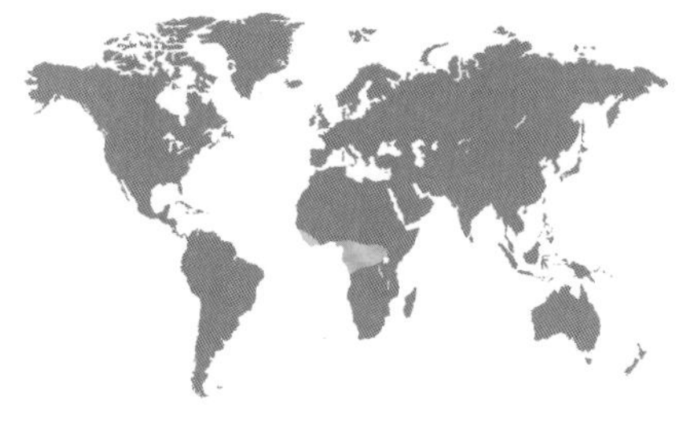

亚科	树兰亚科
族和亚族	吻兰族
原产地	几内亚和塞拉利昂至乌干达
生境	有短暂旱季的雨林，海拔 400~900 m（1,300~2,950 ft）
类别和位置	附生
保护现状	受毁林的威胁
花期	多在冬春季

花的大小
达 6.5 cm（2½ in）

植株大小
15~25 cm × 5~10 cm（6~10 in × 2~4 in），不包括花序，其花序长 15~30 cm（6~12 in），与叶等长或比叶略长

红花钩唇兰
Ancistrochilus rothschildianus
Fishhook Orchid

O'brien, 1907

钩唇兰属 *Ancistrochilus* 有 2 个种，红花钩唇兰为其中分布更广的种，花也更大、更艳丽。其假鳞茎粗矮，有棱角，顶端生有 1~2 片宽倒披针形的叶，通常在每年较为干旱的季节凋落。从假鳞茎基部生出直立的茎，其艳丽的花即生于茎上，每茎有 2~5 朵花。钩唇兰属的学名来自古希腊语词 ankistron（鱼钩），指其唇瓣顶端呈鱼钩状。本种的种加词 *rothschildianus* 纪念的是第一代罗斯柴尔德男爵内森·罗斯柴尔德爵士（Sir Nathan Rothschild, the 1st Baron Rothschild, 1840—1915）。

目前尚未研究过本种的传粉。不过，其花色和花形（开放，无蜜距）暗示传粉由蜂类进行，且本种采取了欺骗手段，使传粉者以为这些色彩鲜艳的花会含有什么回报。

红花钩唇兰的花的萼片和花瓣为浅紫色至浅紫红色，卵状椭圆形；唇瓣有深紫红色的脊，顶端钩状，侧裂片上曲，部分围抱合蕊柱。

实际大小

亚科	树兰亚科
族和亚族	吻兰族
原产地	热带东亚
生境	低地森林和低山森林
类别和位置	地生
保护现状	未正式评估
花期	2月至6月（晚冬至春季）

钩距虾脊兰
Calanthe striata
Lemon Shrimp-root Orchid

R. Brown ex Sprengel, 1826

花的大小
5 cm（2 in）

植株大小
25～51 cm × 30～59 cm（10～20 in × 12～22 in），不包括长 20～51 cm（8～20 in）的花序

钩距虾脊兰的假鳞茎小，卵球形，生有阔椭圆形、折扇状的叶，并为叶片所包。不过，在这些叶长出之前会先抽出直立而疏松的总状花序，其上生有具柠檬气味的花。本种假鳞茎的形状连同其根使之在日语中有了“虾根”之名。虾脊兰属的学名 *Calanthe* 则来自古希腊语词，意为“美丽的花”。

本种的花无花蜜，有报道表明它们由初出巢而无经验的黄胸木蜂环飞亚种 *Xylocopa appendiculata circumvolans* 传粉。目前，这种耐寒的兰花已经选育出了很多品种和株系，通常以 *Calanthe sieboldii* 的名称贸易，但这是本种学名的异名。虾脊兰属其他种则据报道有多种医学用途，如用来治疗内出血、骨痛和腹泻等。

钩距虾脊兰的花为黄色，萼片和花瓣开展，彼此相同；唇瓣 3 裂，中裂片有褶片；合蕊柱前突，有翅。

实际大小

亚科	树兰亚科
族和亚族	吻兰族
原产地	非洲热带地区和南部，从坦桑尼亚至南非、马达加斯加和马斯克林群岛
生境	溪边或湿润荫蔽的森林中
类别和位置	地生
保护现状	无危
花期	晚冬至早春

花的大小
4～6 cm（1½～2⅜ in）

植株大小
33～56 cm × 33～46 cm（12～22 in × 12～18 in），不包括花序，其花序直立，高于叶，长 46～76 cm（18～30 in）

长距虾脊兰

Calanthe sylvatica

Broad-leaved Forest Orchid

(Thouars) Lindley, 1833

长距虾脊兰的花为深紫红色、浅紫红色至紫堇色和白色，在叶丛上组成高大的花穗；萼片镰形或翼状，花瓣较萼片狭窄；唇瓣 3 裂，中裂片边缘锯齿状，中央有一枚黄色至橙色的褶片。

虾脊兰属的学名 *Calanthe* 来自古希腊语词 calos（美丽）和 anthos（花），合起来意为“美丽的花”。这个属的兰花大多为地生兰，其花颜色鲜艳，组成硕大的花穗，叶则是森林中喜荫的下层植物的典型类型，为宽阔而醒目的折扇状，花、叶相互映衬，使本属广受赞赏。第一个栽培的兰花杂交种白花长距虾脊兰 *Calanthe dominyi*，是庭园中最早种植的热带兰花之一，它可能就是用长距虾脊兰这个可爱的种培育而成。

本种的花穗粗壮，直立，长达 40 cm（16 in），其艳丽的花即在花穗上错落有致地排列，可开放很长时间。这些花虽然通常为淡紫色或浅紫红色，但也可呈现更浓重而富有生气的紫红色及其他颜色，并常在凋谢时产生略呈橙色的色调。尽管本种的很多亲缘种是温带地区的落叶种，但本种作为虾脊兰属的热带成员，却是常绿植物，且不能承受霜冻。

实际大小

亚科	树兰亚科
族和亚族	吻兰族
原产地	亚洲热带地区，从印度和斯里兰卡至中国台湾岛，经东南亚和马来群岛至新几内亚、瓦努阿图、新喀里多尼亚、萨摩亚和斐济
生境	森林中荫蔽和潮湿的地点，海拔 700~1,700 m（2,300~5,600 ft），常生于山脊顶部
类别和位置	地生
保护现状	未评估
花期	4 月至 6 月（春季）

金唇兰

Chrysoglossum ornatum

Golden Cicada Orchid

Blume, 1825

花的大小
2 cm（¾ in）

植株大小
20~36 cm × 5~10 cm
（8~14 in × 2~4 in），
不包括花序

金唇兰生于荫蔽的森林下层，常长在朽木之上或附近。其假鳞茎圆锥形或圆柱形，长达 7 cm（2¾ in），生于地下的根状茎之上，彼此间隔较短的距离，其上生有单独一片椭圆形的折扇状（具脊）叶。其花序疏松，生于另外一条高 50 cm（20 in）的无叶假鳞茎上，具 10~15 朵花。

本种可能是自花传粉植物，但还需要作进一步研究。本种未见报道有花蜜或香气，目前对它和亲缘种的传粉均几无所知。金唇兰属的学名 *Chrysoglossum* 来自古希腊语词 chrysos（金色）和 glossa（舌），指本种的唇瓣通常为金黄色，舌形。本种在中文中又叫“金蝉兰”，英文名 Golden Cicada Orchid 由此而来。

实际大小

金唇兰的花为绿色，萼片和花瓣相似，上有红褐色斑点；唇瓣白色至黄色，有紫红色斑点和 2 枚小耳，3 裂；合蕊柱有短翅。

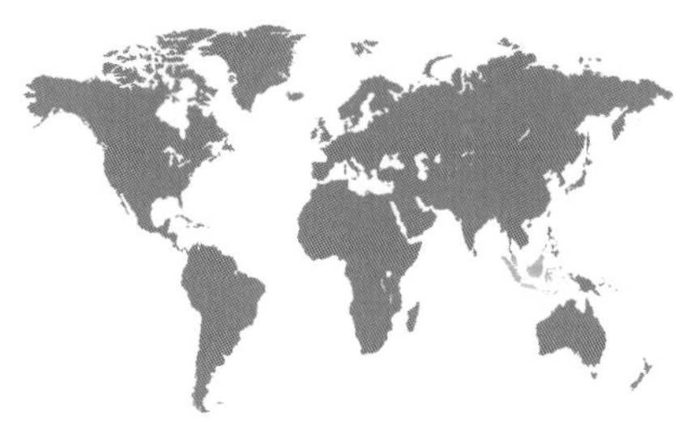

亚科	树兰亚科
族和亚族	吻兰族
原产地	马来西亚半岛地区和印度尼西亚西部，苏门答腊岛至苏拉威西岛
生境	丘陵和低山森林，海拔 500~1,900 m（1,640~6,200 ft）
类别和位置	地生，生于荫蔽处
保护现状	未评估
花期	1 月至 2 月（夏季）

花的大小
1.9 cm（¾ in）

植株大小
15~25 cm × 8~12 cm（6~10 in × 3~5 in），不包括高 64~89 cm（25~35 in）的花序

朴素吻兰
Collabium simplex
Modest Jewel Orchid

Reichenbach fils, 1881

朴素吻兰的茎短而匍匐，具四方形的假鳞茎，每条假鳞茎生有单独一片叶。其叶为蓝绿色至浅绿色，有紫红色斑块，阔披针形，有叶柄。因为较老的假鳞茎无叶，所以本种的植株在很多时候只具一片叶。花序从假鳞茎基部抽出，通常直立，生有很多颜色艳丽但不大的花。

本种花背部有蜜距，尽管尚无其传粉的报道，但可预期会由蛾类来传粉，因为蜂类不常造访本种所生长的森林下层。吻兰属的学名 *Collabium* 来自拉丁语词 *col*（具有……）和 *labium*（唇），指侧萼片与唇瓣基部和蜜距合生。

朴素吻兰的花的萼片的花瓣开展，彼此形似，绿黄色，沿边缘带有粉红色色调；侧生的花瓣与唇瓣基部合生甚多；唇瓣白色，宽 3 裂至三角形。

实际大小

亚科	树兰亚科
族和亚族	吻兰族
原产地	斯里兰卡和印度南部
生境	开放的帕坦纳草原，海拔 1,200 m（3,950 ft 以上）
类别和位置	地生
保护现状	未评估，但稀见，可能已濒危
花期	2 月至 5 月（春季）

水仙兰
Ipsea speciosa
Daffodil Orchid
Lindley, 1831

花的大小
2.5 cm（1 in）

植株大小
20~38 cm×8~10 cm（8~15 in×3~4 in），不包括花序，其花序直立，不分枝，高 23~46 cm（9~18 in），略高于叶

实际大小

水仙兰的假鳞茎位于地下，其上生出禾草状的叶。在这条假鳞茎的顶端又生出花枝，开出 1~3 朵大型、芳香、形似水仙花的花，因而得名“水仙兰”。水仙兰属的学名 *Ipsea* 来自古希腊语词 ipse，意为“自己”，指该属最初仅含一个种（现在承认 3 个种）。本种的种加词 *speciosa* 在拉丁语中则意为“美丽”。

在斯里兰卡有一个僧伽罗传说，说有一位公主与她的哥哥一起走在丛林中的小路上，这时她突然想和哥哥行男女之事。王子被她激怒，一气之下杀了妹妹，之后才发现她之所以有这种异常举动，原来是因为吃了一种奇怪的“山药”，据说就是水仙兰的假鳞茎。因此，这种兰花如今在斯里兰卡就常被称为“杀死妹妹的山药”，当地传统医学仍然经常用其根入药，作为催情剂。

水仙兰的花的花瓣和萼片开展，亮黄色，背部有短距；唇瓣 3 裂，侧裂片围抱合蕊柱；中裂片褶皱状，前突。

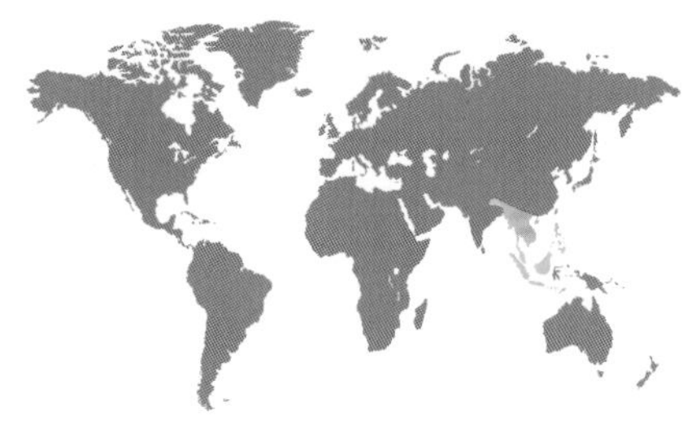

亚科	树兰亚科
族和亚族	吻兰族
原产地	喜马拉雅地区东部至中国南部和中南半岛，菲律宾，马来西亚，印度尼西亚西部
生境	海拔较低的山地壳斗科–樟科森林或混交林，海拔 300～2,000 m（985～6,600 ft）
类别和位置	地生，生于荫蔽地
保护现状	未正式评估，但广布而暂未受威胁
花期	5 月至 7 月（春夏季），有时在一年较晚时候重复开花

花的大小
2.5 cm（1 in）

植株大小
13～20 cm × 8～15 cm（5～8 in × 3～6 in），不包括花序，其花序略高于叶，高 15～25 cm（6～10 in）

美丽云叶兰
Nephelaphyllum pulchrum
Silver Jewel Orchid

Blume, 1825

实际大小

美丽云叶兰的假鳞茎为圆柱形，生于肉质的根状茎上。假鳞茎顶端具单独一片叶，卵状三角形或心形，深绿色或银绿色，常有紫红色斑纹。其花序紧密，生有 3～7 朵小花。本种花形多变，可识别出很多不同的地方性变异类型，特别是喜马拉雅山区的变种锡金云叶兰 var. *sikkimensis*。云叶兰属的学名 *Nephelaphyllum* 来自古希腊语词 nephos（云）和 phyllon（叶），指叶色如云。本种的种加词 *pulchrum* 在拉丁语中则意为“美丽”。

目前尚未研究过其传粉，但其花形——特别是蜜距——表明传粉者是蛾类。本种的根入药，制成膏药用来治疗皮肤痒痛，又被制成茶饮，用作利尿剂。

美丽云叶兰的花不扭转，其唇瓣箭形，白色而有黄色至粉红色的条纹，上伸；花瓣和萼片为绿褐色，带状，向下卷曲。

亚科	树兰亚科
族和亚族	吻兰族
原产地	中国南部、东南亚和澳大利亚北部至太平洋岛屿，其栽培植株已在夏威夷、美国佛罗里达州和其他条件合适的热带地区逸生
生境	湿润森林荫蔽至明亮的林缘，生于海平面至海拔 800 m（2,625 ft）处
类别和位置	地生
保护现状	无危
花期	晚春

鹤顶兰
Phaius tankervilleae
Greater Swamp Orchid

(Banks) Blume, 1856

花的大小
12 cm（4¾ in）

植株大小
89～152 cm x 51～89 cm（35～60 in x 20～35 in），不包括花序，其花序直立，高 102～178 cm（40～70 in），长于叶

鹤顶兰的花引人瞩目，园艺上常见栽培，既植于温室，又在热带地区露地种植，因此多次逸生到野外。鹤顶兰属的学名 *Phaius* 来自古希腊语词 phios，意为“灰色”，指其花枯萎后呈一种特别的灰色，这是因为花中含有靛蓝。在新几内亚，人们过去曾从其花中提取这种物质，用于染布。本种亦被用作民间草药，在爪哇，其膏药用于治疗皮肤的发炎肿痛，在新几内亚本种则用来促进怀孕。种加词是为纪念坦克维尔伯爵夫人埃玛·科尔布鲁克女士（Lady Emma Colebrooke, Countess of Tankerville, 1752—1836），因西方所见本种最早开花的植株来自她在泰晤士河畔沃尔顿收集的植物。

本种花茎直立硕大，具 10~35 朵花。其传粉者为木蜂属 *Xylocopa*，但不提供回报。花茎在花枯萎后会长出小植株，这使本种可以形成大片群体。

实际大小

鹤顶兰的花的萼片和花瓣为黄褐色至略带粉红色的黄褐色，披针形，反卷部位则为白色或略带浅黄色；唇瓣粉红色至紫红色，向基部渐变为近白色，侧裂片包围合蕊柱。亦见有白色和黄色类型的花。

亚科	树兰亚科
族和亚族	吻兰族
原产地	马来西亚、印度尼西亚和菲律宾
生境	荫蔽热带森林近溪流处，海拔 200~1,000 m（650~3,300 ft）
类别和位置	地生
保护现状	无危
花期	7 月至 10 月

花的大小
1.5 cm（⅝ in）

植株大小
25~51 cm × 13~20 cm（10~20 in × 5~8 in），不包括花序，其花序直立，高 38~76 cm（15~30 in），高于叶

尖瓣卷舌兰
Plocoglottis plicata
Yellow-spotted Forest Orchid
(Roxburg) Omerod, 2001

实际大小

尖瓣卷舌兰是一种生于荫蔽和潮湿环境下的可爱兰花。其叶折扇状（可像扇子一样折叠），有黄色斑点，引人瞩目，因此本种种加词为 *plicata*，在拉丁语中就是“折的”之意。卷舌兰属的学名 *Plocoglottis* 关注的则是唇瓣，由古希腊语词 ploke（扭转的）和 glotta（舌）构成，指它具有弯曲或扭曲的形状。

尖瓣卷舌兰及该属中的亲缘种可吸引在腐烂果实上产卵的蝇类——这很可能应用了产卵地欺骗策略。被这种兰花的烂水果般的气味引来的蝇类会在长有机关的唇瓣上着陆，然后唇瓣举起，把昆虫推向合瓣柱。蝇类在拼命挣脱的过程中就带上了花粉团。当它再次犯错时，又可以把花粉团卸到另一朵花中。

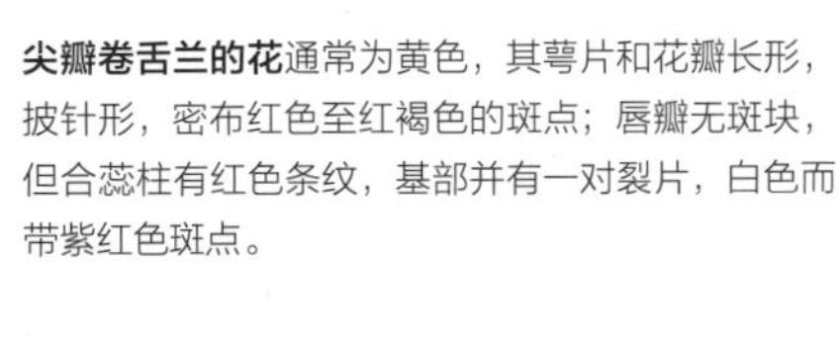

尖瓣卷舌兰的花通常为黄色，其萼片和花瓣长形，披针形，密布红色至红褐色的斑点；唇瓣无斑块，但合蕊柱有红色条纹，基部并有一对裂片，白色而带紫红色斑点。

亚科	树兰亚科
族和亚族	吻兰族
原产地	广布于东南亚、印度尼西亚、中国台湾岛、菲律宾、太平洋岛屿和澳大利亚北部，在夏威夷和加勒比海地区为入侵植物
生境	石质草地和混交干燥低地森林，通常生于排水良好的丘坡上
类别和位置	地生
保护现状	无危
花期	全年

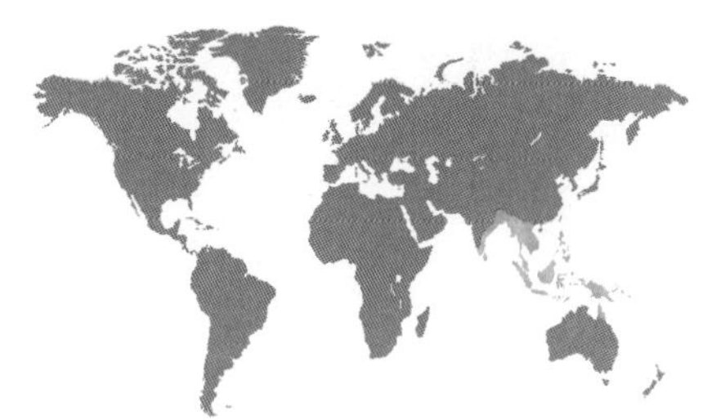

紫花苞舌兰
Spathoglottis plicata
Large Purple Orchid
Blume, 1825

花的大小
3.8 cm（1½ in）

植株大小
51～89 cm × 51～76 cm（20～35 in × 20～30 in），不包括花序，其花序直立，长于叶，长 63～102 cm（25～40 in）

紫花苞舌兰热衷于征服世界，它是苞舌兰属 *Spathoglottis* 大约 40 个种中的一种，全年均可开花，虽然一般认为原产东南亚，但现在已经广泛分布，以致其真正的起源地已经难于判断。当前，这种兰花已经在全世界热带地区归化，包括夏威夷、美国佛罗里达州、哥斯达黎加和波多黎各，它也常被认为是一种入侵植物。本种可进行闭花受精（也就是能够自花传粉），这更加强了它的杂草特性，使之在没有传粉者的情况下也能疯狂蔓延。苞舌兰属的学名来自古希腊语词 spathe（佛焰苞）和 glotta（舌），指唇瓣中裂片宽阔。

本种的叶大，折扇状，又能连续开花，这使它连同其杂交种以及同属的其他种一起成为温暖、潮湿而多雨的热带庭园中的常见栽培植物。目前已经育成了彩虹中从红到紫的所有颜色的品种，在很多热带苗圃中都可以见到它们。

紫花苞舌兰的花通常为略带粉红色的紫红色，但其他颜色也有；萼片和花瓣形似；唇瓣明显 3 裂，中裂片形状如锚，中央有突起的橙色褶片。

实际大小

亚科	树兰亚科
族和亚族	吻兰族
原产地	热带亚洲，从印度东部至中国台湾岛和马来西亚半岛地区
生境	热带常绿林和溪流岸边，海拔 600~1,400 m（1,970~4,600 ft）
类别和位置	地生
保护现状	未评估，但因为分布广泛，可能暂时不需要保护
花期	2 月至 3 月（晚冬）

花的大小
2 cm（¾ in）

植株大小
30~51 cm × 15~23 cm（12~20 in × 6~9 in），不包括花序，其花序直立，高 38~76 cm（15~30 in），生于假鳞茎基部

绿花安兰
Tainia penangiana
Green-striped Orchid

Hooker fils, 1890

实际大小

绿花安兰为一种地生兰，常生于非常荫蔽的地点。其假鳞茎大，卵球形，顶生单独一片叶。其叶折扇形，凋落性，具长叶柄。花序从假鳞茎基部发出，有大型苞片，具 5~15 朵花，花同时开放，极为芳香。它所在的带唇兰属的学名 *Tainia* 来自古希腊语词 tainia，意为“绦带”，指属中各属的花瓣和萼片狭长，形如绦带。

绿花安兰的花有诱人的气味和形状（特别是其花距，有宽阔的开口），表明蜂类可能是其传粉者，但这一点到目前为止还未在野外得到观察确认。已有报道表明一些居群为自花传粉。遗传（DNA）研究表明，以前曾归于安兰属 *Ania* 的种——包括本种——应该重新独立为属。

绿花安兰的花的萼片和花瓣开展，披针形，具绿色或绿褐的条纹；唇瓣白色至乳黄色，有颜色较深的斑点，3 裂，侧裂片包围合蕊柱，中裂片顶端反曲。

亚科	树兰亚科
族和亚族	兰族，瓢唇兰亚族
原产地	厄瓜多尔东北部
生境	干旱森林，海拔 20 ~ 1,500 m（65 ~ 4,920 ft）
类别和位置	附生
保护现状	无危
花期	5 月至 12 月（晚春至早冬）

宽阔瓢唇兰
Catasetum expansum
Broad-lipped Trigger Orchid
Reichenbach fils, 1878

花的大小
8 ~ 13 cm（3 ~ 5 in）

植株大小
20 ~ 46 cm × 5 ~ 13 cm（8 ~ 18 in × 2 ~ 5 in），包括顶生的扇形叶簇，但不包括花序，每片叶长可达 36 cm（14 in）

宽阔瓢唇兰的假鳞茎为纺锤状的卵球形，生有一丛数片叶。其叶折扇状，披针形，凋落性，在花期开始时常已不存。花序自新形成的假鳞茎上发出，具 6 朵左右的花，或为雄花，或为雌花（稀为两性），花色多变——可为纯黄色、绿色或白色，有时有红色斑点。

其花由采集芳香油的雄性兰花蜂传粉。雄蜂会触动与花药连接的机关，之后花粉块便会被向下重重地拍在毫无防备的昆虫胸部。当雄性再去访问雌花时，便把花粉团卸在柱头上。因其雄花和雌花在构造上如此不同，它们最初曾被分在不同的属。只有在人们发现同时开出雄花、雌花和两性花的植株之后，才认识到真相。

宽阔瓢唇兰的花的萼片和花瓣形似，开展；但其唇瓣或者开展（雄花），或为杯形（雌花），前者通常在中央具一枚血红色的胼胝体；合蕊柱有翅，向上弯曲；雄花则有一枚可触发运动的附属物。

实际大小

亚科	树兰亚科
族和亚族	兰族，瓢唇兰亚族
原产地	墨西哥南部至危地马拉
生境	季节性干旱的落叶林，海拔 500~1,500 m（1,650~4,950 ft）
类别和位置	附生
保护现状	无危
花期	晚冬至早春

花的大小
4~6 cm（1½~2⅜ in）

植株大小
25~46 cm（10~18 in），不包括长 10~20 cm（4~8 in）的下垂花序

妖精兰
Clowesia rosea
Rose-colored Basket Orchid

Lindley, 1843

墨西哥南部太平洋侧的季节性干旱的山坡是一些非常奇特的植物物种的原产地，其中就包括妖精兰。这种兰花的花朵醒目，组成下垂的总状花序，一个多世纪以来都是兰花行家的最爱之一。其花散发出一种桂皮和柑橘般的浓郁香甜的气味，这种挥发成分为雄性兰花蜂所采集，用来制造性激素。妖精兰属 *Clowesia* 的种与近缘的瓢唇兰属 *Catasetum* 的不同之处在于花为两性，而不分为形状彼此不同的雄花和雌花。

本种的根最初向下生长，之后分枝。根的分枝向上生长，形成可以捕捉落叶的篮网，本种的英文名由此而来，意为“玫瑰色篮子兰”。这一特征在兰花中很少见，已知仅出现在少数亲缘关系很远的属中。

妖精兰的花为浅粉红色，覆盖在白色或乳黄色的花莛之上；花瓣边缘流苏状；唇瓣咽喉状，边缘亦深裂为流苏；褶片和合蕊柱均为浅黄色。

实际大小

亚科	树兰亚科
族和亚族	兰族，瓢唇兰亚族
原产地	巴西中部和东南部、巴拉圭和阿根廷东北部
生境	为季节性洪水淹没的斜坡草甸，海拔约 1,000 m（3,300 ft）
类别和位置	地生
保护现状	未评估，但很可能因生境破坏而濒危
花期	11 月（晚春）

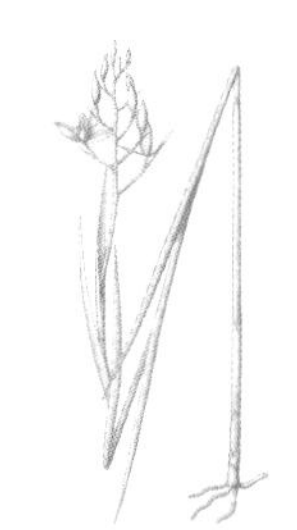

花的大小
5.5 cm（2⅛ in）

植株大小
36~61 cm × 8~13 cm（14~24 in × 3~5 in），包括顶生的直立花序

雨仙兰
Cyanaeorchis arundinae
Waternymph Orchid
(Reichenbach fils) Barbosa Rodrigues, 1877

雨仙兰的茎直立，芦苇状，顶生有2~3条抱茎的线形叶。其花生于茎顶，开放时间很短，各托以苞片，2~8朵组成花序。在开花结果之后，这种兰花就从地上消失，隐匿于地下，直到雨季再临时才重新出现。其生境在旱季偶尔会发生火灾。雨仙兰属的学名 *Cyanaeorchis* 来自古希腊语词 Kyane（水中仙女）和 orchis（兰花），这一学名和“雨仙兰”的中文名都指其生境在雨季期间会积水。

目前还无任何有关雨仙兰传粉的报道发表。不过，其花形类似美冠兰属 *Eulophia*，而后者据报道可由多种蜂类传粉。

雨仙兰的花具 3 枚萼片，黄色至黄绿色，开展；花瓣 2 片，较小，前突；唇瓣侧裂片弯向合蕊柱周围，形成短管；唇瓣下弯，具浅黄色胼胝体，由短粗的毛构成。

实际大小

亚科	树兰亚科
族和亚族	兰族，瓢唇兰亚族
原产地	哥斯达黎加和尼加拉瓜
生境	湿润森林的边缘近溪流处，海拔 570~900 m（1,870~2,950 ft）
类别和位置	附生于矮树上
保护现状	未评估
花期	9 月至 10 月（秋季）

花的大小
2.5 cm（1 in）

植株大小
20~38 cm × 25~64 cm（8~15 in × 10~25 in），包括花序，其花序直立至弓曲，长 18~30 cm（7~12 in）

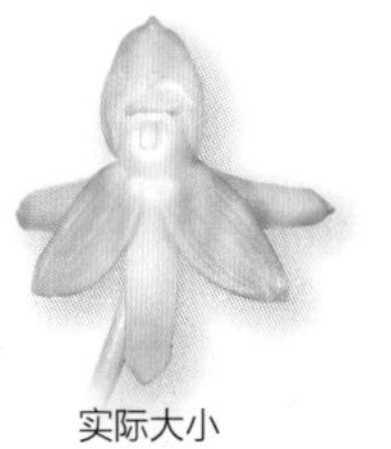

象牙玉兔兰
Dressleria eburnea
Dressler's Ivory Orchid

(Rolfe) Dodson, 1975

实际大小

象牙玉兔兰的植物经常生长在悬于溪流上方的树枝上。其假鳞茎长形，包有叶鞘，上部生有 5 或 6 片折扇状的叶。本种的总状花序从假鳞茎基部发出，含有多至 8 朵的花，极为芳香。玉兔兰属的学名 *Dressleria* 是为纪念美国植物学家罗伯特 · L. 德莱斯勒（Robert L. Dressler, 1927—　），他是兰科（特别是新世界兰花）的世界性权威之一。

属于兰花蜂类的环纹熊兰蜂 *Eulaema cingulata* 的雄蜂会在本种花朵的任何开放的部位着陆，试图从唇瓣的凹穴中采集其中分泌的芳香化学成分。处在张力之下的花粉块受雄蜂的动作刺激即释放出来，以其黏盘附着在虫体的腿部。雄蜂飞走之后，在访问下一朵花之前会试图清除掉花粉块，但通常以失败告终。

象牙玉兔兰的花的萼片和花瓣为乳白色，反折；合蕊柱膨大，为肉质、帽状的唇瓣包围；唇瓣中央有狭窄的凹穴，花香即从其中散放。

亚科	树兰亚科
族和亚族	兰族，瓢唇兰亚族
原产地	厄瓜多尔、委内瑞拉和巴西
生境	季节性干旱的森林，海拔 100~500 m（330~1,650 ft）
类别和位置	附生
保护现状	无危
花期	夏季

花的大小
5 cm（2 in）

植株大小
25~51 cm x 15~30 cm（10~20 in x 6~12 in），不包括花序，其花序弓曲下垂，长 8~15 cm（3~6 in）

洪生盔蕊兰
Galeandra lacustris
Flooded-palm Orchid
Barbosa Rodrigues, 1877

洪生盔蕊兰的假鳞茎细瘦，叶禾草状，凋落性，基部鞘状，略有斑点。本种生于会季节性被洪水淹没的生境中，附生于棕榈科植物的树干，因此得名“洪生盔蕊兰”。其种加词 *lacustris* 来自拉丁语词 *lacus*，意为“湖”，也是指其生境。盔蕊兰属的学名 *Galeandra* 则来自古希腊语词 galea（盔）和 andro（花药），指属中一些种的药帽为盔状。

本种的花醒目，通过连接在花顶部（而不是像大多数兰花那样连接在下部）的茎悬挂在空中。尽管其花有长距，但其中并无回报传粉者的花蜜。事实上，洪生盔蕊兰吸引的传粉者是采集芳香油的雄性兰花蜂，它们可以利用化学成分复杂的芳香油作为前体来合成性激素，用于吸引雌蜂。

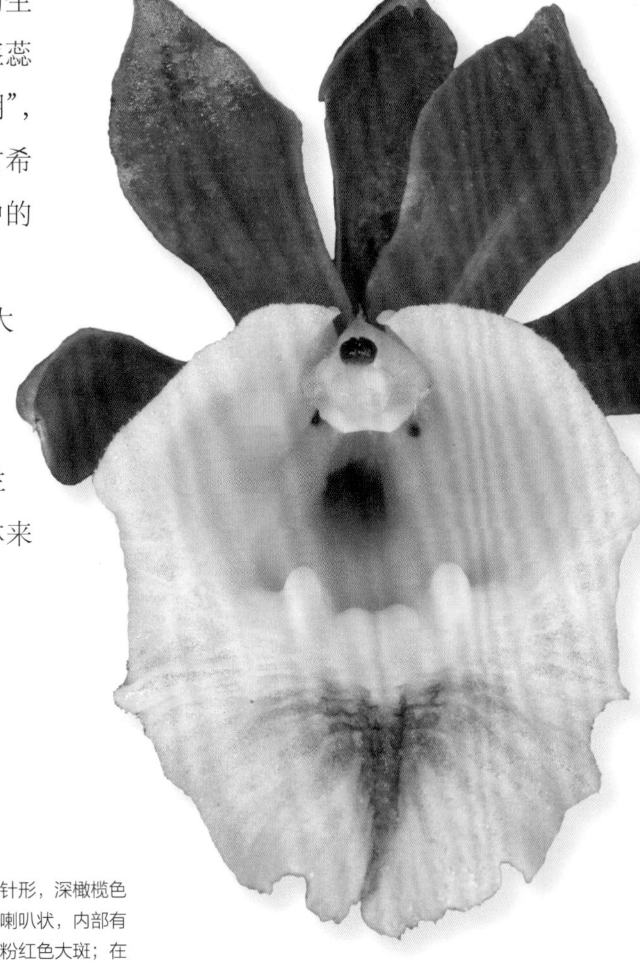

实际大小

洪生盔蕊兰的花的萼片和花瓣披针形，深橄榄色至黄褐色；其前方为大型唇瓣，喇叭状，内部有脊，白色，近顶处有带紫红色的粉红色大斑；在铲形唇瓣后面则有上伸的长距。

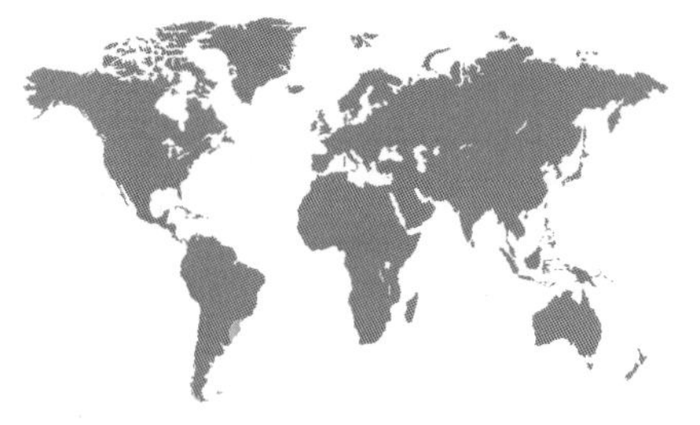

亚科	树兰亚科
族和亚族	兰族，瓢唇兰亚族
原产地	巴西东南部和南部
生境	大西洋沿岸森林，湿润滨海林，大多无旱季
类别和位置	附生，稀见附石生
保护现状	未评估
花期	4月至5月（夏季）

花的大小
1.8 cm（¾ in）

植株大小
20~30 cm × 13~20 cm（8~12 in × 5~8 in），包括花序，其花序弓曲至下垂，长 15~25 cm（6~10 in）

束花金蒜兰
Grobya fascifera
Atlantic Grass Orchid

Reichenbach fils, 1886

实际大小

束花金蒜兰的假鳞茎为球形，紧密簇生，每条顶端均有 7 或 8 片叶。叶为禾草状，狭线形，长达 30 cm（12 in）。花序从假鳞茎基部发出，稠密，具多达 20 朵花。金蒜兰属的学名 *Grobya* 纪念的是格罗比的格雷勋爵（Lord Grey of Groby，殁于 1836 年），他是英国的一位兰花种植者和爱好者。本种的种加词在拉丁语中意为“持有花束的”，指植株的花聚集成束。其英文名意为“大西洋禾草兰”，则指本种叶如禾草，分布限于巴西的大西洋沿岸森林。

本种花的唇瓣上有毛，可分泌油质，而为条蜂类所采集，再与花粉混合后喂给其幼虫食用。条蜂在采集油质时会被活动的唇瓣抛向合蕊柱，从而沾上花粉团。

束花金蒜兰的花为绿色；下方的侧萼片大于上萼片，基部合生而呈新月形；花瓣较宽，弯至唇瓣上方；唇瓣有复杂的裂片，大部布有红色斑点或横纹。

亚科	树兰亚科
族和亚族	兰族，瓢唇兰亚族
原产地	哥斯达黎加和巴拿马
生境	云雾林，海拔 1,200～2,100 m（3,950～6,900 ft）
类别和位置	附生
保护现状	分布局限，但见于保护区中，因此不太可能受灭绝的威胁
花期	春季

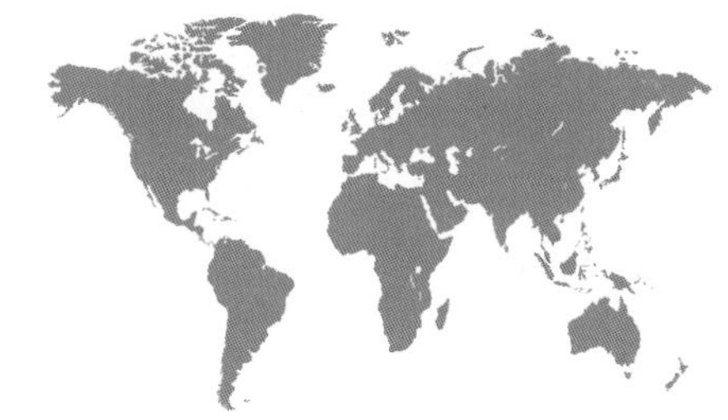

巨花飞燕兰

Mormodes colossus

Flying Bird Orchid

Reichenbach fils, 1852

花的大小
达 12 cm（4¾ in）

植株大小
61～81 cm × 38～61 cm（24～32 in × 15～24 in），不包括高 46～71 cm（18～28 in）的直立花序

巨花飞燕兰植株高大，其假鳞茎圆柱形，顶端渐尖，具数片（通常为 2~5 片）叶。叶折扇状，在旱季脱落。总状花序从假鳞茎基部发出，长而弓曲，具 6~15 朵花。花芳香，大小和颜色高度多变。飞燕兰属的学名 *Mormodes* 来自 Mormo（意为“摩尔摩”，是古希腊神话中一位邪恶的女性幽灵）和 -oides（意为“类似……的”），指其花外形奇特。本种的植株常见于腐烂的树桩或折落的枝条上，并与木材腐朽菌通过菌根相联系。

飞燕兰属的花，在花粉团被移除之前在功能上相当于雄花。来访的雄性兰花蜂会刷过药帽上长而纤细的附属物，导致花粉块附着到虫体背部。花粉块上卷曲的花粉块柄会用 30 分钟伸直，把自身调整到适于传粉的正确位置。

实际大小

巨花飞燕兰的花的萼片和花瓣开展至反曲，披针形；唇瓣舟形，一端有柄，固着于花上，另一端上伸，弯向合蕊柱上方。

亚科	树兰亚科
族和亚族	兰族，兰亚族
原产地	中南半岛、马来半岛、印度尼西亚、菲律宾、新几内亚、所罗门群岛和澳大利亚北部
生境	沼泽及半落叶至干旱森林，海拔至 1,500 m（4,920 ft）
类别和位置	附生，稀见石生
保护现状	无危
花期	3 月至 5 月（春季）

花的大小
1.25 cm（½ in）

植株大小
20~46 cm × 15~25 cm（8~18 in × 6~10 in），不包括花序，其花序弓曲，长 30~51 cm（12~20 in），长于叶

百合叶合萼兰
Acriopsis lilifolia
Grasshopper Orchid
(J. Koenig) Seidenfaden, 1995

实际大小

尽管百合叶合萼兰是一种易于种植的小型附生兰，分布也广泛，它却不为很多兰花专家所知。本种花量丰富，在其多分枝的细长花序上曾见生有多达 200 朵的美丽而精巧的花。正常情况下，这样丰富的花量堪称奇观，但因为本种花太小，即使花颇吸引人，花量又大，很多人仍然难以注意到它。

合萼兰属的学名 *Acriopsis* 在古希腊语中意为“形似蚱蜢的”（因此其英文名意为“蚱蜢兰”），指其唇瓣外观奇特，形似昆虫。其侧萼片合生为合萼片，弯曲并延伸到 3 裂的唇瓣下方。其合蕊柱旁边伸出一对圆形的臂状物，合蕊柱上还生有发育良好的翅。据报道，本种由小型蜂类传粉。其花开放时间短，新鲜状态仅能保持大约 3~4 天。

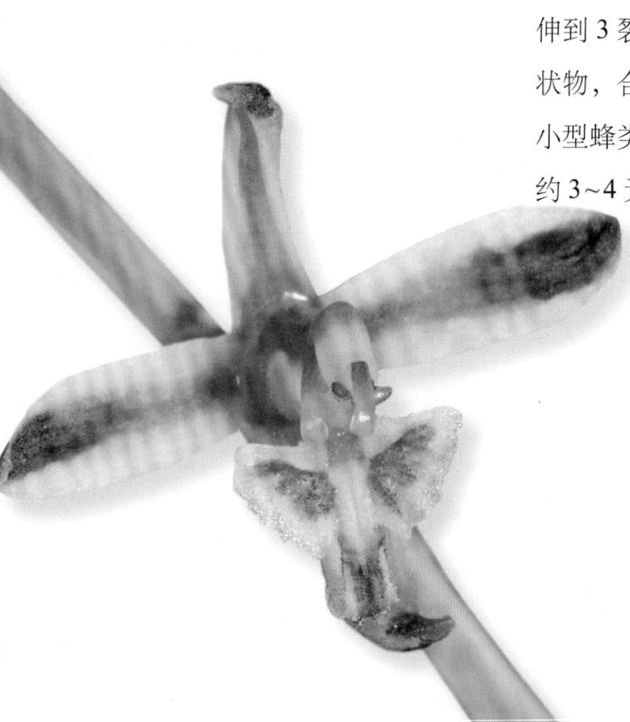

百合叶合萼兰的花小型，结构复杂，状如昆虫，底色为乳黄色，中央有紫红色斑块；唇瓣白色，中央有略带粉红色的紫红色斑块，3 裂。

亚科	树兰亚科
族和亚族	兰族，兰亚族
原产地	喜马拉雅地区至东亚温带地区
生境	湿润树林、针叶人工林及滨海沙丘上的松林，通常生于基岩上只有很薄的腐殖质层的极端陡峭的石坡上
类别和位置	地生或生于岩石上
保护现状	未正式评估，但在中国，因为森林砍伐和对野生植株的大量采集已经高度濒危，在其分布区的其他地方的保护状况较好
花期	在分布区南部为1月至5月（冬春季）；在日本为3月至4月（春季）

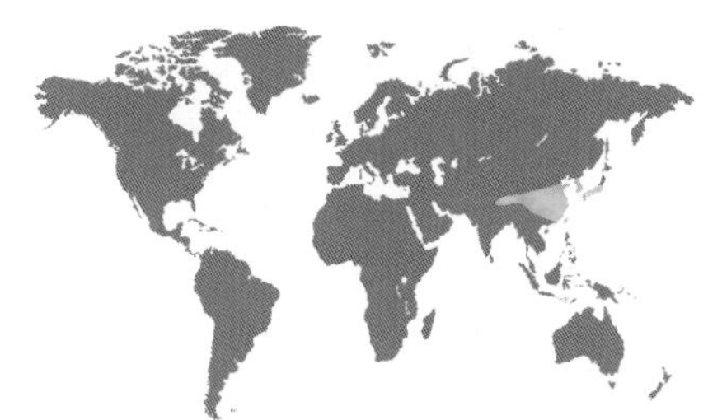

春兰
Cymbidium goeringii
Noble Orchid

(Reichenbach fils) Reichenbach fils, 1852

花的大小
5 cm（2 in）

植株大小
35~51 cm x 25~51 cm（14~20 in x 10~20 in），不包括通常长 10~30 cm（4~12 in）的花序

春兰的假鳞茎为卵形，簇生，生有禾草状的线形叶。花序短，从叶丛中抽出，具大型鞘状苞片，其上生有一朵（稀 2 或 3 朵）花。花有浓郁的麝香气味，在日本茶道中用来给茶调味。中国品种的香气则比日本品种还要浓郁。

在中国，春兰是优雅和高洁的象征。由于它耐寒，至少从 14 世纪起在日本和中国园艺中就已十分常见。本种已知有一些品种，并已用于和兰属 *Cymbidium* 其他种杂交。其品种的形态常与野外所见植株有差异，有些品种的花被片较圆，有些品种的花则为褐红色。春兰是印度锡金邦的邦花。

春兰的花不显眼；萼片开展，绿色；花瓣较小，绿色，有时基部有红斑，弯至合蕊柱和唇瓣上方；唇瓣白色，布有细小的红色和黄色斑点，顶端反曲并有波状边缘。

实际大小

亚科	树兰亚科
族和亚族	兰族，兰亚族
原产地	喜马拉雅地区至中国中部
生境	湿润森林，海拔 1,000～2,800 m（3,300～9,200 ft）
类别和位置	附生于多藓类的树木、多藓类的岩石和灰岩崖岸上
保护现状	未评估
花期	9 月至 11 月（秋季）

花的大小
7.5～10 cm（3～4 in）

植株大小
51～102 cm × 36～76 cm（20～40 in × 14～30 in），不包括长 51～91 cm（20～36 in）的花序

黄蝉兰
Cymbidium iridioides
Tiger-stripe Orchid

D. Don, 1825

黄蝉兰的假鳞茎簇生，两侧压扁，为重叠的叶基所覆盖。叶基起初宿存，在植株变老时脱落。每条假鳞茎生有多至 7 片禾草状的叶片，以关节与略呈黄色而抱茎的叶基相连。其总状花序从叶丛中抽出，水平伸展至弓曲，生有 4~7 朵花。花的开放时间很长，略有芳香。

兰属一些种的花形相似，由无刺蜂属 *Trigona* 的蜂类传粉。其唇瓣有直立的侧裂片，使之形成一道沟槽，迫使蜂类不得不与柱头和花粉团接触。蜂类可从唇瓣中央采集到一种发黏、蜡状的物质，用于填补蜂巢中的裂隙。黄蝉兰是常见的园艺花卉，有几种栽培类型，其萼片的花瓣的纹样有所不同。本种亦已用于杂交。

黄蝉兰的花为黄色；萼片和花瓣有褐色条纹，开展；唇瓣亮黄色，布有不规则的红色大斑块，侧面有围抱合蕊柱的翅，边缘皱波状。

实际大小

亚科	树兰亚科
族和亚族	兰族，兰亚族
原产地	缅甸、泰国、老挝、越南、马来西亚和印度尼西亚
生境	炎热而潮湿的森林，近溪流和河流，海拔 100~800 m（330~2,625 ft）
类别和位置	附生，偶见石生
保护现状	因盗采而濒危
花期	7 月至 10 月

斑被兰
Grammatophyllum speciosum
Showy Tiger Orchid

Blume, 1825

花的大小
12.5 cm（5 in）

植株大小
102～1,016 cm × 51～97 cm（40～400 in × 20～38 in），不包括花序，其花序直立至弓曲，高 254～1,270 cm（100～500 in），高于具叶的茎

很多人认为斑被兰是世界上最大的兰花（但不是最高的兰花），而它毫无疑问是最重的兰花。本种具许多披针形的长叶，生于引人瞩目的甘蔗状假鳞茎上，让其植株至少表面上看去像是一株棕榈科植物。斑被兰属的学名 *Grammatophyllum* 来自古希腊语词 gramma（字母）和 phyllon（叶），指萼片和花瓣上有粗大的斑块。本种的种加词 *speciosum* 在拉丁语中则意为"绚丽"，指的是大量花聚集生长的壮观景象，其英文名因此也意为"绚丽老虎兰"。

据报道，本种由木蜂属 *Xylocopa* 的大型蜂类传粉，但并不为这些搜寻花蜜的昆虫提供花蜜。其花序下部有几朵不育花（无合蕊柱和唇瓣），仅能散发香气。

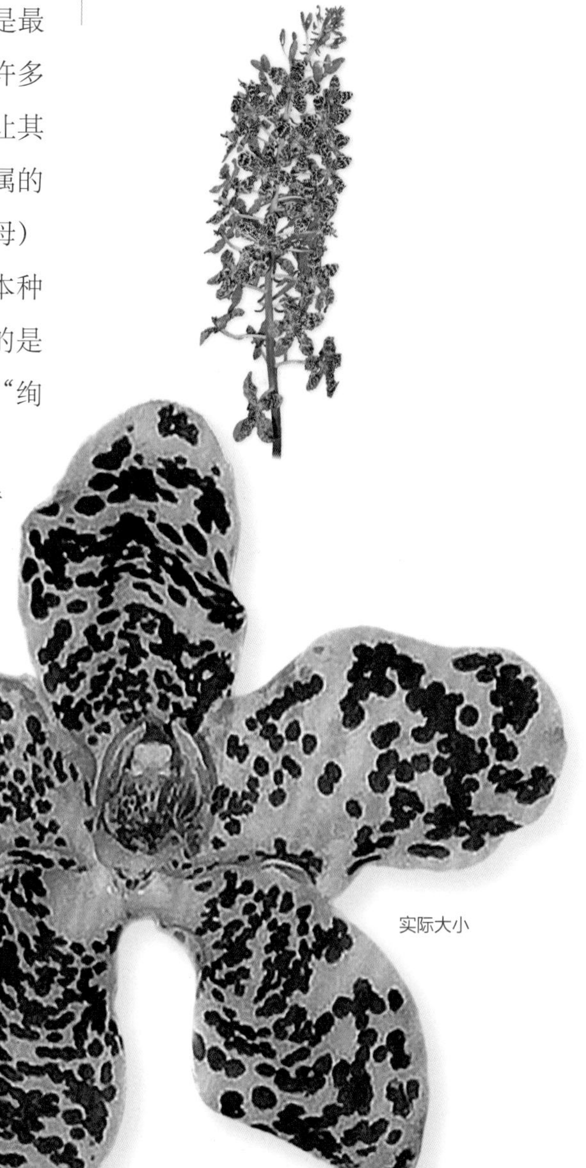

实际大小

斑被兰的花的萼片和花瓣通常大型，黄色，密布栗褐色的斑点和斑块；唇瓣小得多，通常浅黄色，在胼胝体和围抱合蕊柱的侧裂片上有一些红色斑块。

亚科	树兰亚科
族和亚族	兰族，兰亚族
原产地	广布于东南亚和菲律宾
生境	低地热带湿润森林
类别和位置	附生
保护现状	无危
花期	晚冬至早春

花的大小
1.5 cm（⅝ in）

植株大小
10～23 cm × 7～15 cm（4～9 in × 3～6 in），不包括长 25～56 cm（10～22 in）的下垂花序

盒柱兰

Thecostele alata

Jumping Frog Orchid

(Roxburgh) C. S. P. Parish & Reichenbach fils, 1874

实际大小

盒柱兰属 *Thecostele* 是一个了解很不充分的属，是学名类似的盒足兰属 *Thecopus* 的近缘属。因为花形较小，本种很少见栽培。其假鳞茎相对较大，从基部发出长而下垂的总状花序，每枚花序含有 12 朵以上的花。花的颜色鲜艳，布有活泼的褐红色斑块，在花序上螺旋状排列。其英文名意为“跳蛙兰”，指其合蕊柱顶端在外观上很像一只正在跳跃的蛙，其前腿已经伸出。

盒柱兰是低地热带森林中的附生兰，在东南亚大部分地区广布，在温暖潮湿的环境中全年都有生长。在印度尼西亚一些地方，当地人用本种的叶和假鳞茎煮水，与砷剂混合后用作老鼠药。

盒柱兰的花小型，在下垂的总状花序上螺旋状排列；萼片内弯，乳黄色，有褐红色至紫红色的斑块；花瓣狭窄；唇瓣外伸，但向下弯折，内部形成盒状；合蕊柱有 2 枚突出的翅。

亚科	树兰亚科
族和亚族	兰族，弯足兰亚族
原产地	美国佛罗里达州南部、加勒比海地区至委内瑞拉北部
生境	沼泽和草原，常生于树木低处，海拔至 1,200 m（3,950 ft）
类别和位置	附生、石生或地生
保护现状	在佛罗里达州几乎绝迹
花期	春季

斑花弯足兰
Cyrtopodium punctatum
Cowhorn Orchid
(Linnaeus) Lindley, 1833

花的大小
3.25 cm（1¼ in）

植株大小
71 ~ 102 cm × 30 ~ 76 cm（28 ~ 40 in × 12 ~ 30 in），不包括长 127 ~ 183 cm（50 ~ 72 in）的直立花序

斑花弯足兰是美国佛罗里达州南部最常见、最引人瞩目的兰花之一，但已经被兰花爱好者从它所栖息的沼泽中劫掠一空。尽管如此，因为其天然生境仍然存在，本种也已成为再引种回原地的植物中最成功的物种之一。在其分布区的其他地方，本种则一直有生长，至今仍然多见。

斑花弯足兰生长在垂死的树木和树桩低处，或生于岩石上或土壤上。其植株显眼，很快就能长到惊人的尺寸。其花大型，香甜，有斑点，在直立的花茎上大量群生。在其分布区的一些地方，其传粉由搜寻花香的兰花蜂属 *Euglossa* 雄蜂完成。但这个属的蜂类不见于佛罗里达，因此目前尚不能解释那里为何也有本种出现。原住民把本种的假鳞茎磨碎后提取其中的黏液，作为胶黏剂使用。

斑花弯足兰的花的花被片弯曲，亮黄色，布有红褐色至紫褐色的斑点和斑块；唇瓣具黄色和红褐色，远观则为亮橙色。

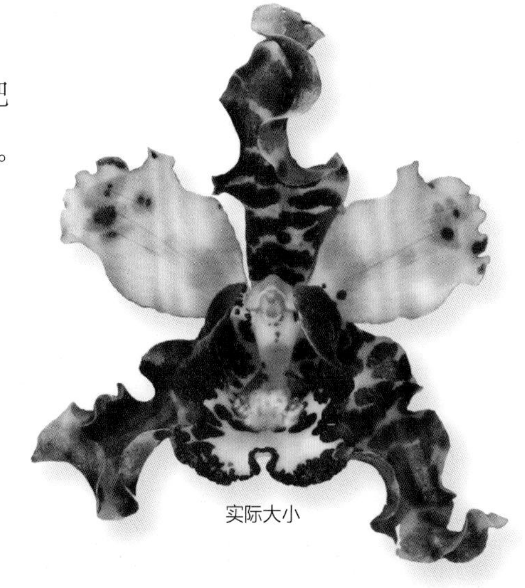

实际大小

亚科	树兰亚科
族和亚族	兰族，烈日兰亚族
原产地	伯利兹（中美洲）至巴西北部和圭亚那高原（南美洲）
生境	湿润森林，海拔 500~2,000 m（1,640~6,600 ft）
类别和位置	附生或地生，地生时生于石质或黏土质的陡坡或暴露的岩石上
保护现状	未评估，但因为分布广泛，可能暂不需要保护
花期	7 月至 8 月（夏季）

花的大小
2.5 cm（1 in）

植株大小
25~51 cm × 25~41 cm（10~20 in × 10~16 in），不包括花序，其花序直立至弓曲，长 38~91 cm（15~36 in），长于叶

烈日兰
Eriopsis biloba
Sunshine Orchid

Lindley, 1847

烈日兰株形肥大，通常生于岩石上或土壤中。其假鳞茎为长锥形，深绿色，生有2或3片有短柄的椭圆形叶。其总状花序长而多花，花序轴紫红色，其上有多达 35 朵有蜡状光泽而芳香的花，同时开放。烈日兰属的学名 *Eriopsis* 指本属的习性与亚洲的毛兰属 *Eria* 类似（-opsis 在古希腊语中意为“与……类似的”）。尽管本种种加词 *biloba* 意为“2 裂的”，但其唇瓣实为 3 裂，而非 2 裂。

目前尚未观察过本种的传粉，但其花形开放，又缺少蜜距，符合通过欺骗来吸引蜂类传粉的策略。尽管本种广布，在自然界中较多见，在天然生境以外的地方却难于成功栽培。

烈日兰的花的萼片和花瓣开展，黄色，有红褐色的斑块；合蕊柱下伸；唇瓣弯至合蕊柱周围，顶端的中裂片短，白色，有紫红色斑点，有时又再 2 裂。

实际大小

亚科	树兰亚科
族和亚族	兰族，美冠兰亚族
原产地	南非南部，从开普省东北部至夸祖鲁－纳塔尔省
生境	滨海灌丛，生于海平面至海拔 700 m（2,300 ft）处
类别和位置	地生，生于沙地上
保护现状	未正式评估，但在其生长之地多见
花期	9 月至 10 月（春季）

顶唇锐冠兰
Acrolophia cochlearis
Impimpi Orchid
(Lindley) Schlechter & Bolus, 1894

花的大小
1 cm（⅜ in）

植株大小
60～90 cm × 40～60 cm（24～36 in × 16～24 in），包括花序

顶唇锐冠兰植株粗壮，是树兰亚科中唯一分布到非洲极南处的种。本种的地上部分从一簇肉质根发出，其上生有一丛禾草状的叶。在南半球冬天的凉爽雨季过后，本种抽出一根直立、分枝松散的花序，含有多达 100 朵花。火灾明显可以促进其开花。本种的英文名来自南非的地方名。

尽管锐冠兰属 *Acrolophia* 与美冠兰属 *Eulophia* 近缘，而后者的花有欺骗性，不给传粉者提供任何回报，但是顶唇锐冠兰却可以分泌少许花蜜，提供给为其传粉的亮足分舌蜂 *Colletes claripes*——这是一种独居性的蜂类，是已知能有效为本种传粉的唯一昆虫。然而，因为亮足分舌蜂会在同一枚花序上的花朵之间活动，本种有多达 90% 的果实可能都是自株花传粉的产物。

顶唇锐冠兰的花不扭转，其唇瓣白色，位于最上，外伸，覆于花的其他部位之上；萼片和花瓣褐色，开展；合蕊柱有短翅。

实际大小

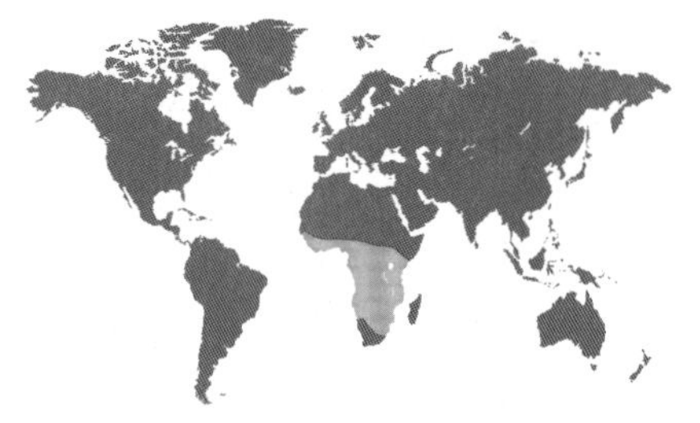

亚科	树兰亚科
族和亚族	兰族，美冠兰亚族
原产地	撒哈拉以南非洲大部地区
生境	季节性干旱的低地地区，生于灌丛植被中，但也常附生于树木高处
类别和位置	附生或石生
保护现状	无危
花期	在南半球为8月至10月，在北半球为春季

花的大小
3.25 cm（1¼ in）

植株大小
64～89 cm × 30～64 cm（25～35 in × 12～25 in），不包括花序，其花序直立，生于假鳞茎顶部，长25～51 cm（10～20 in）

豹斑兰
Ansellia africana
Leopard Orchid

Lindley, 1844

豹斑兰属 *Ansellia* 仅有一个高度变异的种，在非洲热带地区和南部广泛分布。其花色和花形都有变异。本种大多为附生，大小也有变异，可长成引人瞩目的大丛。

豹斑兰的茎长而直立，仅在近顶处生有少数叶及花序。花序为大型圆锥状，常含有多达100朵黄色带斑点的花。本种有两种类型的根：一种是粗纤维状的支柱根，可包缠在基质之上，有些情况下也深扎于基质之中；另一种根十分奇特，直立生长，较为纤细，向外形成一种名为“落叶篮”的网状结构。一般认为其功能是收集从树冠层凋落的叶和其他枯落物，它们可由与兰花共生的菌根真菌分解。本种的传粉者可能是大型蜂类。

实际大小

豹斑兰的花颜色多变，但结构变化较小；萼片和花瓣近相等，排列成星状，底色为黄色或浅绿色，经常（但非总是）布有各种密度和深浅程度的浅褐色或黄褐色斑点；唇瓣3裂，常有亮黄色和褐色的斑块。

亚科	树兰亚科
族和亚族	兰族，美冠兰亚族
原产地	泰国和马来西亚的半岛地区，印度尼西亚北部
生境	开放原始林中的砂岩上，海拔至 800 m（2,625 ft）
类别和位置	地生，生于贫瘠土壤上，渐变附生，有时生于岩石上
保护现状	无危，为一广布、多见、适应性强的种
花期	春季和早夏

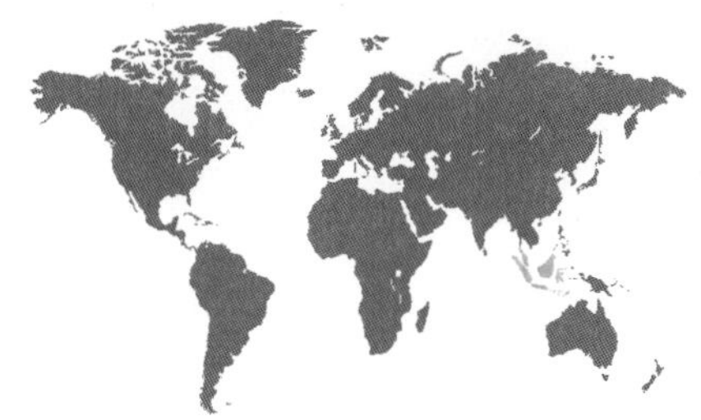

攀瓷兰
Claderia viridiflora
Green Climbing Orchid
Hooker fils, 1890

花的大小
5 cm（2 in）

植株大小
20～38 cm × 25～46 cm（8～15 in × 10～18 in），不包括花序，其花序高可达植株高度的两倍左右

攀瓷兰的根状茎粗而匍匐，其上生出具叶的茎。这些根状茎最终（有时要经过 10 多年的生长）会碰到一株树木或岩石，攀爬到其表面，长到较为明亮的地方，然后才开花。根状茎发出的每条茎有多至 6 片的叶，披针形，有肋，基部覆于茎上。花序生于具叶的茎顶，含有多花。其花下有坚硬的苞片支撑，任何时刻都只有 1～2 朵花处于开放状态。

目前对本种的传粉一无所知，也无任何其用途的报道。本种在兰科中的位置多年来一直有争议，不同学者曾有不同观点。最终，人们用 DNA 来判断其位置，如今便认为它应该是美冠兰属 *Eulophia* 的亲缘属之一，不过，本种在形态上与其他那些属并不怎么相似。

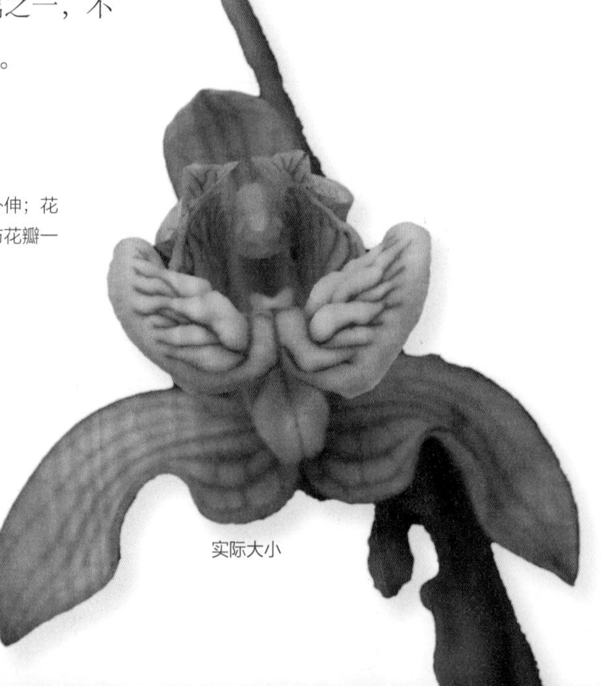

攀瓷兰的花为绿黄色；萼片 3 枚，相等，外伸；花瓣 2 片，前伸；唇瓣 2 裂，有绿色脉纹，与花瓣一起形成围抱合蕊柱的杯状物。

实际大小

亚科	树兰亚科
族和亚族	兰族，美冠兰亚族
原产地	马达加斯加东部森林，佩里奈地区
生境	中海拔森林，生于鹿角蕨属 *Platycerium* 蕨类之上
类别和位置	附生
保护现状	极危
花期	3 月至 4 月

花的大小
10 cm（4 in）

植株大小
38～97 cm × 46～76 cm
（15～38 in × 18～30 in），
不包括花序，
其花序弓曲至直立，
长 38～61 cm（15～24 in）

豹斑艳唇兰
Cymbidiella pardalina
Bat-eared Orchid

(Reichenbach fils) Garay, 1976

马达加斯加岛和很多面积大而多山的岛屿一样，有许多特有种，其中就包括豹斑艳唇兰。本种在野外只附生于马岛鹿角蕨 *Platycerium madagascariense* 之上。这种蕨本身又是只生长在高大的束花合欢 *Albizia fastigiata* 树木之上的附生植物，这便让这种兰花对自然生长条件有极特殊的要求，也因此在野外成了极罕见的植株。尽管本种有这样高度特化的生境，但这并没有妨碍它在马达加斯加以外获得成功栽培。

豹斑艳唇兰的花色为绿色，有紫黑色斑点，并有呈活泼的朱红色的唇瓣，这样迷人而非比寻常的绚丽，使本种成为常见的园艺花卉。艳唇兰属的学名 *Cymbidiella* 指的是它与兰属 *Cymbidium* 有相似之处（一度曾经归于该属）。本种的种加词 *pardalina* 意为“斑纹似豹的”，指的是花瓣有斑点。其英文名意为“蝠耳兰”则与花瓣形状有关，是说它们形如蝙蝠的大耳朵。

豹斑艳唇兰的花的萼片和花瓣为绿色，布有紫黑色斑点；唇瓣为鲜艳的红色，与其他花被片形成鲜明对比，中央有黄色条带。

实际大小

亚科	树兰亚科
族和亚族	兰族，美冠兰亚族
原产地	澳大利亚、新喀里多尼亚和瓦努阿图
生境	干旱树林和森林中受庇护的荫蔽地
类别和位置	地生，为菌根异养性种
保护现状	本种在局地可稀少或濒危，但在其他地点多见，故暂未考虑保护
花期	11 月至 3 月（夏季）

双足兰
Dipodium squamatum
Australian Hyacinth Orchid

(G. Forster) R. Brown, 1810

花的大小
2.5 cm（1 in）

植株大小
高 40～99 cm
（16～39 in），无叶

双足兰无叶，所有养分和碳元素都从它们所寄生的土壤真菌那里获取。本种在晚春抽出深红色的花莛，生有许多花，为深浅不一的粉红色和白色。在澳大利亚，本种通常以异名 *Dipodium punctatum* 为人所知。在塔斯马尼亚岛则分布有其近缘种玫红双足兰 *Dipodium roseum*。这种兰花变异较大，其分类问题还没有很好解决。

双足兰的花对蜂类来说是虚假的广告。其合蕊柱上有黄绿色而有光泽的区域，可以吸收蜂类前来。然而，因为花中并无花蜜，来访的蜂类（已观察到一只切叶蜂类的雌蜂在触角间携带有其花粉团）被迫向前爬到合蕊柱下面，从而沾上花粉团。本种花莛上却有花外蜜腺，使本种的花可以得到蚁类保护，免受食花昆虫的侵害。

实际大小

双足兰的花的萼片和花瓣为线形，反曲，粉红色，有时有斑点；唇瓣与具翅的合蕊柱形成管状，其檐部狭窄，舌状。

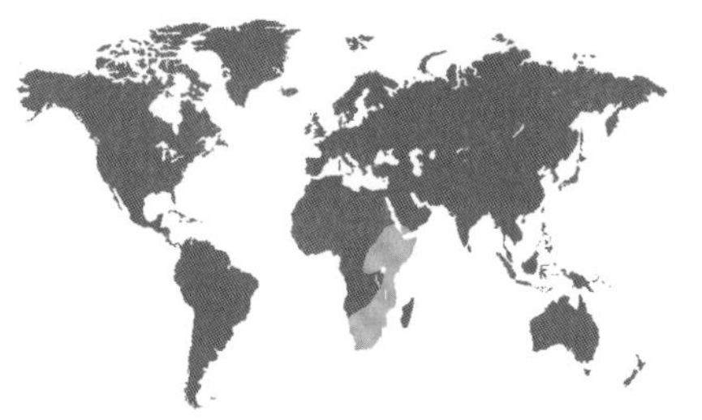

亚科	树兰亚科
族和亚族	兰族，美冠兰亚族
原产地	从南部非洲向东北至阿拉伯半岛
生境	草原、落叶林和沙丘，常生于贫瘠土壤上，海拔 200 ~ 2,000 m（650 ~ 6,600 ft）
类别和位置	地生
保护现状	无危
花期	晚春至夏季

花的大小
5 cm（2 in）

植株大小
30 ~ 51 cm × 6 ~ 10 cm（12 ~ 20 in × 6 ~ 10 in），不包括花序，其花序基生，直立，高 64 ~ 102 cm（25 ~ 40 in）

丽冠兰
Eulophia speciosa
Beautiful Plume
(R. Brown) Bolus, 1889

丽冠兰株型高大，在非洲大陆广大地区以及阿拉伯半岛零星可见。其花莛含有多至 30 朵花，花绚丽，开放时间长，有香甜气味。其假鳞茎位于地表或其下方不远处，其上生出叶。叶肉质，略卷曲，已适应在干旱条件下存活。因为这种兰花花莛高大，花色鲜艳，它已成为庭园中的常见花卉，在非洲南部地区尤为多见。其所在的美冠兰属的学名 *Eulophia* 来自古希腊语词 eu-（真正的）和 lophos（羽毛），是对大型花序的形容。本种中文名中的“丽”字和学名种加词 *speciosa*（拉丁语中意为“绚丽”或“美丽”）形容的则是其绚丽的花朵。

丽冠兰由木蜂属 *Xylocopa* 传粉，蜂类会来寻觅并不存在的花蜜。在非洲民间医学中，其假鳞茎的制剂曾被用来治疗很多疾病。

丽冠兰的花色在其广阔的分布区里略有变异；其萼片反曲，通常为绿黄色；花瓣宽阔，通常为亮黄色；唇瓣也为亮黄色，3 裂，中央常有粗大的红色至紫红色的条纹。

实际大小

亚科	树兰亚科
族和亚族	兰族，美冠兰亚族
原产地	亚洲热带和亚热带地区、澳大利亚及太平洋西部岛屿
生境	湿润草地，滨海沙丘谷地，湿润的落叶林或常绿林及热带稀树草原上的树林，海拔至 1,800 m（5,900 ft）
类别和位置	地生
保护现状	未作全球性评估，但在澳大利亚濒危
花期	春季或秋季，取决于所在地点和半球

地宝兰
Geodorum densiflorum
Nodding Swamp Orchid
(Lamarck) Schlechter, 1919

花的大小
1 cm（⅜ in）

植株大小
25 ~ 76 cm × 25 ~ 51 cm（10 ~ 30 in × 10 ~ 20 in），不包括长 20 ~ 64 cm（8 ~ 25 in）的花序

地宝兰的假鳞茎位于地下，球形，生有多至 5 片的叶。其叶阔披针形，折扇状，有柄。其花莛多花，顶端下垂，从假鳞茎基部发出。花有蜡状光泽，常不全开。在花受精之后，下伸的花序逐渐挺直，到果期可完全直立。地宝兰属的学名 *Geodorum* 来自古希腊语词 ge-（地）和 doron（礼物），是对花莛下垂顶端的形容。本种的种加词 *densiflorum* 意为“花稠密的”，也是对这一部位的形容。

本种在澳大利亚的传粉者已有报道，为本土的小型蜂类，但该报道未提及具体是何种。在马鲁古群岛等地，本种有时入药，其叶研磨成膏药后据说可治疗化脓。

地宝兰的花的萼片和花瓣为白色至粉红色，披针形，开展，在基部有几列粉红色的圆点；唇瓣颜色较深，杯状，中央有多疣的黄色胼胝体，胼胝体上有深粉红色斑块。

实际大小

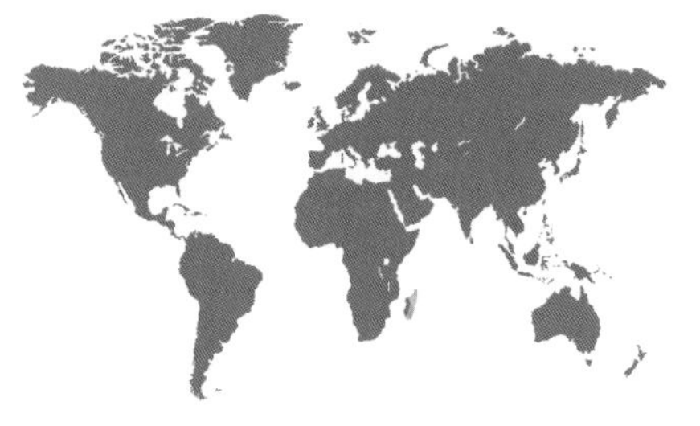

亚科	树兰亚科
族和亚族	兰族，美冠兰亚族
原产地	马达加斯加东部森林，在圣玛丽岛也有报道（但可能已绝迹）
生境	森林，海拔至 1,500 m（4,920 ft）
类别和位置	附生
保护现状	极危
花期	1 月

花的大小
7~8 cm（2¾~3 in）

植株大小
64~102 cm × 38~76 cm（25~40 in × 15~30 in），不包括花序，其花序基生，弓曲至直立，长 71~114 cm（28~45 in）

铜斑兰
Grammangis ellisii
Bronze-banded Orchid

(Lindley) Reichenbach fils, 1860

铜斑兰属 *Grammangis* 仅分布于马达加斯加东部森林中，包括 2 个种，均是在习性上与植株巨大的亚洲属——斑被兰属 *Grammatophyllum* 相似的壮观植物。其假鳞茎为奇特的四棱形；花莛壮丽，呈优雅的弓曲，生有多至 20 朵花；花大型，为黄褐色和铜褐色。由于颜色较深的萼片颇为宽展，其花呈三角形；花瓣则形成围抱合蕊柱的管状。

本种为附生兰，见于从海平面到海拔大约 1,500 m（4,920 ft）处，通常悬生于树林中的溪流上方。其习性壮硕，假鳞茎具有不同寻常的棱角，叶为肉质，这些特征组合在一起，使之即使在不开花的时候也非常引人瞩目。铜斑兰属学名来自古希腊语词 gramma（斑块）和 angos（容器），指的是其花上显眼的斑块。其英文名（意为“青铜条纹兰”），是指萼片上有显眼的条纹状图案。

实际大小

铜斑兰的花颜色多变，但其萼片通常兼有褐绿色和黄色，常在近顶端有黄色横向条纹；其花瓣和唇瓣小得多，围抱合蕊柱；花瓣黄色，唇瓣白色至玫红色，有脊。

亚科	树兰亚科
族和亚族	兰族，美冠兰亚族
原产地	印度洋岛屿（马达加斯加、科摩罗、塞舌尔、留尼汪、毛里求斯）
生境	潮湿海岸林，生于海平面至海拔 300 m（985 ft）处
类别和位置	附生
保护现状	未评估，但在野外极稀见
花期	3 月至 5 月（春季）

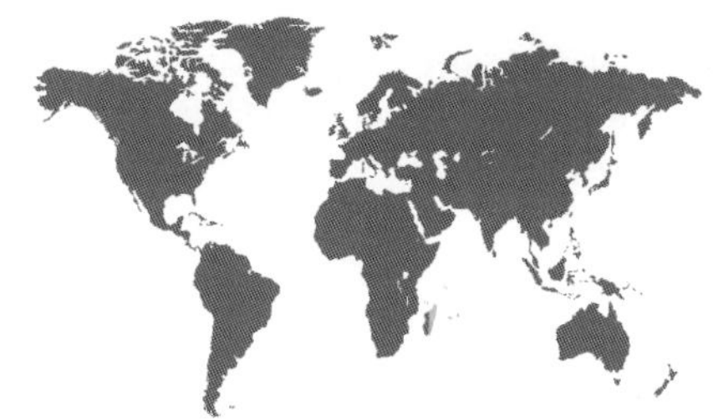

花的大小
2.5 cm（1 in）

植株大小
25~46 cm × 20~41 cm（10~18 in × 8~16 in），不包括花序，其花序直立至弓曲，高 41~102 cm（16~40 in），长于叶

同色画兰
Graphorkis concolor
Unpainted Painted Orchid
(Thouars) Kuntze, 1891

同色画兰的假鳞茎为锥形，簇生，沿短小的根状茎着生，每年会生出一条新的假鳞茎。叶在假鳞茎顶端着生，线状披针形，凋落性。其花序圆锥状，在植株新的营养器官萌发之前或开始萌发之时从成熟假鳞茎的基部发出，具多花。画兰属的学名 *Graphorkis* 来自古希腊语词 graphos（标记）和 orchis（兰花），指该属的花通常有深色的文字状的斑块。但本种的种加词意为“颜色相同的”，却指花只有一种颜色。

目前在自然界中尚未观察过其传粉，但其花形开放，又有蜜距，适合蜂类传粉。本种是能够形成落叶篮的兰花种之一，其根向上生长，形成小篮，可以收集凋落物，凋落物在分解之后便可为植株提供养分。

同色画兰的花的萼片和花瓣黄色至绿黄色，开展；唇瓣亮黄色，3 裂，侧裂片环绕合蕊柱上弯；中裂片有 2 道突起的脊，基部具乳突。

实际大小

亚科	树兰亚科
族和亚族	兰族，美冠兰亚族
原产地	中部非洲热带地区，但已入侵到新世界，特别是美国佛罗里达州和加勒比海地区
生境	常生于较为荫蔽而受干扰的生境中，分布于海平面至海拔 1,200 m（3,950 ft）处
类别和位置	地生
保护现状	无危
花期	冬春季

花的大小
2 cm（¾ in）

植株大小
20 ~ 36 cm × 5 ~ 10 cm（8 ~ 14 in × 2 ~ 4 in），不包括花序，其花序直立，高 25 ~ 41 cm（10 ~ 16 in），长于叶

僧兰

Oeceoclades maculata

Cow's Tongue

(Lindley) Lindley, 1833

僧兰易于生长，适应性强，现在在全世界范围内已经分布到非洲和美洲热带地区大部，很容易在受扰动的环境中生长。其叶肉质多汁，在古巴被称为 lengua de vaca（牛舌），本种的英文名意为"牛舌（兰）"由此而来。僧兰属的学名 *Oeceoclades* 来自古希腊语词 oikeios（私人的）和 klados（分枝），显然反映了该属命名人林德利的观点，认为该属没有近缘类群。

在其非洲原产地，僧兰由小型蜂类传粉；但在本种入侵的地区，其植株则进行自花传粉。在其传粉过程中有一个独特的机制，需要一滴雨把药帽冲走，让花粉团变干，花粉团柄因而卷曲，便把花粉团移到柱头上方。之后，还需要第二场雨，让花粉团落到柱头上。

实际大小

僧兰的花的萼片的花瓣为黄绿色，披针形，从中部向上或向前弓曲；唇瓣 3 裂，白色，边缘粉红色；中裂片前突，2 枚侧裂片位于合蕊柱两侧。

亚科	树兰亚科
族和亚族	兰族，腭唇兰亚族
原产地	哥伦比亚、委内瑞拉、厄瓜多尔、秘鲁和玻利维亚
生境	湿润而凉爽的森林，海拔 1,400～2,500 m（4,600～8,200 ft）
类别和位置	地生
保护现状	无危
花期	春季

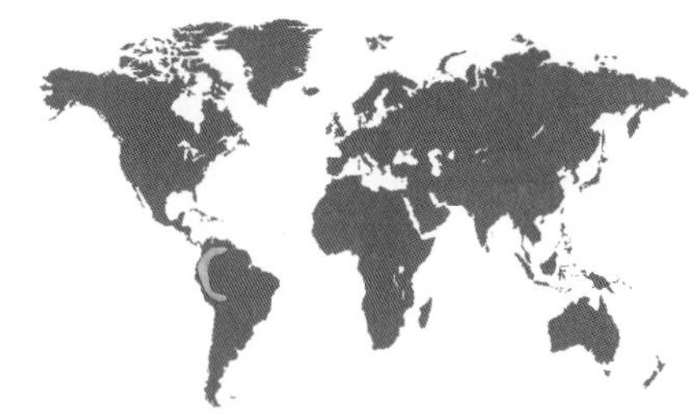

抱婴郁香兰
Anguloa virginalis
Swaddled Baby in Cradle
Linden ex B. S. Williams, 1862

花的大小
8 cm（3 in）

植株大小
61～76 cm × 38～61 cm（24～30 in × 15～24 in），包括花莛，其花莛直立，仅具单花，高 20～38 cm（8～15 in），短于叶

抱婴郁香兰喜欢森林地面湿凉的环境。其花莛粗壮，直立，在植株长叶的时候从最新长成的假鳞茎基部发出。每一条假鳞茎发出一枚花莛，整个植株则可长出 2~8 枚花莛。其花有浓郁的香甜气味，肉质，壮观，生于这些覆有苞片的花莛上，花序基部覆有一片较大的苞片。郁香兰属 *Anguloa* 是由两位植物学家伊波利托·鲁伊兹（Hipòlito Ruiz）和何塞·安东尼奥·帕冯（José Antonio Pavón）在一场历时十年（1777—1788 年）的秘鲁和智利考察中发现的，其学名用来纪念弗朗西斯科·德·安古洛先生（Don Francisco de Angulo），他是秘鲁的矿场主。本种中文名中的“抱婴”二字指其唇瓣和合蕊柱形同婴儿，被包在大型肉质的萼片和花瓣中。

抱婴郁香兰有复杂的香气成分，大部分为对－二甲氧基苯（也叫对苯二酚二甲醚），已知可以吸引几种兰花蜂的采集芳香油的雄蜂。

抱婴郁香兰的花为肉质，有蜡状光泽，粉红色至白色，密布红紫色斑点；背萼片和花瓣形成兜帽状，2 枚侧萼片较长，锐尖，下突；唇瓣 3 裂，结构复杂，可活动，悬于合蕊柱正下方。

实际大小

亚科	树兰亚科
族和亚族	兰族，腭唇兰亚族
原产地	巴西南部和东南部的山区
生境	岩石露头，海拔约 1,000 m（3,300 ft）
类别和位置	石生，有时附生
保护现状	濒危
花期	5 月至 6 月

花的大小
7～8 cm（2¾～3⅛ in）

植株大小
25～38 cm × 10～20 cm（10～15 in × 4～8 in），不包括花序，其花序直立，比叶短得多，长 8～15 cm（3～6 in）

芳香双柄兰

Bifrenaria harrisoniae

Fragrant Rock Orchid

(Hooker) Reichenbach fils, 1855

芳香双柄兰是一种精美而外观极为多变的兰花，也是最美丽、最畅销的兰花之一。其根顽强地扎在岩石露头的缝隙里。在阳光充足、通常严酷的环境中，它的花从健壮的假鳞茎基部生出，大而香甜，质地晶莹，隐藏在宽阔的革质叶之下。

芳香双柄兰的花香气醉人，可吸引兰花蜂以及熊蜂蜂后，它们即是其野外的传粉昆虫。其花有距，但不分泌花蜜，因此本种的花形符合欺骗式传粉的整套特征。本种英文名意为“芳香岩石兰”，其由来显然和上述描述有关，所在的双柄兰属的学名 *Bifrenaria* 则来自古希腊语词 bi-（二）和 frenum（条带），指该属的花粉块呈分叉形。

芳香双柄兰的花外观多变，但最常为明净晶莹的白色；唇瓣深紫红色，3 裂，内面覆有闪亮的毛状物，向后延伸为无花蜜的距。本种尚有紫红色、黄色、双色和蓝色花类型，但均稀见。

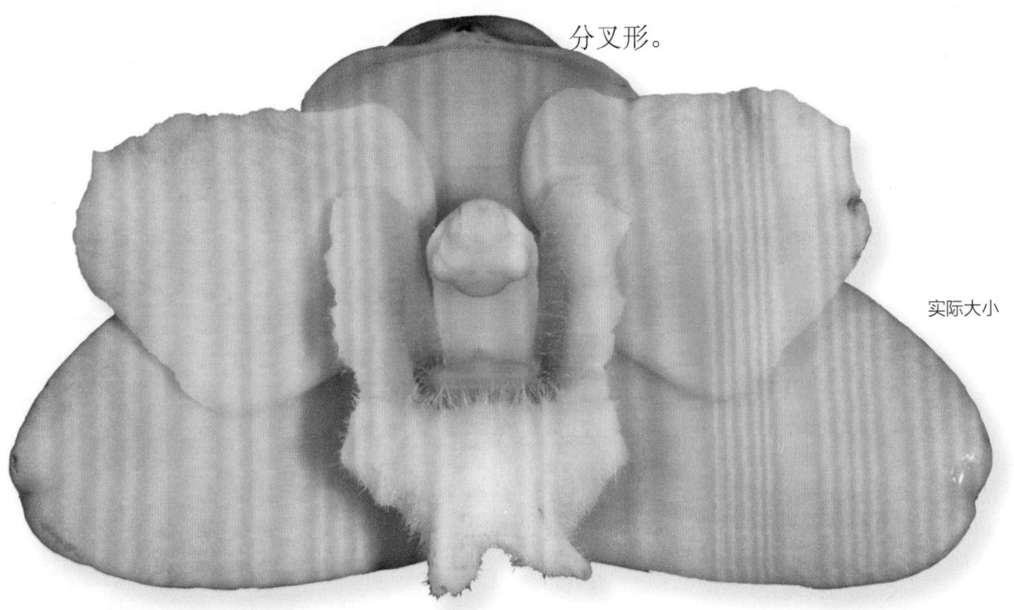

实际大小

亚科	树兰亚科
族和亚族	兰族，腭唇兰亚族
原产地	墨西哥、危地马拉、尼加拉瓜、伯利兹、洪都拉斯和萨尔瓦多
生境	季节性干旱的森林，海拔 500~2,000 m（1,640~6,600 ft）
类别和位置	附生、地生及石生
保护现状	因滥采而濒危
花期	晚春至夏季

桂味落罩兰

Lycaste aromatica

Cinnamon Orchid

(Graham) Lindley, 1843

花的大小
8 cm（3 in）

植株大小
30~51 cm × 30~46 cm（12~20 in × 12~18 in），包括花莛，其花莛直立，仅具单花，长 10~15 cm（4~6 in）

桂味落罩兰在下一个生长季的新茎叶开始萌发之时，会从每条无叶的老假鳞茎各发出单独一枚花序。其花序短，含有多至10朵的花，为活泼的黄色，有香甜气味。本种适应性极强，可见附生于多藓类的树枝上，亦见生于季节性湿润的陡峭灰岩露头上。其植株在旱季落叶，此时假鳞茎的顶端会生有锐刺。本种所在的捧心兰属的学名 *Lycaste* 来自古希腊神话中的吕卡斯忒，她是特洛伊国王普里阿摩斯的女儿，形容美丽。

本种的花散发出的香甜肉桂气味可引诱雄性兰花蜂，它们可利用这些芳香物质制造性激素来吸引雌蜂。捧心兰属中尚有几个亲缘种，与桂味落罩兰形似，但它们的花期和香气与本种略有差异。

桂味落罩兰的花为绿黄色；萼片卵形，渐尖，排列成三角形；花瓣亮黄色，内弯；唇瓣亦为亮黄色，3裂，生有一个具短柔毛的盘状物和一个大胼胝体，胼胝体沿中裂片生长，有脊。

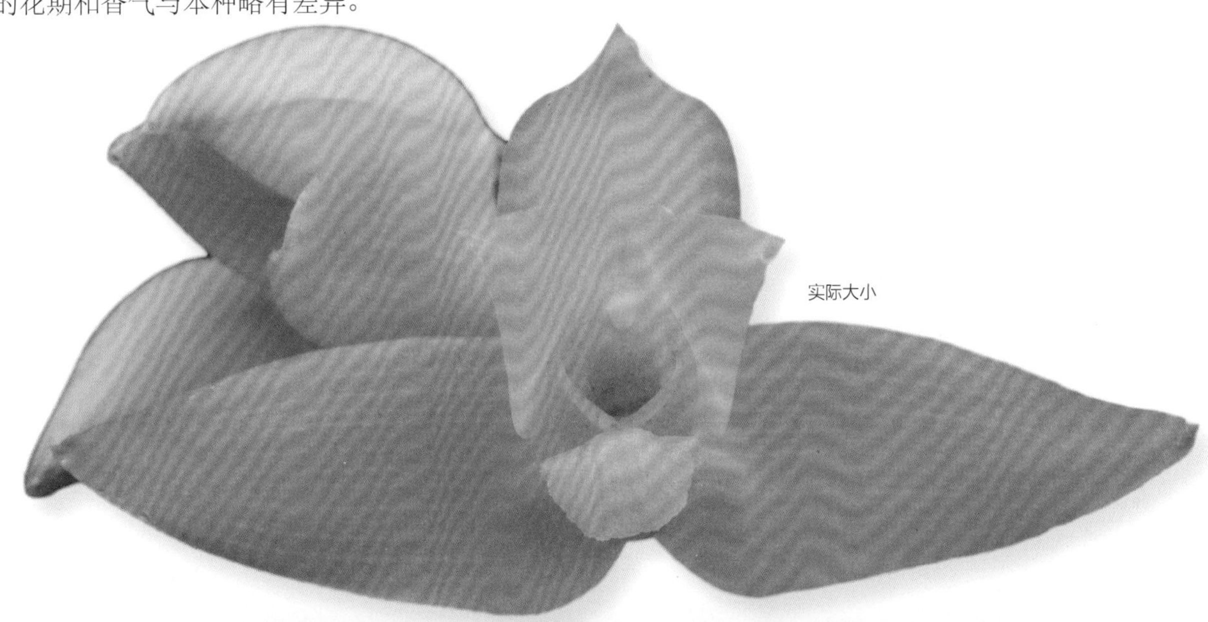

实际大小

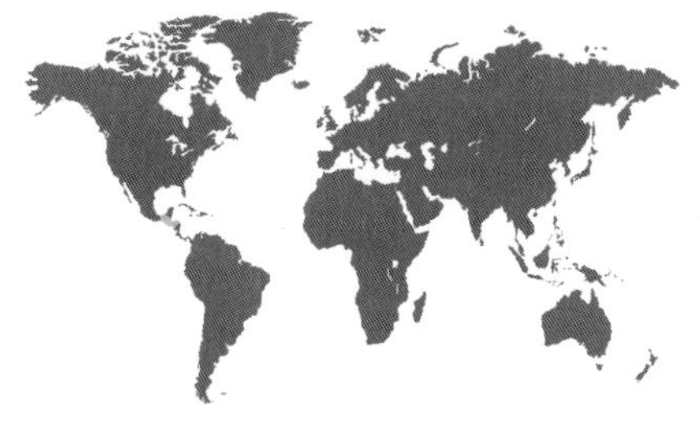

亚科	树兰亚科
族和亚族	兰族，腭唇兰亚族
原产地	墨西哥、危地马拉、洪都拉斯和萨尔瓦多
生境	湿润森林，海拔 1,200～2,000 m（3,950～6,600 ft）
类别和位置	附生、地生及石生
保护现状	因滥采而濒危
花期	晚春至夏季

花的大小
15 cm（6 in）

植株大小
30～51 cm × 30～46 cm（12～20 in × 12～18 in），包括花莛，其花莛直立，仅具单花，长 15～30 cm（6～12 in），短于叶

修女捧心兰
Lycaste virginalis
Nun Orchid

(Scheidweiler) Linden, 1888

修女捧心兰的花为硕大的三角形，显得格外绚丽，并有迷人的芳香。自从它第一次被发现以来，就深受人们喜爱，得到了狂热的栽培。出口的植株数以百万计，结果让这种兰花在野外变得极为稀少。

本种的花色、大小和花形均多变。最受尊崇的植株可能是纯白色花的类型，以前曾独立为另一个种，叫白修女捧心兰（*Lycaste skinneri*，但现在认为是修女捧心兰的异名）。这种类型的花是危地马拉的国花，在该国称为 Monja Blanca（白修女）。本种为附生兰，但也可以扎根于正在腐烂分解的落叶之中。它适应性强，生长繁茂，但比较偏爱其高海拔生境的较为凉爽的温度。和捧心兰属 *Lycaste* 的所有种一样，本种的传粉也由采集芳香油的雄性兰花蜂完成。

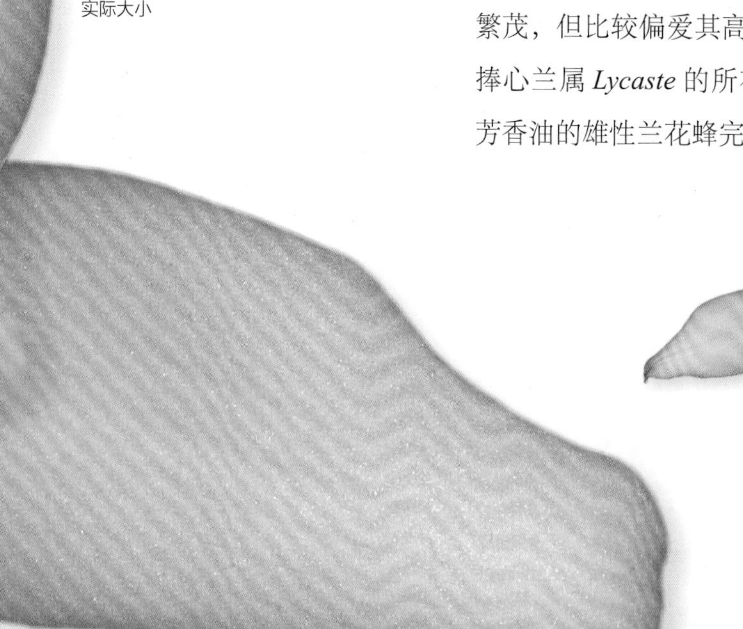

修女捧心兰的花色多变；萼片宽阔，带状，顶端通常反曲；花瓣较短，覆于合蕊柱之上；其花色从极纯粹的白色到浅紫红色不等，稀具杏黄色调；唇瓣的胼胝体为黄色，舌状。

实际大小

亚科	树兰亚科
族和亚族	兰族，腭唇兰亚族
原产地	南美洲西部（哥伦比亚、厄瓜多尔和秘鲁）
生境	湿润云雾林，海拔 900~3,000 m（2,950~9,850 ft）
类别和位置	附生或石生
保护现状	未评估
花期	全年

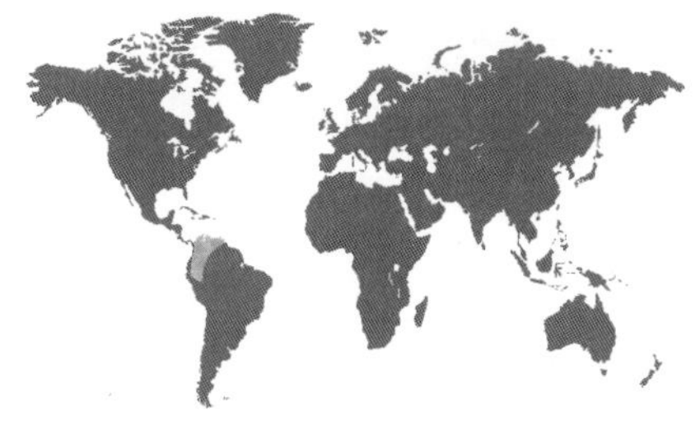

角腭兰
Maxillaria alpestris
Mountain Jaw Orchid
Lindley, 1845

花的大小
1 cm（⅜ in）

植株大小
15~76 cm × 10~25 cm（6~30 in × 4~10 in），包括花莛，其花莛仅具单花，侧生，长 2.5~5 cm（1~2 in）

角腭兰是能够成丛的兰花，有直立的根状茎，其上生有扁平、有皱纹的假鳞茎，为纸质鳞片所围绕，顶端则生有单独一片狭椭圆形的革质叶。较老的植株会倾倒，而在树上悬垂。本种属于腭唇兰属 *Maxillaria*，该属学名来自拉丁语词 *maxilla*，意为“腭骨”“颌骨”，指合蕊柱和唇瓣的基部合生成突出的腭状物（术语叫“蕊柱足”）。本种英文名意为“山地腭兰”，则既表达了这一形态特征，又提及了其原产地的高海拔性质。

本种有时也置于角腭兰属 *Sauvetrea* 中，但在本书中归于范围扩大的腭唇兰属。目前尚未研究过其传粉，但腭唇兰属中有一些具有相同形态和花色的种，经研究表明由无螯刺的麦蜂类传粉。这些蜂类很可能前来寻找花蜜，但在腭唇兰属的花中却从不存在花蜜。

实际大小

角腭兰的花的侧萼片乳黄色至浅黄色，反曲；上萼片兜帽状；花瓣颜色类似，前突；唇瓣黄色至橙色，侧裂片围抱合蕊柱，基部有隆起的长形胼胝体。

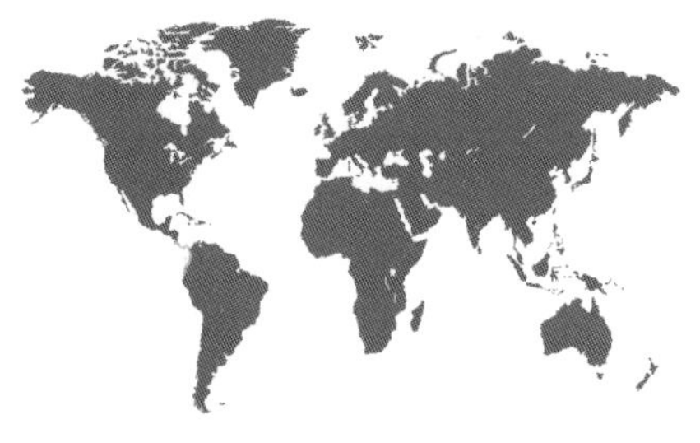

亚科	树兰亚科
族和亚族	兰族，腭唇兰亚族
原产地	哥斯达黎加、巴拿马、哥伦比亚和厄瓜多尔
生境	始终湿润的热带森林，海拔 500~1,500 m（1,640~4,950 ft）
类别和位置	附生
保护现状	无危
花期	春季至秋季

花的大小
2.5 cm（1 in）

植株大小
15~25 cm × 15~30 cm（6~10 in × 6~12 in），包括花莛，其花莛仅具单花，弓曲，长 10~25 cm（4~10 in）

阔叶距腭兰

Maxillaria amplifoliata

Forest Fairy Stars

Molinari, 2015

实际大小

阔叶距腭兰的花为亮绿色至黄褐色；萼片比花瓣长得多，二者均狭窄，顶端尖；唇瓣较小，但顶端亦尖锐；唇瓣围抱合蕊柱，背后有长形蜜距，隐藏在苞片中。

阔叶距腭兰以前曾被归于距腭兰属 *Cryptocentrum*（来自古希腊语词 cryptos 和 kentron，意为“隐藏的距”），在本书中归于腭唇兰属 *Maxillaria*。它在腭唇兰属中形态比较特殊，新生的茎无假鳞茎而呈扇形，叶在其上顶生（与此不同，腭唇兰属一般种的叶生于去年生茎或假鳞茎的侧面）。本种与大多数无假鳞茎的种一样，见于中度荫蔽、始终湿润的地方。每一植株生有多枚仅具单花的花莛。其花为星形，气味香甜，具隐藏在大型鞘状苞片中的长形花距，其中有花蜜。

以前被归于距腭兰属的阔叶距腭兰及其近缘种具有全套与夜行性蛾类传粉相关的特征，而腭唇兰属中那些更典型的种则由蜂类传粉。这可以部分解释这两群兰花之间的明显差异。

亚科	树兰亚科
族和亚族	兰族，腭唇兰亚族
原产地	热带美洲西北部，从哥斯达黎加至秘鲁
生境	湿润森林，海拔 50～1,400 m（165～4,600 ft）
类别和位置	附生
保护现状	无危
花期	12 月至 3 月（夏秋季）

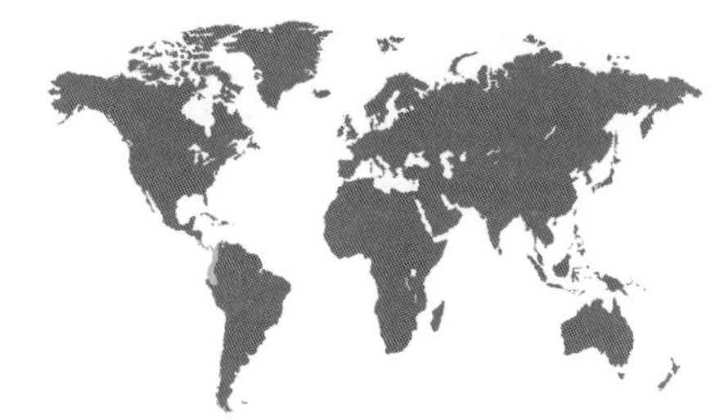

茂腭兰
Maxillaria chartacifolia
Sun-god Orchid

Ames & C. Schweinfurth, 1930

花的大小
2.5 cm（1 in）

植株大小
38～76 cm × 38～76 cm（15～30 in × 15～30 in），包括花莛，其花莛腋生，仅具单花，长 8～13 cm（3～5 in）

茂腭兰是一种雅致的兰花，其根状茎顶端生有直立的茎。茎上的叶排成扁扇状，基部具鞘，狭披针形，有突显的脉。每条茎上均生有数朵花，花有臭味（一些学者描述为“类似酸败的奶酪”），很可能吸引蝇类传粉，而这些蝇类以为来到了可以产卵的地方。这是欺骗式传粉的一种类型——产卵地欺骗，可引诱雌性昆虫来到散发气味的源头处。它们在绕花运动的过程中，会在唇瓣上着陆，从而接触到花粉并将之带走。

茂腭兰有时置于独立的茂腭兰属 *Inti*，但在本书中包括在扩大的腭唇兰属 *Maxillaria* 中。茂腭兰属的学名来自印加人的太阳神因提，之所以选择这个神名作为属名，是因为其扇形的叶簇有如旭日发出的光芒。

实际大小

茂腭兰的花的萼片为披针形，开展，略呈黄色；花瓣较短，椭圆形，前突，黄色；唇瓣铲形，红褐色，侧裂片上弯，边缘黄色，其上生有增厚的胼胝体；胼胝体心形，表面粉质。

亚科	树兰亚科
族和亚族	兰族，腭唇兰亚族
原产地	伊斯帕尼奥拉岛、波多黎各、小安的列斯群岛和特立尼达岛
生境	原生雨林和云雾林，海拔 500~1,000 m（1,640~3,300 ft）
类别和位置	附生于多藓类的树干上，有时生于岩石上和多藓类的岸边
保护现状	未正式评估，但局地多见
花期	12 月至 5 月（冬春季）

花的大小
2.5 cm（1 in）

植株大小
25~61 cm × 20~36 cm（10~24 in × 8~14 in），包括花莛，其花莛短，仅具单花，长 5~8 cm（2~3 in）

猩红鸟腭兰
Maxillaria coccinea
Flame Orchid

(Jacquin) L. O. Williams, 1954

猩红鸟腭兰的假鳞茎细长，具叶，沿根状茎着生，根状茎上覆有纸质的鞘。随着植株变老，每条假鳞茎攀于之前一条假鳞茎之上，其根状茎会伸长，可变得松弛，几乎呈下垂状。其茎紧密簇生，从假鳞茎基部发出，每条生有单独一朵花，长在纤细的花莛上。这些花像腭唇兰属 *Maxillaria* 大多数种的花一样有短“腭”（因此腭唇兰属的学名来自拉丁语词 *maxilla*，意为“腭骨”“颌骨”），而无蜜距。

本种以前置于鸟腭兰属 *Ornithidium*，但在本书中已经转至腭唇兰属中。其花的合蕊柱基部有手指状的蜜腺，可分泌大量花蜜，这一特征加上花形和花色都表明传粉者是蜂鸟，但目前尚无野外观察表明其花粉由鸟类传播。

实际大小

猩红鸟腭兰的花的萼片和花瓣前指，亮红色；花瓣与合蕊柱一起围绕唇瓣形成管状；合蕊柱基部分泌有花蜜，贮藏在唇瓣的囊状基部中；唇瓣橙红色至黄色，边缘上翘。

亚科	树兰亚科
族和亚族	兰族，腭唇兰亚族
原产地	北美洲（墨西哥）经中美洲至巴拿马
生境	湿润森林，海拔 700~3,300 m（2,300~10,825 ft）
类别和位置	附生
保护现状	无危
花期	10 月至 1 月（秋冬季）

暗色腭唇兰
Maxillaria cucullata
Brown Friars
Lindley, 1840

花的大小
5 cm（2 in）

植株大小
20~36 cm x 5~8 cm（8~14 in x 2~3 in），包括花莛，其花莛直立，仅具单花，高 10~25 cm（4~10 in）

暗色腭唇兰广布分泛，其形态、花色和生境偏好均多变。其假鳞茎小，长球形，中度压扁，基部有大型鞘状鳞片，顶生单独一片狭窄的折扇形叶，则为稳定特征。其植株每枚假鳞茎生有 1~5 枚花莛，每枚花莛覆有一列鞘状苞片。其英文名意为“褐色修士”，指的是其花一般颜色黯淡，通常呈褐色至近黑色，又呈兜帽形，宛如天主教方济各会修士的连帽衫。本种的种加词 *cucullata* 来自拉丁语，意为“兜帽状的”，指的也是这一特征。

本种的花芳香，为了传粉所吸引的目标可能是蜂类，但似乎也同样采取了欺骗策略。唇瓣上闪亮的胼胝体可能模拟了花蜜，但本种的唇瓣上并无腺体，所以没有回报能提供给潜在的蜂类访花者。

暗色腭唇兰的花的萼片长，花瓣较短，二者均为绿黄色至红褐色，有条纹；花瓣常与背萼片一起覆盖在合蕊柱上方；唇瓣通常近黑色或深褐色，近基部有闪亮的胼胝体。

实际大小

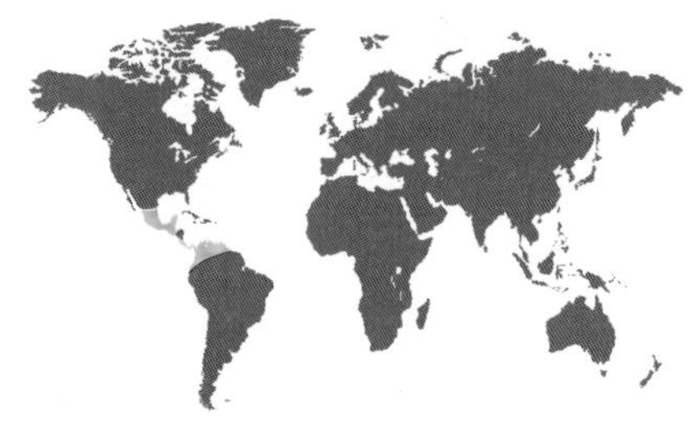

亚科	树兰亚科
族和亚族	兰族，腭唇兰亚族
原产地	中美洲和南美洲西北部，从墨西哥南部至厄瓜多尔和圭亚那
生境	低地森林和其他森林，海拔至 1,000 m（3,300 ft）
类别和位置	附生
保护现状	未评估，但广布，暂时无危
花期	全年

花的大小
4 cm（1½ in）

植株大小
25～46 cm × 8～15 cm（10～18 in × 3～6 in），不包括花莛，其花莛仅具单花，直立，约与叶等长

黄花折腭兰

Maxillaria egertonianum

Dragon's Mouth Orchid

Bateman ex Lindley, 1838

黄花折腭兰的假鳞茎簇生，有棱，顶端生有一对叶，叶有光泽，线状披针形，折叠形。从每片叶的基部生出数枚花莛，每枚花莛顶端有单独一枚管状的花。其萼片喇叭状，使花外形如百合。花瓣比萼片短得多，顶端天蓝色，仿佛两只眼睛。它以前置于折腭兰属 *Trigonidium*，该属学名来自古希腊语词 trigonos，意为“三角形的”，指的是花形为三角形。在本书中将该种置于腭唇兰属 *Maxillaria*。

黄花折腭兰是新世界少数靠性欺骗传粉的种之一，会让雄蜂以为花朵是雌蜂。当雄蜂试图带走“雌蜂”并与之交配时，它会落入花中央的凹穴，在挣扎爬出的时候就沾上或卸下了花粉团。

实际大小

黄花折腭兰的花的萼片 3 枚，显眼，反曲，褐黄色，有颜色较深的脉，形成三角状杯形；花瓣较短，顶端有深天蓝色的“眼睛”；唇瓣隐藏在杯形花被片中。

亚科	树兰亚科
族和亚族	兰族，腭唇兰亚族
原产地	哥伦比亚
生境	陡坡和云雾林中的树木上，海拔 800～3,000 m（2,625～9,850 ft）
类别和位置	附生或石生
保护现状	未评估
花期	晚春至早夏

大花腭唇兰
Maxillaria grandiflora
Elegant Jaw Orchid
(Kunth) Lindley, 1832

花的大小
达 10 cm（4 in）

植株大小
30～51 cm x 8～15 cm（12～20 in x 3～6 in），包括花莛，其花莛仅具单花，直立，高 10～20 cm（4～8 in），短于叶

大花腭唇兰的假鳞茎卵球形，压扁，簇生，包有干燥的鞘，顶端生有单独一片薄而呈折叠形的叶。花莛从成熟的假鳞茎基部发出，仅具单花。花莛上覆有疏松而重叠的苞片，其花开放时间长，在下午会散发芳香。

雌性的环纹大兰蜂 *Eulaema cingulata* 在搜寻食物时会访问本种的花，在唇瓣上着陆，导致花张开。雌蜂从胼胝体上采集到蜡质之后，在退出时会让花粉块沾到头上或眼睛上。雌蜂在刚飞离时，因为重荷分布不匀，会一时失去平衡。休息之后，它会再访问另一朵花，这样就完成了传粉。

大花腭唇兰的花的萼片合生，反曲；侧萼片的基部与蕊柱足合生，上萼片为兜帽状；花瓣较小，前伸；唇瓣形成围抱合蕊柱的管状，檐部发皱，反曲。

实际大小

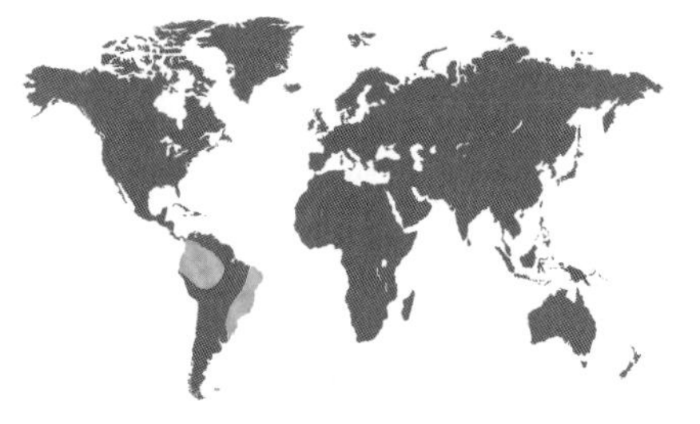

亚科	树兰亚科
族和亚族	兰族，腭唇兰亚族
原产地	南美洲热带地区，从哥伦比亚至巴西南部
生境	湿润森林，海拔 1,000～2,000 m（3,300～6,600 ft）
类别和位置	附生于多藓类的树干上
保护现状	未评估，但本种广布，暂不需要保护
花期	3 月（春季）

花的大小
2 cm（¾ in）

植株大小
15～25 cm × 10～13 cm（6～10 in × 4～5 in），包括花莛，其花莛长 10～15 cm（4～6 in），短于叶

绿花茵腭兰
Maxillaria notylioglossa
Resin Orchid

Reichenbach fils, 1854

实际大小

绿花茵腭兰的花的侧萼片开展，黄绿色至绿色；上萼片弯曲，在前伸的花瓣和合蕊柱上方形成兜帽状；唇瓣铲形，两侧有耳，并具一枚“V”形的胼胝体，可分泌树脂。

绿花茵腭兰是小型附生兰，其根状茎具攀援性，覆有鳞片，其上生有假鳞茎。假鳞茎彼此远离，卵球形，扁平。假鳞茎顶端有 2 片带状的叶，顶端有缺刻。其花莛直立，仅具一朵花，从成熟假鳞茎的基部发出。花梗上覆有重叠而扁平的苞片。

本种的花芳香，在唇瓣上有一个“V”形的白色区域，可以分泌树脂。本种以前曾置于茵腭兰属 *Rhetinantha*，其学名即来自古希腊语词 rhetinos（树脂）和 anthos（花）。雌蜂会采集这种树脂，用来构巢。当它们退出花朵时会在头上沾上花粉块，再在访问下一朵花时将其卸在柱头上。

亚科	树兰亚科
族和亚族	兰族，腭唇兰亚族
原产地	哥伦比亚和委内瑞拉西北部
生境	云雾林，海拔 2,000～2,500 m（6,600～8,200 ft）
类别和位置	附生
保护现状	未评估
花期	9 月至 10 月（秋季）

花的大小
0.5 cm（⅛ in）

植株大小
10～25 cm × 2.5 cm（4～10 in × 1 in），包括花莛，其花莛短，仅具单花，长 0.5 cm（⅛ in）

秋花松腭兰
Maxillaria oakes-amesiana
Ames' Fir Orchid

Schuiteman & M. W. Chase, 2015

秋花松腭兰植株小而可爱，望之不似兰花。其根状茎下垂，不分枝或分枝，仿佛小巧的链子，其上生有假鳞茎。假鳞茎锥形，有沟和银色斑点，深绿色，有光泽，顶端有一簇针状叶，仿佛冷杉或落叶松的叶。花莛为苞片所覆盖，生有单独一朵花。目前尚未研究过其传粉，但腭唇兰属 *Maxillaria* 大多数种的传粉者为蜂类。种加词纪念的是美国兰花学者欧克斯·艾姆斯（Oakes Ames, 1874—1950），他在哈佛大学建立了兰花标本馆。

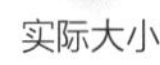

实际大小

本种此前一直置于松腭兰属 *Pityphyllum* 中，其学名来自古希腊语词 pitys（形如松树的）和 phyllo（叶）。该属与腭唇兰属近缘，花形似后者而较小，但习性十分特别而与后者不同。最近，腭唇兰属的范围扩大，将松腭兰属包括在内，本书从之。

秋花松腭兰的花的花被片前伸，白色至乳黄色；萼片顶端反曲；唇瓣和花瓣形成围抱合蕊柱的管状；其花无蜜距，有时唇瓣有粉红色斑点。

亚科	树兰亚科
族和亚族	兰族，腭唇兰亚族
原产地	巴西东南部和南部至阿根廷（米西奥内斯省）和巴拉圭
生境	热带森林，海拔 500～1,000 m（1,640～3,300 ft）
类别和位置	附生和地生
保护现状	无危
花期	冬春季

花的大小
5 cm（2 in）

植株大小
25～46 cm × 20～30 cm（10～18 in × 8～12 in），包括花莛，其花莛仅具单花，长 15～30 cm（6～12 in），短于叶

沟腭兰
Maxillaria picta
Inside-out Spotted Orchid

Hooker, 1832

沟腭兰是一种茂盛成丛的兰花，其假鳞茎球形，常有纵向的脊，每枚顶生一对叶。植株常开有绚丽的花，其斑点位于花瓣和萼片外面，而不是像大多数兰花那样生于内面，十分奇怪。其英文名由此而来，意为“里外翻转的斑点兰”。种加词 *picta* 在拉丁语中意为“绘成的”，指的也是这些斑点。

本种由无螫刺的无刺蜂属 *Trigona* 传粉，这些蜂类在巴西葡萄牙语中叫 abelha-cachorro，意为“狗蜂”。无刺蜂试图在花中寻找花蜜，但不幸的是，这些花虽然十分芳香，却没有为传粉者提供回报，它们因此很快就学会了回避这些诱惑性的花朵。即使这样，蜂类误访沟腭兰花朵的次数已经足以保证它能结出足够的种子来繁衍下一代。

沟腭兰的花的萼片和花瓣为黄色至橙色，背面白色而密布金褐色的斑块；这些花被片向内弯曲，环绕唇瓣；唇瓣白色，有栗褐色的条纹或斑点；合蕊柱为深栗红色。

实际大小

亚科	树兰亚科
族和亚族	兰族，腭唇兰亚族
原产地	墨西哥、伯利兹、危地马拉、萨尔瓦多、洪都拉斯、尼加拉瓜、哥斯达黎加和巴拿马
生境	湿润森林，海拔 200～1,200 m（650～3,950 ft）
类别和位置	附生
保护现状	无危
花期	全年，但较常在夏秋季

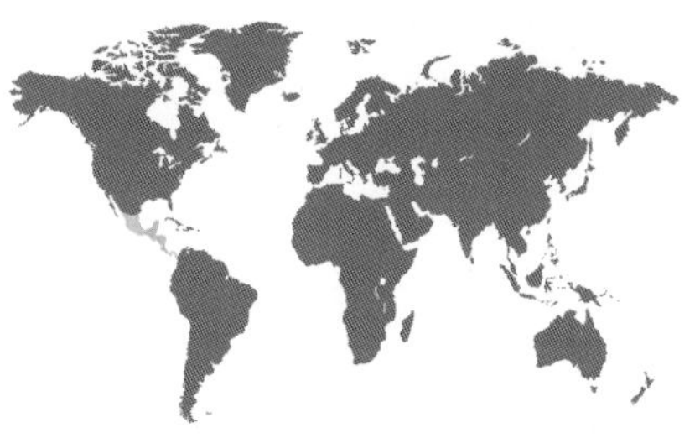

花的大小
5 cm（2 in）

植株大小
25～46 cm × 8～13 cm（10～18 in × 3～5 in），包括花莛，其花莛短，仅具单花，直立，高 5～10 cm（2～4 in）

怪花兰
Maxillaria ringens
Black-tongue Orchid
(Lindley) Gentil, 1907

怪花兰的假鳞茎形成密簇，每条各生有一片禾草状的叶。其花莛长而纤细，沿假鳞茎下面的茎发出，仅具单独一朵花。花形奇特，唇瓣几乎为黑色，故英文名意为“黑舌兰”。本种以前置于怪花兰属 *Mormolyca*，其学名来自古希腊语词 mormo（妖精）和 lykos（狼），也是暗指花有不同寻常的外观。本种与腭唇兰属 *Maxillaria* 近缘，在本书中即置于该属中。

怪花兰的花采取了性欺骗策略。其唇瓣可活动，形似雌蜂，可吸引无经验的雄蜂前来，试图与这些奇特而性感的花朵交配。本种的传粉者为壳角侏无刺蜂 *Nannotrigona testaceicornis* 和一种洞无刺蜂属 *Scaptotrigona* 蜂类的雄性，二者都属于无螫刺的麦蜂类。雄蜂会先被气味吸引，甚至在它们着陆于唇瓣上之前就可以激起其欲望。

怪花兰的花的花瓣和萼片为黄褐色至淡黄色，有深红褐色的条纹；唇瓣颜色深，位于突起的合蕊柱正下方不远处，形似昆虫，具小而呈翅状的侧裂片和毛。

实际大小

亚科	树兰亚科
族和亚族	兰族，腭唇兰亚族
原产地	墨西哥、危地马拉、萨尔瓦多、洪都拉斯、尼加拉瓜和哥斯达黎加
生境	湿润热带森林，海拔 600～1,500 m（1,970～4,920 ft）
类别和位置	附生，稀为地生，生于斜坡或岸边
保护现状	无危
花期	多在春夏季

花的大小
5 cm（2 in）

植株大小
25～46 cm × 8～13 cm（10～18 in × 3～5 in），包括花莛，其花莛仅具单花，直立，高 5～10 cm（2～4 in）

椰香小腭兰
Maxillaria tenuifolia
Coconut Orchid
Lindley, 1837

椰香小腭兰有香甜的椰子气味，又耐寒，因而广泛栽培。它是一种生长茂盛的兰花，在中美洲范围很广的地方都有分布，可耐受多种气候条件。本种在树干和大枝上形成大丛，生有很多小型假鳞茎，顶端各生有一片狭长的叶。本书将其置于腭唇兰属 *Maxillaria* 中，其学名来自拉丁语词 *maxilla*，意为“腭”“颌”，指的是其唇瓣和合蕊柱基部形成的腭状结构。本种的种加词 *tenuifolia* 在拉丁语中意为“叶细的”，指其叶狭窄，禾草状。

椰香小腭兰芳香的花生于短花莛上，花莛从最新长出的假鳞茎基部发出。其香气可引诱蜂类，具体来说是无螫刺的麦蜂类。本种的花粉块可附着在虫体的小盾片（胸部前方的一个位置）上，但无回报给予传粉者。

实际大小

椰香小腭兰的花为浅黄色，密布褐色至栗红色斑块，斑块在花被片顶端汇成一片纯红色；唇瓣米黄色，有栗红色的斑点；合蕊柱乳白色。

亚科	树兰亚科
族和亚族	兰族，腭唇兰亚族
原产地	广布于南美洲热带地区
生境	雨林，生于海平面至海拔 1,500 m（4,920 ft）处
类别和位置	附生
保护现状	无危
花期	全年

二型壶唇兰

Maxillaria uncata

Candy-stripe Orchid

Lindley, 1837

花的大小
2 cm（¾ in）

植株大小
5～15 cm × 5～8 cm（2～6 in × 2～3 in），包括花莛，其花莛仅具单花，长 1.3～2.5 cm（½～1 in）

二型壶唇兰是一种体形微小的兰花，尽管花算不上醒目，整个植株仍然颇为引人瞩目。其叶紧密丛生，有光泽，全年均可开花。以前本种置于壶唇兰属 *Christensonella* 中，这个属的兰花都有簇生的习性，在英文中常被叫成“针垫兰”（Pincushions），指其叶狭窄而常呈针状；然而，这个属在最近已经重新并入了拥有高度多样性的大属腭唇兰属 *Maxillaria* 中，本书从之。二型壶唇兰的叶为肉质，多汁。

实际大小

本种见于常年湿润的森林中，有两种形态类型，可出现在同一居群中。其中一个类型的叶短粗，另一个类型则茂盛得多，叶更长、更粗。本种的英文名意为“糖纹兰”，指花为白色而有红色条纹，但亦有全白或全乳黄色的类型。壶唇兰属的学名纪念的是兰花专家埃里克·克里斯滕森（Eric Christenson, 1956—2011），他对这群兰花做了广泛的研究。

二型壶唇兰的花为半透明的白色至乳黄色，通常有红色条纹；唇瓣为纯白色，与其他花被片形成对比，钩状。

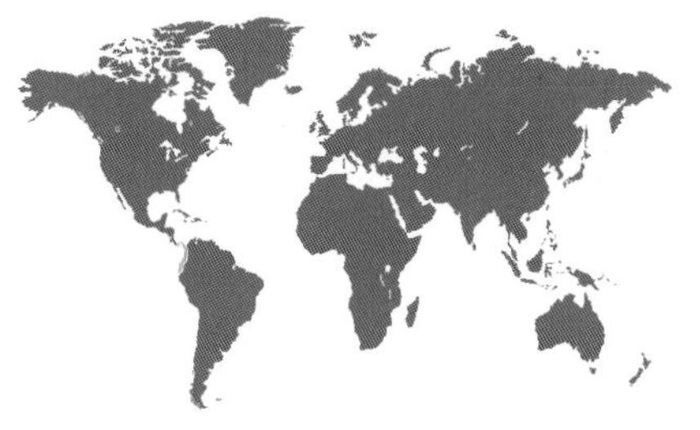

亚科	树兰亚科
族和亚族	兰族，腭唇兰亚族
原产地	巴拿马、哥伦比亚和厄瓜多尔
生境	湿润森林，海拔 500~1,000 m（1,640~3,300 ft）
类别和位置	地生，偶见附生
保护现状	野外稀见
花期	4 月至 5 月（春季）

花的大小
6.5 cm（2½ in）

植株大小
76~127 cm × 36~64 cm（30~50 in × 14~25 in），包括花序，其花序直立，长 71~102 cm（28~40 in）

刺根兰
Neomoorea wallisii
Sharp-tongued Chestnut Orchid

(Reichenbach fils) Schlechter, 1924

刺根兰是刺根兰属 *Neomoorea* 的唯一种，其假鳞茎大而圆，有浅沟，其上生叶。叶有柄，宽阔，有突起的叶脉，并覆有数枚大型鳞片。其总状花序直立，从假鳞茎基部发出，每枚花序具 8~20 朵或更多的栗褐色的花。属名纪念的是弗雷德里克·威廉·穆尔爵士（Sir Frederick William Moore, 1857—1949），他是位于都柏林格拉斯内文的爱尔兰国家植物园的主任，本种曾由他购来栽培。因为 *Moorea* 是一个早已存在的属名，所以在前面又加了 *neo-*，来自古希腊语词 neos（意为“新”）。

本种的花有茉莉和柠檬的香甜气味，来访的昆虫可能是采集复杂芳香油的雄性兰花蜂。然而，目前对其野外居群尚无正式的传粉研究。

刺根兰的花的花被片为暗橙色，外伸，基部则为纯白色；唇瓣 3 裂，侧裂片翅状，有巧克力色条纹，中裂片黄色，尖锐，有一枚大型胼胝体，黄色而有红色斑点。

实际大小

亚科	树兰亚科
族和亚族	兰族，腭唇兰亚族
原产地	南美洲北部至圭亚那高原和特立尼达岛
生境	热带湿润森林，海拔 100~600 m（330~1,970 ft）
类别和位置	附生于树干和大枝上
保护现状	未评估，但广布，所以暂不可能濒危
花期	9 月至 10 月（秋季）

金猫兰
Rudolfiella aurantiaca
Orange Schlechter Orchid
(Lindley) Hoehne, 1949

花的大小
3.4 cm（1⅜ in）

植株大小
25~46 cm × 10~13 cm（10~18 in × 4~5 in），不包括花序，其花序弓曲，远长于叶，长 15~25 cm（6~10 in）

金猫兰的假鳞茎近圆形，但略压扁，有紫褐色斑点。每条假鳞茎生有单独一片折扇状的叶，偶尔亦有斑点。花序从假鳞茎基部发出，有 2 片深灰色的苞片，并在叶上方生有多至 15 朵的花。其唇瓣胼胝体上的细胞可能含有养分，其传粉者（很可能是蜂类）据推测可以这些细胞为食，作为回报的花蜜在花中则不存在。

本种最先由兰花研究的先驱者约翰·林德利描述。之后，这个种便被转至纪念他的 *Lindleyella* 属。如今，本种置于金猫兰属 *Rudolfiella*，属名以德国植物学家鲁道夫·施莱希特（Rudolf Schlechter, 1872—1925）命名，他可能是 20 世纪前期最杰出的兰花研究者。种加词 *aurantiaca*（橙色的）和中文名“金猫兰”都指其花有黄金般的橙黄色。

金猫兰的花的萼片和花瓣开展，黄色，有红色的大小斑点；萼片与蕊柱足合生，唇瓣附着于其上，有可活动的关节和 2 枚侧裂片；合蕊柱有不规则分裂的边缘。

实际大小

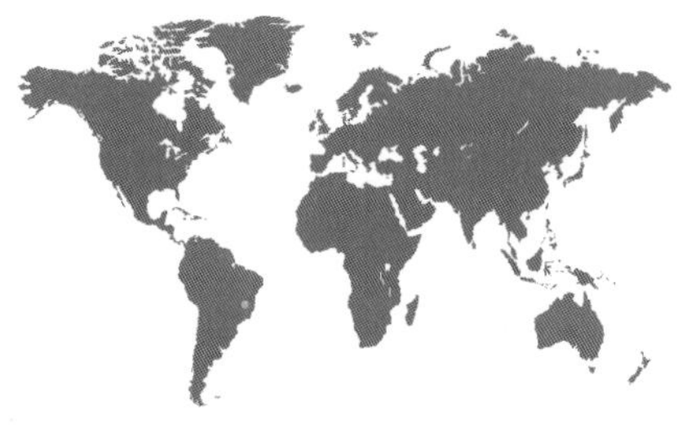

亚科	树兰亚科
族和亚族	兰族，腭唇兰亚族
原产地	米纳斯吉拉斯州（巴西）
生境	岩石露头，海拔 1,750～1,960 m（5,740～6,430 ft）
类别和位置	石生
保护现状	未评估
花期	12 月至 1 月（夏季）

花的大小
7.5 cm（3 in）

植株大小
20～30 cm × 2.5 cm（8～12 in × 1 in），不包括花莛，其花莛仅具单花，高 20～38 cm（8～15 in）

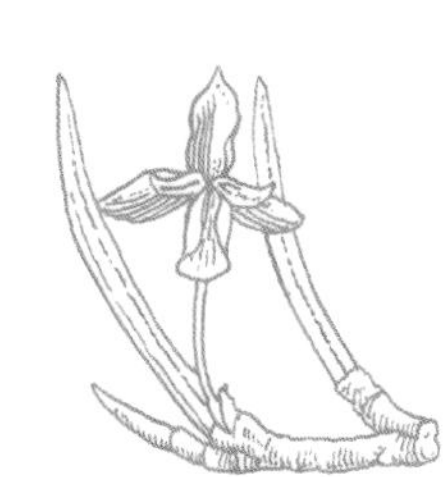

石生鞭兰
Scuticaria irwiniana
Moray Eel Orchid

Pabst, 1973

石生鞭兰的茎匍匐，以肉质短根攀附于暴露的岩石上。茎上覆有直立的短鳞片，每枚鳞片均围绕在一片叶的基部。其叶粗，圆柱形，肉质。花莛侧生，直立，在夏季发出，生有单独一朵花。其花开放时间长，早晨最为芳香。唇瓣有营养毛，为雄性和雌性的兰花蜂所采集。

石生鞭兰的茎叶上生有一种叫尖孢镰刀菌 *Fusarium oxysporum* 的真菌。这种真菌可以抵抗微生物，保护兰花不受感染危害，不过，镰刀菌的其他菌株却对香蕉之类作物有高度的毁灭性。本种是鞭兰属 *Scuticaria* 中唯一生于石上的种，也是唯一有直立的叶的种。其他种的叶下垂，鞭状，形态似海鳝，其英文名由此而来（Moray Eel 意即“海鳝”）。

石生鞭兰的花的萼片为有光泽的红色，开展；花瓣与萼片形似，但较小，前伸；唇瓣白色，有红色脉纹，边缘上弯，与具翅的合蕊柱一起形成管状。

实际大小

亚科	树兰亚科
族和亚族	兰族，腭唇兰亚族
原产地	厄瓜多尔东南部至秘鲁北部
生境	雨林，海拔 950～1,800 m（3,120～5,900 ft）
类别和位置	附生，常生于枝条下面
保护现状	未评估
花期	7 月至 10 月（冬春季）

花的大小
7.5 cm（3 in）

植株大小
20～36 cm × 20～30 cm（8～14 in × 8～12 in），包括花莛，其花莛直立，仅具单花，下垂，短于叶

青灯南捧心兰
Sudamerlycaste dyeriana
Green Lantern

(Sander ex Masters) Archila, 2002

青灯南捧心兰常悬垂在树枝下方，其假鳞茎蓝绿色，几乎为圆形，扁平，生有折叠状的狭披针形叶。其花莛数枚，从假鳞茎基部发出，大部分覆有膨大的苞片。其花芳香，开放时间长，面朝下方。南捧心兰属的学名 *Sudamerlycaste* 来自 *Sudamerica*（在西班牙语中意为“南美洲”）和 *Lycaste*（捧心兰属），指这一群植物从捧心兰属分出，但仅见于南美洲，而与该属的典型种类不同。

青灯南捧心兰的传粉者，据推测是夜行性蜂类。绿色和白色的花基本上都与夜间活动的昆虫有关；但其花无狭长的蜜距，而这是由蛾类传粉的花的典型特征。

青灯南捧心兰的花的花瓣和萼片革质，绿色至蓝绿色，形成杯状；花瓣多少短于萼片；唇瓣也为绿色，边缘有须毛，具 2 枚直立的侧裂片，并有一枚鞍状胼胝体。

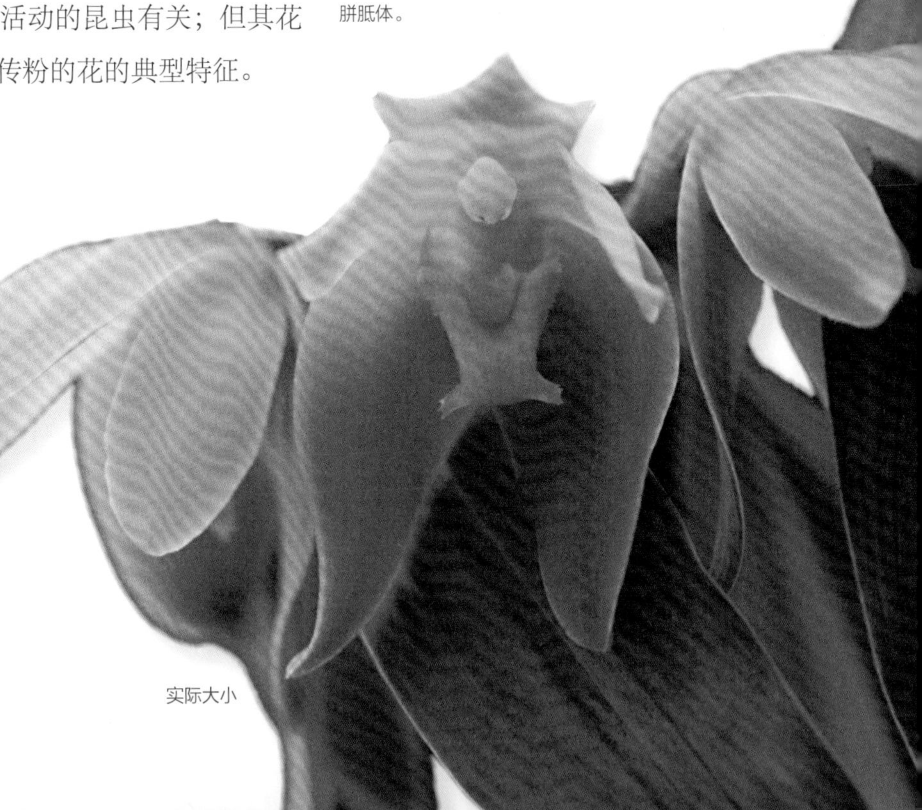

实际大小

亚科	树兰亚科
族和亚族	兰族，腭唇兰亚族
原产地	厄瓜多尔
生境	云雾林，海拔 1,000～1,500 m（3,300～4,920 ft）
类别和位置	附生
保护现状	未评估
花期	3 月至 5 月（春季）

花的大小
1.3 cm（½ in）

植株大小
20～36 cm × 5～8 cm（8～14 in × 2～3 in），包括花莛，其花莛仅具单花，长 5～10 cm（2～4 in），远比叶短

丰角兰

Teuscheria cornucopia

Ecuadorean Cornucopia Orchid

Garay, 1958

实际大小

丰角兰的根状茎长，疏生有球形假鳞茎，每条假鳞茎生有单独一片叶，叶狭披针形，基部围有纸质的鞘。其花莛仅具单独一朵花，花上下颠倒，有距。丰角兰属的学名 *Teuscheria* 纪念的是兰花研究者和景观建筑师亨利·特伊舍（Henry Teuscher, 1891—1984），他是蒙特利尔植物园的创始人之一，也是第一任园长。种加词 *cornucopia*（丰饶之角）以及中文名“丰角兰”均指其花长管状，形如丰饶之角——在古希腊神话中，丰饶之角是一根折下的山羊角，其中装有主人最喜欢的各种食物。

目前尚无有关本种传粉的研究。不过，其花形以及开口宽阔的蜜距均符合蜂类传粉的特征，蜂类可将花粉块沾在胸前的小盾片上。

丰角兰的花的萼片 3 枚，前伸，浅粉红色至白色；花瓣颜色和大小与萼片类似，反曲；唇瓣 3 裂，短于萼片，中裂片又短于 2 枚侧裂片，侧裂片常有一些粉红色条纹。

亚科	树兰亚科
族和亚族	兰族，腭唇兰亚族
原产地	委内瑞拉西北部至秘鲁北部
生境	云雾林，海拔 2,000~3,000 m（6,600~9,850 ft）
类别和位置	附生于多藓类的树干上，有时地生，生于多藓类的岸边
保护现状	未评估
花期	12 月至 2 月（冬季）

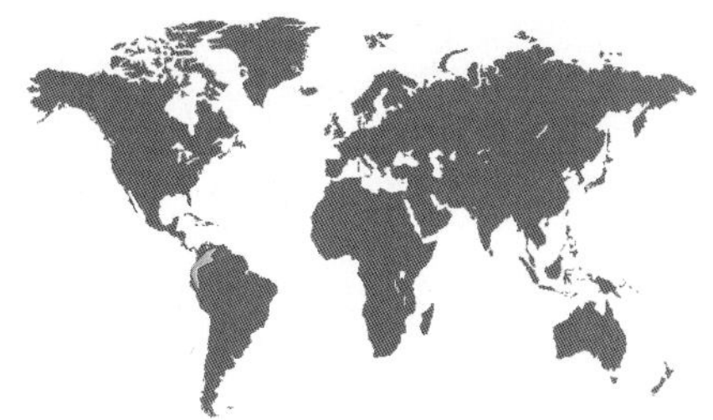

狮口长寿兰
Xylobium leontoglossum
Lion's Mouth
(Reichenbach fils) Bentham ex Rolfe, 1889

花的大小
3 cm（1¼ in）

植株大小
25~46 cm x 10~15 cm（10~18 in x 4~6 in），不包括花序，其花序弓曲至直立，短于叶，长 15~30 cm（6~12 in）

狮口长寿兰的假鳞茎簇生，卵球形，每条顶端各生有单独一片叶。叶折扇状，有长柄，椭圆形至披针形。其花序总状，侧生，弓曲至直立，有苞片，具 10~30 朵疏松排列的花。长寿兰属的学名 *Xylobium* 来自古希腊语词 xylon（木头）和 bios（生存），指属下各种的附生习性。本种的种加词 *leontoglossum* 则来自 leo（狮子）和 glossum（舌），中文名"狮口长寿兰"由此得名。

长寿兰属一些种已经观察到由无螫刺的无刺蜂属 *Trigona* 传粉，但对狮口长寿兰的传粉还无观察。花无明显的回报，也无距，尽管其侧萼片和唇瓣基部形成了中空的凹穴。本种的花也非常芳香。

狮口长寿兰的花的萼片为乳黄色，有红点，顶端开展；花瓣带状，宽展；唇瓣中央有具脊的胼胝体，3 裂，2 枚侧裂片围抱短花蕊柱。

实际大小

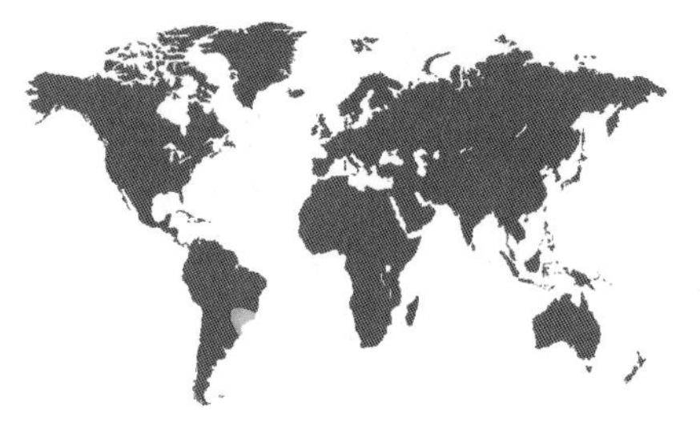

亚科	树兰亚科
族和亚族	兰族，文心兰亚族
原产地	巴西东南部
生境	稠密热带森林与较开放植被之间的过渡地区，海拔 200~700 m（650~2,300 ft）
类别和位置	附生
保护现状	无危
花期	春季

花的大小
7 cm（2¼ in）

植株大小
13~25 cm × 8~13 cm（5~10 in × 3~5 in），包括花莛，其花序直立至弓曲，仅具单花，长 8~20 cm（3~8 in）

新月喜兰
Aspasia lunata
Crescent Moon

Lindley, 1836

新月喜兰属于喜兰属 *Aspasia*，这是与长萼兰属 *Brassia* 和堇花兰属 *Miltonia* 近缘的一个属。本种虽可在局地形成大片居群，但仍是一种较少能遇到的兰花。本种多为附生，在自然条件下从不会照到充足的阳光。喜兰属很可能以古希腊人物阿斯帕西娅命名，她是雅典政治家伯里克利的情人和伙伴；不过，当林德利在 1836 年首次描述喜兰属时，并没有清楚地指出其词源。其种加词 *lunata* 意为“新月形的”，中文名即本于此，但这样命名的理由也不清楚。

尽管到目前为止尚无观察过本种的传粉，但同属的另一种产自巴拿马的巴拿马喜兰 *Aspasia principissa* 有记录表明由兰花蜂传粉。雄蜂和雌蜂都会为艳丽芳香的花朵所吸引，到由唇瓣和合蕊柱基部形成的（空）凹穴中搜寻花蜜。

实际大小

新月喜兰的花的萼片和花瓣为披针形，橄榄绿色，密布红褐色的大小斑点；唇瓣扁平，宽阔，白色，部分与合蕊柱合生；中裂带紫红色至近蓝色，有 2 道白色的脊，伸向基部的凹穴。

亚科	树兰亚科
族和亚族	兰族，文心兰亚族
原产地	尼加拉瓜、哥斯达黎加、巴拿马、委内瑞拉、哥伦比亚、厄瓜多尔和秘鲁，分布于安第斯山两麓
生境	热带雨林，海拔 300～1,500 m（985～4,920 ft）
类别和位置	附生，稀生于陡峭岸边
保护现状	无危
花期	全年，但较常在夏季

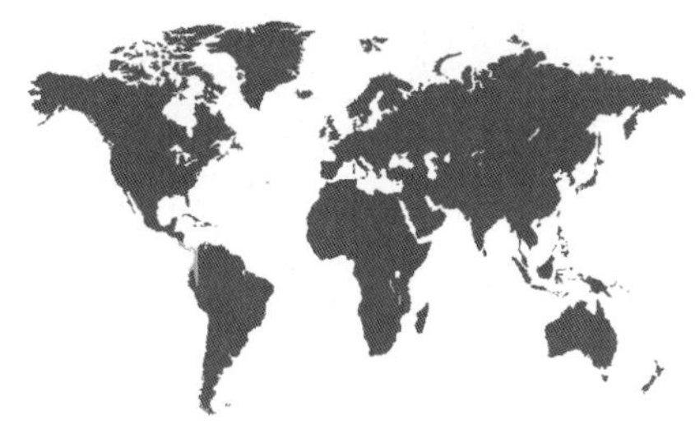

弓序长萼兰

Brassia arcuigera

Arching Spider Orchid

Reichenbach fils, 1869

花的大小
25 cm（10 in），
但在一些植株中萼片长可
达这一数量的近两倍

植株大小
30～51 cm × 5～8 cm
（12～20 in × 2～3 in），
不包括花序，其花序弓曲，
长 51～71 cm（20～28 in）

长萼兰属 *Brassia* 的花——特别是本种的花——有极为狭长的萼片和花瓣，往往让人觉得像大蜘蛛，其英文名（意为“弓曲蜘蛛兰”）由此得名。本种粗壮茂盛，假鳞茎粗大，叶大而呈披针形，花序硕大，为大型弓曲的总状花序（种加词 *arcuigera* 意为“带弓的”，即指此），其上生有 15 朵以上的花。花巨大，在花序两侧交替排列。长萼兰属的学名以威廉・布拉斯（William Brass）的名字命名，他是 18 世纪的一位插画师及非洲植物的采集者。

目前已经观察到雌性胡蜂是长萼兰属兰花的传粉者，据说它们会试图蜇刺唇瓣上的胼胝体。这些胡蜂先通过蜇刺使蜘蛛陷入瘫痪，然后便在其身上产卵，孵出的幼虫即以蜘蛛作为最初的食物。不过，在常人眼里看来，弓序长萼兰的唇瓣并不是特别像蜘蛛。

弓序长萼兰的花的花被片长而形似蜘蛛，为黄绿色至米黄色，布有不规则的褐色斑点；唇瓣铲形，颜色较浅，顶端渐尖，在基部的黄色胼胝体附近则有褐色斑点。

实际大小

亚科	树兰亚科
族和亚族	兰族，文心兰亚族
原产地	委内瑞拉、哥伦比亚和厄瓜多尔
生境	冷湿的热带森林，海拔 2,000~2,500 m（6,600~8,250 ft）
类别和位置	附生
保护现状	无危
花期	晚冬至早春

花的大小
3 cm（1¼ in）

植株大小
20~36 cm × 20~30 cm（8~14 in × 8~12 in），不包括花序，其花序弓曲，长 30~51 cm（12~20 in），长于叶

丘茧兰

Brassia aurantiaca

Orange Claw

(Lindley) M. W. Chase, 2011

丘茧兰的花和长萼兰属 *Brassia* 大多数种不同，不完全开放，且紧密成束，每枚花莛可有多至 18 朵花。单朵花的形态所缺乏的优势，可以由集中展示的很多艳丽花朵大大补偿。本种生长在高海拔的冷湿森林中，艳丽的花朵在通常呈深绿色的背景之上十分显眼。本种的假鳞茎细长，纺锤形，多枚簇生，每条假鳞茎可发出 1~3 枚花序。

丘茧兰与长萼兰属其他大多数种不同，是该属中唯一适应蜂鸟传粉的种。如果将其花被片强行展开，则花形将与长萼兰属的典型种类相似，也有细长的萼片和花瓣。

丘茧兰的花为亮橙色；萼片和花瓣披针形，渐尖，基部偶尔有紫褐色斑点。

实际大小

亚科	树兰亚科
族和亚族	兰族，文心兰亚族
原产地	厄瓜多尔那波省及法属圭亚那
生境	低海拔雨林中的极为荫蔽处
类别和位置	附生于多藓类的幼枝上，常生于树冠层中
保护现状	未评估，但因常被人忽略，也少有采集，可能比预计的更多见
花期	春季

紫点独活兰
Caluera vulpina
Purple-spotted Luer Orchid

Dodson & Determann, 1983

花的大小
0.6 cm（¼ in）

植株大小
直径 2.5 cm（1 in），不包括与叶差不多等长的花序

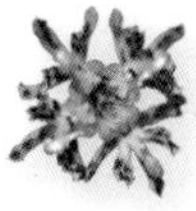

实际大小

紫点独活兰与独活兰属 *Caluera* 这个小属中的其他种一样，由 4~5 朵花组成伞形花簇。其花很可能由采油蜂类传粉，因为排列成这种形状，而可与广布于中南美洲的亲缘大属鸟首兰属 *Ornithocephalus* 相区别。独活兰属兰花的植株呈扇形，叶的内表面合生，使其上下表面完全等同。

本种在标本馆中只有很少的采集记录，但因为其植株微小，经常被人忽略，很可能要更为多见。独活兰属的学名纪念的是兰花专家卡莱尔·A. 卢尔（Carlyle A. Luer, 1922—　），他是学术期刊《落罩兰》（*Selbyana*）的创办人，该期刊由位于美国佛罗里达州萨拉索塔的玛丽·塞尔比（Marie Selby）植物园主办，关注于附生植物（特别是兰花）的分类。

紫点独活兰的花的萼片和花瓣开展，线形；唇瓣心形，中部有凹穴；合蕊柱“T”形，前突。

亚科	树兰亚科
族和亚族	兰族，文心兰亚族
原产地	巴西南部（埃斯皮里图桑托州）至阿根廷北部
生境	树木较小的枝条上，生于地衣和藓类间，分布于从海平面至海拔 500 m（1,640 ft）处
类别和位置	附生
保护现状	无危
花期	春季

花的大小
1 cm（⅜ in）

植株大小
2.5～8 cm × 2.5 cm（1～3 in × 1 in），不包括花序，其花序下垂，长 5～10 cm（2～4 in）

丰花铁针兰
Capanemia superflua
Floriferous Needle Orchid

(Reichenbach fils) Garay, 1967

丰花铁针兰是一种微型兰花，其叶短小，针状，可为许多可爱的小花所掩盖。其花序总状，下垂，每枚密生有大约 12 朵或更多的花。其圆柱形的叶在基部为纸质鳞片所包围，整个植株在不开花的时候形如凤梨科铁兰族的某种小型空气凤梨。

本种为附生兰，大多生于为地衣和藓类所覆盖的细枝上，着生位置限于树冠的外侧部分。在其原产生境中，本种的植株通常寿命不长，因为宿主幼枝的形态特征在其发育过程中会改变，保持湿润状态的时间越来越长，也更湿润，从而不再适宜本种生长。目前铁针兰属 *Capanemia* 中已有一个种的传粉得到记录。访花者是巴西胡蜂属 *Polybia* 的一个种，为一种社会性胡蜂，前来采集唇瓣基部凹穴中分泌的花蜜。

丰花铁针兰的花小型，通常为白色或浅粉红色；唇瓣上紧挨蜜穴前方生有黄色胼胝体；萼片和花瓣形似，内曲。

实际大小

亚科	树兰亚科
族和亚族	兰族，文心兰亚族
原产地	哥伦比亚、厄瓜多尔
生境	湿润森林，海拔 2,700～2,800 m（8,900～9,200 ft）
类别和位置	附生
保护现状	分布局限，因滥采和森林砍伐而受威胁
花期	全年

蝶状高加兰

Caucaea phalaenopsis

Andean Moth Orchid

(Linden & Reichenbach fils) N. H. Williams & M. W. Chase, 2001

花的大小
3.8 cm（1½ in）

植株大小
13～46 cm × 8～15 cm（5～18 in × 3～6 in），不包括花序

蝶状高加兰的假鳞茎为卵球状锥形，其上生有 2 片线状倒披针形的叶。其总状花序纤细，弓曲，长可达 60 cm（24 in），生有多达 15 朵的芳香的花。本种和同属其他种喜凉，不习惯生长在温暖条件下，因此栽培会导致其花形和花色发生变化。一些用栽培植株描述的种在野外从未有人见过。

高加兰属的学名 *Caucaea* 以哥伦比亚的考卡河（Cauca River）谷命名，但这个属的兰花可见于从委内瑞拉到厄瓜多尔的安第斯山区。目前尚未记录过其传粉过程，但其花色和花形暗示传粉者为蜂类。以前，该属的种曾置于文心兰属 *Oncidium*，但它们和文心兰属只有很远的亲缘关系。

实际大小

蝶状高加兰的花的萼片和花瓣为白色，布有细小的粉红色斑点或斑块，边缘略呈波状；唇瓣 3 裂，侧裂片有紫红色斑点，顶裂片再 2 裂；胼胝体黄色，具 3 个角状突起；合蕊柱兜帽状。

亚科	树兰亚科
族和亚族	兰族，文心兰亚族
原产地	巴西东南部（米纳斯吉拉斯州、里约热内卢州和圣保罗州）
生境	多藓类的森林
类别和位置	附生
保护现状	未评估，但稀见，极可能已濒危
花期	4月至6月（秋季）

花的大小
0.8 cm（⅜ in）

植株大小
5~9 cm × 2.5~3.8 cm（2~3½ in × 1~1½ in），不包括花序

飞使兰
Centroglossa tripollinica
Flying Angel Orchid

Barbosa Rodrigues, 1882

实际大小

飞使兰是一种体形微小的兰花，其假鳞茎圆形，略压扁，基部围有1~3片鞘状叶，顶端则生有单独一片线形的革质叶。其根纤细，但被有短毛。花序纤细，有少数花，约与叶等长。

本种生长的地区是巴西的大西洋沿岸森林，这里以其高度的生物多样性著称，还有其他很多微型兰花也生长在这里。本种的传粉尚无研究，但它以前所归属的鸟首兰亚族 Ornithocephalinae 的大多数属由采油蜂类所访问。本种的长距中空，因此其传粉一定采取了某种形式的欺骗策略。

飞使兰的花的萼片3枚，绿色，开展；花瓣2片，白色，圆形，开展；唇瓣白色，漏斗形；合蕊柱形状独特，基部附生有2枚长臂，几与合蕊柱本身等长。

亚科	树兰亚科
族和亚族	兰族，文心兰亚族
原产地	巴西东南部
生境	大西洋雨林
类别和位置	附生
保护现状	未评估
花期	7月至8月（冬季）

穴舌兰
Chytroglossa aurata
Golden Cave-lip Orchid

Reichenbach fils, 1863

花的大小
1.3 cm（½ in）

植株大小
5～10 cm × 10～15 cm（2～4 in × 4～6 in），不包括长达 15 cm（6 in）的花序

穴舌兰为一种微型兰花，其茎短，叶簇生，含有几片纤细具脊的叶。每条小型假鳞茎上均生有 1~2 片叶。总状花序下垂，纤细，生有多至 10 朵花。花黄色，有红色泼溅状斑痕和斑点，其下托以抱茎的心形苞片。穴舌兰开出的花的总面积经常比叶组织的面积更大。但如果本种不在花期，其微小的植株则会逃过大多数人的眼睛。

目前对其传粉一无所知，但和它所在的一群属（以前置于单独的鸟首兰亚族中）的大多数成员一样，最可能由某种采油蜂类传粉。其唇瓣基部有一个浅凹穴，其上覆有能分泌油质的腺毛，但花中通常不存在明显的油质。

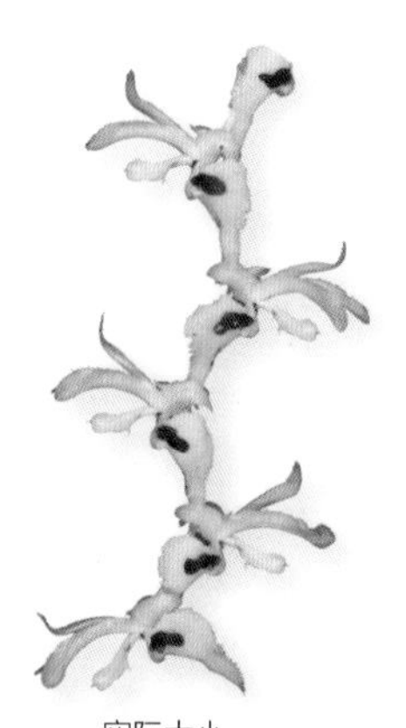

实际大小

穴舌兰的花的萼片和花瓣形似，略呈绿色，均有啮蚀状（不规则波状）边缘；唇瓣阔心形，中部有浅凹穴。

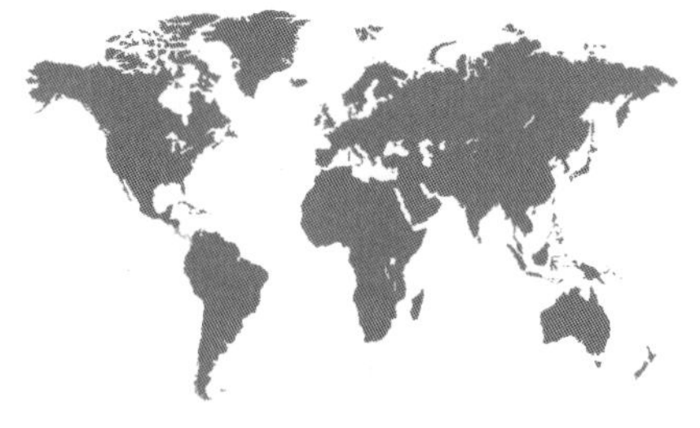

亚科	树兰亚科
族和亚族	兰族，文心兰亚族
原产地	哥斯达黎加、巴拿马和哥伦比亚
生境	热带湿润森林，海拔 500 ~ 1,000 m（1,640 ~ 3,300 ft）
类别和位置	附生
保护现状	无危
花期	春季

花的大小
2.5 cm（1 in）

植株大小
13 ~ 20 cm × 8 ~ 10 cm（5 ~ 8 in × 3 ~ 4 in），包括花序，其花序弓曲下垂，长 5 ~ 10 cm（2 ~ 4 in）

西施兰
Cischweinfia pusilla
Schweinfurth's Orchid

(C. Schweinfurth) Dressler & N. H. Williams, 1970

实际大小

西施兰的花的花被片为栗褐色，顶端通常为奶黄色；唇瓣白色，喉部有黄色至褐色的斑块，胼胝体为黄色至褐色；合蕊柱具一个兜帽状物，覆于其顶端之上。

西施兰的假鳞茎扁平，紧密簇生，每条顶端有一片（稀为 2 片）叶，其基部又可生出 1~3 枚叶状鳞片。从假鳞茎基部发出 1~2 枚花序，在叶丛中呈优雅的弓曲。西施兰属的学名 *Cischweinfia* 是为纪念查尔斯 · I. 施韦因富特（Charles I. Schweinfurth, 1890—1970），他是哈佛大学欧克斯 · 艾姆斯兰花标本馆的兰花部主任。因为在和兰科无关系的车前科中已经有了 *Schweinfurthia* 这个属名，命名人因此改用他的名字首字母缩写（CI）与姓氏的一部分拼合成新的属名。

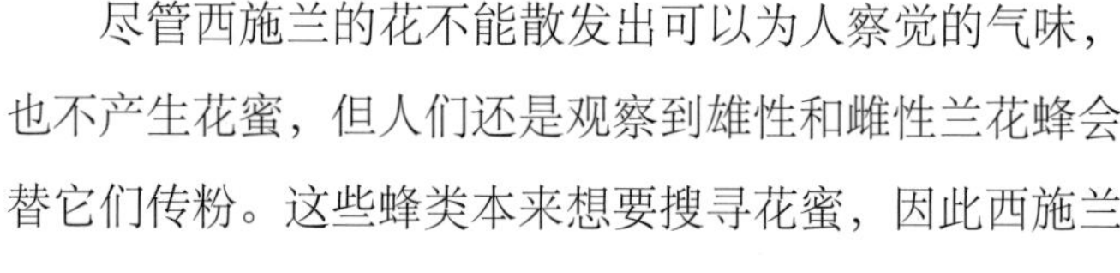

尽管西施兰的花不能散发出可以为人察觉的气味，也不产生花蜜，但人们还是观察到雄性和雌性兰花蜂会替它们传粉。这些蜂类本来想要搜寻花蜜，因此西施兰采取了欺骗策略，在外形上假装成一种可以为传粉者提供回报的花。

亚科	树兰亚科
族和亚族	兰族，文心兰亚族
原产地	哥伦比亚
生境	近水道处的灌丛，常生于栽培的番石榴树或柑橘树上，海拔 1,200～1,800 m（3,950～5,900 ft）
类别和位置	附生
保护现状	无危
花期	冬季

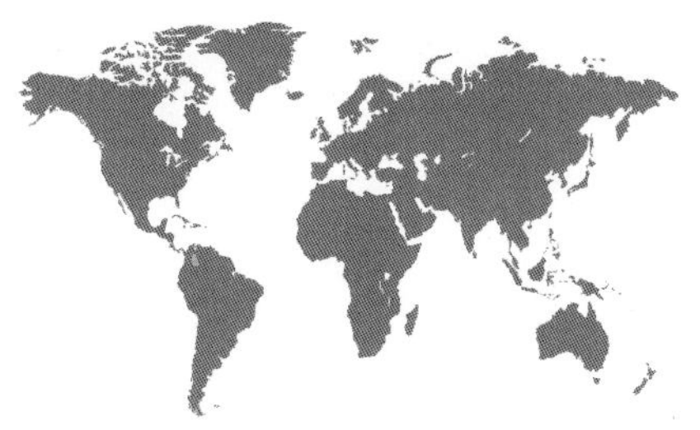

大距凹唇兰
Comparettia macroplectron
Spotted Butterfly Orchid
Reichenbach fils & Triana, 1878

花的大小
5～6 cm（2～2⅜ in）

植株大小
10～15 cm × 2.5 cm（4～6 in × 1 in），不包括花序，其花序弓曲下垂，有时有稀疏分枝，长 20～38 cm（8～15 in）

尽管凹唇兰属 *Comparettia* 大多数种是体形微小的附生植物，这些靠鸟类和蝶类传粉的兰花却有绚丽夺目的色彩。大距凹唇兰的总状花序长而优雅，其花为艳丽的粉红色，并有可爱的紫红色至粉红色的斑点。其种加词 *macroplectron* 来自古希腊语词 macro（大，长）和 plectron（距），指蜜距很长。

凹唇兰属的种可为其蝶类传粉者提供花蜜作为回报。然而，其花蜜质量不高，糖分含量较低，因此蝶类通常只是偶尔访问少数几次，为此消耗的能量反而多于访花之后获得的能量。尽管凹唇兰属兰花现在大多见于栽培果树（常为被遗弃的果树）的幼枝上，但其天然生境可能是森林中较高的树木。一旦这些树被砍伐，这些兰花就移居到替代它们的栽培树木之上。

大距凹唇兰的花通常呈深浅不同的粉红色，具紫红色至深粉红色的细小斑点；花瓣和萼片多少退化；唇瓣宽阔，圆形，具后伸的长距。

实际大小

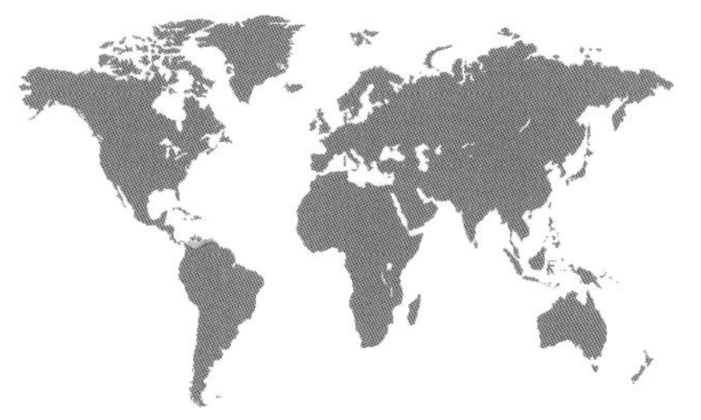

亚科	树兰亚科
族和亚族	兰族，文心兰亚族
原产地	委内瑞拉和哥伦比亚
生境	中度湿润的森林，海拔 1,000 ~ 2,500 m（3,300 ~ 8,200 ft）
类别和位置	附生
保护现状	无危
花期	4 月至 5 月（春季）

花的大小
0.5 cm（⅛ in）

植株大小
10 ~ 15 cm × 5 ~ 8 cm（4 ~ 6 in × 2 ~ 3 in），不包括花序，其花序侧生，弓曲至下垂，长8 ~ 15 cm（3 ~ 6 in）

肢唇兰
Comparettia ottonis
Yellow Scoop Orchid

(Klotzsch) M. W. Chase & N. H. Williams, 2008

肢唇兰的假鳞茎小型，圆柱状，几乎全为大型鳞片所覆盖，顶生单独一片阔披针形的叶。其花序可有多至15朵花。本种的英文名为Yellow Scoop Orchid（黄勺兰），指花的形似像舀面粉或食糖的深勺。本种以前曾置于肢唇兰属 *Scelochilus*，其学名来自古希腊语词skelos（腿）和kheilos（唇），指唇瓣基部有2枚细长、腿状的附属物。

本种的花色、香甜的气味、花形以及短而后伸的距都符合由小型蜂类传粉的特征（但到目前为止还未被观察证实）。其花虽开口不阔，但足以让小型昆虫进入，这些昆虫可以在花距中搜寻到由一对短角状突起分泌的花蜜。

肢唇兰的花的萼片和花瓣为狭披针形，亮黄色，形成围抱唇瓣的狭管形，内面有红紫色的条纹；唇瓣亦为黄色，有红色斑块，略长于花被管。

实际大小

亚科	树兰亚科
族和亚族	兰族，文心兰亚族
原产地	墨西哥西部和中部，产于哈利斯科州、米却肯州和锡那罗亚州
生境	松－栎林，海拔 1,400～2,200 m（4,600～7,200 ft）
类别和位置	附生
保护现状	因滥采和生境破坏而濒危
花期	5 月至 10 月（晚春至秋季）

战王兰
Cuitlauzina pendula
Aztec King

Lexarza, 1825

花的大小
5 cm（2 in）

植株大小
20～30 cm × 13～25 cm（8～12 in × 5～10 in），不包括长 25～76 cm（10～30 in）的下垂花序

战王兰的假鳞茎紧密簇生，卵球形，侧扁，每条顶端生有 2 片宽阔的革质叶。在假鳞茎本身长成之前，从新生植株的叶腋会发出下垂的总状花序，具 6~20 朵花。花有蜡状光泽，开放时间长，有柠檬气味。本种在其天然生境中可形成大丛，使其下垂的花序构成引人注目的美丽景象。

战王兰属 *Cuitlauzina* 如此俊美，其学名是纪念阿兹特克国王奎特拉瓦津（Cuitlahuatzin，或叫奎特拉瓦克 Cuitlahuac, 1476—1520），他是蒙特祖马的兄弟，是墨西哥早期公园的一位著名的设计者。本种的中文名“战王兰”即据此命名。尽管目前尚无与本种传粉有关的报道发表，但其花形却与墨西哥常见的多种开黄花的文心兰属 *Oncidium* 兰花相同，只是花色为白色至粉红色。那些文心兰属兰花由蜂类传粉，它们搜寻花中油质，与花粉混合作为食物饲喂幼虫。战王兰可能也有类似的传粉过程。

战王兰的花的花瓣和萼片为白色，有时粉红色或带粉红色色调，宽阔；花瓣有短爪；唇瓣通常粉红色，基部狭窄，黄色，有红色斑点；唇瓣顶端有 2 枚宽阔的裂片；合蕊柱有翅和兜帽状物。

实际大小

亚科	树兰亚科
族和亚族	兰族，文心兰亚族
原产地	南美洲西北部（哥伦比亚、厄瓜多尔、秘鲁北部）
生境	云雾林，海拔达 3,000 m（9,850 ft）
类别和位置	附生
保护现状	未评估
花期	全年，但主要从秋季到春季

花的大小
10 cm（4 in）

植株大小
30~51 cm × 25~51 cm（12~20 in × 10~20 in），不包括花序，其花序侧生，通常藤状，长可达 76~356 cm（30~140 in）

金云兰
Cyrtochilum macranthum
Golden Cloud Orchid

(Lindley) Kraenzlin, 1917

金云兰是一种绚丽的兰花，其假鳞茎锥形，簇生，包有数片鞘状叶，顶端生有 2 片线状长圆形的叶。花序侧生，粗壮，有分枝，从周围的营养器官中蔓生而出，每条侧枝生有多至 5 朵的大花。尽管它所在的凸唇兰属的学名 *Cyrtochilum* 由古希腊语词 cyrtos 和 cheilos 构成，意为“弯曲的唇”，但这个种却比较独特，并不具备这个特征。

本种由螯针蜂属 *Centris* 蜂类传粉，它们通常会从其他植物（非兰花）那里采集花中油质，与花粉混合后喂给幼虫。然而，金云兰的花并不分泌油质，所以这又是欺骗式传粉之一例。凸唇兰属有 140 种左右，曾被置于文心兰属 *Oncidium*，但其根状茎常细长，假鳞茎横断面为圆形而非压扁状，花序横出或缠绕状，而与文心兰属不同。

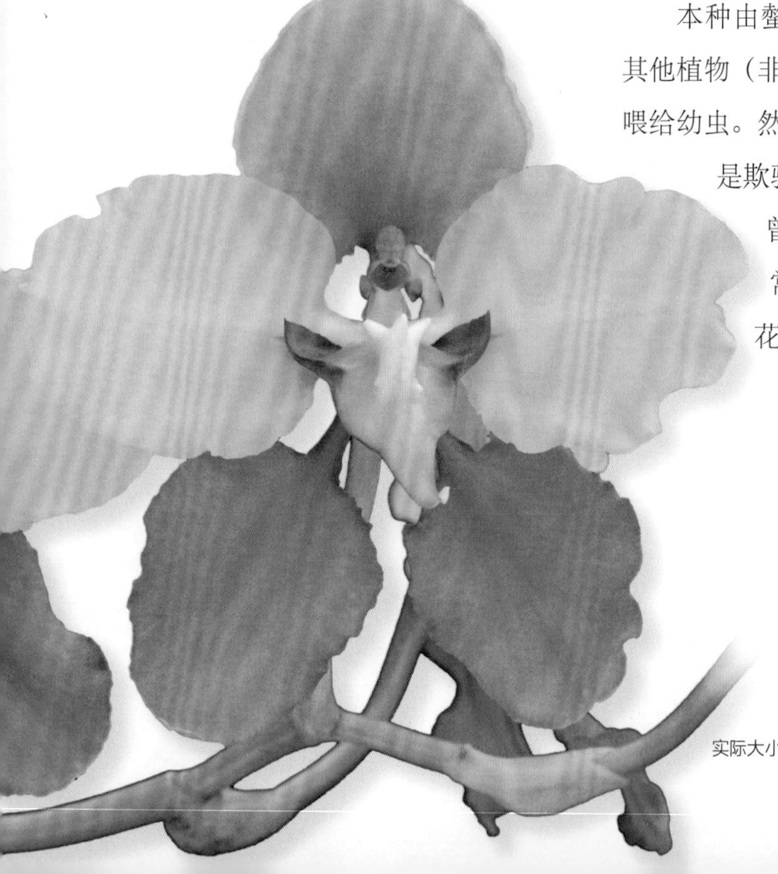

金云兰的花的萼片和花瓣大型，黄褐色或黄色，开展，有爪；唇瓣黄色，三角形，侧面顶端为血红色至紫红色，生有精致的一列角状物和瘤突；合蕊柱有 2 翅。

实际大小

亚科	树兰亚科
族和亚族	兰族，文心兰亚族
原产地	南美洲西北部，小安的列斯群岛，波多黎各
生境	潮湿的森林，海拔 600~2,000 m（1,970~6,600 ft）
类别和位置	附生
保护现状	未评估
花期	12 月至 3 月（晚冬至早春）

花的大小
1.5 cm（⅝ in）

植株大小
10~25 cm × 8~15 cm（4~10 in × 3~6 in），不包括花序，其花序直立，通常高于叶，长15~38 cm（6~15 in）

迷人角锹兰
Cyrtochilum meirax
Enchanted Dancing Lady
(Reichenbach fils) Dalström, 2000

迷人角锹兰的假鳞茎亮绿色，为卵球形至压扁状，顶端生有单独一片披针形或线形的叶。其花序的主轴呈“之”字形，扁平，横断面为三角形，从成熟假鳞茎侧面的叶鞘中发出。

实际大小

和很多亲缘种一样，本种的数朵开放时间较长的花可分泌油质，据推测是给传粉者的回报，提供给螯针蜂属 *Centris* 及其亲缘属的采油蜂类。然而，其花中的油质虽然足以吸引蜂类，却不足以回报它们，因此是欺骗性传粉的一种情况。本种的英文名意为“迷人舞女兰”，其中的“舞女兰”（Dancing Lady）是文心兰属 *Oncidium* 兰花的英文名，本种以前即曾置于该属。种加词 *meirax* 则来自古希腊语词，意为“迷人的”。

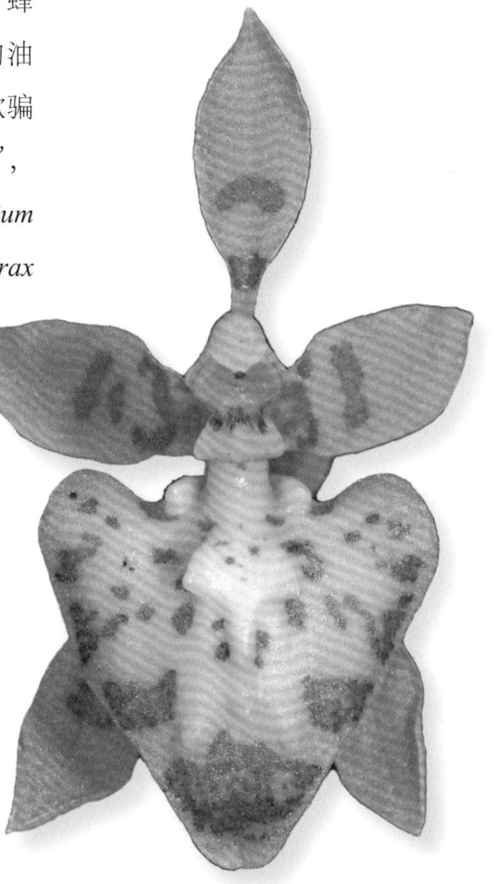

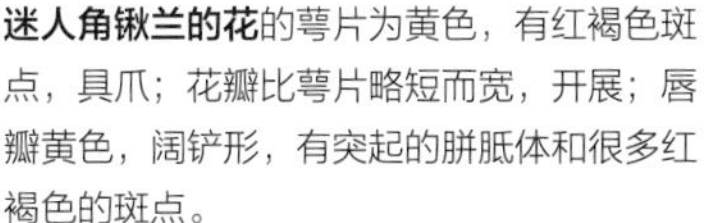

迷人角锹兰的花的萼片为黄色，有红褐色斑点，具爪；花瓣比萼片略短而宽，开展；唇瓣黄色，阔铲形，有突起的胼胝体和很多红褐色的斑点。

亚科	树兰亚科
族和亚族	兰族，文心兰亚族
原产地	南美洲西部，从厄瓜多尔至秘鲁北部
生境	湿润的云雾林和矮林，海拔 2,000～3,000 m（6,600～9,850 ft）
类别和位置	附生于多藓类的树上，或为地生，生于陡坡上
保护现状	未评估
花期	夏秋季

花的大小
1.5 cm（⅝ in）

植株大小
51～89 cm × 51～76 cm
（20～35 in × 20～30 in），
不包括花序，其花序直立
至弓曲，有分枝，
长76～140 cm（30～55 in），
长于叶

三肋金锹兰
Cyrtochilum tricostatum
Yellow Spade Orchid

Kraenzlin, 1922

实际大小

三肋金锹兰的假鳞茎大型，锥状，假鳞茎上有几片重叠的鞘状叶，包围假鳞茎的一部分，顶端则生有 2 片狭长的叶。其花序分枝很多，从成熟假鳞茎的叶腋发出，花序侧枝呈“之”字形，生有多花。花肉质，唇瓣铲形或锹形，故中文名为“三肋金锹兰”。其花甚小，与整个植株的巨大体形形成鲜明对比。本种现属于凸唇兰属 *Cyrtochilum*，其学名来自古希腊语词 cyrtos（弯曲）和 cheilos（唇）。

在三肋金锹兰栖息的多雾的高海拔生境中，能分泌油质的植物不多，但本种似乎仍然在模拟这些植物的花，以吸引采油蜂类。本种实际上并不分泌任何油质，所以又是欺骗式传粉的另一种情况。

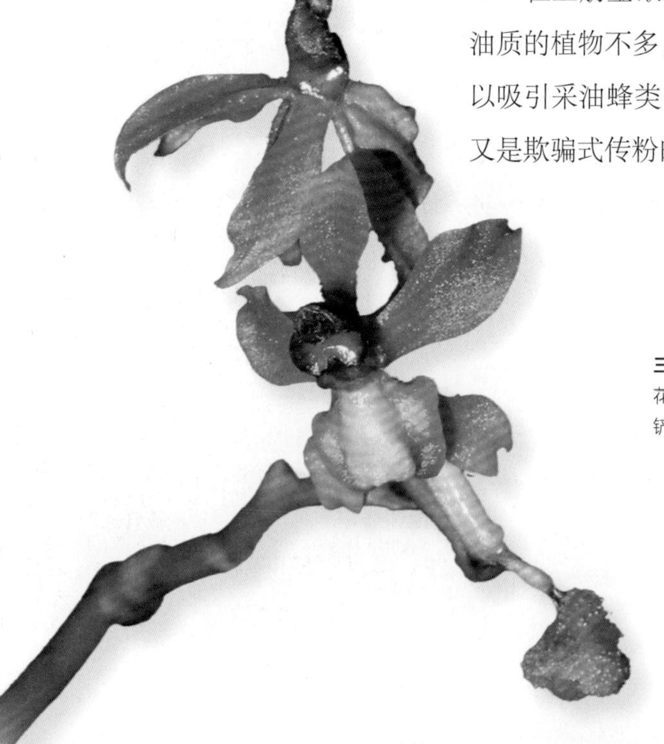

三肋金锹兰的花的萼片亮黄色，有爪，匙状；花瓣较宽，直立，开展；唇瓣黄色至略呈橙色，铲形，有增厚的胼胝体；合蕊柱有时为红褐色。

亚科	树兰亚科
族和亚族	兰族，文心兰亚族
原产地	哥伦比亚（昆迪纳马卡省）
生境	云雾林，海拔约 2,000 m（6,600 ft）
类别和位置	附生于荫蔽处的潮湿树枝上
保护现状	未评估
花期	3 月

哥伦比亚小巾兰
Eloyella cundinamarcae
Thingumy Orchid

(P. Ortiz) P. Ortiz, 1979

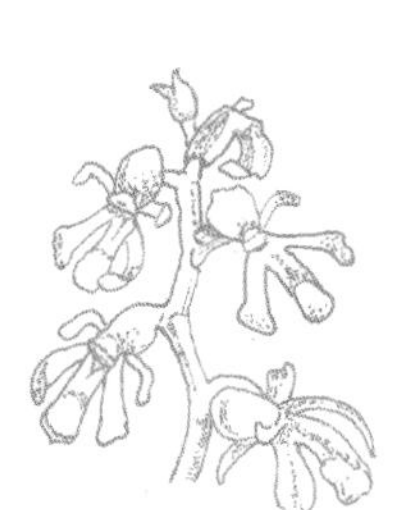

花的大小
0.6 cm（¼ in）

植株大小
1.3 cm × 2.5 cm
（½ in × 1 in），不包括花序，其花序横截面为三角形，长1.3 ~ 2.5 cm（½ ~ 1 in）

哥伦比亚小巾兰是一种非常袖珍的兰花，其叶直立，镰形，相互重叠，形成小扇形，在其中部藏有圆形的假鳞茎。从叶腋抽出花茎，其上生有 2~6 朵微小的花。本种即使大量生长并处在花期，也仍然常常被人忽视。小巾兰属 *Eloyella* 的学名纪念的是哥伦比亚植物学家埃罗伊·瓦伦瑞拉（Eloy Valenzuela, 1756—1834）。本种的英文名意为“辛古米兰”，辛古米（Thingumy）是芬兰动漫《姆明谷》（*Moomin Valley*）中的小怪物之一，在（和朋友鲍勃一起）寻找红宝石的时候会偷东西，用来给这种小巧宝石一般的兰花命名看来是比较合适的。

实际大小

目前尚未研究过本种的传粉，但它的唇瓣胼胝体似乎能分泌油质，所以可能也是由采油蜂类传粉的种。这些蜂类采到油质后会与不是兰花的其他植物的花粉混合，然后把这种混合物喂给幼虫。

哥伦比亚小巾兰的花的萼片和花瓣为白色或黄色，线形，开展，完全等大；唇瓣黄色，宽阔，反曲，中部有增厚的胼胝体；合蕊柱弓曲，有一对侧翅。

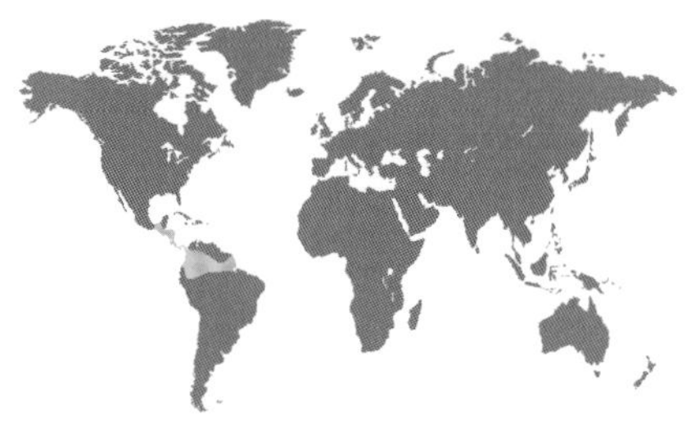

亚科	树兰亚科
族和亚族	兰族，文心兰亚族
原产地	美洲热带地区，从墨西哥至圭亚那高原、秘鲁和巴西东南部
生境	湿润的山前和河边森林，海拔至 1,000 m（3,280 ft）
类别和位置	附生
保护现状	未评估
花期	全年

花的大小
1.4 cm（½ in）

植株大小
2.5 ~ 5 cm × 2.5 ~ 5 cm（1 ~ 2 in × 1 ~ 2 in），不包括花序，其花序腋生，具相继开花的 2 至 3 朵花，长3.8 ~ 6.5 cm（1½ ~ 2½ in）

少斑矮扇兰
Erycina pumilio
Dwarf Fan Orchid

(Reichenbach fils) N. H. Williams & M. W. Chase, 2001

少斑矮扇兰是一种可爱而微小的兰花，几乎只长在最小的幼枝上——有时也生于树叶上。植株有扁平扇状的叶丛，并以纤细的根紧抱在宿主树木上。它所属的扇叶兰属 *Erycina*（以前归入矮扇兰属 *Psygmorchis*）的学名来自意大利西西里岛的埃里切山（Mount Eryx），但用这座山为该属命名的理由并不清楚。少斑矮扇兰这种小型兰花以其迅速的发育速度著称，从萌发到开花可只用大约 6 个月。有照片显示本种的植株可在番石榴和咖啡树的叶子上开花，并持续不到两个季度的时间。

本种的传粉者是采油蜂类。其花因为模仿金虎尾科植物的花而可吸引这些蜂类，但它们实际上受了欺骗，因为花中并无油质。

实际大小

少斑矮扇兰的花的萼片小型，杯状；花瓣开展，披针形；唇瓣大，精巧地 6 裂，唇瓣胼胝体生有手指状的突起；合蕊柱有一对顶生的翅。整朵花为铬黄色，有时有一些略呈红色的斑点。

亚科	树兰亚科
族和亚族	兰族，文心兰亚族
原产地	厄瓜多尔至秘鲁
生境	云雾林，海拔 2,100～3,100 m（6,900～10,170 ft）
类别和位置	附生
保护现状	未评估
花期	冬季至早春

花的大小
3 cm（1¼ in）

植株大小
8～25 cm × 2.5～5 cm（3～10 in × 1～2 in），不包括长约 2.5 cm（1 in）的短花莛

近双花栉叶兰
Fernandezia subbiflora
Scarlet Mist Orchid

Ruiz & Pavon, 1798

近双花栉叶兰为一种直立至悬垂生长的附生兰，其茎细长，覆有相互重叠而排成两列的叶。如果其茎分枝，在分枝基部可形成小植株。叶片为卵圆形，折叠状，镰刀状，密被皱纹。花莛侧生，1～4 枚（有时更多），仅具单花。本种的植株为单轴生长（生长点始终在茎顶，而不是每年都从基部发出新茎叶），这一生活习性在文心兰亚族中少见。

实际大小

本种的花为红色，暗示它由短喙的蜂鸟传粉，但尚无野外观察记录。其合蕊柱的顶端有一个兜帽状物，很可能用于引导鸟喙伸入花心，在那里沾上花粉块。现在并入栉叶兰属 *Fernandezia* 的属有花白色至绿色的玉栉兰属 *Pachyphyllum* 和花兼具褐色和黄色的金栉兰属 *Raycadenco*。

近双花栉叶兰的花为红色至橙色；萼片短，三角形，花瓣较大，开展；唇瓣宽阔，开展，与兜帽状的合蕊柱形成管状；合蕊柱的兜帽状部位为橙色，喇叭状。

亚科	树兰亚科
族和亚族	兰族，文心兰亚族
原产地	圣保罗州至里约热内卢州（巴西东南部）
生境	大西洋雨林，海拔至 1,200 m（3,950 ft）
类别和位置	附生
保护现状	未评估
花期	6 月至 8 月（冬季）

花的大小
2 cm（¾ in）

植株大小
15~25 cm × 10~20 cm（6~10 in × 4~8 in），不包括花序，其花序通常下垂，长20~38 cm（8~15 in）

猬兰
Gomesa echinata
Porcupine Orchid

(Barbosa Rodrigues) M. W. Chase & N. H. Williams, 2009

猬兰的茎短，生有近圆柱形、压扁而长形的假鳞茎，假鳞茎的基部部分为重叠而排成两列的无叶的鞘覆盖。在假鳞茎的顶端生有 2 片（稀 1 片）长圆状披针形的折叠状叶。其花序下垂，总状或稍有分枝，密被椭圆形的苞片，生有多达 50 朵的花。花的唇瓣围抱合蕊柱，这一特征在文心兰亚族中很少见，大部分种的唇瓣是敞开的。

本种的花在颜色布局上与能分泌油质的金虎尾科植物的花相同，但不能分泌油质；然而，它们可以欺骗螯针蜂属 *Centris* 及其亲缘属的蜂类，让它们以为可以从花中获取油质。本种的英文名意为“豪猪兰”，和中文名“猬兰”一样，都是对其种加词 *echinata*（在拉丁语中意为“多刺的”）的意译。

猬兰的花的 2 枚侧萼片狭窄，浅黄色；上萼片宽阔，兜帽状；花瓣为类似的黄色，大而开展；唇瓣的侧裂片直立，亮黄色，中裂片为深红褐色，有一对大齿。

实际大小

亚科	树兰亚科
族和亚族	兰族，文心兰亚族
原产地	巴西东南部（大西洋沿岸森林）
生境	中度湿润的森林，海拔 100～1,200 m（330～3,950 ft）
类别和位置	附生
保护现状	无危
花期	9 月至 10 月（春季）

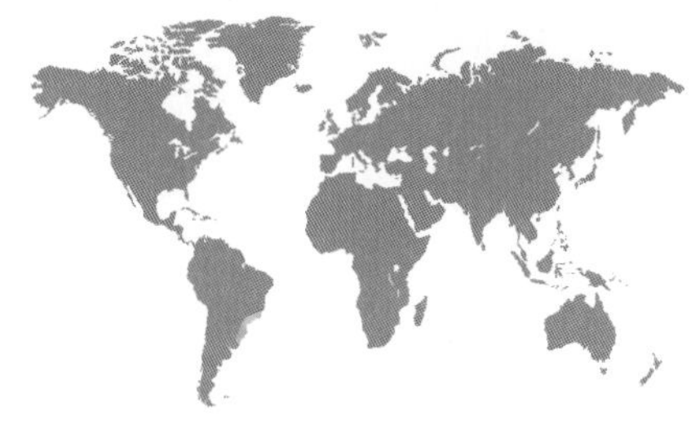

花的大小
5 cm（2 in）

植株大小
20～30 cm × 15～25 cm（8～12 in × 6～10 in），不包括花序，其花序直立至弓曲，长 25～41 cm（10～16 in）

亮花林精兰

Gomesa forbesii

Shiny Forest Sprite

(Hooker) M. W. Chase & N. H. Williams, 2009

亮花林精兰的假鳞茎扁平，卵球形，顶端有 1 或 2 片狭披针形叶。其花序生有多至 20 朵绚丽的花。本种及其亲缘种曾是文心兰属 *Oncidium* 这个大属的成员，但最近已经转移到宫美兰属 *Gomesa*。种加词 *forbesii* 纪念的是英格兰植物学家和植物采集家约翰 · 福布斯(John Forbes, 1799—1823)，中文名“亮花林精兰”则指其花有光泽，在湿润的巴西大西洋沿岸森林中很容易发现。

本种由采油蜂类传粉，这些蜂类误以为其花是和兰花没有关系的金虎尾科植物的花。唇瓣胼胝体虽然也能分泌一些油质，但不足以作为蜂类的回报。正常情况下，这些蜂类会从金虎尾科植物的花中采油，与花粉混合后饲喂给幼虫。

实际大小

亮花林精兰的花的萼片和花瓣卵圆形，亮黄色，密布栗褐色的斑点；花瓣远较萼片宽阔；唇瓣有 2 枚小型侧裂片和宽展的中裂片，亦为黄色而有大量栗褐色斑块。

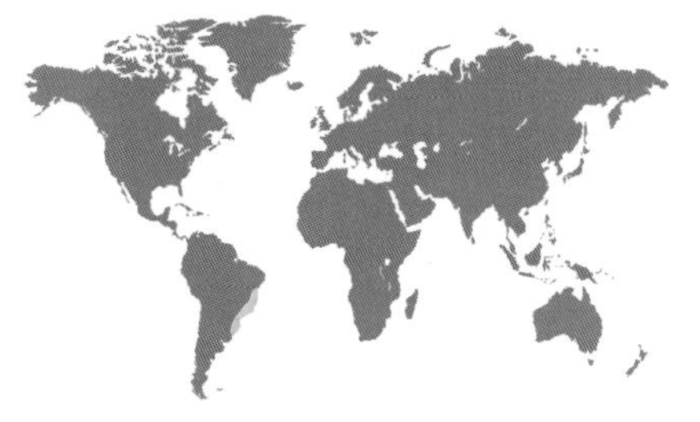

亚科	树兰亚科
族和亚族	兰族，文心兰亚族
原产地	巴西东南部和东部，从南里奥格兰德州至米纳斯吉拉斯州
生境	大西洋雨林，海拔 50~1,200 m（165~3,950 ft）
类别和位置	附生
保护现状	未评估，但局部极多见
花期	4 月至 7 月（秋冬季）

花的大小
5~8 cm（2~3 in）

植株大小
18~30 cm × 13~20 cm（7~12 in × 5~8 in），不包括花序，其花序基生，直立至弓曲，长于叶，长36~66 cm（14~26 in）

林精兰
Gomesa imperatoris-maximiliani
Brown Dancing Lady

(Reichenbach fils) M. W. Chase & N. H. Williams, 2009

林精兰的假鳞茎大型，扁平，卵球形，紧密簇生，部分为干燥的鳞片所包。其上生有 3 片披针形的革质叶及花序。花序圆锥状，直立至弓曲，有分枝，具多达 40 朵花。其花有发霉般的气味，有光泽。本种英文名意为“褐色舞女兰”，和其他很多英文名带“Dancing Ladies”字样（为文心兰亚族中的常见名字）的兰花一样，由采油蜂类传粉。然而，本种花中并无油质，所以属于欺骗式传粉。

本种以前归于文心兰属 *Oncidium*，学名叫 *Oncidium crispum*，但 DNA 研究表明它实际上属于宫美兰属 *Gomesa*。由于宫美兰属中已经有一个叫 *Gomesa crispa* 的种，本种因而改为现名。其新的种加词是纪念奥地利申布隆大公斐迪南·马克西米利安·约瑟夫（Ferdinand Maximilian Joseph, Archduke of Schönbrunn, 1832—1867），他在加冕为墨西哥皇帝马西米连诺一世之前，曾参加了前往巴西的植物考察。

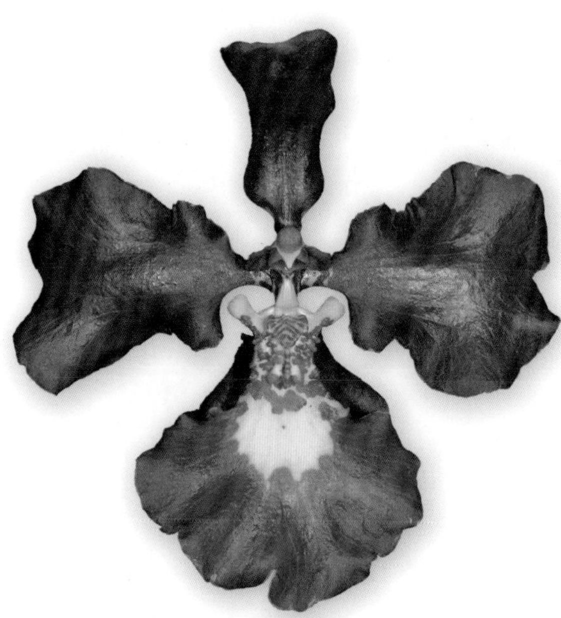

实际大小

林精兰的花的萼片和花瓣为褐色，边缘波状，有一道狭窄的黄边；萼片较狭，反曲，花瓣宽阔，开展；唇瓣顶端宽阔，渐狭为黄色的基部，基部有多疣突的胼胝体。

亚科	树兰亚科
族和亚族	兰族，文心兰亚族
原产地	巴西东部（埃斯皮里图桑托州至南里奥格兰德州）和阿根廷北部（米西奥内斯省）
生境	凉爽的大西洋沿岸森林生境，海拔 50~1,400 m（165~4,600 ft）
类别和位置	附生或地生
保护现状	未评估
花期	秋冬季

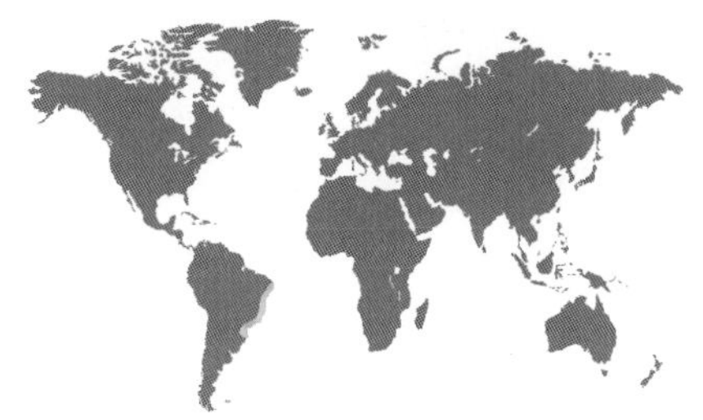

宫美兰
Gomesa recurva
Green Foxtail Orchid

R. Brown, 1815

花的大小
2 cm（¾ in）

植株大小
20~30 cm × 15~25 cm（8~12 in × 6~10 in），不包括花序

宫美兰的假鳞茎为狭卵球形，侧扁，生有 2 片叶。其叶直立，线状倒披针形，顶端尖锐，折叠状。其花序从叶腋发出，密集，弓曲，生有许多花。花下垂，芳香，由搜寻油质的蜂类传粉，但其花中只有很少量的油质。尽管这些油质可能是回报，但考虑到其量稀少，其功能更可能只是一种引诱剂——这是欺骗式传粉的又一个例子。

实际大小

一些学者在宫美兰属 *Gomesa* 中仅保留 4~6 个种；然而，该属其他种的花部特征虽然有高度歧异，但其中很多种都有由采油蜂传粉的共同特征。即使这些种花形不同，它们仍然都有合生的侧萼片，几乎是这些兰花独有的特征。

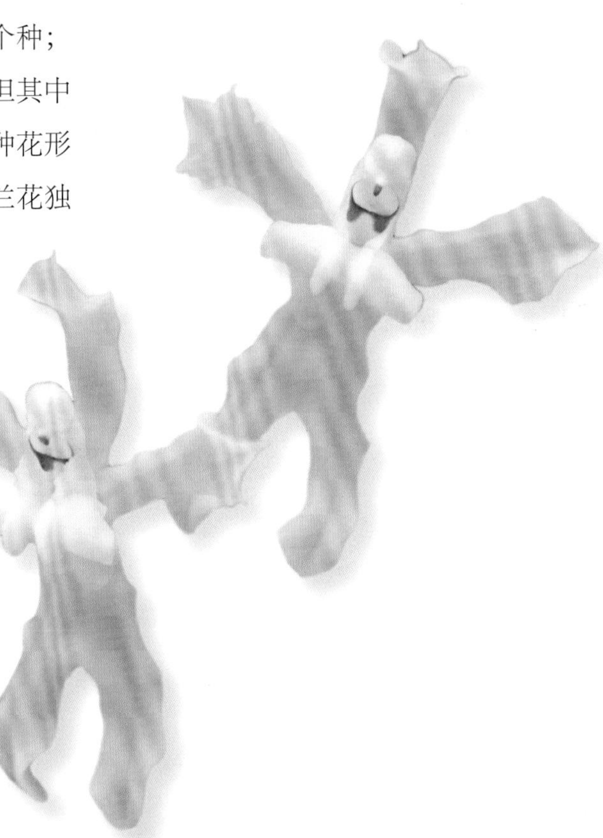

宫美兰的花的花瓣和萼片开展，舌状，绿色，边缘波状；唇瓣短得多，绿色，檐部平坦，胼胝体有脊，白色，具红橙色边缘；合蕊柱有白色药帽。

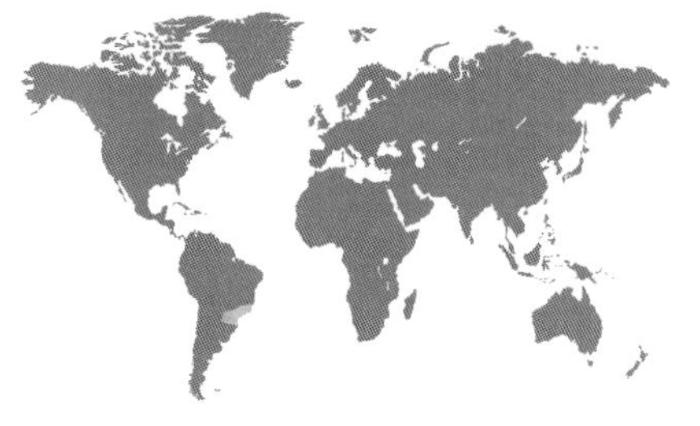

亚科	树兰亚科
族和亚族	兰族，文心兰亚族
原产地	巴西东南部至巴拉圭和阿根廷北部
生境	湿润山坡和丘脊，海拔约 1,500 m（4,920 ft）
类别和位置	附生
保护现状	未评估
花期	5 月

花的大小
2.5 cm（1 in）

植株大小
25～46 cm × 8～13 cm（10～18 in × 3～5 in），不包括花序，其花序弓曲，通常有分枝，长 76～203 cm（30～80 in）

南骡耳兰

Grandiphyllum divaricatum

Bristled Dancing Lady

(Lindley) Docha Neto, 2006

南骡耳兰的假鳞茎为黄绿色，球形至扁平，顶端生有单独一片叶，其叶长圆形，革质，直立。花序从假鳞茎基部发出，大型，有分枝，每个分枝生有 5~15 朵花，常有香气。南骡耳兰属的学名 *Grandiphyllum* 来自拉丁语词 *grandis*（大型）和古希腊语词 phyllon（叶）。该属的种在英文中常称为“Mule-Ear Oncidiums”（骡耳文心兰），因为它们之前曾被置于文心兰属 *Oncidium*。南骡耳兰的种加词 *divaricatum* 意为“有分枝的”，指花序有开展的分枝。其英文名意为“鬃毛舞女兰”，指其唇瓣的胼胝体上覆有刚毛，“舞女兰”则是形容文心兰类的花形似舞女。

本种可能由采油蜂类传粉。这是因为本种的花形似文心兰属，而后者有记录表明由这类蜂类传粉。

实际大小

南骡耳兰的花的萼片和花瓣开展，黄色，基部红褐色；唇瓣黄色，3 裂，有具刚毛的垫状胼胝体，常全部布有红褐色斑点；合蕊柱有一对布有褐色斑点的翅。

亚科	树兰亚科
族和亚族	兰族，文心兰亚族
原产地	墨西哥中部至西南部（哈利斯科、格雷罗、墨西哥、莫雷洛斯、米却肯和瓦哈卡等州）
生境	生于陡峭丘坡和山溪旁的栎－松林或稠密而潮湿的落叶林中，海拔 1,500～2,200 m（4,920～7,200 ft）
类别和位置	附生
保护现状	未评估
花期	1 月至 3 月（冬春季）

馨钟兰
Hintonella mexicana
Hinton's Orchid
Ames, 1938

花的大小
1.3 cm（½ in）

植株大小
5～8 cm × 2.5 cm（2～3 in × 1 in），包括长1.3～3.8 cm（½～1½ in）的花序

馨钟兰是一种微型兰花，其假鳞茎为小球形，每条基部包有 3~4 片鞘状叶，顶端生有单独一片具沟的叶。本种从假鳞茎基部发出 1~2 枚总状花序，弓曲，生有多至 6 朵花。其花小，有香甜气味，脆弱，但开放时间长。馨钟兰属的学名 *Hintonella* 纪念的是由冶金学家转行植物学家的乔治·布尔·欣顿（George Boole Hinton, 1882—1943），他从 1931 到 1941 年间在墨西哥的格雷罗州、米却肯州和墨西哥州一些最不易到达的地方采集了很多植物标本，其中有不少是兰花。

本种的传粉尚无研究，但其唇瓣凹穴中存在油质和腺毛（产油体），暗示它与其亲缘属鸟首兰属 *Ornithocephalus* 一样由条蜂科 Anthophoridae 蜂类传粉。这些蜂类把油质和其他植物的花粉混合，用于饲喂幼虫。

实际大小

馨钟兰的花的花瓣和萼片开展，白色，形成钟形；唇瓣白色，有一些黄色斑点或条纹，呈阔三角形，边缘和顶端均为圆形，具生满腺毛的凹穴，中央又有具柄的褶片。

亚科	树兰亚科
族和亚族	兰族，文心兰亚族
原产地	南美洲西北部，从委内瑞拉至秘鲁
生境	云雾林，海拔 1,600～2,400 m（5,250～7,875 ft）
类别和位置	附生于多藓类的暴露灌木上
保护现状	未评估，因为其形体小，易被忽略，所以可能比预计的更多见
花期	全年

花的大小
1.3 cm（½ in）

植株大小
2～3.8 cm × 2～3.8 cm（¾～1½ in × ¾～1½ in），不包括高 4～6 cm（1⁹⁄₁₆～2⅜ in）的直立花序

鹳喙兰

Hofmeisterella eumicroscopica
Squid Orchid

(Reichenbach fils) Reichenbach fils, 1852

实际大小

鹳喙兰是一种生于多藓类的暴露枝条上的微小兰花。其叶簇生，线形，肉质，其通常折叠在内的一面合生，而仅剩一个表面，也即叶两侧有相同的结构。其花序从一片叶的腋部发出，高度扁平，生有相继开放的花。花序远比植株其他部位大，花也相对较大。因为花序绿色，叶状，扁平，它也可以进行光合作用。本种英文名意为“鱿鱼兰”，是指其花形如腕足外伸的鱿鱼身体。

鹳喙兰属 *Hofmeisterella* 的花类似其亲缘属毛顶兰属 *Telipogon* 的花。和后一属一样，本种的唇瓣很可能模拟了雌性寄蝇，但目前还无相关研究。如果这套类似毛顶兰属的特征确实起作用的话，那么雄蝇会试图与其唇瓣交配，在这个过程中就传递了花粉。

鹳喙兰的花的萼片和花瓣为黄绿色，线形，直立；唇瓣黄色而有红色色调，形如箭头；合蕊柱有翅，前突，顶端尖锐。

亚科	树兰亚科
族和亚族	兰族，文心兰亚族
原产地	墨西哥、中美洲、加勒比海岛屿和南美洲北部的大部地区，甚至在美国佛罗里达州南部亦可偶见
生境	中低海拔灌丛，常生于栽培的番石榴树或柑橘树上，在咖啡和可可种植园中被视为杂草
类别和位置	附生于灌木或小乔木上
保护现状	无危
花期	冬春季

鞋堇兰

Ionopsis utricularioides

Bladderwort Orchid

(Swartz) Lindley, 1826

花的大小
2 ~ 3 cm（¾ ~ 1¼ in）

植株大小
10 ~ 18 cm × 8 ~ 10 cm（4 ~ 7 in × 3 ~ 4 in），不包括花序，其花序直立至弓曲，长51 ~ 102 cm（20 ~ 40 in）

鞋堇兰是一种微型附生兰，通常见于无藓类或地衣的细小幼枝上。其地理分布很广，生于其中多种生境中。本种有大量气生根，易成为杂草，显然有很强适应性，常能形成大群体，并在盛花时把它们大量栖居的树木染成带浅紫色调的粉红色。本属所在的鞋堇兰属的学名 *Ionopsis* 来自古希腊语词 ion（堇菜），指花形如堇菜。本种的种加词 *utricularioides* 则指其花形似狸藻属 *Utricularia* 的水生食肉植物的花，因此英文名意为“狸藻兰”。

本种的花聚生为圆锥花序，自退化的假鳞茎基部发出，在较老的植株上常大量开放。其花色多变，从白色至浅粉红色、浅紫色或浅蓝紫色不等，通常在唇瓣上有略呈紫红色的蜜导。和很多幼枝附生植物一样，本种植株寿命不长。

鞋堇兰的花小型，萼片合生为管状；花瓣退化，颇不显眼；唇瓣绚丽，2 裂，是花中最显著的特征，常呈略带蓝色或浅紫色的粉红色色调。

实际大小

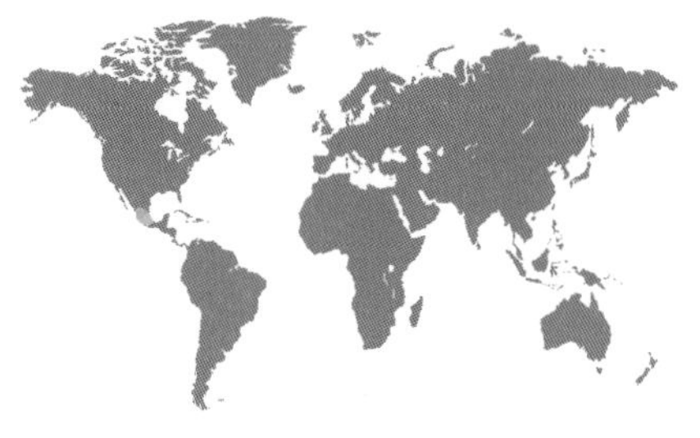

亚科	树兰亚科
族和亚族	兰族，文心兰亚族
原产地	墨西哥中部，从韦拉克鲁斯州到瓦哈卡州
生境	季节性湿润的森林，如今大多见于咖啡种植园和古老的柑橘种植园，海拔 1,000～1,600 m（3,300～5,250 ft）
类别和位置	附生于幼枝上
保护现状	未评估，但可能暂时无须考虑保护
花期	5月至6月（春季）

花的大小
2 cm（¾ in）

植株大小
10～15 cm × 8～10 cm（4～6 in × 3～4 in），不包括花序，其花序有时分枝，弓曲下垂，长20～61 cm（8～24 in）

指突光唇兰
Leochilus carinatus
Mexican Finger Orchid

(Knowles & Westcott) Lindley, 1842

指突光唇兰是一种小型的幼枝附生兰，生于树木的小枝上。其假鳞茎圆形，压扁，每枚生有一对折叠状的椭圆状披针形叶。其花序纤细，弓曲至下垂，生有许多芳香的花，之后又会生有一些能生根的小植株，从而在小乔木或灌木上由相互交织的植株形成一片小群体。光唇兰属的学名 *Leochilus* 来自古希腊语词 leios（光滑）和 cheilos（唇），指属下大多数种质地光滑；但指突光唇兰恰非如此，在唇瓣上有具瘤突的胼胝体。

有证据表明光唇兰属其他种的传粉由小型蜜蜂类和巴西胡蜂类（造纸蜂类）完成，它们会被唇瓣基部凹穴中的花蜜所吸引。指突光唇兰也有相同的凹穴，其中装满花蜜，因此它很可能也是由隧蜂类传粉。

实际大小

指突光唇兰的花的侧萼片开展，浅黄褐色；上萼片兜帽状；花瓣深褐色，有条纹，前伸，位于合蕊柱两侧；唇瓣浅黄色，梨形，有由指状乳突构成的褶片，并有红褐色斑块。

亚科	树兰亚科
族和亚族	兰族，文心兰亚族
原产地	墨西哥中部（韦拉克鲁斯州和瓦哈卡州）
生境	已知生于一小片地区中阳光充足的幼枝上，海拔 2,000~2,400 m（6,600~7,875 ft）
类别和位置	附生于幼枝上
保护现状	未评估，但因分布区狭窄，在野外可能已受灭绝威胁
花期	5 月至 6 月（晚春至夏季）

花的大小
1.3 cm（½ in）

植株大小
8~13 cm × 5~8 cm（3~5 in × 2~3 in），不包括花序，其花序下垂，长13~18 cm（5~7 in），通常长于叶

树蛙兰
Leochilus leiboldii
Treefrog Orchid
Reichenbach fils, 1845

树蛙兰是一种微小的幼枝附生兰，生于灌木和小乔木的小枝上。其假鳞茎簇生，椭球形，略扁平，围以少数重叠的鞘状叶，顶端生有单独一片线形叶。其花序下垂或弓曲，生有多至 12 朵的花。本种花形奇特，即使在以花形不同寻常的兰科中也是最怪异的种类之一。它有时独立为树蛙兰属 *Papperitzia*，但该属嵌在光唇兰属 *Leochilus* 中。

树蛙兰的花为绿色至绿白色，在夜间散发微弱的气味，因此可能由蛾类传粉。花中有一个布满腺毛的深蜜穴，由唇瓣基部和合蕊柱的一对臂状物形成。

实际大小

树蛙兰的花的背萼片和花瓣为绿色，在合蕊柱上方形成兜帽状物；2 枚侧萼片在唇瓣背后合生为龙骨瓣状；唇瓣乳黄色至白色，有 2 枚侧翅，顶端则为匙形。

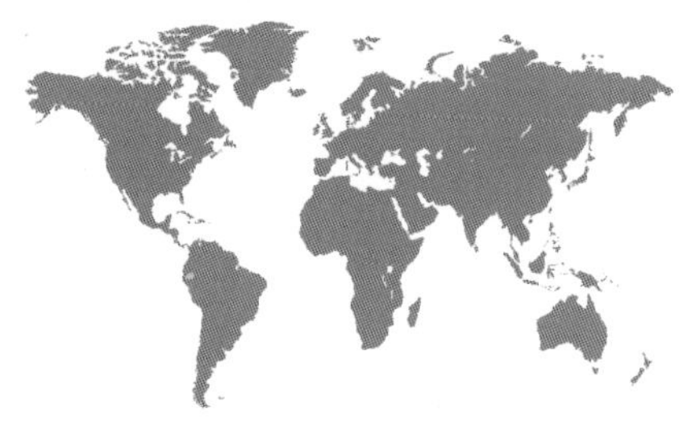

亚科	树兰亚科
族和亚族	兰族，文心兰亚族
原产地	秘鲁亚马孙平原
生境	生于低地湿润热带森林中
类别和位置	附生
保护现状	无危
花期	晚秋或冬季

花的大小
2 cm（¾ in）

植株大小
25 ~ 46 cm × 2 ~ 3 cm（10 ~ 18 in × ¾ ~ 1¼ in），包括花序，其花序短，常顶生，长2.5 ~ 5 cm（1 ~ 2 in）

水仙织辫兰

Lockhartia bennettii

Bennett's Braided Orchid

Dodson, 1989

实际大小

织辫兰属 *Lochhartia* 的花通常为黄色，可分泌油质，供搜寻油质的螯针蜂属 *Centris* 蜂类采集，与花粉混合后喂给幼虫。然而，水仙织辫兰的花却为白色，仿佛一朵小型的卡特兰，其唇瓣围抱合蕊柱。不过，本种的唇瓣仍然可以分泌油质。

水仙织辫兰的发现时间不长，它具有相互重叠的叶，犹如编织而成的绦带，这种典型的营养器官形态是织辫兰属的特征。该属兰花可以连续多年在每条茎的顶端或近顶处持续生出花来。其茎上的编织结构无需假鳞茎的形成即可产生，它们仅是相互重叠的叶基，而叶基重叠是文心兰亚族的典型特征。本种的种加词 *bennettii* 纪念的是戴维 · 本内特（David Bennett），他是一位兰花爱好者，描述了秘鲁的很多兰花新种。

水仙织辫兰的花的花被片宽阔，彼此重叠，白色或米黄色；唇瓣围抱合蕊柱；唇瓣内面为深红色至红褐色，内部还有分泌油质的凹穴。

亚科	树兰亚科
族和亚族	兰族，文心兰亚族
原产地	巴西东部和南部
生境	热带湿润森林，海拔 500～1,000 m（1,640～3,300 ft）
类别和位置	附生
保护现状	无危
花期	春夏季

半月织辫兰
Lockhartia lunifera
Half-moon Braided Orchid
(Lindley) Reichenbach fils, 1852

花的大小
2 cm（¾ in）

植株大小
20～36 cm × 1.3～2.5 cm（8～14 in × ½～1 in），不包括花序，其花序短，顶生，长2.5～5 cm（1～2 in）

半月织辫兰具有短叶相互紧密重叠的新奇形态，并因此而著称。其植株通常下垂，顶端可连续多年生出由 1~3 朵花构成的短总状花序，花序有浅绿色而凹陷的大型苞片。本种的种加词 *lunifera* 意为“生有新月（形物）的”，指唇瓣侧裂片为半月形，弓曲到合蕊柱上方。织辫兰属的学名 *Lockhartia* 以戴维·洛克哈特（David Lochhart, 1786—1845）的名字命名，他是特立尼达植物园的第一任主任，织辫兰属的发表正是基于他采集的材料。

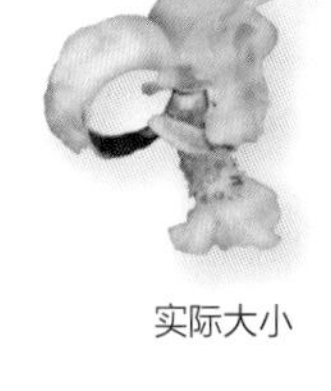
实际大小

和织辫兰属其他种一样，半月织辫兰形态复杂的唇瓣胼胝体也分泌有油质，可以吸引采油的螯针蜂属 *Centris*。此外，一般认为其花模拟了与兰花没有亲缘关系的金虎尾科植物的花，后者也有类似的亮黄色花，并同样由采油蜂类传粉。

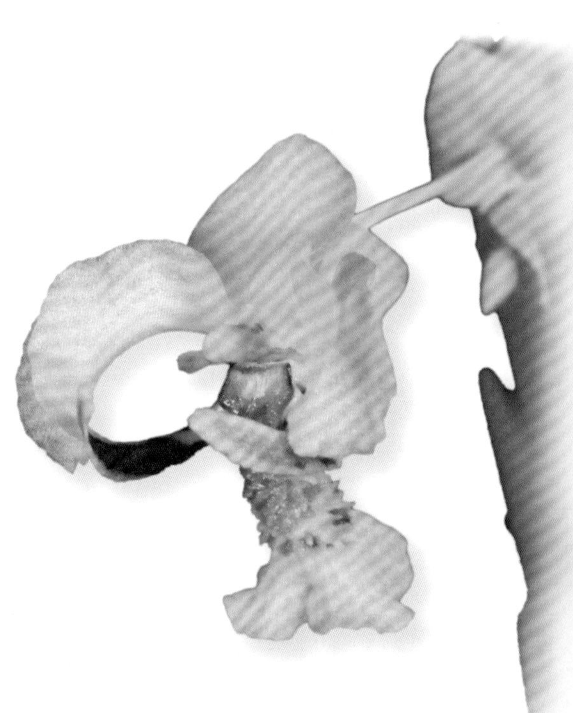

半月织辫兰的花为亮黄色，在唇瓣中央和唇瓣上卷的侧裂片上有栗褐色至略带红色的斑块；花的朝向不确定，有些上下颠倒，也有些仍以唇瓣为最下。

亚科	树兰亚科
族和亚族	兰族，文心兰亚族
原产地	中美洲和南美洲西北部
生境	湿润森林，生于海平面至海拔 300 m（985 ft）处
类别和位置	附生于树上
保护现状	未评估
花期	2 月至 3 月（春季）

花的大小
2.5 cm（1 in）

植株大小
19～35 cm × 4～6.5 cm（7½～14 in × 1½～2½ in），不包括与叶基本等长的下垂花序

烟花长腺兰
Macradenia brassavolae
Fireworks Orchid

Reichenbach fils, 1852

实际大小

烟花长腺兰的假鳞茎为长梨形，每条假鳞茎生有单独一片长圆形的革质叶。其总状花序下垂，从假鳞茎基部发出，长达 30 cm（12 in），生有许多气味香甜的花，总体看起来的外观如同一片绽放的烟花。长腺兰属 *Macradenia* 的种为幼枝附生兰，生长在乔木和灌木最小的枝条上。

与近缘的驼背兰属 *Notylia* 和开扇兰属 *Macroclinium* 一样，长腺兰属 *Macradenia* 兰花的传粉也由搜寻花香成分的雄性兰花蜂完成。这些蜂类在花序周围飞动，想寻找一个合适的地方，试图从花组织上刮除芳香物质。因为兰花的尺寸相对来造访的兰花蜂来说较小，其花粉块经常附着于其脚上。

烟花长腺兰的花的萼片和花瓣为线形，绿褐色（栗色），边缘黄色；唇瓣短得多，狭窄，3 裂，顶裂片线形，侧裂片宽阔，围抱合蕊柱。

亚科	树兰亚科
族和亚族	兰族，文心兰亚族
原产地	哥斯达黎加和巴拿马
生境	湿润森林，生于海平面至海拔 400 m（1,300 ft）处
类别和位置	附生
保护现状	未评估
花期	12 月至 1 月（冬季）

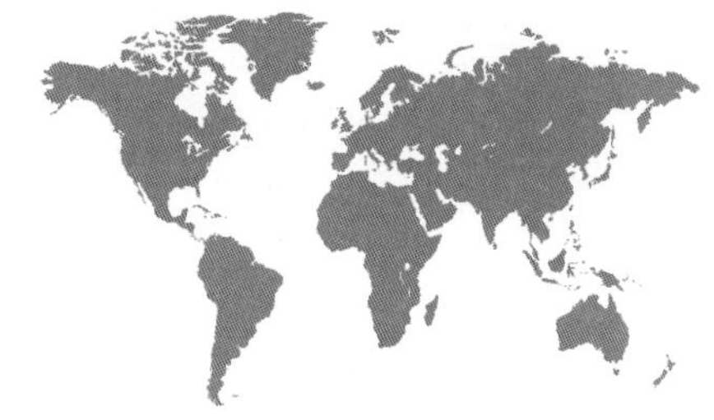

花的大小
1 cm（⅜ in）

植株大小
2.5～3.8 cm × 2.5～3.8 cm（1～1½ in × 1～1½ in），不包括花序，其花序紧密簇生，下垂，长 3.8～6.5 cm（1½～2½ in）

紫点开扇兰
Macroclinium alleniorum
Pink Fan Orchid

Dressler & Pupulin, 1996

紫点开扇兰是一种微小的兰花，其叶彼此重叠，形成扁平的扇形，每年继续从顶部生长，而不是在侧面形成新茎叶。其总状花序有时有分枝，生有几朵紧密簇生、相对较大的蜘蛛状的花。开扇兰属的学名 *Macroclinium* 来自古希腊语词 makros（长）和 kline（床），是对顶端长而尖的合蕊柱的形容，指的是合蕊柱上接受花粉块的扁平结构。紫点开扇兰的种加词 *alleniorum* 纪念的是美国植物学家保罗·H. 艾伦（Paul H. Allen, 1911—1963），他曾研究过巴拿马的兰花。

开扇兰属的种由雄性兰花蜂传粉——考虑到兰花较小的尺寸和这些蜂类相对巨大的体形，这似乎是个荒谬的组合。雄蜂在花序上爬动，以寻找可供采集的芳香物质，这时本种的花粉块便可附着到雄蜂脚上。

实际大小

紫点开扇兰的花的花瓣和萼片长而薄，顶端尖，为略带绿色的粉红色，花瓣有粉红色斑点；唇瓣粉红色，有时也有斑点，有短柄和舌状的檐部；合蕊柱细，其上有增大的药帽。

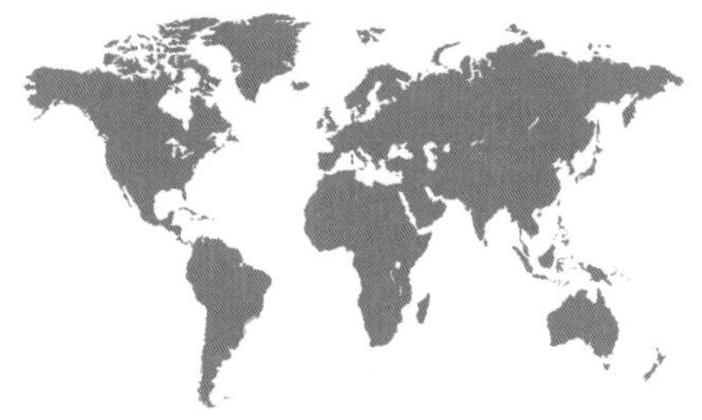

亚科	树兰亚科
族和亚族	兰族，文心兰亚族
原产地	巴西东南部
生境	湿润森林，海拔 500 ~ 800 m（1,640 ~ 2,625 ft）
类别和位置	附生
保护现状	无危
花期	夏季

花的大小
10 cm（4 in）

植株大小
20 ~ 38 cm × 15 ~ 20 cm（8 ~ 15 in × 6 ~ 8 in），不包括花莛，其花莛仅具单花，长30 ~ 51 cm（12 ~ 20 in）

堇花兰
Miltonia spectabilis
Spectacular Big Lip

Lindley, 1837

堇花兰的花色丰富多彩。其假鳞茎长而扁平，疏松簇生；叶薄，折叠状；花莛从假鳞茎基部发出，覆有大型苞片。堇花兰属的学名 *Miltonia* 纪念的是弥尔顿子爵查尔斯·威廉·文特沃斯·菲茨威廉（Charles William Wentworth Fitzwilliam, Viscount Milton, 1786 — 1857），他是一位园艺资助者和兰花爱好者。本种的种加词 *spectabilis* 在拉丁语中意为“壮观”或“引人注目”。

堇花兰有个深紫红色的“类型”，以前处理为变种深紫堇花兰 var. *moreliana*，现在认为应该独立成种 *Miltonia moreliana*。这两个种的花形在带褐色斑点的黄色兰花中很常见，就像文心兰属 *Oncidium* 的大多数种一样，是与采油蜂类传粉有关的形态。然而，本种的花不分泌油质，所以它们是通过欺骗来传粉。

实际大小

堇花兰的花的萼片和花瓣为粉红色至浅紫色，披针形；唇瓣大而宽，平展，有紫红色脉纹，在近唇瓣基部拓宽；合蕊柱前方不远处有黄色胼胝体。

亚科	树兰亚科
族和亚族	兰族，文心兰亚族
原产地	哥伦比亚的昆迪纳马卡省和北桑坦德省
生境	湿润森林，海拔 1,200～1,600 m（3,950～5,250 ft）
类别和位置	附生
保护现状	无危
花期	全年，但较常在晚夏至秋季

蝶唇美堇兰

Miltoniopsis phalaenopsis

Butterfly-lipped Orchid

(Linden & Reichenbach fils) Garay & Dunsterville, 1976

花的大小
6.5 cm（2½ in）

植株大小
20～36 cm × 10～18 cm（8～14 in × 4～7 in），包括花序，其花序直立至弓曲，长18～30 cm（7～12 in），约与叶等长

蝶唇美堇兰每花莛生有 3~5 朵花，其唇瓣在兰科中是纹样最奇特的类型之一。美堇兰属 *Miltoniopsis* 其他种已有报道由蜂类传粉，但本种的唇瓣上如此引人注目的纹样虽然据推测可能是一套精巧的蜜导，其准确的功能仍然未知。不仅如此，大部分由蜂类传粉的兰花的唇瓣多少都围抱合蕊柱，但本种的唇瓣却完全平展。不过，有人曾报道有蜂类在夜间为本种的花传粉。

美堇兰属的学名指该属与堇花兰属 *Miltonia* 类似（ *-opsis* 意为“类似……的”），其中的种以前曾归入堇花兰属。蝶唇美堇兰的种加词则指其花与蝴蝶兰属 *Phalaenopsis* 类似。注意，蝴蝶兰属只是其形状像蝴蝶，但并不由蝶类或蛾类传粉。

蝶唇美堇兰的花几乎完全平展，萼片和花瓣为白色（稀为浅粉红色）；唇瓣非常独特，大型，状如蝴蝶，在白色的底色上有一套复杂的红紫色和黄色斑块。

实际大小

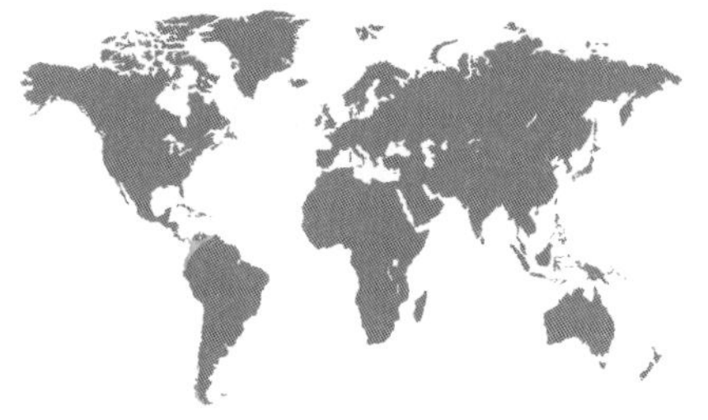

亚科	树兰亚科
族和亚族	兰族，文心兰亚族
原产地	委内瑞拉、哥伦比亚、厄瓜多尔和巴拿马
生境	湿润森林，海拔 400~1,000 m（1,300~3,300 ft）
类别和位置	附生
保护现状	无危
花期	夏秋季

花的大小
10 cm（4 in）

植株大小
30~51 cm × 20~25 cm（12~20 in × 8~10 in），不包括花序，其花序弓曲至直立，长25~51 cm（10~20 in）

美堇兰
Miltoniopsis roezlii
Pansy Orchid

(Bull) Godefroy-lebeuf, 1889

在美堇兰属 *Miltoniopsis* 中，美堇兰见于比其他大多数种海拔都低的地方，它也是南美洲最绚丽的兰花之一。其植株有一至多枚花序，同一时刻可见有 7~10 朵花开放，形成令人称异的外观。本种也因其灰绿色的叶和高度扁平的假鳞茎而著称。美堇兰属的学名以 -opsis（意为“类似……的”）结尾，指它与堇花兰属 *Miltonia* 形似，均有不同寻常的扁平花形。

本种的花瓣上有特征性的闪亮眼斑，颜色与周边形成鲜明对比，使花朵外观如脸，与同样呈脸形的三色堇（中文别名“猫脸花”）的花类似，故其英文名意为“三色堇兰”。其传粉者是大型蜂类，有一些观察表明传粉过程甚至可以在夜间进行。

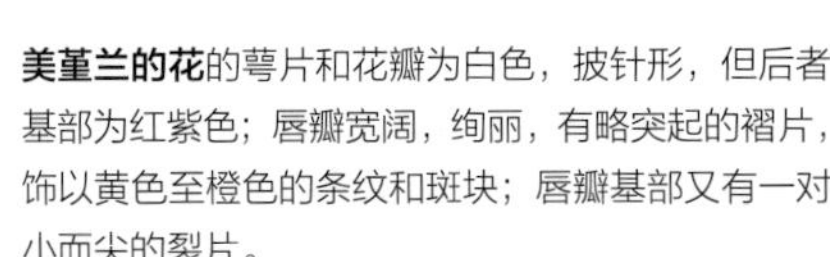

美堇兰的花的萼片和花瓣为白色，披针形，但后者基部为红紫色；唇瓣宽阔，绚丽，有略突起的褶片，饰以黄色至橙色的条纹和斑块；唇瓣基部又有一对小而尖的裂片。

实际大小

亚科	树兰亚科
族和亚族	兰族，文心兰亚族
原产地	中美洲（从墨西哥南部至洪都拉斯）和巴西北部
生境	潮湿和季节性干旱的森林、沼泽、咖啡种植园，海拔 1,800 m（5,900 ft）以下
类别和位置	附生于乔木和灌木上
保护现状	未评估
花期	4 月至 5 月（春季）

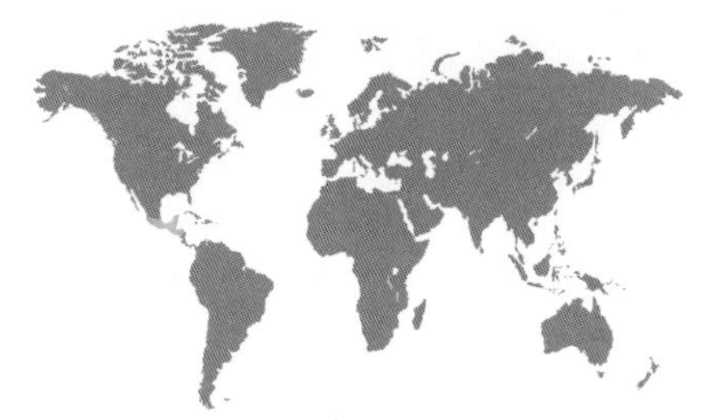

白绿驼背兰
Notylia barkeri
Green Knob Orchid

Lindley, 1838

花的大小
0.8 cm（¼ in）

植株大小
13～23 cm × 10～20 cm（5～9 in × 4～8 in），不包括长15～25 cm（6～10 in）的下垂花序

白绿驼背兰是一种奇特的微型兰花。其假鳞茎椭球形，扁平，簇生，每条在基部围有鞘状叶，顶端则生有单独一片舌状的叶。其花序腋生，很少分枝，生有很多花。花生长稠密，芳香，排列成紧密的螺旋。本种的花有两种类型，其侧萼片可离生或合生，有时被视为两个种。驼背兰属的学名 *Notylia* 来自古希腊语词 notos（背部）和 tylo（肿块），指合蕊柱顶端膨大而后伸。本种的英文名意为“绿块兰”，指的也是本种的花的这一显著特征。

本种的传粉者是搜寻花香的雄性兰花蜂。驼背兰属另有几个种常由同一种兰花蜂——极绿兰花蜂 *Euglossa viridissima* 传粉。然而，因为花粉团会沾在雄蜂身体的不同部位，这几个种彼此都保持了独立性。

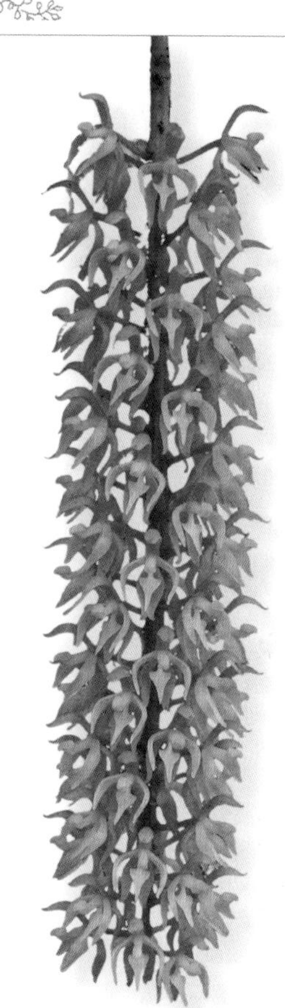

实际大小

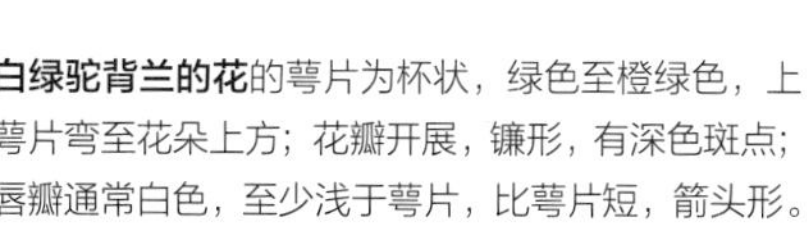

白绿驼背兰的花的萼片为杯状，绿色至橙绿色，上萼片弯至花朵上方；花瓣开展，镰形，有深色斑点；唇瓣通常白色，至少浅于萼片，比萼片短，箭头形。

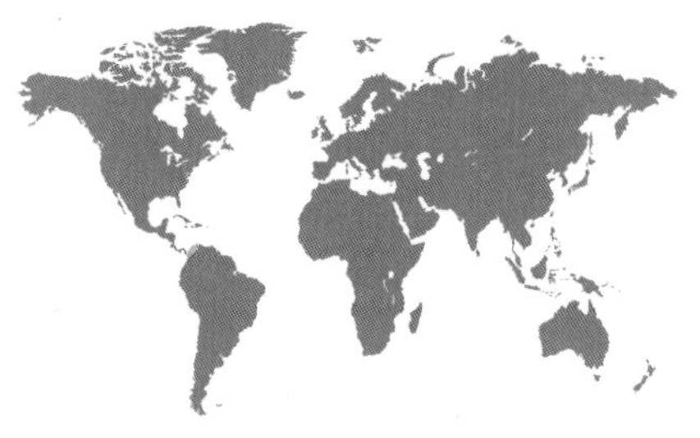

亚科	树兰亚科
族和亚族	兰族，文心兰亚族
原产地	哥伦比亚西北部（西科迪勒拉山脉、乔科省和考卡山谷省）
生境	森林，海拔 1,300 m（4,300 ft）
类别和位置	附生
保护现状	未评估
花期	11 月

花的大小
0.7 cm（¼ in）

植株大小
8～10 cm × 2.5 cm（3～4 in × 1 in），不包括花序，其花序弓曲下垂，长10～15 cm（4～6 in）

愉兰
Notyliopsis beatricis
Happy Orchid

P. Ortiz, 1996

愉兰是微小的附生兰，其假鳞茎小型，包有鞘，顶端生有单独一片叶。总状花序下垂，具少数花，则从叶腋发出。愉兰属的学名 *Notyliopsis* 指的是该属的种在花形上类似于驼背兰属 *Notylia* 的花（古希腊语后缀 -opsis 意为“看起来像……的”）。然而，根据 DNA 研究，这两个属并非近缘属，所以这种相似性可能只是因为它们都适应了类似的传粉者。愉兰的种加词 *beatricis* 来自拉丁语词 *beatricem*，意为“让人愉悦的人”，中文名“愉兰”即源于此。

愉兰这种小型兰花发现得相当晚，其花形与文心兰亚族的其他任何兰花都不相似。根据 DNA 研究，与它最近缘的种似乎是富仙兰 *Zelenkoa onusta*，该种习性与愉兰类似，但花的形态完全不同。

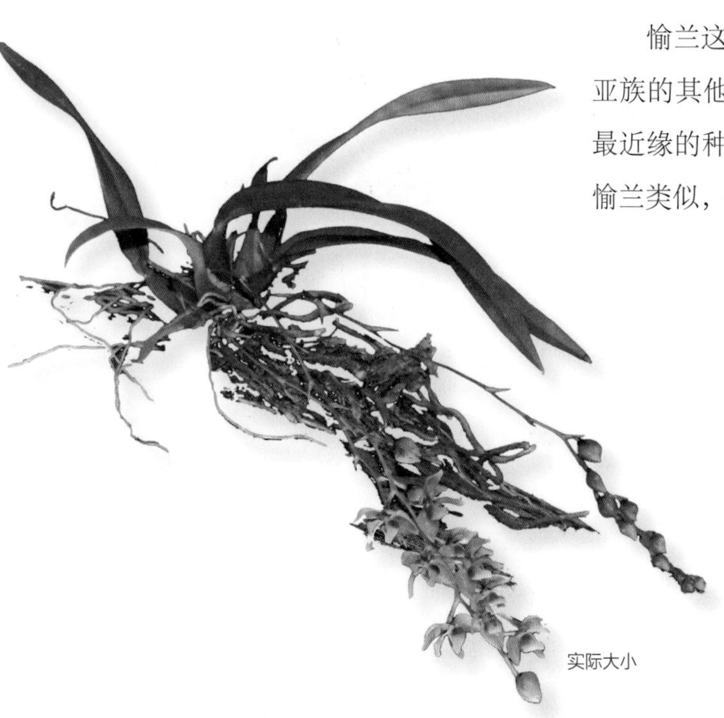

愉兰的花的萼片舟形，略带绿色，上萼片弯至花朵上方，2 枚侧萼片合生，位于花朵后方；花瓣线形，与萼片颜色类似，开展；唇瓣鼓凸，拖鞋状，为略带粉红色的绿色。

实际大小

亚科	树兰亚科
族和亚族	兰族，文心兰亚族
原产地	厄瓜多尔至秘鲁
生境	热带森林，海拔 1,000～2,300 m（3,300～7,545 ft）
类别和位置	在树干基部附生或近地生
保护现状	未评估
花期	7 月至 10 月（夏秋季）

花的大小
2 cm（¾ in）

植株大小
20～36 cm × 13～20 cm（8～14 in × 5～8 in），不包括花序，其花序基生，长于叶，长41～71 cm（16～28 in）

短唇翠心兰
Oliveriana brevilabia
Green Lantern Orchid

(Charles Schweinfurth) Dressler & N. W. Williams, 1970

短唇翠心兰的假鳞茎椭圆形，扁平，围有一对叶状、鞘形的鳞片，并生有 2 片折叠状的线形叶。其花序多分枝（圆锥状），从基部鳞片中生出，具 10~35 朵花。本种的英文名意为“绿灯笼兰”，指其花为明亮的绿色。翠心兰属的学名 *Oliveriana* 纪念的是丹尼尔·奥利弗 (Daniel Oliver, 1830—1916)，他是伦敦英国皇家植物园邱园标本馆的一名主管。

翠心兰属与乌膝兰属 *Systeloglossum* 近缘，二者都属于和文心兰属 *Oncidium* 近缘的属群（文心兰亚族）。本种很可能由某种蜂类传粉，但目前还未观察到其传粉者。其花有 2 深裂的柱头穴，花粉块有共同的花粉块柄但相隔较远，这些特征通常都与鸟类传粉有关。然而，其绿色的花色及生境偏好都表明它不太可能由鸟类传粉。

实际大小

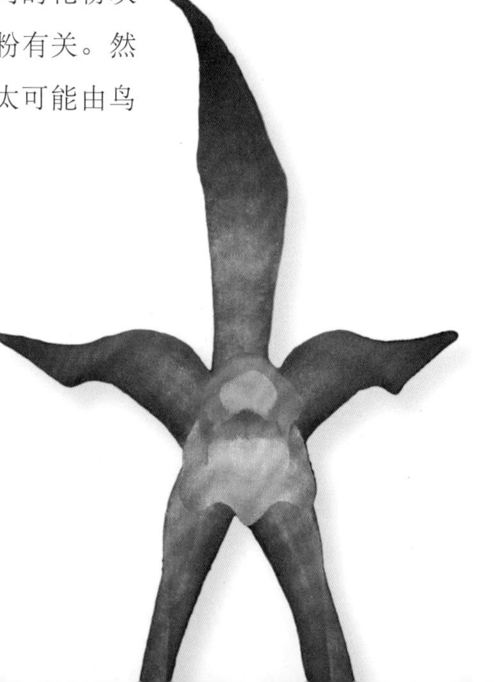

短唇翠心兰的花有 3 枚长形绿色萼片，其尖端径直上伸或下伸；花瓣 2 片，较萼片短，向前方弓曲；唇瓣绿色，短，3 裂，部分与宽阔而呈兜帽状的合蕊柱合生。

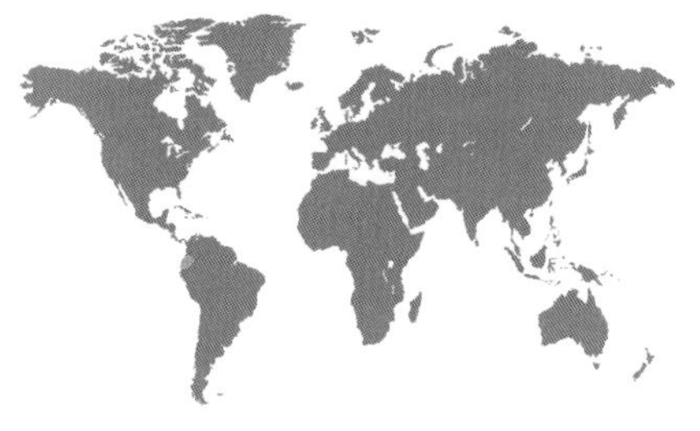

亚科	树兰亚科
族和亚族	兰族，文心兰亚族
原产地	南美洲西部，从哥伦比亚南部至厄瓜多尔
生境	云雾林，海拔 1,200~2,900 m（3,950~9,500 ft）
类别和位置	附生
保护现状	未正式评估
花期	10 月至 12 月（春季）

花的大小
10 cm（4 in）

植株大小
25~46 cm × 20~36 cm（10~18 in × 8~14 in），不包括花序，其花序弓曲至直立，高30~61 cm（12~24 in）

卷被齿舌兰
Oncidium cirrhosum
Curly Spider Orchid

(Lindley) Beer, 1854

卷被齿舌兰的花的萼片和花瓣为白色，有褐色斑点，边缘波状，顶端长而卷曲；唇瓣有 2 枚黄色的侧裂片，其顶裂片则与萼片和花瓣形似；唇瓣胼胝体上有 2 枚触角状的突起。

卷被齿舌兰的假鳞茎为长圆状卵球形，扁平，簇生，基部围有 2~3 对重叠的叶状鞘。每条假鳞茎生有单独 1 片线状长圆形至椭圆状长圆形的叶。其总状花序直立，从成熟的假鳞茎基部发出，有时有小枝。花序可生有多至 20 朵花，白色，蜘蛛状。其种加词 *cirrhosum* 来自拉丁语词 *cirratus*（卷曲的），中文名“卷被齿舌兰”由此而来。

本种的花可能由熊蜂或木蜂传粉，在这个过程中需要它们穿过唇瓣和合蕊柱之间的缝隙。不过，这还没有得到观察证实，且花中也无花蜜。卷被齿舌兰以前曾置于齿舌兰属 *Odontoglossum* 中，但因为该属和文心兰属 *Oncidium* 之间有密切的遗传关系，现已并入文心兰属。

实际大小

亚科	树兰亚科
族和亚族	兰族，文心兰亚族
原产地	南美洲西部，从哥伦比亚的安蒂奥基亚省至秘鲁
生境	林缘，海拔 700～3,000 m（2,300～9,850 ft）
类别和位置	附生
保护现状	未正式评估
花期	12 月至 3 月（夏秋季）

紫纹齿舌兰
Oncidium harryanum
Harry's Mountain Orchid
(Reichenbach fils) M. W. Chase & N. H. Williams, 2008

花的大小
10 cm（4 in）

植株大小
25～46 cm × 20～30 cm
（10～18 in × 8～12 in），
不包括高30～46 cm
（12～18 in）的弓曲花序

紫纹齿舌兰的假鳞茎两侧压扁，卵状椭球形，有棱，紧密簇生，围有数片鞘状叶，顶端生有 2 片长圆形椭圆形至狭长圆形的叶。其花莛几乎直立，从假鳞茎基部发出，生有多至 12 朵的花，花芳香，开放时间长，有蜡状光泽。本种种加词 *harryanum* 是为纪念英格兰杰出的园艺家哈利·詹姆斯·韦奇（Harry James Veitch, 1840—1924）。韦奇也是国际园艺大展的早期发起人之一，这一展览会就是后来的切尔西花展的前身。

紫纹齿舌兰最可能会吸引蜂类来传粉，但在野外还未曾观察到这个现象。花中没有明显的回报可以给予传粉者，因此其传粉过程一定存在吸引昆虫的欺骗策略。本种也是曾经归入现已不再承认的齿舌兰属 *Odontoglossum* 的种之一。

紫纹齿舌兰的花的萼片和花瓣为黄绿色至黄褐色，密布紫红色至略呈红色的斑纹；唇瓣有短侧裂片，以及数枚突起的胼胝体和毛，前端再裂为宽阔的裂片并有紫红色和白色的斑块。

实际大小

亚科	树兰亚科
族和亚族	兰族，文心兰亚族
原产地	委内瑞拉、哥伦比亚、厄瓜多尔和秘鲁
生境	中度湿润的森林，海拔 750～1,800 m（2,460～5,900 ft）
类别和位置	附生
保护现状	无危
花期	8 月至 10 月（晚夏至秋季）

花的大小
6.5 cm（2½ in）

植株大小
25～46 cm × 20～30 cm（10～18 in × 8～12 in），不包括花序，其花序侧生，有时分枝，高76～183 cm（30～72 in）

戟唇文心兰
Oncidium hastilabium
Striped Star Orchid

(Lindley) Beer, 1854

戟唇文心兰的假鳞大型，侧扁，有沟，下部生有 2~4 枚叶状鳞片，顶端通常有 2 片叶。其花序从假鳞茎基部的 1 枚鳞片中发出，常分枝，可达到相当长度，生有 10~30 朵大而芳香的星形花朵。本种是文心兰亚族 1,600 多种兰花中体形最大的种之一，其巨大的植株在开花时十分壮观。种加词 *hastilabium* 意为“唇瓣戟形的”，指其唇瓣为箭头形或戟形（戟是中国古代的一种兵器）。

目前尚未观察过本种的传粉。其合蕊柱的基部膨大，这是由采油蜂类传粉的兰花的典型特征（蜂类在采集油质时会紧紧抓住这一部位），所以本种可能也以采油蜂类为传粉者。

实际大小

戟唇文心兰的花的萼片和花瓣为狭披针形，白色至乳黄色，外伸，有红紫色条纹；唇瓣白色，基部和褶片为深紫红色，3 裂，侧裂片小而狭窄，前突。

亚科	树兰亚科
族和亚族	兰族，文心兰亚族
原产地	南美洲西部，从哥伦比亚至秘鲁
生境	秋季有雨季的半干旱森林，海拔 300~2,000 m（985~6,600 ft）
类别和位置	附生
保护现状	未评估，但分布广泛，因此暂时可能不需要考虑保护
花期	7 月至 8 月（夏季）

红眼文心兰
Oncidium hyphaematicum
Red-eye Orchid
Reichenbach fils, 1869

花的大小
3.2 cm（1¼ in）

植株大小
25~46 cm × 20~36 cm（10~18 in × 8~14 in），不包括花序，其花序长 61~191 cm（24~75 in），远长于叶

红眼文心兰是迷人的兰花，其假鳞茎卵形，扁平，有棱，围以 1~2 枚叶状鳞片，顶端则生有一片长圆状椭圆形的叶——有时也生有 2 片叶。其花序长而分枝，从成熟假鳞茎的基部发出，生有很多气味香甜的花。文心兰属的学名 *Oncidium* 来自古希腊语词 onkos（小瘤），指其中各种的唇瓣上有结构复杂的胼胝体。种加词 *hyphaematicum* 意为“眼前房出血的”。眼前房出血是一种眼部出血的病症，可导致眼睛上出现红斑，就像这种兰花的花瓣和萼片。其中文名亦由此得名。

本种由采油蜂类传粉，它们试图从唇瓣胼胝体上采集油质。然而，本种的花不分泌油质，所以这是欺骗式传粉的一例。正常情况下，蜂类会把油质与其他非兰花植物的花粉混合，用来喂给幼虫。

红眼文心兰的花的萼片和花瓣开展，黄色而有红褐色的斑块；唇瓣宽阔，亮黄色，有具脊突的胼胝体，顶端凹缺；合蕊柱亦为亮黄色，近顶端有一对翅。

实际大小

亚科	树兰亚科
族和亚族	兰族，文心兰亚族
原产地	玻利维亚拉巴斯附近
生境	湿润森林，海拔约 1,400 m（4,600 ft）
类别和位置	附生
保护现状	未评估
花期	9 月（春季）

花的大小
1.3 cm（½ in）

植株大小
8～13 cm × 5～8 cm（3～5 in × 2～3 in），不包括长 13～20 cm（5～8 in）的弓曲花序

蝎形弓柱兰

Oncidium lutzii

Little Scorpion Orchid

(KÖniger) M. W. Chase & N. H. Williams, 2008

蝎形弓柱兰的假鳞茎卵球形，高度扁平，基部围有数枚彼此重叠的鞘状叶，顶端生有单独一片叶，叶为线状披针形，略有柄。其植株多花，每枚花莛可重复开花，所有花都朝向同一个方向。本种所在的文心兰属的学名 *Oncidium* 来自古希腊语词 onkos，意为“小瘤”，指的是该属兰花唇瓣有膨大的胼胝体。本种的中文名“蝎形弓柱兰”则指合蕊柱弓曲，使花形如蝎子。

本种以前曾置于弓柱兰属 *Sigmatostalix*，但 DNA 研究表明该属是文心兰属的一部分。唇瓣上形态复杂的胼胝体上有能分泌油质的腺毛（产油体），可以为传粉者提供油质作为回报；作为传粉者的无螯刺的麦蜂类将油质与来自其他植物的花粉混合，作为食物喂给后代。

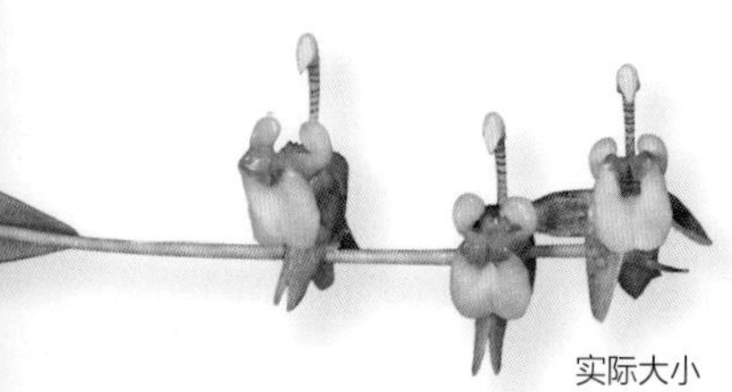

实际大小

蝎形弓柱兰的花的萼片的花瓣高度反曲，绿色，有红褐色斑点；合蕊柱向上弓曲，其柄上有条纹，顶端扩大；唇瓣亮黄色，肉质，分裂，部分折叠而形成凹穴，腺体可向其中分泌油质。

亚科	树兰亚科
族和亚族	兰族，文心兰亚族
原产地	厄瓜多尔和秘鲁
生境	云雾林，海拔 2,000～3,000 m（6,600～9,850 ft）
类别和位置	附生，但有时地生，生于陡坡上
保护现状	未评估
花期	7 月至 8 月（冬季）

群星兰
Oncidium multistellare
Hooded Star Orchid

(Reichenbach fils) M. W. Chase & N. H. Williams, 2008

花的大小
5 cm（2 in）

植株大小
25～46 cm x 20～38 cm（10～18 in x 8～15 in），不包括花序，其花序直立至弓曲，侧生，长20～76 cm（8～30 in）

群星兰的假鳞茎扁平，有锐利边缘，紧密簇生，每条假鳞茎下部有 2~3 枚叶状鳞片，顶端通常有 2 片叶。其花序有分枝，从最上部的叶状鳞片发出，生有 10~50 朵星形的花。其种加词 *multistellare* 在拉丁语中意为“覆有很多星星的”，与中文名“群星兰”均是指这一特征，以及合蕊柱顶端上方的具齿的兜帽状物。

本种在合蕊柱基部有假蜜腺，与它有亲缘关系的由熊蜂传粉的种也有这一特征。熊蜂会钻向花中这一凹穴，在这个探索过程中它们会碰到唇瓣上面齿状的突起，一头撞向花粉团上的黏盘。花粉团由此即附着在其头部，并在下一次访花过程中被移除。本种的花有强烈而多少令人不快的气味。

群星兰的花的萼片和花瓣为绿黄色，外伸，披针形，有红褐色条纹；唇瓣白色，铲形，顶端尖，胼胝体有褐色条纹和大齿；合蕊柱兜帽状，白色，基部有黄色的凹穴。

实际大小

亚科	树兰亚科
族和亚族	兰族，文心兰亚族
原产地	哥伦比亚
生境	云雾林，海拔 2,000 ~ 2,400 m（6,600 ~ 7,900 ft）
类别和位置	附生
保护现状	未评估
花期	5 月至 8 月（春夏季）

花的大小
6.5 cm（2½ in）

植株大小
25 ~ 46 cm × 30 ~ 46 cm（10 ~ 18 in × 12 ~ 18 in），不包括花序，其花序弓曲，侧生，长36 ~ 61 cm（14 ~ 24 in）

华贵齿舌兰
Oncidium nobile
Noble Snow Orchid

(Reichenbach fils) M. W. Chase & N. H. Williams, 2008

华贵齿舌兰在其凉爽多雾的森林生境中能够很好地隐藏自己，直到开出硕大而壮丽的白色花朵。其花长期以来一直得到兰花迷的高度评价。过去，本种曾置于齿舌兰属 *Odontoglossum*，其学名来自古希腊语词 odon（牙齿）和 glossa（舌），暗指唇瓣上有齿状突起。

本种可散发一种微弱的气味，有时闻起来香甜，有时则刺鼻而令人不快。其唇瓣部分与合蕊柱合生，形成一个假蜜腺，这意味着蜂类（通常为熊蜂）要到达这里，必须克服由唇瓣上结构复杂的齿状胼胝体带来的阻碍。在拼命向前爬的过程中，虫体会接触到在胼胝体上方突出的黏盘，从而把花粉团拉出。

华贵齿舌兰的花的萼片和花瓣白色，阔披针形，外突；唇瓣亦为白色，3 浅裂，顶裂片宽阔，本身又再 2 裂，生有一枚结构复杂、黄色而带红色条纹的胼胝体；合蕊柱有翅和红色斑点。

实际大小

亚科	树兰亚科
族和亚族	兰族，文心兰亚族
原产地	墨西哥南部、危地马拉、伯利兹、洪都拉斯、哥斯达黎加和巴拿马
生境	雨林、庭园和废弃种植园，海拔 200 ~ 1,800 m（650 ~ 5,900 ft）
类别和位置	附生于灌木和柑橘老树上
保护现状	未正式评估
花期	7 月至 8 月（夏季）

曲叶鸟首兰

Ornithocephalus inflexus

Curved Birdhead Orchid

Lindley, 1840

花的大小
0.5 cm（⅛ in）

植株大小
8 ~ 13 cm × 8 ~ 13 cm（3 ~ 5 in × 3 ~ 5 in），不包括花序，其花序长 10 ~ 18 cm（4 ~ 7 in），略长于叶

曲叶鸟首兰是一种微小的兰花。它生长在小枝和幼枝上，以其毛状、纤细的根附着其上。其叶扁平，卷曲，簇生为扇状。其总状花序从叶腋抽出，生有很多几乎透明的花。鸟首兰属的学名 *Ornithocephalus* 来自古希腊语词 ornis（鸟）和 kephale（头），指本种和该属其他种的合蕊柱形状类似生有长喙的鸟头。事实上，本种的整朵花很像一只飞起的白鹭。其种加词 *inflexus* 意为“反曲的”，与中文名都指叶为反曲状。

本种唇瓣中部有绿色圆点，为一枚油腺，可吸引在地面筑巢的条蜂类。它们采集油腺分泌的油质，与花粉（采自其他植物）混合，作为幼虫的食物。

实际大小

曲叶鸟首兰的花的萼片短，白色；花瓣比萼片长得多，有爪，檐部宽阔，白色；唇瓣亦为白色，3 裂，侧裂片圆形，位于绿色的胼胝体两侧，基部裂片则下伸；合蕊柱纤细，在唇瓣上方弓曲。

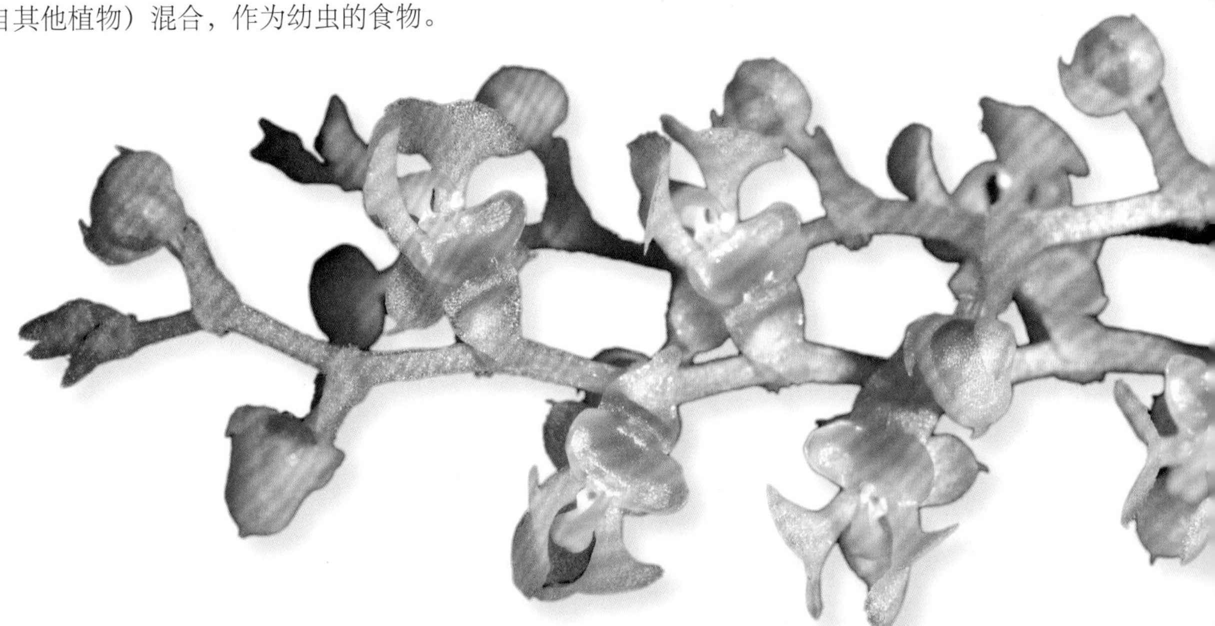

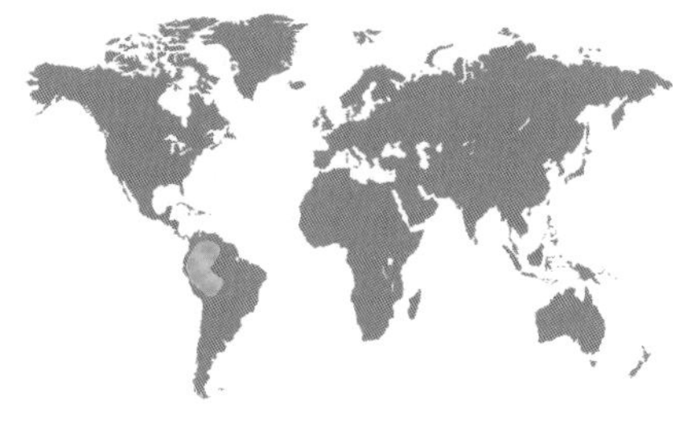

亚科	树兰亚科
族和亚族	兰族，文心兰亚族
原产地	南美洲北部和西部（哥伦比亚至秘鲁）
生境	雨林和云雾林，海拔 900~2,800 m（2,950~9,200 ft）
类别和位置	地生，生于陡峭黏土岸的落叶中
保护现状	未评估，但仅局地可见
花期	2 月至 3 月（晚冬至早春）

花的大小
3 cm（1¼ in）

植株大小
20~36 cm × 20~30 cm
（8~14 in × 8~12 in），
不包括高30~51 cm
（12~20 in）的直立花序

短叶耳舌兰
Otoglossum brevifolium
Ruffled Dancing Lady

(Lindley) Garay & Dunsterville, 1976

短叶耳舌兰是一种绚丽的兰花。其假鳞茎光滑，卵球形或梨形，压扁，为鞘状叶的基部所包，每条均生有单独一片叶。叶狭椭圆形，坚硬，革质。假鳞茎之间则是细长的根状茎，使植株可以沿土壤表面蔓延，以大量茎叶覆盖大片面积。其根状茎侧面生有叶状鳞片，基部折叠状，并包围花序基部，花序有管状的苞片和 6~20 朵花。

本种由采油蜂类（螯针蜂属 *Centris* 及其亲缘属）传粉。蜂类被唇瓣胼胝体的闪亮外观所愚弄，前来访问绚丽的花朵，但花中并无油质。耳舌兰属的学名 *Otoglossum* 来自古希腊语词 otos（耳）和 glossa（舌，即唇瓣），指唇瓣有舌状的侧裂片。

短叶耳舌兰的花的萼片和花瓣为栗褐色，波状，开展，有狭窄的黄色边缘；唇瓣黄色，有侧扁的盘状物，其基部爪状；中裂片基部则有红褐色斑块。

实际大小

亚科	树兰亚科
族和亚族	兰族，文心兰亚族
原产地	美洲热带地区，从哥斯达黎加至玻利维亚
生境	云雾林，海拔 1,200～2,000 m（3,950～6,600 ft）
类别和位置	附生
保护现状	未评估，但在整个美洲热带地区分布有很多居群，因此暂时可能无须考虑保护
花期	全年

花的大小
3.8 cm（1½ in）

植株大小
8～15 cm × 8～13 cm（3～6 in × 3～5 in），不包括长8～76 cm（3～30 in）的茎

蔓盘兰
Otoglossum globuliferum
Vining Disc Orchid

(Kunth) N. H. Williams & M. W. Chase, 2001

蔓盘兰是一种小型兰花，其缠结的攀援茎覆盖在宿主的枝条上，上面有很多间距较远的小植株扎根生长，每个植株各形成一条扁球形的小型假鳞茎，顶端有 2 片折叠状的叶。花莛从一条假鳞茎基部的茎上发出，仅生单独一朵花，有时则有 2 朵。其种加词 *globuliferum* 意为“具小球的”，与中文名均指假鳞茎形状扁而圆。

蔓盘兰所在的耳舌兰属的学名 *Otoglossum* 来自古希腊语词 oto（耳）和 glossum（舌），指这些种的唇瓣有小耳。以前这一群兰花曾置于文心兰属 *Oncidium* 中，但 DNA 研究显示，比起文心兰属来，这个组的种与耳舌兰属更近缘。其传粉者是采油蜂类，它们（徒劳地）试图从唇瓣胼胝体上采集看上去像油质的东西——欺骗式传粉的又一例。

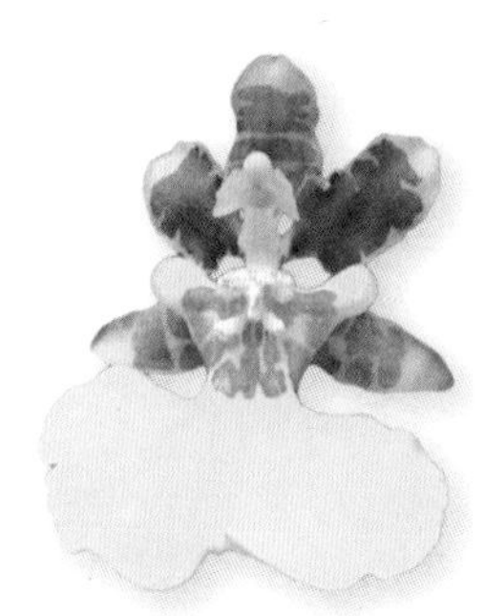

实际大小

蔓盘兰的花的萼片和花瓣为亮黄色，基部有红褐色的横纹；唇瓣基部有小型侧裂片，中裂片宽阔，顶端略凹缺；胼胝体生有瘤突，有红色斑点。

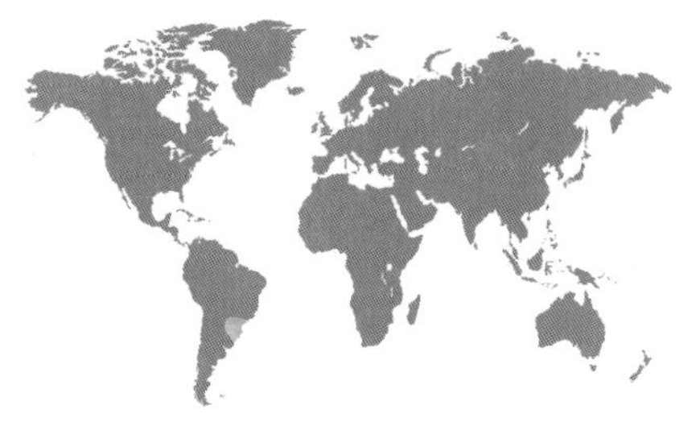

亚科	树兰亚科
族和亚族	兰族，文心兰亚族
原产地	巴西东南部和东部至阿根廷米西奥内斯省，在曼蒂凯拉山上尤为多见
生境	大西洋雨林，海拔至 1,500 m（4,920 ft）
类别和位置	附生于多藓类的小乔木树干上
保护现状	未评估
花期	8 月（冬季）

花的大小
0.5 cm（⅛ in）

植株大小
2.5～7.5 cm × 2.5～5 cm（1～3 in × 1～2 in），不包括花序，其花序直立，长5～10 cm（2～4 in），高于叶

仙气兰
Phymatidium delicatulum
Fairy Air Plant

Lindley, 1833

仙气兰是一种微小的兰花，其叶簇生，镰形，状如锥子，向顶端渐细，扭曲而不对称，横断面为三角形。其花序在冬天发出，呈细发状，“之”字形弯曲，生有多花，花朵的间隔较宽。其植株看上去像是铁兰属 *Tillandsia* 的小型凤梨类植物。因为这类植物通称“空气凤梨”，所以仙气兰的中文名中也有一个“气”字。仙气兰属的学名 *Phymatidium* 来自古希腊语词 phyma（肿瘤）和小后缀 -idium，指合蕊柱基部膨大。本种的种加词 *delicatulum* 意为“娇贵”，是对这些在湿润森林荫蔽处栖息的兰花本性的形容。

仙气兰属的种可从唇瓣胼胝体上的毛中分泌出油质。其传粉者为蜂类，采集这些油质与花粉混合后，将其作为食物喂给幼虫。

仙气兰的花微小，萼片和花瓣白色，狭窄，开展，花瓣比萼片略长；唇瓣在短合蕊柱下方折叠，形成浅杯状，其檐部为箭头形；合蕊柱基部膨大，绿色。

实际大小

亚科	树兰亚科
族和亚族	兰族，文心兰亚族
原产地	中美洲，从恰帕斯州（墨西哥）至危地马拉、从哥斯达黎加至哥伦比亚
生境	山前森林的极荫蔽处，海拔 330～1,400 m（1,080～4,600 ft）
类别和位置	附生
保护现状	未评估
花期	夏季

花的大小
3.5 cm（1⅜ in）

植株大小
5～10 cm × 5～7.5 cm（2～4 in × 2～3 in），包括花莛，其花莛弓曲，仅具单花，长2.5～5 cm（1～2 in）

翼萼距角兰
Plectrophora alata
Cornucopia Orchid

(Rolfe) Garay, 1967

翼萼距角兰为一种小型兰花，其假鳞茎圆形，隐藏在包围它们的叶基下，其叶排列成扇形。假鳞茎顶端生有单独一片叶，叶肉质，椭圆状长圆形，折叠状。花莛从假鳞茎基部发出，仅具一朵花，有长距。其唇瓣形如丰饶之角，故英文名意为“丰饶之角兰”。距角兰属的学名 *Plectrophora* 来自古希腊语词 plektron（距）和 phoros（具有……的），指唇瓣基部生有长距。本种的种加词 *alata* 来自拉丁语，意为“具翼的”，指侧萼片从花上伸出，形如双翼。

翼萼距角兰的传粉者据报道是雄性兰花蜂，但花距的存在很可能意味着访花者在搜寻花蜜作为回报，而不是想采集花香成分。在其距中从未观察到有花蜜。

实际大小

翼萼距角兰的花的萼片反曲，白色，基部合生，形成长而弯曲的距；花瓣和唇瓣白色，形成篮状，边缘发皱，内面有红橙色条纹。

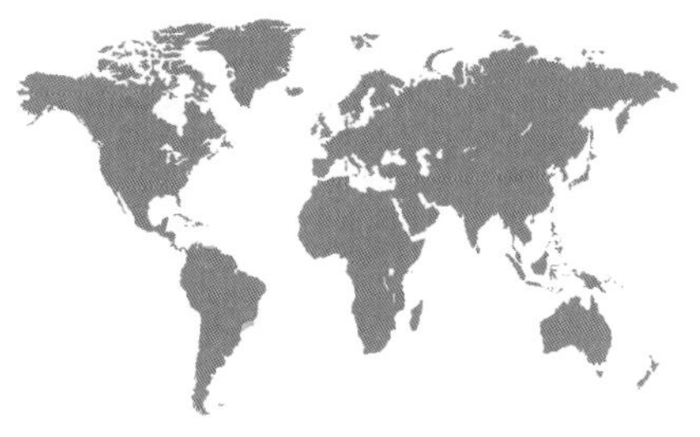

亚科	树兰亚科
族和亚族	兰族，文心兰亚族
原产地	巴西（里约热内卢附近）
生境	季节性干旱的地区，常生于仙人掌类植物上
类别和位置	附生
保护现状	未评估
花期	春季至秋季

花的大小
3~4 cm（1¼~1½ in）

植株大小
2.5~5 cm×5~8 cm（1~2 in×2~3 in），不包括高5~8 cm（2~3 in）的短花序

小蝶唇兰
Psychopsiella limminghei
Little Butterfly Orchid

(E. Morren ex Lindley) Lückel & Braem, 1982

实际大小

小蝶唇兰是匍匐状的微型兰花，是小蝶唇兰属 *Psychopsiella* 的唯一种。正如该属学名所示，它是拟蝶唇兰属 *Psychopsis* 植物的近亲，但要比它们小得多。其假鳞茎小而扁平，为相互重叠的心形。叶有红色脉和斑点，紧抱植株所生长的基质。

本种的花精致，相对微小的植株来说显得大。与典型的拟蝶唇兰属植物有所不同，本种的花瓣和萼片不为触角状，外观上更模拟文心兰亚族中那些以油质作为回报的种类。本种和拟蝶唇兰属的另一个不同之处在于其花序中的花并非相继开放。事实上，拟蝶唇兰属的所有种曾经都处理成文心兰属 *Oncidium* 下的一个组（文心兰属具腺组，*Oncidium* Sect. *Glanduligera*），后来分类学家才意识到二者有很多不同之处。

小蝶唇兰的花的所有花被片和唇瓣均为浅黄色，有红褐色斑点；特别是在唇瓣靠近边缘的地方，有一片斑点区；合蕊柱两侧有羽毛状的臂状物，顶端各有一枚微小的腺体。

亚科	树兰亚科
族和亚族	兰族，文心兰亚族
原产地	特立尼达和多巴哥、巴拿马、法属圭亚那、苏里南、委内瑞拉、哥伦比亚和巴西北部
生境	低山湿润森林，海拔 500 ~ 800 m（1,640 ~ 2,625 ft）
类别和位置	附生
保护现状	无危
花期	全年

花的大小
15 cm（6 in）

植株大小
25 ~ 41 cm × 8 ~ 13 cm（10 ~ 16 in × 3 ~ 5 in），不包括花莛，其花莛仅具单花，直立，远长于叶，长61 ~ 127 cm（24 ~ 50 in）

拟蝶唇兰

Psychopsis papilio

Northeastern Butterfly Orchid

(Lindley) H. G. Jones, 1975

拟蝶唇兰以花大著称，其花形似蝴蝶。其背萼片和侧花瓣呈触角状，侧萼片如同蝴蝶翅膀，“拟蝶唇兰”一名的含义因此显而易见。尽管其花外形如蝶，它们却由采油蜂类传粉，靠唇瓣上结构复杂的胼胝体分泌的少量油质吸引这些蜂类。此外还有两种高度臆测性的假说：其一认为其花由雄蝶传粉，雄蝶误以为花是与它同类的雌蝶；另一认为传粉的雄蝶以为其花是入侵领地的另一只蝴蝶，因而对花发动了疯狂的攻击。

拟蝶唇兰属 *Psychopsis* 全部六个种都有相同的花形和花色。其花在长长的花莛上相继开放，前一朵花凋谢后不久，便有后一朵花继之开放，如此可持续几年时间。

拟蝶唇兰的花底色为黄色，其上密布红色斑块；背萼片和侧花瓣狭窄，彼此形似，触角状；侧萼片远较它们宽阔；唇瓣大，周围一圈为赭红色，中央为宽阔的黄斑，生有一枚形态复杂的胼胝体。

实际大小

亚科	树兰亚科
族和亚族	兰族，文心兰亚族
原产地	墨西哥、危地马拉、洪都拉斯、萨尔瓦多、哥斯达黎加和巴拿马
生境	潮湿森林和多石地，海拔 2,000~3,200 m（6,600~10,500 ft）
类别和位置	地生，偶见附生
保护现状	无危
花期	冬春季

花的大小
3.8 cm（1½ in）

植株大小
51~89 cm × 30~51 cm（20~35 in × 12~20 in），不包括高 89~173 cm（35~68 in）的直立花序

百母兰
Rhynchostele bictoniensis
Mother of Hundreds

(Bateman) Soto Arenas & Salazar, 1993

百母兰是虎斑兰属 *Rhynchostele* 中两种主要生于地面的兰花之一。另一种大百母兰 *Rhynchostele uroskinneri* 花更大，要美丽得多，花色更鲜亮。可惜的是，大百母兰不易形成杂交种，而百母兰却已经广泛用于培育人工杂交种，“百母兰”由此得名。本种的假鳞茎在自然生长时形成大丛，从中抽出粗壮的花茎，生有 20~50 朵气味怪异的花（一些人认为其气味像“过热的电子设备”）。虎斑兰属的学名来自古希腊语词 rhynchos（喙）和 stele（柱），指合蕊柱顶端有喙。

百母兰的传粉者未知。与文心兰亚族的很多种不同，本种并不模拟金虎尾科植物的花，因此也不会欺骗采油蜂类访问其花、为它们传粉。这是因为金虎尾科植物不会生长在海拔如此高的地方。

实际大小

百母兰的花为星形，萼片和花瓣为褐色至黄褐色，通常有褐色斑点；唇瓣铲形，粉红色至深紫红色，基部具舟形的胼胝体；合蕊柱弓曲，顶端有一对翅。

亚科	树兰亚科
族和亚族	兰族，文心兰亚族
原产地	墨西哥中部和西南部（杜兰戈、纳亚里特、哈利斯科、米却肯、格雷罗、墨西哥、莫雷洛斯、瓦哈卡等州）
生境	松－栎混交林、悬崖和石坡，海拔 1,400～3,200 m（4,600～10,500 ft）
类别和位置	附生
保护现状	未正式评估，但可能因滥采而受威胁
花期	1 月至 4 月（冬春季）

牛眼舟舌兰
Rhynchostele cervantesii
Squirrel Orchid
(Lexarza) Soto Arenas & Salazar, 1993

花的大小
3.6～7.1 cm（1⅜～2¾ in）

植株大小
10～20 cm x 8～15 cm（4～8 in x 3～6 in），不包括花序，其花序弓曲下垂，长 15～25 cm（6～10 in）

牛眼舟舌兰是一种矮小的兰花，有美丽而怪异的斑纹。其假鳞茎簇生，灰绿色，为有棱的卵球形，常有褐色斑点。每条假鳞茎顶端生有单独一片折叠状的长圆形叶。其花序弓曲或下垂，在每年冬天半干旱的时期过后抽出；苞片线形，褐色，纸质；花多至 10 朵，芳香。

本种的英文名意为“松鼠兰”，是对古萨波特克 guièe-dzîl-ndzǐi（松鼠兰花）的直译；中文名中的“牛眼”二字指的则是其萼片和花瓣上不同寻常的同心圆状斑纹。目前尚未调查过本种的传粉，但从其花形（特别是开放的形状）、花色和斑纹可预期传粉者是蜂类。具深色斑纹的白花是最常见的类型，此外也有开浅粉红色至亮粉红色花的个体。

牛眼舟舌兰的花的萼片和花瓣开展，白色，有红褐色斑块，花瓣较萼片宽；唇瓣白色，基部有一些红色斑块，有柄，铲形，有一枚膨大的黄色胼胝体；合蕊柱有宽翅。

实际大小

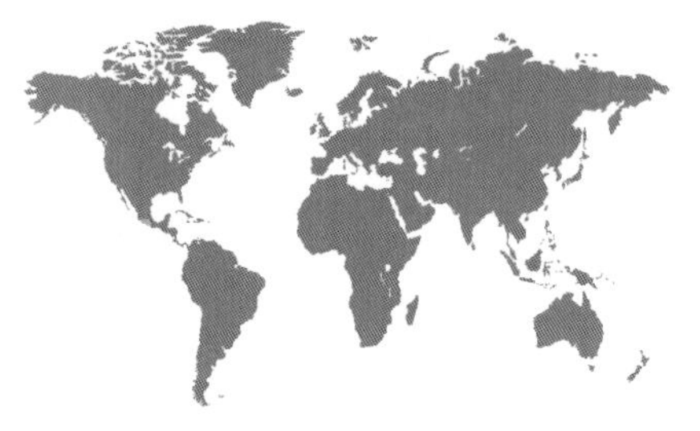

亚科	树兰亚科
族和亚族	兰族，文心兰亚族
原产地	格雷罗州（墨西哥）
生境	朝东的悬崖，海拔 1,000~1,300 m（3,300~3,950 ft）
类别和位置	地生或石生
保护现状	未评估
花期	9月至11月（秋季）

花的大小
5 cm（2 in）

植株大小
38~64 cm × 30~51 cm
（15~25 in × 12~20 in），
不包括直立的腋生花序

炎虎兰
Rhynchostele londesboroughiana
Yellow Axe Orchid

(Reichenbach fils) Soto Arenas & Salazar, 1993

实际大小

炎虎兰的花的花萼和花瓣为黄色，有深红褐色斑纹，状如飞镖盘；唇瓣为亮黄色，具少数褐色横纹、2 枚短的侧裂片和一枚瘤状胼胝体；合蕊柱黄色，弯向唇瓣的胼胝体上方。

炎虎兰的分布狭窄，限于墨西哥西部的格雷罗州，见于日照充足的结晶岩上，其叶在旱季凋落。本种的假鳞茎卵形，形成密簇，顶端生有 2~3 片披针形的叶，并发出高大的花序，含 15~30 朵美丽的花。本种所在的虎斑兰属的学名 *Rhynchostele* 来自古希腊语词 rhynchos（喙）和 stele（柱）。本种的英文名意为“黄斧兰”，指的则是唇瓣形如斧头。

在虎斑兰属各种中，炎虎兰因花为亮黄色而颇为特别，以前曾独立为炎虎兰属 *Mesoglossum*。虽然 DNA 分析表明本种与虎斑兰属有联系，但它并没有展现出适应采油蜂类传粉的花部特征，说明它在虎斑兰属各种中走了一条独立演化的道路。

亚科	树兰亚科
族和亚族	兰族，文心兰亚族
原产地	圭亚那、厄瓜多尔、巴西东南部
生境	云雾林，海拔 500~1,800 m（1,640~5,900 ft）
类别和位置	附生
保护现状	未评估
花期	3 月至 5 月（春季）

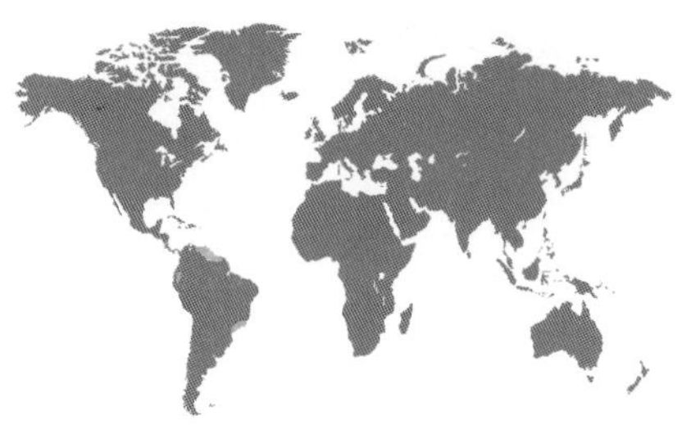

花的大小
3.7 cm（1½ in）

植株大小
15~25 cm × 10~15 cm
（6~10 in × 4~6 in），
不包括弓曲至下垂的花序

雅致剪罗兰
Rodriguezia venusta
Fragrant Angel Orchid
(Lindley) Reichenbach fils, 1852

雅致剪罗兰的假鳞茎为狭卵球形，为叶状鞘所包。每条假鳞茎生出单独一片叶，线状披针形，革质，此外又生出 1~3 枚弓曲或下垂的总状花序，含有多至 12 朵芳香、具柑橘气味的花。本种形态优雅，故学名中的种加词为 *venusta*，在拉丁语中意为“雅致的”“迷人的”。其花通常仅能持续开放 3~4 天。

本种唇瓣基部有角状物，其中的特殊细胞可分泌花蜜，吸引雄性和雌性兰花蜂前来传粉。在幼叶和包被花蕾的苞片边缘可见花外蜜腺。据报道，举腹蚁属 *Crematogaster* 的蚁类可访问这些蜜腺，很可能因此吓退路过的食草动物。

雅致剪罗兰的花为白色，侧萼片开展，上萼片略呈兜帽状；花瓣较小，位于合蕊柱两侧；唇瓣 3 裂，具膨大的黄色胼胝体，中裂片顶端微凹，与侧裂片重叠。

实际大小

亚科	树兰亚科
族和亚族	兰族，文心兰亚族
原产地	从危地马拉和伯利兹（中美洲）南达秘鲁
生境	季节性干旱的森林，生于海平面至海拔 300 m（985 ft）处
类别和位置	附生
保护现状	无危
花期	冬春季

花的大小
3 cm（1¼ in）

植株大小
25～38 cm × 30～61 cm
（10～15 in × 12～24 in），
不包括直立至弓曲的花序

龟壳兰

Rossioglossum ampliatum

Turtle-shell Orchid

(Lindley) M. W. Chase & N. H. Williams, 2008

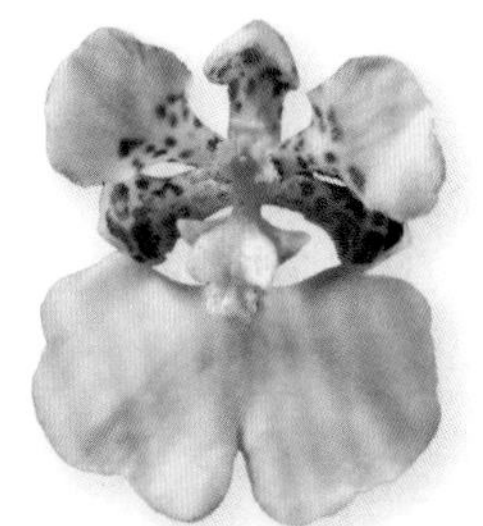

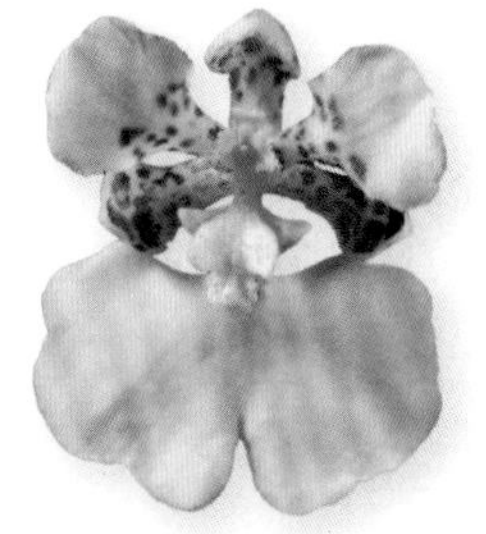

实际大小

龟壳兰是低地落叶林中的一种俊美而茂盛的兰花，其假鳞茎大型、扁平（人们觉得它的形状很像海龟壳，故名“龟壳兰”），花黄色，美丽，组成分枝的花序，因此广受赞赏。因为其花形，本种在最初描述时（由林德利在 1833 年描述）曾被视为文心兰属 *Oncidium* 的成员。在文心兰亚族中，具有本种这样的黄色花和类似花形的种由采油蜂类传粉，曾经全都正式处理为文心兰属的种。然而，DNA 研究表明，这种类型的花仅是对传粉的适应，它在这一亚族中重复演化了多次。龟壳兰就是这些独立演化的分支之一。

金虎兰属 *Rossioglossum* 的属名用来纪念约翰·罗斯（John Ross），他是 19 世纪墨西哥兰花的采集者。本种的种加词来自拉丁语，意为“加宽的”，同样指的是其宽大的假鳞茎。

龟壳兰的花的萼片小，黄色，具褐色斑点；花瓣较大，扁平，基部颜色较浅并有斑点；唇瓣中裂片明显宽于侧裂片，扁平，正中有瘤块状胼胝体，胼胝体上有红褐色斑块。

亚科	树兰亚科
族和亚族	兰族，文心兰亚族
原产地	墨西哥（恰帕斯州）、危地马拉和伯利兹
生境	湿凉的落叶林，海拔 1,500～2,700 m（4,920～8,900 ft）
类别和位置	附生
保护现状	未评估
花期	11 月至 1 月

金虎兰
Rossioglossum grande
Tiger's Mouth
(Lindley) Garay & G. C. Kennedy, 1976

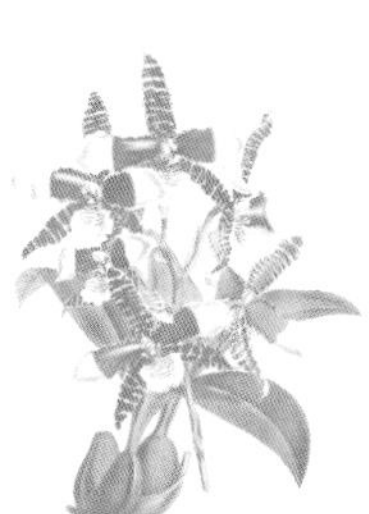

花的大小
18～23 cm（7～9 in）

植株大小
20～30 cm × 20～25 cm（8～12 in × 8～10 in），不包括花序，其花序直立至弓曲，长于叶，达25～41 cm（10～16 in）

金虎兰的花大而醒目，其颜色如虎，唇瓣中央的胼胝体上有一对突起的齿，也似虎牙（故西班牙文名为 Boca del Tigre，意为“虎口”）。它可能是金虎兰属 *Rossioglossum* 中最有名的一种。该属大多数种生于较高海拔处的季节性干旱的落叶林中。它们的花形硕大，花色亮丽，末端又有漆光一般的光泽，在林中非常显眼。

和文心兰亚族很多其他种一样，金虎兰属兰花也采取了假装以油质作为回报的欺骗策略，它们模仿的其他更常见的花可以用油质作为回报，奖赏为它们传粉的螯针蜂属 *Centris* 蜂类。该属兰花的唇瓣胼胝体结构复杂，似乎分泌有少量油质，但这点油质产物实际上可能并不足以起到回报蜂类的作用。

金虎兰的花的萼片和花瓣为亮黄色，密布红褐色的条纹，在基部几乎完全为条纹占据；唇瓣浅黄色，具突起的胼胝体，胼胝体具红褐色条纹和几枚齿；合蕊柱黄色，有翅。

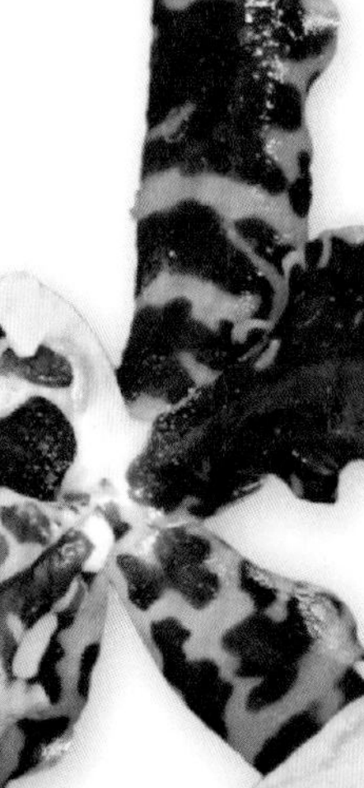

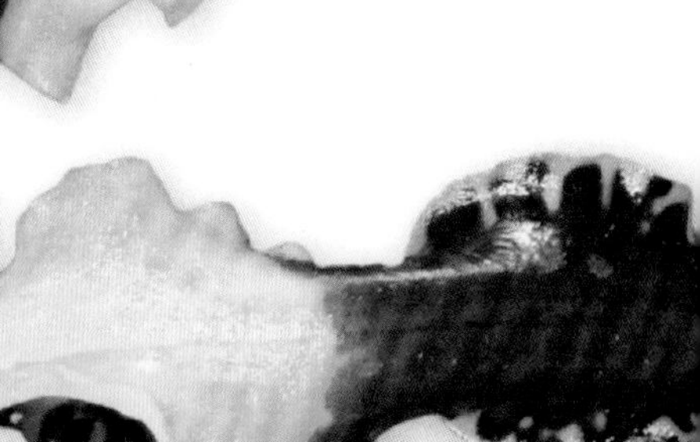

实际大小

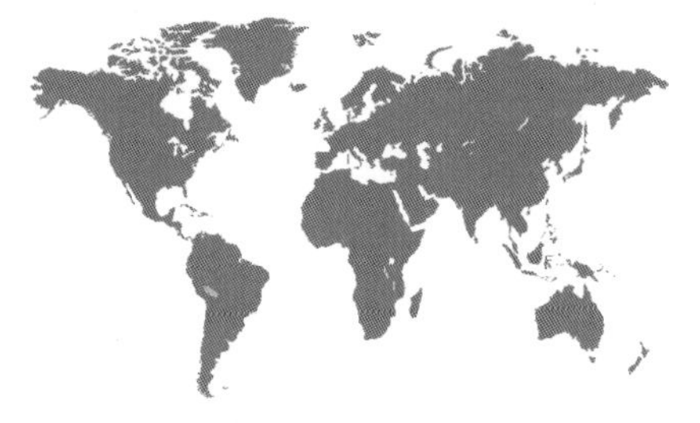

亚科	树兰亚科
族和亚族	兰族，文心兰亚族
原产地	玻利维亚和秘鲁南部
生境	云雾林，海拔约 1,800 m（5,900 ft）
类别和位置	附生于多藓类的树枝上
保护现状	未评估
花期	6 月及 11 月至 12 月

花的大小
1 cm（⅜ in）

植株大小
2.5～5 cm × 2.5 cm
（1～2 in × 1 in），
不包括花序，其花序下垂，长2.5～5 cm
（1～2 in），约与叶等长

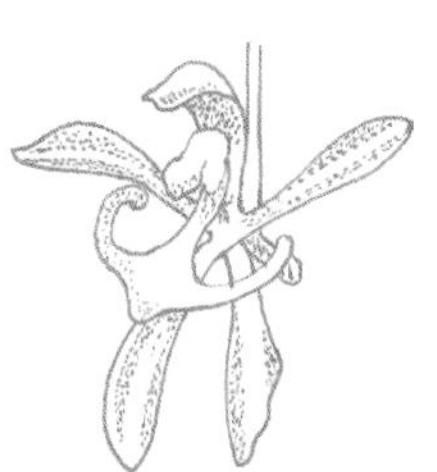

松针兰
Seegeriella pinifolia
Pine-needle Orchid

Senghas, 1997

松针兰是一种微小的兰花，其叶坚硬，簇生成扇状，宛如藓丛中的松针，因此种加词是 *pinifolia*（叶似松树的），中文名也叫“松针兰”。本种幼时为扇形，但在成熟后，扁平的叶就为截面近圆形的叶所取代。其花序为伞形花序，具 4～5 朵同时开放的花。松针兰属的学名 *Seegeriella* 是纪念汉斯－格尔哈特·塞格（Hans-Gerhardt Seeger），他是德国海德堡大学植物园的兰花种植者，这个属最先就描述自该植物园栽培的植株。

我们对松针兰这种迷人的兰花在野生生境下的生活习性还几无所知。然而，可以推测它与近缘的开扇兰属 *Macroclinium* 和驼背兰属 *Notylia* 一样，由采集芳香油的雄性兰花蜂类传粉。在厄瓜多尔已经发现了本属的第二个种。

实际大小

松针兰的花的萼片和花瓣开展，浅绿色至白色；唇瓣白色，锚形；合蕊柱下半部分与唇瓣基部合生，上半部以直角弯曲而远离唇瓣，头部扩大。

亚科	树兰亚科
族和亚族	兰族，文心兰亚族
原产地	南美洲北部
生境	湿润森林，海拔 200 ~ 700 m（650 ~ 2,300 ft）
类别和位置	附生
保护现状	未评估
花期	5 月至 7 月

新月管基兰
Solenidium lunatum
Lunar Orchid
(Lindley) Schlechter, 1914

花的大小
2 cm（¾ in）

植株大小
15 ~ 38 cm × 10 ~ 15 cm（6 ~ 15 in × 4 ~ 6 in），不包括花序，其花序直立至弓曲，不分枝，长20 ~ 46 cm（8 ~ 18 in），长于叶

新月管基兰植株成丛，其假鳞茎扁平，椭球形，顶端生有 1 或 2 片肉质叶。总状花序从成熟的假鳞茎基部生出，具 8~24 朵花。管基兰属的学名 *Solenidium* 来自古希腊语词 solen（槽，沟）和指小后缀 -idion，指唇瓣基部狭窄，有时呈管状。种加词 *lunatum* 意为"新月形的"，指唇瓣瓣片形如新月。

我们对本种在野外的生活习性尚知之甚少，其传粉也不例外。其花既不提供明显的回报，又无蜜距，这两个特征通常都意味着某些种类的蜂类最可能是本种传粉者，被本种通过欺骗吸引而来。本种并不适应蛾类或蝶类传粉，因为那需要花中有长形蜜距。

实际大小

新月管基兰的花的萼片和花瓣彼此形似，开展，具红褐色斑点；唇瓣白色，顶端宽阔，通常有红褐色斑点，基部具长形胼胝体，胼胝体有沟槽和毛；药帽前缘上翘。

亚科	树兰亚科
族和亚族	兰族，文心兰亚族
原产地	厄瓜多尔
生境	热带森林，海拔 500~1,500 m（1,640~4,920 ft）
类别和位置	附生
保护现状	未正式评估
花期	6 月至 8 月

花的大小
3.2 cm（1¼ in）

植株大小
15~25 cm × 10~15 cm（6~10 in × 4~6 in），不包括花序，其花序直立至弓曲，长30~51 cm（12~20 in），超出叶很多

厄瓜多尔鸟膝兰

Systeloglossum ecuadorense

Bird-knee Orchid

(Garay) Dressler & N. H. Williams, 1970

实际大小

厄瓜多尔鸟膝兰是一种独特的兰花，其假鳞茎高度扁平，卵状长圆形，紧密簇生，部分为鞘状叶所包，每条顶端各生有单独一片长圆形的叶。其花序扁平，分枝松散，每条侧枝生有一簇 1~4 朵花，其花一次开放几朵，总花期较长。鸟膝兰属的学名 *Systeloglossum* 来自古希腊语词 systellein（合生）和 glossa（舌），指唇瓣（舌）与合蕊柱扩大的基部合生。中文名“鸟膝兰属”则指合蕊柱有长形蕊足，与一对侧萼片之间形成反向的鸟腿状关节（膝）。

目前尚无人研究本种这些形状奇特的花的传粉。不过，因为其花有蜜距，颜色黯淡，传粉者可能是一种夜行性蛾类。

厄瓜多尔鸟膝兰的花的蕊柱足突出，与 2 枚萼片合生，形成 2 裂的“舌”；第 3 枚萼片和 2 片花瓣覆于合蕊柱上方；唇瓣位于兜帽状的合蕊柱下方不远处；花的所有部位均为灰绿色至略带红色的绿色。

亚科	树兰亚科
族和亚族	兰族，文心兰亚族
原产地	南美洲西北部，厄瓜多尔、哥伦比亚和委内瑞拉西北部
生境	云雾林，海拔 2,300～3,000 m（7,545～9,850 ft）
类别和位置	附生
保护现状	未评估
花期	3 月至 9 月（春季和秋季）

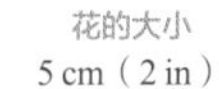

蝶花毛顶兰

Telipogon hausmannianus

Mariposa Orchid

Reichenbach fils, 1861

花的大小
5 cm（2 in）

植株大小
5～8 cm × 5～10 cm（2～3 in × 2～4 in），不包括花序，其花序直立至弓曲，高5～10 cm（2～4 in）

蝶花毛顶兰是一种美丽的小生灵，对任何爱好兰花的人来说，在其原产的云雾林的雾霭中见到这样一株开放的兰花，绝对是最令人激动不已的事情之一。令人遗憾的是，本种难于栽培。其茎短小，覆有数片椭圆形叶。花瓣大，杯状，布有网纹图案，令人想到蝶百合（为仙灯属 *Calochortus* 植物）或蝴蝶（在西班牙语中为 mariposa），“蝶花毛顶兰”由此得名。毛顶兰属的学名 *Telipogon* 来自古希腊语词 telos（末端）和 pogon（胡须），指合蕊柱基部周围有毛，它们在传粉中起着重要作用。

蝶花毛顶兰由寄蝇类的雄蝇传粉，雄蝇误以为其花是同类中的雌性。花粉团因此会沾到欲望高涨的来访者的脚上，当充满爱欲的雄蝇访问下一朵花时，便完成了花粉的有效传递。

实际大小

蝶花毛顶兰的花具 3 枚萼片，狭窄，几乎隐藏在宽阔的花瓣和唇瓣之后；其花色为黄色，布有红紫色的网状脉纹；花瓣或唇瓣基部有颜色更深的斑点，覆有深色长毛。

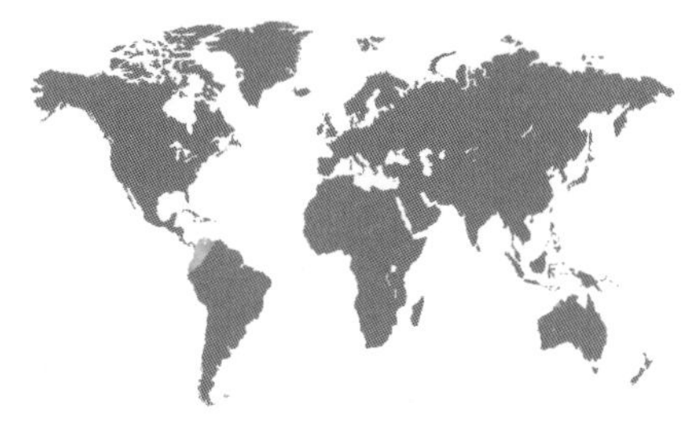

亚科	树兰亚科
族和亚族	兰族，文心兰亚族
原产地	南美洲西北部，厄瓜多尔、哥伦比亚和委内瑞拉西北部
生境	云雾林，海拔 1,300 ~ 2,300 m（4,300 ~ 7,545 ft）
类别和位置	附生
保护现状	未评估
花期	全年

花的大小
0.6 cm（¼ in）

植株大小
2.5 ~ 5 cm × 2.5 ~ 5 cm（1 ~ 2 in × 1 ~ 2 in），不包括花序，其花序弓曲至直立，长7.5 ~ 10 cm（3 ~ 4 in）

须心兰
Telipogon williamsii
Bearded Lady

P. Ortiz, 2008

实际大小

须心兰是一种小型附生兰，生于覆有藓类的小枝上，具少数几片叶，而无明显的假鳞茎。其花序生有多至5朵的花。花小，蝇状，在为期数个月的花期中一朵接一朵开放。本种的唇瓣非常像寄蝇类的雌蝇，因此雄蝇会试图与之交配，在这个激情四射的过程中便为花朵传了粉。其花粉团会附着在雄蝇腿上，当它们受骗而爱欲满满地访问下一朵花时，便让花粉团接触到柱头。

须心兰以前曾被置于星唇兰属 *Stellilabium*，但在2005年，这个属的成员被发现只是毛顶兰属 *Telipogon* 中形体较小的种类，这两个属也因此合并。唇瓣基部有一块区域生有须毛或疣突，是这两个属共有的特征，毛顶兰属的学名［由古希腊语词 telos（末端）和 pogon（胡须）构成］正是由此而来。

须心兰的花具2枚微小的侧萼片；中萼片较大，反曲；花瓣2片，开展；唇瓣较大，有多疣突的胼胝体；其花色为黄绿色，有红褐色斑点，唇瓣上在钩状合蕊柱前方则有大块多疣突的区域。

亚科	树兰亚科
族和亚族	兰族，文心兰亚族
原产地	多米尼加共和国
生境	干旱仙人掌灌丛和干燥亚热带森林
类别和位置	附生
保护现状	未评估，但少见，分布区狭窄，有几个分布点已开辟为保护区，一些再引种的项目也在进行中
花期	12 月至 7 月（冬季至夏季）

岛蜂兰
Tolumnia henekenii
Hispaniolan Bee Orchid
(M. R. Schomburgk ex Lindley) Nir, 1994

花的大小
2 cm（¾ in）

植株大小
5~10 cm × 5~10 cm
（2~4 in × 2~4 in），
不包括花序，其花序直立，稀分枝，长20~38 cm
（8~15 in）

实际大小

岛蜂兰是一种矮小的兰花，其茎短小，生有数片叶，而无假鳞茎。其叶扁平，边缘齿状，簇生为扇状。其总状花序腋生，“之”字形，花朵在其上相继开放，下一朵花的花蕾在前一朵花凋谢时形成。本种有时独立为岛蜂兰属 *Hispaniella*，其学名以该种原产的伊斯帕尼奥拉岛命名。它现在所在的剑心兰属 *Tolumnia* 的学名则来自托隆纽斯（Tolumnius），在古罗马作家维吉尔所撰的史诗《埃涅阿斯纪》中，他是埃涅阿斯的对手鲁图利人中的一员。

本种的唇瓣构造奇特，模拟了岛生螯针蜂 *Centris insularis* 的雌蜂，而可吸引雄蜂前来，在试图交配的过程中为其传粉。雄蜂有两种行为，一种是“撞击－飞走”，一种是“着陆－爱抚”。只有后一种行为可以产生花朵所要的效果，而前一种行为可能只是源于这些蜂类宣示领地的习性。

岛蜂兰的花几乎全为唇瓣，为近黑色的深红褐色，覆有毛被，边缘黄色；中央的胼胝体则为浅橙色；萼片小，浅黄色，反曲；花瓣开展，黄色。

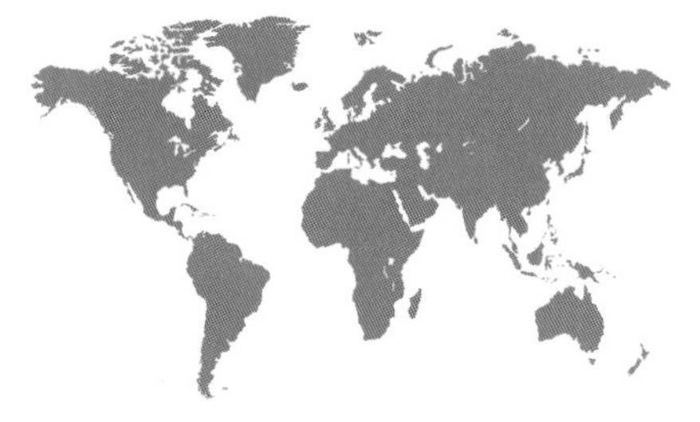

亚科	树兰亚科
族和亚族	兰族，文心兰亚族
原产地	安的列斯群岛中的古巴和伊斯帕尼奥拉岛
生境	云雾林和雨林，海拔 900～1,500 m（2,950～4,920 ft）
类别和位置	附生
保护现状	未评估
花期	8 月至 9 月（夏季）

花的大小
2.5 cm（1 in）

植株大小
8～15 cm × 8～15 cm（3～6 in × 3～6 in），不包括花序，其花序疏松，直立，长25～61 cm（10～24 in），远长于叶

豹心兰
Tolumnia tuerckheimii
Antillean Dancing Lady

(Cogniaux) Braem, 1986

实际大小

豹心兰的叶扁平，有红色斑点或具红色色调，形成面朝下方的扇形叶簇，通常悬垂于小枝的下方。它所在的剑心兰属 *Tolumnia* 的学名来自托隆纽斯（Tolumnius），是维吉尔《埃涅阿斯纪》里鲁图利人中的一位预言家。该属最初因为叶扁平、无假鳞茎而从文心兰属 *Oncidium* 这个大属中分出，这一处理后来得到了 DNA 分析的支持。本种种加词 *tuerckheimii* 是纪念德国律师、植物采集家汉斯·冯·图尔克海姆（Hans Von Türckheim, 1853—1920）。本种的英文名意为“安的列斯舞女兰”，则是把其大型唇瓣想象成了一名跳舞者。

和文心兰属大多数种一样，豹心兰也把采油蜂类骗来为它传粉。这些蜂类误以为其花是与兰花关系极远的金虎尾科植物的花，后者可以用油质作为回报，让蜂类将油质与花粉混合喂给幼虫。

豹心兰的花的萼片反曲，黄色，有红褐色斑点；花瓣颜色类似，开展，边缘波状；唇瓣 3 裂，有手指状胼胝体，中裂片宽阔；合蕊柱顶端有一对翅。

亚科	树兰亚科
族和亚族	兰族，文心兰亚族
原产地	南美洲北部和西部
生境	湿润森林，海拔 1,000～1,600 m（3,300～5,250 ft）
类别和位置	附生
保护现状	未评估
花期	7 月至 11 月（夏秋季）

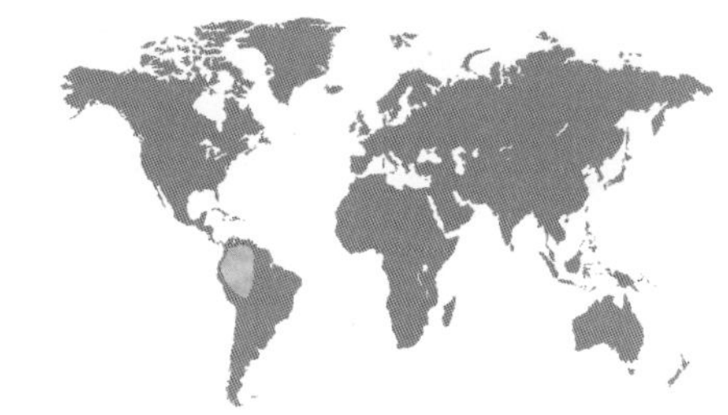

距心兰
Trichocentrum pulchrum
Beautiful Spotted Orchid

Poeppig & Endlicher, 1836

花的大小
4 cm（1½ in）

植株大小
8～20 cm × 5～8 cm（3～8 in × 2～3 in），不包括长 5～8 cm（2～3 in）的下垂花序

距心兰是一种小型兰花，其叶簇生，肉质，坚硬，线状长圆形，有红色斑点。其花序下垂，通常仅有一朵花，在叶丛间开放，偶尔也能见生有 2 朵花的情况。本种无假鳞茎，这一群植物因此常被称为“骡耳兰”（西班牙语为 orejas de burro）。距心兰属的学名 *Trichocentrum* 来自古希腊语词 trichos（毛发）和 kentron（距），指其下各种常有长而纤细的距。

距心兰属于一个种复合体，构成这个复合体的几个近似种可用距长、唇瓣上的褶片和合蕊柱的翅来区分。其传粉由兰花蜂进行，本种的花距大型，但中空，可能可以同时吸引雄蜂和雌蜂前来搜寻花蜜。

距心兰的花的花瓣和萼片彼此形似，乳黄色至白色，均布有略呈粉红色的红色斑点；上萼片略呈兜帽状；唇瓣黄色，也有红色斑点，具棱角，并在中部有两道平行的褶片；花距长，上翘。

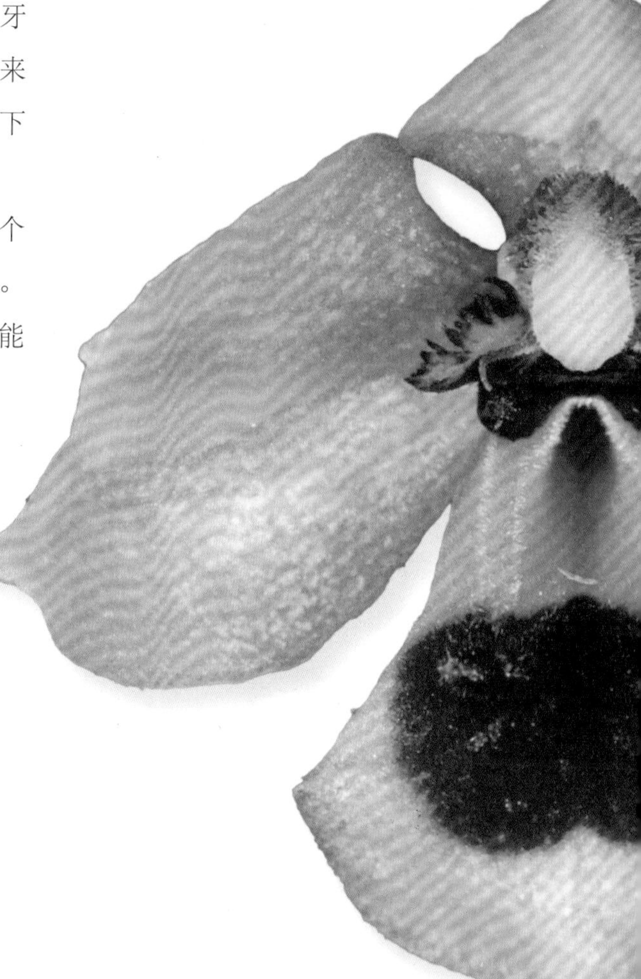

实际大小

亚科	树兰亚科
族和亚族	兰族，文心兰亚族
原产地	玻利维亚北部和秘鲁
生境	热带雨林，生于树冠层中的荫蔽位置，海拔 500 m（1,640 ft）
类别和位置	附生
保护现状	未评估
花期	10 月

花的大小
6.5 cm（2½ in）

植株大小
61～102 cm × 1.3 cm（24～40 in × ½ in），此为单个下垂植株的大小，不包括花序，其花序弓曲至直立，长 20～36 cm（8～14 in）

鼠尾虎猫兰

Trichocentrum stacyi

Rat-tailed Ocelot

(Garay) M. W. Chase & N. H. Williams, 2001

鼠尾虎猫兰的假鳞茎簇生，覆有鳞片，卵球状圆柱形，每条顶端生有一片长而下垂的圆柱形（有一道沟）叶。本种从假鳞茎发出一条“之”字形的花茎，其上生有多达 20 朵无气味而绚丽的花。鼠尾虎猫兰所在的距心兰属 *Trichocentrum* 的学名来自古希腊语词 trichos（毛发）和 kentron（距），指该属一些种可见长蜜距。然而，鼠尾虎猫兰却无距。其中文名则指其叶形如鼠尾，而花有斑点，外观似虎猫。种加词 *stacyi* 是纪念美国兰花专家约翰·斯泰西（John Stacy），本种即为他在玻利维亚所发现。

鼠尾虎猫兰通过模拟金虎尾科植物，吸引螯针蜂属 *Centris* 蜂类传粉。这些蜂类试图在其花唇瓣的胼胝体上采集它们以为是油质的东西，然而那里并没有油质。

鼠尾虎猫兰的花为黄色，密布红褐色斑点；萼片和花瓣边缘波状；唇瓣 3 裂，侧裂片较小，中裂片有柄，胼胝体有明显流苏状边缘和很多瘤突；合蕊柱顶端有一对翅。

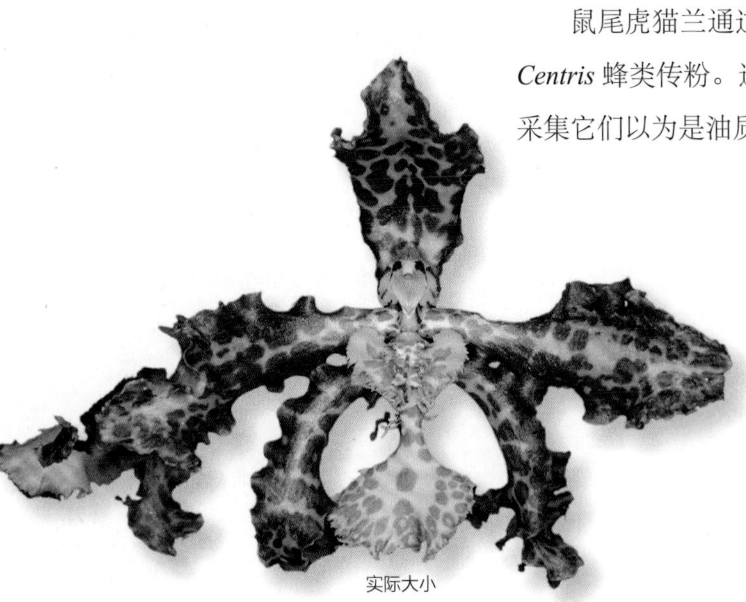

实际大小

亚科	树兰亚科
族和亚族	兰族，文心兰亚族
原产地	哥伦比亚、厄瓜多尔、秘鲁和玻利维亚
生境	云雾林中较为干燥而多藓类的暴露山坡，海拔 1,800～2,800 m（5,900～9,200 ft）
类别和位置	地生，生于土壤和岩石上；或附生于灌木较低的枝条上
保护现状	无危
花期	晚秋至春季

毛角兰
Trichoceros antennifer
Andean Fly Orchid
(Humboldt & Bonpland) Kunth, 1816

花的大小
2 cm（¾ in）

植株大小
10～15 cm × 8～13 cm（4～6 in × 3～5 in），不包括花序，其花序高 23～38 cm（9～15 in），远高于植株其他部位

毛角兰生有数条彼此距离较远的假鳞茎，其叶肉质。其花茎高大，花在近顶端簇生，这样可以远离本种植株所附着的灌丛植被。毛角兰属的学名 *Trichoceros* 来自古希腊语词 trichos（毛发）和 keras（角），指唇瓣有 2 枚直立多毛的臂状物，位于合蕊柱两侧。本种的种加词 *antennifer*（具触角的）也是源于这一特征，暗指这两枚角状物形似蝇类的触角。

很多以昆虫命名的兰花，实际上并不常靠那类昆虫传粉（比如蝴蝶兰属 *Phalaenopsis* 的兰花尽管外观似蝴蝶，却靠蜂类传粉）。然而，毛角兰的英文名意为“安第斯蝇兰”，雄性寄蝇却的确由于误把花当成雌体而为其“传粉”。

实际大小

毛角兰的花的萼片和花瓣为浅橄榄绿色；前方的唇瓣布有紫褐色斑点，有毛，并有触角状的侧裂片；合蕊柱短，覆有毛被，黏盘突起，伸到柱头穴上方。

亚科	树兰亚科
族和亚族	兰族，文心兰亚族
原产地	厄瓜多尔至秘鲁
生境	湿凉的森林，海拔 1,500~3,000 m（4,920~9,850 ft）
类别和位置	附生
保护现状	未正式评估，但因为本种分布广泛，局地多见，故很可能无须考虑保护
花期	8 月至 10 月（冬春季）

花的大小
8 cm（3 in）

植株大小
10~25 cm × 5~10 cm
（4~10 in × 2~4 in），
不包括花莛，其花莛弓曲下垂，仅具单花，
长10~25 cm（4~10 in）

血斑兰
Trichopilia sanguinolenta
Blood-stained Cap

(Lindley) Reichenbach fils, 1867

血斑兰的花的萼片和花瓣开展，绿黄色，有红色斑点；上萼片弯至合蕊柱上方；唇瓣白色，边缘有皱纹，基部则有红色线条和斑点；花药有羽毛状边缘。

血斑兰的假鳞茎为无叶的干鞘所包，紧密簇生，每条顶端生有单独一片叶，叶边缘为波状。从成熟假鳞茎发出 1 或（稀为）2 朵花，有强烈气味，开放时间长。本种所在的毛帽兰属的学名 *Trichopilia* 来自古希腊语词 trichos（毛发）和 pilios（帽），指合蕊柱顶端在花药之上有边缘流苏状的药帽。本种的种加词 *sanguinolenta*（拉丁语意为“血色的”）和中文名“血斑兰”则均指花上的（血）红色斑点。

血斑兰由雄性和雌性兰花蜂传粉（与毛帽兰属其他几种的情况相同）。蜂类为了搜求花蜜而前来访问。然而，尽管花的香气和斑纹似乎表明花蜜的存在，但与此相反，本种的花并不提供回报。

实际大小

亚科	树兰亚科
族和亚族	兰族，文心兰亚族
原产地	哥斯达黎加至哥伦比亚北部
生境	季节性干旱的山地森林边缘
类别和位置	附生
保护现状	因盗采而易危
花期	2月至4月

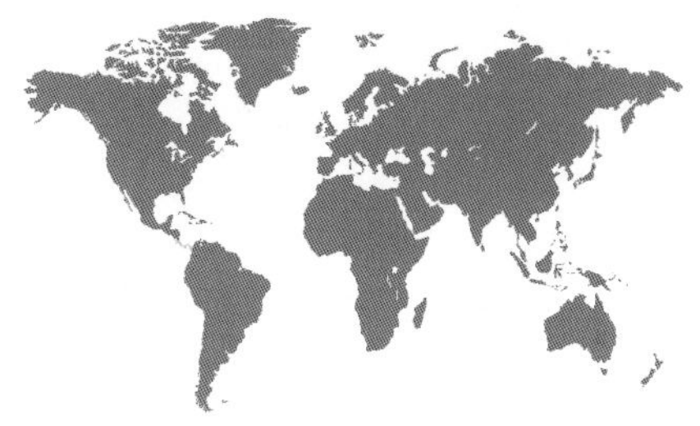

红点毛帽兰

Trichopilia suavis

Pink-spotted Hood Orchid

Lindley & Paxton, 1850

花的大小
10～12 cm（4～4¾ in）

植株大小
25～46 cm × 10～15 cm（10～18 in × 4～6 in），不包括长10～20 cm（4～8 in）的下垂花序

尽管红点毛帽兰的花形大，有浓香，颜色鲜艳，但令人意外的是，本种却只是偶有栽培。其植株中等大小，生于森林中低处的粗枝上。在那里垂下的花穗可以吸引雄性兰花蜂类，但还不清楚它们是否会像通常的情况那样采集花中的芳香物质。

毛帽兰属 *Trichopilia* 与拟蝶唇兰属 *Psychopsis* 和小蝶唇兰属 *Psychopsiella* 近缘，后二属是一群能分泌油质吸引蜂类的兰花，与毛帽兰属的花并无特别大的区别——这是传粉在近缘的兰花中也能驱动花结构演化的证据。毛帽兰属兰花的英文名意为“兜帽兰”，指合蕊柱顶端兜帽状，覆盖药帽；该属学名也是指这个特征，来自古希腊语词 pilos，意为“毛毡”，是一种用于制作兜帽的材料。

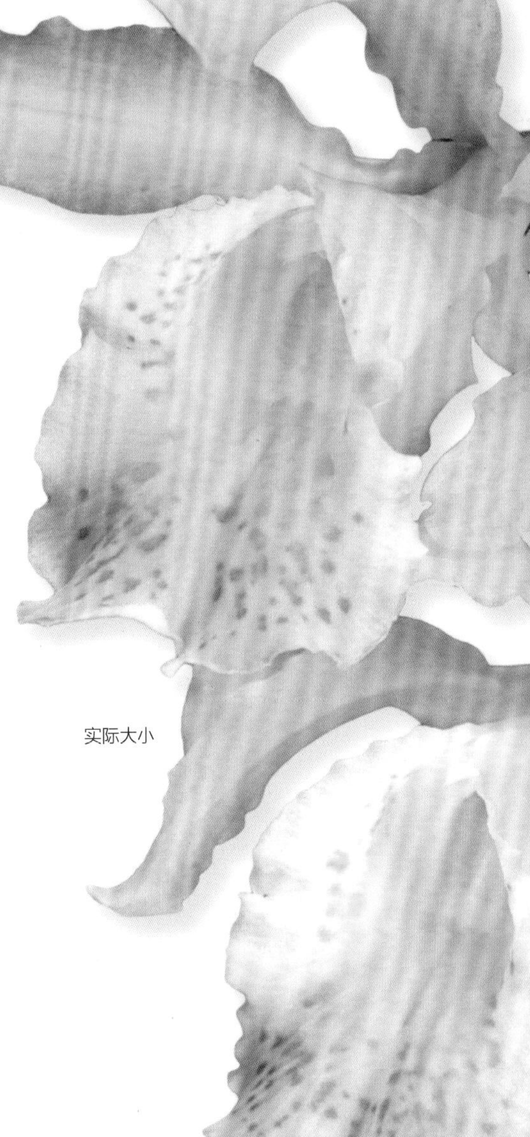

实际大小

红点毛帽兰的花的花被片为白色或乳黄色（常有浅粉红色斑块）；唇瓣管状，为很多由兰花蜂传粉的兰花的典型形状；唇瓣边缘皱波状，内面的斑块为鲜艳的粉红色至偏红的粉红色。

亚科	树兰亚科
族和亚族	兰族，文心兰亚族
原产地	美洲热带地区，从哥斯达黎加和特立尼达岛至玻利维亚和巴西南部
生境	生于低地森林边缘阳光充足地方的树上，海拔达 1,000 m（3,300 ft）；常移居至栽培的柑橘树和番石榴树上
类别和位置	附生
保护现状	未评估，但分布广泛，因此可能无须考虑保护
花期	全年，但多在春夏季

花的大小
0.3 cm（⅛ in）

植株大小
5～8 cm × 5～8 cm（2～3 in × 2～3 in），不包括花序，其花序直立至弓曲，长8～15 cm（3～6 in），通常长于叶

三轭兰
Trizeuxis falcata
Triplet Orchid

Lindley, 1821

实际大小

体形微小的三轭兰，是美洲热带地区分布最广泛的兰花之一。其假鳞茎扁平，顶端生有一簇排列成扇形的扁平肉质叶。其花微小，部分张开，簇生得非常紧密，以至很难将每朵小花分开。中文名“三轭兰”指它的三枚萼片部分合生，其花的大部分可见部位即是这个结构。三轭兰属的学名 *Trizeuxis* 由古希腊语词 tri-（三）和 zeuxine（为轭所连的）构成，也反映了这个特征。本种的种加词 *falcata* 意为“镰刀形的”，是指叶的形状（弯曲，顶端渐尖）。

三轭兰的植株可以结出很多蒴果，该种据报道为自花传粉。也有报道称其传粉者为无刺蜂类（一类小型、无螫刺的蜂类），但其花看来并无花蜜作为回报。

三轭兰的花的萼片和花瓣略呈绿色，形状类似；唇瓣常为橙色至黄色，舌状，顶端深黄色，围抱合蕊柱；其花有确定朝向，使唇瓣顶端指向花序轴。

亚科	树兰亚科
族和亚族	兰族，文心兰亚族
原产地	南美洲西部，从哥伦比亚至玻利维亚
生境	生于草丛和灌丛中多石的红黏土质土壤上，常见于陡坡，海拔 2,000～2,800 m（6,600～9,200 ft）
类别和位置	地生，有时生于石质地
保护现状	未评估
花期	春季至早夏

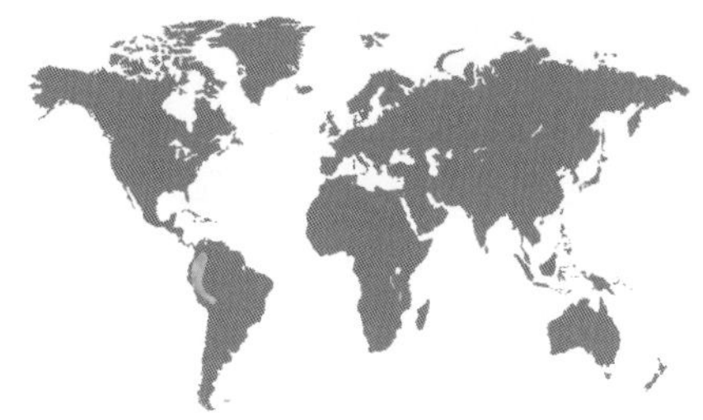

金架兰
Vitekorchis excavata
Atahualpa's Golden Orchid
(Lindley) Romowicz & Szlachetko, 2006

花的大小
5 cm（2 in）

植株大小
64～127 cm × 51～76 cm（25～50 in × 20～30 in），不包括花序，其花序直立，高76～152 cm（30～60 in），高于叶

金架兰是一种大型兰花，其假鳞茎四角形，可形成巨大的簇。假鳞茎基部包有鞘状叶，顶端则生有 1~2 片长形叶。花序多分枝，从成熟假鳞茎的基部发出，生有 100 多朵无气味的花。

本种以前曾置于文心兰属 *Oncidium*，在文心兰亚族中有一群种的分类地位比较孤立，没有近缘类群，金架兰即是其中之一。金架兰属的学名 *Vitekorchis* 是为纪念奥地利植物学家恩斯特 · 魏泰克（Ernst Vitek，1953—　），他现任维也纳自然博物馆植物部主任。该博物馆收藏有德国著名兰科分类学家海因里希 · 古斯塔夫 · 赖兴巴赫的兰花标本集。本种英文名意为“阿塔瓦尔帕的金色兰”，其中提到的阿塔瓦尔帕是印加帝国的末代皇帝，他最后死在秘鲁的卡哈马卡，而那里生长着很多金架兰。

金架兰的花的萼片和花瓣为黄色，有红褐色斑块；侧萼片 2 枚，反曲；唇瓣的侧裂片小，中裂片大，顶端中央有缺刻，胼胝体多疣突；合蕊柱顶端有一对翅。

实际大小

亚科	树兰亚科
族和亚族	兰族，文心兰亚族
原产地	哥斯达黎加、厄瓜多尔、巴西东北部（伯南布哥州）和东部，南达巴拉圭和阿根廷米西奥内斯省
生境	大西洋雨林
类别和位置	附生
保护现状	未评估
花期	10 月至 12 月（春季）

花的大小
2.5 cm（1 in）

植株大小
15～25 cm × 8～13 cm（6～10 in × 3～5 in），不包括长10～20 cm（4～8 in）的下垂花序

剑唇兰
Warmingia eugenii
Warming's Orchid

Reichenbach fils, 1881

剑唇兰是一种微型兰花。其假鳞茎簇生，锥形，每条生有单独一片叶。叶革质，狭椭圆形，折叠状。其总状花序下垂，可生有多达 35 朵的花，各托以一片小型苞片。其花气味特别，让人觉得像熔融的金属或臭氧，这一气味可能会吸引兰花蜂类来传粉。这些蜂类采取到花香成分之后，可以把它们加工成吸引异性的引诱剂。

剑唇兰的属名 *Warmingia* 和种加词 *eugenii* 纪念的是丹麦植物学家尤金尼乌斯·瓦尔明（Eugenius Warming，1841—1924），他是植物生态学的奠基人，也是一位兰花爱好者。剑唇兰属的分布很奇特，其分布地包括中美洲（1 种）、南美洲东部（1 种）、巴西东部至巴拉圭和阿根廷（1 种）。在这 3 个分布地之间可能也有本属植物存在，但因为其体形小，很容易被人忽视。

剑唇兰的花的花瓣和萼片白色半透明状，开展；花瓣和唇瓣边缘有凹缺；唇瓣白色，三角形，中央有黄斑；合蕊柱顶端有一对翅。

实际大小

亚科	树兰亚科
族和亚族	兰族，文心兰亚族
原产地	厄瓜多尔西南部和秘鲁西北部
生境	季节性干旱的地区，常生于仙人掌类植物上
类别和位置	附生
保护现状	无危
花期	2月至4月，但可在一年中多数时候开花

富仙兰
Zelenkoa onusta
Harry's Orchid
(Lindley) M. W. Chase & N. H. Williams, 2001

花的大小
3～5 cm（1¼～2 in）

植株大小
10～20 cm × 10～15 cm（4～8 in × 4～6 in），不包括花序，其花序直立至弓曲，长 20～38 cm（8～15 in）

富仙兰非常适应于几乎像荒漠一样的干旱环境，具有健壮的革质叶和鳞茎。它是天然附生于仙人掌类植物之上的几种兰花之一。虽然它曾经被置于文心兰属 *Oncidium*，但与该属关系很远，现在已经独立为富仙兰属 *Zelenkoa*。这个学名是纪念哈利・泽伦科（Harry Zelenko，1928—　），他是一位备受敬仰的植物艺术家和作家，是文心兰亚科兰花的爱好者。

富仙兰的花莛呈优雅的弓曲，生有很多花。其花开放时间长，亮黄色。尽管其花在表面上像典型的文心兰属兰花，似乎也会吸引采油蜂类，但据报道，它们吸引的其实是木蜂属 *Xylocopa*。这些蜂类很可能在搜寻花蜜，但富仙兰的花中并无花蜜。本种在巴拿马、哥伦比亚和委内瑞拉也有分布记录，但要么是错误鉴定，要么依据的是从栽培条件下逸生的植株。

富仙兰的花全体为亮黄色，萼片倒披针形，花瓣较大而圆；唇瓣有时在中央的胼胝体上有橙色斑点，深 3 裂，中裂片再 2 浅裂。

实际大小

亚科	树兰亚科
族和亚族	兰族，文心兰亚族
原产地	巴西东南部，生于埃斯皮里图桑托州和里约热内卢州
生境	大西洋雨林，生于海平面至海拔 1,000 m（3,300 ft）处
类别和位置	附生
保护现状	未评估
花期	7 月至 8 月（夏季）

花的大小
2 cm（¼ in）

植株大小
8~13 cm × 8~13 cm（3~5 in × 3~5 in），不包括花序，其花序弓曲下垂，长10~20 cm（4~8 in）

长柄双翅兰
Zygostates grandiflora
Long-beaked Orchid
(Lindley) Mansfeld, 1938

长柄双翅兰是一种微型兰花，其叶在基部相互重叠，簇生成扇形，从中抽出花序。花序多花，其花上下倒转。本种所在的天平兰属的学名 *Zygostates* 由古希腊语词 zygo（具轭的）和 states（静止的）构成，意为天平或秤，指该属一些种（但不包括长柄双翅兰）在合蕊柱基部有一对附属物。

长柄双翅兰的花粉块（花粉团和附属结构的合称）相当长，在所有兰花中独一无二，其中文名中的“长柄”二字即反映了这一特征。花粉块伸过唇瓣基部的凹穴，把其黏盘置于唇瓣顶端附近，在那里便可让蜂类沾到整个花粉块。其唇瓣凹穴中有腺毛，可分泌油质，吸引采油蜂类来访花。

实际大小

长柄双翅兰的花的萼片大部为白色，有爪；2 枚侧萼片下弯，上萼片在合蕊柱上方形成兜帽状物；花瓣较小，回折；唇瓣弯折，上翘，中央有能分泌油质的绿色凹穴。

亚科	树兰亚科
族和亚族	兰族，信香兰亚族
原产地	南美洲西北部
生境	非常湿润的云雾林和低海拔山地森林，海拔 1,000~1,850 m（3,300~6,070 ft）
类别和位置	附生
保护现状	未评估
花期	10 月至 1 月（秋冬季）

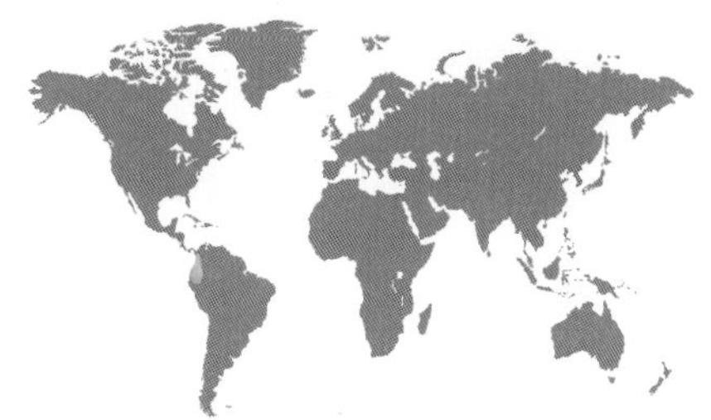

狼花兰
Lycomormium squalidum
Goblin Wolf Orchid

(Poeppig & Endlicher) Reichenbach fils, 1852

花的大小
5.6 cm（2¼ in）

植株大小
89~140 cm x 46~76 cm（35~55 in x 18~30 in），不包括长23~38 cm（9~15 in）的下垂花茎

狼花兰是一种大而成丛的兰花。其假鳞茎梨形，扁平，部分为干燥的鞘所包围，顶端生有 2 或 3 片叶。其叶披针形，折扇状，具短叶柄。其总状花序下垂，从成熟的假鳞茎基部发出，生有管状的苞片和 8~12 朵偏于一侧的肉质花。花形总体上看像鸽兰 *Peristeria elata*（为巴拿马国花），但鸽兰没有本种这样的深色斑点。

狼花兰属的奇特学名 *Lycomormium* 来自古希腊语词 lykos（狼）和 mormos（妖精），中文名也据此命名，但其具体含义并不清楚。本种的种加词 *squalidum* 意为“肮脏的”，指花颜色深。这些花由采集花香的雄性兰花蜂传粉。

狼花兰的花的萼片为白色，有深红紫色斑点；它们在花周边形成杯状，把唇瓣紧紧围抱其中；花瓣与萼片形似，但开展；唇瓣白色，囊状，密布斑点；合蕊柱亦为白色。

实际大小

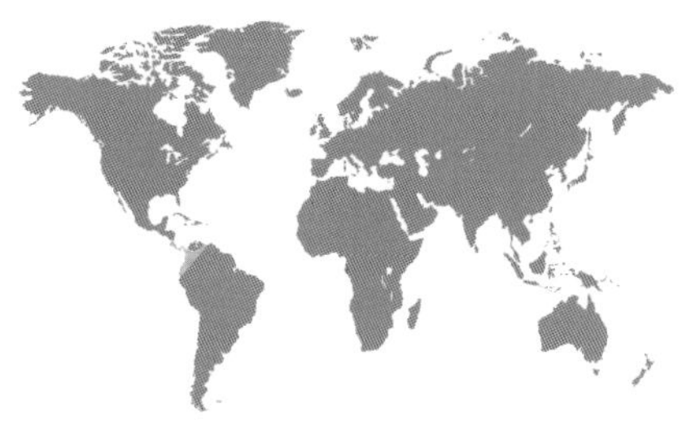

亚科	树兰亚科
族和亚族	兰族，信香兰亚族
原产地	中美洲至南美洲西北部，从哥斯达黎加至厄瓜多尔
生境	生于潮湿的山地落叶林、荫蔽草地的边缘或岩石露头上，海拔约 100~1,100 m（300~3,600 ft）
类别和位置	石生或地生，或附生于多藓类的树干基部
保护现状	未正式评估，局地仍较丰富，但受滥采的威胁
花期	7 月至 8 月（夏季）

花的大小
5 cm（2 in）

植株大小
64~102 cm × 51~76 cm（25~40 in × 20~30 in），不包括花序，其花序直立，基生，远高于叶，长 89~140 cm（35~55 in）

鸽兰
Peristeria elata
Holy Ghost Orchid

Hooker, 1831

鸽兰是一种大型兰花，其假鳞茎锥形或卵球形，包有纸质的鞘，顶端生有多至 4 片叶。其叶宽披针形，折叠状。从假鳞茎基部发出直而坚挺的花序，生有 10~15 朵花。其花钟形，有蜡状光泽和浓郁的香气，是典型的由雄性兰花蜂传粉的花。

鸽兰的唇瓣可活动，斑盾富兰蜂 *Euplusia concava* 在唇瓣上着陆后，其重量可以导致唇瓣失去平衡，而把雄蜂抛向合蕊柱，雄蜂在挣扎逃离的过程中就沾上了花粉块。鸽兰是巴拿马的国花，其花形据说状如蹲在巢中的白鸽，故名“鸽兰”。鸽兰属 *Peristeria* 的属名也与古希腊语中的“鸽子”一词 peristéri 近似。

鸽兰的花的萼片和花瓣宽阔，白色，围绕唇瓣和具喙的合蕊柱形成密闭的杯状；唇瓣囊状，白色，其 2 枚侧裂片有紫红色斑点。

实际大小

亚科	树兰亚科
族和亚族	兰族，奇唇兰亚族
原产地	南美洲西北部，从苏里南至秘鲁
生境	湿润森林，海拔 800~2,000 m（2,625~6,600 ft）
类别和位置	附生于树冠层中
保护现状	未评估
花期	3 月至 6 月（晚冬和春季）

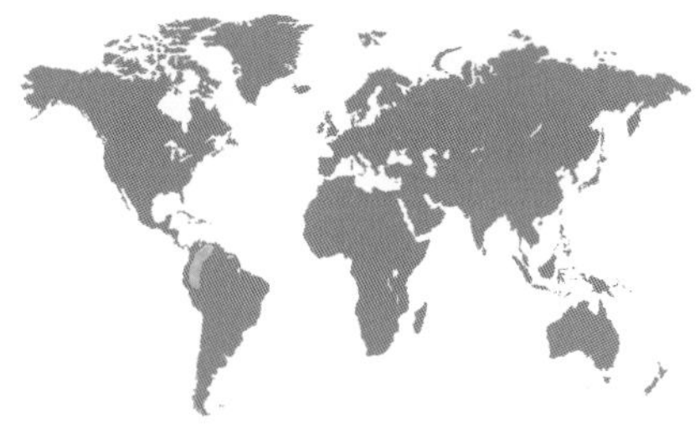

花的大小
5 cm（2 in）

植株大小
60~80 cm × 40~60 cm（24~32 in × 16~24 in），不包括花序

固唇兰
Acineta superba
Parakeet Orchid

(Kunth) Reichenbach fils, 1863

固唇兰是一种生于森林高处林冠层中的附生兰。其假鳞茎紧密簇生，卵球形至圆柱形，橄榄绿色，有光泽，具纵沟，其上生有多至 4 片叶。叶呈折叠状，宽披针形，基部围以数枚老时变褐色的鞘。其花序下垂，从假鳞茎基部发出，长可达 70 cm（28 in），具 10~30 朵花。

本种的花有蜡状光泽，常为乳黄色而有深红色或红褐色斑点，并有悦人的浓郁气味，可以吸引亮兰蜂属 *Eufriesia* 或熊兰蜂属 *Eulaema* 的雄性兰花蜂。雄蜂采集并吸收花香物质，很可能将它们用作制造性激素的原料。其唇瓣固定而不能活动，因此它所在的固唇兰属的学名 *Acineta* 来自古希腊语词 akinetos，意为“不能动的”。

固唇兰的花有斑点，颜色多变，从乳黄色至粉红色或浅粉红色；3 枚萼片彼此形似，兜帽状；花瓣与合蕊柱平行；唇瓣短，3 裂，侧裂片上折。

实际大小

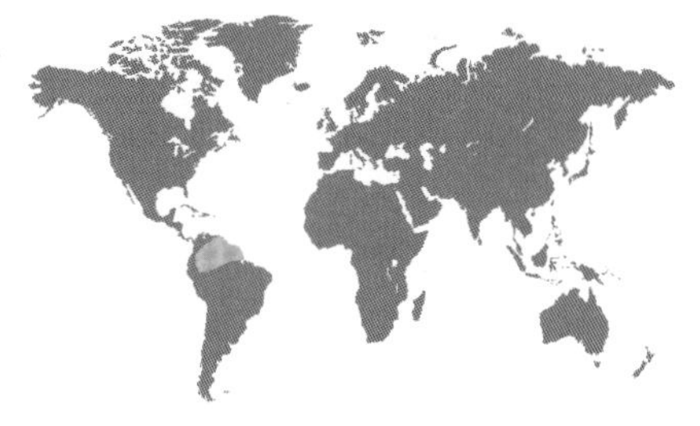

亚科	树兰亚科
族和亚族	兰族，奇唇兰亚族
原产地	南美洲北部
生境	雨林，海拔 50~500 m（165~1,640 ft）
类别和位置	地生，生于荫蔽处
保护现状	未评估
花期	春季，但在赤道以南据记录为 2 月和 9 月，栽培则为 3 月

花的大小
5 cm（2 in）

植株大小
25~40 cm × 8~15 cm（10~16 in × 3~6 in），不包括短于叶的花序

玄鹤兰
Braemia vittata
Braem's Orchid

(Lindley) Jenny, 1985

玄鹤兰是玄鹤兰属 *Braemia* 的唯一一种，生于奥里诺科河和亚马孙河流域的低海拔地区，见于树干和较低的直立大枝上。其假鳞茎卵球形，有棱，具有单独一片折叠状（或叫折扇状）的披针形叶。总状花序从假鳞茎基部发出，生有多达 25 朵的花。其花有香草和巧克力的香甜气味。本种的根可生出直立的分枝，以收集枯落物（所谓的“落叶篮”根），这在兰花中非同寻常。本种因为花形态不同而从鸿渐兰属 *Polycycnis* 分出，这一处理后来得到了 DNA 分析的支持。

玄鹤兰似乎由雄性兰花蜂传粉。曾有报道称，在一只被浸有人造芳香物质的诱饵吸引的雄蜂身上发现了本种独特的花粉块。属名是纪念比利时兰花专家圭多·布拉姆（Guido Braem, 1944—　）。

实际大小

玄鹤兰的花的 3 枚萼片和花瓣均狭窄，褐色，边缘黄色；唇瓣黄色，箭头状，两侧有尖头，并有褐色脉纹，其朝向多变；合蕊柱纤细，弓曲。

亚科	树兰亚科
族和亚族	兰族，奇唇兰亚族
原产地	巴西东南部
生境	低地湿润热带森林
类别和位置	附生
保护现状	无危
花期	春夏季

须喙兰
Cirrhaea dependens
Tendril Orchid

(G. Loddiges) Loudon, 1830

花的大小
3~4 cm（1¼~1½ in）

植株大小
38~64 cm × 13~23 cm（15~25 in × 5~9 in），不包括长 30~46 cm（12~18 in）的下垂花序

须喙兰的怡人花香在凌晨较凉爽的时候最为浓郁，这正好也是其传粉昆虫最活跃的时候。和奇唇兰亚族其他大多数种类的兰花一样，本种分泌的花香有复杂的化学成分。雄性兰花蜂从唇瓣上将这些花香物质刮下来，制成性激素。

须喙兰属的学名 *Cirrhaea* 意为“具卷须的”，指其合蕊柱卷须状（弯曲），可把花粉沾到蜂类的腿上。在同一个地方分布的几个种通过把花粉放置到蜂类身体的不同部位，可以避免各自的花粉相混。须喙兰的花粉块刚开始的时候形状过大，无法嵌入狭窄的柱头穴中。但大约一个小时之后，花粉团就收缩到可以容易地嵌入柱头穴的程度，而蜂类这时可能也已经抵达了另一棵植株的花朵，这样就避免了自花传粉。

须喙兰的花有蜡状光泽，开放时间长，颜色多变，通常为橄榄绿色至深紫红色或橙绿色；其花瓣、萼片和形态奇特而 3 裂的唇瓣上都有不规则的斑点或条纹。

实际大小

亚科	树兰亚科
族和亚族	兰族，奇唇兰亚族
原产地	特立尼达和多巴哥、法属圭亚那、苏里南、圭亚那、委内瑞拉、秘鲁和巴西
生境	中低海拔的湿润森林及栽培的番石榴和柑橘林
类别和位置	附生
保护现状	无危
花期	夏季

花的大小
13 cm（5 in）

植株大小
25~46 cm × 20~31 cm（10~18 in × 8~12 in），不包括长20~36 cm（8~14 in）的下垂花序

薄荷吊桶兰
Coryanthes speciosa
Beautiful Bucket Orchid

Hooker, 1831

实际大小

薄荷吊桶兰的传粉机制是最引人注目、最令人难以置信的传粉机制之一。其花形大，下垂，结构复杂，有难以描述的复杂香气，可吸引采集花香的雄性兰花蜂。雄蜂在无意间会落到吊桶状的唇瓣里，其中装有由合蕊柱基部水龙头一般的腺体分泌的液体。雄蜂唯一逃出吊桶的办法是通过靠近花背部的一个小孔，当它用力挤过这个狭窄的开口时，会在那里沾上（或卸下）花粉团。

吊桶兰属的学名 *Coryanthes* 来自古希腊语词 korus（意为头盔）和 anthos（意为花），指的是唇瓣的形状。薄荷吊桶兰的种加词 *speciosa* 在拉丁语中意为“绚丽”。本种生长在树上的蚁群中，已经适应了蚁类分泌的甲酸造成的酸性环境。

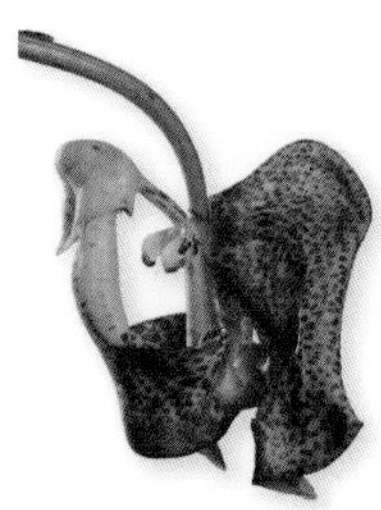

薄荷吊桶兰的花大型，复杂，颜色多变，但通常为深浅不一的黄色至褐色，常有红褐色斑点；萼片和花瓣翅状，反曲，使袋状的唇瓣成为最显著的花部特征。

亚科	树兰亚科
族和亚族	兰族，奇唇兰亚族
原产地	巴拿马东南部、哥伦比亚和委内瑞拉
生境	低地湿润热带森林，海拔约 400~800 m（1,300~2,600 ft）
类别和位置	附生
保护现状	无危
花期	秋季

翠天鹅兰
Cycnoches chlorochilon
Green-lipped Swan Orchid

Klotzsch, 1838

花的大小
达 17 cm（6¾ in）

植株大小
38~64 cm × 25~46 cm（15~25 in × 10~18 in），不包括花序，其花序弓曲下垂，长 20~38 cm（8~15 in）

翠天鹅兰的合蕊柱长，并呈优雅的弯曲，故被冠以“天鹅”之名。它是天鹅兰属 *Cycnoches* 的一种，这个属的兰花较大而粗壮，大多是低海拔地区分布的喜暖的落叶性附生植物，其花绚丽芳香，并有性二型现象（雌花和雄花形态不同）。属名来自古希腊语词 kyknos（天鹅）和 auchen（颈）。

翠天鹅兰的假鳞茎具多片叶，呈雪茄状，在雨季很快伸长并逐渐变扁；在旱季，其植株则完全无叶。花穗通常在叶即将凋落之时从成熟假鳞茎近顶端处发出。本种的雄花和雌花形态类似，是天鹅兰属中性二型程度最低的种。该属亲缘属（如瓢唇兰属 *Catasetum*）中的其他种可开出很多较雌花小的雄花，并有抛射式的花粉团。这些性二型的属全都由采集花香的雄性兰花蜂传粉。

翠天鹅兰的花不扭转，外观具蜡状光泽，星形；其颜色通常为浅绿色至绿橙色；唇瓣大，白色，有深绿色的胼胝体。

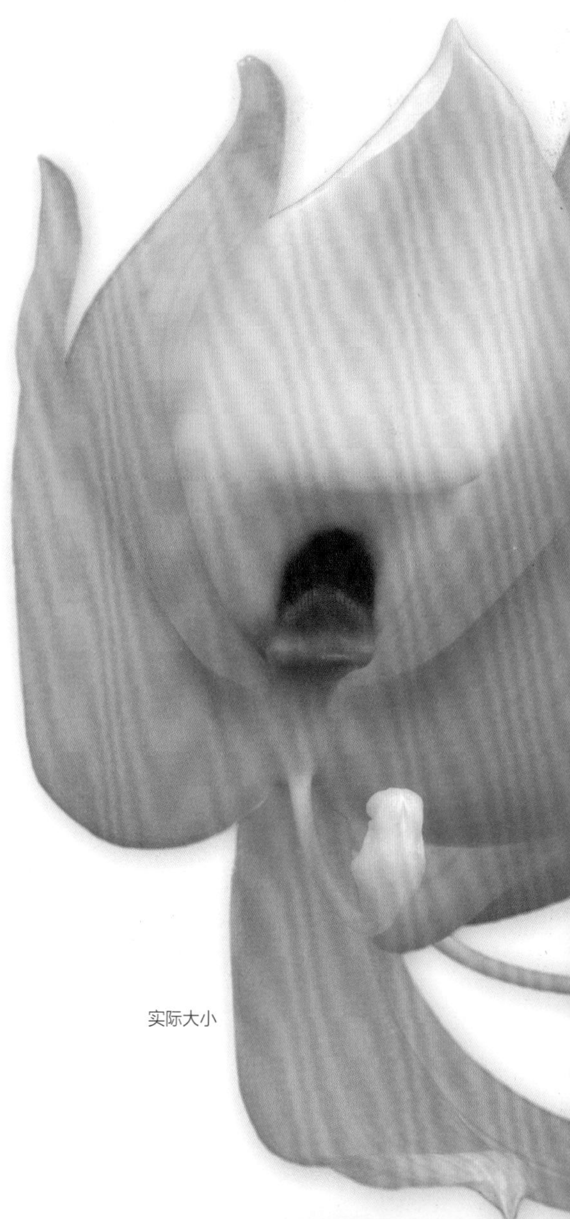

实际大小

亚科	树兰亚科
族和亚族	兰族，奇唇兰亚族
原产地	哥伦比亚乔科省
生境	中海拔云雾林
类别和位置	附生
保护现状	无危
花期	春季

花的大小
达16 cm（6¼ in）

植株大小
20~30 cm × 8~13 cm（8~12 in × 3~5 in），不包括长10~30 cm（4~12 in）的下垂花莛

鳍舌兰
Embreea rodigasiana
Al's Orchid

(Claessens ex Cogniaux) Dodson, 1980

鳍舌兰的花硕大，开花时可呈现出令人震惊的景象。它是鳍舌兰属 *Embreea* 的两个种之一，该属是奇唇兰属 *Stanhopea* 的近缘属，后者的植株较大。此外，鳍舌兰属花莛仅具单花，唇瓣有4个明显的角状物；而奇唇兰属花序具多花，唇有翅（但无角状物）。

鳍舌兰属的种呈现出适应采集花香的雄性兰花蜂的一套典型的特征。雄蜂在其花中先刮取唇瓣基部组织上的花香，之后会松开抱住唇瓣的脚并掉落。在合蕊柱角状物的引导下，雄蜂与合蕊柱的头部接触，从而带走花粉块。由于花朵很大，其传粉者可能是一种体形较大的蜂类，很可能是熊兰蜂属 *Eulaema* 的某种。本种的英文名意为“阿尔之兰”。“阿尔”是指美国兰花专家阿尔文·恩布里（Alvin Embree），鳍舌兰属的学名正是纪念他。

鳍舌兰的花的花瓣和萼片为乳黄色或浅绿色，其萼片较宽，有多种多样的红紫色至栗褐色的斑点和斑块；唇瓣密布红紫色的小斑点，形状奇特，有4个角状物，状如手斧。

实际大小

亚科	树兰亚科
族和亚族	兰族，奇唇兰亚族
原产地	墨西哥南部和邻近的危地马拉的山区
生境	中海拔云雾林
类别和位置	附生，稀为石生或地生
保护现状	无危
花期	春夏季

花的大小
达3~5 cm（1¼~2 in）

植株大小
25~38 cm × 20~30 cm（10~15 in × 8~12 in），不包括长15~25 cm（6~10 in）的下垂花序

短序爪唇兰
Gongora galeata
Helmet Orchid

(Lindley) Reichenbach fils, 1854

短序爪唇兰的假鳞茎有光泽，有沟。其花序比爪唇兰属 *Gongora* 大多数种的花序短，但一次就可以从假鳞茎基部发出很多花序。

本种的植株分泌的芳香物质为雄性兰花蜂所采集，它们再利用这些物质制造吸引雌蜂的外激素。花香成分随植株不同而异，并依一天中时间的早晚和花开放时间的长短而变化，表明本种可吸引几种兰花蜂。其花以颜色多变著称，可从褐色和绿黄色到略带粉红色。其英文名意为“头盔兰”，指唇瓣凹陷，状如头盔。属名是为纪念西班牙前殖民地新格拉纳达（大部分在今天属于哥伦比亚）的总督安东尼奥·卡瓦雷罗－贡戈拉（Antonio Caballero y Góngora, 1723—1796）。

短序爪唇兰的花为黄色至褐色，不扭转；侧萼片反曲，背萼片在下方弯曲，状如保护性的盔帽；花瓣狭窄，贴生于合蕊柱上；唇瓣肉质，倾斜，是花中最显著的特征。

实际大小

亚科	树兰亚科
族和亚族	兰族，奇唇兰亚族
原产地	巴拿马
生境	潮湿低地森林
类别和位置	附生或地生
保护现状	未评估
花期	10 月至 12 月（秋季）

花的大小
4.5 cm（1¾ in）

植株大小
25~46 cm × 10~18 cm
（10~18 in × 4~7 in），
不包括约与叶等长的花序

牛头兰

Horichia dressleri

Dressler and Horich's Orchid

Jenny, 1981

牛头兰是牛头兰属 *Horichia* 的唯一种，其假鳞茎簇生，小，卵球形，各生有单独一片叶。叶宽阔，折扇状，有叶柄。从每条假鳞茎基部发出 1~3 枚直立的花序，生有多至 20 朵的花。本种分布区狭窄，见于巴拿马的低地森林，在邻近的哥斯达黎加一些地区可能也有分布。属名是纪念德国学者克拉伦斯·霍里希（Clarence Horich, 1930—1994），他是哥斯达黎加兰花的专家。种加词 *dressleri* 纪念的则是美国科学家罗伯特·德莱斯勒，他对兰科做过广泛的研究。

本种花香的主要成分是对－二甲氧基苯，吸引的很可能是雄性兰花蜂，但目前还未研究过本种的传粉。已知这些雄蜂可从奇唇兰亚族的兰花表面采集芳香物质。

实际大小

牛头兰的花的萼片狭窄，折叠状，褐色；2 片花瓣更窄，有爪，褐色，顶端黄色；唇瓣黄色，有 3 枚狭窄的裂片，其侧裂片反曲；合蕊柱略呈绿色，顶端有钩状附属物。

亚科	树兰亚科
族和亚族	兰族，奇唇兰亚族
原产地	巴西东南部，从埃斯皮里图桑托州至巴拉那州
生境	湿润森林，海拔 700~1,000 m（2,300~3,300 ft）
类别和位置	地生，生于落叶和其他枯落物中
保护现状	未评估
花期	1 月至 4 月（晚夏至秋季）

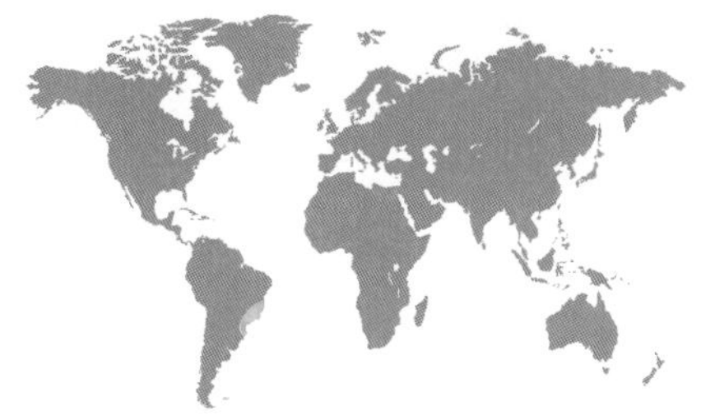

花豹兰

Houlletia brocklehurstiana

Ocelot Orchid

Lindley, 1841

花的大小
9 cm（3½ in）

植株大小
64~102 cm × 20~30 cm（25~40 in × 8~12 in），包括高 38~71 cm（15~28 in）的直立花序

花豹兰的假鳞茎紧密簇生，梨形，有明显的棱，各生有单独一片叶，叶有皱褶，并有长叶柄。其植株可发出直立的总状花序，生有多达 10 朵芳香、宿存的花。其香气可吸引采集花香的雄性兰花蜂，在野外中已经观察到锈色兰花蜂 *Euglossa chalybeata* 为其传粉。雄蜂从几株兰花上采到花香物质后，会把它转移到身体的另一个部位，然后将它转化为性激素，用于吸引雌蜂。

花豹兰属的学名 *Houlletia* 纪念的是法国兰花采集家和栽培者让－巴普蒂斯特・乌莱（Jean-Baptiste Houllet, 1815—1890）。他在巴西发现了这种兰花，后来又成为巴黎植物园园长。本种的种加词 *brocklehurstiana* 则是为纪念托马斯・布罗克尔赫斯特（Thomas Brocklehurst），他是 19 世纪后期英格兰曼彻斯特一位杰出的业余兰花栽培者。

花豹兰的花朝下方开放，花被片为乳黄色，有红色斑点；上萼片杯状；花瓣基部有爪；唇瓣密布斑点，2 枚侧裂片獠牙状；合蕊柱前突。

实际大小

亚科	树兰亚科
族和亚族	兰族，奇唇兰亚族
原产地	哥伦比亚和秘鲁
生境	湿润森林，海拔 1,500~1,800 m（4,920~5,900 ft）
类别和位置	附生
保护现状	未评估
花期	春季

花的大小
9 cm（3½ in）

植株大小
30~51 cm × 5~10 cm（12~20 in × 2~4 in），包括花序，其花序直立，长20~36 cm（8~14 in），短于叶

胡桃素珠兰

Houlletia iowiana

Black Walnut Orchid

Reichenbach fils, 1874

胡桃素珠兰是一种大型兰花，其假鳞茎梨形，各生有单独 1 片折扇状的披针形叶。其花序直立，包有管状的苞片，顶端生有 2 朵不扭转的肉质的花。花有强烈的新鲜胡桃 *Juglans nigra* 气味，中文名中的“胡桃”二字由此而来。其花由雄性兰花蜂传粉，雄蜂会从唇瓣上采集花香物质。已经观察到玛丽亮兰蜂 *Eufriesea mariana* 为其传粉者，其腿上沾有本种的花粉团。

本种所在的花豹兰属的学名 *Houlletia* 纪念的是法国兰花专家让－巴普蒂斯特・乌莱，他曾是巴黎植物园园长。花豹兰属有两类兰花，一类的花扭转，另一类的花不扭转。包括本种在内的后一类兰花过去曾经独立为素珠兰属 *Jennyella*。

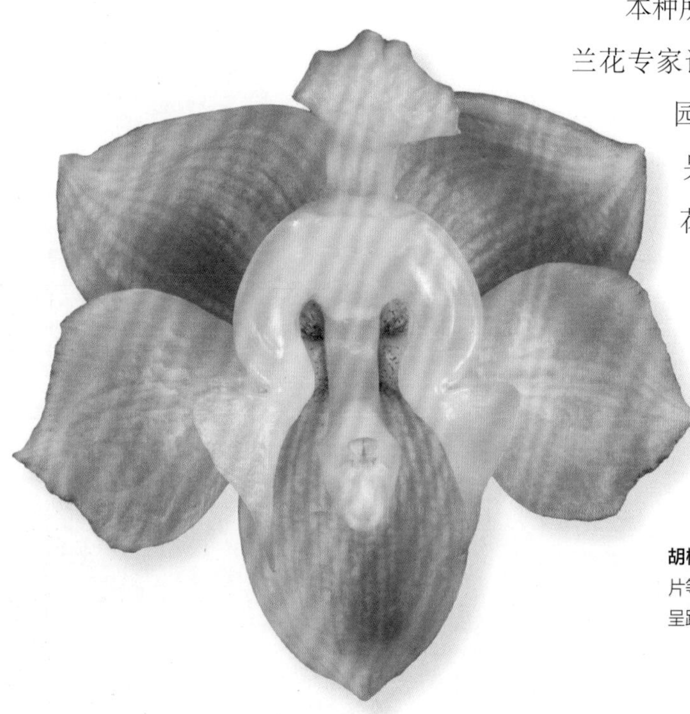

胡桃素珠兰的花为黄色至乳黄色，不扭转；3 枚萼片等大，杯状；2 片花瓣开展，有短爪；唇瓣，3 裂，呈蹄铁形，中裂片弓曲，侧裂片喇叭状。

实际大小

亚科	树兰亚科
族和亚族	兰族，奇唇兰亚族
原产地	特立尼达岛和委内瑞拉（圭亚那地盾）至巴西阿马帕州
生境	稠密高大的雨林，海拔 600~700 m（1,970~2,300 ft）
类别和位置	附生
保护现状	未评估
花期	晚夏至秋季

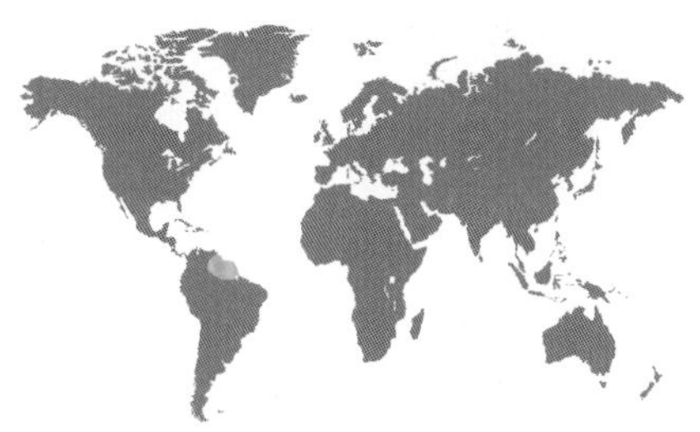

翔鹰兰
Kegeliella houtteana
Soaring Eagle

(Reichenbach fils) L. O. Williams, 1942

花的大小
3.8 cm（1½ in）

植株大小
20~36 cm × 13~25 cm（8~14 in × 5~10 in），不包括长 20~36 cm（8~14 in）的下垂花序

翔鹰兰的假鳞茎紧密簇生，锥状，有光泽和皱纹，每条假鳞茎顶端生有 1~2 片叶。叶有皱褶，背面褐红色，有叶柄。其花序下垂，覆有褐色细毛，生有多至 12 朵的花，其花由收集花香的雄性兰花蜂传粉。中文名“翔鹰兰”指的是合蕊柱的形状——其顶端略似长有尖喙的猛禽头部。

翔鹰兰属的学名 *Kegeliella* 纪念的是德国园艺家和博物学家赫尔曼・凯格尔（Hermann Kegel, 1819—1956）。他在苏里南发现了这种兰花，但也在那里感染了一种热带疾病，并因此去世。种加词 *houtteana* 纪念的是路易・伯努瓦・范・豪特（Louis Benoît van Houtte, 1810—1876），他在比利时根特拥有一家苗圃，栽培的翔鹰兰就是在那里第一次开花。

实际大小

翔鹰兰的花的萼片为乳黄色，杯状，有红色条纹或斑点；花瓣与萼片类似而较小，前突；唇瓣黄色，3 裂，侧裂片直立，宽阔，中裂片前伸；合蕊柱绿色，向前弓曲，顶端有 2 枚薄翅。

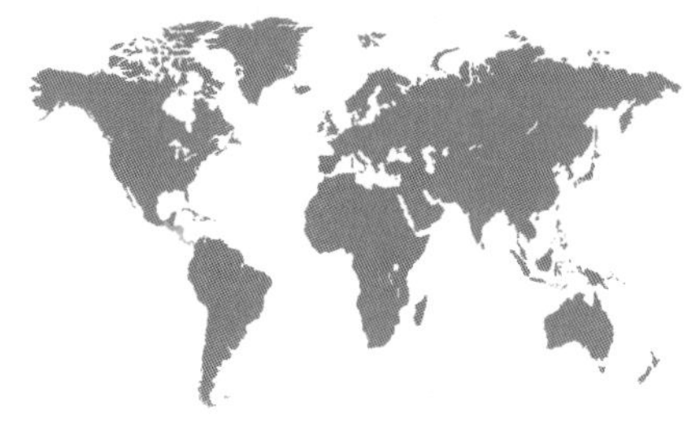

亚科	树兰亚科
族和亚族	兰族，奇唇兰亚族
原产地	中美洲，从恰帕斯州（墨西哥）至巴拿马
生境	热带雨林，海拔 1,200~1,700 m（3,950~5,600 ft）
类别和位置	地生，生于陡峭的岸边和倒木上
保护现状	未评估
花期	春季

花的大小
5 cm（2 in）

植株大小
36~76 cm x 36~64 cm（14~30 in x 14~25 in），不包括长 30~61 cm（12~24 in）的下垂花序

紫灯兰
Lacaena spectabilis
Beautiful Helen

(Klotzsch) Reichenbach fils, 1854

紫灯兰是熏灯兰属 *Lacaena* 仅有的两种之一，这个属名很可能以希腊神话中特洛伊王后海伦的别名拉开娜（Lakaina）命名。海伦王后的传奇美貌也为种加词 *spectabilis*（壮观的）和英文名（意为美丽的海伦）的命名提供了灵感。本种的假鳞茎为卵形，有棱，顶端生有 2 或 3 片叶。其叶有褶，椭圆形，有叶柄。花序生有 10~25 朵极为芳香的花。

本种花朵的传粉与其他朝向下方开放的兰花类似。雄性兰花蜂进入倒垂的花朵中，刮取唇瓣中裂片上的花香物质，把它们收集起来。当雄蜂松脚的时候，因为空间狭小，它无法直接飞走，只能掉落并击中合蕊柱的顶端，从而把花粉块沾到头部后侧。

实际大小

紫灯兰的花为杯状，浅粉红色，有深粉红色斑点；花瓣卵形，围抱兜帽状的合蕊柱和唇瓣；唇瓣 3 裂，有颜色深得多的斑点，侧裂片上弯，围抱合蕊柱，顶裂片三角形，前突。

亚科	树兰亚科
族和亚族	兰族，奇唇兰亚族
原产地	南美洲西北部，南达秘鲁
生境	湿润森林，海拔 1,000~1,200 m（3,300~3,950 ft）
类别和位置	附生，稀在陡坡上地生
保护现状	无危
花期	7月至8月（夏季）

花的大小
2.5 cm（1 in）

植株大小
46~91 cm × 30~64 cm（18~36 in × 12~25 in），不包括长 51~102 cm（20~40 in）的下垂花序

貂尾兰

Lueddemannia pescatorei

Golden-brown Fox-tail Orchid

(Lindley) Linden & Reichenbach fils, 1854

貂尾兰属于大型兰花，其假鳞茎簇生，卵形，有沟，生有 2~4 片叶。其叶椭圆形，折扇状，抱茎。其花序长而下垂，直接发于植株之下，其上密生有多数（可达 50 朵）气味香甜的花，每朵花各托以一片椭圆形的苞片。其苞片、花梗和萼片的外表面都覆有黑褐色的小球状物，其功能尚未知。

本种从委内瑞拉到秘鲁广布，但采集到的植株很少。本种可见于马丘比丘城附近较低海拔的地方，那里很多游客可以碰见它。貂尾兰的传粉者尚未知，但其花形和花香表明访花者是某种蜂类。

貂尾兰的花的萼片为褐橙色；花瓣与萼片类似，但较小，前弯，亮黄色，与萼片共同形成管状，围绕合蕊柱和唇瓣；合蕊柱亮黄色，唇瓣中裂片箭头形。

实际大小

亚科	树兰亚科
族和亚族	兰族，奇唇兰亚族
原产地	南美洲北部
生境	湿润森林的荫蔽处，多见于藓类覆盖的下层树木上，生于海平面至海拔 1,500 m（4,920 ft）处
类别和位置	附生
保护现状	未评估
花期	4 月至 5 月

花的大小
10 cm（4 in）

植株大小
20~30 cm × 15~25 cm（8~12 in × 6~10 in），不包括长8~20 cm（3~8 in）的下垂花序

缨星兰
Paphinia cristata
White-bearded Star Orchid

(Lindley) Lindley, 1843

缨星兰属 *Paphinia* 的种植株相对较小，而花相对较大而引人注目。这些兰花在潮湿炎热的条件下生长良好。其花为星状，生于强烈下垂的花茎上，可同时大量开放。在该属 15 个得到描述的种中，大部分是 20 世纪 80 年代以来才发现的。

本属与奇唇兰属 *Stanhopea* 近缘。奇唇兰属的兰花香气浓郁，可吸引采集芳香物质的雄性兰花蜂传粉，而缨星兰属的种并无香气。不过，它们仍然能够吸引兰花蜂，这很可能是因为它们散发的物质不能为人类的鼻子（以及气相色谱）所察觉。缨星兰的唇瓣饰有丝状的冠状物，因此其中文名为“缨星兰”，而种加词 *cristata* 亦来自拉丁语词 *cristatus*，意为“具冠的”。属名 *Paphinia* 则是古塞浦路斯人对希腊神话中的爱神阿弗洛狄忒的地方性称呼。

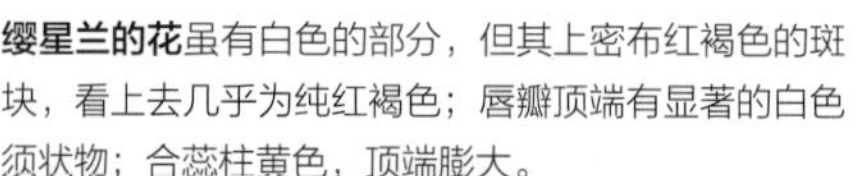

缨星兰的花虽有白色的部分，但其上密布红褐色的斑块，看上去几乎为纯红褐色；唇瓣顶端有显著的白色须状物；合蕊柱黄色，顶端膨大。

实际大小

亚科	树兰亚科
族和亚族	兰族，奇唇兰亚族
原产地	中美洲及南美洲西北部
生境	热带雨林和云雾林，海拔至 1,500 m（4,920 ft）
类别和位置	附生
保护现状	未评估
花期	2 月至 4 月（春季）

鸿渐兰

Polycycnis barbata

Bearded Swan-orchid

(Lindley) Reichenbach fils, 1855

花的大小
5.1 cm（2 in）

植株大小
25~46 cm × 13~20 cm（10~18 in × 5~8 in），不包括花序，其花序弓曲下垂，长 20~36 cm（8~14 in）

鸿渐兰的假鳞茎为卵形，其上各生有单独一片叶。叶折扇状，椭圆状披针形。其花序总状，下垂，生有许多花。其花芳香，开放时间不长，底色为白色或黄色，上有紫红色斑块。鸿渐兰属的学名 *Polycycnis* 来自古希腊语词 polys（许多）和 kyknos（天鹅），指合蕊柱弯曲，形似天鹅的颈。本种的种加词 *barbata* 在拉丁语中意为"有胡须的"。

本种的传粉者是一种叫美丽熊兰蜂 *Eulaema speciosa* 的兰花蜂。当蜂类在其唇瓣上着陆时，会向唇瓣基部爬去，开始刮取花香物质。蜂类身体的重量会把花压低，于是当它退出时，位于天鹅颈状的合蕊柱顶端的花粉块就钩到了其胸部小盾片的下面。当蜂类访问下一朵花时，花粉团又从这个位置卸下。

鸿渐兰的花的 3 枚萼片彼此相似，开展；2 片花瓣有爪，开展；唇瓣 3 裂，侧裂片上翘，中裂片菱形，覆有白毛。

实际大小

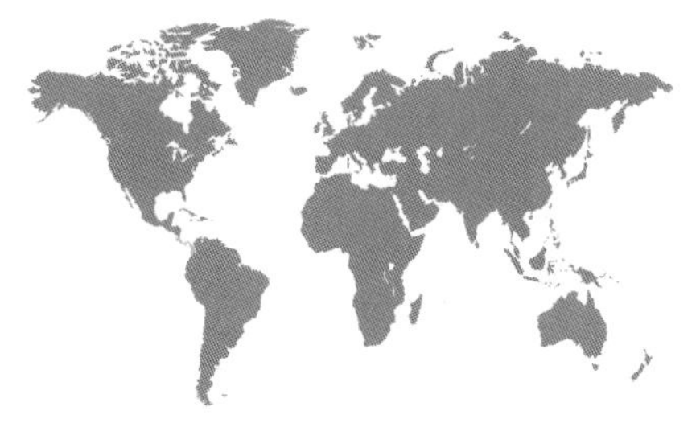

亚科	树兰亚科
族和亚族	兰族，奇唇兰亚族
原产地	哥斯达黎加，哥伦比亚，很可能还有巴拿马
生境	云雾林，海拔 1,800~2,200 m（5,900~7,200 ft）
类别和位置	附生（稀为地生）
保护现状	未正式评估，但在哥斯达黎加似乎稀见
花期	晚春至夏季

花的大小
1.25 cm（½ in）

植株大小
18~30 cm × 10~15 cm（7~12 in × 4~6 in），不包括长 20~36 cm（8~14 in）的下垂花序

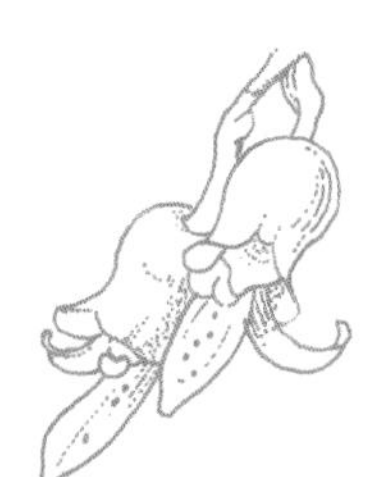

茶杯兰
Schlimia jasminodora
Helmet Orchid
Planchon & Linden, 1852

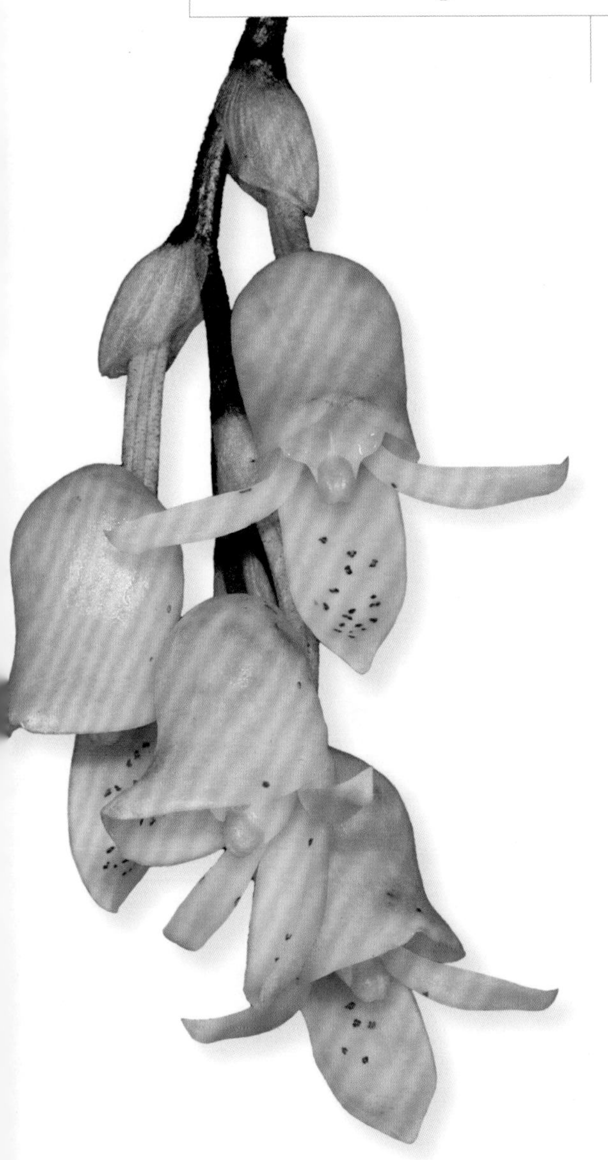

茶杯兰的茎较短，假鳞茎在其上簇生，顶端各生有一片阔卵形、折扇状的叶。其花序下垂，从成熟假鳞茎的基部发出，其上生有几朵茉莉气味的花，为富兰蜂属 *Euplusia*（属兰花蜂类）的雄蜂所访问。这些昆虫刮动唇瓣，以获取芳香物质。在此期间，花粉块即附着到虫体胸部的小盾片上。

本种中文名"茶杯兰"指的是唇瓣的形状，而茶杯兰属的学名 *Schlimia* 是纪念比利时植物学家路易·若瑟夫·什利姆（Louis Joseph Schlim, 1819—1863），他曾在美洲热带地区采集植物，是描述了很多属的兰花专家让·儒勒·林登（Jean Jules Linden, 1817—1898）的表兄弟。本属属名常被林登等人拼为"*Schlimmia*"，但后来得到了纠正，因此只能写一个字母 *m*。

实际大小

茶杯兰的花的唇瓣在最上方，形大，杯状；萼片径直下伸；花瓣狭窄，位于唇瓣下方；全花为白色至乳黄色，有少量粉红色斑点。

亚科	树兰亚科
族和亚族	兰族，奇唇兰亚族
原产地	哥斯达黎加和巴拿马
生境	低海拔湿润森林
类别和位置	附生，稀为石生或地生
保护现状	未评估
花期	7月至10月（夏秋季）

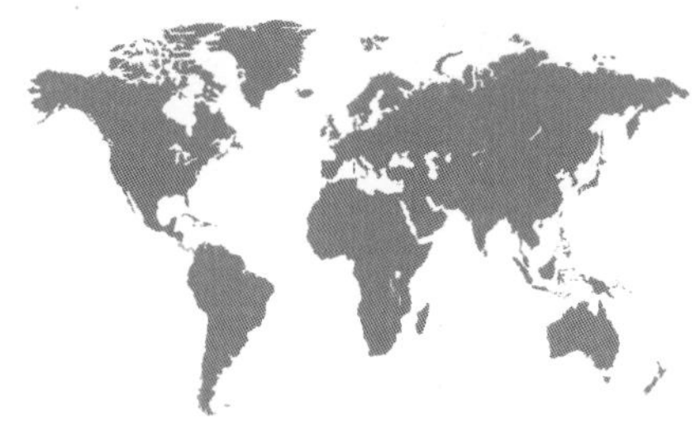

流苏领瓣兰
Sievekingia fimbriata
Ragged-ear Orchid
Reichenbach fils, 1886

花的大小
达2.5 cm（1 in）

植株大小
20~30 cm × 10~15 cm（8~12 in × 4~6 in），不包括长15~25 cm（6~10 in）的下垂花序

流苏领瓣兰的假鳞茎紧密簇生，卵球形，各生有单独一片有柄的叶。其花序生有多至15朵花，花的香气微弱，但颜色艳丽。其英文名意为“破耳朵兰”，但本种的花瓣状如狗的耳朵，但边缘有长流苏。种加词 *fimbriata* 来自拉丁语词 *fimbriatus*，意为“具流苏的”，同样是对花瓣的描述。领瓣兰属的学名 *Sievekingia* 纪念的是弗里德里希·西弗金（Friedrich Sieveking）博士，他是德国汉堡市市长，也是描述了本属和本种的著名兰花专家赖兴巴赫的导师。

本种的花朝下开放，由收集花香的雄性兰花蜂传粉。在它们刮动唇瓣时，花粉块即附着到其脚上。本种的植株经常生于蚁巢附近，蚁类可为它们提供保护，免受害虫侵扰。

流苏领瓣兰的花通常为华丽的金黄色；萼片椭圆形，边缘有流苏；花瓣与萼片形似；唇瓣宽阔，杯状，有突起的脊，3裂，具红褐色斑块。

实际大小

亚科	树兰亚科
族和亚族	兰族，奇唇兰亚族
原产地	哥伦比亚西部至厄瓜多尔西北部
生境	雨林，生于海平面至海拔 100 m（325 ft）处
类别和位置	附生
保护现状	未评估，但野外少见
花期	12 月至 1 月（春季）

花的大小
4 cm（1⅝ in）

植株大小
25~46 cm × 20~41 cm（10~18 in × 8~16 in），包括直立的花序

金领兰

Soterosanthus shepheardii

Yellow-tail Orchid

(Rolfe) Jenny, 1986

金领兰植株的假鳞茎簇生，有棱，包有鞘，每条顶端生有 2 或 3 片叶。其叶背面红色，有皱褶。其花序直立，与叶等长。花在其上密生，不扭转，芳香，向花莛的各个方向伸展，使花序状如羽毛或尾巴，其英文名（意为黄尾兰）由此得名。金领兰属的学名 *Soterasanthus* 中的 *anthus* 来自古希腊语词，意为“花”，但前面部分的含义不明。

金领兰在野外稀见，栽培也少，长期是一个神秘的种。目前尚未研究过其传粉，但在一种叫厚斑兰花蜂 *Euglossa crassipunctata* 的兰花蜂的雄蜂身上曾发现过本种独特的花粉团。因此，本种与奇唇兰亚族的几乎所有种类一样，也有适应于雄性兰花蜂传粉的一套特征。

金领兰的花的唇瓣位于最上方；花瓣宽阔，黄色，顶端钝；萼片顶端尖；唇瓣杯状，宽阔，通常有红色斑点，在合蕊柱上方呈兜帽状；合蕊柱有绿色的翅，并有黄色的药帽，药帽顶端有长尖。

实际大小

亚科	树兰亚科
族和亚族	兰族，奇唇兰亚族
原产地	墨西哥
生境	季节性湿润的森林，海拔 600~1,500 m（1,970~4,920 ft）
类别和位置	附生
保护现状	无危
花期	7月至 10 月（夏秋季）

花的大小
20 cm（8 in）

植株大小
25~46 cm × 10~13 cm（10~18 in × 4~5 in），不包括长 13~20 cm（5~8 in）的下垂花序

虎纹奇唇兰
Stanhopea tigrina
Spotted Bull

Bateman ex Lindley, 1838

虎纹奇唇兰的花结构复杂，看上去像一只正在下降的脚爪外伸的猛禽。其花还以开放时间短和香气浓郁著称。螳臂兰属的学名 *Stanhopea* 是纪念菲利普·亨利·斯坦霍普（Philip Henry Stanhope, 1781 —1855），他是伦敦医药植物学会的主席及皇家学会会员。其英文名意为“有斑点的公牛”，来自其西班牙文名 torito（小公牛）。本种的种加词 *tigrina* 则意为“老虎般的”，指花上有虎皮状的斑块。

本种甜蜜而复杂的香气可吸引雄性兰花蜂作为传粉者。雄蜂从唇瓣上采集芳香物质，用于制造吸引雌蜂的性激素。在雄蜂刮动唇瓣有蜡状光泽的表面时，它们会从花中掉落，并在这突然的跌落中碰到花粉团。接下来它在访问另一朵花时会再次跌落，从而完成传粉。

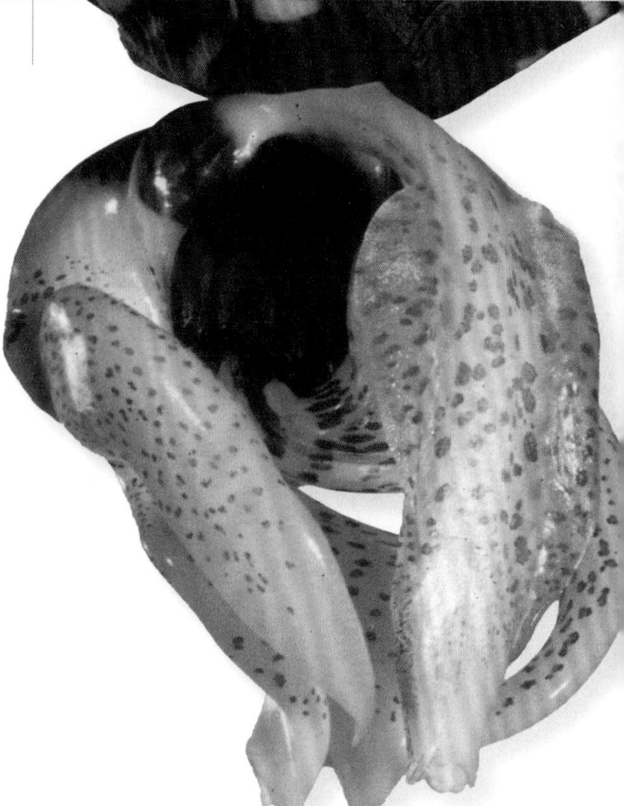

实际大小

虎纹奇唇兰的花通常为带乳黄色的黄色，有深紫褐色斑块，形状变化大，可为小斑点或大型斑块；萼片和花瓣反曲；唇瓣结构复杂，生有能把传粉者导向合蕊柱顶端的附属物。

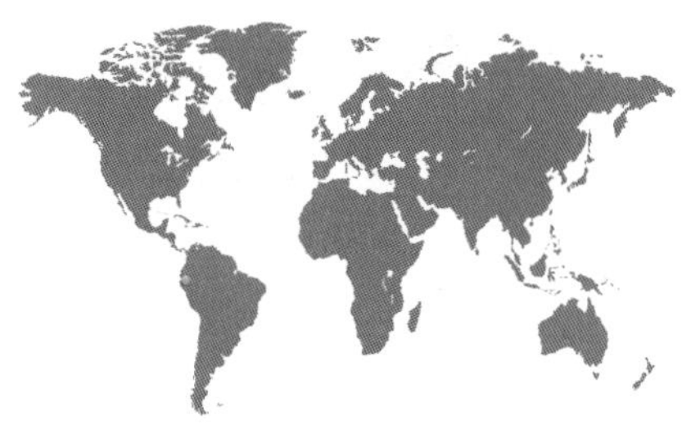

亚科	树兰亚科
族和亚族	兰族，轭瓣兰亚族
原产地	厄瓜多尔南部
生境	湿润森林，海拔 800~1,800 m（2,626~5,900 ft）
类别和位置	附生
保护现状	未评估
花期	7 月至 8 月（冬季）

花的大小
3 cm（1¼ in）

植株大小
15~25 cm × 10~20 cm
（6~10 in × 4~8 in），
包括花莛

脊瓶兰
Aetheorhyncha andreettae
Strange Snout Orchid

(Jenny) Dressler, 2005

实际大小

脊瓶兰的花的萼片为乳白色，线形，开展，基部形成漏斗状的室；花瓣白色，位于合蕊柱两侧；唇瓣 3 裂，白色，在喉部和中裂片上有黄色和红色的斑块；其侧裂片围抱合蕊柱。

脊瓶兰的叶约有 8 片，相互重叠，形成扇状。叶片为倒披针形。花从下方叶腋发出，表面上为单生，花梗基部为叶所包围。一次抽出的花莛可多于一枚，但它们都只有一朵花。脊瓶兰属的学名 *Aetheorhyncha* 来自古希腊语词 aethes（奇怪）和 rhynchos（动物口鼻），这也是其英文名（意为奇怪的口鼻兰）的由来。

脊瓶兰是脊瓶兰属的唯一种。它最初属于羚角兰属 *Chondrorhyncha*，但根据花部中较细微的差别而从该属分出。其种加词 *andreettae* 纪念的是天主教慈幼会的安杰尔・安德雷埃塔神父（Father Angel Andreetta）。在厄瓜多尔，他是本土兰花栽培的先驱者，引燃了很多先前不重视本土兰花的厄瓜多尔人的强烈兴趣。

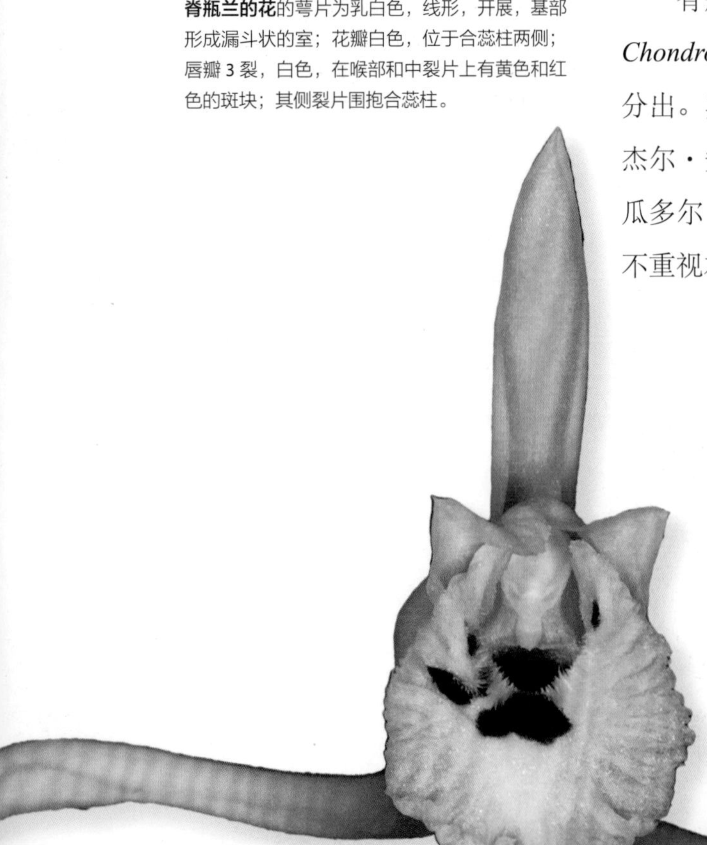

亚科	树兰亚科
族和亚族	兰族，轭瓣兰亚族
原产地	哥伦比亚、委内瑞拉、秘鲁和巴西
生境	低海拔湿润森林
类别和位置	附生，稀石生
保护现状	无危
花期	全年

花的大小
达 6.5 cm（2½ in）

植株大小
25~46 cm × 13~20 cm（10~18 in × 5~8 in），不包括花序，其花序直立至弓曲，长 25~38 cm（10~15 in）

雨久兰
Aganisia cyanea
Blue Water Orchid

(Lindley) Reichenbach fils, 1869

雨久兰的花朵形大，浅蓝紫色至蓝色，是最诱人的兰花之一。本种属于雨娇兰属 *Aganisia*，该属兰花生于亚马孙平原等地河畔雾气腾腾的低地丛林中，附生于树干低处，据报道在雨季可为持续数周的洪水淹没，但仍能存活，且只有花出露在水面之上，本种的英文名（意为蓝色水兰）由此而来。

雨久兰的假鳞茎纺锤形，之间是长茎，常在宿主树木上向上攀爬，简直像是在试图避免被水淹没。其属名来自古希腊语词 aganos，意为“受人喜爱的”，指它外观可爱。雨久兰的传粉者尚未知，但考虑到其花形，可能由雄性兰花蜂传粉。

雨久兰的花通常为浅蓝色，但颜色可较深，常带有浅蓝紫色、粉红色或浅紫色色调；唇瓣提琴形，3 裂，颜色多变，从白色至蓝、紫红、铜褐各色甚至略带红色，有较深的紫红色斑点。

实际大小

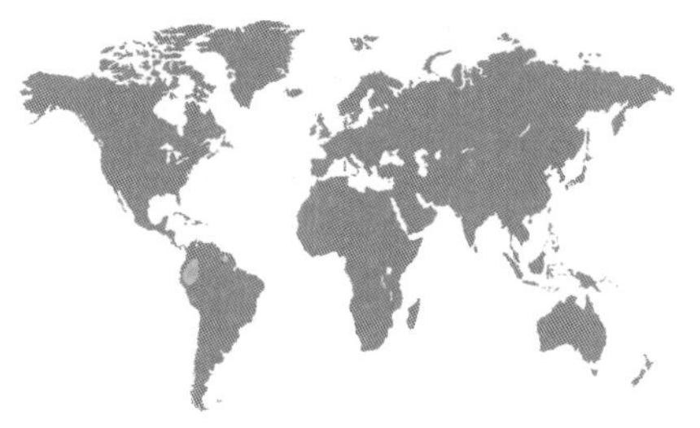

亚科	树兰亚科
族和亚族	兰族，轭瓣兰亚族
原产地	苏里南、哥伦比亚和秘鲁
生境	湿润森林，海拔 300~700 m（985~2,300 ft）
类别和位置	附生
保护现状	未评估，但很可能无危
花期	9 月至 11 月（春季至早夏）

花的大小
5 cm（2 in）

植株大小
20~30 cm × 15~25 cm（8~12 in × 6~10 in），不包括花序，其花序弓曲至下垂，长20~30 cm（8~12 in）

脊唇抱婴兰
Batemannia armillata
Ghost Orchid

Reichenbach fils, 1875

脊唇抱婴兰的假鳞茎为卵球形，略具四棱，下部有一列干鳞片，顶生一对阔披针形的叶。其花序从假鳞茎基部发出，生有 2~8 朵仿佛是悬浮在空中的幽灵一般的花。其种加词 *armillata* 在拉丁语中意为“戴手镯的”，指唇瓣中部有增厚的胼胝体。抱婴兰属的学名 *Batemannia* 纪念的是英格兰人詹姆斯·贝特曼（James Bateman, 1811—1897），他出版了一系列非常精美的兰花图鉴。

本种在野外环境下尚未有人研究，但其花形与其他靠蜂类传粉的种类似，在唇瓣基部有凹穴，似乎表明有花蜜存在。昆虫被花色和香甜的气味吸引而来，在寻找实际上并不存在的花蜜过程中，即完成了传粉。

脊唇抱婴兰的花的萼片和花瓣为明亮的纯绿色，披针形，外伸；唇瓣白色，3 裂；2 枚侧裂片围抱合蕊柱，中裂片较大，有乳黄色胼胝体，形成突起的脊。

实际大小

亚科	树兰亚科
族和亚族	兰族，轭瓣兰亚族
原产地	厄瓜多尔和秘鲁的交界地区（孔多尔山脉）
生境	云雾林和潮湿阴暗的雨林，海拔 100~1,500 m（330~4,920 ft）
类别和位置	附生于乔木树干的荫蔽处
保护现状	近危
花期	11 月至 6 月

尾唇揭盆兰

Benzingia caudata

Ackerman's Orchid

(Ackerman) Dressler, 2010

花的大小
2.5 cm（1 in）

植株大小
15~25 cm × 5~10 cm（6~10 in × 2~4 in），不包括短于叶的花莛

尾唇揭盆兰是在生物多样性丰富的孔多尔山脉（位于安第斯山中）发现的许多物种之一。它是悬垂生长的附生兰，其叶有鞘，线形，组成小扇状，表皮细胞有乳突，而使叶面闪闪发亮。揭盆兰属 *Benzingia* 有 9 个种，因为花形多样，以前归于其他各属，但其闪亮的叶细胞和共同的生长习性支持把它们放在同一个属里。其花莛下垂，从下方叶腋发出，仅具一朵花。

尾唇揭盆兰最早由波多黎各的兰花专家詹姆斯・阿克曼（James Ackerman, 1950—　）描述。后来，美国植物学家卡拉韦・H. 多德逊（Calaway H. Dodson, 1928—　）为它建立了新属 *Ackermania*。但因为这个属名已经用于一个真菌的属，本种后来归入揭盆兰属，其属名纪念的是美国兰科生态学家戴维・本津（David Benzing, 1937—　）。本种的传粉者是采集花香的雄性兰花蜂。

实际大小

尾唇揭盆兰的花为白色；花瓣和萼片形似，开展，其上萼片在花上方形成兜帽状；唇瓣杯状，黄色而有红色斑块，顶端尖；合蕊柱弯至唇瓣上方。

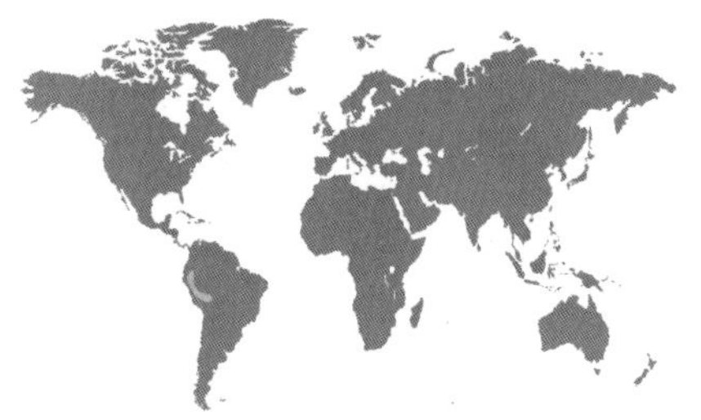

亚科	树兰亚科
族和亚族	兰族，鞭瓣兰亚族
原产地	厄瓜多尔和秘鲁的安第斯山区
生境	低海拔湿润森林
类别和位置	附生
保护现状	无危
花期	春夏季

花的大小
5~7.5 cm（2~3 in）

植株大小
25~46 cm × 23~51 cm（10~18 in × 9~20 in），包括花莛，其花莛多枚，短，仅具单花，长 8~13 cm（3~5 in）

红纹梳杯兰

Chaubardia heteroclita

Red-striped Fan Orchid

(Poeppig & Endlicher) Dodson & D. E. Bennett, 1989

红纹梳杯兰的植株为扇形，其叶宽阔，基部包藏有退化的假鳞茎，为其特征。这种扇状的形态也是其英文名（意为红纹扇兰）的命名由来。本种生于全年多雨的湿润森林中，因而没有必要再在假鳞茎中贮存水分。

本种的花单生，从叶腋发出，大而绚丽。其花被片狭窄，黄褐色，有略呈红色的条纹。其唇瓣浅蓝紫色，其上的胼胝体有坚硬的流苏状边缘。这个特征与其近缘属刺茧兰属 *Huntleya* 类似，因此本种过去曾归入该属。尽管目前还未观察过本种传粉，但其甜蜜而复杂的花香和花形显然表明传粉者是雄性兰花蜂。梳杯兰属的学名 *Chaubardia* 由德国植物学家和兰花专家赖兴巴赫命名，纪念的是法国植物学家路易·阿塔纳兹·肖巴尔（Louis Athanase Chaubard, 1781—1854）。

红纹梳杯兰的花被片略呈黄色，披针形，渐尖，通常密布锈红色的条纹；唇瓣圆形，反曲，通常为浅蓝紫色，有流苏状的褶片围抱合蕊柱。

实际大小

亚科	树兰亚科
族和亚族	兰族，轭瓣兰亚族
原产地	厄瓜多尔南部至秘鲁
生境	森林，海拔 500~1,200 m（1,640~3,950 ft）
类别和位置	附生
保护现状	未评估
花期	7 月至 9 月

花的大小
3.8 cm（1½ in）

植株大小
8~14 cm × 6~13 cm
（3~5½ in × 2⅜~5 in），
不包括花葶

鬼眼虎盆兰
Chaubardiella hirtzii
Tiger-striped Orchid
Dodson, 1989

鬼眼虎盆兰的茎短，由一簇纤细的白根将其贴于树上。其叶基部抱茎，螺旋状排列，披针形，不具假鳞茎。从叶腋发出单独一朵上下颠倒（不扭转）的大花，具有令人不快的气味。本种生于湿润而略有些炎热的热带地区，无需贮存水分，因此没有假鳞茎，叶也较薄。

雄性兰花蜂会访问本种的花，采集香气物质，此时钩状的花粉块会沾到其脚上。然而，花中并未给传粉者提供其他回报。本种的种加词 *hirtzii* 纪念的是亚历山大·希尔茨（Alexander Hirtz, 1945— ），他是厄瓜多尔的兰花爱好者和安第斯山兰花的专家。

实际大小

鬼眼虎盆兰的花不扭转；萼片和花瓣形似，开展，有褐色斑点或条纹；唇瓣在花上方弯曲，形成兜帽状，内面也有类似的虎纹状图案；合蕊柱短，具 2 枚短的臂状物。

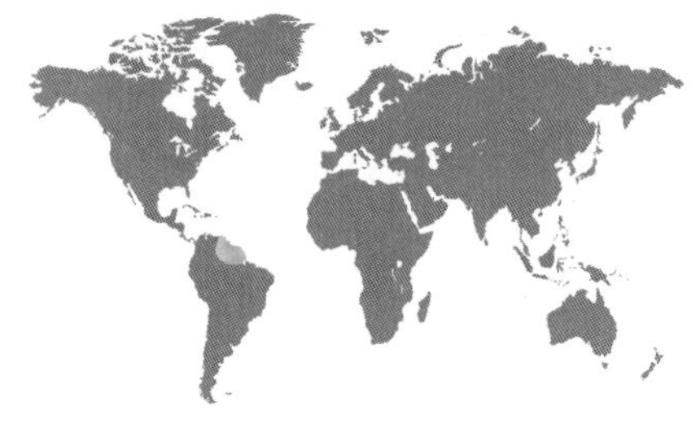

亚科	树兰亚科
族和亚族	兰族，鞭瓣兰亚族
原产地	委内瑞拉至巴西北部（圭亚那地盾）
生境	热带雨林，海拔 200~600 m（650~1,970 ft）
类别和位置	附生于潮湿而多藓类的树上，或有时生于多藓类的岩石上
保护现状	未评估
花期	11 月至 3 月（冬春季）

花的大小
0.8 cm（¼ in）

植株大小
5~10 cm × 8~13 cm（2~4 in × 3~5 in），不包括高10~13 cm（4~5 in）的直立花序

指茧兰

Cheiradenia cuspidata

Hand Orchid

Lindley, 1853

实际大小

罕为人知的指茧兰是指茧兰属 *Cheiradenia* 的唯一种。它是一种小型兰花，其根状茎短，假鳞茎簇生，每条顶端生有 2~5 片叶，叶椭圆形，有密绒毛。总状花序从叶腋发出，生有 2~4 朵花。属名来自古希腊语词 cheiro（手）和 aden（腺体），指唇瓣上有手指状的胼胝体（腺体），排列为扇形，仿佛人手。本种的种加词 *cuspidata* 来自拉丁语词 *cuspidatus*，意为"顶端具锐尖的"，也是对胼胝体的描述。

本种这些微小的花朵如何传粉，目前尚无研究。然而，因为其形态类似那些由采集花香的雄性兰花蜂传粉的种类，因此可以预期它们也有相同的传粉者。

指茧兰的花的萼片和花瓣为白色，有红色斑点或横纹，开展，彼此的形状和大小多少相似，顶端尖；唇瓣深杯状，位于合蕊柱下方，边缘有手指状的裂片；合蕊柱黄色，有翅。

亚科	树兰亚科
族和亚族	兰族，鞭瓣兰亚族
原产地	哥伦比亚至委内瑞拉西北部
生境	云雾林，海拔 1,300~2,000 m（4,300~6,600 ft）
类别和位置	附生于藓类覆盖的树枝上
保护现状	未正式评估，但可能需要列入受威胁名录
花期	6月（夏季）

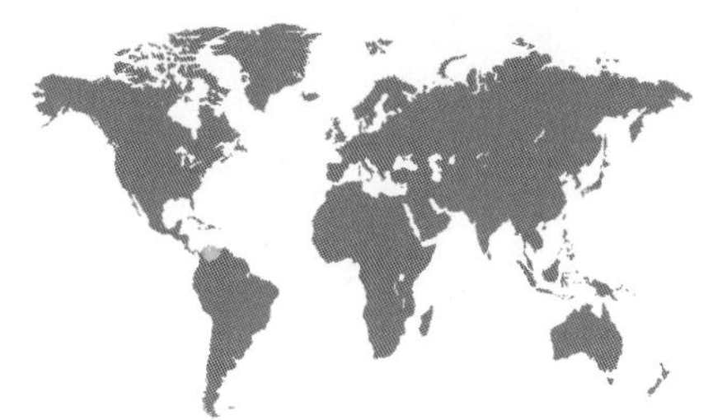

羚角兰
Chondrorhyncha rosea
Pink Snout Orchid
Lindley, 1846

花的大小
8.5 cm（3⅜ in）

植株大小
15~30 cm × 15~33 cm
（6~12 in × 6~13 in），
不包括通常短于叶的花莛

羚角兰的茎短，无假鳞茎，生于终年湿润的地区。其叶簇生，倒披针形，在基部把上方叶片包于其中。其花莛纤细，从 1 或 2 片叶片的基部发出，生有 3~4 片苞片和单独一朵花。其英文名意为“粉红口鼻兰”，指合蕊柱顶端喙状，如同动物的口鼻。

熊兰蜂属 *Eulaema* 的雄性兰花蜂会访问本种的花。雄蜂进入花中，爬上唇瓣的基部，寻找分泌有花香的地方。当它退出时，花粉团便沾到虫体胸部小盾片的末端。其他很多种兰花以前也曾置于羚角兰属 *Chondrorhyncha*，但该属现在仅剩 6 或 7 个种。

羚角兰的花的 2 枚萼片为线形，杯状，直立生长；中萼片上伸；花瓣宽阔，与唇瓣形成管状，围抱粗大的合蕊柱。

实际大小

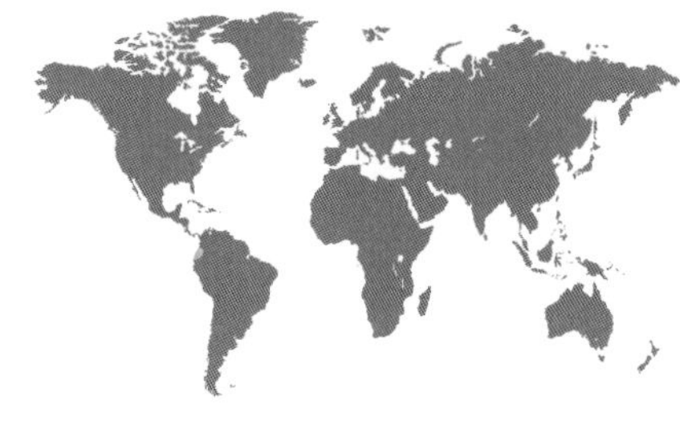

亚科	树兰亚科
族和亚族	兰族，轭瓣兰亚族
原产地	哥伦比亚至厄瓜多尔北部
生境	云雾林，海拔 1,200~1,500 m（3,950~4,920 ft）
类别和位置	附生
保护现状	未评估
花期	多变，一般全年均可开花

花的大小
6.5 cm（2½ in）

植株大小
25~46 cm × 25~36 cm（10~18 in × 10~14 in），包括花莛，其花莛弓曲，仅具单花，长8~13 cm（3~5 in）

可爱厚羚兰
Chondroscaphe amabilis
Enchanting Fan Orchid

(Schlechter) Senghas & G. Gerlach, 1993

可爱厚羚兰的茎短，有很多气生根。其叶倒披针形，排列成扇状。本种无假鳞茎，表明它生长在无明显旱季的生境中。厚羚兰属的学名 *Chondroscaphe* 来自古希腊语词 chondros（软骨）和 skyphos（碗），描述的是唇瓣的某些特征，但具体含义不清楚。本种的种加词 *amabilis* 在拉丁语中意为“可爱的”，指其花美丽。

可爱厚羚兰的传粉者尚未知，但其亲缘种由兰花蜂传粉。在唇瓣形状类似的种中，蜂类在唇瓣中部着陆，把舌头伸入朝向后方并向上卷起的侧萼片，以探索唇瓣的基部。一般认为侧萼片的这种结构是在模仿蜜距，但其中并无花蜜。

实际大小

可爱厚羚兰的花的萼片浅黄色，开展；花瓣后卷，边缘皱褶状；唇瓣大，有红色斑点，与合蕊柱一起形成开放的“口部”，亦有须状边缘。

亚科	树兰亚科
族和亚族	兰族，軛瓣兰亚族
原产地	美洲热带地区，从墨西哥至秘鲁，以及特立尼达岛和牙买加
生境	潮湿森林的荫蔽处，海拔 30~1,000 m（100~3,300 ft）
类别和位置	附生
保护现状	未评估
花期	全年

月唇兰

Cryptarrhena lunata

Hidden Moon Orchid

R. Brown, 1816

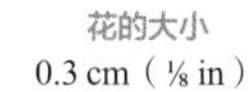

花的大小
0.3 cm（⅛ in）

植株大小
5~15 cm × 8~12 cm（2~6 in × 3~5 in），不包括长10~15 cm（4~6 in）的花序

月唇兰是月唇兰属 *Cryptarrhena* 的唯一种。本种无假鳞茎，而具短径，顶端有呈折叠状并在基部抱茎的叶。花序从叶丛中间发出，不分枝，有短苞片，弓曲至下垂，生有 12~30 朵花，排列成紧密的圆柱形。其唇瓣略呈黄色，与其他绿色的花被片形成对比，宛如一钩新月，故中文名为“月唇兰”，种加词 *lunata* 亦为“新月形”之意。其合蕊柱顶端为兜帽状，把花药隐藏其中，属名［来自古希腊语词 krypto（隐藏）和 harren（雄蕊）］由此而来。

目前还未有人观察过月唇兰属的传粉。考虑到其花部形态和花色的组合，以及花中缺乏任何明显回报的事实，很难想象哪种昆虫会是它的传粉者。

实际大小

月唇兰的花的花瓣和萼片绿色，开展；唇瓣锚形，黄色至橙色；合蕊柱突出，顶端兜帽状；花中无蜜距。

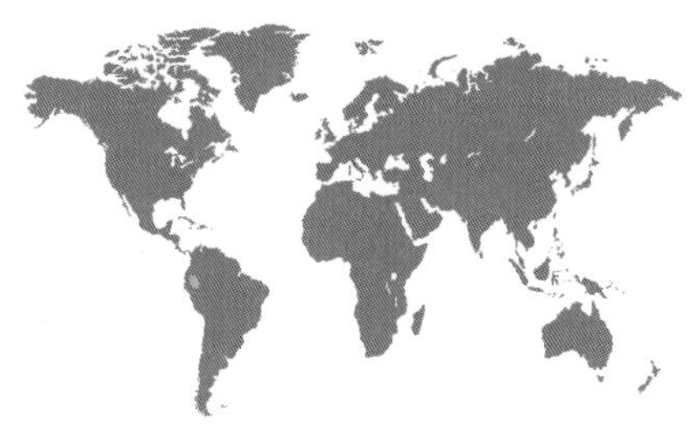

亚科	树兰亚科
族和亚族	兰族，鞭瓣兰亚族
原产地	厄瓜多尔及秘鲁北部
生境	低地雨林，海拔至 1,300 m（4,300 ft）
类别和位置	附生
保护现状	未评估
花期	春夏季

花的大小
0.8 cm（¼ in）

植株大小
20~51 cm × 8~15 cm（8~20 in × 3~6 in），包括花莛，其花莛仅具单花，长1.3~2.5 cm（½~1 in）

帽柱篦叶兰

Dichaea calyculata

White Spiderwort Orchid

Poeppig & Endlicher, 1836

实际大小

帽柱篦叶兰的茎直立，生有两列叶，叶为线形，基部鞘状。随着植株生长，茎变长之后可弓曲至下垂。其花莛数枚同时从几片叶的基部发出。篦叶兰属的学名 *Dichaea* 来自古希腊语词 di-（二）和 keio（分离），指这些种有典型的成两列排列的叶。本种的英文名（意为白色鸭跖草兰）则指其形态与鸭跖草科植株类似。其花下方有小型苞片，在花未开放时部分包围花蕾。本种的种加词 *calyculata* 来自拉丁语词 *calyculus*，意为“苞片”，就是指这个特征。

和篦叶兰属其他所有种一样，本种的花由雄性兰花蜂传粉。它们采集花香物质，用于制造吸引雌蜂的外激素。

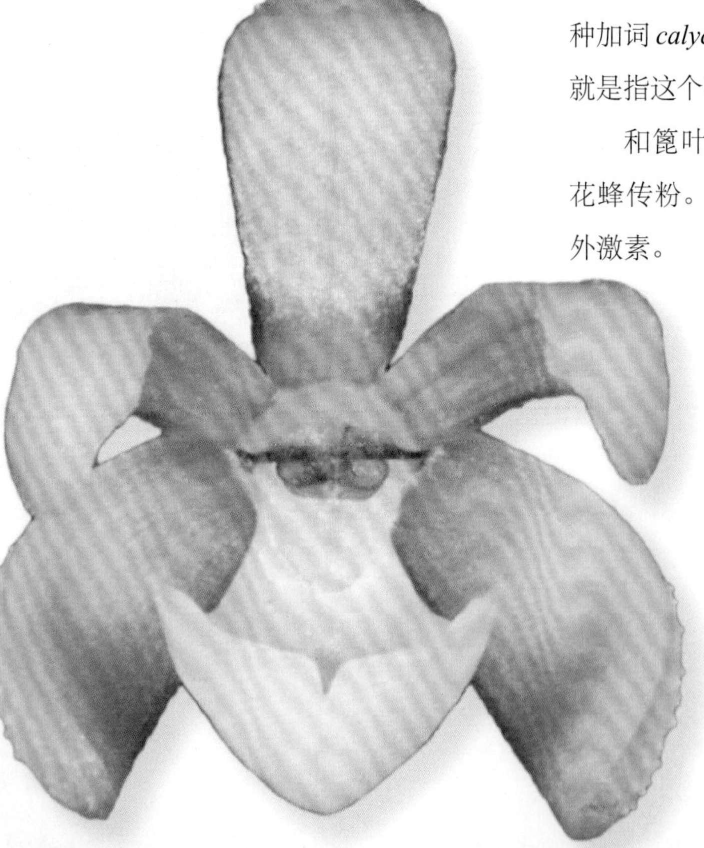

帽柱篦叶兰的花的萼片和花瓣彼此形似，前突；唇瓣白色，杯状，3 裂；合蕊柱呈短兜帽状，常带紫红色调，下方有 2 枚花粉团。

亚科	树兰亚科
族和亚族	兰族，轭瓣兰亚族
原产地	哥伦比亚至厄瓜多尔北部
生境	雨林，海拔 850~1,250 m（2,790~4,100 ft）
类别和位置	附生
保护现状	未评估
花期	全年

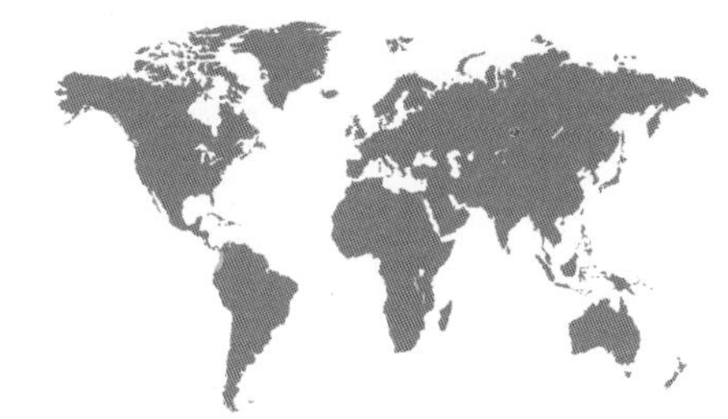

紫红篦叶兰
Dichaea rubroviolacea
Red Wandering-jew Orchid
Dodson, 1989

花的大小
1 cm（⅜ in）

植株大小
25~64 cm x 8~13 cm（10~25 in x 3~5 in），包括花莛，其花莛仅具单花，长1.3~2.5 cm（½~1 in）

紫红篦叶兰的茎为甘蔗状，完全为重叠的叶鞘所包。叶片黄绿色，坚硬，有中肋，排成 2 列。其花莛全年均可形成，从叶腋发出，仅具单花，各托以一片卵形苞片。植株起初直立生长，随着时间推移，茎不断变长，便逐渐弓曲至下垂。本种的英文名意为“红色紫露草兰”，指其形态类似鸭跖草科的紫露草属植物（英文名 Wandering Jew）。

紫红篦叶兰的花由一种兰花蜂传粉。其雄蜂采集花香物质，用于制造吸引雌蜂的外激素。花中无花蜜分泌。

实际大小

紫红篦叶兰的花的萼片和花瓣开展，红紫色，大小和形状彼此相似，基部在浅红紫色的底色上有较深的红色斑点和条纹；唇瓣颜色与其他花被片类似，前突，锹状。

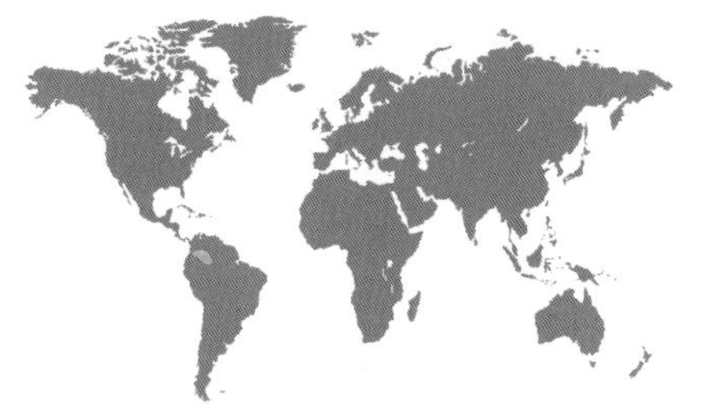

亚科	树兰亚科
族和亚族	兰族，轭瓣兰亚族
原产地	哥伦比亚南部和巴西北部
生境	低海拔的亚马孙雨林，海拔 100~500 m（330~1,640 ft）
类别和位置	附生
保护现状	未评估
花期	夏季

花的大小
4.5 cm（1¾ in）

植株大小
30~56 cm × 25~46 cm（12~22 in × 10~18 in），不包括花序，其花序弓曲，短于叶，长5~13 cm（2~5 in）

黑河缟狸兰
Galeottia negrensis
Rio Negro Tiger Orchid

Schlechter, 1925

黑河缟狸兰的假鳞茎有 2 枚基生的鞘，顶端生有 1~3 片直立的披针形叶。其花序短，从成熟假鳞茎的基部发出，生有 2~5 朵花，与新叶同放。本种的种加词 *negrensis* 以内格罗河（Rio Negro，在西班牙语和葡萄牙语中都是“黑河”的意思）命名，它是亚马孙河在巴西（本种最早的发现地）境内最大的支流之一。

尽管目前尚无本种的传粉研究发表，但其花香具有由雄性兰花蜂传粉的兰花花香的典型化学成分。这些雄蜂从花部组织上刮取花香物质，用于制造性激素。在以人造香气物质为诱饵诱来的雄性兰花蜂身上曾发现过同属另一种缟狸兰 *Galeottia grandiflora* 的花粉块。

实际大小

黑河缟狸兰的花的萼片和花瓣宽阔，开展，黄色而有红紫色斑点；上萼片多少杯状，侧萼片扭转；唇瓣白色，有红色斑点，杯状，边缘深裂为长齿。

亚科	树兰亚科
族和亚族	兰族，轭瓣兰亚族
原产地	委内瑞拉、圭亚那、巴西、秘鲁、玻利维亚及特立尼达和多巴哥
生境	湿润森林，海拔 600~1,300 m（2,000~4,300 ft）
类别和位置	附生
保护现状	无危
花期	春夏季

刺萤兰
Huntleya meleagris
Guinea Fowl Orchid

Lindley, 1837

花的大小
12~15 cm（4¾~6 in）

植株大小
30~51 cm × 30~64 cm（12~20 in × 12~25 in），包括花莛，其花莛短，仅具单花，长13~20 cm（5~8 in）

刺萤兰植株魁梧，常引人瞩目。其叶排列成优雅的扇形，为壮丽的星形花朵提供了完美的衬托。其花单生于从叶腋发出的短花莛之上，花大而绚丽，又有芳香，形态独特。

本种的花又大又平，颜色鲜艳，通常有同心圆状的斑点图案，又有光泽，像珍珠鸡的羽毛，其英文名（意为珍珠鸡兰）由此而来。采集香气物质的雄性兰花蜂会为本种传粉。本种唇瓣上有由坚硬的乳突构成的冠状褶片，位于合蕊柱下方，很可能起着把传粉者引向花中正确方向的作用，从而让花粉块可以有效地沾在传粉者身上。在野外，雄蜂在采集芳香物质时，可对本种花朵的唇瓣造成很大破坏。

刺萤兰的花为星形，其花瓣和萼片宽阔，顶端渐尖；花大部有紫褐色斑块，但中央为白色和黄色；唇瓣略呈白色，顶端褐色，具有由弯曲的乳突构成的冠状褶片。

实际大小

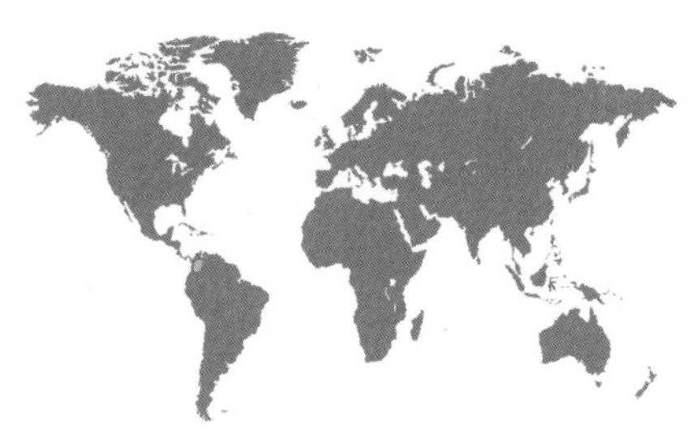

亚科	树兰亚科
族和亚族	兰族，轭瓣兰亚族
原产地	哥伦比亚（亚马孙省）
生境	雨林，海拔 100~200 m（330~650 ft）
类别和位置	附生
保护现状	未评估
花期	晚冬至春季

花的大小
2 cm（¾ in）

植株大小
10~20 cm × 8~15 cm（4~8 in × 3~6 in），不包括短于叶的花莛

短茎瘦羚兰
Ixyophora carinata
Faun Orchid

(Ortiz Valdivieso) Dressler, 2005

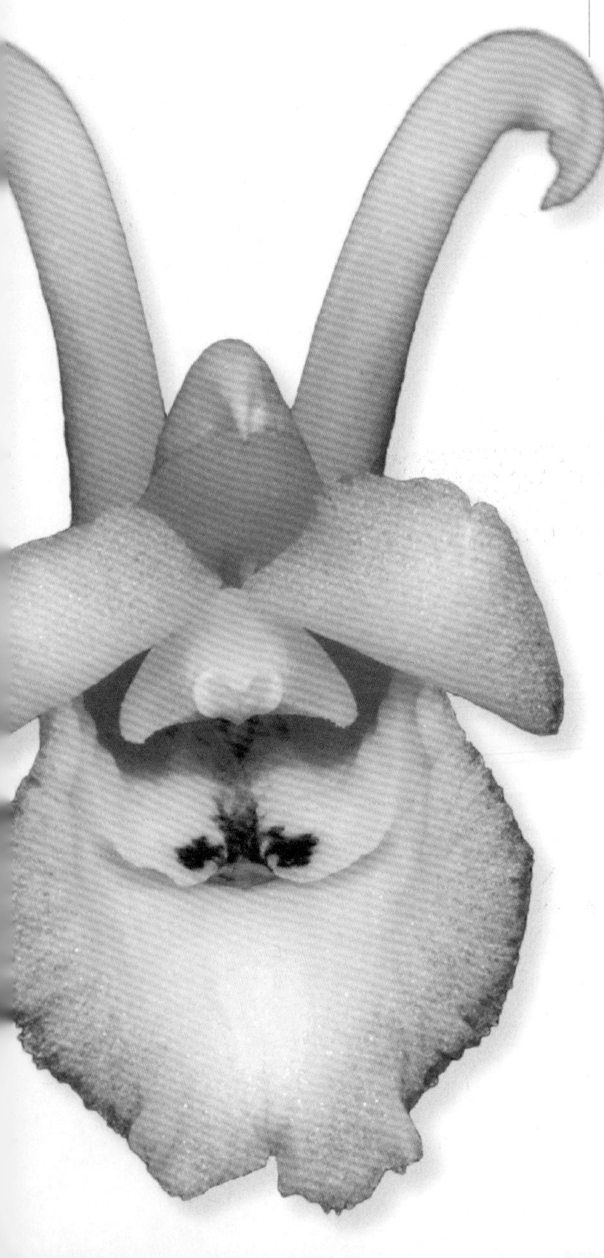

短茎瘦羚兰见于湿润的森林中，没有在旱季期间用来贮存水分的假鳞茎。其茎短，覆有重叠的鞘状叶，从叶腋发出 1~2 枚仅具单花的花莛。瘦羚兰属的学名 *Ixyophora* 来自古希腊语词 ixys（手腕）和 phorein（具有……的），意为“具有（瘦狭）腕部的”，指花粉块（这些兰花中生有花粉的结构）的中部狭窄。

本种花的萼片卷曲并向后突，仿佛希腊神话中一种叫“法翁”(faun)的生物长有角的头部，英文名由此而来。瘦羚兰属与虎盆兰属 *Chaubardiella* 近缘，后者的传粉已有研究。与虎盆兰属类似，短茎瘦羚兰虽未有传粉研究，但花中萼片的后突结构很可能也是假蜜距，搜寻花蜜的蜂类会将舌头探入其中。

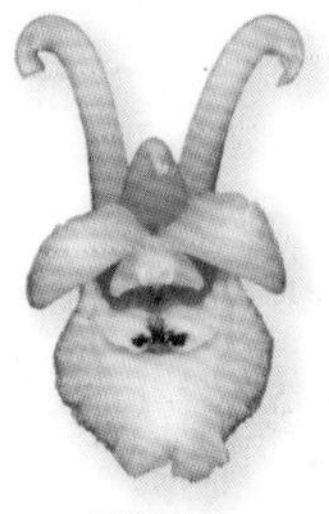

实际大小

短茎瘦羚兰的花的 2 枚萼片反曲，距状，浅黄色；另一枚萼片与它们形似，前伸；花瓣浅黄色，镰形，开展；唇瓣略呈白色，中央有酒红色斑块，开口宽大，部分围抱宽阔的合蕊柱。

亚科	树兰亚科
族和亚族	兰族，轭瓣兰亚族
原产地	哥伦比亚及委内瑞拉北部
生境	稠密湿润森林，海拔 1,000~1,800 m（3,300~5,900 ft）
类别和位置	附生于树干上
保护现状	未评估
花期	5 月至 9 月（夏秋季），但其他时候也可偶见开花

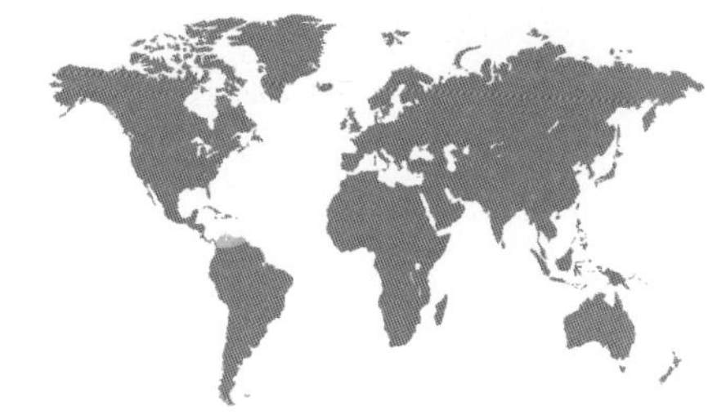

钩盘兰
Kefersteinia graminea
Fringed Grass Orchid
(Lindley) Reichenbach fils, 1852

花的大小
4 cm（1½ in）

植株大小
15~25 cm x 15~25 cm（6~10 in x 6~10 in），包括花莛，其花莛弓曲下垂，仅具单花，长5~10 cm（2~4 in）

钩盘兰是一种可爱的兰花。其茎短，紧密簇生，基部有数枚无叶的鳞片，并生有 4 或 5 片叶。其叶为线状披针形，组成扇状。花莛短，从茎基部鳞片的腋部发出，可多至 20 枚，各具单独一朵察觉不到气味的花。钩盘兰属的学名 *Kefersteinia* 纪念的是德国克勒尔维茨的开佛斯坦勋爵（Herr Keferstein of Kröllwitz），他在兰花专家海因里希·古斯塔夫·赖兴巴赫研究最活跃的时代（1850—1889）是一位名人。本种的种加词 *graminea* 意为“禾草状的”，指其叶似禾草，唇瓣有明显的流苏状边缘。

正如钩盘兰属及其亲缘属的其他种一样，本种的传粉者是兰花蜂。因为合蕊柱下侧有突起的齿状物，当蜂类因此被迫扭动身体时，本种的花粉便可附着在其触角的基部。

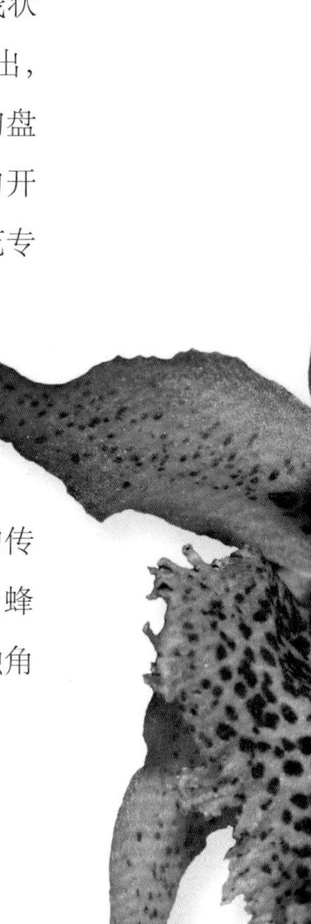

实际大小

钩盘兰的花的萼片和花瓣等大，披针形，浅绿色，有紫红色斑点；唇瓣宽阔，在合蕊柱周围弯曲，有复杂的皱褶，边缘有细流苏并呈波状；胼胝体有 2 枚隆起的皱褶。

亚科	树兰亚科
族和亚族	兰族，轭瓣兰亚族
原产地	南美洲北部，南达秘鲁和巴西北部，以及圭亚那高原、特立尼达岛和波多黎各
生境	潮湿的山地落叶林和常绿林
类别和位置	地生（稀为附生），生于轻度至中度的荫蔽地
保护现状	未评估，但广布
花期	冬春季

花的大小
2.5 cm（1 in）

植株大小
15~51 cm × 13~25 cm（6~20 in × 5~10 in），不包括通常约与叶等长的花序

禾叶绣唇兰
Koellensteinia graminea
Grassleaf Orchid

(Lindley) Reichenbach fils, 1856

实际大小

禾叶绣唇兰是一种成丛簇生的兰花，常见地生，但在较为湿润的地方也能成附生生长。植株无假鳞茎。每条新茎上生出的叶为折叠状，形如禾草，组成扇状，包在短小的新茎周围。其花序侧生，不分枝，生有多至15朵的杯状小花。在见到本种颜色鲜艳的花之前，多数人会以为它是一种禾草，因此其种加词叫 *graminea*，意为“禾草状的”。绣唇兰属的学名 *Koellensteinia* 纪念的是凯尔纳·冯·科伦斯坦上尉（Captain Kellner von Koellenstein），他是19世纪的一位热带植物采集者。

禾叶绣唇兰的传粉尚无报道。不过，因为它的花形似轭瓣兰亚族其他由雄性兰花蜂传粉的种，所以这些蜂类可能也会为本种传粉。

禾叶绣唇兰的花的萼片和花瓣形似，扁平，内弯，乳白色，有几呈同心圆状的红色短条纹；唇瓣颜色与其他花被片类似；其侧裂片与合蕊柱的侧裂片一起形成管状，中裂片箭头形，有多疣的黄色胼胝体。

亚科	树兰亚科
族和亚族	兰族，轭瓣兰亚族
原产地	巴西东部从里约热内卢州至埃斯皮里图桑托州的马尔山脉
生境	大西洋雨林的荫蔽潮湿处，海拔至 700 m（2,300 ft）
类别和位置	附生或石生
保护现状	未正式评估，但很可能受毁林的威胁
花期	10 月至 1 月（春季至早夏）

白萼飞鹰兰
Pabstia jugosa
Hawk Orchid
(Lindley) Garay, 1873

花的大小
5 cm（2 in）

植株大小
23~38 cm x 15~30 cm（9~15 in x 6~12 in），不包括几乎总是短于叶的花序

白萼飞鹰兰的假鳞茎簇生，卵球形，略压扁，近光滑，顶端各生有 2 或 3 片长披针形的叶。其花序直立，从新生的茎叶上发出，生有多至 4 朵非常芳香的花。飞鹰兰属 *Pabstia* 与轭瓣兰属 *Zygopetalum* 近缘，二者在特征上只有微小区别。

本种的花瓣有紫红色斑点，与白色的萼片形成强烈对比。它们与合蕊柱共同构成的形状有如飞翔中的猛禽，其中合蕊柱为其“头部”，因此叫“白萼飞鹰兰”。属名是纪念著名巴西兰花专家圭多·帕布斯特（Guido Pabst, 1914—1980），他是里约热内卢的布拉德标本馆（Herbarium Bradeanum）的建立者。本种的传粉尚无研究，但传粉者可能是搜寻花香物质的雄性兰花蜂。

白萼飞鹰兰的花的萼片和花瓣肉质，开展，白色；花瓣有红紫色的斑点和短纹；唇瓣白色，有蓝色斑块，扇形，边缘下弯；药帽大而明显。

实际大小

亚科	树兰亚科
族和亚族	兰族，轭瓣兰亚族
原产地	巴西东南部，从里约热内卢州至圣卡塔琳娜州
生境	季节性干旱的森林中的荫蔽之处
类别和位置	地生
保护现状	未评估
花期	11 月至 12 月（晚春至早夏）

花的大小
2 cm（¾ in）

植株大小
20~41 cm × 15~25 cm（8~16 in × 6~10 in），不包括高30~64 cm（12~25 in）的直立花序

小花乐园兰

Paradisanthus micranthus

Small Paradise Orchid

(Barbosa Rodriguez) Schlechter, 1918

小花乐园兰为一种地生兰，其假鳞茎小，卵球形，各生有 1~3 片长披针形的叶。其花序不分枝（稀有小侧枝），生有 8~20 朵花。乐园兰属的学名 *Paradisanthus* 来自古希腊语词 paradeisos（天堂或乐园）和 anthos（花）。指该属的花虽然不大，但很醒目。本种的种加词在古希腊语中意为“小花的”。

乐园兰属共有 5 个种，目前均未有传粉研究，但它们的花与其他由采集花香的雄性兰花蜂传粉的兰花形似，且不提供其他回报。小花乐园兰分布的大西洋沿岸森林地区是著名的生物多样性热点，但大部分已经变成了农场。

实际大小

小花乐园兰的花的萼片和花瓣彼此相似，开展，绿色至黄色，有红色斑点，萼片较大；唇瓣白色，锹形，在合蕊柱正下方处有凹穴，并生有具蓝色斑点的胼胝体，与合蕊柱共同形成一条狭窄通道。

亚科	树兰亚科
族和亚族	兰族，轭瓣兰亚族
原产地	哥伦比亚
生境	雾气极重的山地森林
类别和位置	附生
保护现状	未评估
花期	3 月至 7 月（春夏季）

花的大小
7.5 cm（3 in）

植株大小
30~51 cm（12~20 in），包括花莛，其花莛仅具单花，长 10~20 cm（4~8 in），短于叶

蓝花宝丽兰
Pescatoria coelestis
Blue Skies

(Reichenbach fils) Dressler, 2005

蓝花宝丽兰的叶为长圆状披针形，6~10 片排列成扇形。其花莛短，有鞘状苞片，各生有单独一朵花。其花肉质，极为芳香，开放时间长。这些花由雄性兰花蜂传粉，雄蜂采集花香物质后，用它来制造性激素，以吸引雌性。从这些花朵唇瓣上采集的原料化合物则无法吸引雌蜂。

本种以前一般置于宝丽兰属 *Bollea*，但 DNA 研究表明这个属并入修丽兰属 *Pescatoria* 才合适。本种的种加词 *coelestis* 意为“天蓝色的”，英文名亦意为“蓝天（兰）”，均指其花色为显眼的蓝色，但除此之外也有白色和程度不一的红紫色变型。修丽兰属的学名纪念的是让－皮埃尔·佩斯卡托尔（Jean-Pierre Pescatore, 1793 —1855），他是卢森堡裔法国商人、慈善家和兰花收集者。

蓝花宝丽兰的花的萼片和花瓣开展，蓝色至红紫色，彼此相似，有或浅或深的色带；合蕊柱宽阔，在唇瓣上方呈兜帽状；唇瓣边缘波状，中央亮黄色，有脊状褶片。

实际大小

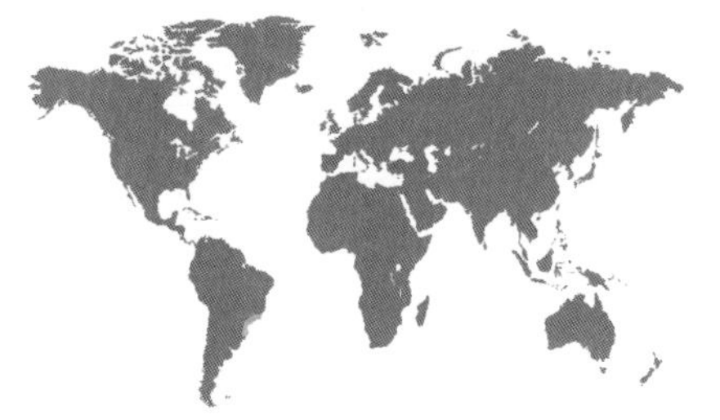

亚科	树兰亚科
族和亚族	兰族，轭瓣兰亚族
原产地	巴西米纳斯吉拉斯州和埃斯皮里图桑托州
生境	中海拔的湿凉热带森林
类别和位置	附生，有时石生，生于多藓类的岩石上
保护现状	无危
花期	春夏季

花的大小
4.5 cm（1¾ in）

植株大小
8~15 cm × 8~13 cm（3~6 in × 3~5 in），不包括花序，其花序下垂，短于叶，长 5~10 cm（2~4 in）

密斑豹皮兰
Promenaea stapelioides
Black-spotted Orchid

(Link & Otto) Lindley, 1843

密斑豹皮兰生于巴西大西洋沿岸森林中凉爽荫蔽的区域。其种加词 *stapelioides* 指其花色类似非洲的犀角属 *Stapelia* 多肉植物的花。不过，虽然犀角属的花有腐肉的臭味，密斑豹皮兰的花却无这种气味，也不吸收蝇类作为传粉者。事实上，这种植株微小的兰花能从它相对较大的花中散发出一种香甜而复杂的气味。其假鳞茎有光泽，顶端通常生有一对灰绿色的长形叶。

为本种传粉的是雄性兰花蜂，它们从唇瓣上采集香气物质，用于制造吸引雌蜂的外激素。用本种和豹皮兰属 *Promenaea* 的其他种已经创造出许多美丽的杂交种。该属学名来自古希腊女祭司普洛美涅亚（Promeneia）的名字，她曾在多多那（Dodona）协助过宙斯神谕的守护。

密斑豹皮兰的花相对植株较大，绚丽；其萼片和花瓣为黄绿色或浅绿色，通常密布紫褐色斑块，有时合并为短纹或同心圆状图案；唇瓣颜色近黑色，特别是在中央部位。

实际大小

亚科	树兰亚科
族和亚族	兰族，轭瓣兰亚族
原产地	南美洲北部，从特立尼达岛和圭亚那至厄瓜多尔和秘鲁
生境	湿润森林，海拔 300~1,800 m（985~5,900 ft）
类别和位置	附生于小灌木及废弃的柑橘树和可可树上
保护现状	未正式评估，但局地常见
花期	全年

狭团兰
Stenia pallida
False Slipper Orchid
Lindley, 1837

花的大小
5 cm（2 in）

植株大小
15~25 cm x 15~20 cm（6~10 in x 6~8 in），包括花莛，其花莛弓曲或下垂，仅具单花，长 5~10 cm（2~4 in）

狭团兰是一种小型兰花，其叶紧密簇生，形成扇状。其花莛从叶腋或叶丛基部发出，仅具单独一朵下垂的花。本种生于永久湿润的森林中，所以不产生任何假鳞茎之类的贮水结构。狭团兰属的学名 *Stenia* 是指其花粉块狭长，在轭瓣兰亚族中不同寻常。其种加词 *pallida* 意为“苍白色的”，指花的颜色较浅。

狭团兰的唇瓣拖鞋状，在传粉中的功能与真正的拖鞋兰类（杓兰亚科）类似。其传粉昆虫是采集香气的雄性兰花蜂，会进入唇瓣顶部的开口，然后在里面爬行，寻找花香的源头。一旦雄蜂进入唇瓣里面，唇瓣侧面就会有齿状结构阻碍它逃出，雄蜂唯一的出口只能是花粉团下面不远处的开口。

狭团兰的花的花瓣和萼片开展，白色至乳黄色；唇瓣黄色，2 裂，2 枚裂片形成拖鞋状的囊，内面有乳突，外面有红色小斑点。

实际大小

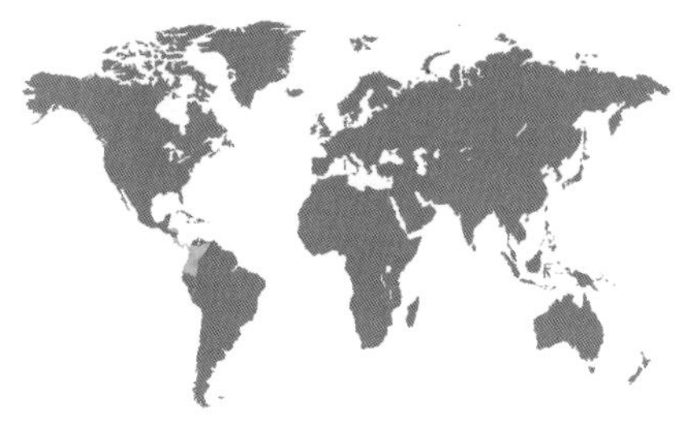

亚科	树兰亚科
族和亚族	兰族，轭瓣兰亚族
原产地	哥斯达黎加、古巴、洪都拉斯、巴拿马、哥伦比亚、委内瑞拉和厄瓜多尔
生境	中海拔湿润热带森林
类别和位置	附生
保护现状	未评估
花期	春夏季

花的大小
6 cm（2⅜ in）

植株大小
20~38 cm × 15~25 cm（8~15 in × 6~10 in），包括花莛，其花莛仅具单花，直立，短于叶，长 10~15 cm（4~6 in）

盾羚兰

Warczewiczella discolor

Cedar-chip Orchid

(Lindley) Reichenbach fils, 1852

盾羚兰属于高度多变的种，有的类型十分美丽，或有罕见的颜色。和轭瓣兰亚族其他很多种类的兰花一样，本种的新茎叶呈扇形，无假鳞茎，表明它产自持续湿润的生境。其花序从叶腋发出，直立至轻微弓曲，生有单独一朵精致的花。花的唇瓣为管状，在一些类型中呈极深的钴蓝紫色，但在另一些类型中则为玫瑰红色。

本种的花形和不同寻常的香气符合由雄性兰花蜂传粉的花朵的特征。这些雄蜂搜寻花香成分，用来制造吸引雌性的外激素。对其花香曾有多种描述，但它最常让人想到雪松木或柏木（或其木屑）的气味，其英文名（意为雪松木屑兰）由此而来。盾羚兰属的学名 *Warczewiczella* 纪念的是杰出的波兰植物学家约瑟夫·瓦尔柴维茨（Józef Warczewicz, 1812—1866）。

实际大小

盾羚兰的花的萼片大多强烈反曲，通常浅绿色至乳黄色；花瓣与萼片相似或较白，但也可有浅紫色调；唇瓣管状，颜色高度可变，但常为深钴蓝色。

亚科	树兰亚科
族和亚族	兰族，轭瓣兰亚族
原产地	哥伦比亚、委内瑞拉和巴拿马
生境	雨林，海拔 50~500 m（165~1,640 ft）
类别和位置	附生
保护现状	无危
花期	12 月至 7 月，但任何时候均可开花

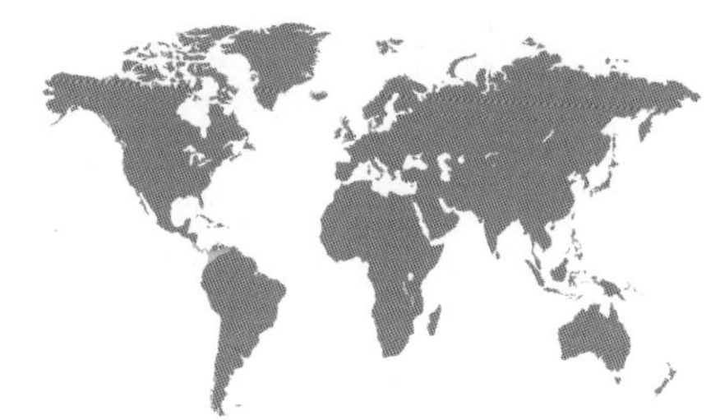

卷缘盾羚兰

Warczewiczella marginata

Purple-lipped Fan Orchid

Reichenbach fils, 1852

花的大小
6.5 cm（2½ in）

植株大小
20~30 cm × 15~25 cm（8~12 in × 6~10 in），包括花莛，其花莛直立至弓曲，仅具单花，长 7.5~13 cm（3~5 in）

卷缘盾羚兰的花莛短，生于叶间，花在其上单生。本种没有贮水的假鳞茎，因为它生于永久湿润的森林中。盾羚兰属的学名 *Warczewiczella* 纪念的是冯·拉维茨准男爵约瑟夫·瓦尔柴维茨（Józef Warczewicz, 1812—1866），他是波兰植物学家、生物学家及植物和动物采集者，对兰花特别感兴趣，曾把兰花送给伟大的德国兰花专家赖兴巴赫，供其描述之用。

本种的花芳香，有浅紫色斑块，唇瓣宽阔而为囊状，蜜导显著。它们是典型的花蜜欺骗式兰花，其侧萼片内卷，向后突出，形成假蜜距，兰花蜂会通过唇瓣两侧的孔把舌头探入假蜜距中。本种可同时吸引搜寻花蜜的雄蜂和雌蜂。

实际大小

卷缘盾羚兰的花瓣和背萼片为白色，披针形；侧萼片较窄，后突；唇瓣侧缘在合蕊柱周围卷曲，中央有几道紫堇色的脊状褶褶片，基部有具白色脊突的胼胝体，边缘则为较深的紫红色。

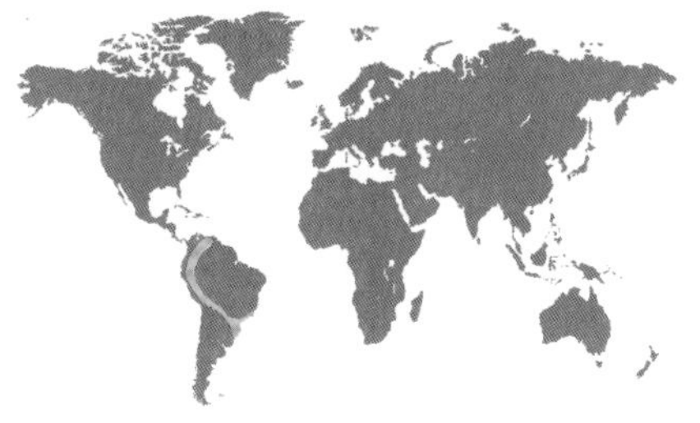

亚科	树兰亚科
族和亚族	兰族，轭瓣兰亚族
原产地	南美洲热带地区，从委内瑞拉至阿根廷北部和巴西东南部
生境	稠密湿润森林的荫蔽下层，海拔 600~1,000 m（1,970~3,300 ft）
类别和位置	地生（稀为附生），生于落叶中
保护现状	未评估
花期	7 月至 9 月（夏季至早秋）

花的大小
3.8 cm（1½ in）

植株大小
64~102 cm × 30~51 cm
（25~40 in × 12~20 in），
不包括高 76~127 cm
（30~50 in）的直立花序

盆蕙兰

Warrea warreana

Beauty of the Forest

(Loddiges ex Lindley) Schweinfurth, 1955

盆蕙兰的假鳞茎紧密簇生，卵球形，为数片大型的鞘状叶所包藏，顶生 1~3 片叶，均为狭披针形，并呈折扇状。其花序高于叶，在最高处生有花，因此只要本种开花，就可以很容易地在森林中荫蔽的地方见到其白色至乳黄色的美丽花朵。本种的英文名（意为森林美人）由此而来。盆蕙兰属的学名 *Warrea* 和本种的种加词 *warreana* 均是纪念英格兰探险家和采集家弗雷德里克・瓦尔（Frederick Warre），他在 1820 年前后于巴西考察期间发现了盆蕙兰。

目前本种的传粉尚无研究，但其花的浓郁香气和花部特征表明传粉者可能是采集花香的雄性兰花蜂。其大型唇瓣和浓重的花色特征能非常容易地把这些昆虫引来。

实际大小

盆蕙兰的花的萼片和花瓣为白色至乳黄色，均为阔披针形，前突，有时有粉红色色调；唇瓣也为白色，但中央为深紫红色至玫瑰红色，并有具脊突的大型胼胝体。

亚科	树兰亚科
族和亚族	兰族，轭瓣兰亚族
原产地	安蒂奥基亚省（哥伦比亚）
生境	排水良好的斜坡上的森林下层，海拔 2,000~2,400 m（6,600~7,875 ft）
类别和位置	地生，生于中度荫蔽处的腐败落叶中
保护现状	未评估
花期	4月至9月（春季至秋季）

花的大小
5 cm（2 in）

植株大小
38~89 cm × 46~76 cm（15~35 in × 18~30 in），不包括高 64~127 cm（25~50 in）的直立花序

粉花展蕙兰
Warreella patula
Pink Wood Nymph

Garay, 1973

粉花展蕙兰的假鳞茎为倒卵球形，簇生成大丛，基部生有数片鞘状叶，顶端则生有 1~3 片叶，均为折扇状。其根系发达，分布于森林地面积聚的落叶层中。其花序直立，生有 6~12 朵花形开展的花，可以捕捉从树冠层洒落的阳光。其英文名［意为粉红树仙（兰）］指本种的生境是荫蔽的森林；展蕙兰属 *Warreella* 的学名则指该属与其亲缘属盆蕙兰属 *Warrea* 形似。本种的种加词 *patula* 在拉丁语中意为“张得很开的”，指花不像盆蕙兰属的种那样呈杯状。

粉花展蕙兰的传粉目前尚无研究。不过，它可能也具备由采集花香的雄性兰花蜂传粉所需的一套特征。

实际大小

粉花展蕙兰的花的萼片和花瓣彼此形似，为浅粉红色至深紫粉色，开展，阔披针形，花瓣颜色常较深；唇瓣白色，反曲，有宽阔的深粉红色边缘；合蕊柱白色，基部黄色。

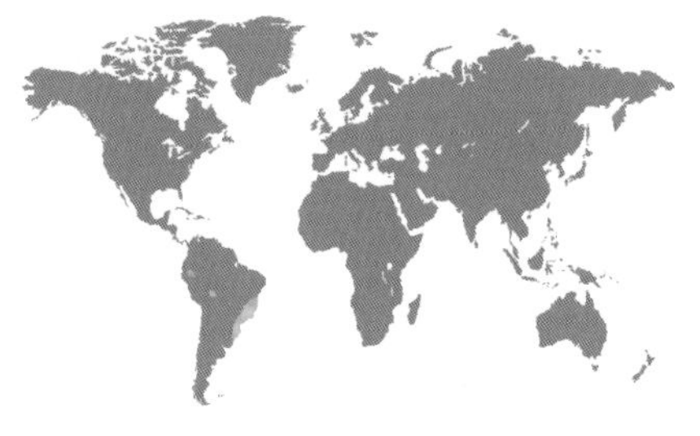

亚科	树兰亚科
族和亚族	兰族，轭瓣兰亚族
原产地	秘鲁北部至玻利维亚和巴西东部
生境	有灌丛和岩石的山坡和山脊，有时生于路边坡上，海拔 1,000~2,500 m（3,300~8,200 ft）
类别和位置	地生，生于岩石中湿润而多藓类之处
保护现状	广布，局地丰富，但未评估
花期	9 月至 10 月（春季），但全年均可能开花

花的大小
4.5 cm（1¾ in）

植株大小
38~64 cm × 30~46 cm（15~25 in × 12~18 in），不包括花序，其花序直立至弓曲，高51~89 cm（20~35 in）

猫斑轭瓣兰

Zygopetalum maculatum

Spotted Cat of the Mountain

(Kunth) Garay, 1970

猫斑轭瓣兰的假鳞茎紧密簇生，卵球形，可形成大丛。其基部有数片鞘状叶，顶生 2~3 片线形的叶。本种的植株一般生于被邻近的树木多少遮蔽之处，开花时可非常醒目，由每条假鳞茎发出 1~2 枚高大的花序，其上生有多至 25 朵的花。轭瓣兰属的学名 *Zygopetalum* 来自古希腊语词 zygon（牛轭）和 petalon（花瓣），指唇瓣与花瓣连在一起，仿佛其上加有牛轭。本种的种加词 *maculatum* 在拉丁语中意为“有斑点的”，与中文名“猫斑轭瓣兰”均指萼片和花瓣上有斑点。

本种的花有悦人的香甜气味，其中的优势化学成分是与采集花香的雄性兰花蜂有关的典型化合物。不过，目前尚无人对本种的野外传粉做过研究。

实际大小

猫斑轭瓣兰的花的萼片和花瓣大小和形似彼此相似，绿色，覆有略呈红我牟斑点和短纹；唇瓣只有单独一片大型瓣片，白色而有紫红色脉纹，基部有隆起的大胼胝体。

亚科	树兰亚科
族和亚族	兰族，轭瓣兰亚族
原产地	南美洲北部（哥伦比亚至苏里南，南达秘鲁，东达巴西东部）
生境	湿润森林中树木下部的荫蔽处，在溪畔河边的森林中多见，海拔 600~1,200 m（1,970~3,950 ft）
类别和位置	附生或地生，常从地面沿树干向上攀援
保护现状	未评估
花期	10 月至 11 月

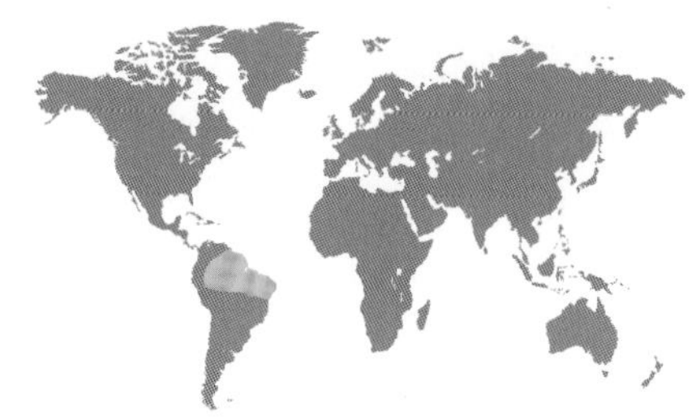

大唇接萼兰

Zygosepalum labiosum

Large-lipped Stream Orchid

(Richard) C. Schweinfurth, 1967

花的大小
8 cm（3 in）

植株大小
25~46 cm x 18~38 cm（10~18 in x 7~15 in），包括约与叶等高的弓曲花序

在森林的阴暗下层中目击大唇接萼兰仿佛悬浮于空中的花朵，堪称是一种令人难忘的体验。本种的茎为攀援性，可在岩石基质、腐殖质层和树干上攀爬。假鳞茎沿茎着生，卵球形。花序从正在发育的假鳞茎发出，生有 1~3 朵花。接萼兰属的学名 *Zygosepalum* 来自古希腊语词 zygon（牛轭）和 sepalon（萼片），表明它与轭瓣兰属 *Zygopetalum* 有亲缘关系，并曾一度置于该属之中。本种的种加词 *labiosum* 和中文名中的“大唇”二字都指其唇瓣显眼。

本种的传粉由熊兰蜂属 *Eulaema* 的雄性兰花蜂进行。雄蜂为香气物质所吸引，它们将这些物质采来，储存在后足上的小袋中。

大唇接萼兰的花的萼片和花瓣为浅绿色至黄褐色，披针形，顶端尖，或在花上方弓曲，或向后突出；唇瓣大，白色，中央有玫瑰红色脉纹；合蕊柱深粉红色，有显著的兜帽状部分和一对翅。

实际大小

亚科	树兰亚科
族和亚族	树兰族，禾叶兰亚族
原产地	东南亚和马来群岛至所罗门群岛
生境	低地热带雨林，海拔至 500 m（1,640 ft）
类别和位置	附生
保护现状	未评估
花期	全年

花的大小
1.1 cm（⅜ in）

植株大小
30~41 cm × 5~8 cm
（12~16 in × 2~3 in），
包括花序

毛托禾叶兰
Agrostophyllum stipulatum
Straw Orchid

(Griffith) Schlechter, 1912

实际大小

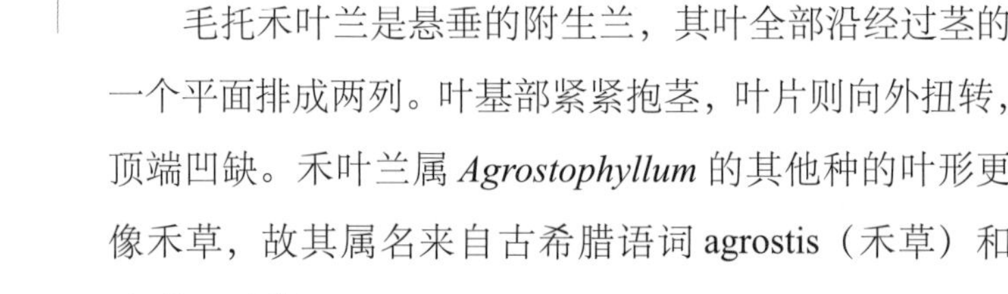

毛托禾叶兰是悬垂的附生兰，其叶全部沿经过茎的一个平面排成两列。叶基部紧紧抱茎，叶片则向外扭转，顶端凹缺。禾叶兰属 *Agrostophyllum* 的其他种的叶形更像禾草，故其属名来自古希腊语词 agrostis（禾草）和 phyllon（叶）。

本种老茎上的叶会凋落，其基部则生出新茎。花生于茎顶，紧密簇生。其结构暗示由蛾类传粉，但禾叶兰属的一些新几内亚的种为自花传粉，毛托禾叶兰也可能是这样——至少在传粉者不存在时如此。该属有一个种在加里曼丹岛被作为护身符，可保护佩戴者不受诅咒危害。

毛托禾叶兰的花的 3 枚萼片宽阔，草黄色，其上萼片略呈兜帽状，另 2 枚侧萼片喇叭状；2 片花瓣狭窄；唇瓣有 2 枚侧裂片，中央有大型胼胝体，与合蕊柱的粉红色边缘形成小管状。

亚科	树兰亚科
族和亚族	树兰族，禾叶兰亚族
原产地	新西兰和查塔姆群岛
生境	低地至山地森林
类别和位置	附生于粗枝或树干上，或为石生，生于石质岸边
保护现状	常见，无危
花期	2月至5月（秋季）

花的大小
1.3 cm（½ in）

植株大小
25~51 cm × 5~10 cm（10~20 in × 2~4 in），包括花序，其花序短，顶生，长 5~10 cm（2~4 in）

秋花悬树兰
Earina autumnalis
Easter Orchid
(G. Forster) Hooker fils, 1853

实际大小

秋花悬树兰在新西兰的秋季开花，此时正值西方的复活节，其种加词 *autumnalis*（秋天的）和英文名（意为复活节兰）由此得名。本种的毛利语名是 Raupeka，可表示“悬垂”之意，这毫无疑问是指其悬垂的茎。茎上生有折叠状的镰形叶，叶基部鞘状，抱茎。茎顶则生有直立的花序，其上围有鞘状的苞片，每片苞片保护着一朵花。其花白色，有浓郁而香甜的气味。

对这种兰花的传粉者尚存争议。其花上曾见有大蚊和蓟马，但从其花形和白色的花色以及花中央的黄色斑块来看，某些种类的蜂类更可能是有效的传粉者。大多数由大蚊和蓟马传粉的兰花是绿色的，而非像秋花悬树兰这样是白色。

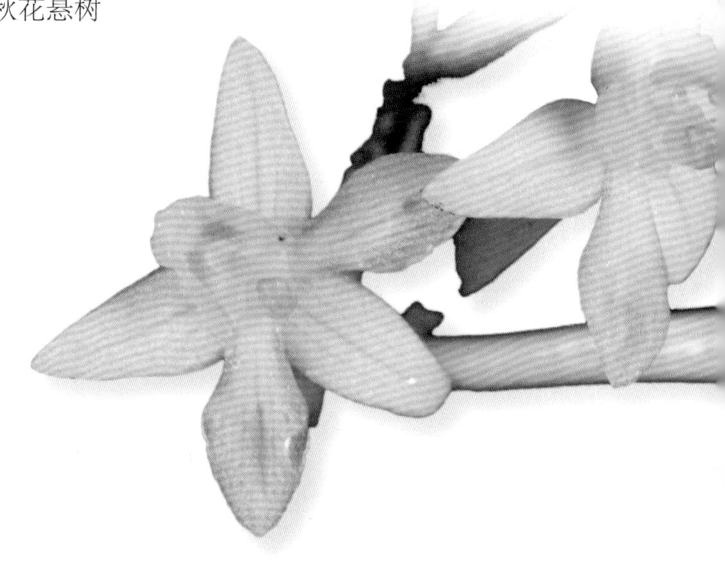

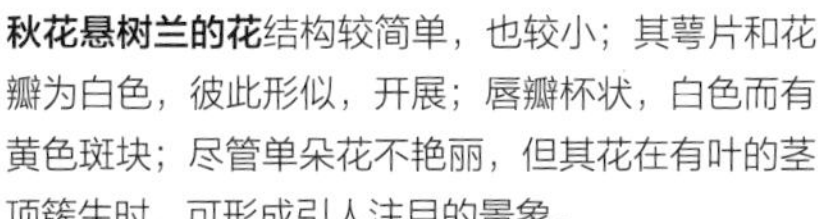

秋花悬树兰的花结构较简单，也较小；其萼片和花瓣为白色，彼此形似，开展；唇瓣杯状，白色而有黄色斑块；尽管单朵花不艳丽，但其花在有叶的茎顶簇生时，可形成引人注目的景象。

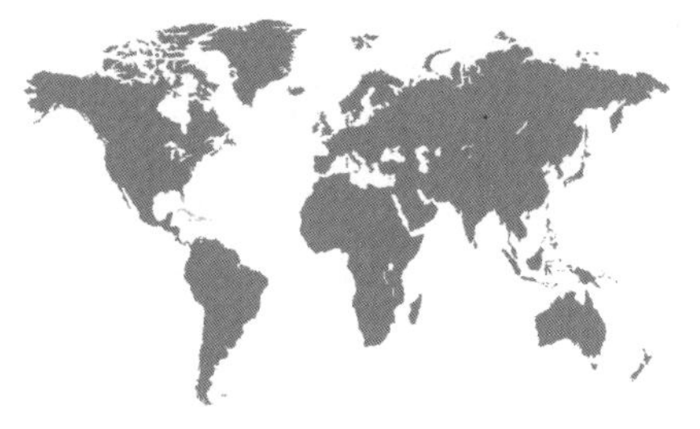

亚科	树兰亚科
族和亚族	树兰族，拟白及亚族
原产地	加勒比海地区北部，从美国佛罗里达州和巴哈马至古巴、伊斯帕尼奥拉岛和波多黎各
生境	密灌丛、开放松树稀树草原、岛状林和季节性干旱的落叶林，生于海平面至海拔 750 m（2,460 ft）处
类别和位置	地生，生于灰岩上的枯落物厚层中或腐殖土上
保护现状	未正式评估，但在佛罗里达州已受保护，在加勒比海其他地方可能也应受保护
花期	9 月至 11 月（晚夏至早秋）

花的大小
2 cm（¾ in）

植株大小
25~46 cm × 2.5~5 cm（10~18 in × 1~2 in），包括直立花序

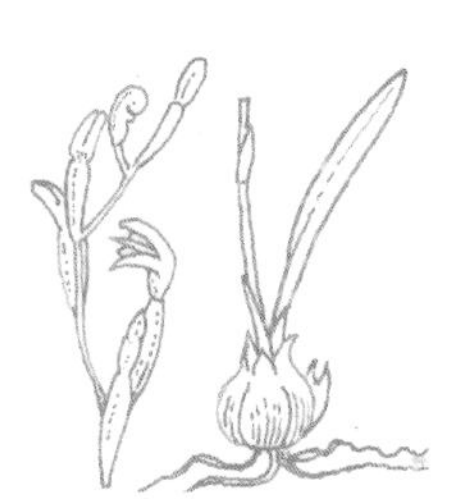

石蟹兰
Basiphyllaea corallicola
Carter's Orchid

(Small) Ames, 1924

实际大小

石蟹兰是地生兰。其植株从地下的球形块根发出，仅具一片叶（稀为 2 片）。其叶略肉质，线形至狭椭圆形，从植株基部生出，之后又抽出总状花序，具多至 10 朵下垂的花。因为本种的植株很不显眼，它们毫无疑问要比目前为数不多的记录所示更为常见。其花常不开放，改而进行自花传粉。

石蟹兰所在的蟹兰属 *Basiphyllaea* 属名意为“叶基生”，种加词意为“珊瑚居住者”，分别指其基生的叶及在珊瑚灰岩上生长的习性。在佛罗里达州，它的英文名以美国宾夕法尼亚州的植物学家 J. J. 卡特（J. J. Carter）命名，他于 1903 年穿过迈阿密－戴德（Miami-Dade）县南部的松林时第一次见到这种兰花。自那以后，本种只是偶尔能够被人见到。其习性奇特，会在正常的开花季节休眠，有时在重新出现前可连续休眠数年。

石蟹兰的花的萼片为白色至乳黄色，披针形，扁平；花瓣线形，前突；唇瓣白色，常有粉红色至紫红色色调，3 裂，侧裂片与合蕊柱的翅形成开放的管状；胼胝体有脊突。

亚科	树兰亚科
族和亚族	树兰族，拟白及亚族
原产地	从美国佛罗里达州经中美洲达南美洲北部和加勒比海群岛
生境	开放草地、松林边缘和迹地
类别和位置	地生
保护现状	在分布范围内多数地区无危，但在佛罗里达州易危
花期	晚春，通常为 5 月

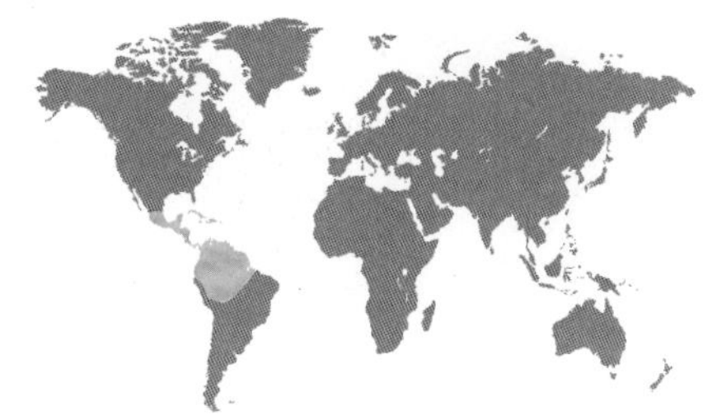

花的大小
5～6 cm（2～2⅜ in）

植株大小
38～64 cm × 25～51 cm（15～25 in × 10～20 in），不包括花序，其花序直立至弓曲，高 51～97 cm（20～38 in）

中美拟白及
Bletia purpurea
Pine Pink

(Lamarck) A. de Candolle, 1840

中美拟白及是常见而有高度适应性的兰花，其分布区非常广大。本种的茎长，通常分枝，花色鲜艳，生于茎上。佛罗里达州所见的植株常具闭锁花，意思是说其花几乎不开放，不通过传粉即形成种子。人们相信这是在其分布区最北部演化出来的习性，其传粉者在这里较为少见，甚至不存在。在佛罗里达州以外，木蜂和兰花蜂（包括搜寻食物而非花香的雄蜂和雌蜂）为其传粉者。

本种的英文名意为“松树粉红（兰）”，指它见于松林中，颜色为粉红色。本种有假鳞茎，但有时完全埋于土中，所以有可能观察不到假鳞茎。墨西哥的阿兹特克人用其假鳞茎制胶。在墨西哥，这种胶至今仍然用于修补木制物品。

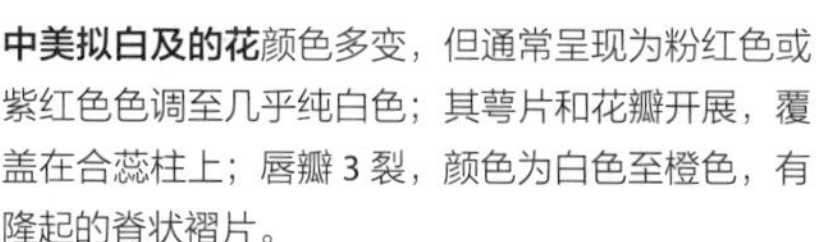

中美拟白及的花颜色多变，但通常呈现为粉红色或紫红色色调至几乎纯白色；其萼片和花瓣开展，覆盖在合蕊柱上；唇瓣 3 裂，颜色为白色至橙色，有隆起的脊状褶片。

实际大小

亚科	树兰亚科
族和亚族	树兰族，拟白及亚族
原产地	巴拿马、哥伦比亚和委内瑞拉
生境	季节性湿润的森林，海拔 700~1,700 m（2,300~5,600 ft）
类别和位置	附生，偶尔地生
保护现状	无危
花期	4月至5月（春季）

花的大小
8 cm（3 in）

植株大小
30~41 cm × 13~23 cm（12~16 in × 5~9 in），不包括花序，其花序弓曲下垂，长 25~36 cm（10~14 in）

合粉兰
Chysis aurea
Golden Chestnut Orchid

Lindley, 1837

合粉兰的假鳞茎长，常下垂，生有 4~8 片折扇状的叶，常为脱落性。其花序从假鳞茎下半部发出，生有 4~15 朵气味香甜的大花。合粉兰属的学名 *Chysis* 来自古希腊语表示“愈合”或“融化”的单词，暗示该属一些种的花粉团看上去像融合成了单一的花粉块。其种加词 *aurea* 在拉丁语中意为“金色的”，英文名意为“金色栗兰”，均指其花色。

合粉兰的传粉目前还未有研究，但其花形、花色和香气都适应于某些种类的蜂类传粉，可能是兰花蜂类。特别是其唇瓣，上面生有蜜导（引导昆虫深入花中的一套深色线条和斑点），但花中并无花蜜。

合粉兰的花为黄色至栗褐色，顶近端处颜色常更深；萼片和花瓣形似，阔披针形；唇瓣 3 裂，侧裂片围抱合蕊柱，中裂片中央具脊状褶片，并有条纹或斑点。

实际大小

亚科	树兰亚科
族和亚族	树兰族，拟白及亚族
原产地	美国中部和东南部，从中西地区南部和亚利桑那州到马里兰和佛罗里达州
生境	多样，从沼泽至荒漠峡谷均有分布，通常生于森林中干燥土壤上或砂岩上，海拔至 600 m（1,970 ft），但也有产自更高海拔地区的植株记录
类别和位置	地生，寄生，常见于灰岩上的刺柏属 *Juniperus* 凋落物中
保护现状	全球范围内无危，但在其分布区大部已少见或濒危，常受采矿活动的威胁
花期	5 月至 8 月（春夏季）

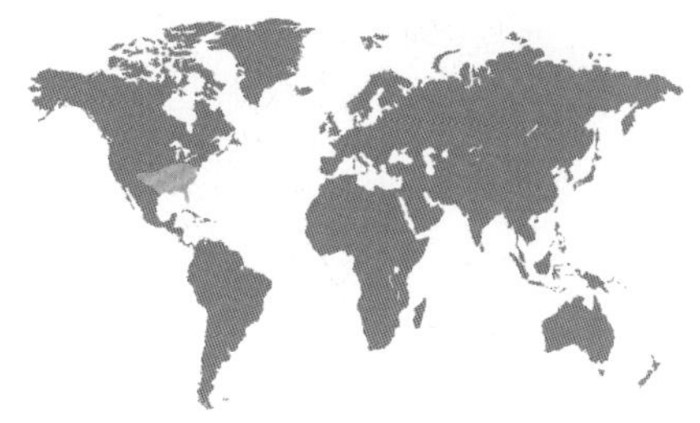

冠珊兰
Hexalectris spicata
Crested Coral Root

(Walter) Barnhart, 1904

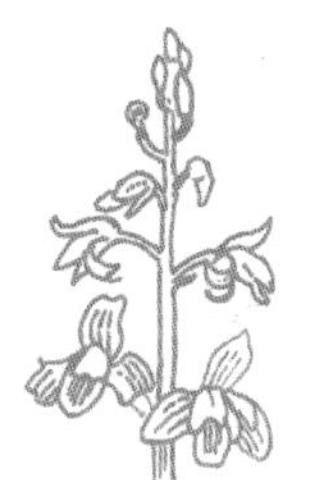

花的大小
5 cm（2 in）

植株大小
20~80 cm（8~31 in）高
（无叶）

冠珊兰无叶，无叶绿素，寄生在真菌之上以获取养分，而这些养分又来自土壤真菌及其附近能进行光合作用的植物之间的互惠共生关系。本种在地下有多结节的根状茎，而无真正的根。从根状茎向上生出不分枝的茎，为带粉红色的褐色或略呈黄色，其上有大型苞片，并生有多达 25 朵花。其花颜色鲜艳，有微弱的婴儿爽身粉一般的气味。其唇瓣 3 裂，边缘波状。

本种与能进行光合作用的蟹兰属 *Basiphyllaea* 近缘，可能实际上是该属无叶绿素的成员。中文名“冠珊兰”指其外观似珊瑚兰属 *Corallorhiza* 的兰花，但二者并无亲缘关系，其相似性是趋同演化的结果。目前未有其传粉的报道，但其花色和结构适合某些蜂类传粉。

实际大小

冠珊兰的花的 3 枚萼片开展，红紫色，有黄色条纹；2 片花瓣开展，较小；唇瓣粉红色，在中裂片上有 7 道冠片褶片，2 枚侧裂片上翘。

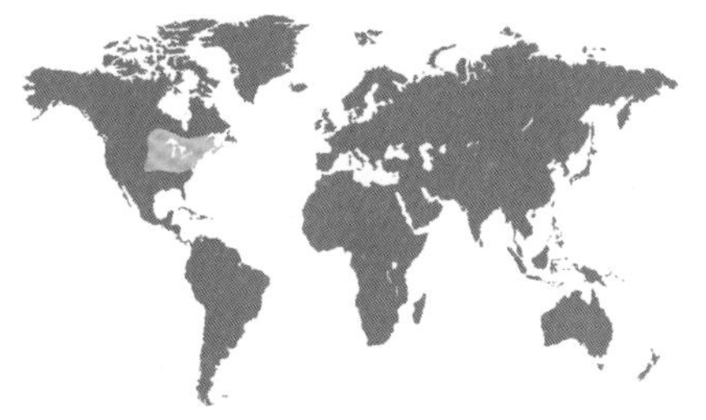

亚科	树兰亚科
族和亚族	树兰族，布袋兰亚族
原产地	北美洲，从加拿大魁北克省至美国佐治亚州，西达俄克拉何马州
生境	温带落叶林
类别和位置	地生
保护现状	无危，但通常少见
花期	晚春，通常在5月

花的大小
3~4 cm（1¼~1½ in）

植株大小
10~15 cm（4~6 in），开花时叶枯萎或不存在，其花序高 20~30 cm（8~12 in）

腻根兰

Aplectrum hyemale

Putty Root

(Muhlenberg ex Willdenow) Nuttall, 1818

腻根兰的叶美丽，有银色条纹，背面为紫红色，卵形，有皱褶，在植株开花后过去了很长时间的秋季生出。它在冬季进行光合作用，形成能量储备，以支持下一个春季的花期。其花小，有淡雅的色调，于晚春生出，4~12 朵组成长度适中的直立总状花序。叶在植株开花时通常已经枯萎。

中文名“腻根兰”指其地下的一对球茎在碾碎后可产生类似腻子的黏液，早年的美洲殖民者和原住民曾用作胶黏剂。本种的植株常生于北美水青冈和糖槭树下，由淡脉隧蜂属 *Lasioglossum* 的小型隧蜂传粉；但其花中无回报，所以属于欺骗式传粉的情况。鹿对其叶的采食及入侵植物的竞争是本种所受的主要威胁。

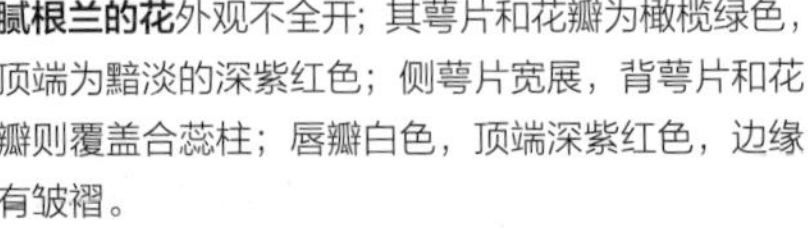

腻根兰的花外观不全开；其萼片和花瓣为橄榄绿色，顶端为黯淡的深紫红色；侧萼片宽展，背萼片和花瓣则覆盖合蕊柱；唇瓣白色，顶端深紫红色，边缘有皱褶。

实际大小

亚科	树兰亚科
族和亚族	树兰族，布袋兰亚族
原产地	环北极分布——分布于欧洲、亚洲和北美洲北部
生境	北方森林，多为常绿林
类别和位置	地生
保护现状	无危
花期	早春雪化之时，越往北花期越迟

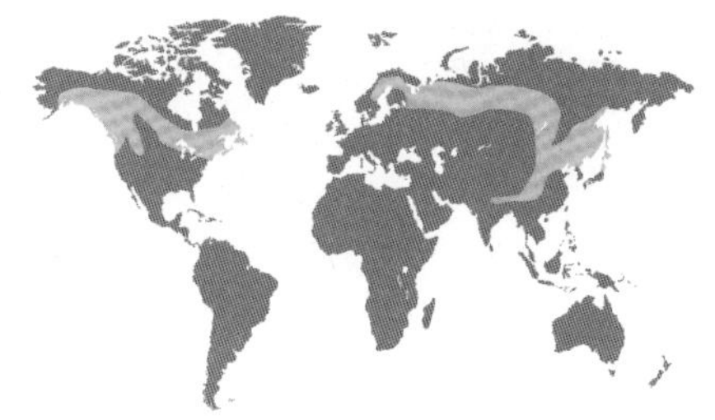

布袋兰
Calypso bulbosa
Fairy Slipper

(Linnaeus) Oakes, 1842

花的大小
3.5~4 cm（1⅜~1½ in）

植株大小
通常仅具一片长 5~8 cm（2~3 in）的基生叶，平展于土壤表面，其花莛直立，高 10~15 cm（4~6 in）

布袋兰是我们这颗星球北半球高纬度地区的一种美丽的春花。布袋兰属的学名 *Calypso* 以荷马史诗《奥德修记》中迷人的海中仙女卡吕普索（Calypso）的名字命名。在其广袤的分布区中，布袋兰有几个彼此有区别的区域性变种。这种微小的兰花喜生于生长多年的常绿林中的荫蔽生境，仅具单独一片叶。其叶深绿色，卵形，有皱纹。其花莛短，仅生一朵有香草气味的花。因为本种的唇瓣囊状，林奈最初在描述本种时把它置于杓兰属 *Cypripedium*，然而本种与这些拖鞋兰类的兰花只有表面上的相似性。

正如其种加词 *bulbosa*（具鳞茎的）所示，本种在地下有球茎，北美洲西北部的美洲原住民采集它们作为食物。一些类型的花在唇瓣开口处生有黄色丛毛，一般认为是在模拟花粉。本种的传粉者通常为熊蜂。

实际大小

布袋兰的花的形态随地区不同而不同，但其萼片和花瓣通常为粉红色，有时白色；在变种北美布袋兰 var. *americana* 中，其囊状唇瓣内面有鲜红褐色的条纹，并有黄色毛；其他变种的唇瓣密布红色斑点，有白色丛毛。

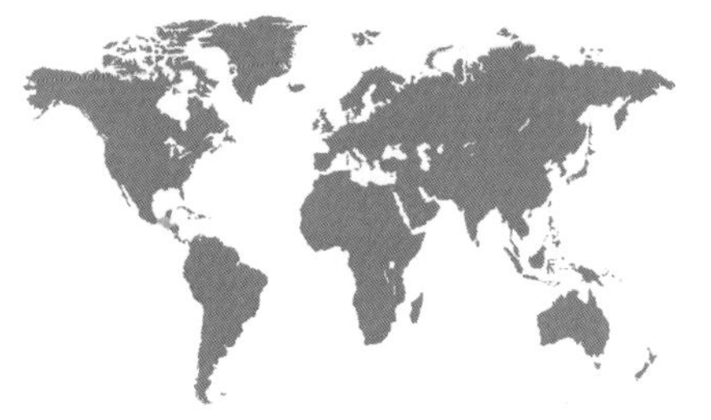

亚科	树兰亚科
族和亚族	树兰族，布袋兰亚族
原产地	墨西哥、洪都拉斯和危地马拉
生境	部分荫蔽的雨林
类别和位置	大多为地生，有时为附生和石生
保护现状	无危
花期	夏季

花的大小
5 cm（2 in）

植株大小
25~46 cm × 15~25 cm（10~18 in × 6~10 in），包括花序，其花序直立至弓曲，短于叶，长 15~25 cm（6~10 in）

喉唇兰
Coelia bella
Beautiful Egg Orchid

(Lemaire) Reichenbach fils, 1861

喉唇兰是一种坚韧健壮、适应性强的兰花，在很多地方常见，数量丰富。它能作为附生兰生长在树木高处，但在其分布范围内的大部分地区，更多植株为地生或石生。其植株的假鳞茎光亮，为鸡蛋一般的卵球形，其英文名（意为美丽蛋兰）由此而来，假鳞茎顶端生有 3~5 片披针形叶。其花序从植株基部发出，其花颜色鲜艳，散发出香甜的气味。

喉唇兰的花穗通常有 6~12 朵花，它们常位于假鳞茎之间，或隐藏在茂盛的叶丛下。花朵怡人的气味暗示本种具有适应蜂类传粉的一套特征，从花形来说也确实如此。不过，目前为止还没有研究指出为它传粉（且得不到回报）的是哪些种类的蜂类。

实际大小

喉唇兰的花质地晶莹，通常为白色；萼片比花瓣大，顶端为亮玫瑰红色；唇瓣通常为硫黄色，喉状，中裂片反曲。

亚科	树兰亚科
族和亚族	树兰族，布袋兰亚族
原产地	加拿大至危地马拉
生境	荫蔽的林地
类别和位置	地生
保护现状	无危
花期	晚夏至秋季

夏珊瑚兰
Corallorhiza maculata
Spotted Coralroot

Rafinesque, 1817

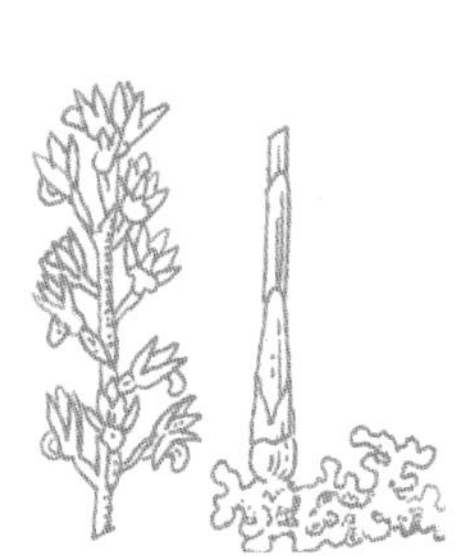

花的大小
达 3 cm（1¼ in）

植株大小
无叶的非绿色植物，其花序直立，高 20~76 cm（8~30 in）

405

夏珊瑚兰是一种独特的兰花，植株完全没有叶绿素。以前人们一度认为它直接通过分解土壤中的植物性物质为生（也即属于腐生植物），但现在知道，它其实是与一种真菌建立联系，从真菌那里获取水分和营养，而这种真菌又用自己吸收的矿物质与邻近的树木和其他植物交换糖类。本种的花莛为亮褐红色至略呈黄色，生有多至 50 朵的花。其地下的根丛形如珊瑚，因此中文名叫“夏珊瑚兰”，而珊瑚兰属的学名 *Corallorhiza* 亦意为“珊瑚根”。

本种的花为几种昆虫所访问，其中包括隧蜂类和一些蝇类，但花中无回报。如果花朵未能成功传粉，则其花粉块可以在花粉块柄上扭转，与柱头（雄性器官上的接收区域）接触，这样也可以结出大量种子。美洲原住民以其干燥的根入药，这味药在当代则出现在治疗皮肤病、盗汗和很多感染性疾病的草药制剂中。

夏珊瑚兰的花通常为褐红色，有时为具有红色色调的浅黄色或近白色；唇瓣白色，有褐红色斑点。

实际大小

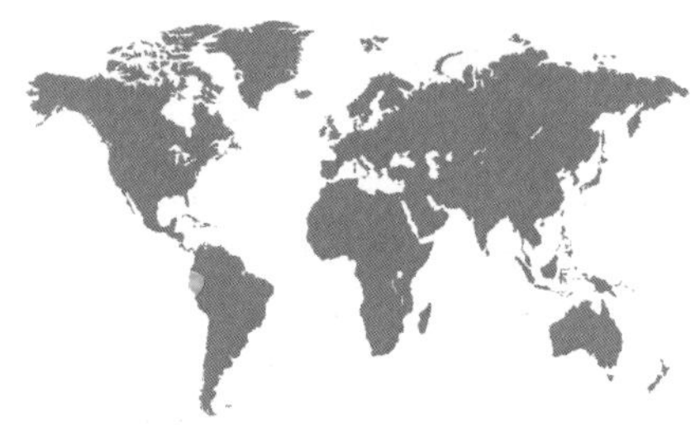

亚科	树兰亚科
族和亚族	树兰族，布袋兰亚族
原产地	厄瓜多尔至秘鲁
生境	云雾林和开放林地，海拔 1,500~2,600 m（4,920~8,530 ft）
类别和位置	地生
保护现状	未评估
花期	秋季

花的大小
3.2 cm（1¼ in）

植株大小
46~66 cm × 25~41 cm（18~26 in × 10~16 in），不包括花序，其花序直立，高 51~76 cm（20~30 in），长于叶

斑花虾钳兰
Govenia tingens
Spotted Pixie Orchid

Poeppig & Endlicher, 1836

实际大小

斑花虾钳兰的茎基部膨大为球茎状的假鳞茎，包有数枚管状的鞘，顶端生有 2 片多少对生的叶。其叶椭圆形至卵形，折扇状，水平伸展。其总状花序直立，塔状，从茎基的鞘中发出，生有许多紧密排列的花。虾钳兰属的学名 *Govenia* 纪念的是 J. R. 戈温（J. R. Gowen），他是 19 世纪的英格兰植物学家和印度阿萨姆地区的植物采集者。本种的种加词 *tingens* 意为“能染色的”，指其花上有色斑或色纹。虾钳兰属的种在西班牙语中叫 duendecito，意为“小精灵”，这是其英文名（意为“斑点小精灵兰”）的由来。

本种的花部结构可能适应由某些大型蜂类进行的传粉，但目前还未有研究证实。在墨西哥，本种的茎可提取一种胶，用来修补木质器具。

斑花虾钳兰的花的 2 枚侧萼片为镰形，开展，略呈白色；上萼片兜帽状；花瓣部分被兜帽状萼片所包藏；唇瓣杯状，位于合蕊柱下方；花的所有部分均有斑点或条纹，为偏红的粉红色。

亚科	树兰亚科
族和亚族	树兰族，布袋兰亚族
原产地	东亚温带地区，从喜马拉雅山区西部经中国达俄罗斯远东地区、日本和朝鲜半岛
生境	森林和林缘、密灌丛和草坡以及山谷和峡谷中的荫蔽地，海拔 1,000~3,000 m（3,300~9,850 ft）
类别和位置	地生
保护现状	未评估
花期	6 月至 7 月（夏季）

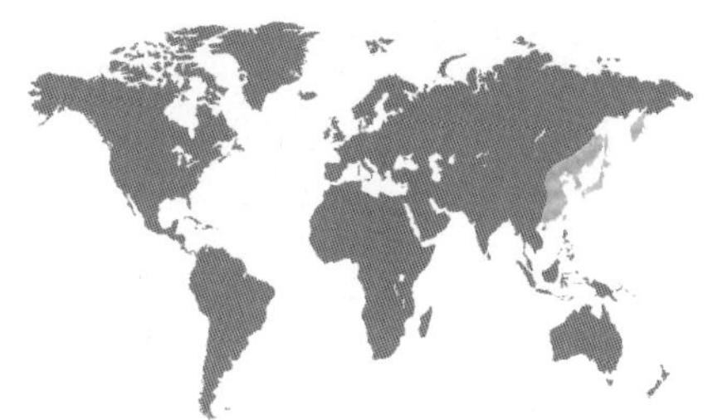

花的大小
2 cm（¼ in）

植株大小
25~41 cm × 30~51 cm（10~16 in × 12~20 in），包括直立的花序

山兰
Oreorchis patens
Mountain Orchid
(Lindley) Lindley, 1858

山兰的锥形球茎（实为生于地下的假鳞茎）在顶端生有 2 片线形的叶，叶向基部渐狭为不太明显的叶柄。其总状花序高大，下半部有几枚鞘，生有多至 30 朵紧密排列的花。本种的中文名“山兰”和意义相同的英文名都是山兰属学名 *Oreorchis* 的直译，这个属名即是由古希腊语词 oros（山）和 orchis（兰花）构成。山兰的花很像珊瑚兰属 *Corallorhiza* 的种，但和山兰属不同，珊瑚兰属的种无叶，完全依靠真菌提供养分。

目前已经观察到两种食蚜蝇——黑带食蚜蝇 *Episyrphus balteatus* 和门氏食蚜蝇 *Sphaerophoria menthastri* 为其传粉者。山兰的叶是传统中药，与其他草药和蛇蜕配成复方，可用于治疗风疹。

山兰的花为橙色至绿色；其侧萼片开展，上萼片和花瓣在弓曲的合蕊柱及唇瓣上方形成兜帽状；唇瓣白色，3 裂，常有一些紫红色斑点，其侧裂片线形，位于合蕊柱两侧。

实际大小

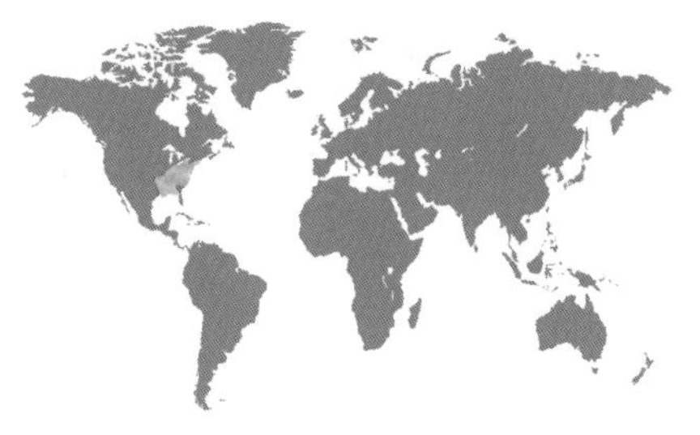

亚科	树兰亚科
族和亚族	树兰族，布袋兰亚族
原产地	美国中部和东部（伊利诺伊州至佛罗里达州）
生境	落叶、混交或针叶林地，常生于酸性沙质土上的栎 – 松林中，沿溪岸分布，生于海平面至海拔 800 m（2,625 ft）处
类别和位置	地生，生于腐殖质丰富的土壤上
保护现状	在美国全国范围内未列为濒危种，但在一些州（如纽约州）濒危
花期	6 月至 9 月（夏季至早秋）

花的大小
1.3 cm（½ in）

植株大小
10~66 cm（4~26 in），开花时无叶

二色筒距兰
Tipularia discolor
Crane Fly Orchid

(Pursh) Nuttall, 1818

每年 9 月，二色筒距兰的地下块根即会生出单独一片叶。其叶宽阔，常有斑点，下面紫红色。叶在整个冬天都存在，到春天树木开始长叶时消失。在夏季，本种又抽出花序，其花序直立，花序轴为红色，生有多至 40 朵的花。

本种的花由一星黏虫 *Pseudaletia unipuncta* 传粉，这是一种蛾类，其成虫把口器探入长蜜距，吸吮花分泌的花蜜，此时便把花粉块沾到眼睛上。本种的合蕊柱略微向左或右边扭转，这样可以让花粉团只沾到蛾类的一只眼上。筒距兰属的学名 *Tipularia* 指该属的花普遍形似大蚊属 *Tipula* 昆虫，本种的英文名（意为“大蚊兰”）意义相同。在花期，美洲原住民会采挖本种的块根，作为食物食用。

二色筒距兰的花的萼片开展，绿褐色至略带绿色的红色；花瓣与萼片形似而较小；唇瓣绿白色，3 裂；侧裂片较短，围抱合蕊柱，中裂片伸长，基部有通往长密距的开口。

实际大小

亚科	树兰亚科
族和亚族	树兰族，布袋兰亚族
原产地	在亚洲温带山地呈间断的小片分布，分布地包括印度阿萨姆邦、中国（福建省、江西省北部和台湾岛东部）和日本
生境	竹林和针叶林，海拔 1,800~2,000 m（5,900~6,600 ft）
类别和位置	地生
保护现状	未正式评估
花期	6月至7月（夏季）

宽距兰
Yoania japonica
Demon Queller

Maximowicz, 1873

花的大小
4 cm（1½ in）

植株大小
13~20 cm（5~8 in），其植株仅为1簇无叶的花，生于粉褐色的花莛上，有时下部为落叶覆盖而仅露出花

宽距兰是引人瞩目的兰花。其植株无叶，在地下有肉质、分枝、结节状的根状茎。其花序直立，从根状茎发出，具3~12朵有长梗的花。本种具分枝和鳞片的根状茎专一性地与一种真菌共生，并从真菌那里获取所有矿物质和糖类。宽距兰属 *Yoania* 的学名是为了纪念日本医生、植物插画师宇田川榕庵（Udagawa Yōan, 1798—1846）。

在日本，本种的名字是“钟馗兰”。钟馗是道教神话中的人物，可以制服恶鬼和其他邪灵，保护皇帝不受威胁。这种兰花在阴暗的森林深处可以突然出现，开出美丽的花朵，据说就是在驱赶阴暗邪恶的力量。本种的传粉目前尚无研究，但其艳丽的花色、复杂的唇瓣形状和唇瓣上的蜜距意味着传粉者可能是蜂类。

宽距兰的花的萼片开展，粉红色而有红色脉纹，圆形；花瓣前伸，盖于合蕊柱和唇瓣之上；唇瓣白色至乳黄色，囊状，有钝而前伸的距，其上部边缘反曲，黄色，有一些深褐色斑点。

实际大小

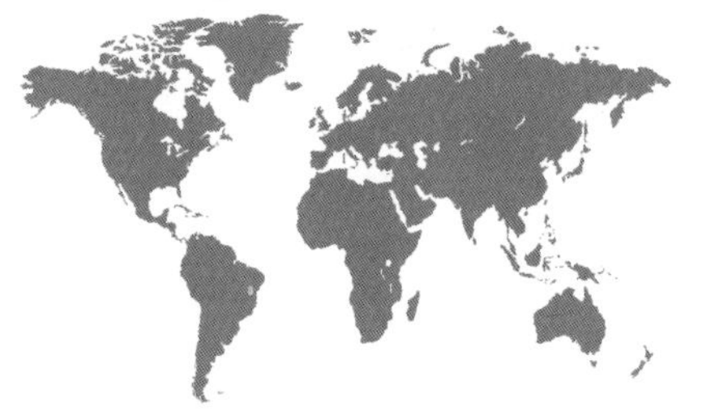

亚科	树兰亚科
族和亚族	树兰族，蕾丽兰亚族
原产地	巴西巴伊亚州查帕达迪亚曼蒂纳区辛科拉山脉
生境	山地森林，海拔 900~1,400 m（2,950~4,600 ft）
类别和位置	附生于阳光充足之处
保护现状	未评估，但稀见，且分布区极为狭窄
花期	12 月至 2 月（夏季 / 雨季）

花的大小
3 cm（1⅛ in）

植株大小
9~15 cm × 2~3 cm
（3½~6 in × ¾~1⅛ in），
不包括花序

素堇兰
Adamantinia miltonioides
Diamantina Orchid

Van Den Berg & C. N. Gonçalves, 2004

实际大小

素堇兰是附生兰，其假鳞茎簇生，通常仅生有一片（稀为 2 片）革质、橄榄绿色的叶。其花序长而下垂，从叶和假鳞茎的结合处发出，生有许多颜色艳丽的大花。本种和它所在的素堇兰属 *Adamantinia* 在 2004 年才得到描述，迄今仅在其发现地见过两次。这个发现地是个很有名的地点，以种类众多的兰花著称，很受植物学家重视。本种第一次发现时仅拍摄有一张照片，第二次才采到了植物标本和 DNA 样品。

本种的分类位置一直不确定，后来 DNA 分析才表明它属于蕾丽兰亚族，与玉贞兰属 *Isabelia* 和秀钗兰属 *Leptotes* 有亲缘关系。本种最初的描述者根据其花色和花形推测其传粉者是某种蜂类，可能是熊蜂属 *Bombus* 的一种。

素堇兰的花为偏紫红色的粉红色；其 3 枚萼片彼此形似，开展；花瓣宽阔；唇瓣比花瓣更大，形状似花瓣，但有爪，基部为浅粉红色；合蕊柱短，亦为粉红色。

亚科	树兰亚科
族和亚族	树兰族，蕾丽兰亚族
原产地	墨西哥
生境	牧场、开放的林地和熔岩流上，通常附生于大栎树或岩石上，海拔1,500~2,700 m（4,920~8,900 ft）
类别和位置	附生或石生，生于大栎树的树干或其下方的岩石上
保护现状	未评估
花期	4月至7月（春季至早夏）

花的大小
1.3 cm（½ in）

植株大小
4~7.5 cm × 4~5 cm（1½~3 in × 1½~2 in），不包括花序

朱鸢兰
Alamania punicea
Crimson Wood Sprite

Lexarza, 1825

朱鸢兰的假鳞茎簇生，长卵球形，以肉质的根附着于基质上。其叶2或3片，以宽阔的边着生于假鳞茎顶端。其花序生于专门的茎上或假鳞茎顶端，具一簇2~15朵的亮红色花。朱鸢兰是朱鸢兰属 *Alamania* 的唯一种。虽然它属于以围柱兰属 *Encyclia* 为核心的属群，但和群中任何属都不近缘。

考虑到本种的花形和花色，特别是深色的花粉团，其花粉携带者很可能是蜂鸟，但目前尚无人对本种的传粉做过研究。其唇瓣形成蜜距，部分与合蕊柱基部合生，但未见报道有花蜜。

朱鸢兰的花的3枚萼片为红色；2片花瓣与萼片形似而略狭；唇瓣花瓣状，亦为红色，但基部除外，为黄色，并有短裂片；合蕊柱乳黄色，在橙色的柱头顶端生有2枚深红色花粉团。

实际大小

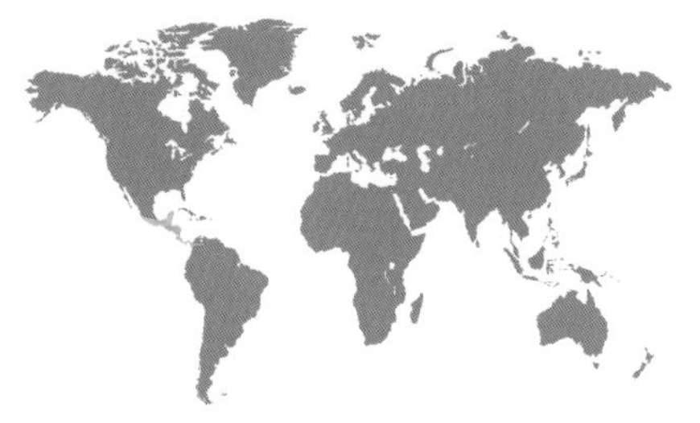

亚科	树兰亚科
族和亚族	树兰族，蕾丽兰亚族
原产地	墨西哥、危地马拉、伯利兹、萨尔瓦多、洪都拉斯、尼加拉瓜、哥斯达黎加、哥伦比亚、委内瑞拉和牙买加
生境	季节性干旱的山脚森林，海拔 800~1,500 m（2,600~4,900 ft）
类别和位置	附生
保护现状	无危
花期	晚冬至早春

花的大小
0.8 cm（¼ in）

植株大小
51~76 cm × 10~13 cm（20~30 in × 4~5 in），不包括花序，其花序顶生，直立，超出叶丛，长 15~30 cm（6~12 in）

烛穗镰叶兰
Arpophyllum giganteum
Candlestick Orchid

Hartweg ex Lindley, 1840

烛穗镰叶兰在中美洲山脚地带经常可见，当地人对它很熟悉，称之为 pico de curvo（渡鸦嘴）或 masoquilla（小玉米），并常用其叶入药，治疗腹泻之类症状。本种的叶狭长，弯刀状。花序绚丽，蜡烛状，从假鳞茎顶端的一条鞘中发出，花在其上螺旋状排列，美丽而宛如珠宝。镰叶兰属的学名 *Arpophyllum* 来自古希腊语词 arpe（镰刀）和 phyllon（叶），指其叶形。

尽管这种兰花为人熟知，又较常见，目前却未记录过其传粉。不过，因为其花有活泼的颜色、丰富的花蜜和深色的花粉块，最可能的传粉者是鸟类。一般认为鸟类不太会把深色的花粉团从其喙上除去。

烛穗镰叶兰的花不扭转，螺旋状排列成紧密的圆柱形；其花被片为深浅不一的粉红色或浅紫红色；唇瓣圆形，颜色较深，常为亮品红色或紫红色；合蕊柱为深紫红色。

实际大小

亚科	树兰亚科
族和亚族	树兰族，蕾丽兰亚族
原产地	墨西哥西南部（格雷罗州和瓦哈卡州）
生境	南马德雷山脉最高的山峰上的常绿云雾林，海拔 2,400～3,100 m（7,875～10,170 ft）
类别和位置	附生
保护现状	分布极为狭窄，因为伐木活动而很可能需要考虑保护
花期	12 月至 3 月（冬季至早春）

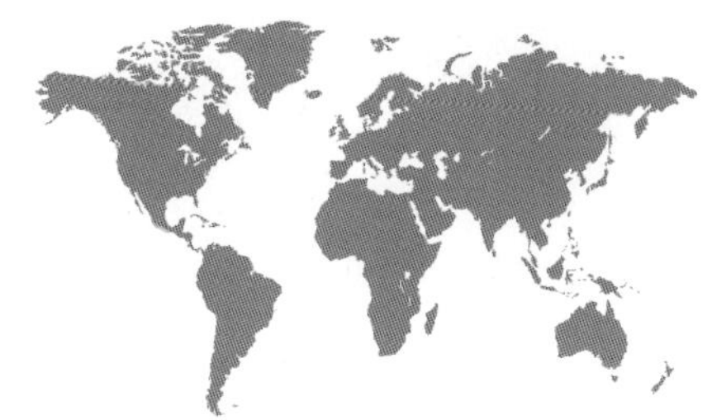

雀鹰兰
Artorima erubescens
Blushing Frost Orchid
(Lindley) Dressler & G. E. Pollard, 1971

花的大小
5 cm（2 in）

植株大小
15～25 cm × 8～15 cm（6～10 in × 3～6 in），不包括花序

雀鹰兰的根状茎粗，各处均生根。假鳞茎在根状茎上着生，间距较远，有生 2~4 片长圆形披针形的叶。其花序长 1 m (3 in)，顶端分枝，生有 6 朵至近 100 朵的花。其花芳香，粉红色至偏紫红色的粉红色，在树木高处形成引人注目的大丛花枝。本种的花在夜间温度降至略低于冰点时开放，其英文名（意为红脸霜兰）由此得名。

当地人主要从野外采集这种兰花，在圣诞节供在家中的圣坛中，因此它在西班牙语中有了俗名 uña de gavilán（雀鹰爪），在其他原住民语言中也有俗名。以前认为本种属于围柱兰属 *Encyclia*，但 DNA 研究证实它与朱鸢兰属 *Alamania* 更为近缘。朱鸢兰也是墨西哥特有植物，是一种由蜂鸟传粉的矮小兰花。雀鹰兰则很可能由蜂类传粉。

雀鹰兰的花的 3 枚萼片彼此形似，开展；2 片花瓣宽阔；唇瓣 3 裂，有膨大的黄色胼胝体，并有围抱合蕊柱的小耳；花中无花蜜或距。

实际大小

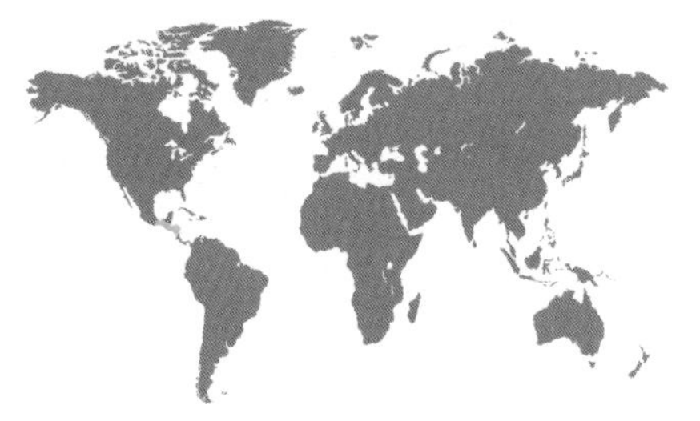

亚科	树兰亚科
族和亚族	树兰族，蕾丽兰亚族
原产地	墨西哥南部至尼加拉瓜
生境	季节性干旱的栎林
类别和位置	附生，有时为石生
保护现状	可能因为滥采而濒危
花期	春季

花的大小
5~8 cm（2~3 in）

植株大小
15~25 cm × 8~15 cm
（6~10 in × 3~6 in），
不包括高 20~30 cm
（8~12 in）的顶生花序

艳丽朱虾兰
Barkeria spectabilis
Showy Oak Orchid

Bateman ex Lindley, 1842

艳丽朱虾兰的种加词 *spectabilis* 在拉丁语中意为“艳丽的”。朱虾兰属 *Barkeria* 大多为小型兰花，艳丽朱虾兰是其中最绚丽的种类之一。尽管单朵花的开放时间不长，但其顶生的总状花序上有多至 8~12 朵花，且花序的长度常达到植株高度的两倍。属名纪念的是乔治·巴克（George Barker, 1776—1845），他是英格兰园艺学家，最早把这种植株的植株从墨西哥进口到英国。

朱虾兰属的种仅见于季节性干旱地区的栎树之上，本种的英文名（意为艳丽栎树兰）由此得名。这些兰花的叶在冬季的数个月中凋落，外观常似一捆树枝。尽管朱虾兰属与树兰属 *Epidendrum* 这个大属近缘，二者之间也已经培育出了人工杂交种，但 DNA 研究表明朱虾兰属是个独立的属。其传粉由木蜂完成，木蜂必须用力挤进唇瓣和合蕊柱之间的狭小空间。

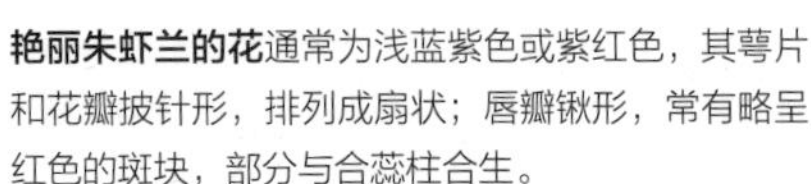

艳丽朱虾兰的花通常为浅蓝紫色或紫红色，其萼片和花瓣披针形，排列成扇状；唇瓣锹形，常有略呈红色的斑块，部分与合蕊柱合生。

实际大小

亚科	树兰亚科
族和亚族	树兰族，蕾丽兰亚族
原产地	墨西哥、危地马拉、伯利兹、萨尔瓦多、洪都拉斯、尼加拉瓜、哥斯达黎加、巴拿马、法属圭亚那、苏里南、圭亚那、委内瑞拉和哥伦比亚
生境	低至中海拔的海滨湿润森林
类别和位置	附生
保护现状	无危
花期	夏秋季

柏拉兰
Brassavola cucullata
Daddy Longlegs
(Linnaeus) R. Brown, 1813

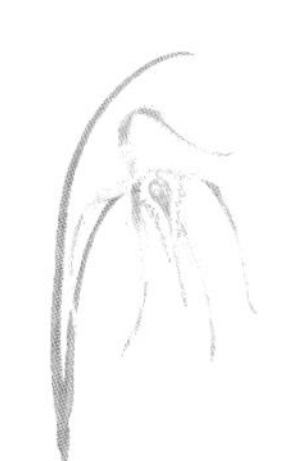

花的大小
16~20 cm（6¼~8 in）

植株大小
25~46 cm × 8~13 cm（10~18 in × 3~5 in），包括花莛，其花莛短，顶生，出露于下垂的叶中间

柏拉兰的花形如蜘蛛，其花瓣和萼片狭长，丝带状，白色至黄褐色，这让它成为一种格外美丽的兰花，其英文名（意为幽灵蛛）由此而来。其种加词 *cucullata* 在拉丁语中意为“兜帽状”，指的是合蕊柱部分为兜帽状的唇瓣所覆盖。本种的花在夜间开放，芳香，可吸引蛾类传粉。这样的花常有长距，从唇瓣基部突出，其中有花蜜作为回报，但在柏拉兰属 *Brassavola* 的种中，其蜜腺却隐藏在一根埋在细长子房中的空管道中。

尽管柏拉兰属的大多数种有馥郁的香气，一些人却认为本种的气味令人厌恶，同时另一些人则认为其气味有轻微的柑橘味调。其花多在花莛上单生，偶尔 2 朵并生，有时在初开时略呈红色，在全开时则通常褪为纯白色。

柏拉兰的花通常为白色，在所有花被片顶端有黄色色调，有时在初开时有红橙色色调；其萼片和花瓣狭长，顶端尖；唇瓣有流苏状边缘，中裂片丝带状，几与其他花被片等长。

实际大小

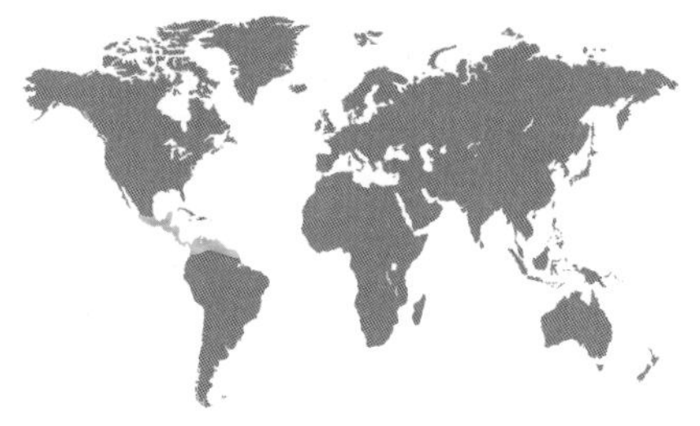

亚科	树兰亚科
族和亚族	树兰族，蕾丽兰亚族
原产地	广布于低地森林中，从墨西哥至巴西和加勒比海地区
生境	季节性干旱的森林，常近海滨，生于海平面至海拔 500 m (1,640 ft) 处
类别和位置	附生
保护现状	无危
花期	全年

花的大小
10 cm（4 in）

植株大小
13~23 cm × 2.5~3.8 cm（5~9 in × 1~1½ in），不包括花序，其花序直立至弓曲，长 15~25 cm（6~10 in）

夜丽兰

Brassavola nodosa

Lady of the Night

(Linnaeus) Lindley, 1831

夜丽兰的叶簇生，粗，近圆形，铅笔状，有时覆盖在树干上，望之如同大片毛茸茸的地毯。其花 4~12 朵组成密簇，在夜间散发出优雅的芳香，因此英文名意为“夜之女士”，中文名叫“夜丽兰”。不过，也有人一闻到它的气味，就不禁联想到某些名声不佳的女子身上喷的廉价香水。夜丽兰所在的柏拉兰属的学名 *Brassavola* 纪念的是意大利医生安东尼奥·穆萨·布拉萨沃拉（Antonio Musa Brasavola, 1500—1555）。

在靠蛾类传粉的兰花中，包括马达加斯加的长距彗星兰在内的彗星兰属 *Angraecum* 以及其他一些属均有长距。但和这些属的兰花不同，柏拉兰属的兰花无距，却有花蜜管，位于子房的腹面下方，起着和花距一样的作用。

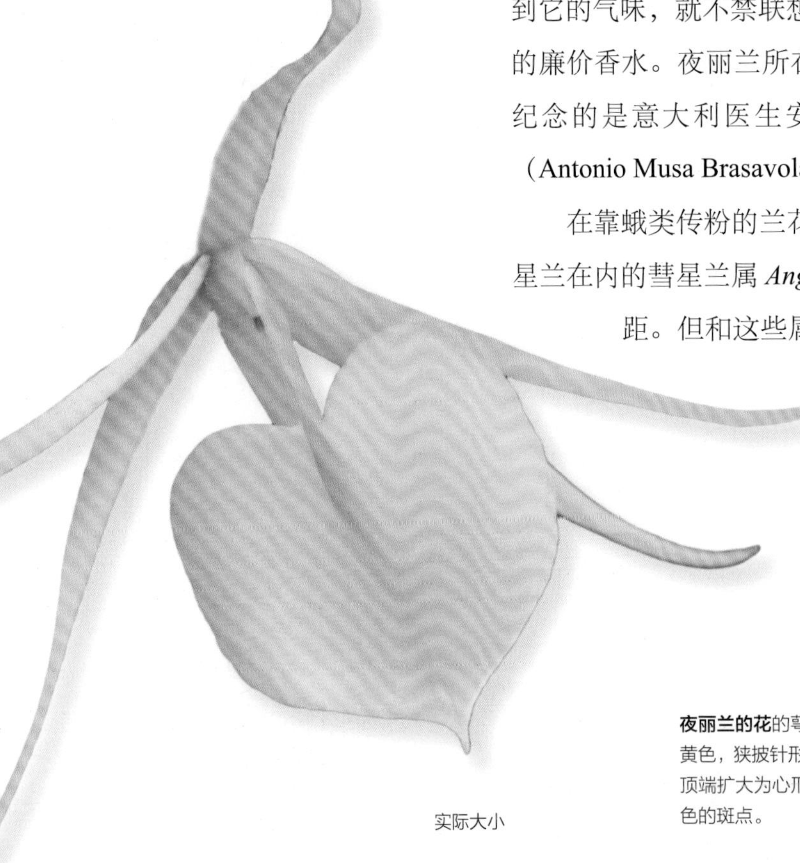

实际大小

夜丽兰的花的萼片和花瓣为绿色至略带白色的乳黄色，狭披针形，蜘蛛状；其唇瓣大，明显管状，顶端扩大为心形，有时在喉部深处有少数略带红色的斑点。

亚科	树兰亚科
族和亚族	树兰族，蕾丽兰亚族
原产地	牙买加
生境	低至中海拔的海滨湿润森林
类别和位置	附生
保护现状	无危
花期	春夏季

紫薇兰
Broughtonia sanguinea
Blood-red Jamaican Orchid
(Swartz) R. Brown, 1813

花的大小
4~6 cm（1½~2⅜ in）

植株大小
13~20 cm × 5~8 cm（5~8 in × 2~3 in），不包括花序，其花序直立至弓曲，顶生，长25~61 cm（10~24 in）

紫薇兰的花形小，颜色鲜艳。尽管一些人根据花色认为它由蜂鸟传粉，但它的花展示出的实际上是一套适合蜂类传粉的特征。本种的花无蜜距，像这样的花部形态并不适合鸟类传粉，却与很多蜂类传粉的种类似。本种植株健壮，肥厚多汁，常见于海滨附近阳光充足之处，因此需要强光和热带的高温才能生长良好。紫薇兰属的学名 *Broughtonia* 纪念的是阿瑟·布罗顿（Arthur Broughton, 约 1758—1796），他是一位在牙买加工作的英格兰植物学家。

本种的假鳞茎肥壮，圆形，通常生有 2 片坚韧的革质叶，花穗从假鳞茎顶发出，花在其上连续开放。其花虽小，但开放时间长，颜色浓重，因此常被用来与蕾丽兰亚族的其他种进行人工杂交，可为杂交种赋予鲜艳的花色和较小的株形。

紫薇兰的花除了红色外还见有粉红、黄、紫红以及其他各种颜色，并有双色类型；花形扁平，萼片顶端尖，花瓣圆形；唇瓣宽扁，中央通常为黄色。

实际大小

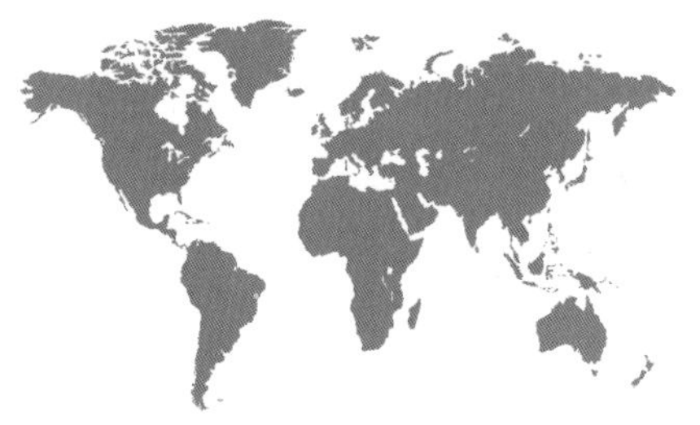

亚科	树兰亚科
族和亚族	树兰族，蕾丽兰亚族
原产地	巴西巴伊亚州
生境	近海滨的炎热低地灌丛
类别和位置	附生
保护现状	因采集和生境退化而受威胁
花期	夏秋季

花的大小
6~10 cm（2⅜~4 in）

植株大小
10~20 cm × 8~15 cm（4~8 in × 3~6 in），不包括长 5~8 cm（2~3 in）的直立花序

紫斑卡特兰
Cattleya aclandiae
Lady Ackland's Orchid

Lindley, 1840

紫斑卡特兰是卡特兰属 *Cattleya* 中一个矮小的种，附着于海平面附近树皮粗糙的树上。它有纤细的圆柱形假鳞茎，每枚假鳞茎顶端生有 2 片叶。其花一次开 1 或 2 朵，相比植株其他部分显得硕大，而且极为芳香。本种的种加词 *aclandiae* 以莉迪亚·阿克兰（Lydia Ackland, 1786—1856）女士的名字命名，她是英国的兰花种植者，首次成功地让本种在欧洲开花。

紫斑卡特兰生于海岸附近多灌木的植被中，植株健壮，适应性强，寿命很长。这些性状加上其花朵新奇的纹样，让这种兰花成为常用的亲本，用于很多杂交品种的培育，可让它们呈现较小的株形、健壮的生长力和非同寻常的色调。其花由兰花蜂类和其他大型蜂类传粉，它们访问花朵时试图寻找花蜜，但在这种兰花的花中只能一无所获。

紫斑卡特兰的花形大，花被片黄绿色、橄榄绿色或浅褐色，有紫褐色斑点；唇瓣 3 裂，侧裂片包围合蕊柱，颜色多变，但通常为玫紫色，或为略带紫色的粉红色而有较深的紫红色斑块。

实际大小

亚科	树兰亚科
族和亚族	树兰族，蕾丽兰亚族
原产地	巴西南部和西南部至阿根廷北部的米西奥内斯省
生境	大西洋雨林，海拔 650~1,670 m（2,130~5,480 ft）
类别和位置	附生于藓类覆盖的树木或多藓类的岩石上
保护现状	未评估
花期	4 月至 6 月（秋季和早冬）

猩红贞兰
Cattleya coccinea
Scarlet Cattleya

Lindley, 1836

花的大小
3~8 cm（1½~3 in）

植株大小
10~15 cm x 8~13 cm（4~6 in x 3~5 in），不包括长 10~25 cm（4~10 in）、仅略长于叶的花莛

猩红贞兰曾置于贞兰属 *Sophronitis*，它是一种美丽的小型兰花，花相对较大。其假鳞茎紧密簇生，每枚假鳞茎生有单独一片椭圆形的革质叶，叶的中脉为红色。花莛从叶的基部抽出，仅有单独一朵猩红色的花，可开放很长时间。本种曾广泛用来和卡特兰属 *Cattleya* 其他种杂交，以培育具亮红色大花的品种。

曾有人认为猩红贞兰靠蜂鸟传粉，但其唇瓣和合蕊柱的形状看来并不符合这个假说。本种的花也没有蜜距或其他可供蜂鸟刺探的明显结构。因为蜂类可以看见红色，它们看来更像是本种的传粉者。

猩红贞兰的花为亮红色至橙色（稀为黄色）；萼片宽而开展，花瓣更大；唇瓣与其他花被片同色，但在内侧有黄色斑块，形状较小，向前突出，包围合蕊柱。

实际大小

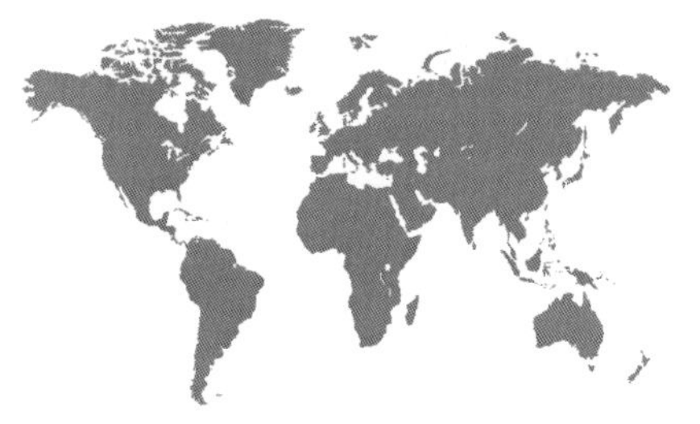

亚科	树兰亚科
族和亚族	树兰族，蕾丽兰亚族
原产地	委内瑞拉
生境	山地密林，生于树冠高处
类别和位置	附生
保护现状	因采集和生境退化而受威胁
花期	春季，通常 3 月至 5 月

花的大小
达20 cm（8 in）

植株大小
36~51 cm × 15~25 cm（14~20 in × 6~10 in），包括花莛，其花莛短而直立，略短于叶，高 20~30 cm（8~12 in）

五月卡特兰

Cattleya mossiae

Easter Orchid

C. Parker ex Hooker, 1838

五月卡特兰的花大型，颜色和形状多变；典型类型为浅紫色，萼片狭披针形，花瓣宽而向前伸，唇瓣喇叭形，在喉部由深紫红色和亮黄色的斑点组成各式纹样。

五月卡特兰原产委内瑞拉，其风姿超凡，被选为该国的国花——这在一个拥有很多特有美丽物种、光是卡特兰属 *Cattleya* 的艳丽兰花就还有 7 种的国度绝非易事。本种在单独一枚花莛上生有 5 朵大花，颜色美丽，香气可人，通常在 5 月前后开放，其中文名由此得名；其英文名意为“复活节兰”，含义相同。

五月卡特兰是卡特兰属中发现的第二个仅具一片叶的种（卡特兰 *Cattleya labiata* 是第一种），但它很快就进口到欧洲，在 19 世纪 30 年代成为兰花爱好者能够种植的第一种卡特兰。其分布地点的信息可能被故意写错，导致其野生植株在 70 年后才重新发现。本种和卡特兰属其他大多数种由搜寻花蜜的兰花蜂类传粉。

实际大小

亚科	树兰亚科
族和亚族	树兰族，蕾丽兰亚族
原产地	哥伦比亚、委内瑞拉、圭亚那、法属圭亚那、苏里南、巴西及特立尼达和多巴哥
生境	季节性干旱的海滨森林或河畔树林
类别和位置	附生，有时在悬崖上石生
保护现状	无危
花期	通常 1 月至 2 月，但在北半球亦可晚至 5 月

双角兰
Caularthron bicornutum
Virgin Mary
(Hooker) Rafinesque, 1837

花的大小
达10 cm（4 in）

植株大小
25~46 cm × 20~30 cm（10~18 in × 8~12 in），不包括花莛，花莛顶生，直立至弓曲，高 25~41 cm（10~16 in）

双角兰的花为白色，形状独特，常见于海滨附近或水系周边，生于开放、阳光充足的地点。其总状花序顶生（稀有少量分枝），生有多至 20 朵芳香、有蜡状光泽的花朵。花的唇瓣有 2 枚中空、角状的突起物，其种加词 *bicornutum*（具双角的）由此得名。双角兰属的学名 *Caularthron* 来自古希腊语词 kaulos（茎）和 arthron（关节），指茎有显著的节。

双角兰属的种与火蚁之间有互惠关系。这些兰花有纺锤形中空的大型假鳞茎，可供火蚁在其中栖息。作为回报，火蚁会在植株上巡逻，保护它们免受昆虫以至鸟兽的啃食。任何轻微的扰动都会让大量火蚁立即出动，驱逐任何侵入者，不管其体形有多大。据记载，其传粉由木蜂类进行。

双角兰的花大多为白色，在高大的茎顶簇生，花瓣和萼片卵状渐尖；唇瓣 3 裂，点缀有黄棕色的斑点，并具 2 枚黄色至橙色的角状突起。

实际大小

亚科	树兰亚科
族和亚族	树兰族，蕾丽兰亚族
原产地	巴西米纳斯吉拉斯州的锡波山区
生境	开放热带高草草原生境，海拔约 1,400 m（4,600 ft）
类别和位置	附生于翡若翠属 *Vellozia* 灌木上
保护现状	未评估，但因为分布区狭小，种子不易传播，可能已受威胁
花期	7 月至 10 月（冬春季）

花的大小
0.2 cm（1/16 in）

植株大小
2.5~5 cm × 2.5~5 cm
（1~2 in × 1~2 in），
不包括通常高
2.5 cm（1 in）的花莛

锡波树甲兰
Constantia cipoensis
Cipo Orchid

Porto & Brade, 1935

实际大小

锡波树甲兰的花的萼片和花瓣彼此形似，开展，均为白色或乳白色；唇瓣上缘反曲，前突，基部有黄色斑块；合蕊柱有一对短翅。

锡波树甲兰是树甲兰属 *Constantia* 的 6 个种之一，纪念的是巴西植物学家若昂·巴尔博萨·罗德里格斯（João Barbosa Rodrigues, 1842—1909）的妻子，罗德里格斯在世期间为巴西兰花的权威。本种的假鳞茎圆形，略压扁，顶端生有 1 或 2 片卵形的叶。其花莛从假鳞茎顶端发出，仅具一朵花。尽管其花很小，但相对植株的大小来说却还算大，并能在清晨和黄昏散发出香气。

本种的芳香气味可以吸引大型的艺匠木蜂 *Xylocopa artifex*，它们把巢筑在翡若翠科植物栖枝翡若翠 *Vellozia piresiana* 和密丛翡若翠 *Vellozia compacta* 的枝条间，而锡波树甲兰就附生在这些枝条上。因为这些蜂类在地面活动，兰花植株之间花粉的传播又比较有限，所以结实率很低。树甲兰属的种都只有狭窄的分布区，经常仅见于巴西东南部的单独一座山头或一个地区。

亚科	树兰亚科
族和亚族	树兰族，蕾丽兰亚族
原产地	南美洲北部、牙买加、特立尼达岛
生境	低地雨林，海拔至 700 m（2,300 ft）
类别和位置	附生
保护现状	未评估
花期	10 月至 5 月（秋季至春季）

丰堇兰
Dimerandra stenopetala
Pink Pansy Orchid

(Hooker) Schlechter, 1922

花的大小
达2.5 cm（1 in）

植株大小
20~38 cm × 10~15 cm
（8~15 in × 4~6 in），
包括顶生的短花序

丰堇兰的茎长而粗，叶在茎节上着生，披针形，基部抱茎。其花序从茎顶发出，紧包有苞片，并生有许多花。其花看上去多少像是粉红色的三色堇，故中文名为“丰堇兰”。丰堇兰属的学名 *Dimerandra* 来自古希腊语词 di（二）和 andros（男性），指合蕊柱顶端两侧有臂状物。本种的种加词 *stenopetala* 意为“狭瓣的”，但花瓣相对较狭窄，但它们仍然要比该属中其他很多种的花瓣要宽阔。

本种的花形开放，无花距，这些特征加上花色都暗示传粉者是某种蜂类。然而，现在还没有本种传粉的观察记录。

实际大小

丰堇兰的花相当扁平；其萼片和花瓣开展，亮粉红色；唇瓣宽阔，粉红色，基部在合蕊柱下方具白色斑块；合蕊柱顶端有 2 枚翅。

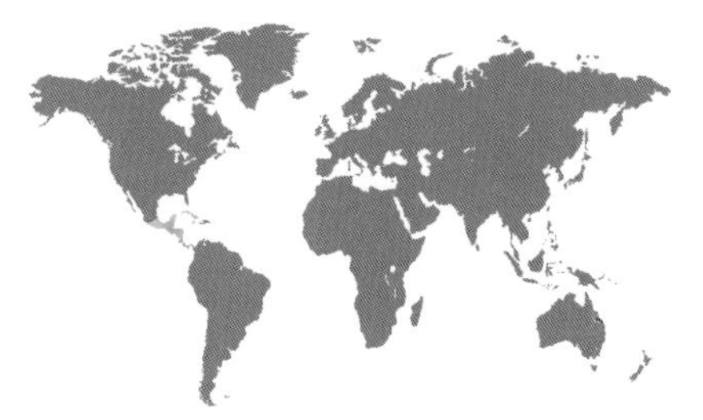

亚科	树兰亚科
族和亚族	树兰族，蕾丽兰亚族
原产地	墨西哥至尼加拉瓜，也见于牙买加和古巴
生境	低海拔混交林，常生于栎树上
类别和位置	附生或石生
保护现状	无危
花期	春季

花的大小
3 cm（1¼ in）

植株大小
5~8 cm × 2.5 cm
（2~3 in × 1 in），
不包括花莛，其花莛短，
仅具单花，顶生，
长2.5~5 cm（1~2 in）

双丝兰
Dinema polybulbon
String of Beads

(Swartz) Lindley, 1831

双丝兰是一种蔓生的小型兰花，其假鳞茎大小如豌豆，有光泽，沿匍匐的茎着生，如一串珠子，而这正是其英文名的意义。其植株生长迅速，常可在短时间内形成稠密而繁茂的垫状。每条微小的茎顶簇生有1~3片叶。在春季，大多数新生的茎会在顶端微小的鞘或佛焰苞中生出短花莛。花莛仅具单花，散发出浓郁甜美的蜂蜜气味。双丝兰属的学名*Dinema*由古希腊语词di（二）和nema（丝）构成，指合蕊柱有2枚细而直立的翅。

本种有高度的适应性，见于从雾气弥漫的低地丛地到较高而凉爽的云雾林的多种生境中。目前尚未研究过其传粉，但其香气甜蜜的花最可能会吸引小型蜂类。花中未见有回报。

双丝兰的花的萼片和花瓣狭窄，金褐色，边缘和顶端颜色较浅；唇瓣较宽，纯白色；合蕊柱和唇瓣微小的侧裂片则带紫红色。

实际大小

亚科	树兰亚科
族和亚族	树兰族，蕾丽兰亚族
原产地	古巴、伊斯帕尼奥拉岛、多米尼加共和国和波多黎各
生境	季节性干旱的落叶林，海拔 100~800 m（330~2,625 ft）
类别和位置	附生
保护现状	无危
花期	春季

血红幡唇兰
Domingoa haematochila
Bloody-lipped Orchid

(Reichenbach fils) Carabia, 1943

花的大小
3 cm（1¼ in）

植株大小
10~20 cm × 2.5~3.8 cm（4~8 in × 1~1½ in），不包括花序，其花序弓曲或下垂，顶生，长 10~20 cm（4~8 in）

幡唇兰属 *Domingoa* 是原产于加勒比海地区和墨西哥中部的一小群迷人的附生兰花。其学名来自伊斯帕尼奥拉岛上的圣多明各（Santo Domingo），这里是该属最先被发现的地方。血红幡唇兰的叶为革质，披针形，能够很好地适应于它周围炎热而干旱的荒漠般的环境。波多黎各莫纳岛上的植株经常会处于 38°C（100°F）以上的高温中。

本种的花有深色色调，相对植株显得较大，可在很长时间内连续开花，并有浓烈的香气。其传粉者是搜寻花蜜的蜂类，但花中并无花蜜。蜂类不得不挤进唇瓣和合蕊柱之间的狭小空间，其胸部在这里会碰破合蕊柱顶端的一个小室，流出胶质，之后花粉团就沾在胶质上。

实际大小

血红幡唇兰的花的花瓣和萼片为黄色至橄榄绿色，边缘常为血红色，并有血红色的细条纹；尽管其萼片宽展，花瓣却覆盖在合蕊柱上；唇瓣扁平，为醒目的血红色。

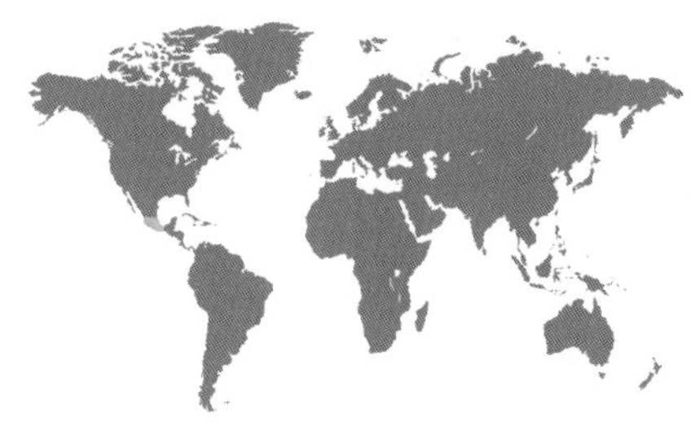

亚科	树兰亚科
族和亚族	树兰族，蕾丽兰亚族
原产地	墨西哥中部和西南部
生境	干燥栎林和松－栎林，海拔 1,000~2,000 m（3,300~6,600 ft）
类别和位置	附生
保护现状	未评估
花期	4 月至 6 月（春季至早夏）

花的大小
8 cm（3 in）

植株大小
30~51 cm × 25~38 cm（12~20 in × 10~15 in），不包括花序，其花序顶生，直立至弓曲，长64~89 cm（25~35 ft）

疣序围柱兰
Encyclia adenocaula
Little Purple Dreidel

(Lexarza) Schlechter, 1918

疣序围柱兰（其西班牙文名为 trompillo morado，意为“紫红色的喇叭花”）是引人瞩目而芳香的兰花。其花序大型，有分枝，从假鳞茎顶端发出。花鲜艳而美丽，在花序上簇生，仿佛会在微风中跳舞。围柱兰属的学名 *Encyclia* 来自古希腊语词 enkyklein，意为“包围……的”，指其唇瓣围抱合蕊柱。本种的种加词 *adenocaula* 来自古希腊语词 aden（腺体）和 caulo（茎），指花序上生有显眼而小的疣状物。本种的英文名意为“紫红色小陀螺”，可能是形容其锥状的假鳞茎外观有如犹太赌博游戏中使用的陀螺。

围柱兰属的花鲜艳而芳香，其传粉者据推测是蜂类，但花中无回报。尽管本种的花多而绚丽，然而目前并无传粉研究发表。

实际大小

疣序围柱兰的花的花瓣和萼片为狭披针形，呈鲜艳的粉红色至紫红色；它们在同色的合蕊柱和唇瓣周围排列成星状；唇瓣 3 裂，有深色蜜导，基部白色并有围抱合蕊柱的裂片。

亚科	树兰亚科
族和亚族	树兰族，蕾丽兰亚族
原产地	从墨西哥经中美洲达巴拿马
生境	热带的半落叶林和栎林，海拔 100~1,000 m（330~3,300 ft）
类别和位置	附生
保护现状	未评估
花期	6 月至 8 月（夏季）

引蝶围柱兰
Encyclia alata
Butterfly Orchid
(Bateman) Schlechter, 1914

花的大小
5 cm（2 in）

植株大小
38~64 cm × 30~56 cm（15~25 in × 12~22 in），不包括花序，其花序顶生，直立至弓曲，长 30~203 cm（12~80 in）

引蝶围柱兰的假鳞茎紧密簇生，卵球形，锥状，顶端生有 1~3 片叶。叶为线状披针形，颜色可较深。本种分布广泛，在分布区内花形和花色均有较大变化。中文名中的“引蝶”二字指其花香如蜜，可以吸收蝶类，虽然它们并非本种的传粉者。种加词 *alata* 在拉丁语中意为“有翅的”，很可能指唇瓣的侧裂片仿佛是合蕊柱两侧的翅。

目前对本种及其任何亲缘种尚无传粉研究，但其花形、花色和香气暗示传粉者是某种蜂类。本种在菲律宾的栽培植株据报道曾有蜂类访问。其花包括蜜导在内的总体特征可以起到吸引传粉者并为其定位的作用，但花中并不存在花蜜。

引蝶围柱兰的花的萼片和花瓣为匙形，略呈绿色至栗褐色，基部颜色较浅；唇瓣乳黄色至黄色，3 裂；中裂片最大，有红紫色脉纹，侧裂片呈宽阔的喇叭形，围抱黄色的合蕊柱。

实际大小

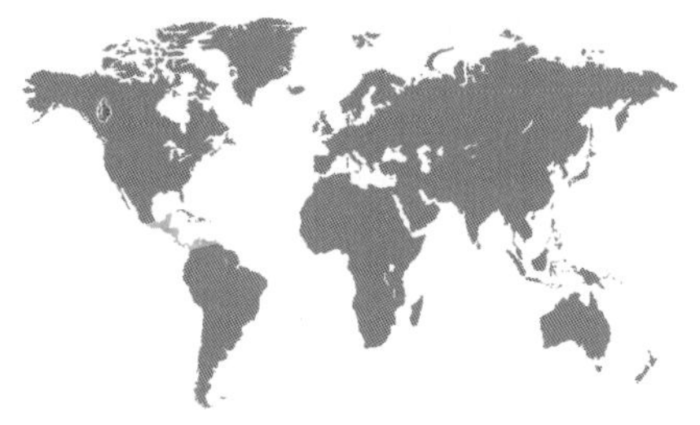

亚科	树兰亚科
族和亚族	树兰族，蕾丽兰亚族
原产地	墨西哥、危地马拉、伯利兹、萨尔瓦多、洪都拉斯、尼加拉瓜、哥斯达黎加、巴拿马、法属圭亚那、苏里南、圭亚那、委内瑞拉和哥伦比亚
生境	较低海拔的季节性干旱的森林，海拔 100~500 m（330~1,640 ft）
类别和位置	附生，偶见石生
保护现状	受滥采的威胁
花期	晚春至夏季

花的大小
9 cm（3½ in）

植株大小
41~76 cm × 25~46 cm（16~30 in × 10~18 in），不包括花序，其花序直立，顶生，高51~81 cm（20~32 in）

心唇围柱兰
Encyclia cordigera
Flower of the Incarnation

(Kunth) Dressler, 1964

心唇围柱兰是一种粗大健壮的兰花，花色极为多变，在野外即有很多迷人的类型。其假鳞茎大，有光泽，卵球形，各生有一对革质叶。花穗从假鳞茎顶端发出，直立，通常生有 6~12 朵花。其花大，极芳香，挺于叶丛上方，十分华丽。围柱兰属的学名 *Encyclia* 来自古希腊语词 enkyklein（包围），指唇瓣部分与合蕊柱合生，并围抱合蕊柱。本种的英文名意为“化身之花”，仅是指其美丽的花朵仿佛能“化身”为人而已。

心唇围柱兰主要生于季节性干旱的低海拔地区，其大型假鳞茎可以大片丛生。为其传粉的是大型蜂类，特别是木蜂类，它们试图在花中寻找从不存在的花蜜。

实际大小

心唇围柱兰的花颜色多变，但花瓣和萼片通常略呈褐色至橄榄绿色，在一些类型中则略带紫红色；唇瓣宽阔，喇叭状，常为浓重的粉红色、玫瑰红色或紫红色，有时白色而在中央有紫红色斑块。

亚科	树兰亚科
族和亚族	树兰族，蕾丽兰亚族
原产地	美国佛罗里达州和巴哈马
生境	沿河的岛状林、落羽杉沼泽、栎林、红树林，生于海平面至海拔约25 m（80 ft）处
类别和位置	附生于常绿栎树或其他常绿树上
保护现状	局地常见，但野外采集已被禁止
花期	6月至9月（夏季）

坦帕围柱兰
Encyclia tampensis
Florida Butterfly Orchid
(Lindley) Small, 1913

花的大小
4 cm（1½ in）

植株大小
25~46 cm × 20~41 cm（10~18 in × 8~16 in），不包括长 51~76 cm（20~30 in）的直立花序

坦帕围柱兰的假鳞茎紧密簇生，卵球形，各生有单独一片狭窄的叶。有时候在假鳞茎基部还有第二片叶或叶状鳞片。成熟植株可抽出多分枝的圆锥花序，生有6~25 朵气味香甜的花。围柱兰属的学名 *Encyclia* 来自古希腊语词 enkyklein，意为“围绕”，指这些兰花的唇瓣围抱合蕊柱。

尽管本种在佛罗里达州很多地方数量丰富，但它仍然是受保护的种，禁止采集。事实上，也没有必要从野外采集这种兰花，因为很多商业种植者会售卖用种子种出的植株，而这些种子是把特别美丽的野生类型杂交之后培育出来的。尽管本种的英文名意为“佛罗里达蝴蝶兰”，其传粉者据报道是被其气味芬芳的花朵吸引来的小型蜂类，而不是蝶类。

坦帕围柱兰的花的花瓣和萼片彼此形似，开展，绿褐色；唇瓣白色，中央有紫红色大斑，3 裂，侧裂片围抱合蕊柱，基部裂片前伸。

实际大小

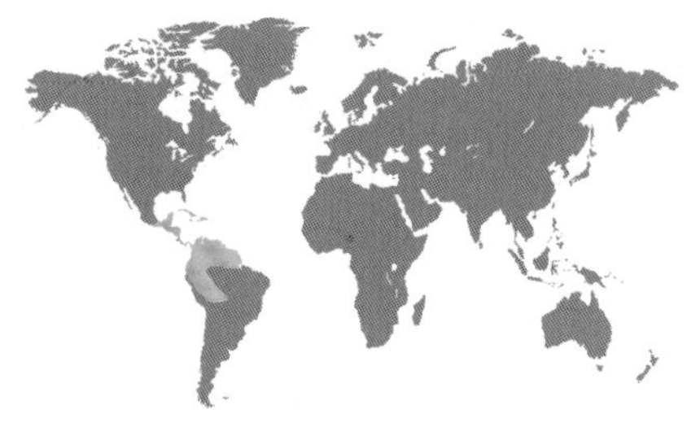

亚科	树兰亚科
族和亚族	树兰族，蕾丽兰亚族
原产地	从墨西哥和加勒比海地区至秘鲁和巴西的美洲热带地区
生境	湿润森林或季节性干旱的半落叶林，生于海平面至海拔 1,000 m（3,300 ft）处
类别和位置	附生，有时为石生，生于裸露的岩石上
保护现状	未评估，但本种分布广泛，局地常见，所以暂时无须考虑保护
花期	4 月至 12 月（冬季至早春）

花的大小
13 cm（5 in）

植株大小
51~81 cm × 15~20 cm（20~32 in × 6~8 in），不包括花序，其花序直立至弓曲，长20~30 cm（8~12 in），通常超出叶

鹭树兰

Epidendrum ciliare

Cattle Egret Orchid

Linnaeus, 1759

鹭树兰的假鳞茎大，卵球形，覆有重叠的纸质鞘。每条假鳞茎顶端生有 1 或 2 片叶，为椭圆形，顶端钝，革质。其花序从新成熟的假鳞茎顶端发出，生有 4~12 朵花，其花极为芳香，排成 2 列。本种的假鳞茎形似卡特兰属 *Cattleya* 兰花的假鳞茎，但它非该属植物，而属于有 1,500 多种的超级大属树兰属 *Epidendrum*。树兰属由林奈在 1759 年建立，起初包括了所有附生兰，后来其中大部分种被转移出去，分到其他属中。

树兰属的学名含义简单，来自古希腊语词 epi-（在……上）和 dendron（树）。本种在西班牙语中叫 garcita（牛背鹭），中文名“鹭树兰”由此而来。其传粉由夜行性的天蛾进行，它们可以探索到深埋在花莛中的蜜腺。

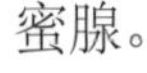

鹭树兰的花的花瓣和萼片略呈绿色，狭窄；上萼片内卷，花瓣向前弓曲；合蕊柱和唇瓣白色，形成合生的短管；唇瓣顶端分裂成 3 枚羽毛状的裂片。

实际大小

亚科	树兰亚科
族和亚族	树兰族，蕾丽兰亚族
原产地	南美洲北部（哥伦比亚至巴西北部）和特立尼达岛
生境	开放斜坡、岩面以及路边等受干扰的地点
类别和位置	地生或石生
保护现状	未评估，但分布广泛，局地常见
花期	全年

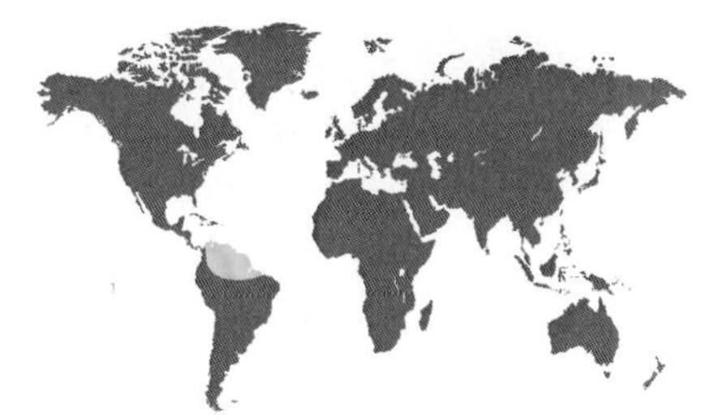

十字树兰
Epidendrum ibaguense
Crucifix Orchid
Kunth, 1816

花的大小
2.5 cm（1 in）

植株大小
61～127 cm × 15～25 cm（24～50 in × 6～10 in），包括顶生的直立花序

十字树兰是一种形态变化很大的兰花。其茎粗如铅笔，芦苇状，由白色的肉质根支撑。鹭树兰 *Epidendrum ciliare* 等树兰属 *Epidendrum* 中的其他一些种通常有假鳞茎，但十字树兰与它们不同，茎缺乏任何膨大的部位。其总状花序顶生，不分枝或偶有分枝，全年任何时候均可发出，在顶端生有一簇花，可以开放很长时间。其茎上常有小植株，当茎倒伏之后可以长成另一棵植株。

本种的英文名意为“十字架兰”，为哥伦比亚伊瓦格（Ibagué）的传教士所起。他们最早见到这种兰花，认为它直立的唇瓣很像十字架。本种的种加词 *ibaguense* 亦意为“伊瓦格的”，但这种兰花的分布区其实很广。其传粉由蝶类进行，蝶类错把这些无花蜜的兰花当成了颜色类似的马利筋属 *Asclepias* 和马缨丹属 *Lantana* 植物。

实际大小

十字树兰的花可为橙红色至偏粉红色的紫红色（稀为白色），其唇瓣直立；萼片和花瓣披针形，开展；合蕊柱与唇瓣合生，形成管状；唇瓣 3 裂，所有裂片大小近似，边缘呈不规则的流苏状分裂。

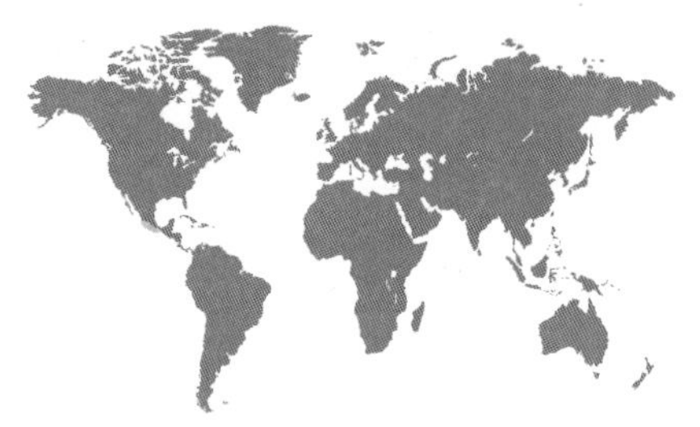

亚科	树兰亚科
族和亚族	树兰族，蕾丽兰亚族
原产地	墨西哥西南部（格雷罗州、哈利斯科州和瓦哈卡州），沿太平洋海岸分布
生境	松－栎林，海拔 1,500~1,700 m（4,920~5,600 ft）
类别和位置	附生
保护现状	未评估
花期	6 月至 8 月（夏季）

花的大小
3 cm（¼ in）

植株大小
20~38 cm × 13~20 cm（8~15 in × 5~8 in），不包括花序，其花序顶端下垂至完全下垂，长13~20 cm（5~8 in）

栎林树兰
Epidendrum marmoratum
Marbled Orchid

A. Richard & Gaelotti, 1845

实际大小

栎林树兰的假鳞茎为粗壮的圆柱形，茎略带红色，顶端生有数对革质的叶。其总状花序顶生，向下弓曲，密集生有很多美丽的花。树兰属 *Epidendrum* 的命名可以追溯到卡尔·林奈，他最开始用这个属涵盖他见到的所有附生兰。属名来自古希腊语词 epi（在……上）和 dendron（树），指出了这些植物生于树上的事实。树兰属是兰科中最大的属之一，有 1,500 多种。

目前尚无其传粉的报道，但树兰属中大多数属由蝶类或蛾类传粉。本种的花中央有蜜距，由合生的唇瓣和合蕊柱形成，传粉者的舌头可以伸入其中。

栎林树兰的花的花瓣和萼片为白色并有红色条纹，开展；唇瓣白色，近边缘处亦有红色斑块，中央有 7~9 道突起的脊状褶片；唇瓣与合蕊柱形成短管。

亚科	树兰亚科
族和亚族	树兰族，蕾丽兰亚族
原产地	厄瓜多尔
生境	云雾林，海拔 1,500~2,500 m（4,920~8,200 ft）
类别和位置	附生
保护现状	尢危
花期	大多在夏季，但任何时间均可开花

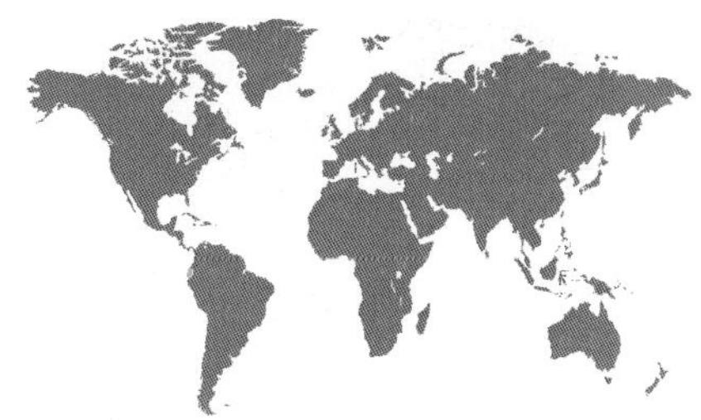

髯唇盘树兰
Epidendrum medusae
Medusa-head Orchid
(Reichenbach fils) Pfitzer, 1889

花的大小
7~10 cm（2¾~4 in）

植株大小
25~41 cm × 10~15 cm（10~16 in × 4~6 in），不包括花序，其花序短，下垂，顶生，略长于茎，长 5~8 cm（2~3 in）

髯唇盘树兰植株下垂，生于厄瓜多尔云雾林中较为凉爽的地方。其叶肉质，链状，从多藓类的荫蔽树枝上优雅地悬垂在基本恒湿的环境中。其花形奇特，生于茎顶的短花序上，一次开出 1~3 朵。花的颜色多变，但常为宝石红色至红褐色。其唇瓣显眼，具有碎裂的流苏状边缘，形如希腊神话中怪物墨杜萨（Medusa）长着蛇发的头颅，故其种加词为 *medusae*，英文名则意为“墨杜萨头颅兰”。

本种的唇瓣大部与合蕊柱合生，这基本是树兰属 *Epidendrum* 所有种的典型特征。其合蕊柱顶端有狭槽，可让蝶类或蛾类把舌头伸入，而它们常为树兰属兰花的传粉者。本种花色黯淡，可能适应于蛾类传粉。

髯唇盘树兰的花颜色多变，但其花被片一般为黄色至橄榄绿色，并有褐红色色调；唇瓣宽阔，卵形，有时略带绿色，但常为深红色或褐红色，环绕有一圈独特的流苏状边缘。

实际大小

亚科	树兰亚科
族和亚族	树兰族，蕾丽兰亚族
原产地	从墨西哥经中美洲达哥伦比亚及委内瑞拉北部
生境	湿润松林和云雾林，海拔 400~1,800 m（1,300~5,900 ft）
类别和位置	附生于树干上，形成垫状
保护现状	广布，但局地的居群可因为生境破坏而受威胁
花期	通常一年开两次花，时间不定，但大多在秋季至春季

花的大小
1.5 cm（⅝ in）

植株大小
5~10 cm × 2~2.5 cm
（2~4 in × ¾~1 in），
包括仅具单花的花莛

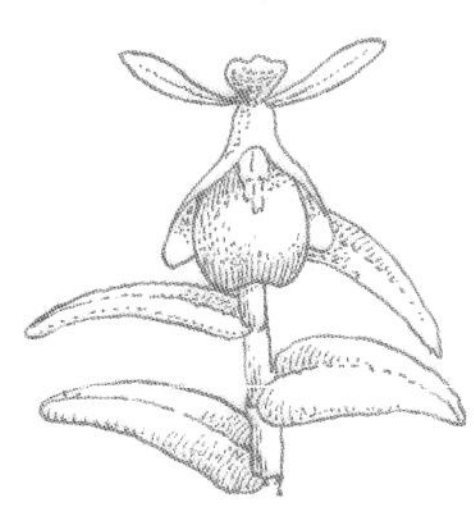

盾带盘树兰
Epidendrum porpax
Beetle Orchid

Reichenbach fils, 1855

实际大小

盾带盘树兰是一种小巧的兰花，其扁平的茎可形成大片的垫状。茎上生有多至 8 片卵状披针形的叶，排成彼此相对的两列。每条茎顶端生有单独一朵花，其花肉质，芳香，从一片卵状披针形的佛焰苞状苞片中生出。其唇瓣有光泽，像甲虫的鞘翅，其英文名（意为甲虫兰）由此而来。本种的种加词 *porpax* 在古希腊语中意为“盾带”（盾牌上手臂伸入而拿住盾牌的部位），形容的是其对生的叶。

盾带盘树兰在野外的传粉目前尚无研究，但从其黯淡的花色和芳香的气味来看，可推测本种最可能由某种不被花色吸引的夜行性蛾类传粉。其花具蜜腺，由合生的唇瓣和合蕊柱形成，看来适合于长有长舌的传粉者，但花中却无回报。

盾带盘树兰的花的唇瓣心形，褐红色，基部有 3 个绿色的疣突；唇瓣与合蕊柱合生，形成狭窄的管状；萼片狭窄，披针形，绿色，开展，与上翘的花瓣在唇瓣和合蕊柱的四周伸展。

亚科	树兰亚科
族和亚族	树兰族，蕾丽兰亚族
原产地	中美洲（哥斯达黎加）至南美洲西北部（厄瓜多尔）
生境	雨林和云雾林，海拔 500~2,100 m（1,640~6,900 ft）
类别和位置	附生和地生
保护现状	未评估
花期	11 月至 12 月（冬季）

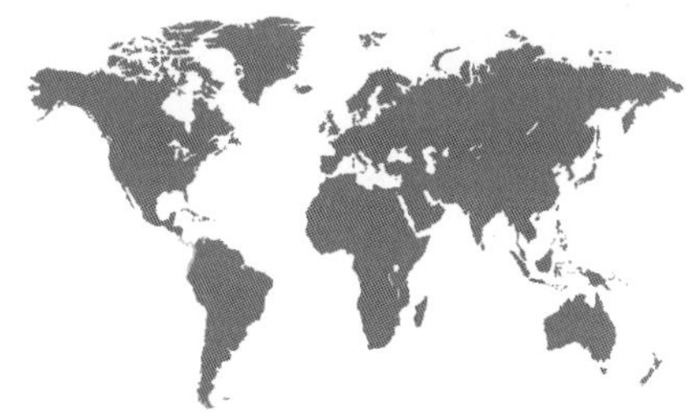

大紫疣兰

Epidendrum wallisii

Greater Purple-wart Orchid

Reichenbach fils, 1875

花的大小
3.8 cm（1½ in）

植株大小
46~76 cm × 8~20 cm（18~30 in × 3~8 in），包括长 10~20 cm（4~8 in）的花序

大紫疣兰的茎丛生，芦苇状，叶在茎两侧排列，无假鳞茎。在树兰属 *Epidendrum* 中，本种所属的一群兰花都在茎上密生有紫红色的疣突，而本种是其中花最大的一种，这些疣突的功能还不清楚。对当年新生的茎来说，其花最初生于其顶端，生花的位置在随后几个生长季中则向下移动。本种的种加词 *wallisii* 纪念的是杰出的德国植物采集家古斯塔夫·瓦利斯（Gustav Wallis, 1830—1878），他向欧洲园艺界引种了 1,000 多种植物，其中很多是兰花。

和树兰属很多种一样，大紫疣兰的传粉者最可能是蝶类。其唇瓣与合蕊柱合生，形成通往花下面的花莛的通道，蝶类可以把长舌探入其中，够到花蜜。

大紫疣兰的花的萼片和花瓣外展，黄色至绿色，倒披针形；唇瓣 3 裂，乳黄色至白色，有红紫色斑块，并在蜜距入口前方不远处有亮黄色至橙色的大斑。

实际大小

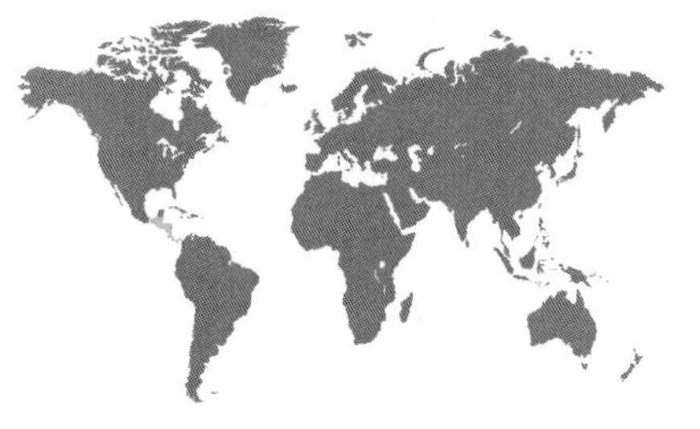

亚科	树兰亚科
族和亚族	树兰族，蕾丽兰亚族
原产地	中美洲，从墨西哥南部至哥斯达黎加
生境	潮湿森林，海拔 200~2,300 m（650~7,545 ft）
类别和位置	附生于树干上，或在花岗岩悬崖上附石生
保护现状	未评估
花期	1 月至 4 月（旱季过后的冬春季）

花的大小
9 cm（3½ in）

植株大小
38~66 cm × 20~38 cm（15~26 in × 8~15 in），不包括长13~20 cm（5~8 in）的顶生花序

哥丽兰
Guarianthe skinneri
San Sebastian Orchid

(Bateman) Dressler & W. E. Higgins, 2003

哥丽兰的根状茎匍匐，有时分枝。其上生有圆柱形的假鳞茎，在叶着生部位的直径要大于其基部直径。每条假鳞茎顶端生有 2 片中部呈折叠状的叶。在叶丛中间有一枚大而薄的花序鞘包藏顶芽，顶芽会发育为花序，生有多至 15 朵亮红紫色的芳香花朵。

本种是哥斯达黎加的国花。它所在的哥丽兰属的学名 *Guarianthe* 由 guaria（哥斯达黎加对附生兰的称呼）和古希腊语词 anthe（花）构成。其哥斯达黎加地方名为 la guaria morada，意为“深色附生兰”。在危地马拉，它的名字则是 flor de San Sebastián（圣塞巴斯蒂安之花）。其传粉者可能是蜂类，很可能为木蜂属 *Xylocopa* 和女蜂属 *Thygater*，但尚无专门报道。

哥丽兰的花的 3 枚萼片为披针形，亮紫红色；2 片花瓣比萼片宽得多；唇瓣为较深的紫红色，中央区域白色，管状，围抱合蕊柱。

实际大小

亚科	树兰亚科
族和亚族	树兰族，蕾丽兰亚族
原产地	墨西哥南部（哈利斯科州）至危地马拉
生境	栎林，海拔 1,500~1,950 m（4,920~6,400 ft）
类别和位置	附生
保护现状	未评估，但在墨西哥稀见，已受保护
花期	全年

青顶血唇兰
Hagsatera rosilloi
Mexican Bee Orchid

R. González, 1974

花的大小
3.5 cm（1⅜ in）

植株大小
15~25 cm × 10~15 cm（6~10 in × 4~6 in），不包括花序，其花序直立，顶生，长 10~15 cm（4~6 in）

青顶血唇兰的茎直立，几为攀援状，全茎均生有圆柱形的假鳞茎。每条假鳞茎顶端具一片肉质、折叠状的叶。花序从假鳞茎顶端发出，生有多至 10 朵芳香而下垂的花。血唇兰属的学名 *Hagsatera* 纪念的是德高望重的墨西哥兰花专家埃里克·阿格萨特（Eric Hágsater, 1945— ），他是墨西哥兰花学会标本馆的创始人和馆长。本种的种加词 *rosilloi* 纪念的则是另一位墨西哥兰花专家萨尔瓦多·罗西洛·德·贝拉斯科（Salvador Rosillo de Velasco, 1905—1987）。

本种的唇瓣形似昆虫，使人推测其花可能会吸引雄蜂，使之误以为花朵是雌蜂，而试图与之交配，从而完成传粉。然而这个假说还需要通过传粉的野外研究来证实。本种的英文名 Mexican Bee Orchid（墨西哥蜂兰）即是指这种类似昆虫的外形。

实际大小

青顶血唇兰的花的萼片为绿色，向前开展；花瓣较小，前伸；唇瓣 3 裂，中裂片最大，基部为深红色；唇瓣中央有密绒毛，无蜜穴。

亚科	树兰亚科
族和亚族	树兰族，蕾丽兰亚族
原产地	墨西哥（哈利斯科、米却肯、格雷罗和墨西哥州）
生境	凉爽的松林和松树与落叶阔叶树的混交林，海拔 1,600~2,400 m（5,250~7,900 ft）
类别和位置	附生
保护现状	无危
花期	9 月至 11 月（秋季）

花的大小
1 cm（⅜ in）

植株大小
2.5~5 cm × 1.3~2 cm（1~2 in × ½~¾ in），不包括花莛，其花莛弓曲至直立，仅具单花，长1.3~2.5 cm（½~1 in）

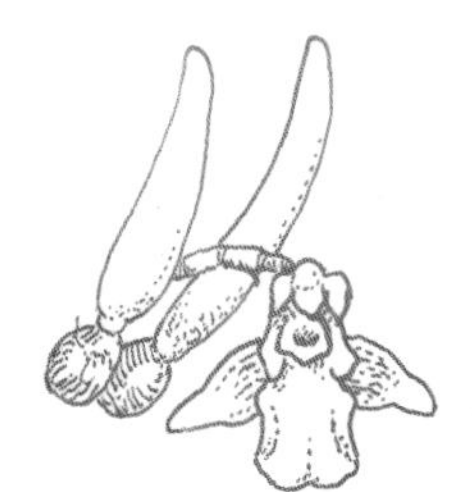

厚叶同心兰

Homalopetalum pachyphyllum

Mexican Green Wood Nymph

(L. O. Williams) Dressler, 1964

实际大小

厚叶同心兰的花为白色至绿色，半透明，其背萼片和花瓣形成兜帽状，覆于合蕊柱和唇瓣基部的蜜腺之上；侧萼片开展；唇瓣前突，有时有红紫色斑点。

厚叶同心兰的假鳞茎为卵球形，彼此接近，排列成链状，各生有单独一片肉质的叶。其花莛短，从假鳞茎基部发出。其花相对植株来说较大，半透明。本种生于墨西哥太平洋侧山坡的季节性干旱的森林中，其植株很小，很容易被视而不见。同心兰属的学名 *Homalopetalum* 来自古希腊语词 omalos（平均）和 petalon（花瓣），指花被片彼此之间缺乏明显差异。本种的种加词 *pachyphyllum* 来自古希腊语词 pachys（胖）和 phyllo（叶），指叶片较厚。

本种的传粉尚无研究，但其花形和芳香气味暗示由蜂类传粉。其唇瓣基部有凹穴，中含花蜜，是对传粉者的回报。

亚科	树兰亚科
族和亚族	树兰族，蕾丽兰亚族
原产地	巴西东部（大西洋沿岸森林）至阿根廷米西奥内斯省
生境	中海拔热带湿润森林
类别和位置	附生和石生
保护现状	无危
花期	冬春季

玉贞兰
Isabelia virginalis
Fairy Basket
Barbosa Rodrigues, 1877

花的大小
1~1.5 cm（⅜~⅝ in）

植株大小
2.5~5 cm × 2.5 cm（1~2 in × 1 in），包括花莛，其花莛短，下垂，仅具单花

玉贞兰是玉贞兰属*Isabelia* 3个引人瞩目的种之一，为一种微型兰花，其花美丽。其根状茎纤细，连续生有很多卵球形的小鳞茎，各在顶端生有单独一片狭窄的针状叶。植株大部分覆有由纤维相互交织而成的网状纤维垫，其英文名Fairy Basket（仙人之篮）由此而来，这层纤维垫很可能起到了一定的保护作用。本种的植株虽然大部分附生，但也见生于砂岩露头上充满碎屑的缝隙中。

玉贞兰属的学名以伊莎贝尔（Isabel）的名字命名。她是巴西的公主，巴西皇帝佩德罗二世的女儿。本种的传粉尚无研究，但其花色和花形适合由小型蜂类传粉。本种花的朝向不定（唇瓣可在上方或下方），意味着不管什么样的传粉昆虫都得能移动自身到达正确的位置。

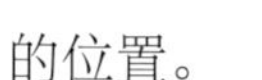

实际大小

玉贞兰的花小，其萼片和花瓣为白色，有时染有浅粉红色；唇瓣亦为白色，唇瓣胼胝体和合蕊柱则为浅紫红色，使这些微小的花远观时略呈粉红色。

亚科	树兰亚科
族和亚族	树兰族，蕾丽兰亚族
原产地	墨西哥伊达尔戈州
生境	林缘的树干上，海拔 1,500~2,000 m（4,920~6,600 ft）
类别和位置	附生
保护现状	在野外可能已灭绝，但有栽培
花期	10 月下旬至 12 月（秋季）

花的大小
8 cm（3 in）

植株大小
64~102 cm × 30~51 cm（25~40 in × 12~20 in），不包括长通常为叶的两倍的花序

灵夜蕾丽兰

Laelia gouldiana

Halloween Orchid

Reichenbach fils, 1888

灵夜蕾丽兰的水平茎（根状茎）匍匐状，其上簇生有假鳞茎。假鳞茎长而多少扁平，顶端生有 2 或 3 片披针形的叶。每条新茎顶端发出直立的花序，生有多至 10 朵有清淡香味的大花。本种为附生兰，通常生于山区的栎树上，其海拔高到可能会在冬天遭受霜冻。

在墨西哥，本种的名字是 flor de muerto（死亡之花）或 calaverita（小骷髅），因为其花期在万圣夜前后，中文名“灵夜蕾丽兰”也因此得名。和其他很多兰花一样，本种常被人从野外采来，用于在传统的亡灵节仪式上装饰墓地，它因此在野外已经很少见，可能已灭绝。本种的传粉尚无报道，但其分布在墨西哥的亲缘种据记录由熊蜂属 *Bombus* 传粉。

灵夜蕾丽兰的花的萼片和花瓣开展，亮紫红色至玫瑰紫色，花瓣多少较宽；唇瓣 3 裂，侧裂片围抱合蕊柱，中裂片颜色较深，有黄色胼胝体和红色的斑点或条纹，向外弯曲。

实际大小

亚科	树兰亚科
族和亚族	树兰族，蕾丽兰亚族
原产地	墨西哥东部和南部
生境	干燥、开放的栎林，海拔 1,400~2,400 m（4,600~7,875 ft）
类别和位置	附生于多藓类的树枝上
保护现状	因为园艺和宗教目的而遭滥采，并因此受威胁
花期	5 月至 8 月（春夏季）

蕾丽兰
Laelia speciosa
Mayflower Orchid

(Kunth) Schlechter, 1914

花的大小
20 cm（8 in）

植株大小
25~51 cm × 13~20 cm（10~20 in × 5~8 in），包括长 13~20 cm（5~8 in）的顶生花序

蕾丽兰是一种绚丽的兰花。其假鳞茎短，圆形，顶端有 1 或 2 片叶，其叶肉质，带紫红色。在旱季结束的 4 月份，老的假鳞茎枯萎，花序从新发育的假鳞茎上发出，生有 1~4 朵花。其花大，亮粉红色，香气浓郁，这使蕾丽兰在兰花种植爱好者中广受欢迎。本种生于山地高海拔处，那里天气冷凉，在冬月偶有霜冻，其植株生长缓慢，有时要用 16~19 年才成熟。

本种的地方名是 flor de todos santos（万圣花）。墨西哥的村民将其假鳞茎磨成富含淀粉的面糊，与糖、柠檬汁和蛋清搅匀，倒入木制模具，即可制成呈动物、水果和骷髅形状的装饰性的小糖果，用于万圣夜的活动。

蕾丽兰的花的花瓣和萼片为亮紫红色，开展，花瓣多少较宽；唇瓣颜色类似，3 裂，以侧裂片包藏合蕊柱；中裂片喇叭形，边缘波状，底色为白色而有红紫色条纹。

实际大小

亚科	树兰亚科
族和亚族	树兰族，蕾丽兰亚族
原产地	巴西东部至南部和巴拉圭
生境	亚热带雨林和海滨的季节性干旱的森林，海拔 500~900 m（1,640~2,950 ft）
类别和位置	附生
保护现状	未正式评估
花期	8 月至 10 月（晚冬和春季）

花的大小
3.8 cm（1½ in）

植株大小
8~15 cm × 0.8 cm（3~6 in × ¼ in），包括花序，其花序弓曲下垂，长5~8 cm（2~3 in），短于叶

香钗兰

Leptotes bicolor

Brazilian Dwarf Vanilla

Lindley, 1833

香钗兰是一种多花的微型兰花。其叶呈铅笔状，常有红色斑点，基部覆有薄鞘，表面有沟。从叶基发出短花序，其上生有 1~3 朵相对较大而芳香的花，可开放 10~12 天。本种所在的秀钗兰属的学名 *Leptotes* 来自古希腊语词 leptos，意为“纤薄”，指其植株在花期时呈现出脆弱的美貌。

目前在野外还从未观察到香钗兰传粉者，但根据其花色和花形，传粉者可能是蜂类，不过它们不会得到任何回报。本种和香荚兰属 *Vanilla* 只有很远的亲缘关系，但其种荚的提取物同样含有香草醛，在巴西用于给牛奶、茶、糖果、冰激凌和果汁冰糕调味。

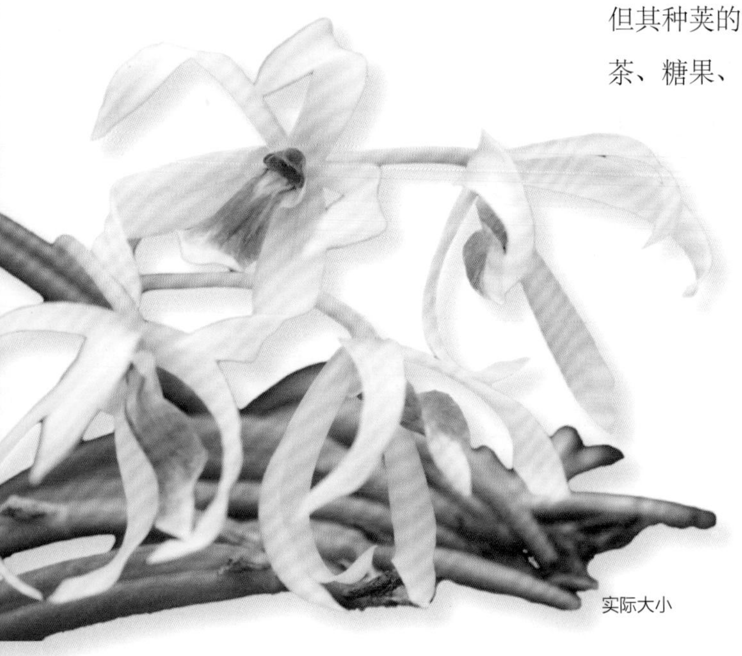

香钗兰的花的萼片和花瓣为带状，向前弯曲，白色至乳黄色；唇瓣白色，锹形，基部有一对圆形裂片，边缘下弯，中央有带紫红色的粉红色斑块；合蕊柱为略带绿色的紫红色。

实际大小

亚科	树兰亚科
族和亚族	树兰族，蕾丽兰亚族
原产地	墨西哥南部、危地马拉、洪都拉斯和萨尔瓦多
生境	季节性干旱的热带森林，海拔 400~1,500 m（1,300~4,920 ft）
类别和位置	附生和石生
保护现状	无危
花期	大多在春夏季

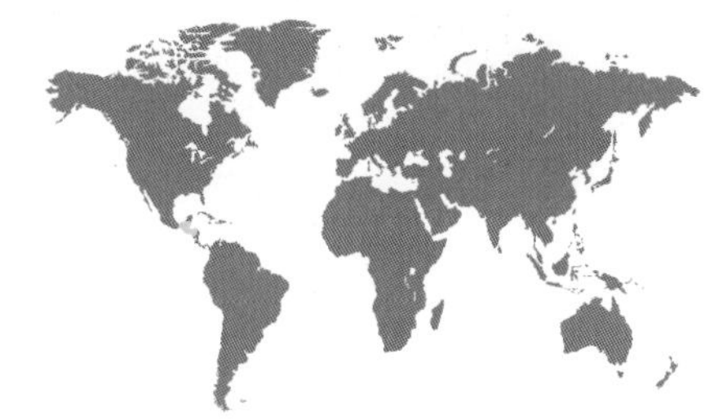

弱冠兰
Meiracyllium trinasutum
Purple Dwarf

Reichenbach fils, 1854

花的大小
2.5 cm（1 in）

植株大小
5~8 cm × 2.5~5 cm（2~3 in × 1~2 in），包括长2.5 cm（1 in）的短花序

弱冠兰是一种匍匐的微型兰花，是弱冠兰属 *Meiracyllium* 两种微小的兰花之一。其植株无假鳞茎，叶粗糙，革质，长圆状椭圆形，顶端渐尖。这些厚叶很可能起到了假鳞茎贮存水分的作用。其植株最终可由相互交叠的叶形成一层叶垫，从中抽出短花序，其上生有宝石般的小花，散发出浓郁的肉桂香气。弱冠兰的花开放时间不长，通常只能持续大约一个星期。弱冠兰属的学名来自古希腊语词 meirakyllion，意为“年轻人”，指其植株小型。

弱冠兰属与卡特兰属 *Cattleya* 及其近缘属有一定亲缘关系，考虑到这种亲缘性，本属本来似乎不太可能有如此小的体形，也不太可能没有假鳞茎。其花香成分与其他一些由雄性兰花蜂传粉的种类似，但目前尚未研究过本种的传粉。

弱冠兰的花的萼片为浅蓝紫色，中萼片突出到合蕊柱之上；花瓣为较深的紫红色；唇瓣饰有紫晶色的斑点，并围抱合蕊柱；合蕊柱顶端尖。除此之外，其花还见有白色和红色的类型。

实际大小

亚科	树兰亚科
族和亚族	树兰族，蕾丽兰亚族
原产地	墨西哥、危地马拉、伯利兹、洪都拉斯、哥斯达黎加和委内瑞拉
生境	季节性干旱的森林，生于阳光充足之处，海拔 200~600 m（650~1,970 ft）
类别和位置	附生
保护现状	无危
花期	7 月至 10 月（夏秋季）

花的大小
8 cm（3 in）

植株大小
38~64 cm × 15~25 cm（15~25 in × 6~10 in），不包括花序，其花序顶生，直立，高203~508 cm（80~200 in）

蚁蕉兰
Myrmecophila tibicinis
Ant-loving Piper
(Bateman ex Lindley) Rolfe, 1917

蚁蕉兰株形巨大，是干燥森林中的植物，演化出了抵御动物采食的策略。其假鳞茎长而中空，基部有由蚁群制造的开口。这些蚁群便是其守卫者，可以保护植株不受食草动物（和无经验的兰花采集者）侵扰。如果这些蚁类的家园遭到触碰，它们会成群涌出捍卫领地。这个策略在蚁蕉兰属的学名 *Myrmecophila* 有所反映，该名称来自古希腊语词 myrmeco（蚂蚁）和 phila（喜爱）。本种的种加词 *tibicinis* 在拉丁语中意为“吹笛人”，二者合起来，就成为本种英文名（意为喜爱蚂蚁的吹笛人）的由来。蚁群会在较老而被废弃的假鳞茎中填入碎渣，当它们腐烂时，可以为植株提供一些营养。

本种鲜艳的花色和香甜的气味可吸引蜂类作为传粉者，但花中并无回报。其近缘种金花蚁蕉兰 *Myrmecophila christinae* 的花由正在搜寻食物的一种叫多色熊兰蜂 *Eulaema polychroma* 的兰花蜂传粉。

蚁蕉兰的花颜色和形态多变，但其萼片和花瓣一般为披针形，略呈紫红色，边缘波状，顶端颜色较深；唇瓣 3 裂，2 枚侧裂片生有深色蜜导；中裂片较小，颜色较深，中央有黄斑。

实际大小

亚科	树兰亚科
族和亚族	树兰族，蕾丽兰亚族
原产地	北美洲南部（墨西哥东部和中部）
生境	干燥栎林，海拔 1,000~1,200 m（3,300~3,950 ft）
类别和位置	附生
保护现状	未评估
花期	5 月至 7 月（晚春至夏季）

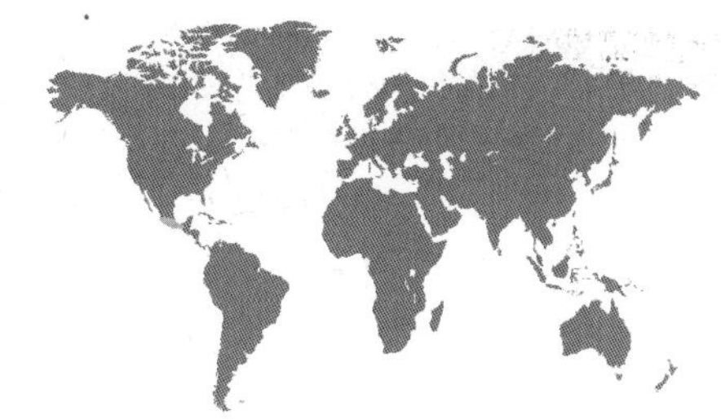

笼唇兰
Prosthechea mariae
Mary's Wedding Orchid
(Ames) W. E. Higgins, 1997

花的大小
8 cm（3 in）

植株大小
13~20 cm × 13~25 cm（5~8 in × 5~10 in），不包括花序，其花序直立至弓曲，顶生，长 5~25 cm（2~10 in）

笼唇兰是一种美丽的兰花，直到 1937 年才被第一次发现，它生长于墨西哥与美国得克萨斯州交界的地方。植物学家以前没想到这片地区也会有兰花，因此几乎没有对这里做过调查。本种的种加词 *mariae* 以其发现者埃里克·厄斯特隆德（Eric Östlund, 1875—1938）的妻子玛丽（Mary）的名字命名，其唇瓣又大又白，表明它很适合用在婚礼之上。本种所在的附柱兰属的学名 *Prosthechea* 来自古希腊语词 prostheke，意为“附属物”，指合蕊柱背部有短突起。本种的假鳞茎锥状，紧密簇生，顶端生有 2~3 片灰绿色的叶。其花序从假鳞茎顶端发出，生有 2~5 朵花。

笼唇兰的这些大花目前尚未研究过传粉，但考虑到它们在白昼会散发香气，可预期传粉者是蜂类。花中无花蜜。

笼唇兰的花的萼片和花瓣为亮而纯的绿色至黄色，外伸；唇瓣白色，轻微 3 裂，侧裂片围抱合蕊柱；中裂片再 2 裂，有鲜明的绿色脉纹，并在喉部有一枚黄色斑块。

实际大小

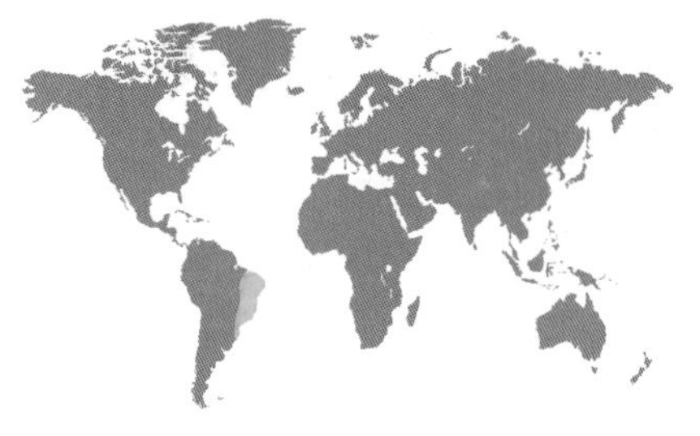

亚科	树兰亚科
族和亚族	树兰族，蕾丽兰亚族
原产地	巴西东部从巴伊亚州南部至埃斯皮里图桑托州
生境	始终有渗水的多岩石地，生于海平面至海拔 1,000 m（3,300 ft）处
类别和位置	附生于岩石上或翡若翠属 *Vellozia* 灌木的基部
保护现状	未评估，但因为分布区狭窄，可能需要考虑保护
花期	4 月至 9 月（冬春季）

花的大小
3.8 cm（1½ in）

植株大小
30~51 cm × 25~36 cm（12~20 in × 10~14 in），不包括花序，其花序直立，顶生，比叶长51~102 cm（20~40 in）

栖翠群丽兰
Pseudolaelia vellozicola
Vellozia Orchid

(Hoehne) Porto & Brade, 1935

栖翠群丽兰生长于岩石上和棕若翠 *Nanuza plicata* 的基部，后者是巴西东部岩石露头和滨海植被中的特征性植物。本种的假鳞茎为梭形，相互交织，组成垫状的群体，彼此之间以细长的水平根状茎相连。每条假鳞茎生有 3~7 片披针形的叶，根状茎上覆有鳞片，很快变为纸质并碎裂，仿佛破羽毛的边缘。其花序高大，在高处生有多至 15 朵颜色鲜亮的花。

群丽兰属的学名 *Pseudolaelia* 来自古希腊语词 pseudes（假）和蕾丽兰属的学名 *Laelia*，指这两个属形状类似，但它们只有较远的亲缘关系。事实上，群丽兰属与矮小的玉贞兰属 *Isabelia* 近缘，后者也生长于巴西东部。本种由熊蜂传粉，熊蜂会探查唇瓣基部形成的凹穴，即使其中并无花蜜。

实际大小

栖翠群丽兰的花的萼片和花瓣彼此形似，为浅紫红色或蓝紫色，开展，倒披针形；合蕊柱与唇瓣基部合生；唇瓣紫红色，3 裂，侧裂片短，开展；顶裂片宽阔，锹形，中央为乳白色。

亚科	树兰亚科
族和亚族	树兰族，蕾丽兰亚族
原产地	墨西哥东南部至洪都拉斯北部和危地马拉
生境	密灌丛和灰岩上的干燥森林中具刺的金合欢树间的阳光充足之处，生于海平面至海拔 500 m（1,640 ft）处
类别和位置	附生
保护现状	未正式评估
花期	5 月至 8 月（夏季）

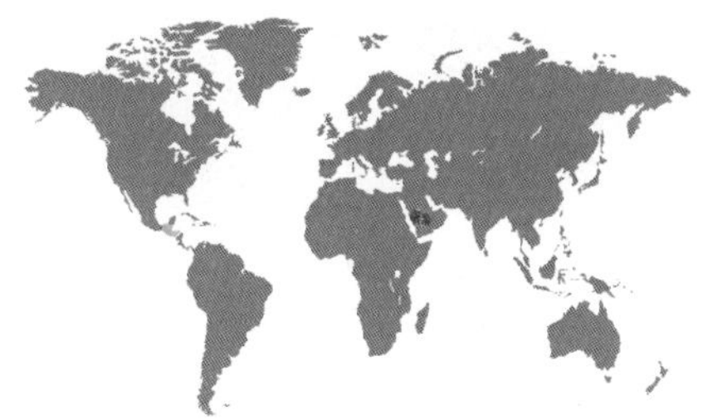

喙丽兰
Rhyncholaelia digbyana
Queen of the Night

(Lindley) Schlechter, 1918

花的大小
18 cm（7 in）

植株大小
25~46 cm × 8~10 cm（10~18 in × 3~4 in），包括花莛，其花莛仅具单花，大多短于叶

喙丽兰的假鳞茎扁平，彼此靠近，长形，生有单独一片叶。其叶椭圆形，直立，肉质，覆有一层尘埃状的灰色物质。其花莛直立，从假鳞茎顶端发出，仅具单花。花有长梗，其中嵌有细长的蜜穴。喙丽兰属的学名 *Rhyncholaelia* 来自古希腊语词 rhynchos（喙）和蕾丽兰属的学名 *Laelia*，指其花有长梗，而花形似蕾丽兰属。

本种的传粉者是夜行性的蛾类，先为其花诱惑性的柠檬香气所吸引。其英文名意为“夜之王后”，反映的正是这些大型花朵在夜间开放的习性。本种的种加词 *digbyana* 纪念的是一位姓迪格比（Digby）的先生，他生活在本种第一次得到描述的 1846 年前后，是当时英格兰的一位兰花爱好者。

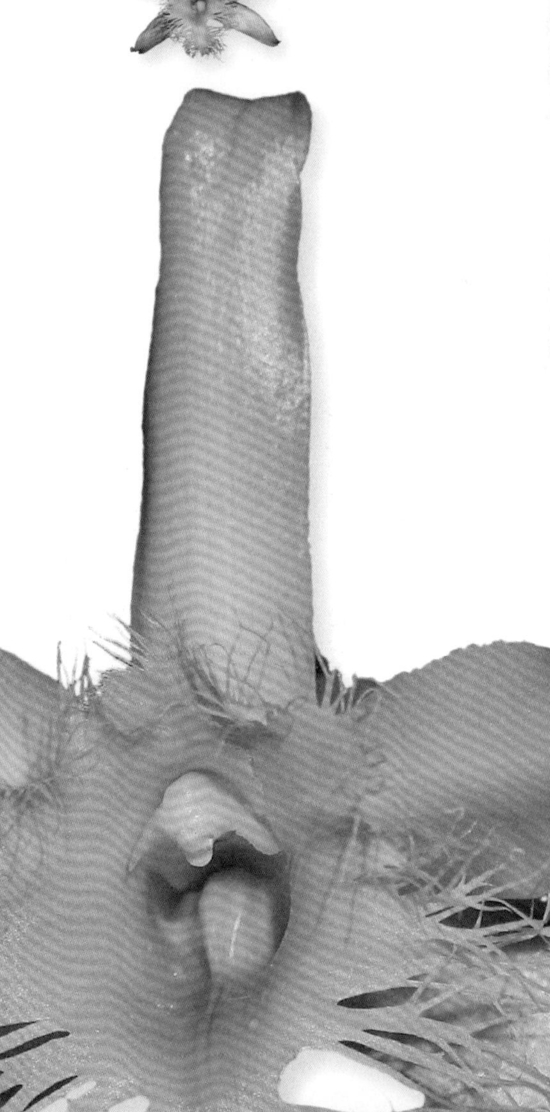

喙丽兰的花的萼片和花瓣为绿色，开展，狭披针形，花瓣较宽；唇瓣绿白色，围抱合蕊柱，边缘有长流苏，并有隆起的胼胝体，形成通往蜜穴的管道。

实际大小

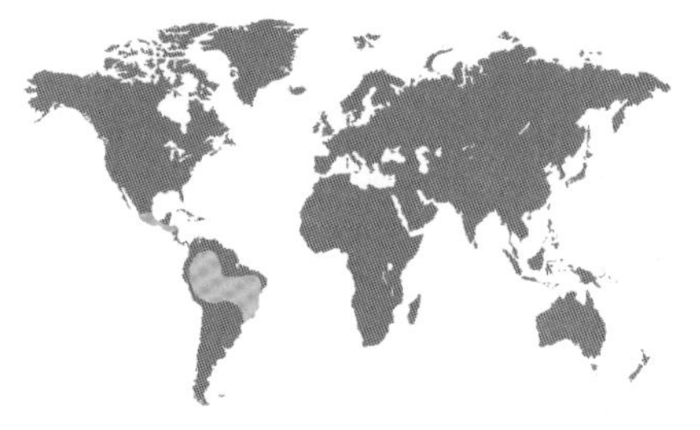

亚科	树兰亚科
族和亚族	树兰族，蕾丽兰亚族
原产地	从北美洲南部（墨西哥）至南美洲南部（玻利维亚）的美洲热带地区
生境	季节性干旱的森林，海拔 500~1,500 m（1,640~4,920 ft）
类别和位置	附生
保护现状	无危
花期	1 月至 3 月（在北半球为晚冬至早春，在南半球为夏季）

花的大小
1 cm（⅜ in）

植株大小
20~30 cm × 0.6~0.9 cm（8~12 in × ¼~⅜ in），包括长 5~10 cm（2~4 in）的顶生花序

铅色渠唇兰
Scaphyglottis livida
Spindle Orchid

(Lindley) Schlechter, 1918

实际大小

铅色渠唇兰的英文名意为“纺锤兰”，是指其假鳞茎纺锤形。其花序生于假鳞茎顶端，生有 3~6 朵颜色奇特的花。在一些光照条件下，这些花呈现绿色；但在另一些光照之下则为蓝灰色。这后一种颜色是其种加词 *livida* 的命名由来，该词在拉丁语中意为“铅灰色”。渠唇兰属的学名 *Scaphyglottis* 来自古希腊语词 skafi（槽）和 glotta（舌），指唇瓣中央有沟。一些个体的新假鳞茎从前一年的生长部分的顶端长出，从而让纺锤形的假鳞茎连成一串。

蜂类和蜂虻之类的短舌昆虫可能是铅色渠唇兰的传粉者。吸引它们的很可能是唇瓣沟中分泌并沿其中部下流的花蜜。

铅色渠唇兰的花的萼片和花瓣为绿色至蓝绿色，背萼片比其他 4 枚花被片小得多；唇瓣颜色类似，3 裂，中裂片宽阔，顶端再 2 裂，在其基部 ⅔ 的部分以下有中央凹沟。

亚科	树兰亚科
族和亚族	树兰族，蕾丽兰亚族
原产地	大安的列斯群岛（牙买加、古巴、伊斯帕尼奥拉岛）和巴哈马
生境	沿低海拔的陡峭溪岸生长
类别和位置	地生或附石生
保护现状	未评估
花期	2月至4月（晚冬和春季）

小花糖芥兰
Tetramicra parviflora
Wallflower Orchid
Lindley ex Grisebach, 1864

花的大小
1.25 cm（½ in）

植株大小
8~20 cm × 8~13 cm（3~8 in × 3~5 in），不包括花序，其花序直立，顶生，长 25~46 cm（10~18 in）

小花糖芥兰的根状茎可生在土壤中很靠近表面的地方，从其上生出短茎。茎上有 1 或 2 片叶，其叶坚硬，肉质，蓝灰色，圆形，有凹沟。其花序纤细，线状，有鞘状苞片，生有 8~10 朵排列稀疏、有轻微芳香的花。糖芥兰属的学名 *Tetramicra* 来自古希腊语词 tetra（四）和 mikros（小），很可能指其 4 对花粉团。本种的种加词 *parviflora* 意为“小花的”，指其花较小；中文名则指本种与十字花科糖芥属 *Erysimum* 植物花形相似。

目前尚无观察过其传粉，但其花色和花形表明某些种类的蜂类可能是传粉者。然而，其花无明显的回报，其中无蜜穴或距。

实际大小

小花糖芥兰的花的萼片和花瓣披针形，略呈杯状，绿褐色；唇瓣艳丽，为偏紫红色的浅粉红色，3 裂，裂片大小和形状相同，唇瓣中央有一个深紫红色斑点。

亚科	树兰亚科
族和亚族	树兰族，腋花兰亚族
原产地	墨西哥至美洲热带地区（南达阿根廷和秘鲁）
生境	雨林，海拔 200~800 m（650~2,625 ft）
类别和位置	附生
保护现状	无危
花期	晚冬至早春

花的大小
0.6 cm（¼ in）

植株大小
8~13 cm × 2.5~5 cm（3~5 in × 1~2 in），包括长2.5~3.8 cm（1~1½ in）的花序

绒毛梗帽兰

Acianthera pubescens

Toads on a Leaf

(Lindley) Pridgeon & M. W. Chase, 2001

绒毛梗帽兰地理分布广泛，可能是所有兰花中分布最广的种类之一。在分布范围内其花的颜色、形状、大小和数量都有较大变化。其叶为倒卵形，有深色斑点。其花有斑点，从叶柄与叶片相连处的鞘中生出，大多位于叶面之上。因为其花有这种习性，颜色又黯淡，其英文名（意为叶上的蟾蜍）由此而来。其种加词 *pubescens* 意为“具柔毛的”，指花外面覆有短绒毛。

本种的花数有变异，在 4 到 10 朵之间，在花莛上以互生的方式排列，衬以独特的厚叶。其气味令人不快，表明传粉者很可能是一种喜欢腐烂或过熟水果的果蝇。为了寻找气味的来源，它们会努力爬上叶和花。

实际大小

绒毛梗帽兰的花通常为乳白色，背萼片上密布红褐色条纹，合生的侧萼片上密布红褐色斑点；花瓣红色，顶端丝状；唇瓣深红色，舌状，基部有 2 枚上翘的裂片。

亚科	树兰亚科
族和亚族	树兰族，腋花兰亚族
原产地	美洲热带地区，从墨西哥至巴西南部和秘鲁
生境	湿润山地森林和云雾林，海拔 480~3,100 m（1,575~10,170 ft）
类别和位置	附生
保护现状	未评估，但相对常见而广布
花期	全年，以秋季开花最集中

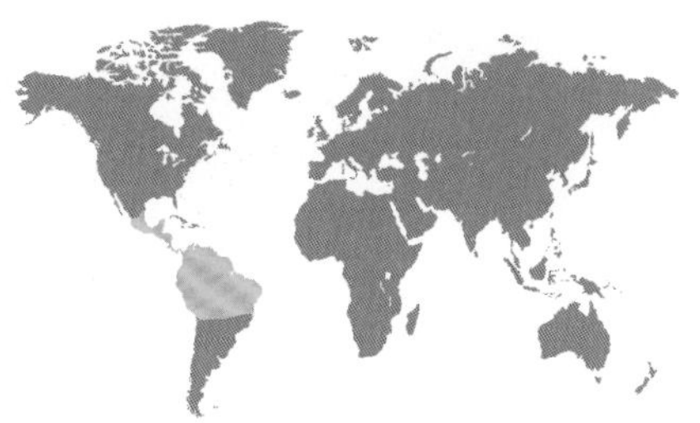

硬叶羽线兰

Anathalllis sclerophylla

Hard-leaved Bonnet Orchid

(Lindley) Pridgeon & M. W. Chase, 2001

花的大小
1.2 cm（½ in）

植株大小
高 10~15 cm（4~6 in），
不包括花序

硬叶羽线兰植株分枝短，每条分枝生有一片叶和一枚花序。其叶坚硬，椭圆形或披针形。花序长 30 cm（12 in），生有多至 40 朵花。本种过去曾认为是腋花兰属 *Pleurothallis* 的一员，但该属为多系群（也即现生种类来自一个以上的祖先类群），所以已被拆分。

本种的花序远比叶长。其花气味香甜，同时开放，可吸引很多昆虫。果蝇属 *Drosophila*、小型和大型的胡蜂类（包括茧蜂科 Braconidae 和胡蜂科 Vespidae）、蕈蚊（尖眼蕈蚊科 Sciaridae）和象甲类都曾被观察到访问本种的花。目前未见其花中有花蜜分泌。本种的有效传粉者（如果有的话）具体是哪种访花的昆虫则尚无研究。

实际大小

硬叶羽线兰的花的 3 枚萼片有微小的毛，长形，反曲；花瓣比萼片短得多，为萼筒所包藏；唇瓣亦微小，仅略突出于花外。

亚科	树兰亚科
族和亚族	树兰族，腋花兰亚族
原产地	厄瓜多尔
生境	山地森林，海拔 1,500~2,000 m（4,920~6,600 ft）
类别和位置	附生
保护现状	易危
花期	全年

花的大小
0.5 cm（⅛ in）

植株大小
5~10 cm × 3~5 cm
（2~5 in × 1~2 in），
不包括花序

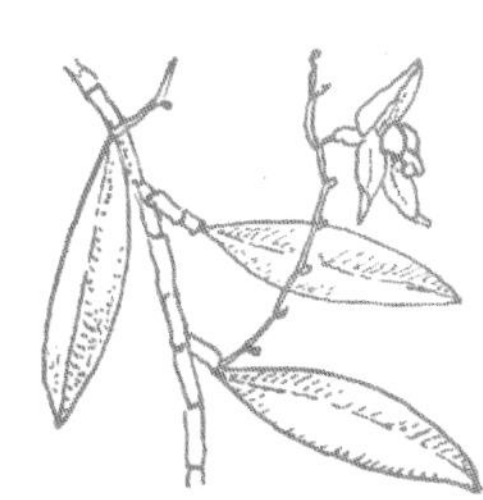

悬垂翼靴兰
Andinia pensilis
Hanging Bat Orchid

(Schlechter) Luer, 2000

实际大小

悬垂翼靴兰以肉质根附着在基质上，其茎纤细，下垂，叶在其上互生。茎上又生有脆弱而直立的花序，具 4~12 朵花，各托以一片小型苞片。其花与婴靴兰属 *Lepanthes* 这个大属类似。这很可能意味着它们也通过某种蝇类的假交配来传粉。翼靴兰属 *Andinia* 的兰花植株小型，有几个花部特征与婴靴兰属不同，但可能都具备同一套传粉特征。这两个属的稳定区别之一，在于翼靴兰属的子房上有浓密的毛。

本属的学名来自安第斯山脉，全属 12 种左右的兰花都产于这里。和腋花兰亚族几乎所有种类一样，本种也生长在湿凉的山地森林中。

悬垂翼靴兰的花的 3 枚萼片大，各具圆柱形的顶端；花瓣微小，狭窄；唇瓣折叠状，2 枚侧裂片大，围抱合蕊柱，形似蝙蝠的耳朵。

亚科	树兰亚科
族和亚族	树兰族，腋花兰亚族
原产地	哥伦比亚、委内瑞拉、厄瓜多尔、秘鲁和玻利维亚
生境	中高海拔热带湿润森林
类别和位置	附生，有时地生或石生
保护现状	无危
花期	任何时候均可开花，但夏季较少开花

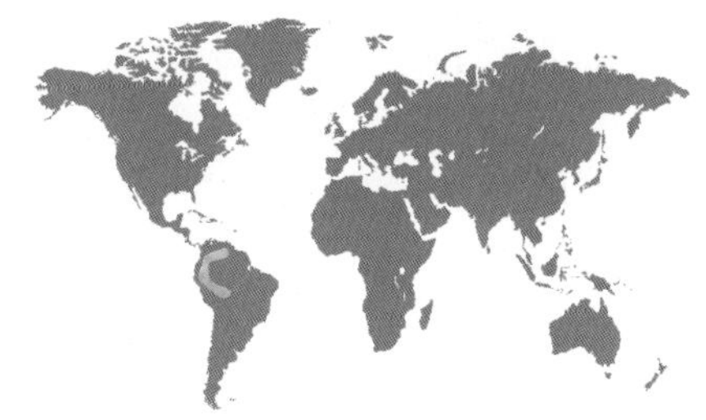

帽蕊销唇兰
Barbosella cucullata
Cowled Sprite
(Lindley) Schlechter, 1918

花的大小
约2.5 cm（1 in）

植株大小
10~15 cm × 2.5 cm（4~6 in × 1 in），不包括花莛，其花莛直立至弓曲，仅具单花，高13~20 cm（5~8 in）

实际大小

帽蕊销唇兰是一种微型兰花。其叶肉质，闪亮，形成繁茂的叶丛，从每片叶旁边均可生出花莛，每花莛生有单独一朵相对较大、黄褐色至红褐色的花。本种喜欢同时开出大量花朵，其花形独特，引人注目，挺于叶丛之上，为这样一种小型兰花带来了绚丽的姿色。

本种的花与腋花兰亚族其他属的花的区别在于其柱头弯曲，形成兜帽状，位于唇瓣基部的凹穴上方。和很多兰花一样，其唇瓣可活动，能控制传粉者以正确的姿态带走或卸下花粉，但目前还不知道为这些兰花传粉的昆虫具体是什么种类。本种的英文名意为“戴兜帽的精灵”，指合蕊柱形成兜帽状。其种加词 *cucullata* 在拉丁语中亦意为“具兜帽的”，有相同的语源。

帽蕊销唇兰的花为黄绿色至红褐色，有时近粉红色；其萼片长而渐尖，外伸；花瓣短得多，丝状；合萼片大，下伸；唇瓣可活动，位于合萼片中，有略呈红色的开放凹穴。

亚科	树兰亚科
族和亚族	树兰族，腋花兰亚族
原产地	安第斯山脉东坡，厄瓜多尔中南部
生境	中高海拔热带湿润森林
类别和位置	地生，生于斜坡上和岸边
保护现状	无危
花期	春季

花的大小
4~5 cm（1½~2 in）

植株大小
5~8 cm × 2.5 cm（2~3 in × 1 in），不包括花莛，其花莛直立，仅具单花，高 2.5~5 cm（1~2 in）

绿花杯兰

Brachionidium dodsonii

Dodson's Green Moss Sprite

Luer, 1995

绿花杯兰是一种小巧的丛生兰花，无假鳞茎，叶薄。它们在多藓类的落叶层中形成大片。尽管本种紧密丛生，但也可生长为藤状，在深深的藓丛中蔓延，边生长边扎根。杯兰属 *Brachionidium* 的其他种见于安第斯山区兰花分布的上限，海拔可高达 3,900 m（12,800 ft）。绿花杯兰的种加词 *dodsonii* 纪念的是植物学家卡拉韦 · H. 多德逊，他曾长期研究安第斯山的兰花，对我们有关这一地区兰花的知识做出了巨大贡献。

本种的花质地薄，小而美丽，但极为脆弱，开放时间也很短，通常不超过一两天。目前尚未记录其传粉者，但其花可能和腋兰花亚族几乎所有种一样由小型蝇类访问。

实际大小

绿花杯兰的花有 4 枚花被片（包括 2 枚萼片和 2 片花瓣，其中一枚合萼片由 2 枚侧萼片合生而成）为绿色，形状类似，有长尾尖；唇瓣小，通常短阔，光滑，顶端尖，中央为深绿色。

亚科	树兰亚科
族和亚族	树兰族，腋花兰亚族
原产地	大安的列斯群岛
生境	沿山脊和路边的云雾林，海拔 750~2,500 m（2,460~8,200 ft）
类别和位置	附生，稀为地生
保护现状	未评估，但局地常见
花期	12 月至 2 月（冬季至早春）

鸟嘴双脊兰

Dilomilis montana

Parrotbeak Orchid

(Swartz) Summerhayes, 1961

花的大小
1.5 cm（⅝ in）

植株大小
25~46 cm × 8~10 cm（10~18 in × 3~4 in），不包括花序，其花序直立，顶生，比叶高 20~36 cm（8~14 in）

鸟嘴双脊兰的茎为甘蔗状，包于宿存的鞘状叶中，叶片披针形，坚硬，革质。其植株会发出直立的花序，花序不分枝或分枝，有坚硬的苞片和多至 12 朵的花，花有堇菜香味。双脊兰属的学名 *Dilomilis* 来自古希腊语词 di-（二）和 lom-（流苏，再加上拉丁语后缀 *-ilis*（具有……的），合起来指唇瓣有 2 道冠状褶片。中文名中的“鸟嘴”二字则指唇瓣的形状。

据报道，本种在哥斯达黎加以蜂鸟为传粉者，其花据说为当地特有的波多翠蜂鸟 *Chlorostilbon maugaeus* 所访问。然而，本种的花可产生一种鸟类察觉不到的气味，所以蜂类也可能访问它们。本种的花还没有能引导鸟喙的花被管，所以其形态并不能很好地适应鸟类传粉，却像很多由蜂类传粉的种。

鸟嘴双脊兰的花的萼片和花瓣为白色至乳黄色，上萼片向花上方弓曲；合蕊柱的药帽黑色，具下伸的翅，翅为唇瓣的两侧所围抱；唇瓣白色，3 裂，有红色条带和 2 条冠状褶片。

实际大小

亚科	树兰亚科
族和亚族	树兰族，腋花兰亚族
原产地	哥斯达黎加至厄瓜多尔
生境	山地雨林，海拔 700~1,400 m（2,300~4,600 ft）
类别和位置	附生
保护现状	未评估
花期	6 月至 8 月（夏季）

花的大小
1.5 cm（⅝ in）

植株大小
2.5~8 cm × 2.5 cm（1~3 in × 1 in），不包括花莛，其花莛侧生，仅具单花，长5~10 cm（2~4 in）

猬箭兰
Diodonopsis erinacea
Porcupinefish Orchid

(Reichenbach fils) Pridgeon & M. W. Chase, 2001

实际大小

猬箭兰是一种小型兰花。其叶形成紧密的叶丛，坚硬，披针形，基部有管状鳞片。每片叶生有单独一枚弓曲下垂的花莛，生有单独一朵位于叶上方不远处的花。其花以形态复杂著称，外表面上有很多刺。其萼片大型，喇叭状，末端延伸成长尾状，尖端膨大。花上的这些刺是中文名“猬箭兰”的由来，也是本种所在的矮髭兰属学名 *Diodonopsis* 的由来［该名来自古希腊语词 diodon（具二齿的），同时也是刺鲀属的学名］。本种的种加词 *erinacea* 则来自拉丁语中意为“刺猬”的单词。

本种的传粉目前尚无研究，但其形态类似尾萼兰属 *Masdevallia*（以前曾包括在该属中）和腋花兰属 *Pleurothallis*，而后二者由多种搜寻食物或交配地点的蝇类传粉。在猬箭兰的花朵上面一定也会发生类似的事情。

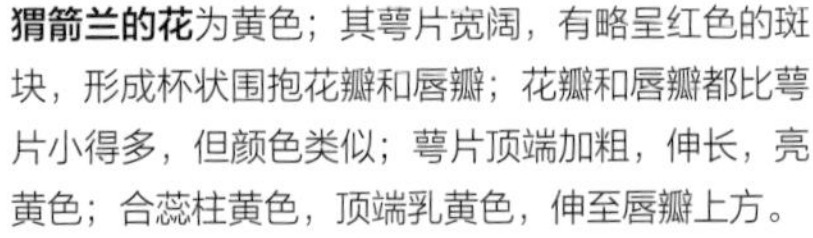

猬箭兰的花为黄色；其萼片宽阔，有略呈红色的斑块，形成杯状围抱花瓣和唇瓣；花瓣和唇瓣都比萼片小得多，但颜色类似；萼片顶端加粗，伸长，亮黄色；合蕊柱黄色，顶端乳黄色，伸至唇瓣上方。

亚科	树兰亚科
族和亚族	树兰族，腋花兰亚族
原产地	厄瓜多尔东南部
生境	云雾林
类别和位置	附生
保护现状	无危
花期	春季和秋冬季

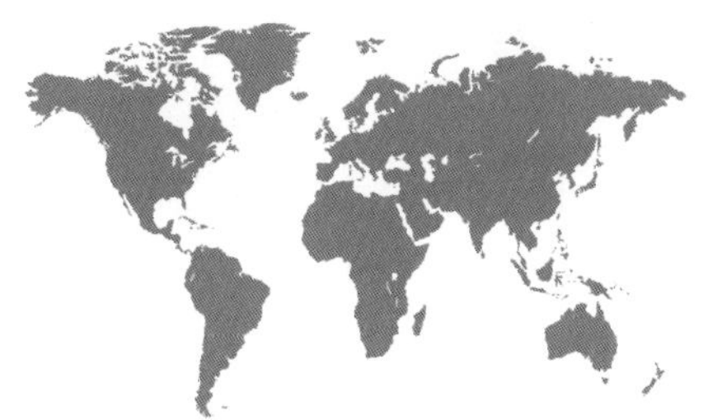

猴面小龙兰
Dracula simia
Monkey-face Orchid

(Luer) Luer, 1978

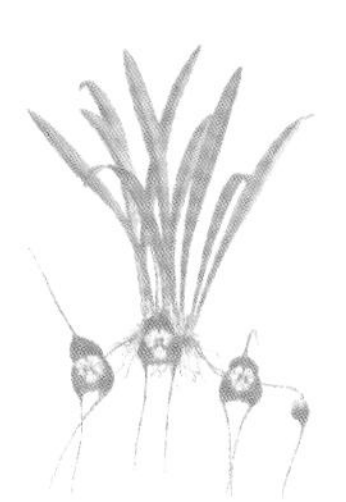

花的大小
15 cm（6 in）

植株大小
18~25 cm × 2.5~5 cm（7~10 in × 1~2 in），不包括长 13~20 cm（5~8 in）的下垂花序

猴面小龙兰的花下垂并面向下方，如果仔细观察，可发现每一朵花的中央呈现出猴子脸一般的模样。因为这个特征，其种加词叫作*simia*（在拉丁语中意为“猴子”），而其中文名也叫“猴面小龙兰”。小龙兰属 *Dracula* 的种大部分是喜湿的兰花，生于凉爽的云雾林中，其叶形态颇似尾萼兰属 *Masdevallia* 的种。尾萼兰属是个大属，历史上曾包括小龙兰属，这两个属现在在遗传上仍然有亲和性（而可以产生人工杂种）。

本种的花有长形尾状物，可连续开放，垂于叶丛之下。花上通常有疣突和毛，唇瓣圆形，生有类似蕈类菌盖下面的菌褶一般的结构。尽管本种的花让人想到猴子脸，但在为其传粉的蕈蚊看来，它们的外观和蕈类般的气味仿佛暗示这里是个适合产卵的地点。

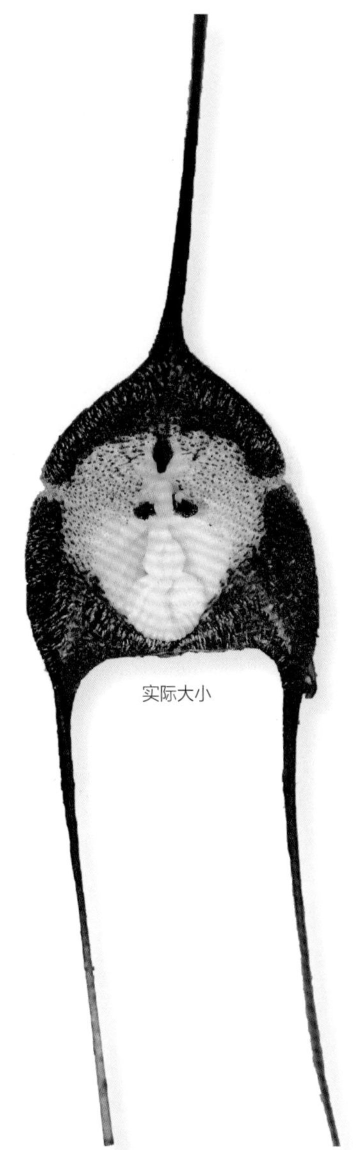

实际大小

猴面小龙兰的花具 3 枚显眼的红褐色萼片，每枚萼片均具长尾尖，表面疏被毛；花瓣小，颜色深；唇瓣可活动，白色至乳黄色，具有类似菌盖下面的菌褶的结构。

亚科	树兰亚科
族和亚族	树兰族，腋花兰亚族
原产地	厄瓜多尔西部
生境	云雾林，海拔 1,800~2,200 m（5,900~7,200 ft）
类别和位置	附生
保护现状	因盗采和园艺收集而受威胁
花期	全年

花的大小
18 cm（7 in）

植株大小
20~30 cm × 2.5~5 cm
（8~12 in × 1~2 in）

墨线小龙兰
Dracula vampira
Vampire Dragon

(Luer) Luer, 1978

墨线小龙兰的英文名意为“吸血鬼之龙”，是兰科中最引人遐想的名字之一，使人眼前浮现出恐怖电影中的鲜活画面。小龙兰属的学名 *Dracula* 来自中世纪拉丁语中的“小龙”一词，由 *draco* 加上后缀 *-ula* 构成。这一属名的另一个语源来自龙之大公弗拉德三世（Vlad Ⅲ Dracula, 1431—1476），他是瓦拉几亚（今罗马尼亚）的统治者，其父亲是龙骑士团（Order of the Dragon, 罗马尼亚语是 Dracul）的一员。这位大公和吸血鬼的联系源于布莱姆·斯托克（Bram Stoker）的哥特式恐怖小说《德拉库拉》（*Dracula*, 1897）。本种的花形状诡异，有粗大而近黑色的条纹，生于弓曲至下垂的花莛上，与叶彼此分明，从而让它们有了怪异的外观。

小龙兰属的种全都可能由食真菌的蕈蚊类传粉。其唇瓣形似蕈类，又有“菌褶”和类似的气味，可吸引蕈蚊。所有这些引人瞩目的外观全都是诡计。

墨线小龙兰的花的 3 枚萼片呈乳黄色或浅绿色，密布有明显的黑褐色条纹，每枚萼片均具长尾尖；花瓣短，色浅，位于合蕊柱两侧；唇瓣勺状，为偏粉红色的乳黄色，具从中央向外呈放射状的脊状褶片。

实际大小

亚科	树兰亚科
族和亚族	树兰族，腋花兰亚族
原产地	危地马拉和哥斯达黎加
生境	潮湿常绿森林，海拔 800~1,000 m（2,625~3,600 ft）
类别和位置	附生
保护现状	未评估
花期	12 月至 2 月（冬季）

花的大小
1 cm（⅜ in）

植株大小
8~10 cm × 2.5 cm
（3~4 in × 1 in），
包括仅具单花的弓曲花序

密毛拳套兰
Dresslerella pilosissima
Fuzzy Pantofle
(Schlechter) Luer, 1978

密毛拳套兰是一种微型兰花，植株覆有毛。其茎短而下垂，各生有单独一片卵状披针形的叶。其花在基部有鞘的花莛上单生，位于叶上方不远处，连续开放。萼片表面有绵毛，像一只毛绒拖鞋，这是其英文名的由来（“Pantofle”是拖鞋在英文中的一个老式称呼）。拳套兰属的学名 *Dresslerella* 纪念的是杰出的兰花生物学家罗伯特 · L. 德莱斯勒，由其姓氏加上拉丁语的指小后缀 *-ella* 构成。种加词 *pilosissima* 来自拉丁语词 *pilosus*（有毛的），指的也是植株上的毛。

本种植株上覆盖的毛似乎是一种防御食草动物的措施。其背萼片和花瓣末端有能散发气味的腺体（发香器），很可能是为了吸引某种蝇类，但目前在野外尚未记录过其传粉。

实际大小

密毛拳套兰的花的侧萼片合生，乳黄色而有红色条纹；上萼片有长尖，顶端有腺体，外面有绵毛，位于花的开口之上；花瓣颜色与萼片类似，顶端增粗；唇瓣锹形，包藏在拖鞋状的萼片中。

亚科	树兰亚科
族和亚族	树兰族，腋花兰亚族
原产地	巴西东南部
生境	热带湿润森林
类别和位置	附生
保护现状	无危
花期	全年，但最常在夏季

花的大小
3~4 cm（1¼~1½ in）

植株大小
5~8 cm × 1.3 cm
（2~3 in × ½ in），
包括花莛，其花莛短，
直立，仅具单花，
长1.3 cm（½ in）

金雉斑兰
Dryadella edwallii
Partridge in the Grass Orchid

(Cogniaux) Luer, 1978

实际大小

金雉斑兰的花为三角形；其 3 枚萼片顶端锐尖，底色为黄色或浅绿色，通常有褐色斑点；花瓣黄色，有褐色斑点，位于唇瓣两侧；唇瓣宽阔，弯曲。

金雉斑兰的花有斑点，通常与薄而繁茂的叶丛交织在一起，乍一看不易看到。其英文名意为"'草丛中的山鹑'兰"，指的就是花在叶丛中的位置，雉斑兰属的学名 *Dryadella* 也是由此而来，由 *Dryad*（希腊神话中的林中仙女）和指小后缀 *-ella* 构成。

腋花兰亚族各属几乎所有种都由某种蝇类传粉，它们在花周围飞舞，寻找食物或产卵之地。这些兰花的唇瓣有可活动的关节，所以当蝇类爬到平衡点时，就会被唇瓣抛向合蕊柱，在它们挣扎着脱身的过程中就把花粉块沾到背部，然后把它们带走。

亚科	树兰亚科
族和亚族	树兰族，腋花兰亚族
原产地	哥斯达黎加
生境	云雾林，海拔约 2,000 m（6,600 ft）
类别和位置	附生
保护现状	未评估
花期	春季至秋季

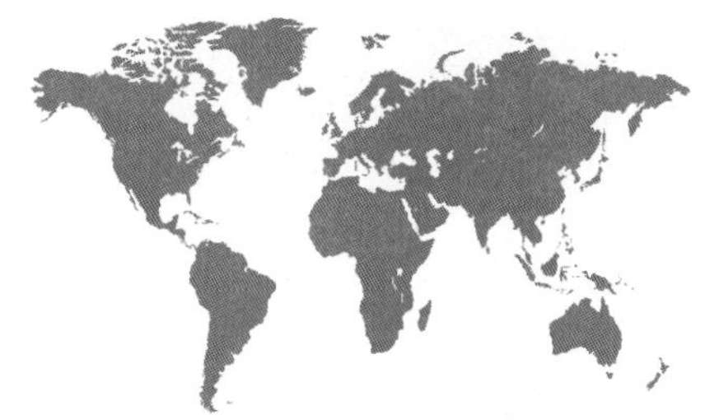

苍耳状蛎萼兰
Echinosepala stonei
Burdock Orchid

(Luer) Pridgeon & M. W. Chase, 2002

花的大小
2 cm（¾ in）

植株大小
18~30 cm × 2.5~3.8 cm（7~12 in × 1~1½ in），包括花莛，其花莛单独在根状茎上生长，长 1.3~2.5 cm（½~1 in）

苍耳状蛎萼兰是一种小型兰花。其萼直立，簇生，每枚各生有单独一片叶。其叶直立，厚革质，椭圆形。茎基部围有 3 或 4 片疏松重叠的管状的鞘状叶。花莛短，从茎上顶生叶和它后面第一片叶之间的位置发出，生有单独一朵花。花只在两侧开放两道槽，顶端仍然闭合。这种古怪兰花的传粉尚无记录。它所在的腋花兰亚族专门靠各种类型的蝇类传粉，对苍耳状蛎萼兰来说可能也是如此。

本种中文名中的“苍耳”二字指其花外侧有刺，形似菊科 Asteraceae 苍耳属 *Arctium* 植物的刺果。蛎萼兰属的学名 *Echinosepala* 来自古希腊语词 echinus（刺猬）和 sepalum（萼片），也是指萼片外面有刺。

实际大小

苍耳状蛎萼兰的花的萼片几乎为黑色，有密毛，其中 2 枚合生；花瓣短，匙形，有脊突；唇瓣有柄，杯状，3 裂，侧裂片狭窄，中裂片宽阔并有毛。

亚科	树兰亚科
族和亚族	树兰族，腋花兰亚族
原产地	中美洲萨尔瓦多至哥斯达黎加，可能还有巴拿马西部
生境	云雾林，常生于作为湿润牧场围栏的树木上，海拔 1,300~1,500 m（4,300~4,920 ft）
类别和位置	附生
保护现状	未评估
花期	7 月至 10 月（晚夏和秋季），全年都可能开花

花的大小
0.3 cm（⅛ in）

植株大小
8~10 cm × 2.5 cm
（3~4 in × 1 in），
包括连续开花的花序

哥斯婴靴兰

Lepanthes costaricensis

Babyboot Orchid

Schlechter, 1923

实际大小

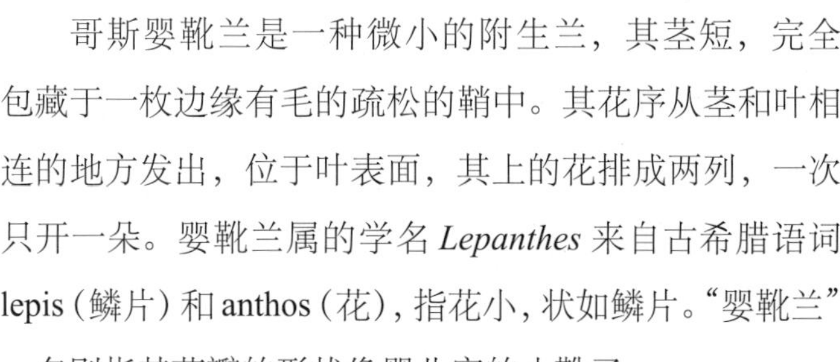

哥斯婴靴兰是一种微小的附生兰，其茎短，完全包藏于一枚边缘有毛的疏松的鞘中。其花序从茎和叶相连的地方发出，位于叶表面，其上的花排成两列，一次只开一朵。婴靴兰属的学名 *Lepanthes* 来自古希腊语词 lepis（鳞片）和 anthos（花），指花小，状如鳞片。“婴靴兰”一名则指其花瓣的形状像婴儿穿的小靴子。

尽管本种的花很小，凑近观察的话，它们却揭示了一些令人难以置信的复杂性——让人想到苏斯博士（Dr. Suess）的绘本《霍顿和无名氏》（*Horton Hears a Who!*）中的大象霍顿，在一粒灰尘上发现了它从未见识过的一个世界。同样，本种和婴靴兰属的其他种的传粉者是微小的蝇类，因为体形太小，多数人很可能完全不知道还有这样的昆虫存在。

哥斯婴靴兰的花的萼片薄，开展，黄色至略带红色的黄色，形状和大小均相同，中脉带红色；花瓣红色至橙色，有 2 枚线形裂片，紧抱唇瓣；唇瓣深粉红色至橙红色，2 深裂，合蕊柱位于其下。

亚科	树兰亚科
族和亚族	树兰族，腋花兰亚族
原产地	厄瓜多尔
生境	云雾林，海拔 750~1,000 m（2,460~3,300 ft）
类别和位置	附生
保护现状	无危
花期	晚冬和春季

飞花婴靴兰

Lepanthes volador

Flying Trapeze Orchid

Luer & Hirtz, 1996

花的大小
0.2 cm（⅛ in）

植株大小
2.5~5 cm x 2~2.5 cm（1~2 in x ¾~1 in），包括长 0.6~1.3 cm（¼~½ in）的花序

实际大小

婴靴兰属 *Lepanthes* 有 1,000 多个种，随时还有更多新种被发现，它是兰科中最大的属之一。飞花婴靴兰是一种精致的兰花，其叶圆形，有颜色较深的脉纹。其花小而复杂，在高悬于叶上的直立花序上连续开放。本种无贮存水分的假鳞茎，生于持续湿润的云雾林中。种加词 *volador* 在西班牙语中意为“飞翔的”，指花生于叶上方，而不像婴靴兰属其他种那样位于叶表面。

婴靴兰属的种通过让小型蝇虻类进行假交配而传粉。其花的气味模拟了雌虫分泌的性激素，可以吸引雄虫。飞花婴靴兰也有类似的花形，表明它可能也具备相关的一套特征，但目前对其传粉还知之甚少。

飞花婴靴兰的花的萼片为绿黄色，卵形；花瓣黄至橙色，2 裂，上裂片延伸成尾状，下裂片圆形；唇瓣红色，卵形，围抱橙色至紫红色的合蕊柱。

亚科	树兰亚科
族和亚族	树兰族，腋花兰亚族
原产地	哥伦比亚（安蒂奥基亚省）
生境	云雾林，海拔 1,500~1,800 m（4,920~6,070 ft）
类别和位置	附生
保护现状	无危
花期	2 月至 3 月（晚冬和春季）

花的大小
0.2 cm（⅛ in）

植株大小
8~10 cm × 1~1.5 cm（3~4 in × ⅜~⅝ in），不包括长 8~10 cm（3~4 in）的花序

锯鲨排帽兰
Lepanthopsis pristis
Sawfish Orchid

Luer & R. Escobar, 1986

实际大小

排帽兰属的学名 *Lepanthopsis* 指其营养器官与婴靴兰属 *Lepanthes* 类似。这两个属的种都没有假鳞茎，其生叶的部位为柔弱的茎（枝状苳），覆有漏斗状的鳞片（术语叫“婴靴兰状鞘”），为其特征。这两个属的花则不同，其中锯鲨排帽兰的花在花序上有秩序地排成两列，看上去仿佛是锯鲨（本种的种加词 *pristis* 在古希腊语中意思就是“锯鲨”）长着很多牙齿的喙。

锯鲨排帽兰的花序仅一枚，从茎顶和叶基部之处发出，一次开出 20~30 朵花。目前对其传粉几无所知，但有人怀疑传粉者可能是蚜虫。不过，蚜虫的行为（固定不动的刺吸昆虫）意味着它们不会是高效的传粉者。更可能是某种蝇类在发挥作用。

锯鲨排帽兰的花为半透明的绿色或黄褐色；其萼片宽披针形，基部合生，略呈杯状；花瓣微小，半圆形；唇瓣绿色，三角形；合蕊柱短，有 2 枚宽阔的侧裂片。

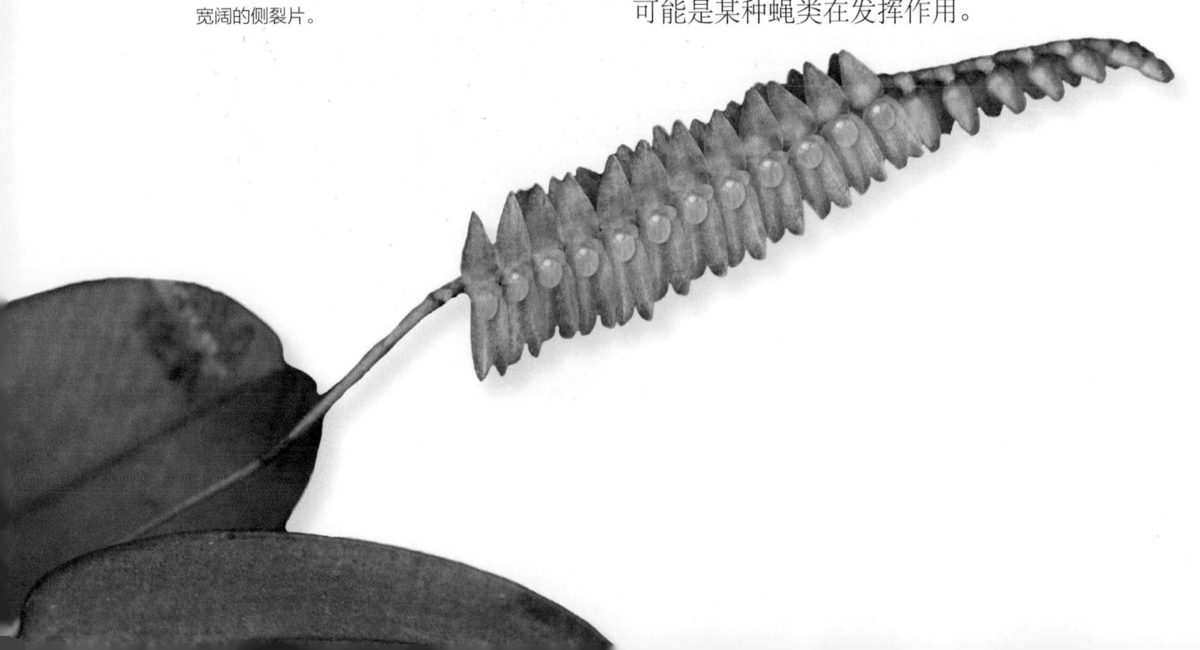

亚科	树兰亚科
族和亚族	树兰族，腋花兰亚族
原产地	哥斯达黎加
生境	潮湿森林，海拔 1,500～1,800 m（4,920～5,900 ft）
类别和位置	附生
保护现状	未正式评估
花期	1 月至 2 月（晚冬至早春）

红基尾矩兰
Masdevallia chasei
Monteverde Yellow Nymph

Luer, 1980

花的大小
2.5 cm（1 in）

植株大小
10～18 cm × 1.3～2.5 cm（4～7 in × ½～1 in），包括短于叶的基生花莛

红基尾矩兰的茎簇生，每条茎在基部包有管状鞘，并具单独一片直立、革质的倒卵形叶。其花莛纤细，直立至弓曲，从每片叶的基部发出，仅具单花，偶尔可见第二朵。本种最早发现于哥斯达黎加蒙特韦尔德云雾林保护区外面不远处，目前仍然仅知这一个分布点。该保护区有大量（目前已达 500 种以上）兰花的分布记录，并因此著称。

红基尾矩兰以马克 · W. 切斯（Mark W. Chase）教授的名字命名，他和凯利 · 沃尔特（Kerry Walter）博士一起在 1979 年发现了这种兰花。切斯是最早采用 DNA 来研究植物演化的植物分类学家之一。

实际大小

红基尾矩兰的花的 3 枚萼片合生，黄色，形成管状，基部常有红色大斑，并有 3 枚长而呈线形的尖端；花瓣、唇瓣和合蕊柱均短，黄色，常带红色色调。

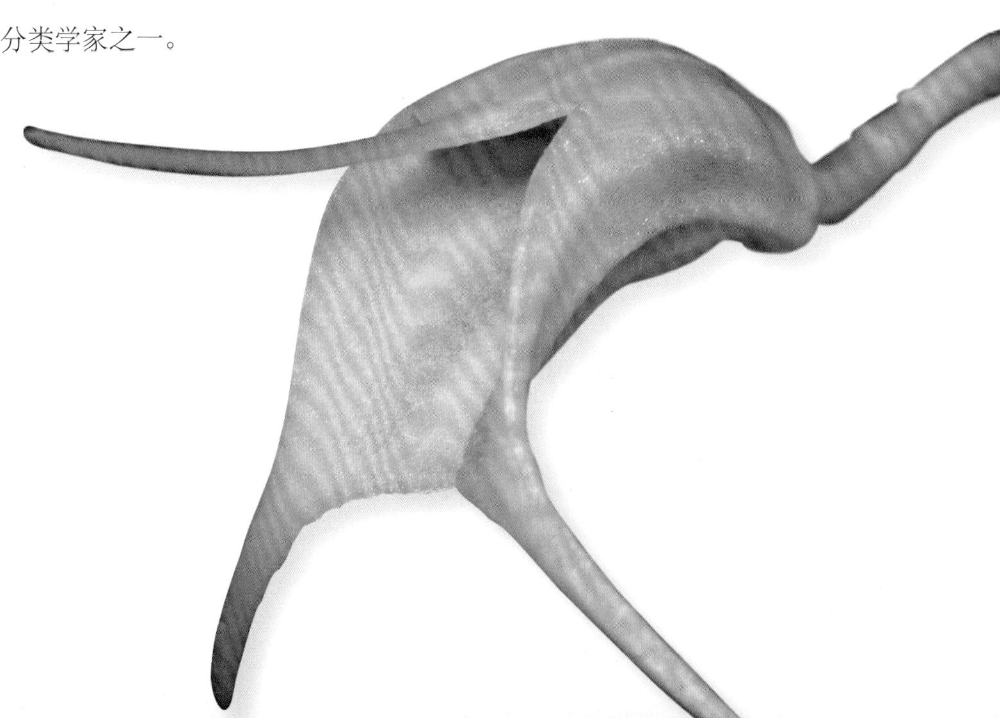

亚科	树兰亚科
族和亚族	树兰族，腋花兰亚族
原产地	哥伦比亚的中西科迪勒拉山脉
生境	中海拔热带湿润森林
类别和位置	附生
保护现状	无危
花期	秋季

花的大小
5 cm（2 in）

植株大小
8～13 cm × 2.5 cm（3～5 in × 1 in），包括花莛，其花莛仅具单花，短而直立，长2.5～5 cm（1～2 in）

马蹄尾齿兰
Masdevallia herradurae
Hidden Spider Orchid
F. Lehmann & Kraenzlin, 1899

马蹄尾齿兰的叶狭窄，几乎为线形，有光泽，高度肉质，在全长的中间略宽。其花以有长尾尖而引人瞩目，生于叶丛低处，能散发出浓郁的气味，令人想到成熟（而几乎要腐烂）的椰子。其英文名意为“隐藏的蜘蛛兰”，指其花形如蜘蛛，几乎完全藏在叶中。

本种所属的尾萼兰属 *Masdevallia* 是个大属，在全美洲热带地区广布，特别是高海拔地区。除了少数例外，这些种都由蝇类传粉。对本种来说，其香气会让搜寻腐烂果实的蝇类以为这些花就是它们要找的东西。当一只蝇类在搜索过程中经过可活动的唇瓣上的平衡点后，便会被抛向合蕊柱，导致花粉团附着到蝇类的背上。

实际大小

马蹄尾齿兰的花的颜色多变，但最常为褐红色，通常有蜡状光泽；其3枚萼片均具长尾尖，顶端通常褪为黄色；花瓣和唇瓣短，浅黄色，围抱合蕊柱。

亚科	树兰亚科
族和亚族	树兰族，腋花兰亚族
原产地	秘鲁，仅见于马丘比丘
生境	云雾林中开放的多石地，海拔 2,000~4,000 m（6,600~13,100 ft）
类别和位置	大多为地生，有时石生，稀为附生
保护现状	受园艺采集的威胁
花期	9 月至 12 月（春季和早夏）

红冠尾萼兰
Masdevallia veitchiana
Veitch’s Marvel

Reichenbach fils, 1868

花的大小
20 cm（8 in）

植株大小
15~25 cm × 1.9~3.2 cm（6~10 in × ¾~1¼ in），不包括花莛，其花莛直立，仅具单花，高 25~51 cm（10~20 in）

红冠尾萼兰是一种生长在马丘比丘考古遗址附近地区的著名兰花。其茎直立，粗壮，其花生于茎上，有令人震撼的鲜艳颜色，高悬在叶丛上方。本种常生于阳光充足之处，周围的禾草可以保护其叶免受阳光灼伤。因为花上覆有虹彩状的紫红色的毛，使其表面呈现闪亮的色泽，其花色有时会显得不均匀、不对称。本种的种加词 *veitchiana* 以英国德文郡和伦敦的韦奇苗圃（Veitch Nurseries）命名，在 19 世纪，它是欧洲最大的家族苗圃，引种栽培了很多兰花新种。

红冠尾萼兰的传粉目前尚无研究。不过，在它所生长的海拔高度上，传粉者可能是蜂类或蜂鸟；而因为花中无花蜜，蜂鸟很可能可以排除在外。

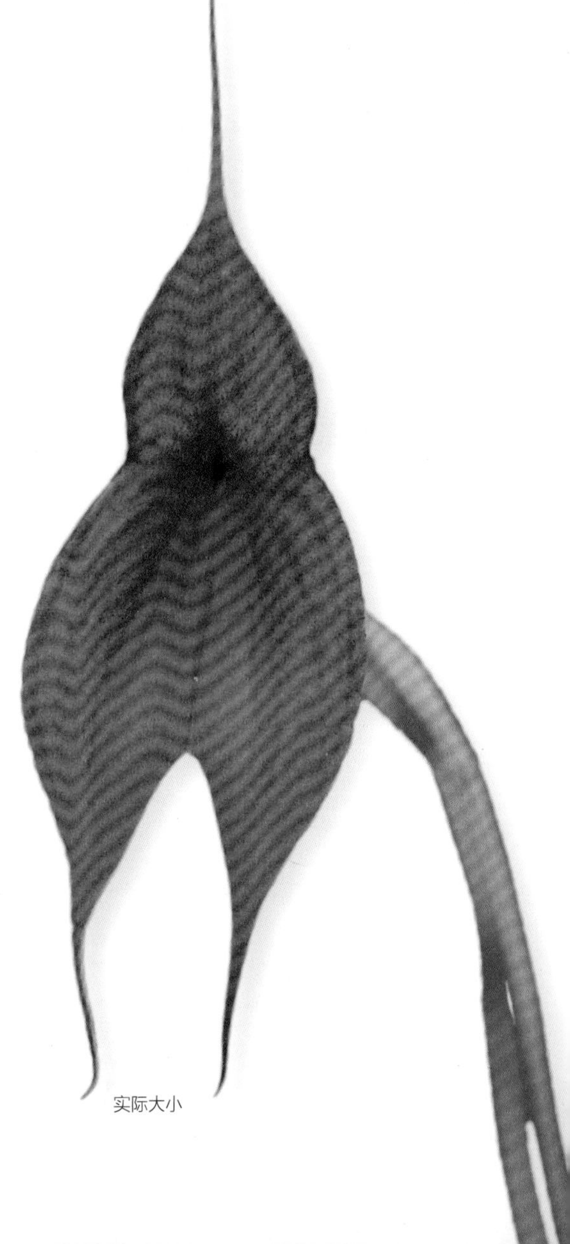

红冠尾萼兰的花的萼片为亮橙色，基部合生，呈现长三角形外观；其表面覆有能反光的紫红色毛，常呈现出闪亮的色泽；花瓣和唇瓣颜色较深，非常小，形成围抱合蕊柱的管状。

实际大小

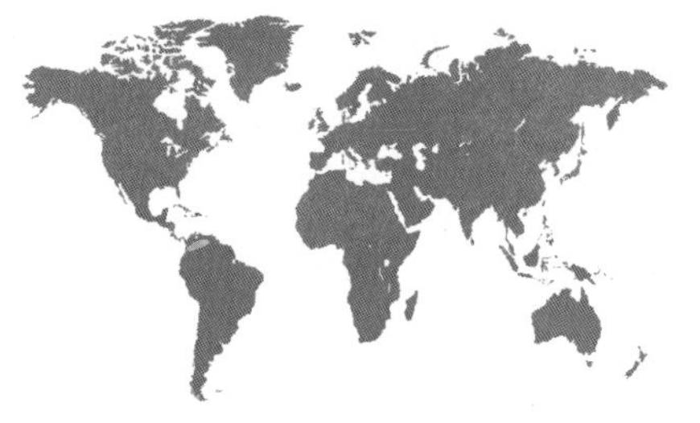

亚科	树兰亚科
族和亚族	树兰族，腋花兰亚族
原产地	哥伦比亚和委内瑞拉
生境	湿凉的森林，海拔 2,000~2,500 m（6,600~8,200 ft）
类别和位置	附生
保护现状	无危
花期	冬春季

花的大小
2~2.5 cm（¾~1 in）

植株大小
10~15 cm × 2.5 cm（4~6 in × 1 in），包括长1.3~2.5 cm（½~1 in）的短花序

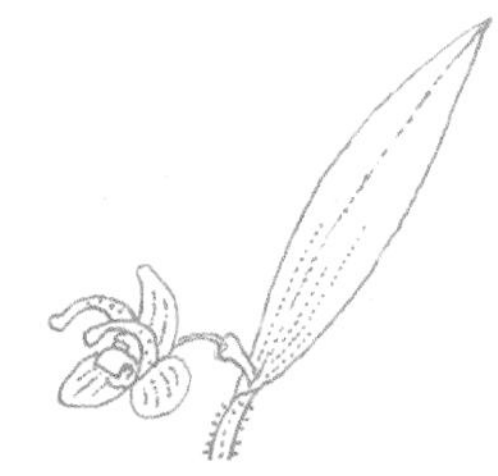

刺茎鼠花兰
Myoxanthus hystrix
Spiny-mouse Orchid

(Reichenbach fils) Luer, 1982

实际大小

刺茎鼠花兰生长于高海拔的云雾林中，在一年中大部分时间里均可开花，一朵老花凋谢时即有一朵新花开放。其茎以生有强壮的刚毛著称，其种加词 *hystrix* 在拉丁语中意为“豪猪”，指的正是这个特征。鼠花兰属的学名 *Myoxanthus* 来自古希腊语词 myoxos（睡鼠）和 anthos（花），但意义隐晦。

本种的花小，颜色和形状均奇特，在花瓣上有触角状的结节，其上生有散发气味的腺体。与腋花兰亚族几乎所有种的花一样，本种的花最可能由蝇类传粉。它们在叶上着陆，然后爬到花上。花中的唇瓣可活动，在某个时刻就会把蝇类抛向合蕊柱，从而让昆虫在挣扎脱身之时把花粉带走。花中无回报。

刺茎鼠花兰的花的萼片为浅绿黄色，有深红褐色的条纹；花瓣三角形，颜色与萼片相似，但在顶端有黄色结节；唇瓣大部为红褐色，弯曲，有关节。

亚科	树兰亚科
族和亚族	树兰族，腋花兰亚族
原产地	多米尼加共和国（伊斯帕尼奥拉岛）的高地
生境	云雾林，海拔 1,000~1,400 m（3,300~4,600 ft）
类别和位置	附生于灌木幼枝上
保护现状	无危
花期	春夏季

宽瓣短唇兰

Neocogniauxia hexaptera

Scarlet Cloud Orchid

(Cogniaux) Schlechter, 1913

花的大小
5~6 cm（2~2⅜ in）

植株大小
10~20 cm × 5~8 cm（4~8 in × 2~3 in），不包括花序，其花序顶生，直立至弓曲，通常长于叶，长 13~30 cm（5~12 in）

宽瓣短唇兰是一种壮观的兰花，花色浓艳，花形圆润。本种为多米尼加共和国云雾林中的特有种，尽管栽培困难，但仍然是最受欢迎的来自加勒比海地区的兰花之一。本种是幼枝附生植物，常生于覆有一层地衣的灌丛低处。其花粉团和其他靠鸟类传粉的兰花一样颜色较深，因而不易被鸟类觉察，从而在卸至另一朵花上之前不易被鸟类擦除。花中未报道有花蜜，因此本种属于欺骗式传粉。

短唇兰属的学名 *Neocogniauxia* 纪念的是阿尔弗雷德·科尼奥（Alfred Cogniaux, 1841—1916），他对巴西和西印度群岛的兰花做了分类处理，并因此著称。本种的种加词来自古希腊语词 hex（六）和 pterus（有翅的），可能指花有 6 个部位。

宽瓣短唇兰的花为亮橙红色，其萼片和花瓣宽阔，圆形；唇瓣黄色，侧裂片折向合蕊柱周围；合蕊柱顶端红紫色。

实际大小

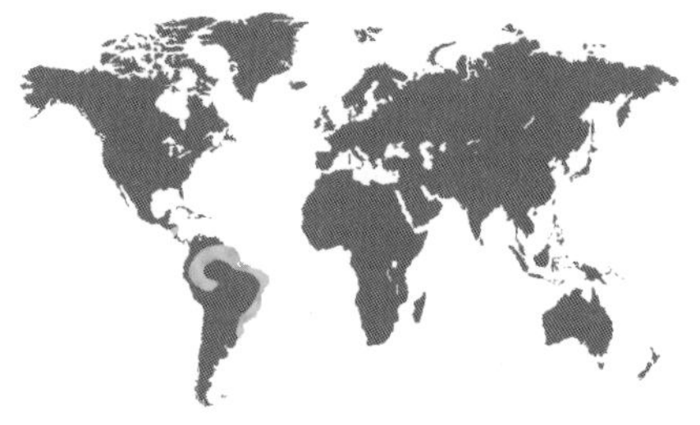

亚科	树兰亚科
族和亚族	树兰族，腋花兰亚族
原产地	中南美洲，从尼加拉瓜、特立尼达岛和哥伦比亚至玻利维亚和巴西南部
生境	湿润森林，海拔 100~2,500 m（330~8,200 ft）
类别和位置	附生
保护现状	广布，常见，故暂时无须考虑保护
花期	10 月至 3 月（在南北半球均如此）

花的大小
2 cm（¾ in）

植株大小
15~30 cm × 2.5~5 cm（6~12 in × 1~2 in），包括花序

大花八团兰
Octomeria grandiflora
Large Gnat Orchid

Lindley, 1842

实际大小

大花八团兰是一种丛生的兰花，其茎状如甘蔗，各生有单独一片直立的狭披针形叶。其花 1~3 朵簇生，从叶和茎相连处的一片具鞘的纸质苞片中发出。本种是八团兰属 *Octomeria* 中植株最大的种，属名来自古希腊语词 octo（八）和 meros（部分），暗指花中有 8 枚花粉团。

大花八团兰的花有香气，并能分泌花蜜，只会吸引一种尖眼蕈蚊。这些昆虫在搜寻位于唇瓣基部的花蜜的时候，会爬向唇瓣基部，其胸部因此会碰到合蕊柱，带走花粉团。下一次访花又可以卸下花粉团，但这常常导致昆虫被卡在花中无法解脱，最后死在那里。

大花八团兰的花的萼片和花瓣彼此形似，薄，黄色；唇瓣黄色，分裂，侧裂片上弯，与合蕊柱之间形成关节；唇瓣和合蕊柱基部有红色斑块，合蕊柱顶端白色。

亚科	树兰亚科
族和亚族	树兰族，腋花兰亚族
原产地	巴西南部
生境	生于海平面至海拔 900 m（2,950 ft）处
类别和位置	附生于灌木幼枝上
保护现状	无危
花期	晚冬至早春

婴毯兰
Pabstiella mirabilis
Baby-in-a-blanket
(Schltr.) Brieger & Senghas, 1976

花的大小
1.5 cm（⅝ in）

植株大小
8~10 cm × 2.5 cm（3~4 in × 1 in），不包括花序，其花序直立至弓曲，长10~15 cm（4~6 in）

婴毯兰是一种精致的小兰花，就连在 1918 年描述它的植物学家鲁道夫·施莱希特都觉得它是一个“华丽”的种。其花为纯洁的白色，合蕊柱从管状的唇瓣中伸出。合蕊柱仿佛是婴儿，唇瓣仿佛是包裹婴儿的毯子，故名“婴毯兰”。其种加词 *mirabilis* 在拉丁语中意为“华丽”。婴毯兰属的学名 *Pabstiella* 则是为纪念巴西著名兰科分类学家圭多·帕布斯特。

本种的传粉目前尚无研究，但其蜜距、花的大小和颜色都适合以小型蜂类作为传粉者。腋花兰亚族的大多数种由某种蝇类传粉，且经常采取食物欺骗策略，但本种看来有不同的适应方式。婴毯兰属的其他种则具备标准的适应蝇类的形态特征。

实际大小

婴毯兰的花为晶莹的纯白色；其背萼片兜帽状，合萼片反曲；花瓣和唇瓣前突，围抱合蕊柱；每片花瓣有一道浅粉红色至紫红色的细条纹。

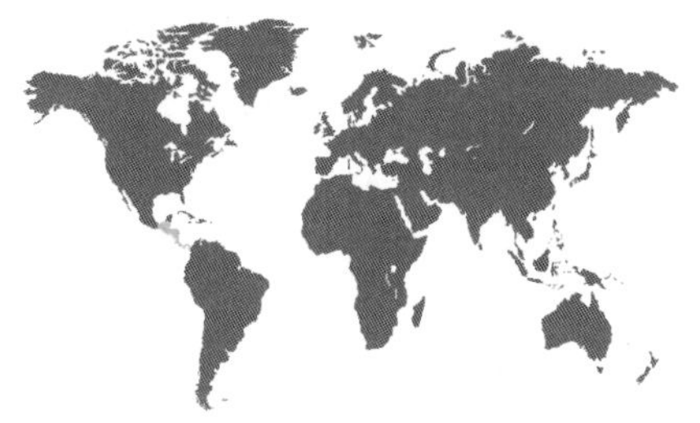

亚科	树兰亚科
族和亚族	树兰族，腋花兰亚族
原产地	中美洲，从墨西哥（恰帕斯州）至巴拿马
生境	雨林和云雾林，海拔 1,000~1,500 m（3,300~4,920 ft）
类别和位置	附生
保护现状	无危
花期	4 月至 7 月（春夏季）

花的大小
0.3 cm（⅛ in）

植株大小
4.5~6.5 cm × 0.8~1.3 cm
（1¾~2½ in × ¼~½ in），
包括长2.5~3.2 cm
（1~1¼ in）的顶生花序

橙唇树精兰
Platystele ovatilabia
Orange Wood Sprite
(Ames & C. Schweinfurth) Garay, 1974

实际大小

橙唇树精兰是一种微型兰花，其叶紧密簇生，狭披针形，有光泽，绿色。花序从其叶基部发出，覆有 2 片大型苞片，直立至下垂，生有 2~6 朵星形的花。树精兰属的学名 *Platystele* 来自古希腊语词 platy（宽阔）和 stili（柱），指该属成员有特征性的合蕊柱。本种的种加词 *ovatilabia* 意为“具卵形唇的”，指唇瓣的形状。本种的英文名则意为“橙色树精”，指其植株小，见于多雾和多树木的地方。

尽管橙唇树精兰的花很小，树精兰属其他种的花还要更小。不过，最小的兰花很可能来自和该属无亲缘关系的弯距兰属 *Campylocentrum*，其长度只有 0.5 mm（1/64 in）。包括橙唇树精兰在内的腋花兰亚族的兰花几乎全由蝇类传粉，所以本种也可能由蝇类传粉，但传粉者的具体种类还完全只能靠推测。

橙唇树精兰的花的萼片和花瓣半透明，卵形，锐尖，形状彼此相似；唇瓣亮橙色，卵形；合蕊柱短，有 2 枚宽阔的侧翅，并有白色至乳黄色的药帽。

亚科	树兰亚科
族和亚族	树兰族，腋花兰亚族
原产地	中美洲，从哥斯达黎加至巴拿马西部
生境	潮湿森林，海拔 1,300~2,500 m（4,300~8,200 ft）
类别和位置	附生
保护现状	未评估
花期	3 月至 5 月（春季）

心叶躺椅兰
Pleurothallis phyllocardia
Heartleaf Orchid

Reichenbach fils, 1866

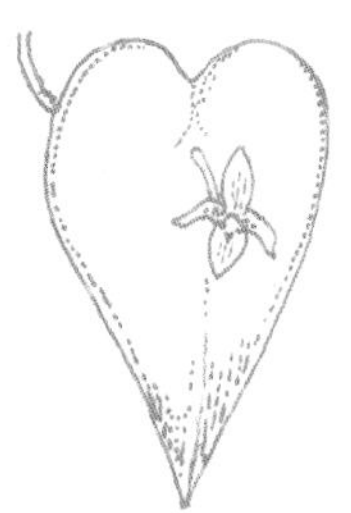

花的大小
2 cm（¾ in）

植株大小
18~30 cm x 8~10 cm
（7~12 in x 3~4 in），
包括花序

心叶躺椅兰的茎紧密簇生，纤细，直立，包有管状鞘，各生有单独一片直立、革质的心形叶。叶基围有单独一枚花序，伸至叶长一半处，花在其上连续开放。本种所在的腋花兰属的学名 *Pleurothallis* 来自古希腊语词 pleuron（肋）和 thallos（茎叶），指该属兰花有细茎。

本种唇瓣上有 2 个凹穴，可分泌花蜜，多枚花被片上的腺体可散发类似真菌的气味。虽然目前尚未研究过其传粉者，但本种在哥伦比亚有一个近缘且形似的种可在夜间吸引蕈蚊。本种宽阔的叶面为雄性和雌性蕈蚊提供了良好的相遇场地，它们在那里沾上花粉块之后，在其他叶上着陆时便为更多的花传了粉。

实际大小

心叶躺椅兰的花的侧萼片合生为单独一枚下萼片，与直立的上萼片对生；花瓣线形，侧伸；唇瓣短，阔矛头形，位于合蕊柱下方不远处；其花色多变，可从红紫色至略带绿色的乳黄色。

亚科	树兰亚科
族和亚族	树兰族，腋花兰亚族
原产地	美洲热带地区
生境	湿润山地森林和山脚，海拔 40~2,000 m（130~6,600 ft）
类别和位置	附生或石生
保护现状	未正式评估，但局地丰富，广布，所以暂时无危
花期	6月至8月（夏季）

花的大小
1.3~1.9 cm（½~¾ in）

植株大小
15~28 cm × 8~10 cm（6~11 in × 3~4 in），包括花序，其花序短，长1.3~1.9 cm（½~¾ in），生于叶片基部

腋花兰
Pleurothallis ruscifolia
Green Bonnet Orchid

(von Jacquin) Robert Brown, 1813

实际大小

腋花兰是一种小而丛生的兰花，具许多茎，基部围有一列管状鞘。每条茎生有单独一片披针形叶，叶基部较狭，形成短柄。其花组成短簇，从叶柄上生出，有清甜的香气。不过，有些植株的花为自花传粉。

本种的种加词 *ruscifolia* 在拉丁语中意为“叶似假叶树的”，指其形态像假叶树属 *Ruscus*（属于天门冬科）。这个属的植物与芦笋有亲缘关系，花也像从叶上生出。目前尚未观察过本种的传粉，但就和腋花兰亚族大多数种一样，蝇类是最可能的传粉者。本种的花为绿色，有香气，也合于这一推测。腋花兰属 *Pleurothallis* 以前是兰科最大的属之一，有 1,500 多种，但最近的分类学变化已经把这个属的种数降到了大约 1,000 种。

腋花兰的花具 2 枚萼片，其中一枚常多少呈兜帽状覆于花上方，另一枚的大小和形状相似，但由 2 枚侧萼片合生而成；花瓣线形；唇瓣短，箭头状。

亚科	树兰亚科
族和亚族	树兰族，腋花兰亚族
原产地	哥伦比亚、厄瓜多尔和委内瑞拉西北部
生境	云雾林，海拔 1,600~3,000 m（5,250~9,850 ft）
类别和位置	附生或有时地生
保护现状	未正式评估
花期	8 月至 10 月（秋季）

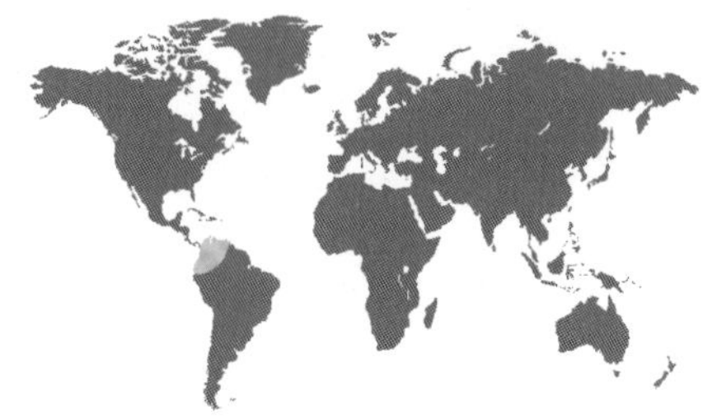

花的大小
2 cm（¾ in）

植株大小
10~15 cm × 2.5~3.8 cm（4~6 in × 1~1½ in），不包括高 13~25 cm（5~10 in）的直立花序

捕蝇伸唇兰
Porroglossum muscosum
Catchfly Orchid

(Reichenbach fils) Schlechter, 1920

捕蝇伸唇兰的茎纤细，膨大，基部围有管状鞘，顶端有单独一片叶。其叶薹质，有疣突，狭椭圆形，带紫红色调。其花序稠密，有柔毛，具单独一片苞片和相互重叠的管状小苞片，并在叶上方较远处生有数朵花，但任何时候都只有一朵在开放。伸唇兰属 *Porroglossum* 与尾萼兰属 *Masdevallia* 最为近缘，它在 1920 年由德国分类学家鲁道夫·施莱希特从后者分出。

实际大小

本种的唇瓣可活动，如果被访花昆虫（最可能是蝇类）触动，可在一秒钟之内关闭，把昆虫捕捉在内，将其压在合蕊柱上，使花团附着到虫体上。大约 30 分钟之后，唇瓣松开，之后昆虫又会重复这一过程，这样就把花粉运送到另一株兰花花朵中的柱头上。

捕蝇伸唇兰的花的萼片为黄绿色，合生成杯状，有黄色脉纹，顶端裂片细长；花瓣黄色，狭小，位于合蕊柱两侧；唇瓣可活动，黄色，顶端略带红色，具柄和关节。

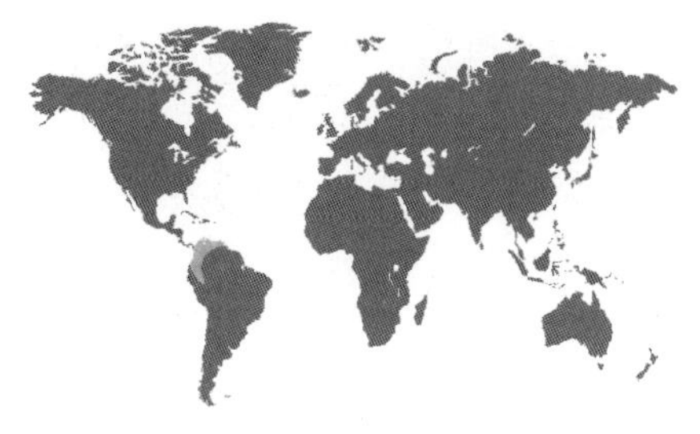

亚科	树兰亚科
族和亚族	树兰族，腋花兰亚族
原产地	南美洲西北部，从委内瑞拉至玻利维亚和秘鲁
生境	安第斯山森林，海拔 1,600~3,500 m（5,250~11,480 ft）
类别和位置	附生于树干上
保护现状	未评估
花期	2 月至 4 月，8 月至 10 月（晚冬至早秋，但不包括夏季）

花的大小
5 cm（2 in）

植株大小
15~25 cm × 5~8 cm（6~10 in × 2~3 in），不包括花莛，其花莛仅具单花，长2.5~8 cm（1~3 in），生于茎上方不远处的叶基

蜚蠊兰
Restrepia antennifera
Cockroach Orchid

Kunth, 1816

蜚蠊兰是一种丛生兰花，其茎在基部包有数枚带紫红色斑点的鞘。每条茎生有单独一片叶，叶直立或开展，卵状椭圆形，革质，顶端圆。其花莛纤细，生有单独一朵下垂的花。花的颜色和“触角”（丝状花瓣）仿佛蟑螂（蜚蠊）。其种加词 *antennifera*（在拉丁语中意为“有触角的”），指的就是这个特征。

本种的“触角”是发香器（散发气味的腺体），能释放挥发性的胺类和萜类化合物，把蝇类从很远的地方吸引来为其传粉。腋花兰亚族这个大类群中的几乎所有种都由蝇类传粉，通常不提供回报，而是欺骗传粉者，让它们以为花中存在着某种不存在的东西。蜚蠊兰属的学名 *Restrepia* 纪念的是何塞·马努埃尔·雷斯特雷波（José Manuel Restrepo, 1781—1863），他是哥伦比亚博物学家和历史学家，对兰花情有独钟。

实际大小

蜚蠊兰的花有条纹，并有一枚大型萼片（由侧萼片合生而成）；上萼片和花瓣丝状，顶端增粗；唇瓣扁平，有两枚顶端尖锐的侧裂片；合蕊柱向前弓曲到唇瓣基部上方。

亚科	树兰亚科
族和亚族	树兰族，腋花兰亚族
原产地	中南美洲，从墨西哥至哥伦比亚
生境	栎林和阔叶林，咖啡种植园中或附近，海拔 40~1,500 m（130~4,920 ft）
类别和位置	附生
保护现状	未评估，但广布，常见
花期	12 月至 3 月（冬春季）

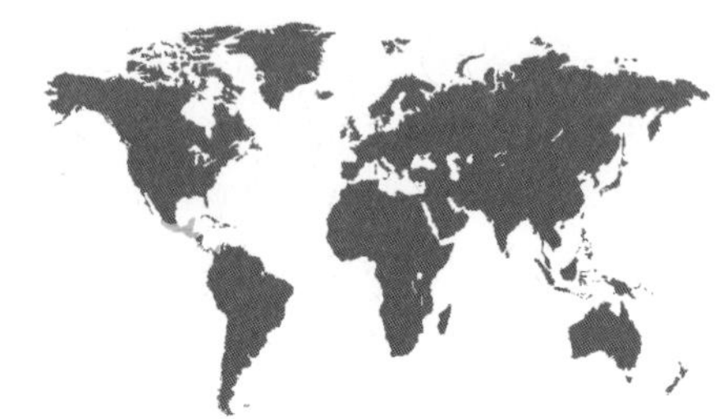

花的大小
2 cm（¾ in）

植株大小
18~30 cm × 2.5~3.8 cm（7~12 in × 1~1½ in），包括花序

蛇头兰

Restrepiella ophiocephala

Snake's Head

(Lindley) Garay & Dunsterville, 1966

蛇头兰的根状茎短而匍匐，生有一丛肥壮、直立的圆柱形茎。茎上覆有管状鞘，顶端生有单独一片椭圆状披针形的肉质叶，叶有短柄。其花最多 4 朵紧密簇生，有臭味，从叶柄和茎连接的地方发出。因为花粉团数目不同，蛇头兰属 *Restrepiella* 从蜚蠊兰属 *Restrepia* 分出，二者形似但并不近缘。本种的种加词 *ophiocephala* 来自古希腊语词 ophis（蛇）和 kephale（头），指花形如同张大嘴的蛇头。其中文名亦由此而来。

实际大小

本种的传粉目前尚无记录。不过，考虑到其花有臭味，传粉者可能是搜寻产卵地点的蝇类。

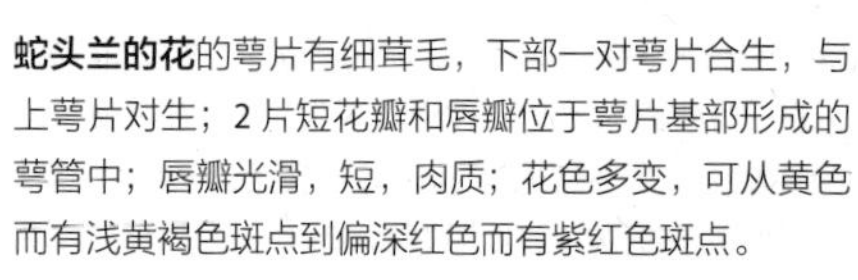

蛇头兰的花的萼片有细茸毛，下部一对萼片合生，与上萼片对生；2 片短花瓣和唇瓣位于萼片基部形成的萼管中；唇瓣光滑，短，肉质；花色多变，可从黄色而有浅黄褐色斑点到偏深红色而有紫红色斑点。

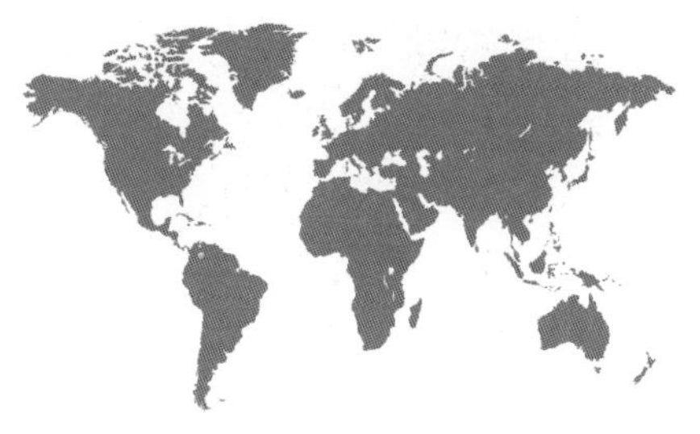

亚科	树兰亚科
族和亚族	树兰族，腋花兰亚族
原产地	安蒂奥基亚省（哥伦比亚）
生境	山地森林，海拔 1,200~1,500 m（3,950~4,920 ft）
类别和位置	附生
保护现状	未评估
花期	全年大部分时间

花的大小
2 cm（¾ in）

植株大小
15~25 cm × 5~8 cm（6~10 in × 2~3 in），不包括花序，其花序直立，长20~38 cm（8~15 in），超出叶丛

黄髭碗萼兰

Scaphosepalum grande

Yellow Mustache Orchid

Kraenzlin, 1922

实际大小

黄髭碗萼兰的花上下颠倒，侧萼片合生，有细长的顶端；下萼片有脊，前指；合萼片的内面通常有红色色调，并有红色斑点和条纹；花瓣和唇瓣比其他花被片小得多。

黄髭碗萼兰是一种丛生兰花，其茎纤细，每条包有2或3枚管状鞘，顶端有一片椭圆形叶。其总状花序侧生，从茎基部发出，有明显的苞片，并形成很多花蕾，但（大多数时候）一次只开一朵花。花期可持续几个月至近全年。蝇类在访问其花时，合生萼生上散发气味的区域可以引导它们到达能接触到花粉块和柱头的位置。

碗萼兰属的学名 *Scaphosepalum* 来自古希腊语词 skaphos（容器或任何中空之物）和拉丁语词 *sepalum*（萼片），指其合生的侧萼片碗状中空。在该属许多种中，这个结构上生有长尾尖。在本种中，这个结构更是有扁平的垂直表面，像是有长尖端的八字胡须。

亚科	树兰亚科
族和亚族	树兰族，腋花兰亚族
原产地	委内瑞拉、哥伦比亚和哥斯达黎加
生境	云雾林，海拔 2,400 m（7,900 ft）
类别和位置	附生
保护现状	未评估
花期	3 月和 9 月（栽培植株）

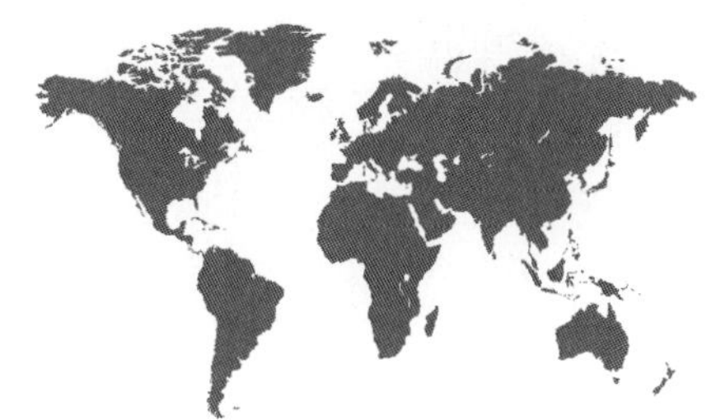

小魔蝇兰
Specklinia dunstervillei
Dunsterville's Fruitfly Orchid

Karremans, Pupulin & Gravendeel, 2015

花的大小
2 cm（¾ in）

植株大小
10～15 cm × 2 cm（4～6 in × ¾ in），不包括花序，其花序基生，弓曲，长18～30 cm（7～12 in）

实际大小

小魔蝇兰是 2015 年才描述的种，过去曾与其亲缘种内毛魔蝇兰 *Specklinia endotrachys* 混淆，但二者有几个特征不同，特别是花形。委内瑞拉裔英籍石油技术师和兰花爱好者加尔弗里德·C. K. 邓斯特维尔（Galfrid C. K. Dunsterville）曾在 1963 年为本种的植株绘图，种加词 *dunstervillei* 纪念的就是他。栽培的植株已知来自哥伦比亚和哥斯达黎加。本种属于帽花兰属 *Specklinia*，属名则是纪念韦特·鲁道夫·斯佩克尔（Veit Rudolph Speckle，卒于 1550 年），他是一位日耳曼木刻画家，曾为植物学家莱昂哈特·富克斯的一本有关药用植物的著作《草木志》（*De Historia Stirpum*, 1542）绘制过插图。

本种和亲缘种的花由以花蜜为食的果蝇属 *Drosophila* 蝇类传粉，它们被花散发出的成熟果实气味所吸引。然而，花中并无花蜜，当蝇类探查花朵时，会被抛到合蕊柱上，在它们挣扎脱身的时候便携带了花粉块。

小魔蝇兰的花的侧萼片为橙红色，前伸；上萼片弓曲，盖住有绿色翅的合蕊柱；花瓣小，舌状，略呈红色；唇瓣亦略呈红色，小，与唇瓣基部之间有关节。

亚科	树兰亚科
族和亚族	树兰族，腋花兰亚族
原产地	厄瓜多尔
生境	云雾林，海拔 1,500~2,400 m（4,920~7,900 ft）
类别和位置	附生，偶见地生
保护现状	无危
花期	9 月至 10 月（秋季）

花的大小
0.6 cm（¼ in）

植株大小
5~8 cm × 1.7~2 cm
（2~3 in × ⅝~¾ in），
不包括高8~10 cm
（3~4 in）的直立花序

管鞘红光兰
Stelis ciliolata
Hairy Mistletoe Orchid

Luer & Dalström, 2004

整个美洲热带有 700 多种兰花，其中有很多种的花彼此高度相似，管鞘红光兰这种微型兰花就是其中之一。和很多这样的微型兰花一样，近距离的观察可以揭示其中巨大的多样性和变异——对本种来说，可见花的边缘有显著的毛，因此其种加词为 *ciliolata*，在拉丁语中意为“边缘具微小睫毛的”。本种所在的银光兰属的学名 *Stelis* 在古希腊语中是指一种槲寄生类植物。槲寄生是寄生植物，而银光兰属在 1799 年得到描述时，其下的种经常与槲寄生类混淆。

本种微小的花只在白天开放。极为微小的花瓣和唇瓣在表面含有草酸钙的小晶簇，它们可以像暴露在空中的花蜜一样反光，从而吸引小型蝇类前来。比如蕈蚊这类小型蝇类，就曾见有访花的报道。

实际大小

管鞘红光兰的花通常略呈深褐色至红紫色，有显著的合生萼片，沿其边缘生有浅色的毛；花瓣微小，有骤然平坦的表面，含有白色的小晶簇。

亚科	树兰亚科
族和亚族	树兰族，腋花兰亚族
原产地	北美洲和中美洲，从墨西哥至萨尔瓦多
生境	山地热带森林，海拔 1,500~2,500 m（4,920~8,200 ft）
类别和位置	附生
保护现状	未评估
花期	12 月至 7 月（冬季至夏季）

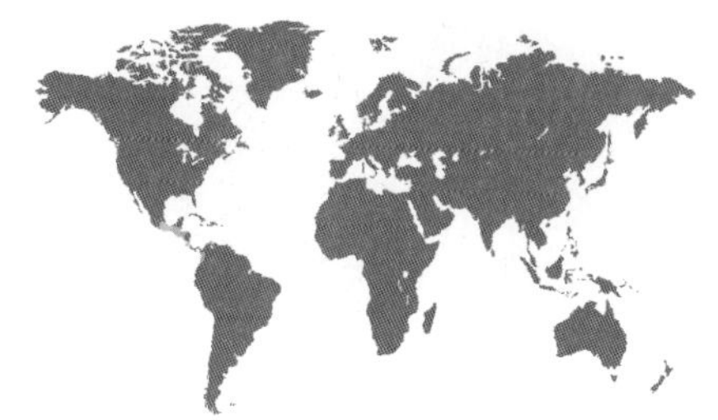

冰挂银光兰
Stelis ornata
Icicle Orchid
(Reichenbach fils) Pridgeon & M. W. Chase, 2001

花的大小
1.3 cm（½ in）

植株大小
5~8 cm × 1.3 cm
（2~3 in × ½ in），
不包括花序，其花序弓曲，高 6.5~10 cm
（2½~4 in），一般长于叶

实际大小

冰挂银光兰是一种可爱的微型兰花，其茎纤细，略扁平，包有管状鞘，顶端为一片革质的椭圆形叶。其花序顶生，疏松，呈"之"字形，花在其上排成两列，一次开放一朵。本种在园艺上常使用"红点银光兰"（*Pleurothallis schiedei*，也常叫作 *Pleurothallis villosa*）一名，但真正的红点银光兰的花仅内面有毛，且无冰挂银光兰（以前也归于腋花兰属 *Pleurothallis*）那种装饰状的悬垂附属物。

本种在野外的传粉目前尚无研究，但其花上悬垂的附属物很可能起着吸引传粉者的作用。这些传粉者最可能是蝇类，也即腋花兰亚族大多数种所吸引的昆虫。银光兰属 *Stelis* 的其他种在花瓣和唇瓣上有草酸钙晶体，可以闪光，并以与冰挂银光兰的附属物类似的方式吸引传粉者。

冰挂银光兰的花的萼片开展，乳黄色至黄色，有红色斑点，边缘有悬垂的白色冰挂状附属物；花瓣和唇瓣小，其斑点类似萼片，其中花瓣的斑点在顶端连成一片；合蕊柱箭状，有翅，深红色。

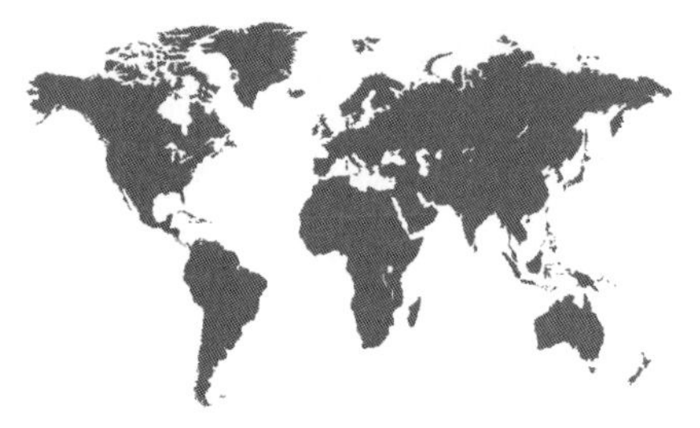

亚科	树兰亚科
族和亚族	树兰族，腋花兰亚族
原产地	中美洲，从哥斯达黎加至巴拿马西部
生境	较低海拔的雨林，海拔 1,200~1,800 m（3,950~5,900 ft）
类别和位置	附生
保护现状	未评估
花期	12 月至 4 月（冬春季）

花的大小
0.7 cm（¼ in）

植株大小
8~13 cm × 1 cm（3~5 in × ⅜ in），不包括花序，其花序弓曲至直立，高13~20 cm（5~8 in），长于叶

多毛银光兰
Stelis pilosa
Hairy Toilet Seat Orchid

Pridgeon & M. W. Chase, 2002

多毛银光兰是一种小型兰花，其茎直立，肉质，基部包有管状鞘，顶端有单独一片倒披针形的叶。其花序不分枝，从叶与茎相连之处的苞片中发出，生有6~20 朵花。花的萼片有毛，形状像上盖能翻动的马桶，其英文名（多毛马桶兰）由此而来。银光兰属的学名 *Stelis* 来自古希腊语词 stelis，指一种槲寄生，这是暗指该属兰花也有生于树上的习性，不过它们并不是寄生植物。

本种以前广为人知的分类是置于腋花兰属 *Pleurothallis*，但根据 DNA 分析，本种应包括在银光兰属内。考虑其花色和花形，其传粉者据推测是某种蝇类，但到目前为止还没有证据能表明这个过程会如何进行。

实际大小

多毛银光兰的花的萼片合生，浅黄色至绿色，合生的侧萼片形成浅囊状，其上有肋，内面有毛；上萼片较窄，边缘的毛更长；合蕊柱短，下弯，微小的花瓣和唇瓣位于其两侧。

亚科	树兰亚科
族和亚族	树兰族，腋花兰亚族
原产地	美洲热带地区，从墨西哥南部和加勒比海地区至玻利维亚
生境	湿润森林，海拔 800~2,150 m（2,625~7,050 ft）
类别和位置	附生
保护现状	未评估
花期	9月至5月（秋季至春季）

花的大小
0.2 cm（⅛ in）

植株大小
13~20 cm × 0.8~1.3 cm
（5~8 in × ¼~½ in），
包括花序

485

紫袋绒帽兰

Trichosalpinx memor

Eyelash Orchid

(Reichenbach fils) Luer, 1983

绒帽兰属 *Trichosalpinx* 的种与婴靴兰属 *Lepanthes* 的种一样，在茎周围包有同一类型的不同寻常的鞘。其花序从叶与茎相连处的苞片中发出，花在其上紧密排成两列，其中大多数花同时开放。属名来自古希腊语词 trichos（毛）和 salpinx（号角），指茎周围有管状鞘，鞘顶喇叭状，有毛。本种的种加词 *memor* 来自拉丁语，意为“记得……的”，含义未明。其花被片边缘均有细毛，类似眼睫毛，其英文名（睫毛兰）由此而来。

本种的传粉未知，但其花色和花形暗示它们可能会吸引某种蝇类。此外，与腋花兰亚族大多数一样，本种不提供明显的回报。

实际大小

紫袋绒帽兰的花的侧萼片合生为舟状；上萼片弯至合蕊柱上方，合蕊柱两侧则是短花瓣和舌状的唇瓣。其花色多变，可从褐色至紫褐色，合蕊柱则为白色。

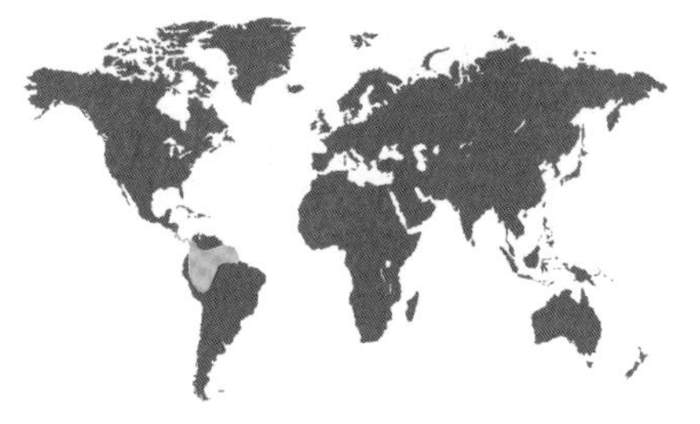

亚科	树兰亚科
族和亚族	树兰族，腋花兰亚族
原产地	哥斯达黎加至玻利维亚、巴西和秘鲁
生境	湿润森林，海拔 200~2,000 m（650~6,600 ft）
类别和位置	附生
保护现状	无危
花期	6 月至 10 月（夏秋季）

花的大小
2 cm（¾ in）

植株大小
2~2.5 cm × 0.5 cm
（¾~1 in × ⅛ in），
不包括高3.8~5 cm
（1½~2 in）的直立花序

广布三尾兰
Trisetella triglochin
Striped Bristle Orchid

(Reichenbach fils) Luer, 1980

实际大小

广布三尾兰是一种丛生的微型附生兰，其花序丝状，从叶基发出，并远超出叶丛。其花仿佛是浮在这些纤细的花莛上。尽管单朵花开放时间不长，本种却可连续开花。三尾兰属的学名 *Trisetella* 来自拉丁语 *tri-*（三）和 *seta*（刚毛）再加上指小后缀 *-ella*。与此类似，本种的种加词 *triglochin* 来自古希腊语词 glochin（箭头顶点），指的是花的顶部和侧面有形状古怪的突起物。

本种微小花朵中最显眼的部分是萼片，其唇瓣和花瓣要小得多，相对不明显。本种在野外的传粉目前尚无研究，但其花明显拥有适应蝇类传粉的一套特征。

广布三尾兰的花为黄色，密布深红褐色条纹，它们在合生的萼片远端连成一片；萼片上有显著的黄色尾突，顶端膨大；唇瓣和花瓣极小，红色。

亚科	树兰亚科
族和亚族	树兰族，腋花兰亚族
原产地	南美洲西部，从哥伦比亚至厄瓜多尔
生境	云雾林，海拔 1,000~1,800 m（3,300~5,900 ft）
类别和位置	附生或地生
保护现状	未评估
花期	6月至8月（夏季）

白絮虫首兰
Zootrophion hypodiscus
Menagerie Orchid

(Reichenbach fils) Luer, 1982

花的大小
1.3 cm（½ in）

植株大小
10~15 cm x 2.5~4 cm
（4~6 in x 1~1½ in），
包括花序

虫首兰属这个独特的属的学名 *Zootrophion* 在古希腊语中意为“小动物园”，指其花形类似奇异动物的头部。白絮虫首兰的花的萼片合生，形成具肋的室状，两侧各有一开口，沿脉则有毛和延伸的组织。其茎发育良好，从短根状茎上发出，直立，紧密簇生，围有膨大而压扁的鞘。每条茎在顶端生有单独一片椭圆形的革质叶。其花序具 1~2 朵花，生于茎与叶的连接处。

虫首兰属兰花的花可能采取了产卵地欺骗的策略，由蕈蚊传粉，正常情况下这些昆虫会把卵产在蕈类上。花中没有提供给传粉者的明显回报。在白絮虫首兰的花内侧已经发现了蕈蚊卵。

实际大小

白絮虫首兰的花的萼片合生，红紫色，两侧各有一开口，顶端有喙；唇瓣以关节着生在粗壮的合蕊柱基部；花瓣短，纯红色；花中所有其他结构都完全隐藏在萼片内部。

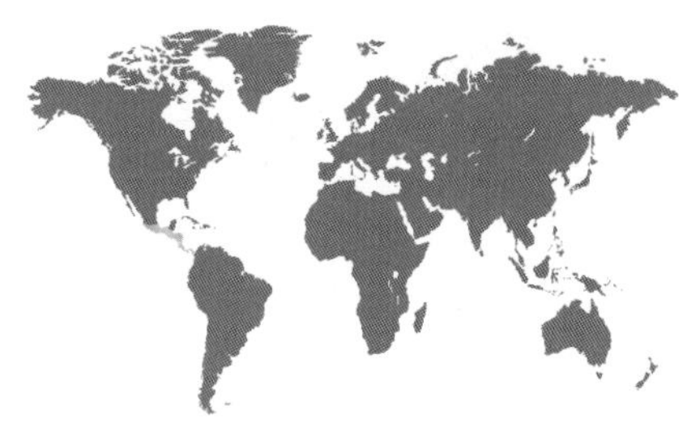

亚科	树兰亚科
族和亚族	蔺叶兰亚属
原产地	墨西哥南部至巴拿马
生境	湿润热带森林，海拔 900~1,600 m（2,950~5,250 ft）
类别和位置	附生
保护现状	无危
花期	7 月至 9 月（夏秋季）

花的大小
0.5 cm（⅛ in）

植株大小
38~64 cm × 5~6.5 cm
（15~25 in × 2~2½ in），
包括花序，其花序顶生，
疏松，长2.5~5 cm
（1~2 in）

眼斑等唇兰
Isochilus chiriquensis
Brilliant Grass Orchid

Schlechter, 1922

眼斑等唇兰每花序生有 10~20 朵花，与最上面的 3~5 片叶均生于茎顶，这些叶有和花类似的亮色调。本种植株的茎细，无假鳞茎，覆有狭窄的禾草状叶。其根几乎为茎的三倍粗。等唇兰属的学名 *Isochilus* 来自古希腊语词 iso-（相同）和 cheilos（唇），指唇瓣与其他花被片类似。本种的植株不在花期时容易被误认为禾草，其英文名（亮丽禾草兰）由此而来。种加词 *chiriquensis* 是指它的原始采集地点——巴拿马奇里基省。

本种顶生叶的亮粉红色调使蜂鸟更容易看到其花。这些传粉者可为花中的丰富花蜜所吸引。

实际大小

眼斑等唇兰的花小，杯状，通常为亮粉红色至紫红色，唇瓣上有一对深色眼斑；花排列成两列。其萼片、花瓣和唇瓣形状均相似，形成管状。

亚科	树兰亚科
族和亚族	天麻族
原产地	亚洲热带地区和大洋洲，从阿富汗至印度、中国大陆南部和台湾岛，并经东南亚和马来群岛至澳大利亚北部，向东远达南太平洋的纽埃群岛
生境	草原灌木下方的荫蔽地、海滨地区和竹类密灌丛中，生于海平面至海拔 450 m（1,475 ft）处
类别和位置	地生，生于腐殖质中
保护现状	未正式评估，但在分布区中稀见，因为只在地面上出现大约一个月时间而常被忽视
花期	南半球为 8 月至 3 月，北半球为 4 月至 5 月（春季）

花的大小
1.3 cm（½ in）

植株大小
18~25 cm（7~10 in），在整个生活史中完全无叶，不进行光合作用

双唇兰
Didymoplexis pallens
Crystal Bells

Griffith, 1844

实际大小

双唇兰在地下具肉质、水平生长而呈结节状的根状茎，其上生有许多念珠状的肉质根。其花序从根状茎上抽出，直立，浅褐色，生有多至 6 朵的花，通常在任何时候都仅有一朵开放。本种为菌根异养性兰花，也即它完全依赖与真菌的联系来为自己提供糖类和矿物质。双唇兰属的学名 *Didymoplexis* 来自古希腊语词 didymos（成对的）和拉丁语词 *plexus*（编织的），指其合蕊柱有 2 枚翅，与唇瓣基部合生。其英文名（水晶铃）指的则是其白色的花有晶莹的质地，会在极荫蔽处突然出现。

考虑到其花色（特别是黄色的唇瓣胼胝体）和花形，本种的传粉者应是昆虫，可能是蜂类。然而，目前在野外对其传粉还未有观察。

双唇兰的花为亮白色，其上萼片和花瓣合生为单一而 3 裂的花被片，并与部分合生的侧萼片形成浅管状；唇瓣 3 裂，侧裂片较长，中裂片有粗糙的黄色胼胝体。

亚科	树兰亚科
族和亚族	天麻族
原产地	澳大利亚南部和东部，包括塔斯马尼亚岛
生境	硬叶森林和林地中的湿润位置，海拔 30~1,100 m（100~3,600 ft）
类别和位置	地生，生于深厚落叶层中
保护现状	未在全球范围内评估，但在昆士兰州无危，在南澳大利亚州近危
花期	9 月至 12 月（春夏季）

花的大小
2 cm（¾ in）

植株大小
64~127 cm（25~50 in），在整个生活史中完全无叶，不进行光合作用

桂味天麻
Gastrodia sesamoides
Cinnamon Bells

R. Brown, 1810

桂味天麻是一种无叶的高大兰花，为菌根异养植物，完全依赖真菌生活，从真菌那里获取所有矿物质和糖类。其地下具胡萝卜状的大块根，随后抽出褐色的花序，生有 8~30 朵下垂的花。花有桂皮气味，故名“桂味天麻”。其萼片合生，基部形成膨大的袋状部分。天麻属的学名 *Gastrodia* 即是由这一特征而来，来自古希腊语词 gaster（肚子）和 -odes（类似……的）。

澳大利亚原住民食用其富含淀粉的大块根，因此桂味天麻又有另一个英文名 Potato Orchid（土豆兰）。其块根常可通过观察小型的有袋类动物——袋狸扒地之处而定位，这里便是这种植物地下部位的藏身之处。其块根据说闻起来有芝麻味（其种加词 *sesamoides* 意为“似芝麻的”，即由此而来），尝起来则据说像多汁而索然无味的甜菜根。天麻属其他种的干燥块根在中国传统医药中具有重要地位。

桂味天麻的花为钟形，基部有膨大的橙褐色部分，唇瓣位于最上方；萼片合生，开放，露出花瓣；花瓣和萼片内面一样为白色；合蕊柱和唇瓣短，深藏在萼管中。

实际大小

亚科	树兰亚科
族和亚族	沼兰族，石斛亚族
原产地	尼泊尔、印度（阿萨姆邦）和越南至中国南部
生境	常绿和落叶林中的灰岩露头上，海拔 300~1,000 m（985~3,300 ft）
类别和位置	石生
保护现状	未评估
花期	12 月至 1 月（冬季）

芳香石豆兰
Bulbophyllum ambrosia
Shy Honey Orchid
(Hance) Schlechter, 1919

花的大小
3 cm（1¼ in）

植株大小
8~15 cm × 2.5~3.8 cm（3~6 in × 1~1½ in），不包括花莛，其花莛仅具单花，下垂，长 10~18 cm（4~7 in）

芳香石豆兰的相邻两条椭球形的假鳞茎之间是长形的茎（根状茎），假鳞茎顶端生有单独一片长圆形叶。老根状茎和新根状茎均可发出花莛，仅具单花（稀具 2 朵），常部分隐藏在叶下，其英文名中的“shy”（害羞的）一词由此而来。其种加词 *ambrosia* 在古希腊语中来自 ambrotos（不朽的）一词，指的是众神的食物，对本种来说则指其花有蜂蜜一般的香甜气味。石豆兰属的学名 *Bulbophyllum* 来自古希腊语词 bolbos（鳞茎）和 phyllon（叶），指其有具叶的假鳞茎，但这并非本属特有的特征。

石豆兰属大多数种的花有令人不快的气味，由多种蝇类传粉。与此不同，本种花有香气，可吸引一种叫中华蜜蜂 *Apis cerana* 的蜂类。然而，花中并无花蜜。

实际大小

芳香石豆兰的花的萼片彼此形似，卵形，乳黄色，有红紫色条纹；花瓣乳黄色，渐尖；唇瓣乳黄色而有红色斑点，以关节附着于合蕊柱的狭长延伸部位之上；合蕊柱乳黄色，有黄色药帽。

亚科	树兰亚科
族和亚族	沼兰族，石斛亚族
原产地	喜马拉雅山区、中国南部（云南省）和中南半岛
生境	常绿林，海拔 200~2,100 m（650~6,900 ft）
类别和位置	附生
保护现状	未评估，但数量丰富，广布
花期	12 月至 4 月（冬春季）

花的大小
0.8 cm（¼ in）

植株大小
13~23 cm × 2.5~5 cm
（5~9 in × 1~2 in），
不包括长15~25 cm
（6~10 in）的下垂花序

异瓣石豆兰
Bulbophyllum careyanum
Rotten Banana Orchid

(Hooker) Sprengel, 1826

异瓣石豆兰的假鳞茎为球形，略有棱，之间的茎（根状茎）短，假鳞茎顶端生有单独一片阔披针形叶。其花序密集，从假鳞茎基部发出，具 40~60 朵花和很多长形苞片。种加词 *careyanum* 纪念的是英国植物学家约翰·凯里（John Carey, 1797—1880）。石豆兰属的学名 *Bulbophyllum* 来自古希腊语词 bolbos（鳞茎）和 phyllon（叶）。

石豆兰属大多数种由多种蝇类传粉，异瓣石豆兰也是如此，其花有臭味。为其传粉的是一种果蝇属 *Drosophila* 的蝇类，它们被花的气味吸引过来之后，以为可以在这里找到食物和产卵。然而，对不幸的果蝇来说，花中没有任何可吃的东西。

实际大小

异瓣石豆兰的花的萼片和花瓣彼此形似，浅褐色至红褐色，形成杯状；唇瓣颜色亦类似，以关节附着于合蕊柱的延展部分之上；合蕊柱乳黄色，顶端有一对长臂状物。

亚科	树兰亚科
族和亚族	沼兰族，石斛亚族
原产地	非洲中西部
生境	低海拔森林，海拔至 1,800 m（5,900 ft）
类别和位置	附生，稀为石生
保护现状	无危
花期	晚冬至早春

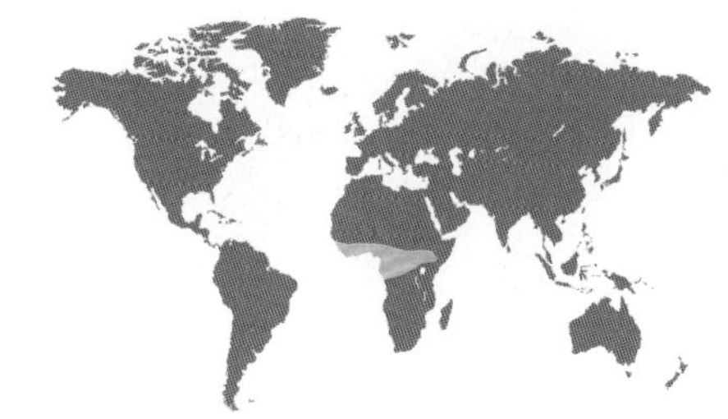

扁轴兰
Bulbophyllum falcatum
Sickle-shaped Fly Orchid

(Lindley) Reichenbach fils, 1861

花的大小
1 cm（⅜ in）

植株大小
10~15 cm x 2.5~5 cm（4~6 in x 1~2 in），不包括花序，其花序扁平，直立至弓曲，长18~25 cm（7~10 in）

“奇怪”是一个常用来描述石豆兰属 *Bulbophyllum* 的词，而它特别适合用于形容该属中古怪的扁轴兰亚属 subg. *Megaclinium*。在该亚属中，扁轴兰是最常遇到、分布最广的种。扁轴兰亚属的花结构复杂而微小，排列在花序轴两侧。花序轴扁平，镰状，状如豆荚，这使该亚属的花序呈现出独一无二的结构。

已知石豆兰属很多种的花都有臭味，用于吸引尸食性蝇类和其他蝇类，它们寻找腐肉或腐烂的果实，作为产卵之地。目前还不清楚本种具有哪套特征（模拟腐肉或模拟腐烂果实），但它肯定由蝇类传粉。扁平的花序轴可以作为蝇类的着陆平台，让它们能够四处爬动，寻找臭味的来源。

实际大小

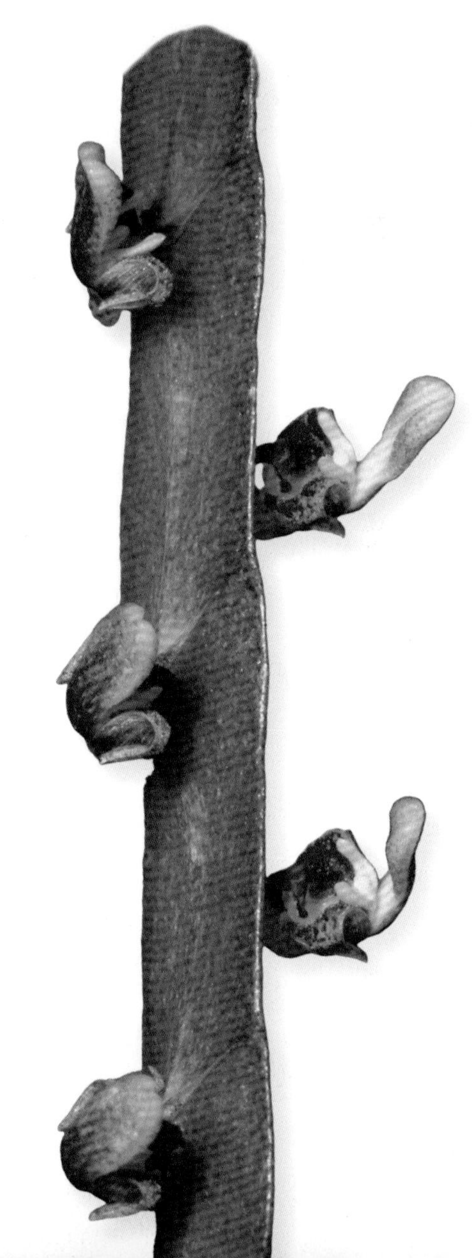

扁轴兰的花通常为黄色至褐色，唇瓣上有紫红色，而花瓣顶端为黄色。花在扁平花序轴的两侧排成两列。

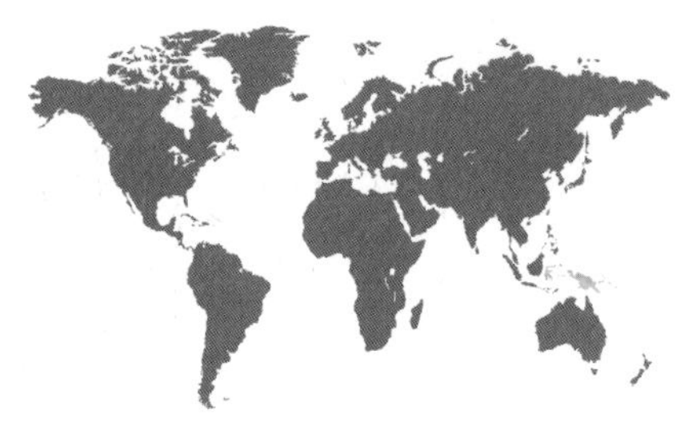

亚科	树兰亚科
族和亚族	沼兰族，石斛亚族
原产地	印度尼西亚东部（苏拉威亚岛和马鲁古群岛）、新几内亚和所罗门群岛
生境	热带雨林，海拔 200~800 m（650~2,626 ft）
类别和位置	附生于下部大枝或树干上
保护现状	未评估
花期	4 月至 5 月（秋季）

花的大小
15 cm（6 in）

植株大小
15~23 cm × 2.5~5 cm（6~9 in × 1~2 in），不包括花莛，其花莛直立至弓曲，仅具单花，高20~28 cm（8~11 in）

石魁兰
Bulbophyllum grandiflorum
Foul Giant

Blume, 1849

石魁兰是兰科中最大的属——石豆兰属 *Bulbophyllum*（1,900 种）中花最大的种之一，但也是最让人厌恶的种之一。其假鳞茎为卵形，有棱角，彼此间隔较短，顶端生有单独一片长圆形的叶。其花莛有 2~3 片大型鞘状苞片，仅生有单独一朵花。

本种的传粉目前尚未得到详细研究，但从其花朵的臭味可以清楚知道它可吸引正在寻找产卵地的蝇类。花中的大萼片很可能起着着陆平台的作用，让蝇类可以四处爬动。在这个过程中，昆虫会攀上可活动的唇瓣，经过其平衡点，然后被抛向合蕊柱。在它们试图脱身的时候，花粉团就沾到了其身上。

石魁兰的花有 3 枚十分明显的大型萼片，乳黄色至黄褐色，有时具红紫色斑点，但总是布有半透明的斑点，其背萼片向前弯曲，覆盖花朵；花瓣高度退化，绿色；唇瓣可活动，小，白色，均布有紫红色斑点。

实际大小

亚科	树兰亚科
族和亚族	沼兰族，石斛亚族
原产地	中国藏南地区、印度阿萨姆邦、中南半岛、印度尼西亚、马来西亚和菲律宾
生境	季节性湿润的森林，海拔 200~2,000 m（650~6,600 ft）
类别和位置	附生
保护现状	无危
花期	8 月（夏季）

单花石豆兰
Bulbophyllum lobbii
Serenity Orchid

Lindley, 1847

花的大小
10 cm（4 in）

植株大小
20~30 cm × 8~10 cm（8~12 in × 3~4 in），不包括花葶，其花葶直立至下垂，仅具单花，长25~38 cm（10~15 in）

单花石豆兰在炎热、潮湿而荫蔽的环境中生长良好，通常附生于树干和粗大的主枝上。其茎构成大片茎系，假鳞茎在其上散生，彼此间隔 2.5~5 cm（1~2 in），小球形，各生有单独一片有光泽的叶。其花艳丽，常大量开放。其英文名意为“安详之兰”，指花形似处于冥想或安详姿势之中的佛祖。学名种加词 *lobbii* 是为纪念托马斯·洛布（Thomas Lobb, 1817—1894），他是英格兰植物学家，及印度、印度尼西亚和菲律宾的植物采集者。

与石豆兰属 *Bulbophyllum* 很多种一样，单花石豆兰的唇瓣可活动，附着在合蕊柱延伸的基部上。这形成了一个平衡点，一旦一只寻找食物的蝇类传粉者爬过，就会导致自己被甩向合蕊柱，并在挣扎逃脱的过程中带上花粉团。

单花石豆兰的花颜色多变，但大多数类型为黄色，常有条纹和斑点，或仅有红褐色的斑点；背萼片直立，侧萼片常下垂；花瓣亦下垂，锹形的唇瓣则常生有黄色的冠状褶片。

实际大小

亚科	树兰亚科
族和亚族	沼兰族，石斛亚族
原产地	泰国、马来西亚、加里曼丹岛、小巽他群岛和苏门答腊岛
生境	低地森林，生于海平面至海拔 400 m（1,300 ft）处
类别和位置	附生
保护现状	无危
花期	秋冬季

花的大小
12~15 cm（4¼~6 in）

植株大小
13~20 cm × 2.5~5 cm（5~8 in × 1~2 in），不包括长15~25 cm（6~10 in）的弓曲花序

蛇发石豆兰
Bulbophyllum medusae
Medusa's Head Fly Orchid

(Lindley) Reichenbach fils, 1861

实际大小

蛇发石豆兰以希腊神话的三位蛇发女妖中最可怕的墨杜萨命名，但这种兰花的花序其实非常美丽，一点也不骇人。其植株在盛花时要比长满蛇发的头颅更像节日的焰火，堪称视觉上的奇迹。本种产自炎热而多雾气的低海拔地区，是石豆兰属 *Bulbophyllum* 中少数几种可以承受阳光直射和高温的兰花之一。其花序近看可见生有 15~30 朵紧密簇生的花。

本种的花有真菌般的臭味，可吸引蝇类。这些蝇类以某种腐烂的基质为食，或会把卵产在那里。然而，这些花中并没有能提供给蝇类的这类东西，所以属于欺骗性传粉的情况。其花可开放不到一周的时间，而臭气仅能散发很短时间。尽管花的气味令人不快，但本种却是常见的栽培花卉。

蛇发石豆兰的花在花序上密生，花序上常有数以十计的丝状花；它们通常为乳白色，偶有浅褐色斑点；单朵花有长形萼片和花瓣，唇瓣黄色，有一些红色斑块。

亚科	树兰亚科
族和亚族	沼兰族，石斛亚族
原产地	泰国和马来西亚的半岛地区至爪哇岛和巽他群岛
生境	湿润森林中多藓类的大枝和树干上，海拔 1,000~1,600 m（3,300~5,250 ft）
类别和位置	附生
保护现状	未评估
花期	2 月至 4 月（冬春季）

花的大小
3.2 cm（1¼ in），并具长 3.2~5 cm（1¼~2 in）的前突的萼片

植株大小
8~10 cm × 2.5~3.2 cm（3~4 in × 1~1¼ in），包括长1.3~2.5 cm（½~1 in）的花序

流苏卷瓣兰
Bulbophyllum mirum
Marvelous Fringe Orchid

J. J. Smith, 1906

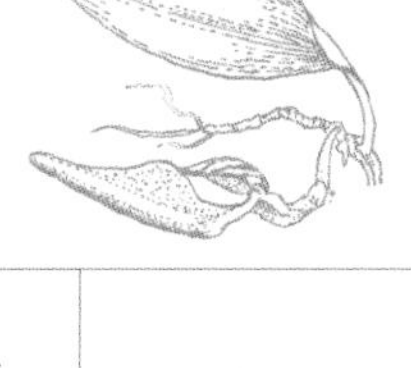

流苏卷瓣兰是一种小型兰花，其假鳞茎具尖锐的四棱，卵球形，彼此间以长 2.5 cm（1 in）的根状茎分隔。其花序短，从根状茎发出，通常生有 2 朵花。花瓣形状奇特，有长附属物，在最轻微的风中也能飘动。本种的种加词 *mirum* 来自拉丁语词 *mirus*，意为“不可思议的”或“绝妙的”，便是指这些引人注目的花瓣。

在石豆兰属 *Bulbophyllum* 的 1,900 个种中，已经得到传粉研究的几乎没几个种。不过一般来说，蝇类是可能的传粉者，要么在寻找腐烂的水果，要么在寻找动物的腐肉，以作为产卵之地。目前对其活动性的花瓣附属物的准确功能只能推测，据说它们可以引发大多数蝇类的聚集本能（如果一只蝇类发现了什么好东西，那么其他的蝇类也想来考察一番），导致它们形成蝇群，从而增加了传粉概率。

流苏卷瓣兰的花的背萼片色浅，为粉红色，有深色斑点，卵形；侧萼片较长，披针形；花瓣圆形，生有约 12 根可活动的毛，浅粉红色至白色；唇瓣短，以关节连接在合蕊柱延伸的基部之上。

实际大小

亚科	树兰亚科
族和亚族	沼兰族，石斛亚族
原产地	新几内亚岛
生境	湿凉森林，海拔 900~1,400 m（2,950~4,600 ft）
类别和位置	附生
保护现状	未评估，在野外少见
花期	9 月至 10 月（秋季）

花的大小
6.5 cm（2½ in）

植株大小
30~51 cm × 25~36 cm
（12~20 in × 10~14 in），
不包括花序，其花序直立
至弓曲，顶生，
长15~25 cm（6~10 in）

弯刀魔鬼石斛

Dendrobium alexandrae

Alexandra's Dragon Orchid

Schlechter, 1912

弯刀魔鬼石斛的花形如蜘蛛，其唇瓣大，有夸张的颜色和形状，看上去像小龙，非常引人注目。其假鳞茎长纺锤形，有纵向的沟，其上生有纸质鳞片和 2~5 片顶生的叶。石斛属的学名 *Dendrobium* 来自古希腊语词 dendron（树）和 bios（生命），指本种的植株存在于树上，这也是该属 1,500 个种中大多数种的生境。本种的种加词 *alexandrea* 纪念的是亚历山德拉（Alexandra），她是德国著名兰花专家鲁道夫·施莱希特的妻子。

本种的植株上可有 4~8 个花蕾充分发育，但在最终开放前会有几周时间一直闭合。虽然花中无花蜜，但花形和蜂蜜一般的气味表明传粉者是一种大型蜂类，可能是木蜂属 *Xylocopa* 蜂类。

弯刀魔鬼石斛的花的萼片和花瓣为披针形，开展，乳黄色至黄色，有绿褐色斑点；唇瓣 3 裂，顶裂片锹形，侧裂片弯至合蕊柱上方，3 枚裂片均为绿色至乳黄色而有红紫色条纹或斑点。

实际大小

亚科	树兰亚科
族和亚族	沼兰族，石斛亚族
原产地	马鲁古群岛、新几内亚岛、澳大利亚（昆士兰州）和所罗门群岛
生境	海滨森林、红树林沼泽和湿润森林的树木高处，生于海平面至海拔 800 m（2,625 ft）处
类别和位置	附生
保护现状	在澳大利亚濒危，在整个分布区内易危
花期	12 月至 3 月（夏季）

羚石斛

Dendrobium antennatum

Antelope Orchid

Lindley, 1843

花的大小
8 cm（3 in）

植株大小
51~102 cm × 25~36 cm（20~40 in × 10~14 in），不包括花序，其花序直立至弓曲，长20~36 cm（8~14 in）

羚石斛的假鳞茎大型，甘蔗状，有纵向的沟，其上具纸质鳞片，沿全长生长长圆形的叶。其花序可从上方假鳞茎的中部发出，生有 4~15 朵大花。其花瓣薄，直立，扭曲，看上去既像羚羊角（中文名由此而来），又像昆虫的触角（种加词 *antennatum* 由此而来，意为“具触角的”）。石斛属 *Dendrobium* 的学名来自古希腊语词 dendron（树）和 bios（生命），指这些兰花生活在树上。

本种的花形和香甜气味表明传粉者是某种蜂类，可能是分舌蜂类中的叶舌蜂属 *Hylaeus*，就像与它有亲缘关系的一个澳大利亚的种那样。其唇瓣基部有小凹穴，但其中无花蜜。本种的花瓣狭窄，直立而扭曲，使花朵呈现出奇特的外观，但功能未知。

羚石斛的花的萼片为披针形，白色；花瓣狭窄，直立，扭曲，基部白色，末端绿黄色；唇瓣 3 裂，顶裂片锹形，侧裂片上弯，全部裂片白色而有紫红色条纹；合蕊柱顶端黄色。

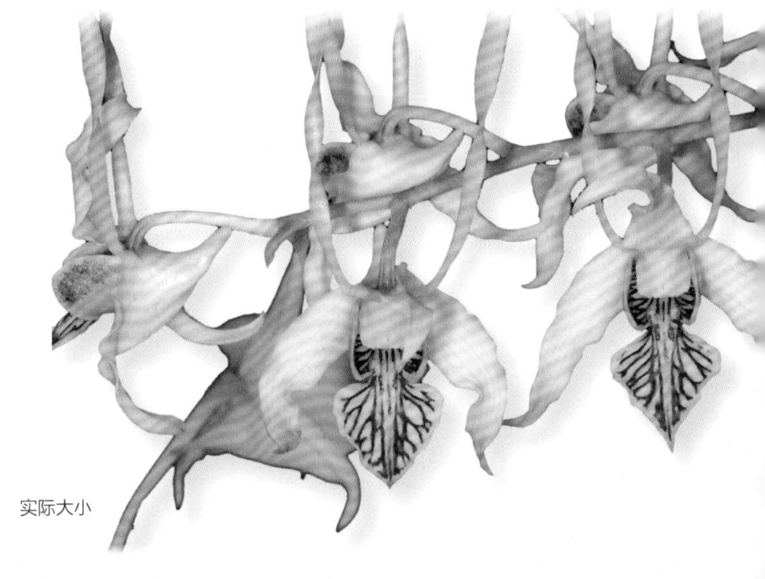

实际大小

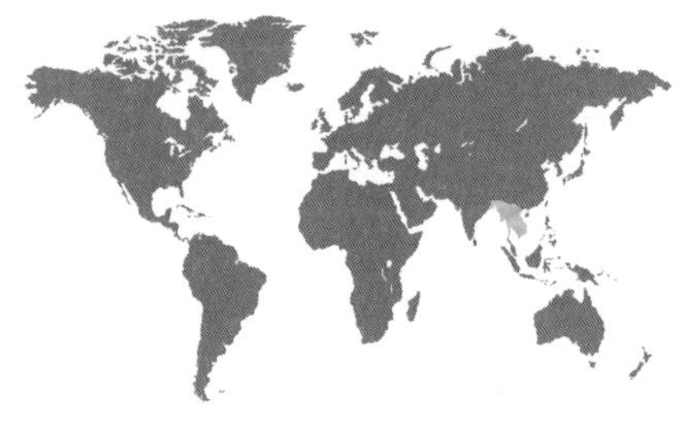

亚科	树兰亚科
族和亚族	沼兰族，石斛亚族
原产地	缅甸、老挝、泰国、越南、中国、喜马拉雅山区东部、孟加拉国和印度阿萨姆邦
生境	从海平面至海拔 400 m（1,300 ft）
类别和位置	附生
保护现状	因为滥采供药用而受威胁
花期	晚冬至早春

花的大小
4~5 cm（1½~2 in）

植株大小
20~36 cm × 15~20 cm（8~14 in × 6~8 in），包括花序，其花序弓曲下垂，长20~30 cm（8~12 in）

鼓槌石斛
Dendrobium chrysotoxum
Fried-egg Orchid

Lindley, 1847

鼓槌石斛在东南亚是重要药用植物，生有丰富（一穗有 20 朵以上）而有蜜味的花。其花采集干燥之后便成为一种美味的药茶原料，据说可以让睡眠平稳而少梦。其叶则用于治疗多种疾病，特别是和糖尿病相关的症状。本种原产于季风性气候地区，春夏季有极充沛的季节性降雨，这一湿润－干旱的周期对其生长和开花有很大影响。

本种的花有独特的撕裂状边缘，生于圆柱形而略有棱角的高大甘蔗状假鳞茎的近顶端，通常同时大量开放。不幸的是，这样壮观的场面只能持续 7~10 天。其花期恰好与中国云南傣族的春季泼水节同时，这些信仰佛教的人们会用本种装饰他们的屋顶。

鼓槌石斛的花颜色多变，但通常为亮黄橙色，花形平坦；萼片和花瓣有蜡状光泽。一些植物在唇瓣中央可有深橙色至红褐色斑点。

实际大小

亚科	树兰亚科
族和亚族	沼兰族，石斛亚族
原产地	澳大利亚昆士兰州和新南威尔士州
生境	近海滨和山地的开放石坡
类别和位置	石生
保护现状	无危
花期	晚冬至早春

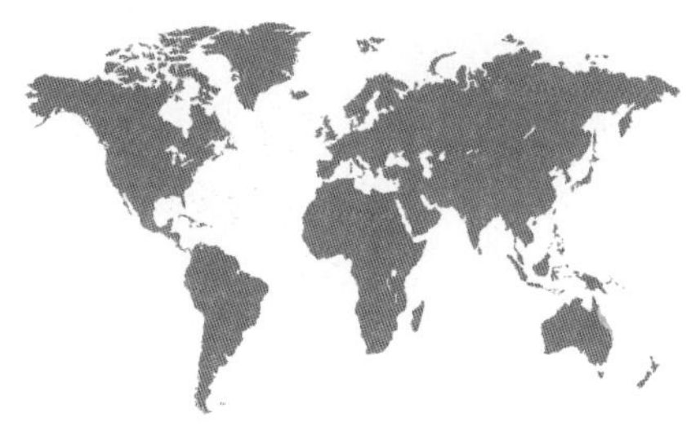

粉红盖药石斛

Dendrobium kingianum

Pink Rock Orchid

Bidwill ex Lindley, 1844

花的大小
2.5~4 cm（1~1½ in）

植株大小
长 15~38 cm × 8~13 cm（6~15 in × 3~5 in），不包括花序，其花序长而直立，顶生，长 15~25 cm（6~10 in）

粉红盖药石斛可能是最常见的澳大利亚兰花，其植株健壮，适应性强，可以在多种环境条件中生存。因为本种天然生长于严酷多风的石质生境中（其英文名意为“粉红岩石兰”，即由此而来），如果种到温室环境中便可以大量开花，因此在全世界都常见栽培。其每枚花穗通常生有 10~20 朵花，花芳香，星状，粉红色，花形和色调均有很大变化。在野外，本种常与石斛属 *Dendrobium* 内同域分布的种（如大明石斛 *Dendrobium speciosum*）形成天然杂交种。

考虑到粉红盖药石斛可在野外与其他种杂交，它一定和这些种拥有相同的传粉者，而那些种会为多种蜂类——比如无刺蜂属 *Trigona*（一种无螯刺的本土小型蜂类）以及从澳大利亚以外引入的蜜蜂属 *Apis* 的种——所访问。本种的花分泌有花蜜，作为给传粉者的回报。

粉红盖药石斛的花为深粉红色至白色（有时紫红色）；萼片顶端尖，共同形成三角形；花瓣和唇瓣较小，各位于相邻两枚萼片之间；唇瓣 3 裂，常布有深粉红色至紫红色斑点；萼片基部形成短距。

实际大小

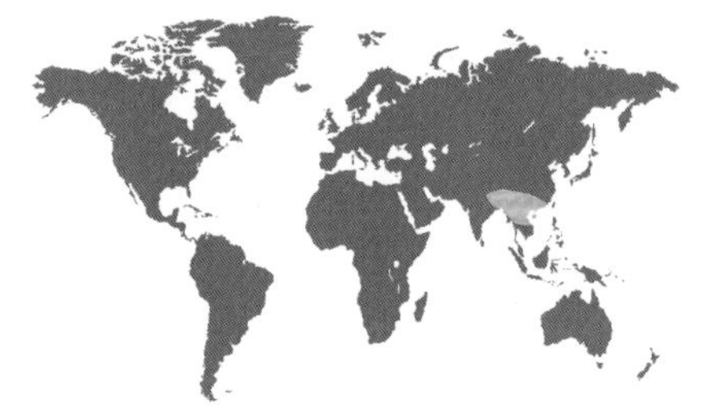

亚科	树兰亚科
族和亚族	沼兰族，石斛亚族
原产地	喜马拉雅山区的东部和中国部分、印度（阿萨姆邦和锡金邦）、尼泊尔、不丹、缅甸、泰国、老挝和越南
生境	阔叶常绿林和原始山地林，以及多藓类的灰岩岩石上
类别和位置	石生和地生
保护现状	因滥采而受威胁，大多数采集的植株供药用
花期	晚冬至早春

花的大小
6~8 cm（2⅜~3 in）

植株大小
25~46 cm × 10~15 cm（10~18 in × 4~6 in），包括多枚花序，其花序短，直立至弓曲，长5~13 cm（2~5 in）

石斛
Dendrobium nobile
Noble Rock Orchid

Lindley, 1830

石斛在野外原本是分布广泛的一个种，有悠久的栽培和药用历史，因其花美丽而为亚洲人所喜爱。本种在印度、斯里兰卡和中国是得到其传统医药开发的主要兰花种之一，被视为一种无所不治的草药，以致它如今在分布区内很多地方已经濒危。本种适应于季风性季雨和冬季的干旱，在春雨到来前不久开花，而在开花之前为落叶状态（几乎所有叶均凋落）。

石斛的假鳞茎为甘蔗状，其花形大，大部分从顶节生出，可多至4朵。本种是已经得到商业贸易的兰花中最艳丽的种类之一。其传粉者是同时为几个属传粉的大型蜂类，在其花中的短距里有花蜜作为回报。

石斛的花大型，有蜡状光泽，颜色极多变；典型类型的萼片和花瓣为浅粉红色而有紫红色调；唇瓣通常白色，内面有深色眼斑，周围环绕的圈带常为黄色，但也有纯白色甚至橙色的类型。

实际大小

亚科	树兰亚科
族和亚族	沼兰族，石斛亚族
原产地	菲律宾
生境	有杜鹃花的多藓类而湿凉的栎林，海拔 1,300~2,500 m（4,300~8,200 ft）
类别和位置	附生
保护现状	未评估
花期	4 月至 5 月（春季），但几乎可连续开花

花的大小
3.8 cm（1½ in）

植株大小
25~41 cm × 15~25 cm（10~16 in × 6~10 in），包括花序，其花序长 2.5~5 cm（1~2 in），生于假鳞茎的近顶端

蓝花距囊石斛
Dendrobium victoriae-reginae
Queen Victoria Blue

Loher, 1897

蓝花距囊石斛的假鳞茎呈甘蔗状，常下垂，有纵向的沟，全长均生有纸质苞片和披针状卵形的叶。其花序可从假鳞茎中部至末端发出，生有 2~5 朵花。石斛属的学名来自古希腊语词 dendron（树）和 bios（生命），指其植株的生境为凉爽而多藓类的森林。本种的种加词 *victoriae-reginae* 纪念的是英国的维多利亚女王，当本种被发现时，她那漫长的统治时期已经快要结束。

尽管目前尚未研究过本种的传粉，但其花形、花色和无气味的特征都表明传粉者是吸蜜鸟或其他鸟类，正如在石斛属 *Dendrobium* 中这一群兰花中其他种中发现的情况。本种的花为蓝色，在兰花中不同寻常，可以模拟杜鹃花属 *Rhododendron* 植物的花。

蓝花距囊石斛的花的萼片和花瓣彼此形似，倒披针形，蓝色至蓝紫色，有深色脉纹，基部白色；唇瓣不分裂，勺形，基部亦为白色并有蓝色条纹；合蕊柱白色，有翅。

实际大小

亚科	树兰亚科
族和亚族	沼兰族，沼兰亚族
原产地	北半球亚寒带和温带地区，在欧洲南至阿尔卑斯山和喀尔巴阡山，在亚洲南至乌克兰经西伯利亚达日本北部，在北美洲经美国阿拉斯加州至加拿大中部、南达明尼苏达州
生境	泥炭藓酸沼，海拔至 1,100 m（3,600 ft）
类别和位置	地生，生于酸沼中
保护现状	无危，但目前尚未做全球性评估，其数量在整个分布区内均因生境破坏而衰退
花期	6 月至 9 月（夏季至早秋）

花的大小
0.5 cm（⅛ in）

植株大小
8~15 cm × 2.5~5 cm（3~6 in × 1~2 in），包括直立的花序

谷地兰
Hammarbya paludosa
Bog Orchid

(Linnaeus) Kuntze, 1891

谷地兰是一种微小的兰花，其种加词 *paludosa* 在拉丁语中意为“沼泽”。本种有 2 条假鳞茎，一条生于前一生长季，一条生于当前生长季。位于上方的假鳞茎生有 1~3 片卵圆形的肉质叶，及一枚生有 4~25 朵花的直立花序。其叶可以形成小植株，落地萌发后可长成大片，但因为形体微小，不太容易发现。

谷地兰属的学名 *Hammarbya* 纪念的是瑞典城镇哈马尔比（Hammarby），卡尔·林奈夏天在此居住。查尔斯·达尔文在其著作《论英国国内外兰花通过昆虫受精的种种发明》（*On the Various Contrivances by Which British and Foreign Orchids are Fertilized by Insects*, 1862）中研究过谷地兰，注意到它的子房扭转了 360°，由于兰花的唇瓣在刚开始发育时本来就处在这个位置，因此这种扭转看来是完全无必要的发育变化。蕈蚊可为其花散发的新切黄瓜气味和花蜜回报所吸引，而来为花朵传粉。

谷地兰的花全为绿色，结构简单；侧萼片上伸；花瓣比萼片短宽，侧伸；唇瓣的形状与花瓣类似，上伸，有时具深绿色脉纹。

实际大小

亚科	树兰亚科
族和亚族	沼兰族，沼兰亚族
原产地	加里曼丹岛马来西亚部分
生境	湿润森林，海拔 800~1,800 m（2,625~5,900 ft）
类别和位置	地生
保护现状	未评估
花期	12 月至 3 月（冬春季）

花的大小
1 cm（⅜ in）

植株大小
20~30 cm × 13~20 cm（8~12 in × 5~8 in），包括顶生的花序

斑叶沼兰
Crepidium punctatum
Spotted Boot Orchid

(J. J. Wood) Szlachetko, 1995

斑叶沼兰的假鳞茎直立而细，完全为叶基所包。其叶片有紫红色斑点，卵状椭圆形，有皱褶和突起的叶脉。假鳞茎顶端生有单独一枚直立的花序，花在其上密生，气味像刚切开的黄瓜。沼兰属 *Crepidium* 的种以前包括在原沼兰属 *Malaxis* 之内，现在仍然常被置于该属之中。其属名来自古希腊语词 krepidion，意为“小靴子”，指唇瓣上有凹穴。

沼兰属有将近 300 种兰花，尽管相对常见和广布，但目前均无传粉研究。与沼兰亚族其他属的情况一样，本种的传粉者据推测是某种蝇类，可为唇瓣分泌的花蜜所吸引。

斑叶沼兰的花为红紫色，2 枚萼片直立，圆形，另一枚萼片狭长，下伸；花瓣狭窄，反曲或开展；唇瓣不分裂，中央有深色凹穴，并像斗篷一样围抱短而具翅的合蕊柱。

实际大小

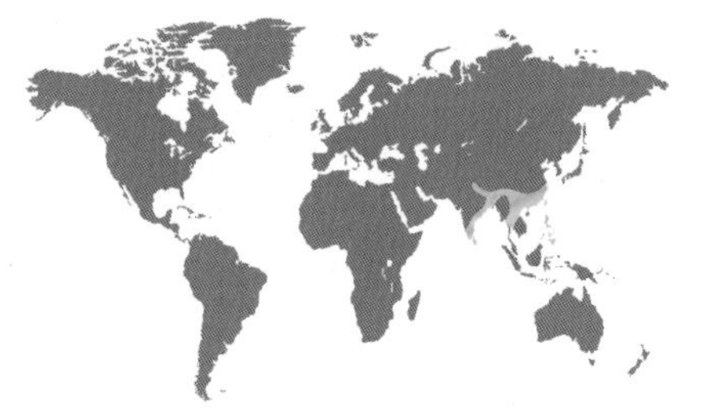

亚科	树兰亚科
族和亚族	沼兰族，沼兰亚族
原产地	南亚和东南亚热带地区，从印度和斯里兰卡至中国南部及台湾地区，菲律宾和泰国
生境	森林及密灌丛中的潮湿地，海拔 400~1,800 m（1,300~5,900 ft）
类别和位置	地生
保护现状	未正式评估，但广布
花期	6 月至 7 月（夏季）

花的大小
0.8 cm（¼ in）

植株大小
20~41 cm × 25~36 cm
（8~16 in × 10~14 in），
包括顶生花序

深裂沼兰

Crepidium purpureum

Purple Boot Orchid

(Lindley) Szlachetko, 1995

深裂沼兰是一种地生兰，通常不形成假鳞茎，而是常具有增粗的茎。其茎基部有一丛根，并在基部覆有 3~5 片鞘状的叶，叶片则为卵圆形至长圆形，有长尖。其花序直立，从莲座状叶丛中央发出，最终可生有多至 30 朵以上的花，为红紫色或浅黄绿色。沼兰属的学名 *Crepidium* 来自古希腊语词 krepidion（小靴子），可能指唇瓣上有小凹穴。本种的英文名（紫红靴兰）也有相同的语源，种加词 *purpureum*（紫红色）指的则是有些花朵呈现为紫红色。

本种唇瓣中央表面分泌有液体，极可能是花蜜，但还未证实。目前尚不知其传粉者，但怀疑可能是某种虻类。

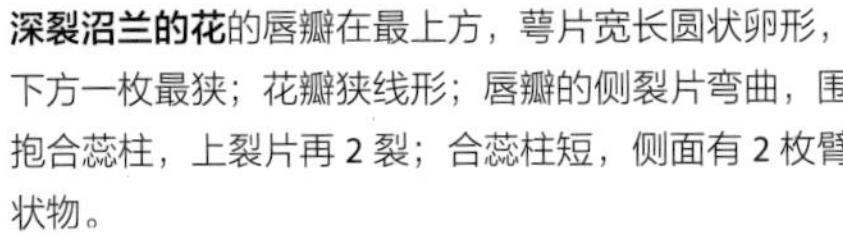

深裂沼兰的花的唇瓣在最上方，萼片宽长圆状卵形，下方一枚最狭；花瓣狭线形；唇瓣的侧裂片弯曲，围抱合蕊柱，上裂片再 2 裂；合蕊柱短，侧面有 2 枚臂状物。

实际大小

亚科	树兰亚科
族和亚族	沼兰族，沼兰亚族
原产地	中美洲西部至南美洲西北部（尼加拉瓜、哥斯达黎加、巴拿马、厄瓜多尔和哥伦比亚）
生境	湿润森林，海拔 600~2,650 m（1,970~8,700 ft）
类别和位置	地生
保护现状	未评估
花期	全年

蚊花缨舌兰
Crossoglossa tipuloides
Bug Orchid

(Lindley) Dodson, 1993

花的大小
1 cm（⅜ in）

植株大小
20~30 cm × 10~15 cm（8~12 in × 4~6 in），包括直立的顶生花序

蚊花缨舌兰的叶为椭圆形，在植株幼小的时候数枚相互重叠组成扇状，之后则在茎两侧着生，并包围茎基，其植株无假鳞茎。其花序有脊或翼，从叶丛中间发出，生有 10~40 朵绿色的花，表面上看去像臭虫，其英文名（臭虫兰）由此得名。缨舌兰属的学名 *Grossoglossa* 来自古希腊语词 krossos（流苏）和 glossa（唇），指唇瓣边缘有微小的锯齿。本种的种加词 *tipuloides* 则指其花似大蚊属 *Tipula* 的昆虫。

尽管本种的花形似臭虫，但这些绿色的小花在唇瓣中央以下的沟中分泌有花蜜，较可能由某种蝇类或虻类传粉。不过，到目前为止尚无人做过正式研究。

实际大小

蚊花缨舌兰的花为绿色，其萼片狭披针形，开展，彼此等大；花瓣线形，略呈红色；唇瓣宽阔，基部有短裂片围抱短而直的合蕊柱。

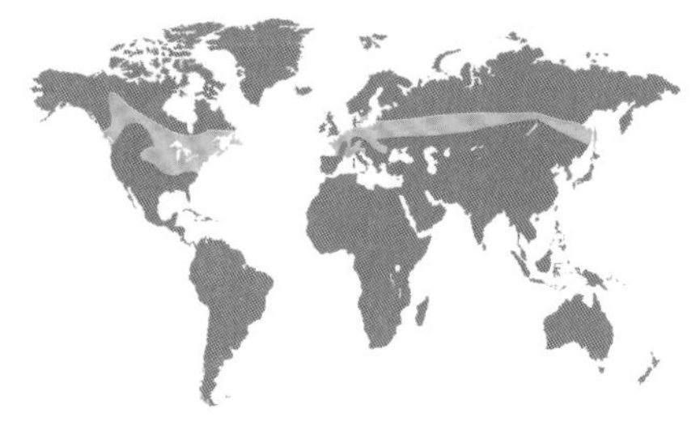

亚科	树兰亚科
族和亚族	沼兰族，沼兰亚族
原产地	北温带（亚欧大陆和北美洲）
生境	森林、酸沼、沼泽和小水坑，生于海平面至海拔 900 m（2,950 ft）处
类别和位置	地生
保护现状	因为湿地被开垦为农业用地而受威胁
花期	4 月至 7 月（晚春和早夏）

花的大小
1 cm（⅜ in）

植株大小
20~30 cm × 8~13 cm（8~12 in × 3~5 in），包括花序，其花序直立，顶生，高10~20 cm（4~8 in）

欧美羊耳蒜
Liparis loeselii
Fen Orchid

(Linnaeus) Richard, 1817

欧美羊耳蒜的假鳞茎小，长球形，通常仅生有 2 片叶。其花序相对高大，在晚春发出，在此之后其植株才比较容易让人察觉。羊耳蒜属的学名 *Liparis* 来自古希腊语词 liparos，意为“涂有油膏的”或“闪亮的”，指其叶光滑。本种的英文名意为“沼泽兰”，则揭示了它最常见的生境类型。种加词 *loeselii* 由林奈命名，则是用来纪念日耳曼植物学家和医生约翰尼斯·勒泽尔(Johannes Loesel, 1607—1655)，他是普鲁士植物的专家。

欧美羊耳蒜的野外传粉已经在其广阔分布区的几个地方得到了研究，但从未观察到传粉昆虫。事实上，有报告表明风雨可以带走花粉团，让它们接触到柱头，从而完成传粉。

实际大小

欧美羊耳蒜的花的萼片狭窄，浅橄榄绿色，花瓣更狭（几乎呈丝状）；唇瓣绿色，远为宽阔，中部明显反曲，中央有深沟；合蕊柱向前弓曲到唇瓣上方，有黄色的药帽。

亚科	树兰亚科
族和亚族	沼兰族，沼兰亚族
原产地	菲律宾
生境	常绿林，海拔 1,000~1,200 m（3,300~3,950 ft）
类别和位置	附生
保护现状	无危
花期	多变，全年任何时候均可开花

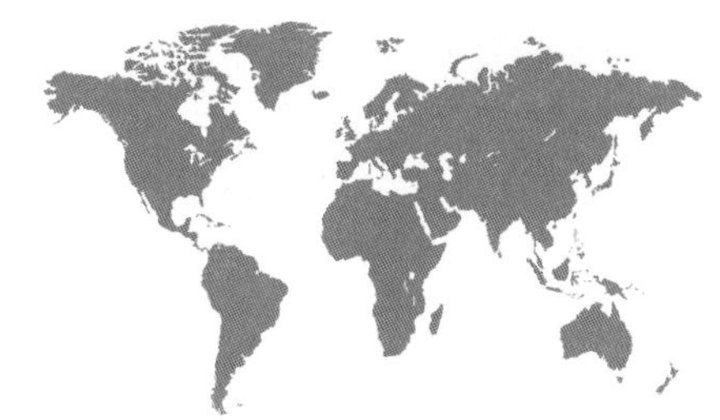

刚毛鸢尾兰
Oberonia setigera
Bristly Fairy King

Ames, 1912

花的大小
0.3 cm（⅛ in）

植株大小
8~13 cm × 8~13 cm
（3~5 in × 3~5 in），
不包括长 15~25 cm
（6~10 in）的悬垂花序

刚毛鸢尾兰是一种扇状的小兰花，其叶扁平，排列在一个平面上。其植株通常生于较大的树枝或树干上，多数情况下会从宿主树木上垂下。其花序生有数百朵微小的花，沿花序轴呈环状排列，每朵花的背萼片均在顶端有一枚非常长的芒，使花序看上去像微小的狐狸尾巴。鸢尾兰属的学名 *Oberonia* 来自欧洲神话中的仙王奥伯龙（Oberon），他总是小心翼翼不被别人看见，借此可以暗指鸢尾兰属的花很小。

本种的传粉尚无研究，这些微小花朵由何种昆虫传粉全凭猜测。其花中无明显的芳香或花蜜回报，芒的功能也未知。除本种之外，便再无其他兰花有类似的长芒。

刚毛鸢尾兰的花为锈红色；背萼片在顶端生有长芒，几乎呈白色；药帽亦为白色；唇瓣有几枚尖裂片。

实际大小

亚科	树兰亚科
族和亚族	沼兰族，沼兰亚族
原产地	中国（海南岛）和泰国，经马来西亚、印度尼西亚达新几内亚岛
生境	常绿林，海拔 1,000~1,200 m（3,300~3,950 ft）
类别和位置	附生
保护现状	无危
花期	5 月至 6 月（晚春至早夏）

花的大小
1.9 cm（¾ in）

植株大小
18~25 cm × 10~15 cm（7~10 in × 4~6 in），不包括长 15~25 cm（6~10 in）的顶生花序

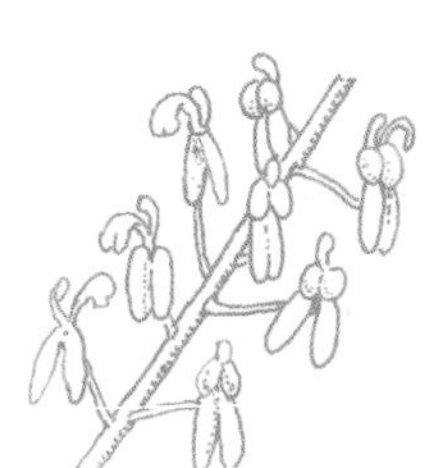

宽叶树羊耳蒜
Stichorkis latifolia
Sheep's Ear Garlic

Lindley, 1830

宽叶树羊耳蒜的假鳞茎长球形，下方托有一片宽阔的叶，顶端另生有一片叶。其叶形如绵羊的耳朵，而假鳞茎多少像是一瓣蒜，故名“羊耳蒜”。其花序从假鳞茎顶端发出，可生有 30~40 朵花。本种现属覆苞兰属 *Stichorkis*，其学名来自古希腊语词 stikhos（线）和 orkis（兰花），指其花外观仿佛排成一条线。

本种的唇瓣表面有光泽，似乎表明有花蜜存在，但实际上并无花蜜，其花色则暗示传粉者是某种蝇类。目前对其亲缘种已有传粉率的研究，结果表明因为花中缺少给传粉者的回报，昆虫的访花率很低。宽叶树羊耳蒜的传粉情况料亦如此。

实际大小

宽叶树羊耳蒜的花的萼片和花瓣为浅橙色至黄褐色，花瓣狭窄，线状；唇瓣色深，更红，表面有光泽；合蕊柱白色至乳黄色，顶端颜色较深，基部有小而闪亮的珠状物。

亚科	树兰亚科
族和亚族	鸟巢兰族
原产地	亚洲热带和亚热带地区，从印度至新几内亚岛和日本
生境	开放的阔叶林，有时也生于松林，海拔 400~1,700 m（1,300~5,600 ft）
类别和位置	地生，全菌根异养性
保护现状	未评估
花期	6 月至 9 月（仲夏至秋季）

花的大小
2.5 cm（1 in）

植株大小
38~71 cm（15~28 in），全年任何时候均无叶

无叶兰
Aphyllorchis montana
Pauper Orchid

Reichenbach fils, 1876

无叶兰没有叶，其地下茎短而匍匐，有开展的根。植物无叶绿素，因此不能进行光合作用，靠寄生在真菌之上过活，从真菌那里获取糖分和其他养分。其植株仅在开花时从森林地面冒出，抽出一枚疏松的总状花序，其上包有反曲的苞片，各托有一朵花。花形只在短时间内开展，之后就下垂并保持半闭合状，直到开始结出蒴果为止。

无叶兰属的学名*Aphyllorchis*来自古希腊语词a-（无）、phyllon（叶）和orchis（兰花）。本种的种加词 *montana* 在拉丁语中意为“山生的”，指其生境为山地。本种的英文名意为“赤贫者”，则指其植株生长在养分贫瘠的土壤上。这些植株的传粉者目前基本未有研究，因为在热带森林阴暗的下层深处，昆虫的数目非常有限。

无叶兰的花的侧萼片和花瓣开展，浅乳黄色；上萼片兜帽状，位于弓曲的合蕊柱上方；唇瓣深黄色，舟形，两侧包被合蕊柱基部。

实际大小

亚科	树兰亚科
族和亚族	鸟巢兰族
原产地	欧洲、北非、西亚至伊朗和土库曼斯坦
生境	腐殖质丰富的易碎黏土、黄土（肥沃的淤泥）或白垩质土壤上的荫蔽地，常生于针叶林或水青冈林、灌丛和草原上，有时生于阳光充足的多石地
类别和位置	地生，生于碱性土壤上
保护现状	未评估，但在欧洲无危，在英格兰极危
花期	6月至7月（早夏）

花的大小
2.5 cm（1 in）

植株大小
15~65 cm × 10~28 cm
（6~26 in × 4~11 in），
包括花序

红花头蕊兰
Cephalanthera rubra
Red Helleborine

(Linnaeus) Richard, 1817

红花头蕊兰的花的 3 枚萼片开展，粉红色，2 片花瓣前伸，与杯状的唇瓣形成导向合蕊柱的短管；合蕊柱顶端红色；唇瓣基部有凹穴，但未见报道有花蜜。

红花头蕊兰是东欧最常见的兰花，喜欢温和的大陆性气候。不过，在环境不合适的时候，其植株会一直蛰伏地下，依赖它的真菌寄主过活，这可能导致本种在其天然分布区西部和南部的记录不够充分。

气候变化可能导致这些地区的环境变得更不合适。本种可见于阴暗的林地中，其植株在那里看来不太可能进行充分的光合作用而养活自己。研究者认为它们会在很大程度上依赖于其内生菌根真菌。本种在地下不形成块根或球茎，而只有根状茎，上生一丛粗根。已有人推测其花模仿了风铃草属 *Campanula* 的花，并由裂爪蜂属 *Chelostoma* 的独居蜂类传粉。

实际大小

亚科	树兰亚科
族和亚族	鸟巢兰族
原产地	亚欧大陆，东达中国，南达北非、中东和喜马拉雅山区；在北美洲归化，广布
生境	落叶林地和针叶林地、峡谷、密灌丛、草甸、草坪、停车场、路边绿化带、溪岸、沙丘和沟渠，生于海平面至海拔 2,500 m（8,200 ft）处
类别和位置	地生
保护现状	无危
花期	7 月（夏季）

火烧兰
Epipactis helleborine
Broad-leaved Helleborine
(Linnaeus) Crantz, 1769

花的大小
2 cm（¾ in）

植株大小
25~46 cm × 15~25 cm（10~18 in × 6~10 in），包括花序

实际大小

火烧兰的茎直立，顶端略下垂，生有多至 10 片叶。其叶阔卵形，有皱褶，在茎上螺旋状排列。其花可多至 50 朵，通常都朝向一侧。火烧兰属的学名 *Epipactis* 来自古希腊语词 epipaktis，古希腊人用这个词来指一种可以让牛奶凝固的植物，可能是本种或一种铁筷子（为毛茛科铁筷子属 *Helleborus* 植物），故其种加词为 *helleborine*，英文名也由此得名。铁筷子属的学名来自古希腊语词 elein（伤害）和 bora（食物），指该属植物有毒，虽然口服可用于治疗打喷嚏。

本种曾多次被人无意引入美国东部，可能是作为治疗痛风的药物，之后它便在一个世纪之内入侵到整个北美大陆。其植株由胡蜂和蜜蜂传粉，它们会从其唇瓣上采集花蜜。

火烧兰的花的萼片为杯状，具绿色至乳黄色调；花瓣粉红色；唇瓣乳黄色至粉红色，具深色花蜜穴，顶端反曲；合蕊柱有宽翅，并有乳黄色至白色的药帽。

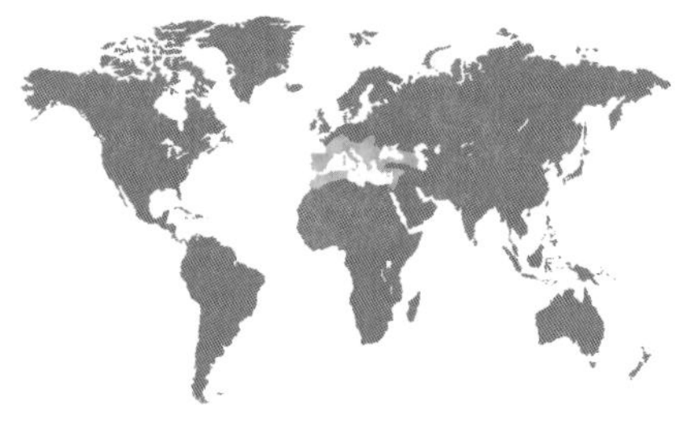

亚科	树兰亚科
族和亚族	鸟巢兰族
原产地	南欧和中欧、北非至中东
生境	林缘的钙质基质上，生于海平面至海拔 2,300 m（7,545 ft）
类别和位置	地生
保护现状	无危
花期	4 月至 6 月（春季至早夏）

花的大小
3.8 cm（1½ in）

植株大小
无叶，花序高38~102 cm
（15~40 in）

从宝兰
Limodorum abortivum
Violet Limodore

(Linnaeus) Swartz, 1799

分布广泛的从宝兰是温带较大型的兰花之一，其茎色深，每茎生有多至 20 朵花。它又是一种菌根异养性植物——植株无叶，无叶绿素，因而依赖菌根真菌为其提供营养和矿物质。与本种有联系的真菌又进而从周围的森林树木那里获取糖类，并用它们可以较容易从土壤中吸收的矿物质作为交换。从宝兰属的学名 *Limodorum* 最可能来自古希腊语词 haemodorum，古希腊植物学家泰奥弗拉斯托斯（Theophrastus）曾用该名指代一种花为红色的寄生植物，但不是这类兰花。本种的种加词 *abortivum* 意为“败育的”，指其分布区内很多地方的花从不全开，改而进行自花传粉。

在一些地区，本种的花则可完全开放，并分泌有花蜜。此时其传粉者为搜寻花蜜的黄斑蜂属 *Anthidium*、条蜂属 *Anthophora*、熊蜂属 *Bombus* 和隧蜂属 *Lasioglossum* 蜂类。

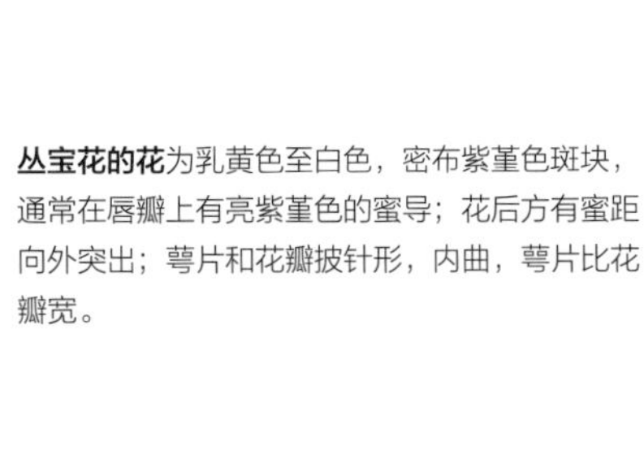

从宝花的花为乳黄色至白色，密布紫堇色斑块，通常在唇瓣上有亮紫堇色的蜜导；花后方有蜜距向外突出；萼片和花瓣披针形，内曲，萼片比花瓣宽。

实际大小

亚科	树兰亚科
族和亚族	鸟巢兰族
原产地	亚欧大陆和北美洲的环北极、亚寒带和温带地区
生境	在湿润松林和湿润沼泽地最常见，但在北部地区也生于海滨和沙丘上，在南部地区仅见于山地
类别和位置	地生，生于藓丛中或腐殖质上
保护现状	无危，因为植株不易发现，在很多地方很可能未得到充分记录
花期	5月至8月（晚春至夏季）

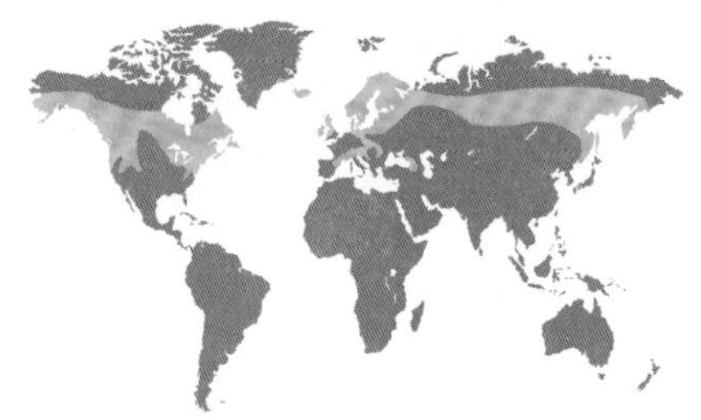

心叶对叶兰
Neottia cordata
Lesser Twayblade

(Linnaeus) Richard, 1817

花的大小
0.6 cm（¼ in）

植株大小
5~15 cm × 2.5~5 cm（2~6 in × 1~2 in），包括茎顶的花序

实际大小

心叶对叶兰是一种微小的地生兰，其根状茎短而匍匐，花莛上有2枚近对生的叶，其英文名（意为“二枚叶片兰”）由此而来，其中的“tway”可能来自中世纪英语twain，意为“二”；另一种解释认为其英文名可能来自古荷兰语twee-blad。其花莛基部有几枚鞘，花莛顶端则是直立的总状花序，生有3~15朵花。

尽管本种的分布一般高度局地化，但其植株可在条件合适的地方形成大群体；不过，其植株颜色为铜红色，体形微小，难于发现，因此常在植被调查中被忽视。本种以前置于对叶兰属 *Listera*，但分子和形态研究都表明它与鸟巢兰 *Neottia nidus-avis* 近缘，因此现在也被归入后者所在的鸟巢兰属 *Neottia*。其小而简单的花由蕈蚊传粉。

心叶对叶兰的花的子房长形；萼片和花瓣小，开展，绿褐色，不显眼，常带有紫红色调；唇瓣4裂，下部2枚裂片伸长。

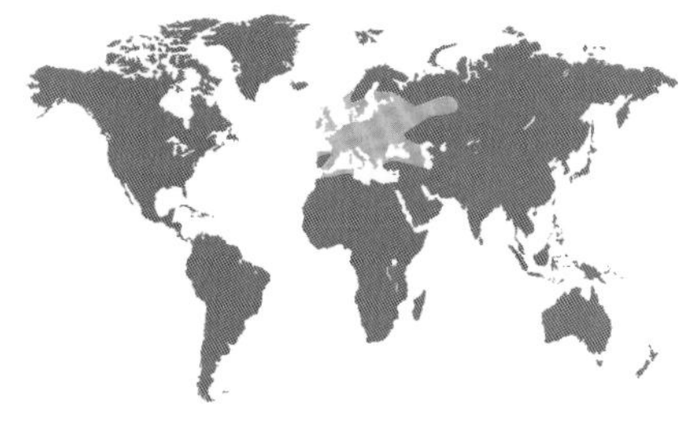

亚科	树兰亚科
族和亚族	鸟巢兰族
原产地	欧洲、安纳托利亚高原和高加索山区至伊朗，以及非洲西北部
生境	温带荫蔽林地，特别是水青冈、榛、松、栎等树种下方，稀见于桦树下方
类别和位置	地生，生于碱性土壤上的深厚落叶层中
保护现状	无危，但局地数量有衰退。本种是古老林地的指示植物，而在其分布区全境内这些林地面积都在快速减少
花期	5月至7月（春季至早夏）

花的大小
1 cm（⅜ in）

植株大小
20～38 cm × 8～10 cm
（8～15 in × 3～4 in），
仅有花序（本种无叶）

鸟巢兰
Neottia nidus-avis
Bird's Nest Orchid

(Linnaeus) Richard, 1817

鸟巢兰无叶，其根粗大，珊瑚状，簇生，形如鸟巢，中文名由此而来。本种无绿色叶，与土壤真菌形成寄生关系，真菌又与本种所在的森林中的树木形成互惠共生关系，从树木那里获取糖类。鸟巢兰属的学名 *Neottia* 和本种的种加词分别来自古希腊语词 neottia 和拉丁语词 *nidus-avis*，前者是“巢”的意思，后者是“鸟巢”的意思。

本种的花序为黄褐色的穗状花序，只在条件最合适的年份抽出，其上生有多至 5 片的苞片。苞片大型，鳞片状，围抱花莛。因为其植株的颜色与它所生长的阴暗森林中落叶的颜色相同，整个植株都不易发觉。其传粉者为蝇类，但如花朵一直未受访问，其中的花粉团可脱落，掉在柱头上，从而完成自花传粉。

鸟巢兰的花的萼片和花瓣为褐绿色，形成围抱中央合蕊柱的杯状；唇瓣较长，超出杯状花被片，有 2 枚外弯的裂片。

亚科	树兰亚科
族和亚族	芋兰族，芋兰亚族
原产地	亚洲热带和亚热带地区至澳大利亚北部
生境	有荫蔽树林的山谷和常绿林，海拔 200~1,600 m (650~5,250 ft)
类别和位置	地生，生于潮湿地
保护现状	在澳大利亚无危；在亚洲分布，暂时不受威胁
花期	5月至6月（晚春）

毛叶芋兰
Nervilia plicata
Hairy Taro Orchid
(Andrews) Schlechter, 1911

花的大小
2.5 cm（1 in）

植株大小
10~15 cm x 15~25 cm（4~6 in x 6~10 in），不包括高 15~25 cm（6~10 in）的花序

毛叶芋兰的块根球形，有毛，略呈白色，直径达 2 cm (¾ in)。其上生出一片叶，心形，有毛，略带紫红色或为绿色，有紫红色斑点，通常紧贴地面。在雨季伊始、叶枯萎后不久，其植株再抽出花序，比老叶只略高，生有 1 或 2 朵花，仅能开放几天时间。芋兰属的学名 *Nervilia* 来自拉丁语词 *nervus*，意为“神经”或“脉”，指其叶美丽，有显著的脉纹。本种的叶为折叠状，这一特征又反映在其种加词 *plicata* 中——该词来自拉丁语词 *plicatus*，意为“折叠”。

本种的花无花蜜，可欺骗独居的蜜蜂和胡蜂来传粉。花形和花色在整个分布区内多变，因此这个学名可能包括了不止一个种。其块根在亚洲一些地区用于治疗Ⅱ型糖尿病。

实际大小

毛叶芋兰的花的萼片和花瓣开展，披针形，绿褐色；唇瓣管状，乳黄色，将宽阔的白色合蕊柱包藏其中；多数植株的唇瓣上有一些深粉红色脉纹，但另一些植株则在唇瓣中部有黄色的冠状褶片。

亚科	树兰亚科
族和亚族	芋兰族，虎舌兰亚族
原产地	亚欧大陆温带地区，从英国至日本，南达高加索山脉和喜马拉雅山区
生境	森林、岩隙和多藓类的地点，海拔 200~3,600 m（650~11,800 ft）
类别和位置	地生
保护现状	因为分布广泛而无危，但在局地范围内则易危至极危
花期	5 月至 7 月（晚春和夏季）

花的大小
2 cm（¾ in）

植株大小
13~25 cm（5~10 in），
仅有一枚花序

裂唇虎舌兰
Epipogium aphyllum
Ghost Orchid

Swartz, 1814

实际大小

裂唇虎舌兰的花的唇瓣位于最上；其萼片和花瓣狭披针形，向下开展；唇瓣白色，有排成几列的玫瑰红色斑点和钝距，并形成兜帽状，覆于宽阔的乳黄色合蕊柱之上。

裂唇虎舌兰是一种小型兰花，从不长叶，完全不进行光合作用，而从丝盖伞属 *Inocybe* 真菌那里获取糖类和矿物质，而真菌又与树根有联系。其花生于白色花莛上，花莛基部膨大，附着在一丛状如珊瑚的根上。本种仅在开花时伸出地面之上，特别是在极为湿润的夏季。因为它们并非每年都破土而出，其居群很难监控。

本种的花有香甜的香草或香蕉气味，在上伸的距中分泌有花蜜。熊蜂属 *Bombus* 的蜂类看来是具有这种气味、颜色和距的花的合适传粉者，也确实有一些熊蜂访问其花的报道，但据说并没有带走其花粉团。因为蜂类在如此荫蔽的生境中不常见，其植株很少能结出蒴果。

亚科	树兰亚科
族和亚族	柄唇兰族
原产地	印度尼西亚，从苏门答腊岛和加里曼丹岛至苏拉威西岛
生境	海拔较低的山地和丘陵森林，通常生于潮湿地区，海拔 600~1,600 m（1,970~5,250 ft）
类别和位置	附生于多藓类的树上，有时地生或石生
保护现状	未正式评估
花期	春季

黄花牛齿兰

Appendicula cristata

Crested Fern-orchid

Blume, 1825

花的大小
0.6 cm（¼ in）

植株大小
51~114 cm × 13~20 cm（20~45 in × 5~8 in），包括在近茎顶处发出的花序

黄花牛齿兰有时可以产生非常长而下垂的茎，并有扁平的枝条。其枝条上生有卵形的短叶，均排列在一个平面上，叶的扁平表面也均朝向同一个方向。本种的植株可与同样为附生性的石杉属 *Huperzia* 植物（属石松类植物）或禾叶蕨属 *Grammitis* 蕨类混淆，但与它们不同，本种是可以开花的兰花。其花序顶生，常有分枝，长达 15 cm（6 in），花小而鲜艳，在花序上连续开放。

牛齿兰属的学名 *Appendicula* 在拉丁语中意为“小附属物”，指的是唇瓣上有胼胝体。目前尚未观察过本种的传粉，但该属中很多种已知在无昆虫访问的时候会自花传粉，而本种也可能是这样。

实际大小

黄花牛齿兰的花为黄色，有粉红色调，具囊状的距；其萼片和花瓣合生，形成漏斗状；顶萼片围抱有翅的合蕊柱；唇瓣 2 裂，有一枚附属物。

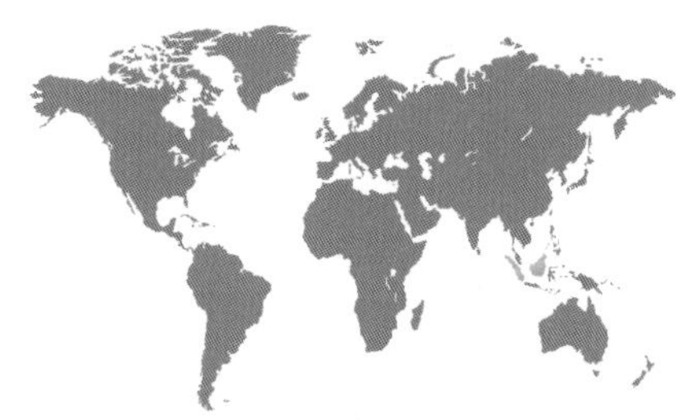

亚科	树兰亚科
族和亚族	柄唇兰族
原产地	苏门答腊岛和加里曼丹岛
生境	山地森林，海拔 700~2,000 m（2,300~6,600 ft）
类别和位置	附生于极荫蔽地的树干近地面处
保护现状	未评估
花期	11 月至 2 月（冬季）

花的大小
0.8 cm（¼ in）

植株大小
38~76 cm × 25~38 cm（15~30 in × 10~15 in），不包括花序，其花序直立至弓曲，短于叶，长 20~30 cm（8~12 in）

垂序毛舟兰
Ascidieria cymbidifolia
Snail Orchid

(Ridley) W. Suarez & Cootes, 2009

垂序毛舟兰的假鳞茎小，茎状，有鞘，其上生有 2~5 片叶。其叶线形，折叠状，排成两列。其花序弓曲至下垂，密生有很多小花，朝向多样，有些花的唇瓣在最下方。

毛舟兰属的学名 *Ascidieria* 来自古希腊语词 askos（膀胱）和毛兰属学名 *Eria*，前者指其唇瓣膨大，后者指本属曾是毛兰属的一部分。垂序毛舟兰的种加词 *cymbidifolia* 意为“叶似兰属 *Cymbidium* 的”，则指其植株在不开花时容易误认成兰属植物。目前对本种的传粉几无所知，但其花形似乎表明传粉者是某些蜂类。本种的英文名意为“蜗牛兰”，则是说蜗牛可能会为其植株传粉，因为在很多时候其花序会贴在地面上。

实际大小

垂序毛舟兰的花为白色至乳黄色，2 枚侧萼片增大，包被囊状的唇瓣；上萼片和花瓣较小，开展，大小彼此相似；唇瓣有 2 枚附属物，花粉团位于合蕊柱两侧，状如两只眼睛。

亚科	树兰亚科
族和亚族	柄唇兰族
原产地	菲律宾
生境	低地热带湿润森林
类别和位置	附生
保护现状	无危
花期	全年

网鳞牛角兰
Ceratostylis retisquama
Lady Orchid

Reichenbach fils, 1857

花的大小
2~3 cm（¾~1¼ in）

植株大小
15~25 cm × 8~10 cm（6~10 in × 3~4 in），包括长 2.5 cm（1 in）的花序

牛角兰属 *Ceratostylis* 大部分种的花为白色，很小，但网鳞牛角兰却是其中花大而艳丽的种类。其植株下垂，最终可长得很大。其叶圆柱形，肉质，下伸，基部有纸质的褐色鳞片，本种的种加词 *retisquama* 来自拉丁语词 *reti*（网）和 *squama*（像鳞片的），就是指这个特征。其合蕊柱顶端尖，这一特征则反映在牛角兰属的学名中——该名来自古希腊语词 cerato（角）和 stylis（柱）。

本种的花开放时间短，但一年内可反复开花。本种另一个更有名的学名是 *Ceratostylis rubra*，但目前采用的正确学名要比这个更常见的学名早发表 50 多年。和很多由鸟类传粉的红色兰花不同，网鳞牛角兰的花形开放而无距，更可能由蜂类传粉。

实际大小

网鳞牛角兰的花不扭转，萼片和花瓣几乎等大，珊瑚红色，有闪亮的晶莹质地；唇瓣小，三角形。

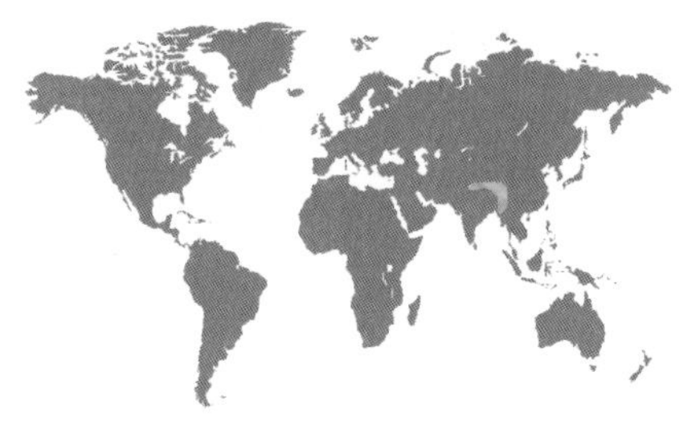

亚科	树兰亚科
族和亚族	柄唇兰族
原产地	喜马拉雅山区东部、中南半岛至中国南部
生境	阔叶林，海拔 1,800~2,300 m（5,900~7,545 ft）
类别和位置	附生于树木多藓类的枝条上，稀生于多藓类的岩石上
保护现状	未正式评估
花期	5 月至 7 月（晚春至早夏）

花的大小
2.5 cm（1 in）

植株大小
16~30 cm × 8~15 cm（6~12 in × 3~6 in），不包括长 25~51 cm（10~20 in）的花序

红花宿苞兰
Cryptochilus sanguineus
Blood-red Bell Orchid

Wallich, 1824

红花宿苞兰的每个新生部位均具一条球形假鳞茎，包藏在鞘中，每条假鳞茎生有 1~3 朵厚而向上突起的叶。其花序从假鳞茎顶端发出，直立或向一侧弓曲，生有 10~20 朵花，花下方各托以一片坚硬的苞片。其萼片钟形，覆盖唇瓣，因此宿苞兰属的学名为 *Cryptochilus*［来自古希腊语词 kryptos（隐藏）和 cheilos（唇）］。其花生于花序的一侧或两侧。

本种的花很可能模拟了杜鹃花科植物的有花蜜的花。因为花形和大小相似，访问杜鹃花科植物的蜂类会被本种的花愚弄，从而也访问它们。因为其花色为红色，也有人推测是由鸟类传粉，但无观测证据。本种的花过小，不适合亚洲那些搜寻花蜜的鸟类访问。因为蜂类也可以看见红色，它们看来更可能是传粉者。

红花宿苞兰的花的萼片为红色，有深色边缘，在基部形成短（而空的）蜜穴；花的其他部位都深藏其中。

实际大小

亚科	树兰亚科
族和亚族	柄唇兰族
原产地	马来西亚半岛地区
生境	林缘、山脊、道边，海拔 1,700~2,000 m（5,600~6,600 ft）
类别和位置	附生或地生
保护现状	未评估
花期	3 月至 5 月（春季）

歧蔗兰
Dilochiopsis scortechinii
Father Benedetto's Orchid

(Hooker fils) Brieger, 1981

花的大小
1 cm（⅜ in）

植株大小
203~330 cm × 15~25 cm（80~130 in × 6~10 in），包括花序，其花序顶生，有分枝，长 15~25 cm（6~10 in）

实际大小

歧蔗兰的茎叶更像竹子，呈长长的拖曳状，只在开花的时候像兰花。歧蔗兰属的学名 *Dilochiopsis* 指它形似（-opsis 在古希腊语中是表示“像……的”的后缀）蔗兰属 *Dilochia*。虽然这两个属关系很远，但确实非常相似。蔗兰属的学名又是来自古希腊语词 di（二）和 lochos（纵列，如士兵排成的纵列），指叶排成两列，而这也是歧蔗兰的特征。其种加词 *scortechinii* 纪念的是贝内德托·斯科尔泰基尼神父（Father Benedetto Scortechini, 1845—1886），他是意大利神父，曾帮助过澳大利亚昆士兰州的早期殖民者，并研究过那一地区的植物。

本种的传粉目前尚无研究，但其花色、花形和蜜穴都表明传粉者是某种蜂类。其蜜穴不管是否有花蜜都可吸引蜂类。

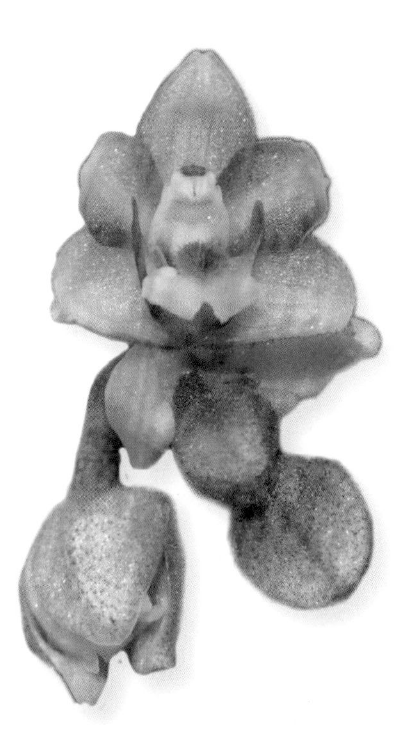

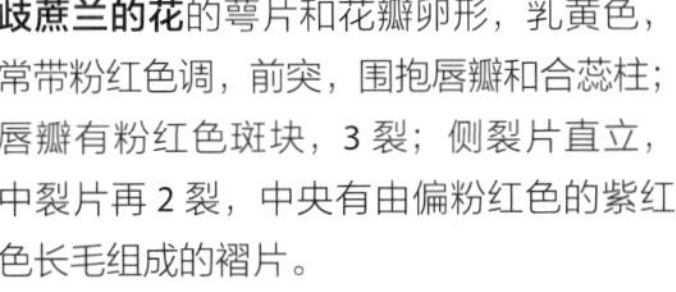

歧蔗兰的花的萼片和花瓣卵形，乳黄色，常带粉红色调，前突，围抱唇瓣和合蕊柱；唇瓣有粉红色斑块，3 裂；侧裂片直立，中裂片再 2 裂，中央有由偏粉红色的紫红色长毛组成的褶片。

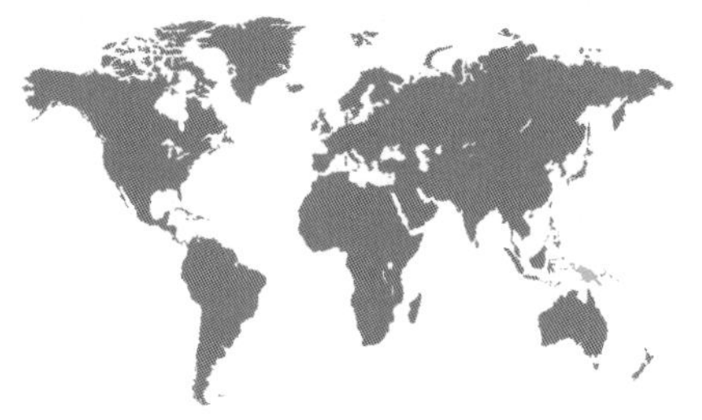

亚科	树兰亚科
族和亚族	柄唇兰族
原产地	新几内亚岛
生境	中海拔热带湿润森林的极荫蔽处
类别和位置	附生；有时地生，在藓丛中呈匍匐状
保护现状	无危
花期	全年，但多在秋、冬和春季

花的大小
1~2 cm（⅜~¾ in）

植株大小
2.5~3.8 cm × 2.5 cm
（1~1½ in × 1 in），
包括短花序

糖色石榴兰
Mediocalcar decoratum
Candy-corn Orchid

Schuiteman, 1989

糖色石榴兰是一种肉质、匍匐的微型兰花，其花色鲜亮，在大小和色彩上都像玉米糖（其英文名意为“玉米糖兰”，即由此而来）。其假鳞茎短，圆柱形，顶端各生有3~4片肉质叶，排列成类似直升机顶部的螺旋桨的形状。其花非常漂亮，在最新生的茎叶上一次开放1~2朵，看上去像是在这种匍匐兰花植株上布置的球形小饰品。本种几乎所有新生茎叶都易于生根，较大的植株可有数以百计的饰有花朵的新茎叶。

石榴兰属的学名*Mediocalcar*来自古希腊语词medius（中间）和calcar（距），指“中花瓣”（唇瓣）形成囊状的短蜜距。一般认为糖色石榴兰的花朵模拟了越橘属*Vaccinium*植物的花，它们和石榴兰属有相同的生境，在其中是常见植物。

糖色石榴兰的花为膨大的小钟形，红橙色；其钟形花被由萼片和花瓣组成，顶端有开口，这些花被片顶端为亮黄色，形成鲜明对比；唇瓣在大小和形状上都和其他花瓣无显著差异。

实际大小

亚科	树兰亚科
族和亚族	柄唇兰族
原产地	中南半岛、马来西亚半岛地区和马来群岛西部，东至巴厘岛
生境	低地和山地多藓类的森林，海拔 200~2,400 m（650~7,875 ft）
类别和位置	附生；或为地生，生于多藓类的岸边
保护现状	未评估
花期	春季

淡色拟毛兰
Mycaranthes oblitterata
Faded Bat Orchid

Blume, 1825

花的大小
0.6 cm（¼ in）

植株大小
25~38 cm x 10~25 cm（10~15 in x 4~10 in），不包括花序，其花序直立，顶生，长15~25 cm（6~10 in）

淡色拟毛兰的茎长而弓曲，生有很多叶，其叶披针形，革质，排成两列，顶端啮蚀状，基部抱茎。从茎顶发出1~3枚不分枝的总状花序，其上密生有40~50朵小花。拟毛兰属的学名 *Mycaranthes* 来自古希腊语词 mykaris（蝙蝠）和 anthos（花），指唇瓣形似小蝙蝠。本种的种加词 *oblitterata* 指多数植株的花色较浅，但也有一些植株的花色较为鲜亮。

实际大小

拟毛兰属有25种，目前其中尚无一种做过传粉研究。其花中不提供花蜜或其他明显的回报，所以有人推测可能是某种蝇类为它们传粉，但也不清楚为什么这些花朵可以吸引蝇类。

淡色拟毛兰的花的侧萼片和花瓣反曲，绿黄色；上萼片兜帽状，位于合蕊柱上方；唇瓣乳黄色，有红色斑点和长柄，并有活动关节，3裂；中裂片增厚，有绵毛和胼胝体，侧裂片外伸。

亚科	树兰亚科
族和亚族	柄唇兰族
原产地	西南太平洋地区，从新几内亚岛和昆士兰州（澳大利亚）至萨摩亚和马里亚纳群岛
生境	海滨雨林和湿润森林，生于海平面至海拔 400 m（1,300 ft）处
类别和位置	附生于树上潮湿通风之处，常生于悬于溪流上方的树枝上，较少见于多藓类的岩石上
保护现状	未评估
花期	10 月至 2 月（春夏季），有时在一年中其他时候也能开花

花的大小
0.25 cm（⅛ in）

植株大小
20~36 cm × 15~25 cm（8~14 in × 6~10 in），不包括花序，其花序直立至顶端下垂，长23~46 cm（9~18 in）

小花馥兰
Phreatia micrantha
Pacific Fan Orchid

(A. Richard) Lindley, 1859

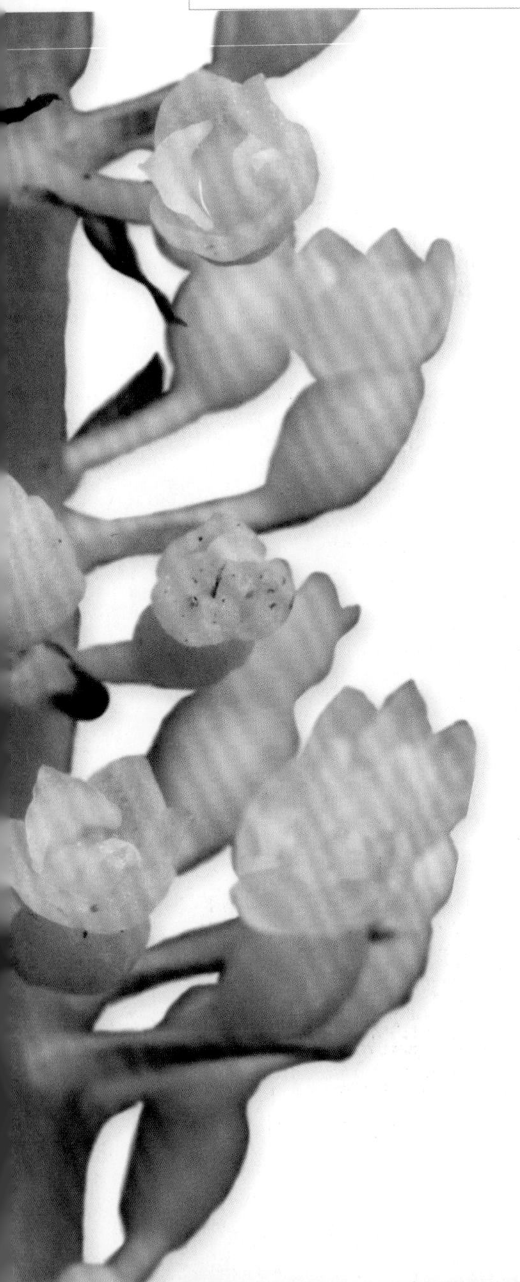

小花馥兰的茎短，覆有多至 10 片叶。叶为线形，顶端不等 2 裂，排列成扇状。其花序腋生，圆柱状，密集地生有许多微小的花，每朵花只能开放 2~3 天。馥兰属的学名 *Phreatia* 来自古希腊语词 phrear，意为“水池”或“井”，指花被片形成小凹穴。

有些学者曾推测小花馥兰由雨滴传粉，雨滴可以把花粉团打落。虽然这种情况有可能发生，但让一滴雨把花粉团从一朵花打到另一朵花的柱头穴里看来是非常不现实的。其传粉更可能依靠某种小型昆虫，其唇瓣基部有 2 裂的凹穴，其中分泌有花蜜，也是合于昆虫传粉的特征。

实际大小

小花馥兰的花的萼片和花瓣小型，半透明，白色，形成钟状；上萼片兜帽状；唇瓣反曲；合蕊柱有短翅；唇瓣基部有蜜穴。

亚科	树兰亚科
族和亚族	柄唇兰族
原产地	云南省南部（中国）和喜马拉雅山区至东南亚
生境	山坡树林、岩石露头和谷地森林，海拔 800~2,800 m（2,625~9,200 ft）
类别和位置	附生于树上或附石生
保护现状	未评估
花期	5 月至 8 月（春夏季）

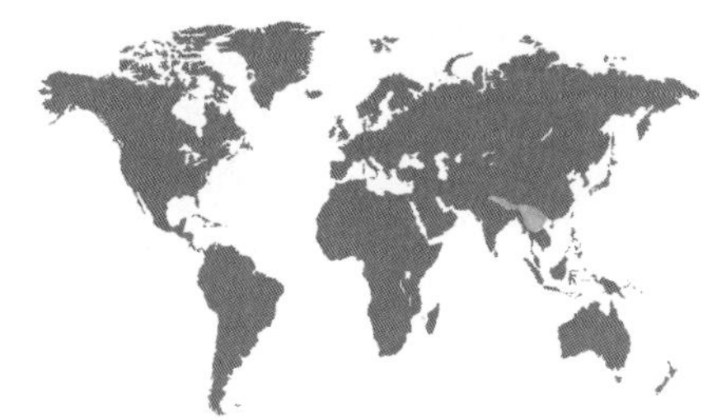

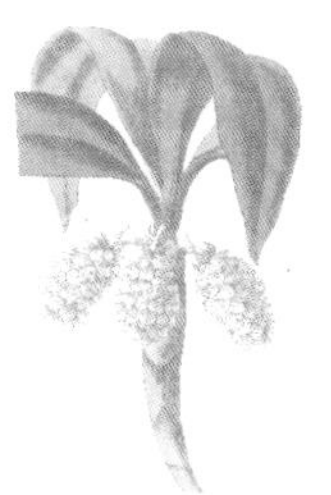

花的大小
0.8 cm（¼ in）

植株大小
15~33 cm × 18~30 cm（6~13 in × 7~12 in），包括长10~18 cm（4~7 in）的弓曲花序

密花苹兰
Pinalia spicata
Lily of the Valley Orchid

(D. Don) S. C. Chen & J. J. Wood, 2009

密花苹兰的假鳞茎簇生，锥状，基部包有 1~2 枚干燥的鞘，顶端生有多至 4 片椭圆状长圆形的叶，叶有短柄，顶端不对称 2 裂。其花序从假鳞茎近顶处发出，纤细，覆有苞片并生有 5~20 朵花。其花有毛，在花序上疏松排列。苹兰属的学名 *Pinalia* 纪念的是法国植物学家舍瓦利埃·皮纳尔（Chevalier Pinal）。本种的种加词则意为“穗状的”，指其花序穗状，花梗短，花密集。

实际大小

本种的花为杯状，有浓郁香气，仿佛铃兰 *Convallaria majalis*，其英文名（意为“铃兰兰”）由此而来，本种以前使用的种名 *Eria convallarioides* 的种加词亦是此意。考虑到花的香气和花形，其传粉可能由某种蜂类进行，但花中无花蜜。

密花苹兰的花的花瓣和萼片白色至乳黄色，开展；2 枚侧萼片较宽，基部与合蕊柱基部的延展部分合生；唇瓣白色，宽阔，中央有 2 道黄色褶片。

亚科	树兰亚科
族和亚族	柄唇兰族
原产地	东南亚至加里曼丹岛和爪哇岛（印度尼西亚）
生境	河湖附近季节性湿润的森林，海拔 300~1,600 m（985~5,250 ft）
类别和位置	附生或石生
保护现状	未评估
花期	7 月至 8 月（夏季）

花的大小
1.5 cm（⅝ in）

植株大小
20~38 cm × 13~15 cm（8~15 in × 5~6 in），包括花序，其花序弓曲下垂，长8~15 cm（3~6 in）

红颊苹兰
Pinalia xanthocheila
Red-cheek Orchid

(Ridley) W. Suarez & Cootes, 2009

红颊苹兰的假鳞茎长形，在近顶端生有 2~5 片叶，均为长圆形披针形，基部抱茎，在叶下方不远处发出 2~3 枚花序，并常部分隐藏在这些叶下。每枚花序生有多至 30 朵的花，开放时间短，但颜色艳丽。苹兰属的学名 *Pinalia* 以法国植物学家舍瓦利埃·皮纳尔的名字命名，他是 19 世纪的兰花采集者。本种的种加词 *xanthocheila* 来自古希腊语词 xanthos（黄色）和 cheilos（唇），指唇瓣大部为黄色。中文名中的“红颊”二字则指唇瓣侧裂片为红色。

目前对本种的传粉一无所知。不过，其花开放，颜色艳丽，气味芳香，在唇瓣基部又有浅蜜穴，这些都暗示蜂类是最可能的传粉者。

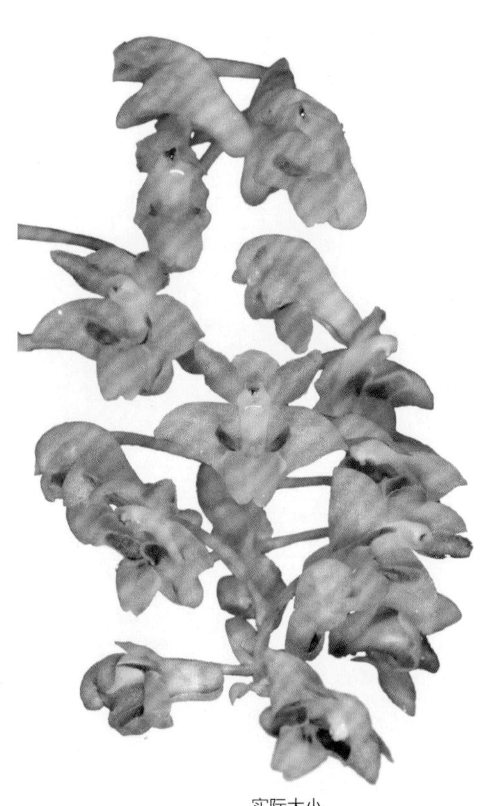

实际大小

红颊苹兰的花的萼片和花瓣为浅黄色至亮黄色，开展，略向前突，有时二者均有红色条纹；唇瓣 3 裂，侧裂片位于合蕊柱两侧，通常有红色色调，但也有纯黄色唇瓣的记录。

亚科	树兰亚科
族和亚族	柄唇兰族
原产地	马来西亚半岛地区，苏门答腊岛，爪哇岛
生境	云雾林，海拔 900~1,500 m（2,950~4,920 ft）
类别和位置	附生于树上，或在岩石上附石生
保护现状	未评估
花期	全年

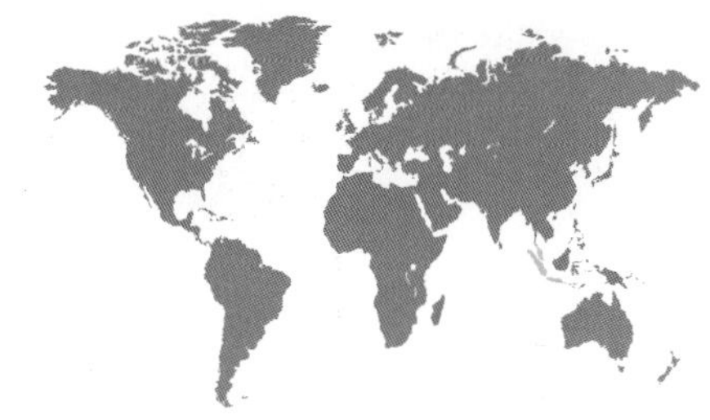

花的大小
0.7 cm（¼ in）

植株大小
10~20 cm × 2.5~5 cm
（4~8 in × 1~2 in），
不包括花序，其花序短，
在茎上顶生，长1.3~4 cm
（½~1½ in）

紫斑柄唇兰
Podochilus muricatus
Moss Orchid

(Teijsmann & Binnendijk) Schlechter, 1900

紫斑柄唇兰的茎完全为鞘状叶所包被，使之形似草胡椒属 *Peperomia* 的植物，而显然不似兰花。本种植株小，不开花时可能会被误认成一丛藓类或石松，其英文名（意为藓兰）由此而来。其叶肉质，卵形，基部扭曲，叶尖常略 2 裂。其花序短，顶生，稀腋生，生有 1~3 朵簇生的花，托以开展而凹陷的叶状苞片。

目前对本种的有性生殖过程几无所知，但它不是自花传粉植物。其唇瓣基部和侧萼片共同形成蜜距，看来可能会为小型蜂类所访问。

实际大小

紫斑柄唇兰的花为白色，萼片形成杯状，外面覆有长毛；花瓣顶端狭尖；唇瓣宽阔，有一些紫红色斑块。

亚科	树兰亚科
族和亚族	柄唇兰族
原产地	亚洲热带的大陆地区，从尼泊尔至马来西亚半岛地区
生境	暴露的垂直悬崖和砾石上
类别和位置	石生或有时附生
保护现状	未评估
花期	早春

花的大小
1.2 cm（½ in）

植株大小
有叶时为
1.2~2.5 cm x 5~7.5 cm（½~1 in x 2~3 in），不包括长1.2~2.5 m（½~1 in）的顶生花簇

狭叶盾柄兰
Porpax elwesii
Periscope Orchid

(Reichenbach fils) Rolfe, 1908

实际大小

狭叶盾柄兰植株小，其假鳞茎簇生，扁平，盘状，基部围有纤维状的膜。其花从裸露的盘状假鳞片的顶端发出，单生，下弯。开花后再生出 2 片椭圆形、有沟和短叶柄的叶。盾柄兰属的学名 *Porpax* 在古希腊语中意为“盾牌把手”，很可能是指假鳞茎的形状，因其上的 2 片叶看起来像西方盾牌上的盾带。本种的英文名意为“潜望镜兰”，则是指其花管状，像是潜望镜最上方的观察镜。

本种的花为黯淡的红色，这个颜色连同花形都暗示传粉者是小型蝇类。传粉者进入花管，会被可活动的小型唇瓣推到合蕊柱上，花粉团便可沾到传粉者背上。

狭叶盾柄兰的花的萼片为深红色，合生为囊状的管，基部围有一片纸质大苞片；唇瓣有关节，可活动，与花瓣均为红色，始终包藏在萼管中。

亚科	树兰亚科
族和亚族	柄唇兰族
原产地	非洲热带地区，从利比里亚至肯尼亚，南达莫桑比克
生境	凉爽森林，生于多藓类的树枝和岩石上，海拔 1,800~2,300 m (5,900~7,545 ft)
类别和位置	附生或石生
保护现状	未评估
花期	12 月至 1 月（夏季）

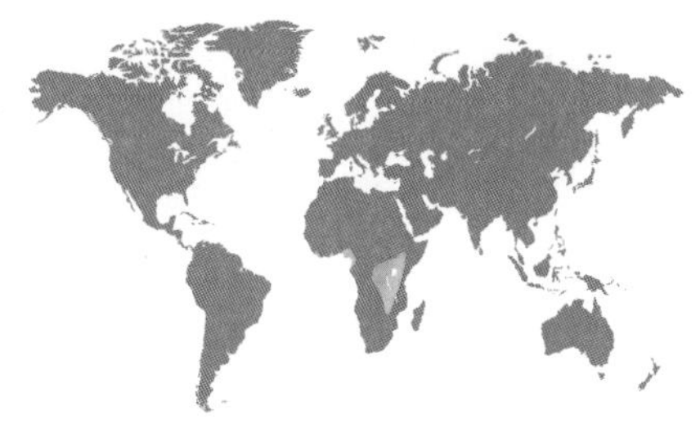

匍匐封树兰
Stolzia repens
African Moss Orchid

(Rolfe) Summerhays, 1953

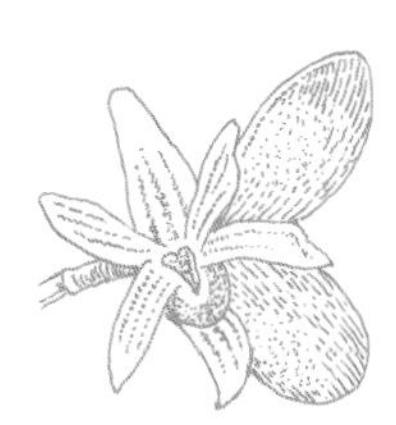

花的大小
1 cm（⅜ in）

植株大小
2.5 cm × 1.3 cm
（1 in × ½ in），
包括仅具单花的直立花莛

匍匐封树兰是一种微型兰花，其假鳞茎顶生，膨大，长形，生有 2~3 片卵形叶。每条新生假鳞茎从前一条假鳞茎的近顶处生出。其花单生，相对较大，从覆盖每条假鳞茎基部的鞘状鳞片中发出。封树兰属的学名 *Stolzia* 纪念的是德国传教士阿道夫·施托尔茨（Adolf Stolz, 1871—1917），他曾在马拉维湖北端今天属于坦桑尼亚的地方采集植物。本种的英文名意为“非洲藓兰”，则是指其植株不开花时看起来像藓类。

实际大小

本种由昆虫传粉，传粉者最可能是一种小型蝇类（考虑到其花色不鲜艳）。其唇瓣附着在合蕊柱的延属部分之上，使之基部具有可活动的关节。在唇瓣上爬行的蝇类一旦经过平衡点，便会被抛向合蕊柱，带走花粉团。

匍匐封树兰的花为倒披针形，其萼片和花瓣绿色至略呈红色，组成星状；唇瓣小得多，但颜色类似；合蕊柱短，位于唇瓣中部之上；唇瓣附着在合蕊柱的长形延伸部分（术语叫“蕊柱足”）之上。

亚科	树兰亚科
族和亚族	柄唇兰族
原产地	亚洲热带和亚热带地区，从喜马拉雅山区至中国台湾地区，南达印度至所罗门群岛
生境	山地老林，海拔 200~2,000 m（650~6,600 ft）
类别和位置	附生于树干和大枝上，或为石生，生于森林或谷地中的岩石上
保护现状	未评估
花期	4 月至 10 月（春季至秋季）

花的大小
0.17 cm（1/16 in）

植株大小
2~2.5 cm × 1.3 cm
（3/4~1 in × 1/2 in），
不包括高 3.8~5 cm
（1½~2 in）的直立花序

矮柱兰
Thelasis pygmaea
Dwarf Nipple Orchid

(Griffith) Lindley, 1858

矮柱兰是一种微小的兰花，其根状茎自由分枝，覆有簇生的假鳞茎。假鳞茎圆，扁平，肉质，部分为小型鞘所包。每条假鳞茎顶端生有 1 或 2 片狭披针形叶，叶的顶端为不对称的钝 2 裂。其花在花序上缓慢陆续开放，各托以 2 枚小型鞘，在锥状花序的全长上散布。任何时刻处在开放状态的花只有 3~4 朵，但每枚花序最终可形成 30~40 朵花。

矮柱兰属 *Thelasis* 的学名在古希腊语中意为“有乳头”，很可能是指其无叶假鳞茎的形状，其英文名（意为矮乳头兰）亦由此而来。这种兰花的微小花朵的传粉情况目前高度依赖猜测。然而，因为其植株常不结种子，可知它们不进行自花传粉。

实际大小

矮柱兰的花为绿黄色，微小，钟形；萼片肉质，花瓣和唇瓣较薄；唇瓣的大小和形状类似花瓣，披针形，顶端尖锐；合蕊柱为其他花被片所包藏。

亚科	树兰亚科
族和亚族	柄唇兰族
原产地	马来西亚半岛地区、加里曼丹岛、苏门答腊岛和爪哇岛
生境	中海拔湿润森林
类别和位置	附生至地生
保护现状	无危
花期	夏季

花的大小
2 cm（¾ in）

植株大小
38~76 cm × 15~23 cm（15~30 in × 6~9 in），包括花序，其花序部分下垂，腋生，长 8~10 cm（3~4 in）

毛鞘兰
Trichotosia ferox
Furry Bamboo Orchid
Blume, 1825

毛鞘兰覆有红色长毛（在兰花中是少见的特征），外观更像竹子而不是兰花，这让它成为最引人瞩目的种之一。幼植株直立生长，但其茎在老时常变弓曲至下垂。叶上面的锈红色毛又长又密，几乎让人觉得是刺，但实际上它们是柔软的。毛鞘兰属的学名 *Trichotosia* 来自古希腊语词 trichotos，意为“有毛的”，起得十分恰当。本种的种加词 *ferox* 在拉丁语中意为“凶猛”，则是从另一个角度形容本种植株上动物毛发般的毛被。

本种的花 4~8 朵簇生，从叶腋发出。目前尚未研究过其传粉，但本种蜜穴的形状适合某种小型蜂类传粉。

毛鞘兰的花为半透明的浅绿色至黄色，外表面有红色毛，但内面无毛；唇瓣 3 裂，形成蜜穴，颜色类似，通常有红色斑点。

实际大小

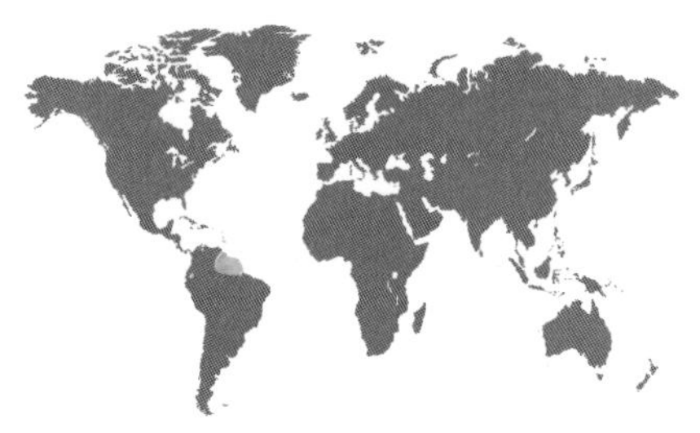

亚科	树兰亚科
族和亚族	箬叶兰族
原产地	法属圭亚那、苏里南、圭亚那、委内瑞拉、厄瓜多尔、巴西和向风群岛
生境	季风性湿润的森林，海拔 200~1,500 m（650~4,920 ft）
类别和位置	附生
保护现状	无危
花期	5 月至 9 月（晚春至秋季）

花的大小
1.5 cm（⅝ in）

植株大小
36~64 cm × 20~25 cm（14~25 in × 8~10 in），包括顶生的花序

舟苞峨塔兰
Elleanthus caravata
Yellow Crown Orchid

(Aublet) Reichenbach fils, 1881

舟苞峨塔兰是一种附生兰，是峨塔兰属 *Elleanthus* 中最美丽的一种，生有很多引人瞩目的艳丽花序。其株形较同属的近缘种紧密，顶生花序相对较大而绚丽，其上生有管状的黄色小花，各托以颜色形成鲜明对比的红紫色苞片。本种和峨塔兰属其他种一样有具叶的茎，而无假鳞茎。其种加词 *caravata* 来自古希腊语词 karabos，本意为一种船，指其苞片舟状。峨塔兰属的学名则来自古希腊语词 Elle（海伦，为特洛伊神话中的人名）和 anthos（花）。

峨塔兰属的花——特别是其艳丽的苞片——可以长期存在，引诱蜂鸟来为本种和属中其他几乎所有种传粉。花色的这种鲜明对比可见于很多靠鸟类传粉的植物。

舟苞峨塔兰的花为亮黄色，合蕊柱顶端紫红色；萼片和花瓣披针形，与唇瓣共同形成围抱合蕊柱的管状；唇瓣边缘皱褶状，位于花中远离苞片的上端。

实际大小

亚科	树兰亚科
族和亚族	箬叶兰族
原产地	墨西哥西部至哥斯达黎加
生境	多为荫蔽地，特别是陡坡（包括路边）之上至少季节性湿润之地
类别和位置	地生
保护现状	广布，常见，但未评估
花期	3月至10月

大花箬叶兰
Sobralia macrantha
Large Purple Day-orchid
Lindley, 1838

花的大小
20～25 cm（8～10 in）

植株大小
122～152 cm × 25～46 cm（48～60 in × 10～18 in），包括顶生的短花序

大花箬叶兰的种加词 *macrantha* 在古希腊语中意为“大花的”，指其花特别大。箬叶兰属 *Sobralia* 的种都是竹子状的高大兰花，其花开放时间极短，通常只能持续几个小时，这构成了其生态习性的重要方面。该属的花朵容易受天气事件触发而大量开放，虽然不同的种都会大量开花，但会在不同的日子开放，这样就避免了杂交。其传粉者是兰花蜂类（兼有雌雄性）和熊蜂属 *Bombus*。目前未见花中有花蜜的记载，但观察发现其花访问率很高，说明花中一定有花蜜。

近年来，大花箬叶兰的很多颜色类型已经用于与箬叶兰属其他种杂交。然而，其植株太大，花的开放时间又太短，都限制了园艺上的需求。

大花箬叶兰的花通常为浓重的深紫红色，喉部黄色或白色；其他颜色类型也常见，包括白色而有黄色喉部的类型，及白色而有粉红色唇瓣和黄色喉部的类型。

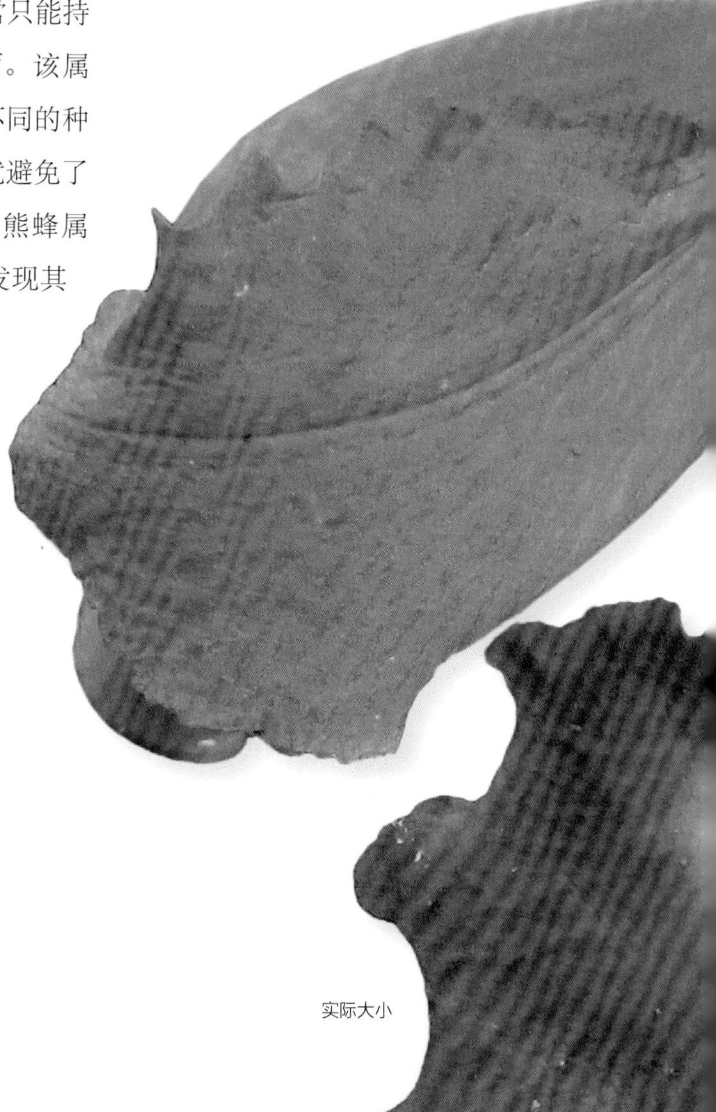

实际大小

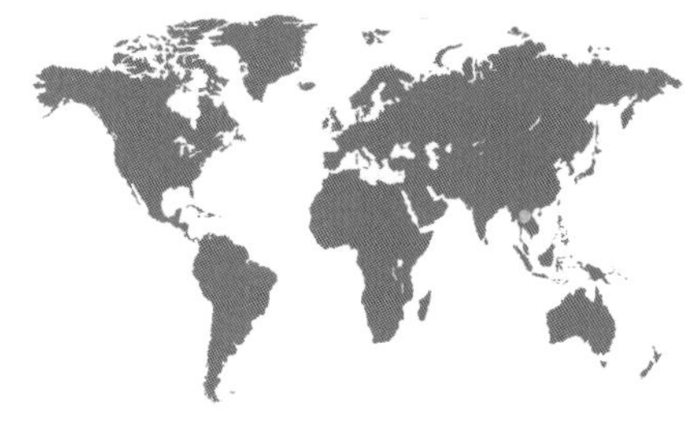

亚科	树兰亚科
族和亚族	泰兰族
原产地	老挝、泰国北部和中国（云南省）
生境	森林中巨石之间的裂隙，海拔 1,400~1,500 m（4,600~4,920 ft）
类别和位置	地生，生于灰岩上的潮湿荫蔽地
保护现状	未评估
花期	9 月至 10 月（秋季）

花的大小
1.5 cm（⅝ in）

植株大小
51~76 cm × 15~25 cm（20~30 in × 6~10 in），包括直立的花序

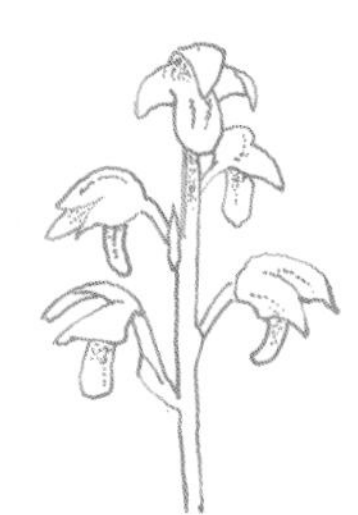

泰兰
Thaia saprophytica
Green Thai Orchid

Seidenfaden, 1975

实际大小

泰兰没有近缘种。最初采集的植株开花时无叶，导致其种加词被命名为 *saprophytica*，来自古希腊语词 sapros（腐烂）和 phyton（植物），意为"腐生的"，指它依赖土壤中的腐败物质生存。然而，没有植物能这样生活，即使是非绿色的兰花，也都和土壤真菌有联系，从真菌那里获取营养和矿物质。最近人们又发现，本种实际上有叶，既可留存又可凋落。在较为湿润的环境中，它可全年有叶。

泰兰是泰兰属 *Thaia* 的唯一种，属名以它所发现的国家泰国（Thailand）命名。其花序紫红色，花兜帽状，略呈绿色。其唇瓣不分裂，在柱头穴的下缘上有突起的附属物，为其特征。

泰兰的花为绿色，侧萼片三角形，基部合生，形成小袋状；背萼片和较小的线形花瓣向前弯至弓曲的合蕊柱上方；唇瓣舌状，中央有 2 道褶片。

亚科	树兰亚科
族和亚族	垂帽兰族，垂帽兰亚族
原产地	中美洲（尼加拉瓜）至南美洲西北部（厄瓜多尔）
生境	雨林至云雾林，海拔 400~1,700 m（1,300~5,600 ft）
类别和位置	地生
保护现状	未评估
花期	9 月至 10 月（秋季）

独心兰
Monophyllorchis microstyloides
Striped Heart

(Reichenbach fils) Garay, 1962

花的大小
2.5 cm（1 in）

植株大小
15~25 cm × 10~15 cm（6~10 in × 4~6 in），不包括花序，其花序顶生，高于叶8~13 cm（3~5 in）

独心兰的茎纤细，直立，生有单独一片叶。其叶心形，密布脉纹，下面深红色，上面布有白色的短线纹。本种在地下具短根状茎，由此放射性发出很多有毛的粗根。花序生于叶上方，具3~8朵花。独心兰属的学名 *Monophyllorchis* 来自 3 个古希腊语词，即 mono（一）、phyllo（叶）和 orchis（兰花），而本种的种加词 *microstyloides* 在拉丁语中意为“小笔状的”，指其合蕊柱小。独心兰曾经是独心兰属的唯一种，但最近又描述了另两个来自哥伦比亚的种。

本种生于湿润阴暗的森林中，相对不易遇到，其传粉目前未有研究，但花形暗示传粉者是蜂类。花中无花蜜。

独心兰的花的萼片紧密围成管状，但彼此离生，其顶端尖，线形，略呈绿色；2 片花瓣较短，与萼片形似；唇瓣白色，3 裂，顶端反曲，在楔状的基部有 3 条突起的脊，侧裂片三角形；合蕊柱纤细，有翅。

实际大小

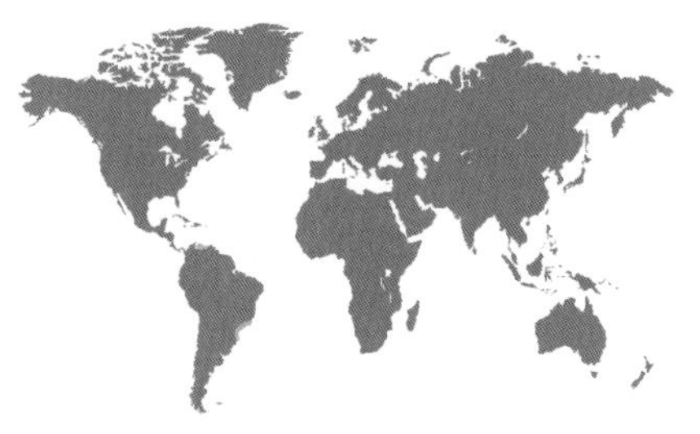

亚科	树兰亚科
族和亚族	垂帽兰族，垂帽兰亚族
原产地	巴西和委内瑞拉
生境	矮灌丛森林和半落叶大西洋雨林，海拔 150~1,200 m（490~3,950 ft）
类别和位置	地生，生于落叶中；或附生于树木多藓类的下部枝条上
保护现状	未评估
花期	6 月至 8 月（夏季）

花的大小
1.3 cm（½ in）

植株大小
20~38 cm × 8~13 cm
（8~15 in × 3~5 in），
包括顶生的花序

三卫兰
Psilochilus modestus
Shy Orchid

Barbosa Rodriguez, 1882

实际大小

三卫兰的茎紫绿色，生有倒卵状披针形的叶。叶上有 3 条脉，基部渐狭成叶柄，上面绿色，下面紫红色，这是生长在荫蔽生境中的兰花的常见特征。其花序不分枝，生有 2~3 朵连续开放的花，各托以相互重叠的苞片。三卫兰属的学名 *Psilochilus* 由古希腊语词 psilo（秃）和 chilus（唇）构成，指花中的唇瓣无毛。

本种不同植株的花期完美同步，所有成熟花蕾在早晨同时开放，当天晚些时候闭合。花中提供花蜜和花粉作为回报，由几种小型独居蜂类和社会性蜂类传粉。其中，采集花粉的昆虫主要替本种完成自花传粉，比起那些采集花蜜的昆虫来，可以让兰花结出更多果实。采集花蜜的昆虫数目较少，但可以完成更多的异花传粉。

三卫兰的花的萼片和花瓣为绿色，花瓣开展；上萼片和花瓣弯向合蕊柱上方；唇瓣白色至粉红色，边缘有皱褶，侧裂片浅，围抱合蕊柱，中裂片中央有 3 道褶片。

亚科	树兰亚科
族和亚族	垂帽兰族，垂帽兰亚族
原产地	北美洲北部至中部（加拿大和美国）至中美洲（洪都拉斯）
生境	生于森林下层有丰富腐殖质的肥沃而湿润的土壤上，见于海平面至海拔 1,600 m（5,250 ft）处
类别和位置	地生
保护现状	在整个分布区里均受威胁
花期	7 月至 9 月（夏季至早秋）

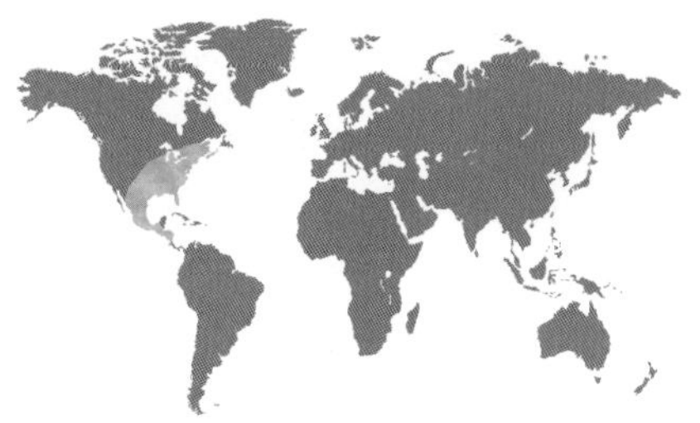

花的大小
1.9 cm（¾ in）

植株大小
8~25 cm × 5~10 cm（3~10 in × 2~4 in），包括顶生花序

垂帽兰
Triphora trianthophoros
Three Birds Orchid

(Swartz) Rydberg, 1901

垂帽兰生长在荫蔽地，有时几乎无叶，但在多数情况下具 2~3 片小型叶，并像茎一样通常具红紫色调。本种在地下具长圆形块根，顶端发出植株，形成小而密的群体。垂帽兰与土壤真菌有密切联系，而这些真菌又与兰花所生长的森林中的树木有联系，用矿物质交换糖类。因此，垂帽兰等于间接地寄生在这些树上。垂帽兰属的学名 *Triphora* 来自古希腊语词 tri-（三）和 phora（生有……的），指植株常具 3 朵花。同一含义在种加词 *trianthophoros* 中又重复了一遍。其英文名意为“三鸟兰”，也是指植株形如三只小鸟。

实际大小

本种的花开放时间短，常不超过 1~3 天。其传粉由小型隧蜂完成，其中最常见的种是纯色缘隧蜂 *Augochlora pura*。

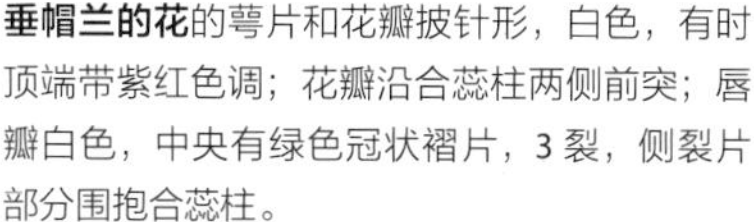

垂帽兰的花的萼片和花瓣披针形，白色，有时顶端带紫红色调；花瓣沿合蕊柱两侧前突；唇瓣白色，中央有绿色冠状褶片，3 裂，侧裂片部分围抱合蕊柱。

亚科	树兰亚科
族和亚族	竹茎兰族
原产地	亚洲热带和亚热带地区，从印度至中国台湾地区和新喀里多尼亚
生境	阔叶常绿雨林，海拔 200~1,000 m（650~3,300 ft）
类别和位置	地生，生于潮湿荫蔽地的石质土壤上
保护现状	未评估
花期	6 月至 8 月（夏季）

花的大小
1 cm（⅜ in）

植株大小
38~91 cm × 20~30 cm
（15~36 in × 8~12 in），
包括侧生或顶生的花序

短穗竹茎兰
Tropidia curculigoides
Curculigo Orchid
Lindley, 1840

短穗竹茎兰的茎细，木质，基部覆有抱茎的叶。其叶薄而粗糙，折扇状，狭披针形，顶端尖，在茎上呈螺旋状排列。其茎很多时候有分枝，使植株的新生部位相互交织成网状。本种的花序腋生或顶生，每茎常发出数条，各生有 4~12 朵花。竹茎兰属的学名 *Tropidia* 来自古希腊语词 tropideion，意为“龙骨”（船舶的一个结构），指唇瓣舟形。本种的茎叶形似仙茅 *Curculigo orchioides*，其种加词和英文名（意为仙茅兰）由此而来。

短穗竹茎兰在中国用于传统草药。其根在马来西亚水煮后可制作一种“茶”，据说饮之可治腹泻或缓解疟疾导致的发热。目前尚无人做过本种的传粉研究。

实际大小

短穗竹茎兰的花为绿白色，唇瓣在最上方；其萼片宽阔，肉质，反曲，披针形；花瓣较短，肉质；唇瓣短，分裂，基部有充满花蜜的凹穴，前部则有一枚白黄相间的肼胝体。

亚科	树兰亚科
族和亚族	万代兰族，仙梨兰亚族
原产地	斯里兰卡，可能也分布于印度南部
生境	山地森林
类别和位置	附生于多藓类的树干上
保护现状	濒危
花期	12 月（间季风雨季之末）

仙梨兰
Adrorhizon purpurascens
Wormroot Orchid

(Thwaites) J. D. Hooker, 1898

花的大小
1.8 cm（¾ in）

植株大小
7.5~10 cm × 5~10 cm
（3~4 in × 2~4 in），
不包括花序

仙梨兰是一种微型兰花，其假鳞茎狭柱形，各生有单独一片叶。其叶直立，坚硬，线形，边缘反曲，通常带紫红色。其根圆形，粗壮，无毛。其花序生有1~5朵相对较大而引人注目的花。仙梨兰的分布限于较高海拔的湿润森林，但局地数量可较丰富。仙梨兰属 *Adrorhizon* 仅有这一种，它与见于印度南部及斯里兰卡的鼻钉兰属 *Sirhookera* 近缘。从更宽泛的角度来说，它们又都与万代兰类兰花有亲缘关系，特别是多穗兰属 *Polystachya*。

仙梨兰属的学名来自古希腊语词 hadros（粗或肥壮）和 rhiza（根），指本种的根呈蠕虫状。其传粉者未知。

实际大小

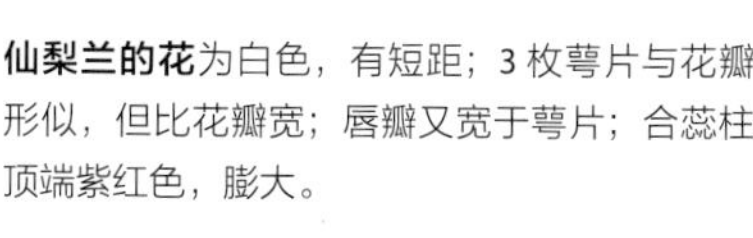

仙梨兰的花为白色，有短距；3 枚萼片与花瓣形似，但比花瓣宽；唇瓣又宽于萼片；合蕊柱顶端紫红色，膨大。

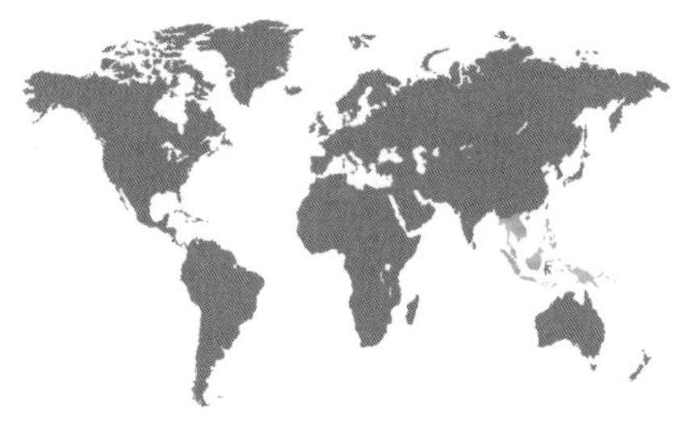

亚科	树兰亚科
族和亚族	万代兰族，仙梨兰亚族
原产地	中南半岛至菲律宾和新几内亚岛
生境	开放的灌丛和山地森林，海拔至 1,500 m（4,920 ft）
类别和位置	地生
保护现状	广布，局地丰富，暂时不会濒危
花期	全年

花的大小
8 cm（3 in）

植株大小
单独一条具叶的茎高达 100 cm（40 in），不包括花序，其叶长达15 cm（6 in）

白苇兰
Bromheadia finlaysoniana
Pale Reed Orchid

(Lindley) Miquel, 1859

白苇兰的叶为披针形，略扭转而朝上，基部抱茎，顶端浅 2 裂。其茎呈“之”字形，花在其上簇生，浅粉红色至白色，具有高大、纤细而具叶的直立花序梗。气温的下降可以诱发多数植株同时开花，但每株植株一次只开一朵花，且仅开放单独一天时间。本种很可能由木蜂属 *Xylocopa* 的蜂类传粉。

DNA 研究表明，白苇兰属 *Bromheadia* 与鼻钉兰属 *Sirhookera* 和仙梨兰属 *Adrorhizon* 有亲缘关系，后二属都是产于印度至斯里兰卡的微小兰花，和白苇兰属几乎没有相似之处。本种的根可煮成浓汤，据说饮之可治风湿病和关节痛，印度尼西亚的伊班人则用其汁液治疗牙痛。

白苇兰的花的 3 枚萼片粉红色；2 片花瓣与萼片形似，仅较萼片略大；唇瓣反曲，胼胝体黄色，具乳突，侧裂片为偏粉红色的紫红色至粉红色，围抱合蕊柱。

实际大小

亚科	树兰亚科
族和亚族	万代兰族，仙梨兰亚族
原产地	斯里兰卡及印度南部
生境	沿溪流分布的半常绿森林，及多雾气和藓类的山地森林，海拔190~2,000 m（620~6,600 ft）
类别和位置	附生于树干和大枝上，形成小群体
保护现状	未评估
花期	5月至12月（夏秋季）

鼻钉兰
Sirhookera lanceolata
Sir Hooker's Orchid
(Wight) Kuntze, 1891

花的大小
0.4 cm（⅛ in）

植株大小
2.5~5 cm × 2.5~8 cm（1~2 in × 1~3 in），不包括花序，其花序直立至弓曲，长13~20 cm（5~8 in）

实际大小

鼻钉兰属 *Sirhookera* 为附生兰，有2个种，均有丛生的茎，以蠕虫状的根固着在其生长位置。其叶有柄，通常1片，稀为2片，包有具紫红色脉纹的鞘。幼叶下面布有紫红色斑点。其花序宿存，有纤细分枝，高度远超过披针形的叶，一次只开几朵小花。前两年到前四年形成的很多花序以及当年新形成的花序在第二年又可再次开花。

鼻钉兰属的学名是为了纪念著名植物学家和旅行者约瑟夫·D. 胡克爵士，他不仅是皇家植物园邱园的主任，还是很多印度兰花的采集者。鼻钉兰的传粉者未知，但其唇瓣基部有蜜穴，所以其植株很可能会为某种小型蜂类所访问。

鼻钉兰的花的萼片和花瓣多少等大，长圆形，白色至乳黄色，基部多少囊状；唇瓣白色至乳黄色，反曲，凹陷，具3枚圆形裂片；合蕊柱红紫色，顶端较宽。

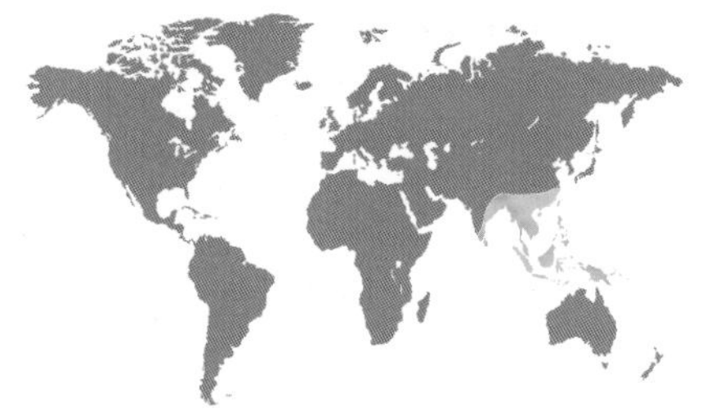

亚科	树兰亚科
族和亚族	万代兰族，指甲兰亚族
原产地	亚洲热带地区，从印度至菲律宾
生境	热带湿润常绿林中的荫蔽悬崖、喀斯特地貌的灰岩露头和林缘的树上，海拔 300~900 m（985~2,950 ft）
类别和位置	通常石生，生于森林中的岩石上，有时附生于树干上
保护现状	未评估
花期	8 月至 9 月（夏季）

花的大小
2 cm（¾ in）

植株大小
51~102 cm × 36~76 cm（20~40 in × 14~30 in），包括长13~20 cm（5~8 in）的侧生花序

多花脆兰
Acampe rigida
Stiff Tiger Orchid

(Buchanan-Hamilton ex Smith) P. F. Hunt, 1970

多花脆兰植株高大，其茎坚硬，常有分枝，顶端生有一簇叶。其叶厚而坚硬，线状披针形，对折，顶端 2 裂，裂片微小而不对称。叶基老时变褐色，并使茎呈现出棱角。脆兰属的学名 *Acampe* 来自古希腊语词 akampes，意为“坚硬”；本种的种加词 *rigida* 意为“坚硬”；而其英文名也意为“坚硬老虎兰”，其中的“tiger”（老虎）则指花上有条纹。

多花脆兰在中国香港列为药用植物，本属其他种也用于治疗风湿病。目前尚无本种在野外的传粉研究，但根据其花色、结构和花中的短距可推测其花由蜂类传粉。

实际大小

多花脆兰的花为杯状，其萼片和花瓣黄色，有红色条纹；唇瓣颜色类似，有爪，并有短蜜距。其花无固定朝向，有些花中合蕊柱位于最下方。

亚科	树兰亚科
族和亚族	万代兰族，指甲兰亚族
原产地	中南半岛南部，马来西亚半岛地区
生境	落叶和半落叶的干燥森林，海拔至 700 m（2,300 ft）
类别和位置	附生于暴露的树枝上
保护现状	未评估
花期	11 月至 2 月（冬季）

水泡腺钗兰
Adenoncos vesiculosa
Blister Orchid

Carr, 1932

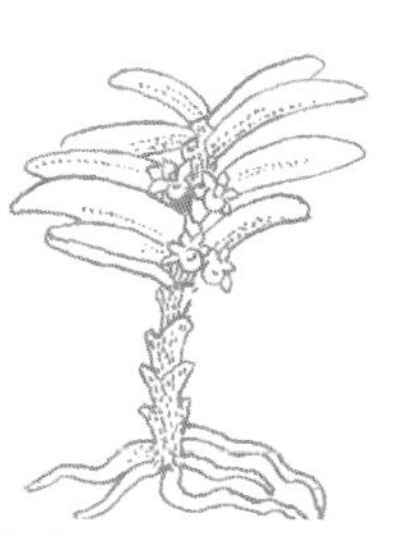

花的大小
0.5 cm（⅛ in）

植株大小
10~20 cm × 4~10 cm（4~8 in × 1½~4 in），不包括长2.5~3.8 cm（1~1½ in）的短花序

水泡腺钗兰的茎短而粗壮，叶在其上着生，膨大，线形，折叠状，花序腋生，具 1~2 朵花。其植株的茎叶形似小瓶兰属 *Microsaccus*，也常与该属的兰花生长在一起，但小瓶兰属的叶不像本种那么扁平。腺钗兰属的学名 *Adenoncos* 来自古希腊语词 aden（腺体）和 onkos（团块），指唇瓣基部有胼胝体。本种中文名中的“水泡”二字也是指唇瓣胼胝体形似皮肤上烫出的水泡。

本种唇瓣有由乳突组成的肉质脊状褶片，据报道会被昆虫啃食，因此可以作为食物提供给传粉昆虫。但这是传粉过程的一个组成环节还是仅为巧合，则还未有证明。花中无蜜距或凹穴，所以还不清楚这些浅色小花靠什么把昆虫吸引过来。

实际大小

水泡腺钗兰的花的萼片狭窄，开展，绿白色；花瓣更狭，开展；唇瓣宽阔，绿白色，具乳突和脊状褶片，杯状，无侧裂片，但在其部有增厚的水泡状胼胝体。

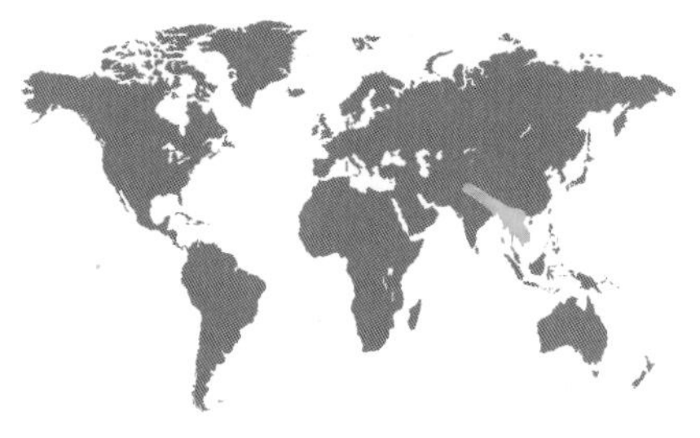

亚科	树兰亚科
族和亚族	万代兰族，指甲兰亚族
原产地	喜马拉雅山区至中南半岛（印度和尼泊尔至越南）
生境	落叶至半落叶森林，分布于海平面至海拔 1,100 m（3,600 ft）处
类别和位置	附生
保护现状	无危，但在一些地区大量采集供园艺用
花期	5 月至 6 月（晚春至早夏）

花的大小
1.9 cm（¾ in）

植株大小
20~38 cm × 20~38 cm（8~15 in × 8~15 in），不包括长15~30 cm（6~12 in）的下垂花序

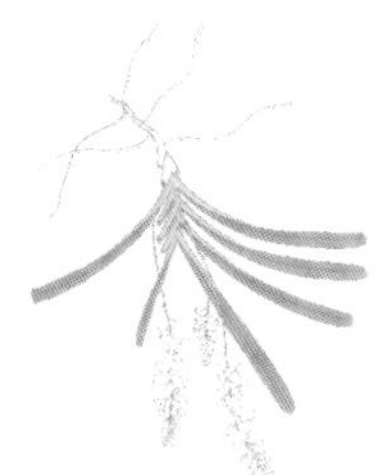

多花指甲兰
Aerides multiflora
Pink Foxtail Orchid

Roxburgh, 1820

多花指甲兰分布的地理范围广泛，有很多颜色变型。其花组成密集的下垂花序，是英文中常称为“Foxtail Orchid”（狐尾兰）的兰花之一。指甲兰属的学名 *Aerides* 来自拉丁语词 *aer*（空气）和后缀 *-ides*（具有……性质的），指其植株具有附生习性。在几个国家均有多花指甲兰入药的报告，比如在尼泊尔，人们就用它制成一种滋补剂，用于治疗创伤和皮肤病等病症。

本种的花 20~50 朵组成花序，花色鲜艳，极芳香，有蜡质光泽，开放时间长。传粉者最可能是搜寻花蜜的大型蜂类，而在其唇瓣基部的距中也有花蜜。

多花指甲兰的花的萼片和花瓣大小和形状均相似，白色而有粉红色调，并有深粉红色斑点至偏玫红色的浅蓝紫色的纯色区；唇瓣三角形，为浅至深的粉红色至偏玫红色的浅蓝紫色，基部有柄。

实际大小

亚科	树兰亚科
族和亚族	万代兰族，指甲兰亚族
原产地	马达加斯加北部，仅见于琥珀山
生境	潮湿的常绿林，海拔 500~1,000 m（1,640~3,300 ft）
类别和位置	附生于双羽合欢 *Viguieranthus alternans* 之上
保护现状	极少见，以前认为已灭绝，但最近又发现了几个居群
花期	11 月（春季）

狸藻兰
Ambrella longituba
Mount Amber Orchid

H. Perrier, 1934

花的大小
4.5 cm（1¾ in）

植株大小
8~13 cm × 10~23 cm（3~5 in × 4~9 in），包括花序，其花序弓曲下垂，长5~8 cm（2~3 in）

狸藻兰是狸藻兰属 *Ambrella* 的唯一种，花形独特。其茎短，生有 5 或 6 片宽阔的椭圆形叶。其花序从叶下方发出，生有多至 3 朵的花。本种仅知产于琥珀山国家公园，这是一片被干旱植被所包围的孤立森林，位于马达加斯加最北部。这里是该岛生物多样性最大的地区之一，有极为美丽的瀑布和火山口湖。

狸藻兰属的学名即来自琥珀山，英文名也由此而来。本种的种加词 *longituba* 意为“具长管的”，指唇瓣长形，号角状。唇瓣的这一形状以及花中的长距和白绿色的花色都表明本种由夜行性的天蛾传粉。因为本种少见，目前在野外还未有传粉研究。

狸藻兰的花的萼片和花瓣开展，披针形，浅绿色；唇瓣形成长而直立的号角状管，顶端 3 裂，中裂片再 3 裂，侧裂片则较小；花后方有长而弯曲的距。

实际大小

亚科	树兰亚科
族和亚族	万代兰族，指甲兰亚族
原产地	菲律宾吕宋岛（中科迪勒拉山脉，马荣火山）和民都洛岛（阿尔孔山）的山地
生境	林坡，海拔 400~1,400 m（1,300~4,600 ft）
类别和位置	附生于多藓类的树木上的略荫蔽处
保护现状	濒危
花期	11 月至 4 月（冬季至春季／雨季）

花的大小
4.5 cm（1½ in）

植株大小
2.5~5 cm × 2.5~5 cm
（1~2 in × 1~2 in），
不包括花序

吕宋兰
Amesiella philippinensis
Oakes' Orchid

(Ames) Garay, 1972

吕宋兰在野外少见，因为人类对其生境的破坏已濒危。此外，因为其花大而洁白，是非常贵重的微型兰花，本种还遭到滥采，以供国际兰花贸易。其根肉质，生于短茎之上，茎上又生有椭圆状长圆形的宽阔的叶。其花序腋生，具有多至 5 朵芳香而有长距的花。目前未研究过其传粉，但其花形和花色看来适应于蛾类传粉。

吕宋兰属的学名 *Amesiella* 纪念的是欧克斯·艾姆斯，他是哈佛大学的著名兰花专家，建立了一个大标本室，并收藏有很多有关兰花的图书和绘画。哈佛大学的欧克斯·艾姆斯兰花标本馆今天仍然是兰花研究的中心之一。

吕宋兰的花芳香，洁白；3 枚萼片阔卵形，与 2 片花瓣形似；唇瓣心形，内部黄色，具有朝向蜜距的“V”形开口；蜜距长约 4~6 cm（1½~2⅜ in）。

实际大小

亚科	树兰亚科
族和亚族	万代兰族，指甲兰亚族
原产地	柬埔寨及越南南部
生境	常绿或部分落叶的干燥低地森林，海拔至 1,500 m（4,920 ft）
类别和位置	攀援而几乎为藤状的附生兰
保护现状	未评估
花期	春季

越南蜘蛛兰

Arachnis annamensis

Scorpion Orchid

(Rolfe) J. J. Smith, 1912

花的大小
5.5 cm（2⅛ in）

植株大小
71~122 cm × 38~64 cm（28~48 in × 15~25 in），包括花序，其花序侧生，常有分枝，长38~71 cm（15~28 in）

越南蜘蛛兰的茎很长，通常直立，多少呈藤状，以攀援的长气生根附着在他物上。茎上生有 2 列革质的叶，叶基部相互重叠，顶端短 2 裂。其花序从上部叶的其中一片的叶腋发出，生有 2~12 朵花，形状似蝎子，其英文名（意为蝎子兰）由此而来。不过，蜘蛛兰属的学名 *Arachnis* 来自古希腊语词 arachne，指的是另一种动物——蜘蛛。本种的种加词 *annamensis* 指的是其原产地——柬埔寨东部和越南的安南山脉（今名长山山脉）。

尽管这种形状奇特而华丽的兰花在中萼片（蝎子尾巴）顶端有腺体，可以散发一种麝香般的气味，其传粉者却仍未知。花中无蜜距，也不提供明显的回报，但考虑到花形和花色，蜂类是最可能的传粉者。

越南蜘蛛兰的花的萼片和花瓣狭窄，黄色，有红褐色带纹，其侧萼片形成蝎子的“爪”，上萼片为其“尾巴”；唇瓣有 3 翅，侧翅围抱合蕊柱，中裂片基部白色，有紫红色条纹。

实际大小

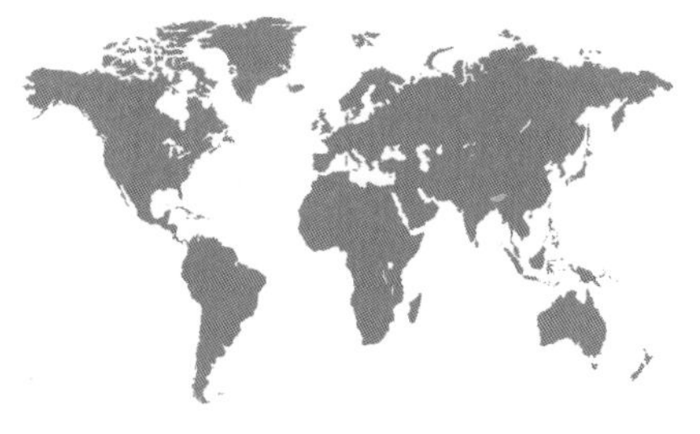

亚科	树兰亚科
族和亚族	万代兰族，指甲兰亚族
原产地	喜马拉雅山区东部至阿萨姆邦（印度）
生境	森林，海拔 500~600 m（1,640~1,970 ft）
类别和位置	附生
保护现状	未评估
花期	4 月至 7 月（春夏季）

花的大小
0.8 cm（¼ in）

植株大小
8~20 cm × 10~25 cm
（3~8 in × 4~10 in），
不包括长5~8 cm
（2~3 in）的下垂花序

双斑胼胝兰

Biermannia bimaculata

Almond Orchid

(King & Pantling) King & Pantling, 1898

实际大小

双斑胼胝兰的短茎完全为叶基部的鞘所包藏，其叶线状长圆形，多少弯曲，顶端不对称地 2 裂。其花序粗壮，从近茎基部的叶的基部发出，生有 2 或 3 朵花，有浓郁的杏仁气味。胼胝兰属的学名 *Biermannia* 纪念的是阿道夫·比尔曼（Adolph Biermann），他是 19 世纪的德国博物学家，时任加尔各答植物园主任。他在 1879 年在园中遭到一只老虎攻击，虽然幸免于难，却在一年之后死于霍乱。本种的种加词 *bimaculata* 指的是唇瓣上有 2 枚显著的黄色斑点（*maculata* 在拉丁语中意为“有斑点的”）。

双斑胼胝兰的传粉者未知，但其香甜的气味、花形和花色暗示由某种蜂类传粉。其唇瓣基部有小凹穴，但无花蜜。

双斑胼胝兰的花的萼片为乳黄色至白色，倒披针形，杯状，顶端尖而反曲；花瓣与萼片形似但较短，位于膨大的合蕊柱两侧；唇瓣箭头形，边缘上翘，具一枚布有黄色至橙色斑点而多疣的胼胝体。

亚科	树兰亚科
族和亚族	万代兰族，指甲兰亚族
原产地	菲律宾吕宋岛新埃西哈省的山地，近道尔顿山口
生境	海拔较低的山地森林，海拔 1,000~1,200 m（3,300~3,950 ft）
类别和位置	附生于树干上
保护现状	极危
花期	1 月至 5 月（冬季，由凉爽天气引发）

花的大小
1.5~2.3 cm（⅝~⅞ in）

植株大小
5~8 cm × 5~9 cm
（2~3 in × 2~3½ in），
不包括花序

反戈兰
Ceratocentron fesselii
Hornspur Orchid
Senghas, 1989

反戈兰是一种惹人喜爱的微型兰花，其茎叶直立，叶 3~5 片，革质，深绿色，椭圆形，抱茎。其花序约与叶等长，从叶腋发出，生有多至 5 朵亮红色至红橙色的朵。由于本种仅见于一小片未禁止森林砍伐或住宅和农业用地扩张的地区，又遭到非法兰花贸易的滥采，已经受到了高度威胁。

本种的花为亮红橙色，曾有人因此推测它可能由鸟类传粉；但考虑到其距的结构为长管状，这看来不太可能。没有任何一种已知的鸟类具有和这种距形类似的喙形，喙的长度也都不足以伸到距的底部。本种更可能由蝶类或蜂类传粉（它们也可以看见红色色素）。

反戈兰的花的萼片和花瓣彼此形似，亮红橙色至红色；唇瓣形成红色的距，前方有突起的粉红色角状物；合蕊柱黄色至红橙色，悬于距的入口之上。

实际大小

亚科	树兰亚科
族和亚族	万代兰族，指甲兰亚族
原产地	泰国的半岛地区、加里曼丹岛和爪哇岛
生境	沼泽森林，海拔 200~900 m（650~2,950 ft）
类别和位置	附生
保护现状	未评估
花期	4 月（春季）

花的大小
0.5 cm（⅛ in）

植株大小
5~8 cm × 8~13 cm
（2~3 in × 3~5 in），
包括长1.3~2.5 cm
（½~1 in）的腋生花序

短穗低药兰
Chamaeanthus brachystachys
Unseen Orchid

Schlechter, 1905

短穗低药兰是一种微型兰花，其花小，褐绿色，而且就像英文名（意为看不见的兰花）所示，即使在盛花的时候也常被人忽视。其茎短，覆有倒卵形的厚叶。其花序很小，从叶的基部发出，一次只开 1~3 朵花，但最终可多达 30 朵。低药兰属的学名 *Chamaeanthus* 来自古希腊语词 chamai（俯卧）和 anthos（花），指其花不显眼。本种的种加词 *brachystachys* 则来自古希腊语词 brachy（短）和 stachys（穗），同样也是指花不显眼的特性。显然，本种的植株大小并没有给最早描述它的施莱希特留下深刻印象。

短穗低药兰的花不全开，看上去像形成了小管状。它可能需要一种舌头较长的昆虫作为传粉者。

实际大小

短穗低药兰的花的萼片和花瓣线形，尖锐，浅乳黄色；唇瓣和合蕊柱完全隐藏在由萼片和花瓣围成的花被管中；唇瓣有 2 枚宽阔上翘的侧裂片和 1 枚短而 2 裂的顶裂片。

亚科	树兰亚科
族和亚族	万代兰族，指甲兰亚族
原产地	喜马拉雅山区至中南半岛和爪哇岛
生境	潮湿森林的树冠层，或暴露的岩石上
类别和位置	附生或有时为石生
保护现状	未评估，但较常见而广布
花期	10 月至 2 月（秋冬季）

芳香异型兰
Chiloschista lunifera
Leafless Moon Orchid

(Reichenbach fils) J. J. Smith, 1905

花的大小
1.3 cm（½ in）

植株大小
2.5～3.8 cm × 10～20 cm（1～1½ in × 4～8 in），不包括花序

芳香异型兰通常见于落叶树的树干上，特别是在靠近水流的地方。其茎短，附生有奇特的根丛，茎上通常无叶（其英文名意为"无叶月亮兰"，即由此而来），但偶尔也见报道有叶。其根肉质，绿白色，既可以吸引水分和养分，又可以进行光合作用。其花深红色至浅绿色，边缘黄色，闻起来有香草味，生于长 8～30 cm（3～12 in）的总状花序上。其植株在开花之后仍保留有扁平的花序，它可能是重要的碳源。

考虑到这种兰花的芳香气味和花形，其传粉者最可能是某种蜂类，但目前对本种或异型兰属 *Chiloschista* 其他种的传粉还未有报道。花中未见报道有花蜜。

实际大小

芳香异型兰的花的花瓣和萼片彼此形似，开展，宽阔，顶端圆，基部亦圆，纯红褐色或有斑点，边缘浅黄色；唇瓣杯状，2 枚喇叭形的侧裂片围抱合蕊柱。

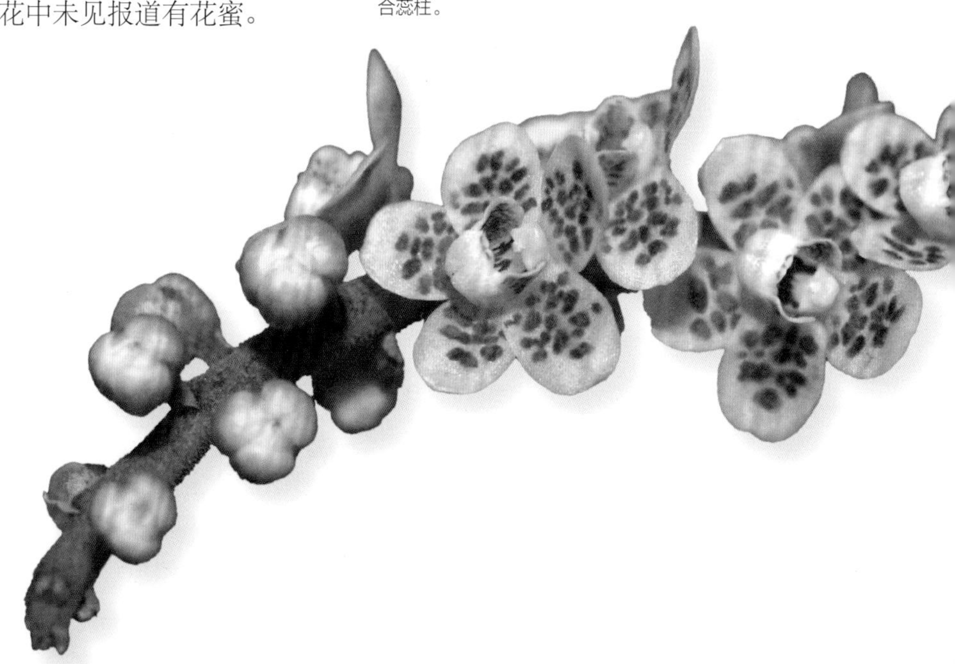

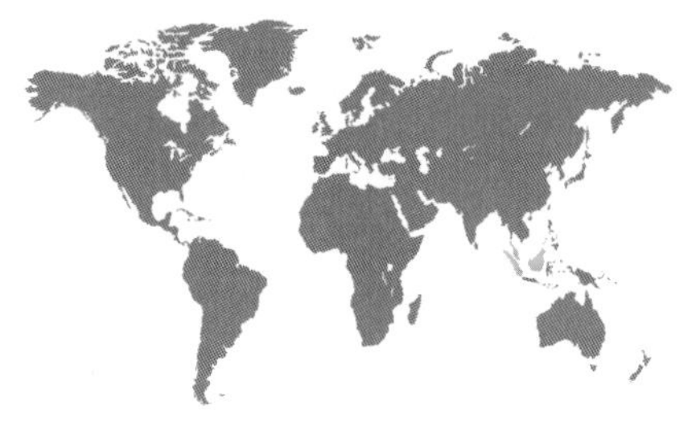

亚科	树兰亚科
族和亚族	万代兰族，指甲兰亚族
原产地	苏门答腊岛、加里曼丹岛、泰国的半岛地区和马来西亚
生境	丘陵森林，海拔至 1,000 m（3,300 ft）
类别和位置	附生
保护现状	未正式评估，但在泰国易危，在其他地方也可能受威胁
花期	夏季

花的大小
0.6 cm（¼ in）

植株大小
8~10 cm × 13~20 cm（3~4 in × 5~8 in），包括短于叶的花序

绿花宿唇兰
Chroniochilus virescens
Everlasting Orchid
(Ridley) Holttum, 1960

实际大小

绿花宿唇兰是一种微型附生兰。其茎粗而直立，其叶开展，肉质，狭带形，顶端不等 2 裂。其花序可生有多至 8 朵的花，这些花陆续开放（任何时候都很少有一朵以上的花在盛开），气味浓郁，像新鲜出炉的杯子蛋糕。其花耐久，可以在枝头上绽放很长时间，英文名（意为永久的兰花）由此而来。因为其生境被开垦为农业用地，本种在泰国受到了威胁。其植株小型，开花不多，仅有专业级的兰花种植者对它有兴趣，所以单靠采集不足以对它构成威胁。

目前对本种的传粉一无所知，但其花形暗示传粉者是某种蜂类。

绿花宿唇兰的花为乳黄色至白色，肉质，3 枚萼片等大，开展；2 片花瓣与萼片形似而较小；唇瓣杯状。

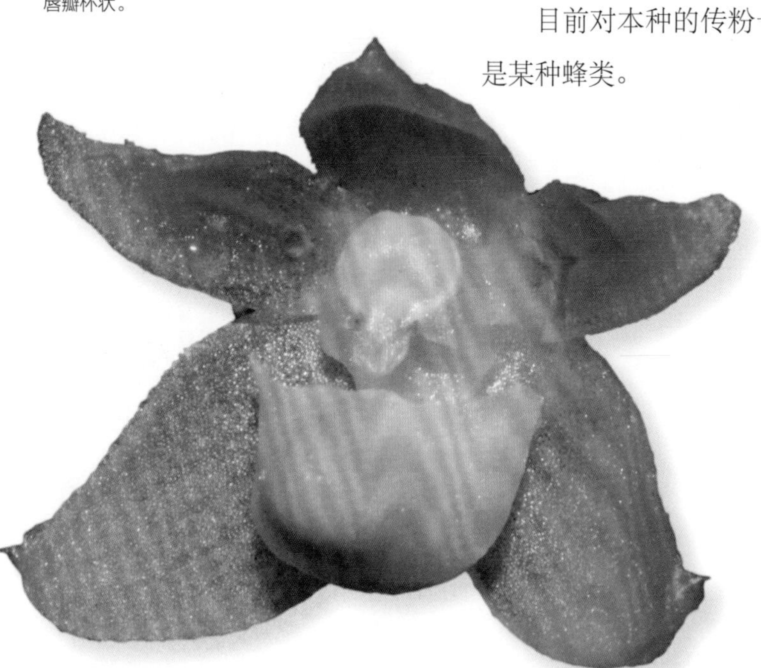

亚科	树兰亚科
族和亚族	万代兰族，指甲兰亚族
原产地	沙巴（加里曼丹岛）
生境	多藓类的森林，海拔约 1,800 m（5,900 ft）
类别和位置	附生
保护现状	未知，但其分布有限，所分布的森林正受威胁
花期	秋季

花的大小
1.5 cm（⅝ in），不包括距

植株大小
25~64 cm × 15~25 cm（10~25 in × 6~10 in），包括花序，其花序侧生，弓曲至直立，长 1.3~2.5 cm（½~1 in）

缢叶闭距兰

Cleisocentron gokusingii

Tonguespur Orchid

J. J. Wood & A. L. Lamb, 2008

缢叶闭距兰的茎长形，常有分枝，包有鞘状叶，其叶片几乎为圆柱形，在茎上疏松排列。其花多至 20 朵簇生，各托以一片小型苞片。闭距兰属的学名 *Cleisocentron* 来自古希腊语词 kleiso（舌）和 kentron（距），指蜜距里面有尖形附属物。缢叶闭距兰这个最近刚描述的新种的英文名意为“舌距兰”，语源也与此相同。

闭距兰属有 6 个种，其中 3 个种的花为蓝色，在兰花中少见。目前尚未观察过本种的传粉，但其花高度簇生，蜜距相对较长，都表明它们由蝶类传粉，这些昆虫在进食时需要一个落脚点。靠蝶类或蛾类传粉的种都见生有长距。

缢叶闭距兰的花的萼片和花瓣肉质，前伸，浅蓝色；合蕊柱具白色药帽；唇瓣短，两侧有 2 枚上翘的深蓝色裂片，形成通往距的入口。

实际大小

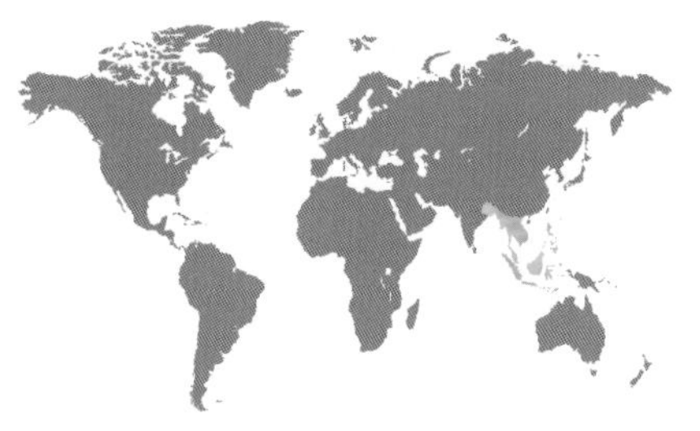

亚科	树兰亚科
族和亚族	万代兰族，指甲兰亚族
原产地	热带东亚
生境	低地森林，海拔 100~500 m（330~1,640 ft）
类别和位置	附生
保护现状	未正式评估，但局地受威胁
花期	全年

花的大小
0.8 cm（5/16 in）

植株大小
38~89 cm × 15~25 cm（15~35 in × 6~10 in），不包括通常短于植株的花序

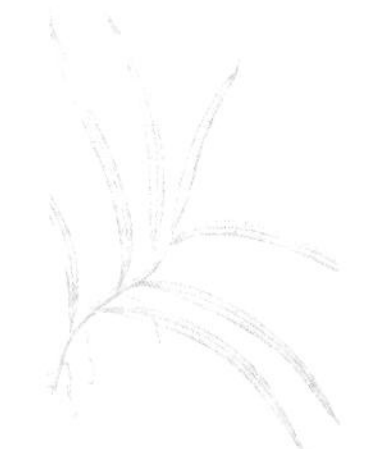

锥叶隔距兰
Cleisostoma subulatum
Awl Orchid

Blume, 1825

实际大小

锥叶隔距兰的花的花瓣和萼片开展；唇瓣杯状，有囊状的尖距；萼片和花瓣常为红褐色，中央有较浅的一道条纹；合蕊柱和唇柱常为白色。

锥叶隔距兰植株直立至弓曲下垂，可向外分枝，形成朝向许多方向的茎丛。其叶肉质，坚硬，圆形，横截面为“V”形，顶端狭窄，渐成锐尖，中文名中的“锥叶”二字由此而来。其花序不分枝，坚硬，下垂，生有三角形的小型苞片，花在其中着生，其花沿花序向下陆续开放。

隔距兰属的学名 *Cleisostoma* 在古希腊语中意为“封闭的口部”，指唇瓣基部中间有一枚胼胝体（团状的组织），部分挡隔着通往蜜距的入口。隔距兰属是指甲兰亚族最大的属之一，有约 100 个种，全都分布于从亚洲热带地区南达澳大利亚北部、东达斐济的地域。

亚科	树兰亚科
族和亚族	万代兰族，指甲兰亚族
原产地	印度和斯里兰卡
生境	半常绿林至湿润落叶林，海拔 300~600 m（985~1,970 ft）
类别和位置	附生
保护现状	未评估
花期	3 月至 8 月（夏季至早秋）

琴蜂兰
Cottonia peduncularis
Indian Bee Orchid
(Lindley) Reichenbach fils, 1857

花的大小
2.5 cm（1 in）

植株大小
51~102 cm × 25~51 cm（20~40 in × 10~20 in），不包括花序，其花序长 91~152 cm（36~60 in），直立至弓曲

琴蜂兰是大型附生兰，其茎长，生有很多间隔较远的叶。叶线形，顶端钝，不等 2 裂。其花序有分枝，纤细，花在近顶处簇生，可存留很长时间。它是琴蜂兰属 *Cottonia* 的唯一种，该属的学名以马德拉斯工兵团中尉弗雷德里克·科尼尔斯·考顿（Frederic Conyers Cotton, 1807—1901）的姓氏命名，他是来自英国的植物采集者和兰花爱好者。

一般认为琴蜂兰的花通过假交配传粉。其唇瓣有光泽，模拟了雌性昆虫。雄性昆虫（可能是甲虫）试图与这些据说有臭味的花交配，在这个过程中就可以传播花粉团。但传粉者具体是哪种昆虫则还不清楚。本种的花非常像欧洲的一些采取假交配策略的兰花，比如蜂兰属 *Ophrys* 的种，但它们彼此只有很远的亲缘关系。

实际大小

琴蜂兰的花的花瓣和萼片反曲，黄褐色至乳黄色，有红色条纹；合蕊柱有短翅；唇瓣长圆形，凹陷，褐色，中央有浅色条纹，形似昆虫的身体。

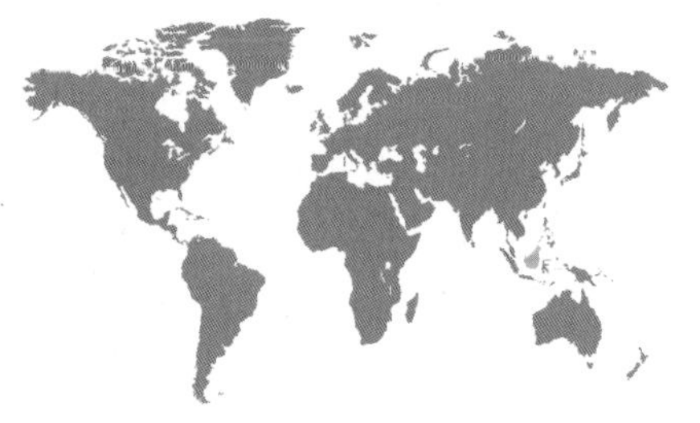

亚科	树兰亚科
族和亚族	万代兰族，指甲兰亚族
原产地	加里曼丹岛，特别是沙捞越州
生境	较低海拔的山地森林、峡谷、冲沟，海拔至 1,800 m（5,900 ft）
类别和位置	附生，通常生于水体上方的高大树木上
保护现状	未评估
花期	在季风季期间或其后（秋季至早冬）

花的大小
7.5 cm（3 in）

植株大小
64~127 cm × 51~91 cm（25~50 in × 20~36 in），不包括长达 3.65 m（12 ft）的下垂花序

异花兰
Dimorphorchis lowii
Dimorphic Tiger Orchid

(Lindley) Rolfe, 1919

异花兰是一种健壮的兰花，有时可长得十分巨大。其茎长，直立至略弓曲，近基部生有粗而肉质的气生根。其叶披针形，折叠状，顶端不对称分裂，基部有鞘。其花序长，从叶腋发出，柔软下垂，生有许多花。

本种每枚花序上的花有两种类型：花序基部是 2 朵芳香的黄色花，有红色的小圆点，而其他花为乳白色，有红色大斑块，几乎无气味。这两种类型的花都有完整的合蕊柱，生有花粉团和正常发挥作用的柱头，所以这种花二型性看来和性二型性无关。考虑到花的形状，特别是花中不存在蜜距，本种应由蜂类传粉，但目前还未有报道。

实际大小

异花兰的花的萼片开展，波状；花瓣前伸，较小；唇瓣杯状，形成通向合蕊柱的开口。

亚科	树兰亚科
族和亚族	万代兰族，指甲兰亚族
原产地	巴布亚新几内亚
生境	覆盖在灰岩山脊上的黏土上的森林，海拔 1,200~1,300 m（3,950~4,500 ft）
类别和位置	附生
保护现状	未评估
花期	4月至5月（春季）

毛柱髯仙兰
Dryadorchis dasystele
Speckled Tree Nymph
Schuiteman & de Vogel, 2004

花的大小
2.5 cm（1 in）

植株大小
5~8 cm × 8~13 cm（2~3 in × 3~5 in），不包括长 8~10 cm（3~4 in）的下垂花序

毛柱髯仙兰是微型兰花，在 2004 年才由荷兰纳图拉利斯（Naturalis）生物多样性中心的兰花专家埃德·德·福格尔（Ed de Vogel）描述，至今只发现过一次。其花序下垂，一次只开 1 或 2 朵花，开放时间不长。髯仙兰属的学名 *Dryadorchis* 来自 Dryas 和古希腊语词 orchis（兰花），其中 Dryas 在希腊神话中指森林仙子。本种的种加词 *dasystele* 意为“毛柱的”，指合蕊柱上覆有短毛。

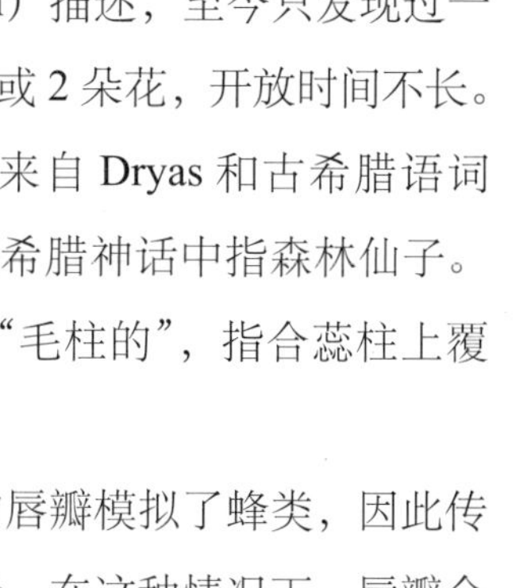

实际大小

曾有人推测毛柱髯仙兰的唇瓣模拟了蜂类，因此传粉可能通过假交配的方式进行。在这种情况下，唇瓣会对雄蜂产生性吸引，雄蜂试图与唇瓣交配，在这个过程中便沾上了花粉团，再在让它产生冲动的下一朵花把花粉团卸下。

毛柱髯仙兰的花的萼片和花瓣椭圆形，外展，有红橙色斑点；唇瓣结构复杂，有毛，3 裂，白色而有红橙色的斑块，并覆有浓密短毛；合蕊柱黄色，有红橙色斑点，前部覆有较长的毛。

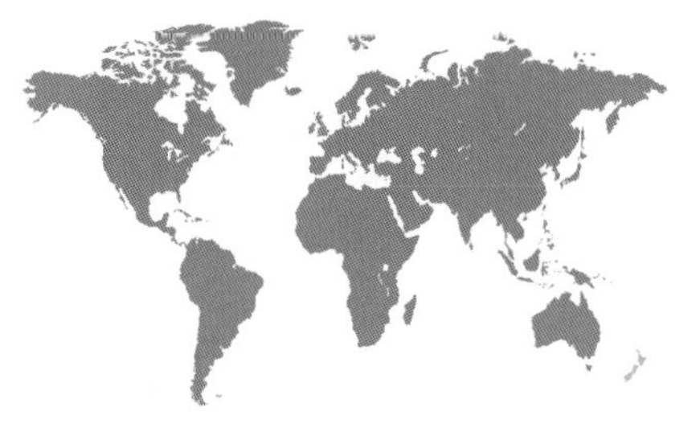

亚科	树兰亚科
族和亚族	万代兰族，指甲兰亚族
原产地	新西兰和查塔姆群岛
生境	低海拔至亚高山森林，海拔 100~1,500 m（330~4,920 ft）
类别和位置	附生于光照良好、覆有地衣的树干和大枝上，偶见生于岩石或崖面上
保护现状	无危
花期	9 月至 11 月（春季）

花的大小
0.4 cm（⅛ in）

植株大小
5~10 cm × 7.5~15 cm（2~4 in × 3~6 in），不包括长 5~10 cm（2~4 in）的下垂花序

面地翠侏兰
Drymoanthus adversus
Fleshy Tree Orchid

(Hooker fils) Dockrill, 1967

实际大小

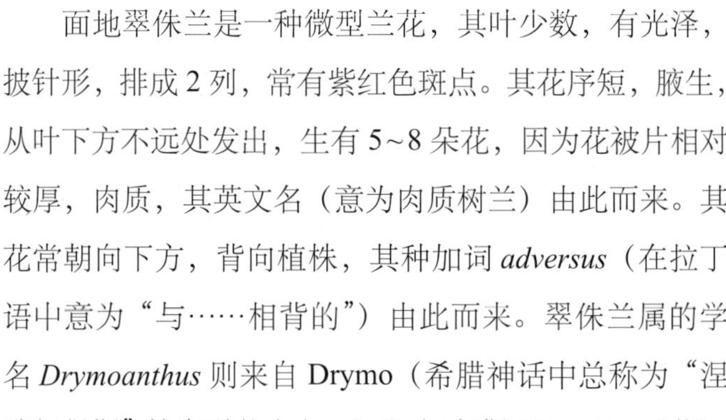

面地翠侏兰是一种微型兰花，其叶少数，有光泽，披针形，排成 2 列，常有紫红色斑点。其花序短，腋生，从叶下方不远处发出，生有 5~8 朵花，因为花被片相对较厚，肉质，其英文名（意为肉质树兰）由此而来。其花常朝向下方，背向植株，其种加词 *adversus*（在拉丁语中意为“与……相背的”）由此而来。翠侏兰属的学名 *Drymoanthus* 则来自 Drymo（希腊神话中总称为“涅瑞伊得斯”的海洋仙女之一）和古希腊语词 anthos（花）。

本种的唇瓣基部有开放而易于探入的凹穴，其中分泌有花蜜。有报道发现凹穴中有蚁类，但它们不太可能是合适的传粉者，因为它们的活动范围不够远，不足以实现植株间的异花传粉。因为本种的花略有香气，传粉者可能是蜂类。

面地翠侏兰的花厚而呈钟形，其萼片和花瓣大小和形状彼此类似，浅绿色，有红色斑点；唇瓣白色至乳黄色，杯状；合蕊柱短，有白色药帽。

亚科	树兰亚科
族和亚族	万代兰族，指甲兰亚族
原产地	加里曼丹岛
生境	河边季节性沼泽化的森林，海拔 500~800 m（1,640~2,625 ft）
类别和位置	附生
保护现状	未评估
花期	5 月至 7 月（春夏季）

花的大小
2 cm（¾ in）

植株大小
10~20 cm × 13~20 cm（4~8 in × 5~8 in），不包括高 13~20 cm（5~8 in）的直立花序

达雅兰
Dyakia hendersoniana
Pink Snail Orchid
(Reichenbach fils) Christenson, 1986

达雅兰是一种小型附生兰，其茎短，生有披针形而不等 2 裂的叶。其花的唇瓣完全形成距，形态独特，像长长的舌头一样下垂。距和合蕊柱形似一只在花上爬行的白色蛞蝓，而达雅兰属的学名 *Dyakia* 同时也是陆生蜗牛类的一个属名。它和兰花的属名都以加里曼丹岛的原住民族群达雅克人（Dyaks 或 Dayaks）命名。本种的种加词所纪念的这位亨德逊（Henderson）先生则是 19 世纪中期的一位英格兰苗圃主。

达雅兰的花在花穗上密生，多至 40 朵，绚丽而芳香。目前尚未研究过其传粉，但花色、花香、狭长蜜距的形状及合蕊柱的位置（位于蜜距上方不远处）都符合蝶类传粉的特征。

达雅兰的花的萼片和花瓣宽阔，开展，亮粉红色，侧萼片最大；合蕊柱短，恰位于蜜距开口上方；蜜距长，囊状，浅粉红色至白色。

实际大小

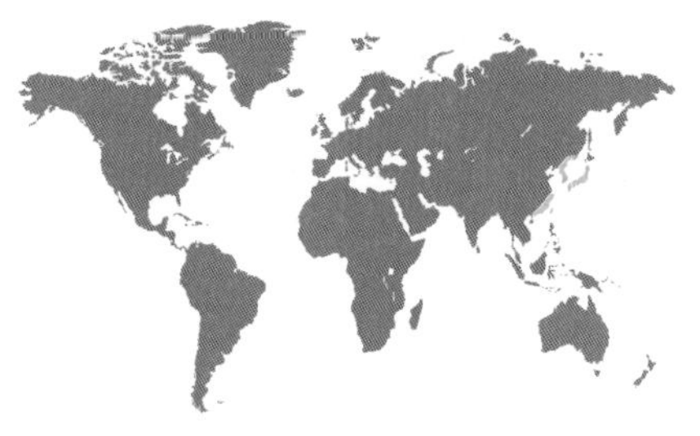

亚科	树兰亚科
族和亚族	万代兰族，指甲兰亚族
原产地	日本、朝鲜半岛及中国台湾和香港
生境	山地森林，海拔 200~2,000 m（650~6,600 ft）
类别和位置	附生于松树和阔叶树的枝条上
保护现状	未评估
花期	9 月至 11 月（秋季）

花的大小
1.3~1.8 cm（½~¾ in）

植株大小
10~20 cm × 15~25 cm（4~8 in × 6~10 in），包括花序

黄松盆距兰
Gastrochilus japonicus
Yellow Pine Orchid

(Makino) Schlechter, 1913

实际大小

黄松盆距兰是一种微型兰花，生长于凉爽以至寒冷的生境中。其茎短，叶密生，肉质，线状镰形，基部鞘状，顶端不等 2 裂。其花序下垂，从 1 或 2 片叶的基部发出，短于叶，生有多至 7 朵的花。有时候其植株可发出更多枚短花序，使植株呈现出绚丽的外观，而受到对微型兰花感兴趣的园艺家的珍视。

本种的花香中有很高比例的丁子香酚，这是一种辛辣而有丁子香气味的化合物。其唇瓣有深穴，但其中无花蜜。唇瓣的总体形状像火烧兰属 *Epipactis* 的一些种，那些种由胡蜂类传粉；然而，本种的香甜气味却表明它可能以蜜蜂类为传粉者（丁子香酚对胡蜂类一般没有吸引力）。

黄松盆距兰的花的萼片和花瓣弯曲，黄绿色；唇瓣白色，有红色斑点和其他颜色的斑块，深杯状；其杯状部分为黄色，有红色斑点，顶裂片宽阔，中间为黄色而有红色斑点。

亚科	树兰亚科
族和亚族	万代兰族，指甲兰亚族
原产地	中国台湾
生境	森林，海拔 1,000~2,200 m（3,300~7,200 ft）
类别和位置	附生
保护现状	未评估
花期	8 月至 3 月（夏秋季）

香兰
Gastrochilus retrocallus
Taiwanese Bee Orchid

(Hayata) Hayata, 1917

花的大小
1.9 cm（¾ in）

植株大小
5~8 cm × 8~13 cm（2~3 in × 3~5 in），不包括长 8~13 cm（3~5 in）的下垂花序

香兰是一种微型兰花，其茎短，常多少下垂，包以 4~10 片抱茎的叶，叶为弯披针形。其花序 1~4 枚，下垂，从近茎基部发出，每枚各生有 3~5 朵花，相对植株的尺寸显得较大。本种的种加词 *retrocallus* 来自拉丁语词 *retro* 和 *callus*，意为“向后弯的胼胝体”，但具体所指不明。其英文名意为“台湾蜂兰”，则指其唇瓣的深色区域似乎模拟了昆虫的身体，像是一只蜂类。

实际大小

香兰的传粉尚有待研究，但它可能属于假交配的情况，也即会有雄蜂误把其唇瓣当成它的雌性同类。当它试图和假雌蜂交配时，传粉便得以进行。

香兰的花的萼片和花瓣彼此形似，黄绿色，宽展；唇瓣浅绿色，3 裂，中裂片较大，有流苏状边缘；全部 3 枚裂片上均覆有红紫色的斑块，形态略似昆虫的身体。

亚科	树兰亚科
族和亚族	万代兰族，指甲兰亚族
原产地	马达加斯加
生境	季节性湿润的多藓类的半落叶林，海拔 1,200~2,000 m（3,950~6,600 ft）
类别和位置	地生
保护现状	未评估
花期	5 月至 10 月（秋冬季）

花的大小
5 cm（2 in）

植株大小
51~76 cm × 46~64 cm（20~30 in × 18~25 in），不包括花序，其花序直立，长 71~102 cm（28~40 in），长于叶

粉红鹤腹兰
Gastrorchis humblotii
Beauty of the Forest
(Reichenbach fils) Schlechter, 1924

粉红鹤腹兰在地下具球茎状的圆形假鳞茎。其茎直立，包有基部为鞘状的叶。其叶形大，有柄，具皱褶和 3 条脉，披针形卵圆形。其花序直立，圆锥状，从假鳞茎基部发出，生有 6~14 朵花。其花美丽，开放时间长，在花序近顶端簇生。花色多变，有几种类型曾被给予分类学地位。鹤腹兰属的学名 *Gastrorchis* 来自古希腊语词 gaster（腹）和 orchis（兰花），指唇瓣基部为阔圆形。

目前尚未研究过本种的传粉。然而其花在形态上与近缘的鹤顶兰属 *Phaius* 相似，而鹤顶兰属中的一种少花鹤顶兰 *Phaius delavayi* 已经有熊蜂属 *Bombus* 传粉的记录。因此，根据其花形和花色，粉红鹤腹兰很可能也有类似的传粉体系。花中无花蜜。

实际大小

粉红鹤腹兰的花颜色变化很大，其萼片和花瓣白色至粉红色，开展，大小彼此相似，形状宽阔；唇瓣从锈红紫色至亮粉红色不等，有时具颜色较深的斑点，边缘皱波状，侧面有翅，形成杯状，中央则有一枚具 2 道脊突的黄色胼胝体。

亚科	树兰亚科
族和亚族	万代兰族，指甲兰亚族
原产地	热带东亚，从中国海南岛和缅甸至印度尼西亚苏拉威西岛和爪哇岛
生境	常绿阔叶林，海拔至 1,200 m（3,950 ft）
类别和位置	附生于树干上
保护现状	未评估
花期	8 月（夏季）

火炬兰
Grosourdya appendiculata
Torch Orchid

(Blume) Reichenbach fils, 1868

花的大小
0.8 cm（¼ in）

植株大小
8~13 cm × 10~15 cm（3~5 in × 4~6 in），包括花序，其花序弓曲，长 5~10 cm（2~4 in），短于叶

实际大小

火炬兰是一种微型兰花，其茎短，生有肉质的气生根和 3~6 片叶。其叶披针形，肉质，弯曲，排成 2 列。叶尖不等 2 裂。其花序梗丝状，生有黑毛，从茎基部发出，生有多至 5 朵的花。其花陆续开放，开放时间短，各托以一片微小的苞片。火炬兰属的学名 *Grosourdya* 纪念的是勒内 · 德 · 格罗苏尔迪（René de Grosourdy, 1836—1864），具有讽刺意味的是，他是热带美洲的一位药用植物搜求者。本种的种加词 *appendiculata* 在拉丁语中意为“具附属物的”，指唇瓣基部有宽大的蜜穴。中文名“火炬兰”则指其花为亮橙色并有红色斑点。

目前在野外并未研究过本种的传粉。不过，其花色鲜艳，外形开放，又有短蜜距，且距口宽阔，都暗示传粉者是某种蜂类。

火炬兰的花的萼片和花瓣宽展，黄橙色；除唇瓣和合蕊柱外的花中所有部位均布有红色斑点；唇瓣白色，精巧地 3 裂，裂片顶端橙色或黄色，并在突起的合蕊柱下方生有短距；合蕊柱白色，顶端黄色。

亚科	树兰亚科
族和亚族	万代兰族，指甲兰亚族
原产地	缅甸、泰国、老挝和中国云南省
生境	森林中的开放地，生于岩石或树木上，海拔 1,000~1,500 m（3,300~4,920 ft）
类别和位置	附生和石生
保护现状	无危
花期	春季

花的大小
3.5~5 cm（1⅜~2 in）

植株大小
25~76 cm × 20~41 cm（10~30 in × 8~16 in），不包括花序，其花序直立至弓曲，长 30~61 cm（12~24 in），长于叶

管叶槽舌兰
Holcoglossum kimballianum
Royal Butterfly Orchid

(Reichenbach fils) Garay, 1972

管叶槽舌兰的植株可直立或下垂，其叶圆柱形（横截面为圆形）。其花序远伸出植株，生有多至 20 朵的花，因此外观绚丽，仿佛一群蝴蝶，其英文名（意为皇家蝴蝶兰）由此而来（“皇家”一词则是指唇瓣具有富丽的紫红色彩）。槽舌兰属的学名 *Holcoglossum* 来自古希腊语词 holkos（带子）和 glossa（舌），指花有显著的蜜距，突出于唇瓣后方。

在中国，与本种花形类似的怒江槽舌兰 *Holcoglossum nujiangense* 等亲缘种的传粉已有研究，发现其传粉者是与蜜蜂有亲缘关系的野生蜂类。本种的蜜距开口宽阔，其中看来并不含有花蜜，所以这些美丽的花朵可能采取了欺骗传粉者的策略。

实际大小

管叶槽舌兰的花为白色至浅粉红色，背萼片小，侧萼片大，翼状；花瓣扭曲，明显反曲；唇瓣 3 裂，中央有凹缺，为亮玫瑰紫色或红色至白色而有红紫色脉纹。

亚科	树兰亚科
族和亚族	万代兰族，指甲兰亚族
原产地	爪哇岛西部和马来西亚（半岛地区）的彭亨州
生境	湿润雨林，海拔 900~1,000 m（2,950~3,300 ft）
类别和位置	附生于高大而暴露的树木上
保护现状	未评估
花期	2 月至 8 月（春夏季）

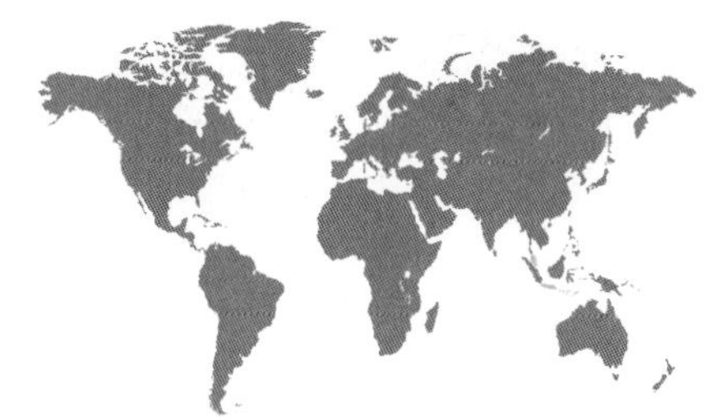

膜花兰
Hymenorchis javanica
Membrane Orchid

(Teijsmann & Binnendijk) Schlechter, 1913

花的大小
1.3 cm（½ in）

植株大小
5~8 cm × 10~15 cm（2~3 in × 4~6 in），不包括短而下垂的花序

膜花兰是一种可爱的小兰花，其茎短，其上紧密排列有 4~10 片叶。叶为深绿色，革质，边缘有细齿。其花序短而下垂，生有多至 12 朵的花。花小而呈杯状，为晶莹的白色，半透明。中文名“膜花兰”是膜花兰属的学名 *Hymenorchis* 的直译，该名来自古希腊语词 hymen（膜）和 orchis（兰花），指花质地纤薄，虽不完全透明，但可让光线通过。

膜花兰属与大属长足兰属 *Pteroceras* 有亲缘关系，二者可能没有太大区别。本种是附兰花，生于潮湿森林中较细而覆有地衣的大枝和幼枝上。目前未见其传粉者的报道，但考虑到花朵较淡的颜色和蜜距的存在，传粉者可预计是一种蛾类。

实际大小

膜花兰的花的花瓣和萼片薄，前伸，为半透明的白色，边缘有细齿；唇瓣在合蕊柱周围形成短而呈喇叭状的管，中央绿色；花后方有短而钝的距。

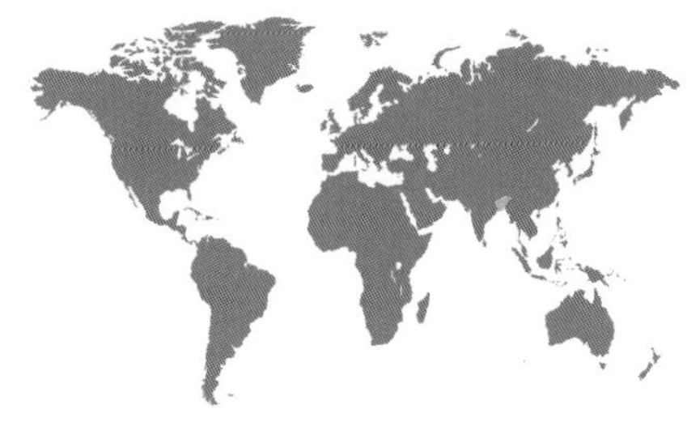

亚科	树兰亚科
族和亚族	万代兰族，指甲兰亚族
原产地	喜马拉雅山区东部，以及印度阿萨姆邦至孟加拉国
生境	季风森林
类别和位置	附生
保护现状	未评估
花期	3 月至 6 月（春季至早夏）

花的大小
2 cm（¾ in）

植株大小
20~38 cm × 10~20 cm（8~15 in × 4~8 in），不包括花序，其花序弓曲下垂，长 15~25 cm（6~10 in）

喙柱小囊兰
Micropera rostrata
Beaked Wallet Orchid

(Roxburgh) N. P. Balakrishnan, 1970

喙柱小囊兰的茎弓曲，稀疏分枝，以长而粗的电线状根附生于大乔木的大枝和树干上。其叶折叠状，抱茎并生于茎的两侧。其总状花序从叶腋发出，下垂至弓曲，生有 10~25 朵花。花芳香，粉红色，上下颠倒，袋状的唇瓣位于最上方。

小囊兰属的学名 *Micropera* 来自古希腊语词 mikros（小）和 pera（袋），指唇瓣前部有小而开放的蜜囊，其英文名意为“有喙的钱包兰”，“钱包”指的也是这个特征。本种中文名中的“喙柱”及种加词 *rostrata*（来自拉丁语词 *rostrum*，意为“喙”）则描述了呈钩状向前突出的合蕊柱。本种的花色、香气和开放的蜜穴都暗示传粉者可能是蜂类，但目前尚无其传粉者的报道。

实际大小

喙柱小囊兰的花为亮粉红色，其萼片和花瓣开展，形状和大小均相同；唇瓣粉红色，囊状，扁平，基部有短蜜距；合蕊柱长而尖。

亚科	树兰亚科
族和亚族	万代兰族，指甲兰亚族
原产地	越南、泰国、马来西亚的半岛地区和印度尼西亚
生境	开放沼泽和湿润草地，生于海平面至海拔 500 m（1,640 ft）处
类别和位置	地生，但也可附生
保护现状	无危
花期	3 月至 7 月（春夏季）

花的大小
6.5 cm（2½ in）

植株大小
64~127 cm x 25~46 cm（25~50 in x 10~18 in），包括花序，其花序侧生，直立至弓曲，长 25~38 cm（10~15 in）

斑唇凤蝶兰
Papilionanthe hookeriana
Hooker's Butterfly Orchid
(Reichenbach fils) Schlechter, 1915

斑唇凤蝶兰喜欢光照，生有 2~12 朵绚丽而开放时间长的花。其叶铅笔状，在茎上互生。其茎纤细，攀援状，生有很多根。本种的植株常生长在坚硬的禾草或灌木旁边，可以为其攀援茎提供支撑。凤蝶兰属的学名 *Papilionanthe* 来自拉丁语词 *papilio*（蝴蝶）和古希腊语词 anthos（花），与中文名中的“凤蝶”二字一样都是对花形的比喻。本种的种加词 *hookeriana* 是为了纪念著名植物学家、地理学家和探险家约瑟夫 · D. 胡克，其英文名（意为胡克的蝴蝶兰）也由此而来。

本种曾广泛用于园艺杂交，是新加坡国花‘卓锦’凤蝶兰 *Papilionanthe*‘Miss Joaquim’这个杂交品种的亲本之一。其花由木蜂属 *Xylocopa* 传粉，蜂类会在唇瓣的短距中搜寻花蜜。其叶还可用于治疗风湿病和其他骨或关节的疼痛。

实际大小

斑唇凤蝶兰的花的萼片和花瓣为浅蓝紫色，阔披针形；唇瓣大，3 裂；侧裂片紫红色，位于紫红色的合蕊柱周围；中裂片大，平坦，阔三角形，白色而有深紫红色的深点和条纹，背后有锥状的短蜜距。

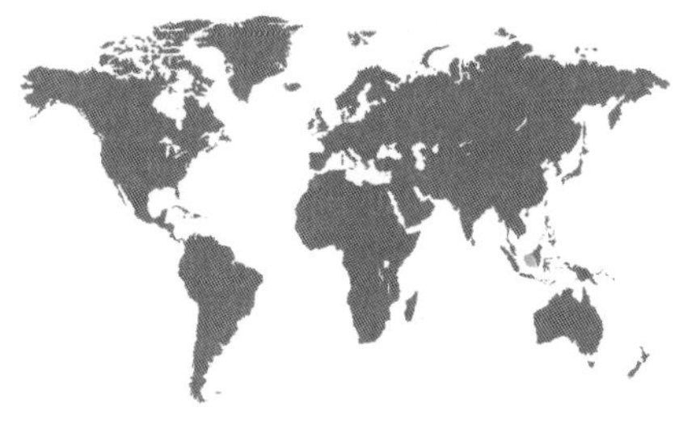

亚科	树兰亚科
族和亚族	万代兰族，指甲兰亚族
原产地	印度尼西亚（西加里曼丹省）
生境	季节性湿润的沼泽森林中的部分荫蔽之处，海拔至 1,000 m（3,300 ft）
类别和位置	在多藓类的树枝上附生，或在多藓类的岩石上生长
保护现状	未评估，但分布区狭窄
花期	春季

花的大小
2.5 cm（1 in）

植株大小
30~46 cm × 38~76 cm（12~18 in × 15~30 in），不包括花序，其花序大多直立，短于叶

蛇舌筒叶蝶兰
Paraphalaenopsis serpentilingua
Serpent Orchid

(J. J. Smith) A. D. Hawkes, 1963

蛇舌筒叶蝶兰的茎短，有时下垂，生有 4~10 枚圆柱形的叶和向上弯曲的花序。花序上簇生有多至 7 朵的花，花芳香，开放时间长。筒叶蝶兰属的学名 *Paraphalaenopsis* 指该属的花形似蝴蝶兰属 *Phalaenopsis*。虽然该属的种以前曾被包括在蝴蝶兰属之中，但它们与万代兰属 *Vanda* 更近缘。本种的种加词 *serpentilingua* 意为“蛇舌”，则指唇瓣的中裂片分叉，很像蛇的舌头。本种在英文中有时也叫作 Rat’s Tail Orchid（鼠尾兰）或 Rat-tail Phalaenopsis（鼠尾蝴蝶兰），因其叶为圆柱形。

目前尚未研究过筒叶蝶兰属的传粉。然而，因为其花与蝴蝶兰属中的大花种类的花相似，而后者由木蜂属 *Xylocopa* 传粉，这意味着筒叶蝶兰属的传粉过程多少也与蝴蝶兰属这些种相似。

实际大小

蛇舌筒叶蝶兰的花的花瓣和萼片有爪，宽阔，白色，略反曲，波状；唇瓣的柄为白色，裂片亮红色至粉红色；其 2 枚侧裂片开展，中裂片带状，有略带红色的横纹和叉状的顶端。

亚科	树兰亚科
族和亚族	万代兰族，指甲兰亚族
原产地	泰国南部至马来西亚的半岛地区
生境	河畔森林，海拔 500 m（1,640 ft）
类别和位置	附生
保护现状	未评估
花期	6 月至 8 月（夏季）

花的大小
2.5 cm（1 in）

植株大小
8～10 cm × 8～15 cm
（3～4 in × 3～6 in），
不包括长 2.5～5 cm
（1～2 in）的下垂花序

鸵鸟巾唇兰
Pennilabium struthio
Ostrich Orchid

Carr, 1930

实际大小

鸵鸟巾唇兰是一种微小的兰花。其茎短，以肉质根附生于树干的侧面。其叶数片，彼此紧密靠近，椭圆形，排成 2 列。其花序生于叶上，不分枝，扁平，具 1 或 2 朵花。巾唇兰属的学名 *Pennilabium* 来自拉丁语词 *penna* 和 *labium*，意为“羽毛状的唇”。种加词 *struthio* 在拉丁语中则意为“鸵鸟”（中文名由此而来）。本种的长距在相对较宽的花后方下垂，仿佛是以一只腿站立的鸵鸟。

本种的花略有香气，花距入口处有直立而透明的脊突，可以引导来访的蛾类用舌头探到下方的花蜜。其黏盘突出在蜜距的入口之上，很容易与蛾类的身体接触，而把花粉团附着在传粉者身上。

鸵鸟巾唇兰的花的萼片和花瓣为乳黄色至黄色，杯状，宽阔，大小和形状均相同；唇瓣白色，结构精细，2 裂，裂片宽阔并有花边状边缘；距位于裂片之间，长，黄色，顶端增粗。

亚科	树兰亚科
族和亚族	万代兰族，指甲兰亚族
原产地	加里曼丹岛和菲律宾至澳大利亚昆士兰州
生境	湿润常绿林，常悬于溪流和沼泽之上，生于海平面至海拔 600 m（1,970 ft）处
类别和位置	附生
保护现状	未评估，但因为园艺采集而在其分布范围内的一些地区受威胁
花期	4 月至 7 月（春夏季，在澳大利亚为冬季）

花的大小
8 cm（3 in）

植株大小
8~13 cm × 20~38 cm（3~5 in × 8~15 in），不包括花序，其花序直立至弓曲，长 51~89 cm（20~35 in）

美丽蝴蝶兰
Phalaenopsis amabilis
White Moth Orchid

(Linnaeus) Blume, 1825

美丽蝴蝶兰的叶 4~6 片在短茎上排成二列，厚而呈卵状椭圆形。其花序从茎近基部发出，可生有多达 40 朵的气味香甜的大花。本种是林奈知道的少数几种亚洲热带兰花之一，他把本种和其他所有附生兰都置于树兰属 *Epidendrum* 中，唯一的依据就是它们都生于树上。蝴蝶兰属的学名 *Phalaenopsis* 在古希腊语中意为“像蛾子的”（phalaina 意为“蛾子”）；在英文中，该属的种和许多园艺杂交种统称为“蛾子兰”（Moth Orchids）。

尽管本种外形像蛾类，它却是由木蜂属 *Xylocopa* 蜂类传粉。花中虽无花蜜，但花形大而绚丽，又有蜜导（斑点和条纹）和香气，这些特征的组合足以吸引这些大型蜂类。

实际大小

美丽蝴蝶兰的花的萼片外伸，椭圆形；花瓣宽阔，斧形；唇瓣 3 裂，侧裂片围抱合蕊柱，中裂片黄色，有红色斑点或条纹，再 4 裂或有 4 个附属物，其中顶端一对呈毛状；唇瓣 3 枚裂片中部有明显的胼胝体。

亚科	树兰亚科
族和亚族	万代兰族，指甲兰亚族
原产地	孟加拉国、缅甸、泰国、老挝、越南、尼科巴群岛、马来西亚、爪哇岛、加里曼丹岛、苏门答腊岛和菲律宾
生境	稠密的河畔林，常生于树冠层高处，海拔 200~800 m（650~2,625 ft）
类别和位置	附生
保护现状	无危
花期	全年，但夏季开放最多

鹿角蝶兰

Phalaenopsis cornu-cervi

Deer-antlered Moth Orchid

(Breda) Blume & Reichenbach fils, 1860

花的大小
5 cm（2 in）

植株大小
10~20 cm × 20~36 cm（4~8 in × 8~14 in），不包括花序，其花序弓曲下垂，长 13~41 cm（5~16 in）

鹿角蝶兰的花可重复绽放，且常在同一枚花莛上连续开放多年。其花莛宿存，扁平，有时有分枝，形如鹿角。其种加词 *cornu-cervi* 在拉丁语中意思就是“鹿角”。本种的花色和花形均多变，但通常有光泽，肉质，红、黄、褐和双色的类型均常见。本种所在的蝴蝶兰属的学名 *Phalaenopsis* 来自古希腊语词 phalaina（蛾子）和 -opsis（看起来像……的），但本种并不像该属其他很多种那样像蛾类。蝴蝶兰属的杂交品种甚多，是兰科所有属中最有商业价值的属，但鹿角蝶兰在杂交育种中的用途却比较有限。

本种生长的海拔比蝴蝶兰属中的多数种都低，在潮湿的树梢高处生境中，其植株有丰富的气生根，全年均可稳定地持续生长。其花由蜂类传粉，但花中无回报。

实际大小

鹿角蝶兰的花最常为黄色或黄绿色，密布略呈红色的斑点或横纹；在一些植株的花上，这些斑点联合而形成纯色；唇瓣突出于其他花被片形成的平面之前，白色而有紫红色斑点，3 裂。

亚科	树兰亚科
族和亚族	万代兰族，指甲兰亚族
原产地	马来西亚的半岛地区、加里曼丹岛和菲律宾
生境	龙脑香林，生于海平面至海拔 1,000 m（3,300 ft）处
类别和位置	附生
保护现状	未评估，但因伐木和毁林开荒而受威胁
花期	5 月至 8 月（春夏季）

花的大小
3.8 cm（1½ in）

植株大小
5~10 cm × 25~38 cm（2~4 in × 10~15 in），不包括花序，其花序侧生，直立至弓曲，长 30~51 cm（12~20 in）

纹唇蝴蝶兰

Phalaenopsis fuscata

Dark-spotted Moth Orchid

Reichenbach fils, 1874

纹唇蝴蝶兰喜生于近溪流处的荫蔽地，那里从不会变得过于干燥。尽管其叶厚，能贮存水分，但它不形成假鳞茎，所以比生有假鳞茎的种需要空气有更大的湿度。蝴蝶兰属的学名 *Phalaenopsis* 来自古希腊语词 phalaina（蛾子）和后缀 -opsis（像……的），指属中各种的花有蛾类一般的外观，其英文名“Moth Orchid”（蛾子兰）由此而来。本种的种加词 *fuscata* 来自拉丁语词 *fuscatus*，意为“暗色的”，指萼片和花瓣上有褐色大斑点，其英文名（意为深色斑蛾子兰）由此而来。

尽管蝴蝶兰属以“蝴蝶”或“蛾子”为名，但属下各种并不靠蛾子传粉，而是为多种蜂类所访问；不过，纹唇蝴蝶兰的传粉还没有得到过专门研究。其花在白天可散发香气，但花中无花蜜。

纹唇蝴蝶兰的花的萼片和花瓣长圆形，黄色而有褐色斑块，外伸；唇瓣黄色，有褐色条纹，3 裂，中裂片宽阔，杯状；侧裂片短，上翘，其间有结构复杂而分裂的胼胝体。

实际大小

亚科	树兰亚科
族和亚族	万代兰族，指甲兰亚族
原产地	中国南部、韩国和日本南部（包括冲绳岛）
生境	开放森林中或沿谷地分布的树木的树干上，海拔 500~1,400 m（1,640~4,600 ft）
类别和位置	附生
保护现状	未评估，但在整个分布区内均因栽培采集而可能濒危
花期	5月至8月（春夏季）

萼脊兰

Phalaenopsis japonica

Nago Orchid

(Reichenbach fils) Kocyan & Schuiteman, 2014

花的大小
2.5 cm（1 in）

植株大小
8~10 cm × 13~15 cm（3~4 in × 5~6 in），包括花序，其花序弓曲下垂，长 13~20 cm（5~8 in）

萼脊兰是一种小型兰花。其茎短，生有排列紧密的叶。叶为椭圆形，基部包围茎。在多数情况下，其植株可同时发出 2 枚以上花序，每枚花序均生有 6~10 朵花，这大量的花可以把叶丛几乎完全盖住。其英文名意为“名护兰”，名护是日本冲绳岛的一座城市，也是本种最早采集的地点。本种以前曾认为是萼脊兰属 *Sedirea* 的成员，但 DNA 研究表明它属于蝴蝶兰属 *Phalaenopsis*，而它也曾与该属的种产生过杂种。

本种的花极为芳香，有橙花般的气味，可吸引小型蜂类为其传粉。其花艳丽，在蜂类看来似乎含有花蜜，但花中并不提供回报——这又是欺骗式传粉之一例。

实际大小

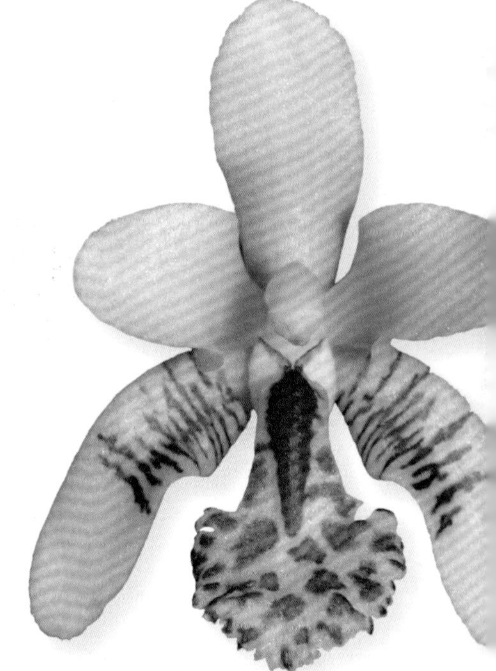

萼脊兰的花的萼片和花瓣为白色，略前突；侧萼片常有深红紫色横纹；唇瓣白色，有带蓝紫色的紫红色斑块，顶裂片大，喇叭形，侧裂片短，位于距的开口两侧。

亚科	树兰亚科
族和亚族	万代兰族，指甲兰亚族
原产地	澳大利亚东部和东南部
生境	沿冲沟分布的雨林和沼泽化地区，生于海平面至海拔 1,000 m（3,300 ft）处
类别和位置	附生
保护现状	在昆士兰州和新南威尔士州数量丰富而分布，因而无危，但在维多利亚州近危
花期	9 月至 1 月（春夏季）

花的大小
0.6 cm（¼ in）

植株大小
15~38 cm × 15~23 cm（6~15 in × 6~9 in），不包括花序，其花序下垂至弓曲，长 15~25 cm（6~10 in）

缠根兰
Plectorrhiza tridentata
Tangle Orchid
(Lindley) Dockrill, 1967

实际大小

缠根兰的花的萼片和花瓣为黄色至绿色，通常密布小斑点；唇瓣白色，有 3 枚尖锐的裂片和黄色斑点；合蕊柱绿色而有褐色斑点，药帽黄色至白色，并与唇瓣一同形成蜜穴。

缠根兰的茎长形，直立至下垂；叶披针形，在茎上排成 2 列，间距为 2.5 cm（1 in）。其植株通常生于幼枝和其他小枝上，其长根在那里缠结成一团，故中文名为“缠根兰”。这个特征也是缠根兰属学名 *Plectorrhiza* 的由来——来自古希腊语词 plektos（缠结）和 rhiza（根）。本种的种加词 *tridentata* 在拉丁语中意为“具 3 齿的”，指唇瓣胼胝体有 3 枚裂片。

缠根兰的花形、花色和柠檬般的香气都适合蜂类传粉，已有报道表明本土蜂类是传粉者，但观察到的具体是哪种蜂类则未有记录。此外，也有人报道过本种与澳大利亚的其他一些本土兰花（如肉唇兰属 *Sarcochilus* 的种）之间可形成天然杂种。

亚科	树兰亚科
族和亚族	万代兰族，指甲兰亚族
原产地	以斑块的形式广布于亚洲热带地区，包括斯里兰卡、尼科巴和安达曼群岛、喜马拉雅山区东部、老挝、泰国、马来西亚半岛地区、爪哇岛和菲律宾
生境	热带低地湿润森林，海拔至 600 m（1,970 ft），通常生于荫蔽地，离地面 1~6 m（3~20 ft）高
类别和位置	附生于小乔木的树干和大枝上或灌木上
保护现状	因为分布广泛而无危，但因为生境破坏和贸易采集而在局地受威胁
花期	3 月至 5 月及 10 月至 12 月（春季和秋季）

花的大小
0.8 cm（¼ in）

植株大小
56~122 cm × 25~46 cm（22~48 in × 10~18 in），不包括长 30~51 cm（12~20 in）的直立花序

斑被鹿角兰
Pomatocalpa maculosum
Spotted Pitcher Orchid

(Lindley) J. J. Smith, 1912

斑被鹿角兰的植株呈攀援状，其茎长，具肉质根，攀附在其他植物上，形成缠结的大丛。其叶革质，深绿色，从茎节向外开展。其花序直立而坚挺，有分枝，一年可形成一到两次，每次可发出多至 3 枚。其花在花序分枝顶端簇生，由黑色小四角蜂 *Tetragonula carbonaria* 这种无螯刺的小型蜂类传粉，它们可将花粉团沾在头上。

实际大小

本种的花在广阔的分布区内形态多变，因此本种的命名一直比较混乱。彻底的形态学修订已经把所有分出去的小种重新合并为一种，只根据微小的区别在种下承认两个地理上相互孤立的亚种。鹿角兰属的学名 *Pomatocalpa* 来自古希腊语词 pomatos（盖子）和 kalpis（坛），形容的是唇瓣的形状。

斑被鹿角兰的花的位置多变；其唇瓣囊状，黄色，在多数花中位于最上方，开口位于基部，几乎为短合蕊柱所封闭；花瓣和萼片黄色至乳黄色，有红色斑点，带形，开展。

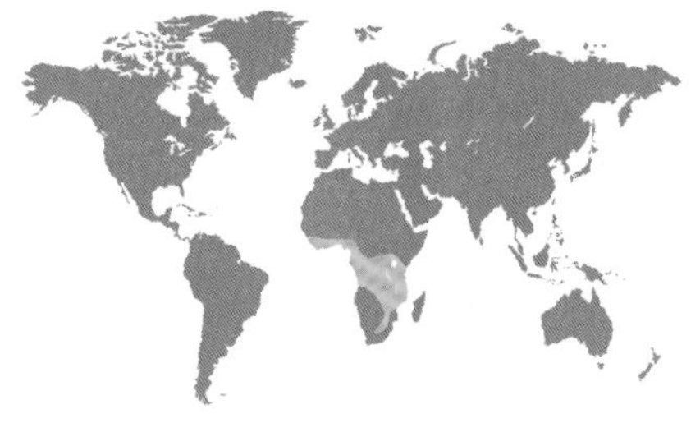

亚科	树兰亚科
族和亚族	万代兰族，指甲兰亚族
原产地	非洲热带地区
生境	常生于岩石上的短苞豆属 *Brachystegia* 林地，海拔 600~2,200 m（1,970~7,200 ft）
类别和位置	附生或偶见石生
保护现状	未正式评估，但局地常见
花期	1 月至 3 月（秋冬季）

花的大小
1.3 cm（½ in），
距长达 8 cm（3 in）

植株大小
15~25 cm × 10~20 cm
（6~10 in × 4~8 in），
不包括长于叶的侧生花序

双船兰
Rangaeris muscicola
Blushing Comet Orchid

(Reichenbach fils) Summerhayes, 1936

双船兰的茎肥壮，以肉质根保持直立状态，顶端生有多至 10 片叶。叶坚硬，弯曲，组成扇状。其总状花序多至 4 枚侧生，生有多达 15 朵甚至 20 朵花。花芳香，开放时为白色，但后来便染有杏黄色调，仿佛脸红了一样，其英文名（意为脸红彗星兰）由此而来。在英文中，花为白色而有长蜜距的兰花常称为“彗星兰”（Comet Orchid）。

本种的种加词 *muscicola* 在古希腊语中意为“喜爱藓类的”，指本种生长的地方常有藓类。目前尚未观察过本种的自然传粉，但白色而有长距的花朵意味着传粉者可能是天蛾。与本种有亲缘关系的阿马尼双船兰 *Rangaeris amaniensis* 已观察到由两种天蛾传粉，它们是番薯天蛾 *Agrius convolvuli* 和黄板天蛾 *Coelonia fulvinotata*。

双船兰的花为纯白色，其萼片和花瓣反曲；唇瓣下侧三分之一较宽，并迅速收狭为基部的爪；花后方有长距，开口在唇瓣基部。

实际大小

亚科	树兰亚科
族和亚族	万代兰族，指甲兰亚族
原产地	印度阿萨姆邦、缅甸、中国南部、老挝和越南
生境	中海拔热带湿润森林，常近峡谷或生于峡谷中
类别和位置	附生
保护现状	因为园艺采集而受威胁
花期	4 月至 5 月

花的大小
6~7 cm（2⅜~2¾ in）

植株大小
64~102 cm × 20~36 cm
（25~40 in × 8~14 in），
包括花序，其花序侧生，
直立至弓曲，
长 38~76 cm（15~30 in）

云南火焰兰
Renanthera imschootiana
Red Vanda

Rolfe, 1891

火焰兰属 *Renanthera* 的兰花植株常巨大，云南火焰兰则是其中大小居中的种类。其茎藤状，可攀缘树木。其花序侧生，从新生茎叶的近端处发出，花在其上大量开放，开放时间长。当植株处在花期并生有 20~30 朵大花时，外观十分美丽，因此本种过去曾大量从野外采挖，用于热带地区的庭园和园艺贸易。

火焰兰属的学名来自拉丁语词 *ren*（肾）和 *anthera*（花药），指的是花粉团的形状。尽管本种的英文名意为“红万代兰”，指其花朵形似万代兰属 *Vanda* 的花，但本种在遗传上和万代兰属并不十分近缘。其花色、唇瓣上的蜜穴和水果般的香气都表明传粉者是蜂类。

云南火焰兰的花的背萼片和花瓣相对较小，黄色而有橙红色斑点；唇瓣小，深红色，边缘白色，围抱通往蜜腺的入口；侧萼片大，近卵形，为亮猩红色至红橙色。

实际大小

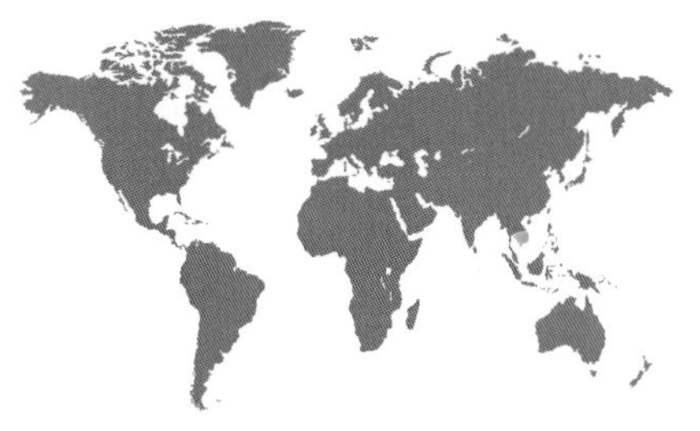

亚科	树兰亚科
族和亚族	万代兰族，指甲兰亚族
原产地	中南半岛南部
生境	半落叶的干燥林地和热带稀树草原，海拔至 700 m（2,300 ft）
类别和位置	附生
保护现状	未评估
花期	7 月至 11 月（夏秋季）

花的大小
2 cm（¾ in）

植株大小
20~30 cm × 25~46 cm（8~12 in × 10~18 in），不包括花序，其花序直立，侧生，长 25~46 cm（10~18 in）

蓝花钻喙兰
Rhynchostylis coelestis
Blue Foxtail Orchid

(Reichenbach fils) A. H. Kent, 1891

蓝花钻喙兰的植株顶端可一直连续生长很多年，其茎直立，生有数片带状的肉质叶。从这些叶的基部同时发出一至数枚花序，生有很多有蜡状光泽的芳香花朵，颜色有变异，可能为粉红色或白色。钻喙兰属的学名 *Rhynchostylis* 来自古希腊语词，指合蕊柱（stylis）有喙（rhynchos）。

本种的花一般为蓝色，使之在园艺上很流行。本种与近缘的万代兰属 *Vanda* 兰花之间的杂交品种也常见。钻喙兰属的种如钻喙兰 *Rhynchostylis retusa* 等在尼泊尔、印度和斯里兰卡药用，用于治疗创伤和风湿病。据报道，其干花还是有用的驱虫剂。

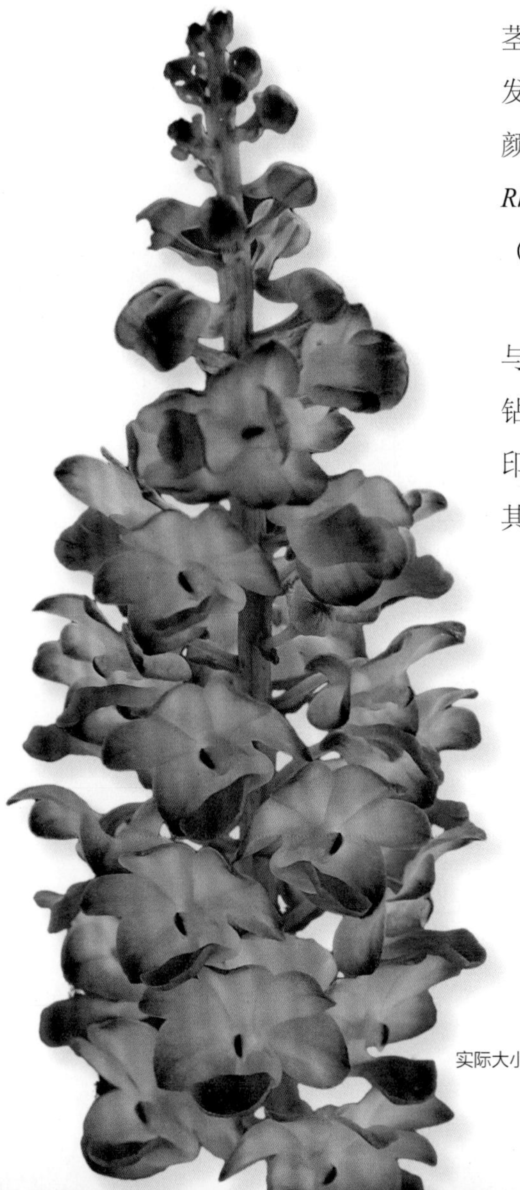

蓝花钻喙兰的花的萼片和花瓣开展，白色至浅蓝色；唇瓣顶端颜色较深，后部形成突出的距；一些类型的萼片和花瓣顶端有深色斑块。

实际大小

亚科	树兰亚科
族和亚族	万代兰族，指甲兰亚族
原产地	菲律宾
生境	热带雨林，海拔 350 m（1,150 ft）
类别和位置	附生
保护现状	无危
花期	秋冬季

花的大小
0.8 cm（¼ in）

植株大小
25~76 cm × 13~25 cm（10~30 in × 5~10 in），不包括长 10~15 cm（4~6 in）的下垂花序

蜡色寄树兰
Robiquetia cerina
Waxy Cone Orchid

(Reichenbach fils) Garay, 1972

蜡色寄树兰的花序下垂，花在其上紧密簇生，初看甚至不像兰花。其花不全开，由它们构成的松塔状花序，乍一看可能会误认成一串浆果，而不是花。蜡色寄树兰是生在树干上的攀缘植物，和很多其他最后长得较为高大的兰花一样，植株成年后会变下垂。寄树兰属的学名 *Robiquetia* 纪念的是皮埃尔－让·罗比凯（Pierre-Jean Robiquet, 1780—1840），他是法国化学家，发现了可待因和第一种氨基酸——天冬酰胺。本种的种加词 *cerina*（来自拉丁语词 *cerinus*，意为“蜡色的”）和中文名中的“蜡色”二字指的均是花的色泽。

本种的花色有变异，可从偏紫红色的红色到橙黄色。这种花色以及花的形状（特别是短蜜距）表明传粉者可预计是蝶类或蜂类。

蜡色寄树兰的花的萼片和花瓣杯状，仅略张开；唇瓣 3 裂，有肉质短距，从其口部常可望见其中的花蜜；典型的花色是褐红色至粉红色及珊瑚红色至黄色。

实际大小

亚科	树兰亚科
族和亚族	万代兰族，指甲兰亚族
原产地	巴布亚新几内亚，澳大利亚北部（昆士兰州）
生境	海滨灌丛和季节性干旱的雨林，生于海平面至海拔 200 m（650 ft）处
类别和位置	附生
保护现状	在澳大利亚无危，巴布亚新几内亚的居群未评估
花期	9 月至 1 月（春季）

花的大小
0.5 cm（⅛ in）

植株大小
7.5~10 cm × 10~15 cm（3~4 in × 4~6 in），不包括长 2.5~10 cm（1~4 in）的下垂花序

黄花拟囊唇兰
Saccolabiopsis armitii
Spotted Pitcher Orchid

(Ferdinand von Mueller) Dockrill, 1967

黄花拟囊唇兰的植株小，其茎短而悬垂，形成小丛，每条茎生有 3~6 片披针形的叶和一枚下垂的总状花序，花序上生有多至 50 朵的微小的花。其英文名意为“斑点瓶子兰”，指红色的药帽和唇瓣的白色顶端形成了斑点状的外观。唇瓣上又有蜜穴，呈杯状或瓶状。拟囊唇兰属的学名 *Saccolabiopsis* 来自拉丁语词 *saccus*（囊）和 *labium*（唇），指的也是唇瓣的形状，后缀 *-opsis* 则意为“看起来像……的”。

黄花拟囊唇兰是真正的热带植物，见于低海拔地区。其花可开放很多天，在澳大利亚昆士兰州由本土蜂类传粉。其唇瓣上的凹穴中未见分泌有花蜜，意味着本种采取了欺骗式传粉策略。

黄花拟囊唇兰的花的萼片和花瓣为黄色至黄绿色，前伸，凹陷；唇瓣瓶状，顶裂片白色；合蕊柱有小型红色药帽。

实际大小

亚科	树兰亚科
族和亚族	万代兰族，指甲兰亚族
原产地	澳大利亚东北部，从昆士兰州东南部至新南威尔士州东北部
生境	雨林，生于海平面至海拔 400 m（1,300 ft）处
类别和位置	附生
保护现状	在昆士兰州无危，但在新南威尔士州濒危
花期	1 月至 5 月（夏秋季）

棕顶肉唇兰
Sarcochilus dilatatus
Brown Butterfly Orchid

F. von Mueller, 1859

花的大小
1.9 cm（¾ in）

植株大小
8~15 cm × 10~20 cm（3~6 in × 4~8 in），不包括长 3.8~8 cm（1½~3 in）的下垂花序

棕顶肉唇兰的植株小，常见其附生于南洋杉 *Araucaria cunninghamii* 大树的侧枝上，并在荫蔽之处形成大群体。其植株具短茎，覆有披针形、有时为深色的叶。其花序从叶基部发出，下垂，生有 2~12 朵花。肉唇兰属的学名 *Sarcochilus* 来自古希腊语词 sarkos（肉）和 cheilos（唇），指属下各种的唇瓣肉质。本种的种加词 *dilatatus* 意为“膨大”，指唇瓣在近顶端变宽或膨大，其英文名意为“褐色蝴蝶兰”，则是对其花朵的简单比喻。

据推测，本种由小型蜂类传粉，比如无螫刺的无刺蜂属 *Trigona*，在澳大利亚东部曾见它们为形态与本种类似的花传粉。花中未为昆虫准备回报。

实际大小

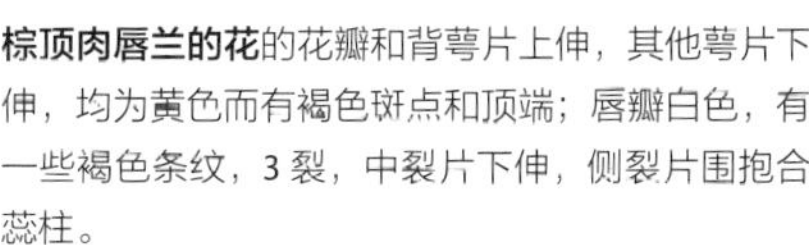

棕顶肉唇兰的花的花瓣和背萼片上伸，其他萼片下伸，均为黄色而有褐色斑点和顶端；唇瓣白色，有一些褐色条纹，3 裂，中裂片下伸，侧裂片围抱合蕊柱。

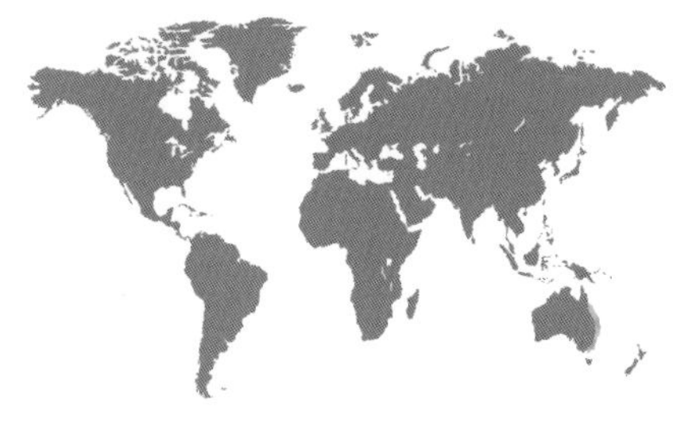

亚科	树兰亚科
族和亚族	万代兰族，指甲兰亚族
原产地	澳大利亚东部
生境	温带和亚热带雨林，生于海平面至海拔 1,400 m（4,600 ft）处
类别和位置	附生，稀生于岩石上
保护现状	易危，但过去曾因园艺上的过度采集而濒危，这些采集活动近年来有所减少
花期	6 月至 10 月（冬春季）

花的大小
2.5 cm（1 in）

植株大小
8~20 cm × 15~25 cm（3~8 in × 6~10 in），不包括花序，其花序弓曲下垂，长13~23 cm（5~9 in）

肉唇兰
Sarcochilus falcatus
Orange Blossom Orchid

R. Brown, 1810

实际大小

肉唇兰的花的萼片和花瓣为纯白色，阔卵形，有柄；唇瓣 3 裂，侧裂片弯向合蕊柱，中裂片形成囊状的凹穴；唇瓣颜色多变，可从白色而仅有黄色条纹到白色而有红色和紫红色条纹。

肉唇兰是一种极为常见的兰花。其茎短，覆有弯曲的阔披针形叶，叶有细齿状边缘。其植株开始为直立生长，但之后就变松弛至下垂。其弯曲的叶是种加词（在拉丁语中意为“镰刀形的”）的语源，而肉唇兰属的学名 *Sarcochilus* 来自古希腊语词 sarkos（肉）和 cheilos（唇），指唇瓣较厚。本种的英文名意为“橙花兰”，则指其花在外观和香气上都像橙树的花。

本种的传粉由本土蜂类进行，但具体种类未知。肉唇兰属和其他澳大利亚原产属的天然杂交种已有报道。用种子繁殖本种植株的生产活动减轻了很多居群以前所遭受的压力，其数目已有大幅回升。

亚科	树兰亚科
族和亚族	万代兰族，指甲兰亚族
原产地	中南半岛，从泰国至越南
生境	常绿雨林，海拔 200~300 m（650~985 ft）
类别和位置	附生
保护现状	未评估
花期	4 月至 8 月（春夏季）

美丽大喙兰
Sarcoglyphis mirabilis
Perching Bird

(Reichenbach fils) Garay, 1972

花的大小
1 cm（⅜ in）

植株大小
8~13 cm x 8~13 cm（3~5 in x 3~5 in），不包括花序，其花序弓曲下垂，长 2.5~8 cm（1~3 in）

美丽大喙兰是一种微型兰花。其茎短，叶为舌状，钝 2 裂，在茎上排成两列。其花序侧生，具 5~10 朵肉质的花。大喙兰属的学名 *Sarcoglyphis* 来自古希腊语词 sarx（肉）和 glyphe（雕刻），指花中的合蕊柱上面有雕刻般的纹路，但它的肉质程度实际上并不比这一群亚洲热带兰花中的多数种更高。本种的种加词在拉丁语中意为“美妙”，其英文名意为“栖息的鸟”，则是把合蕊柱想象成了一只栖息在枝头的鸟儿的头部。

美丽大喙兰的传粉目前尚无研究，但其花色、花香和蜜距都符合蜂类传粉的特征。沿蜜穴的内壁表面生有腺体，可分泌花蜜。

实际大小

美丽大喙兰的花的萼片和花瓣为乳黄色至白色，开展，常在基部有一些紫褐色斑块；唇瓣粉红色至浅蓝紫色，3 裂，有距；合蕊柱直立，药帽呈鸟头状。

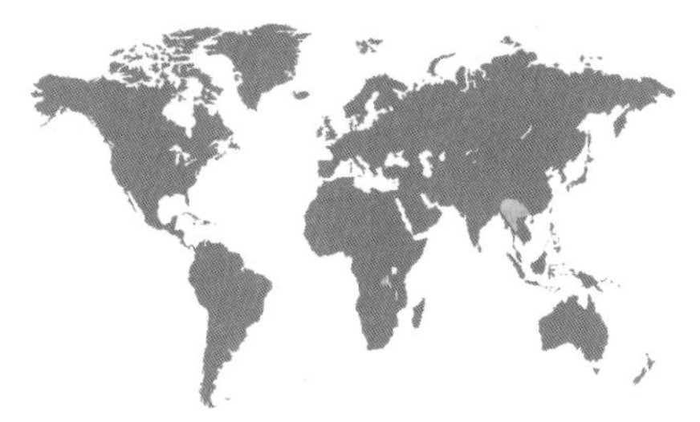

亚科	树兰亚科
族和亚族	万代兰族，指甲兰亚族
原产地	印度阿萨姆邦、缅甸、泰国、越南和中国云南省
生境	半落叶森林，海拔 500~1,200 m（1,640~3,950 ft）
类别和位置	附生
保护现状	无危
花期	夏季

花的大小
1 cm（⅜ in）

植株大小
2~4 cm × 2.5 cm（¾~1½ in × 1 in），包括花序，其花序短，下垂，腋生，长 1.3 cm（½ in）

芳香匙唇兰
Schoenorchis fragrans
Fragrant Penny Orchid

(Parish & Reichenbach fils) Seidenfaden & Smitinand, 1963

实际大小

芳香匙唇兰是一种比例匀称的微型兰花，是所有兰花中最惹人喜爱的种类之一，仿佛一株微小而肉质的蝴蝶兰（属蝴蝶兰属 *Phalaenopsis*）。它生长在半落叶林中光照较为充足的地方，其叶坚韧，肉质，作为背景与美丽而有距的花朵形成鲜明对比。较老的植株会经常在基部分枝，新生的茎叶逐渐成丛。匙唇兰属的学名 *Schoenorchis* 来自古希腊语词 schoenus（芦苇）和 orchis（兰花），指该属中其他种的叶形似芦苇，但芳香匙唇兰的叶却完全不是这样。本种的英文名意为“芳香便士兰”，指其花朵极为芳香，个头很小（约为一枚小硬币的直径）。

目前尚无本种传粉的记录。不过，其花色、花香和花形（特别是蜜距）都适合由某种蜂类作为传粉者。

芳香匙唇兰的花紧密簇生，连续开放；其萼片和花瓣为白色至浅粉红色，顶端为深粉红色至紫红色；唇瓣大部分为粉红色至紫红色，狭长，略 3 裂，后面有开口宽阔的蜜距。

亚科	树兰亚科
族和亚族	万代兰族，指甲兰亚族
原产地	缅甸和泰国
生境	森林，海拔 100~800 m（330~2,625 ft）
类别和位置	附生
保护现状	未评估，但在过去更常见
花期	4 月至 5 月（春季）

举喙兰
Seidenfadenia mitrata
Bishop's Mitre Orchid

(Reichenbach fils) Garay, 1972

花的大小
1.25~1.9 cm（½~¾ in）

植株大小
20~38 cm × 15~20 cm（8~15 in × 6~8 in），包括花序，其花序长 15~25 cm（6~10 in），短于叶

举喙兰是一种小型附生兰，其茎短，顶端着生叶和花序。其叶圆柱形，中央有沟，下垂。其花序腋生，具 10 朵以上气味香甜的花，各托以三角形的小型苞片。本种在花的后方生有距，这一结构通常与蜂类传粉有关，但目前尚无和本种传粉相关的观察发表。

举喙兰是举喙兰属 *Seidenfadenia* 的唯一种，但它与知名度较高的钻喙兰属 *Rhynchostylis* 近缘。其种加词 *mitrata* 意为“戴着主教帽的”，指其药帽的形状有点像主教帽。属名纪念的是外交官和兰花专家古纳尔·塞登法登（Gunnar Seidenfaden, 1908—2001），他在 20 世纪 50 年代是丹麦驻泰国大使，曾组织了几次东南亚兰花考察，由此有 120 多个兰花新种得以发现和描述。

举喙兰的花的花瓣和萼片反曲开展，白色；唇瓣为偏紫红色的粉红色，舌状，有开口通向囊状而前伸的距；合蕊柱两侧压扁，具 2 枚侧裂片。

实际大小

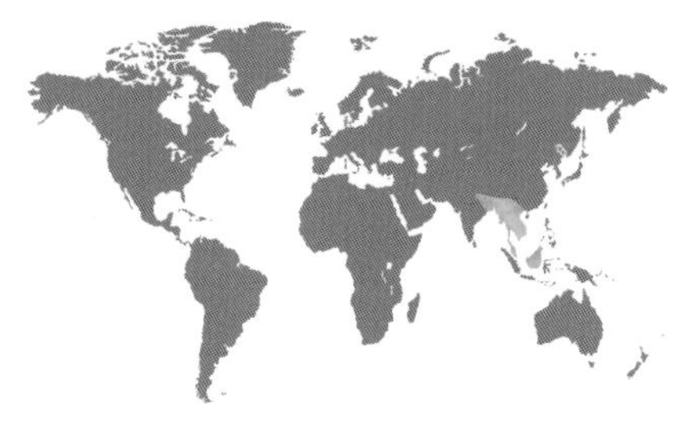

亚科	树兰亚科
族和亚族	万代兰族，指甲兰亚族
原产地	喜马拉雅山谷，孟加拉地区，中南半岛，马来西亚的半岛地区，加里曼丹岛
生境	灰岩或超基性土壤上的海拔较低的山地河畔林，海拔通常低于 300 m（985 ft），但有时可高达 1,300 m（4,300 ft）
类别和位置	附生，下垂
保护现状	未评估，但广布
花期	6 月至 12 月（夏季至冬季）

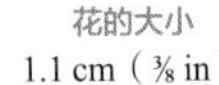

花的大小
1.1 cm（⅜ in）

植株大小
20~30 cm × 10~20 cm（8~12 in × 4~8 in），包括花序，其花序短，侧生，长5~18 cm（2~7 in）

盖喉兰
Smitinandia micrantha
Little Rose Orchid

(Lindley) Holttum, 1969

盖喉兰的茎下垂或弓曲，几乎为藤状，有分枝，顶端生有很多叶和一枚花序。其叶间隔较远，线形，顶端2裂。花序侧生，密集，有苞片，弓曲下垂。其花呈螺旋状排列，从基部开始开放，一次开放数朵。花中有宽短的凹穴，但其中未见报道有花蜜。传粉最可能由蜂类进行，其花形看来适应于这种传粉方式。

本种的种加词 *micrantha* 意为“小花的”，指其花较小。盖喉兰属的学名 *Smitinandia* 纪念的则是泰国森林植物学家淡·诗密滴南（Tem Smitinand，1920—1995），他曾与丹麦兰花专家古纳尔·塞登法登一起研究过泰国的兰花。本种的茎据报道有杀菌特性，其根在尼泊尔磨粉供制滋补剂。

实际大小

盖喉兰的花的花瓣和萼片开展，浅粉红色，后方有囊状距；唇瓣有 3 枚深粉红色裂片，并有一枚胼胝体，部分堵塞距的开口。

亚科	树兰亚科
族和亚族	万代兰族，指甲兰亚族
原产地	中国（云南省）、泰国和越南
生境	半落叶至常绿林，海拔 300~1,800 m（985~5,900 ft）
类别和位置	附生
保护现状	未评估，但因为生境变化而可能已受威胁
花期	4 月至 5 月（春季）

花的大小
0.8 cm（¼ in）

植株大小
8~13 cm × 5~8 cm（3~5 in × 2~3 in），不包括花序，其花序直立至弓曲，长 8~15 cm（3~6 in）

坚唇兰
Stereochilus dalatensis
Solid-lip Orchid

(Guillaumin) Garay, 1972

坚唇兰是一种微型兰花，其茎短，覆有排列紧密的厚叶，在茎上排成两列。其花序从较下方的一片叶基部发出，生有多至 10 朵的芳香而艳丽的花。中文名“坚唇兰”指其唇瓣坚实而厚，但其基部实际上有一个隐藏的蜜穴。坚唇兰属的学名 *Stereochilus* 来自古希腊语词 stereo（坚实）和 cheilos（唇），也是指同样的特征。本种的种加词 *dalatensis* 以越南城镇大叻（Da Lat）命名，那里是最先发现本种的地方。

本种的传粉可能由小型蜂类进行，它们可为明亮的花色和甜蜜的气味所吸引。目前尚不清楚其唇瓣上的凹穴中是否真的含有花蜜。

实际大小

坚唇兰的花的萼片和花瓣彼此形似，反曲，浅粉红色至白色，披针形；唇瓣亮粉红色至浅蓝紫色，侧裂片围抱花距的入口，中裂片大得多，凹陷；合蕊柱形如生有长喙的鸟头。

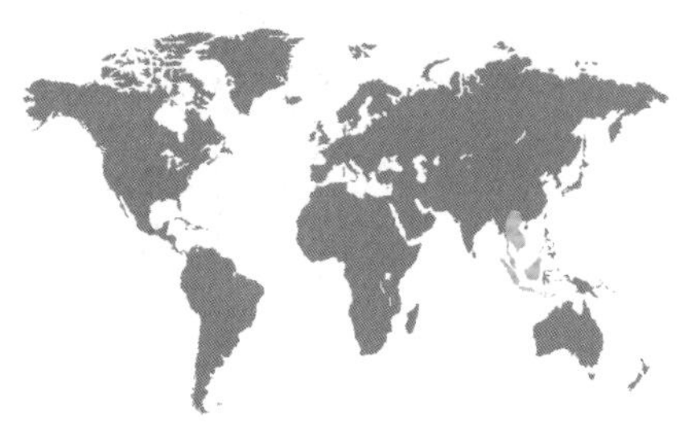

亚科	树兰亚科
族和亚族	万代兰族，指甲兰亚族
原产地	爪哇岛至中国西南部（云南）
生境	沼泽化的原始林，生于树上，或生于咖啡种植园中，海拔 150~1,600 m（490~5,250 ft）
类别和位置	附生
保护现状	未评估
花期	4 月至 10 月（春季至秋季）

花的大小
0.8 cm（¾ in）

植株大小
2.5 cm × 15~25 cm（1 in × 6~10 in），不包括长 2.5~3.8 cm（1~1½ in）的花序

兜唇带叶兰
Taeniophyllum pusillum
Small Tapeworm Orchid

(Willdenow) Seidenfaden & Ormerod, 1995

实际大小

带叶兰属 *Taeniophyllum* 是一种无叶的附生兰，其属名毫无吸引力，来自古希腊语词 taenia（绦虫）和 phyllos（叶），但它实际上并没有叶。其根有多种功能，发育成长而扁平的绦虫状，形状扭曲，并使兰花所附生的枝条也扭转。这些根为绿色，可以代替叶进行光合作用，为兰花制造养分。残余的叶已经退化为生花的短茎上微小的褐色鳞片。

本种“之”字形的花序覆有小瘤，生有 1 朵花或 2 朵相继开放的花，花下托以具疣突的苞片。其传粉最可能由小型蜂类进行。其唇瓣几乎完全成为蜜距，合蕊柱则埋在导向花距的管中。

兜唇带叶兰的花肉质，其萼片和花瓣开展，线形，绿褐色至黄褐色，大小和形状相似；唇瓣白色，囊状；合蕊柱短，药帽有 2 枚偏粉红色的紫红色斑点，像眼睛。

亚科	树兰亚科
族和亚族	万代兰族，指甲兰亚族
原产地	马来半岛、苏门答腊岛、加里曼丹岛、泰国和越南
生境	常绿林和半落叶林中或旁边的开放地和悬崖，海拔 50~1,200 m（165~3,950 ft）
类别和位置	附生或地生
保护现状	无危
花期	夏季

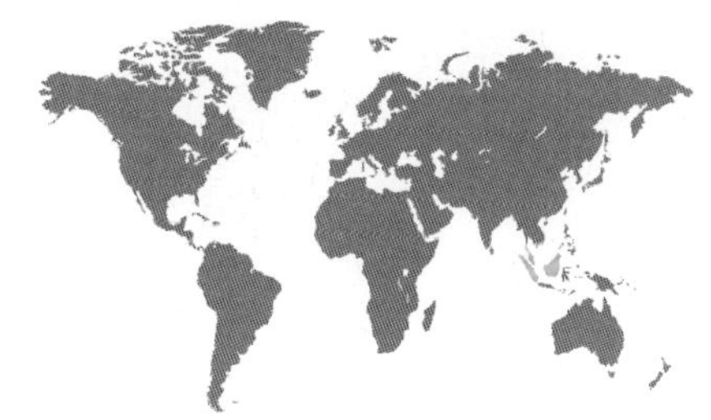

鞋唇白点兰
Thrixspermum calceolus
Climbing Shoe Orchid
(Lindley) Reichenbach fils, 1868

花的大小
3.8 cm（1½ in）

植株大小
20~76 cm × 15~20 cm（8~30 in × 6~8 in），包括花序，其花序短，长 2.5~5 cm（1~2 in），与叶对生

鞋唇白点兰植株藤状，在树上和岩石露头上都有生长。其居群中的多数植株可同时开花，其花美丽，质地晶莹，但开放时间短（通常一天只开放几个小时），可在同一花序上反复生出，一次开放一两朵。这样大规模的开花现象通常由与暴风雨相关的温度骤降诱发。白点兰属的学名 *Thrixspermum* 来自古希腊语词 thrix（头发）和 sperma（具……的种子），指其种子细长，但其实很多兰花的种子都是这个形状。

本种的种加词 *calceolus*（意为“像小鞋的”）和中文名中的“鞋唇”二字都指唇瓣为囊状或鞋状。其传粉者为蜂类，为甜蜜的花香和花蜜所吸引。它们会掉入唇瓣营造的陷阱，在挣扎离开的时候带走花粉团。

鞋唇白点兰的花的萼片和花瓣为晶莹的白色，阔披针形；唇瓣可朝向任何方向，呈囊状，常在近囊口处和底下具黄色斑块。

实际大小

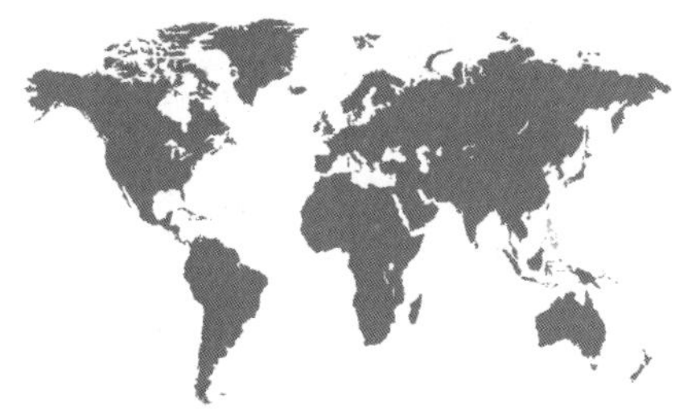

亚科	树兰亚科
族和亚族	万代兰族，指甲兰亚族
原产地	菲律宾
生境	雨林，生于海平面至海拔 300 m（985 ft）处
类别和位置	附生
保护现状	未评估
花期	5 月至 7 月（春夏季）

花的大小
6.5 cm（2½ in）

植株大小
102~406 cm × 38~64 cm（40~160 in × 15~25 in），包括长 5~10 cm（2~4 in）的侧生花序

紫黑船唇兰

Trichoglottis atropurpurea

Purple Beard Orchid

Reichenbach fils, 1876

紫黑船唇兰的植株为甘蔗状，可以长得很高。其茎上包有卵圆形叶，叶排成两列，以基部抱茎，彼此间隔约 2.5 cm（1 in）。本种植株在整条茎上均生根，并以这些粗根附着在树上。其花茎短，生有 1 或 2 朵花，可在茎的大部分地方同时发出，让植株在开花时显得极为绚丽。本种所在的毛舌兰属的学名 *Trichoglottis* 来自古希腊语词 trichos（毛发）和 glotta（舌），后者指的是唇瓣。本种唇瓣中裂片上有明显的毛，其英文名（意为紫红胡须兰）由此而来。

考虑到紫黑船唇兰的花色、花形和花香，其传粉靠的可能是蜂类。然而，目前为止在野外还未对其传粉做过观察。

实际大小

紫黑船唇兰的花的萼片和花瓣为深红紫色，阔披针形，外伸；唇瓣基部有 2 枚裂片，与合蕊柱形成边缘黄色的蜜穴；中裂片本身再 3 裂，中央有具须毛的胼胝体。

亚科	树兰亚科
族和亚族	万代兰族，指甲兰亚族
原产地	加里曼丹岛和苏门答腊岛
生境	砂岩上的方木麻黄属 *Gymnostoma* 森林，海拔 200~1,300 m（650~4,300 ft）
类别和位置	附生于树干上略荫蔽处
保护现状	未评估
花期	4 月至 6 月，10 月至 11 月（春季和秋季）

纹被毛舌兰
Trichoglottis smithii
Striped Vine Orchid

Carr, 1935

花的大小
2.5 cm（1 in）

植株大小
102~203 cm × 8~13 cm（40~80 in × 3~5 in），包括花序，其花序短，侧生，长 2.5~5 cm（1~2 in）

纹被毛舌兰为藤状攀援植物，其茎缠结成簇，生有肥壮的白色根。其花序短，在茎上同时发出，一次开 1~2 朵花。其叶长圆形，顶端凹缺，彼此间隔 1.3 cm（½ in）。其种加词 *smithii* 纪念的是丹麦植物学家约翰尼斯·雅各布斯·史密斯（Johannes Jacobus Smith, 1867—1947），他在 1913—1924 年间是印度尼西亚的贝滕佐尔格（Buitenzorg）植物园（今名茂物植物园）园长。史密斯考察地域广泛，发现并描述了数以百计的兰花，均为荷属东印度群岛原产。毛舌兰属的学名 *Trichoglottis* 来自古希腊语词 trichos（毛发）和 glotta（舌），后者指的是唇瓣。

考虑到纹被毛舌兰的花色、香气和唇瓣上的蜜穴，可预计其传粉者是某种蜂类。花中似乎没有任何花蜜。

实际大小

纹被毛舌兰的花的萼片和花瓣为白色至乳黄色，有红褐色横纹，倒披针形，侧萼片最大；唇瓣 3 裂，2 枚侧裂片圆形，直立，中裂片尖锐；整枚唇瓣亦为白色，但有偏蓝紫色的紫红色斑点，并覆有长毛。

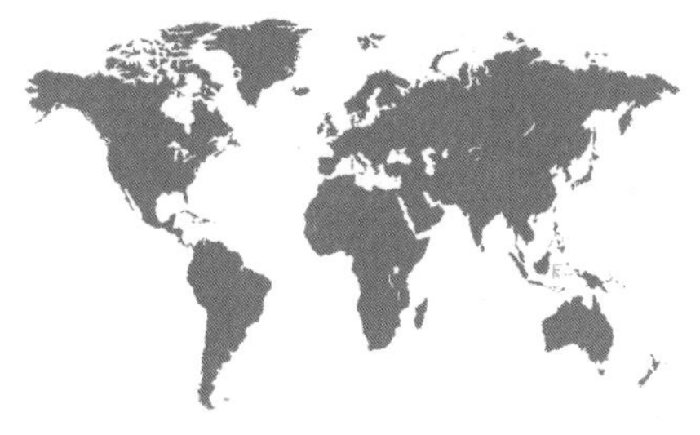

亚科	树兰亚科
族和亚族	万代兰族，指甲兰亚族
原产地	苏拉威西岛（印度尼西亚）
生境	森林和种植园，海拔 1,200~2,500 m（3,950~8,200 ft）
类别和位置	附生
保护现状	未评估
花期	4 月至 5 月（春季）

花的大小
0.8 cm（¼ in）

植株大小
13~25 cm × 7.6~13 cm（5~10 in × 3~5 in），包括长 1 cm（⅜ in）的侧生花序

红斑短头兰
Trachoma celebicum
Sulawesi Red-spotted Orchid

(Schlechter) Garay, 1972

实际大小

红斑短头兰是一种小型兰花，其茎直立至弓曲，略扁平，生有椭圆形的厚叶。其叶基部鞘状，彼此间隔约 1 cm（⅛ in）。其花序 1~2 枚与一片叶对生，任一时刻只有 1~2 朵香气浓郁的花朵开放，但最终每枚花序可生出 10~15 朵花。短头兰属的学名 *Trachoma* 在古希腊语中意为“粗糙”，指花序上较老的花凋落之后会残留有枯干的苞片。本种的种加词 *celebicum* 意为“西里伯斯岛的”，西里伯斯岛是苏拉威西岛的旧称。

本种的一个近缘种已有由隧蜂传粉的记录，由此可推测本种也是如此。短头兰属和红头兰属 *Tuberolabium* 的区别长期存在疑问，本种并不能完全确定归于前属。

红斑短头兰的花的萼片和花瓣肉质，前伸，黄色，各在基部有略呈红色的斑块；唇瓣白色，形成袋状的短距，有 2 枚角状附属物和 2 枚隆起的黄色斑块；其侧裂片围抱合蕊柱。

亚科	树兰亚科
族和亚族	万代兰族，指甲兰亚族
原产地	从印度阿萨姆邦和喀西丘陵至中国云南省、缅甸及泰国北部
生境	干燥落叶林，海拔 800~1,700 m（2,625~5,600 ft）
类别和位置	附生于暴露的落叶树上，主要为矮栎
保护现状	最初列为高度濒危种，在其最早发现的阿萨姆邦仍为此状态，但在喜马拉雅山区东部广布，局部常见
花期	9 月至 11 月（秋季）

花的大小
10~12 cm（4~4¾ in）

植株大小
51~191 cm × 46~76 cm（20~75 in × 18~30 in），不包括花序，其花序直立至弓曲，长25~76 cm（10~30 in）

大花万代兰
Vanda coerulea
Blue Vanda
Griffith ex Lindley, 1847

大花万代兰的茎粗壮，叶为折叠状，革质，排成扇状，其花蓝色而有美丽的格子纹。当本种在 1847 年为威廉·格里菲斯第一次发现时，曾经引起了很大轰动，其扁平的蓝色大花形成花穗，可开放很长时间，拥有它成了每一位兰花种植者的梦想。本种的发现也因此引发了几次前往印度阿萨姆邦的考察，目的是为欧洲的温室采集本种和其他有高观赏价值的植物。

大花万代兰是很多栽培的万代兰属 *Vanda* 杂交品种的亲本，为这些品种赋予了蓝色和紫红色的花色。属名来自 *vandaar* 一词，在梵语口语中意为附生植物。其花曾榨汁用来制作滴眼液，治疗青光眼和白内障。实验室研究也表明这种蓝色兰花的提取物可能对抵抗皮肤衰老有某些功效。

大花万代兰的花的萼片和花瓣有爪，宽阔，开展，其花瓣常有扭曲的柄；唇瓣短，3 裂；合蕊柱有白色药帽。

实际大小

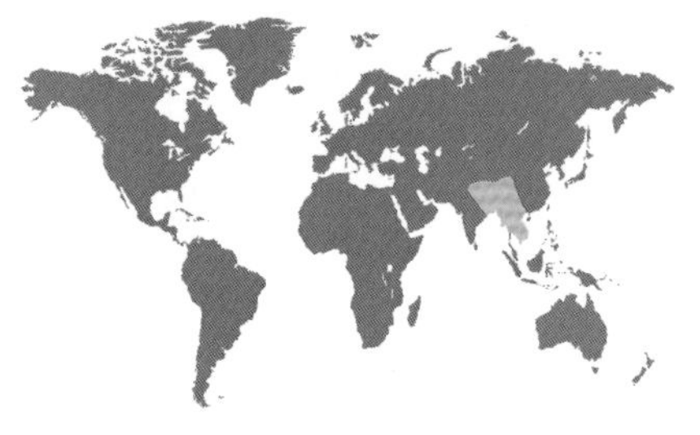

亚科	树兰亚科
族和亚族	万代兰族，指甲兰亚族
原产地	喜马拉雅山区至中国西南部和中南半岛
生境	季节性湿润的森林中藓类覆盖的枝条，海拔 600~2,300 m（1,970~7,545 ft）
类别和位置	附生
保护现状	未评估
花期	4 月至 7 月（春夏季）

花的大小
5 cm（2 in）

植株大小
51~114 cm × 30~51 cm（20~45 in × 12~20 in），包括长 13~20 cm（5~8 in）的腋生花序

叉唇万代兰
Vanda cristata
Forked Beetle Orchid

Wallich ex Lindley, 1833

叉唇万代兰的唇瓣颜色深，分叉状，颇为奇特，在万代兰属 *Vanda* 的兰花中总是显得与众不同。本种的茎长，包有排有两列的线形叶。其花序在茎上着生，具 2~6 朵芳香的花朵。万代兰属的学名来自梵语词，指的是长在树上的植物。

叉唇万代兰颜色独特的唇瓣使人们对其传粉过程多有猜测，最终在 1983 年有人报道其传粉者是一种未鉴定的甲虫。之后，又有报道称其近缘种紫纹万代兰 *Vanda griffithii* 在不丹也以甲虫为传粉者。为什么甲虫会访问这些显然无回报的花朵？这还是一个未解之谜。

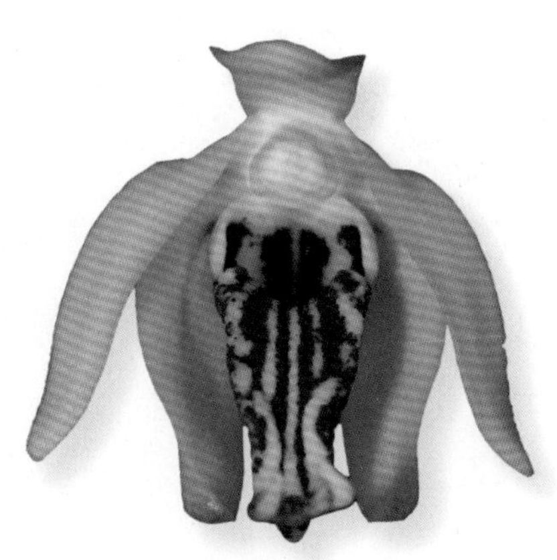

实际大小

叉唇万代兰的花的萼片和花瓣为披针形，绿色至黄绿色；唇瓣白色至乳黄色，有近黑色至红褐色的条纹，3 裂，中裂片顶端二叉状，侧裂片在唇瓣基部形成圆形凹穴，位于合蕊柱下方。

亚科	树兰亚科
族和亚族	万代兰族，指甲兰亚族
原产地	喜马拉雅山区东部至泰国
生境	半落叶和落叶干燥森林，生于海平面至海拔 700 m（2,300 ft）处
类别和位置	附生于落叶树上
保护现状	未评估
花期	3 月至 5 月（晚春至夏季）

弯叶鸟舌兰

Vanda curvifolia

Vermilion Bottlebrush Vanda

(Lindley) L. M. Gardiner, 2012

花的大小
2.5 cm（1 in）

植株大小
15~51 cm × 20~38 cm（6~20 in × 8~15 in），不包括花序，其花序侧生，直立，高 13~30 cm（5~12 in）

弯叶鸟舌兰的茎短而粗壮，常在基部分枝，其上覆有排成 2 列的叶。叶狭线形，强烈弯曲，顶端具 2 齿，基部鞘状。其花序密集，直立，生有 20~60 朵亮橙红色的花。本种以前更常归于鸟舌兰属 *Ascocentrum*，但该属现在已经包括在范围扩大的万代兰属 *Vanda* 之中。万代兰属的学名来自梵语，意为附生植物。

本种的花无气味，药帽颜色深，花距相对较大，其中部生有分泌毛，分泌有花蜜。这些特征加上花色都是适应鸟类传粉的典型特征，但本种在野外的具体传粉情况尚无研究证实。

弯叶鸟舌兰的花为红橙色；其萼片和花瓣开展，宽阔，倒披针形，大小和形状相同；唇瓣全缘，披针形，向后弯曲；其基部有一对黄色团块，通往蜜腺的开口位于其中。

实际大小

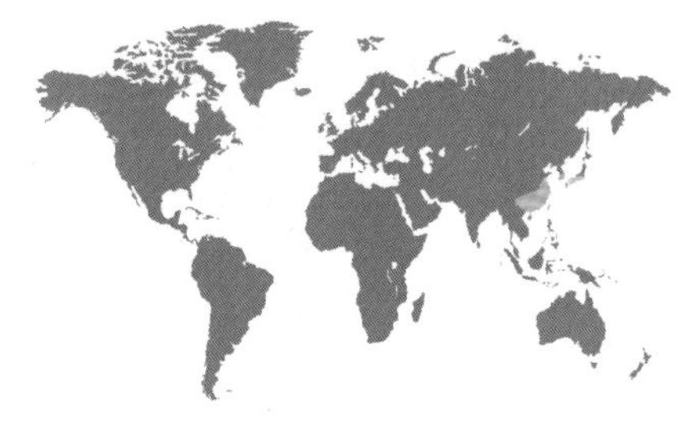

亚科	树兰亚科
族和亚族	万代兰族，指甲兰亚族
原产地	中国、日本和朝鲜半岛
生境	落叶林，海拔 500~1,000 m（1,640~3,300 ft）
类别和位置	附生和石生
保护现状	无危
花期	晚春和夏季

花的大小
3.8 cm（1½ in）

植株大小
13~20 cm × 15~25 cm（5~8 in × 6~10 in），不包括花序，其花序腋生，大多直立，长5~13 cm（2~5 in）

风兰
Vanda falcata
Wind Orchid

(Thunberg) Beer, 1854

风兰在东亚备受珍视，已经有数百年的栽培历史。在其天然分布区，它在文化上很受尊崇，近几十年来则在全世界都广为栽培。这种小型附生兰以前是归属于风兰属 *Neofinetia* 的一个种，但在 2014 年它又被重新转入比该属大得多的万代兰属 *Vanda*，而它第一次归于万代兰属则是 1854 年。万代兰属的学名在梵语中意为“附生植物”。本种的中文名“风兰”则直接来自日本汉字名“風蘭”，指其花有优雅的外形。本种与指甲兰亚族的其他属之间已经产生了很多杂交种。

在其天然生境中，风兰由天蛾传粉。吸收这些昆虫的是只在夜间散发的香气和长距中的花蜜。

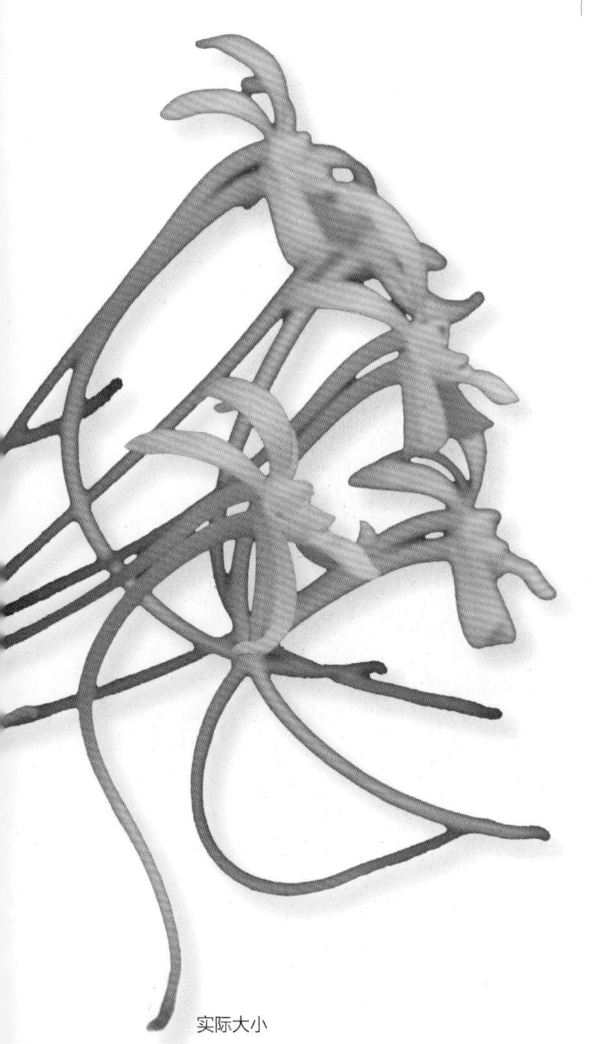

风兰的花通常为白色，但也存在浅紫红色、粉红色、黄色和带绿色色调的类型，其唇瓣大多为纯白色；萼片和花瓣狭披针形，反曲；唇瓣 3 裂，导向长而弯曲的蜜距。

实际大小

亚科	树兰亚科
族和亚族	万代兰族，指甲兰亚族
原产地	爪哇岛和小巽他群岛（印度尼西亚），在菲律宾和夏威夷群岛归化
生境	季节性湿润的森林，生于海平面至海拔 500 m（1,640 ft）处
类别和位置	附生或偶为地生
保护现状	未评估
花期	12 月至 1 月（冬季）

三色万代兰

Vanda tricolor

Sweet Purple Tongue

Lindley, 1847

花的大小
6.5 cm（2½ in）

植株大小
51~178 cm × 64~89 cm（20~70 in × 25~35 in），包括长 25~51 cm（10~20 in）的腋生花序

三色万代兰的花极为芳香，因为花朵绚丽，在全世界热带的低海拔地区已有长期栽培，并入侵到当地的森林中。其植株可长得十分高大，形成直立的主茎，覆以线形的肉质叶。其花序侧生，从叶基部发出，生有 6~15 朵花。本种有很多花色类型，但所有类型的唇瓣均为偏蓝紫色的紫红色，其英文名（意为香甜的紫红舌头）由此而来。

本种的花艳丽而芳香，无论种在热带什么地区，都可以吸引多种大型蜂类。在巴拿马，本种在户外庭园中种植，即曾见有兰花蜂作为其传粉者。在爪哇岛的野外环境中则有记录表明一种叫宽足木蜂 *Xylocopa latipes* 的蜂类为其传粉者。

实际大小

三色万代兰的花的萼片和花瓣为浅黄色至白色，勺形，布有褐色至紫红色的斑点，花瓣几乎扭转 180 度；唇瓣具 3 枚浅至深紫红色的裂片；合蕊柱白色，基部扩大，包围唇瓣基部。

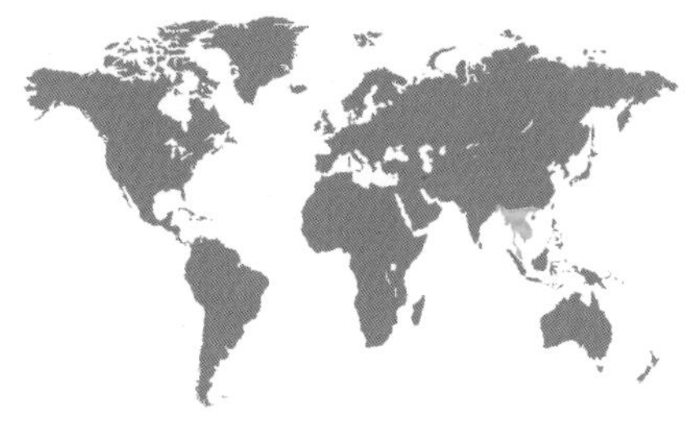

亚科	树兰亚科
族和亚族	万代兰族，指甲兰亚族
原产地	中国（云南省和广西壮族自治区）经中南半岛达马来西亚的半岛地区
生境	常绿至半落叶林，通常生于岩石露头上，海拔 300~1,100 m（985~3,600 ft）
类别和位置	地生，石生
保护现状	未评估，但因为园艺采集而在其分布区的一些地方受威胁
花期	4 月至 7 月（春夏季）

花的大小
8 cm（3 in）

植株大小
30~102 cm × 30~64 cm（12~40 in × 12~25 in），包括长 38~64 cm（15~25 in）的弓曲花序

拟万代兰

Vandopsis gigantea

Porpoise-head Orchid

(Lindley) Pfitzer, 1889

拟万代兰的植株可长得十分大，其茎长，包有 2 列粗壮的带状叶。其花序从叶基部发出，可生有多至 20 朵的花。其植株的巨大体形让它有了 *gigantea* 这个种加词意为“巨大”，而拟万代兰属的学名 *Vandopsis* 指该属成员形似万代兰属 *Vanda* 的种。本种的英文名意为“鼠海豚头兰”，指合蕊柱的形状像一只鼠海豚的头部，上面的两个紫红色斑点像它的眼睛。

和万代兰族的其他种一样，本种的传粉可能由大型蜂类完成，最可能是木蜂属 *Xylocopa* 蜂类。其花在白天散发出微弱的香气，蜂类会误以为唇瓣基部的空室是蜜穴。

拟万代兰的花的萼片和花瓣外伸，阔卵形；唇瓣 3 裂，侧裂片围抱合蕊柱的基部；在 3 枚裂片中间有一枚胼胝体。其花色通常为黄色至乳黄色，各枚花被片均有褐红色至紫红色斑点。

实际大小

亚科	树兰亚科
族和亚族	万代兰族，指甲兰亚族
原产地	喜马拉雅山区至缅甸北部和中国（云南省）
生境	松树和栎树树干或岩石上，海拔 1,500~2,300 m（4,920~7,545 ft）
类别和位置	附生或石生
保护现状	未评估
花期	5 月至 7 月（晚春至早夏）

白花拟万代兰
Vandopsis undulata
White Quasi Vanda
(Lindley) J. J. Smith, 1912

花的大小
3 cm（1¼ in）

植株大小
64~102 cm × 18~30 cm（25~40 in × 7~12 in），不包括花序，其花序侧生，弓曲，长 15~25 cm（6~10 in）

白花拟万代兰的英文名是其中文名的直译。其植株几乎为藤状，茎长，直立或近下垂，取决于植株生于何处。其叶长圆形，彼此间隔约 5~8 cm（2~3 in）。本种的茎在斜坡上可缠结成丛，攀附在灌丛植被之上。其花序生有 3~8 朵芳香的花。拟万代兰属的学名 *Vandopsis* 与属中文名同义，其中的古希腊语后缀 -opsis 意为“类似”，指其植株像万代兰属 *Vanda*，但这二属在遗传上并不近缘。本种的种加词 *undulata* 在拉丁语中意为“波状的”，指花瓣和萼片边缘波状。

本种大而芳香的花有色彩鲜艳的唇瓣和蜜导，但无蜜距。它们很可能由蜂类传粉，其整体花形像那些能提供回报的花，所以蜂类会被吸引而来。

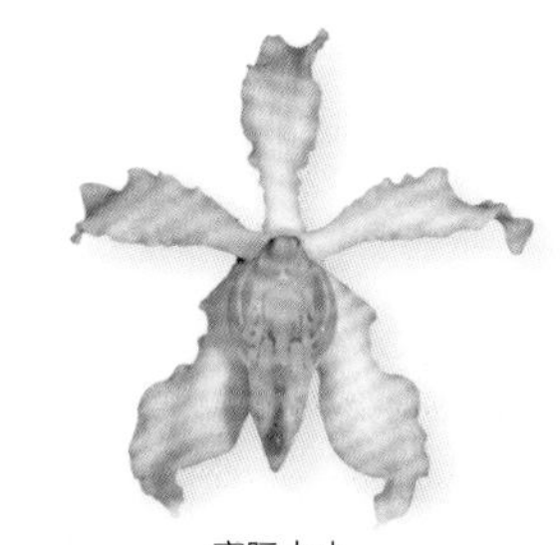

实际大小

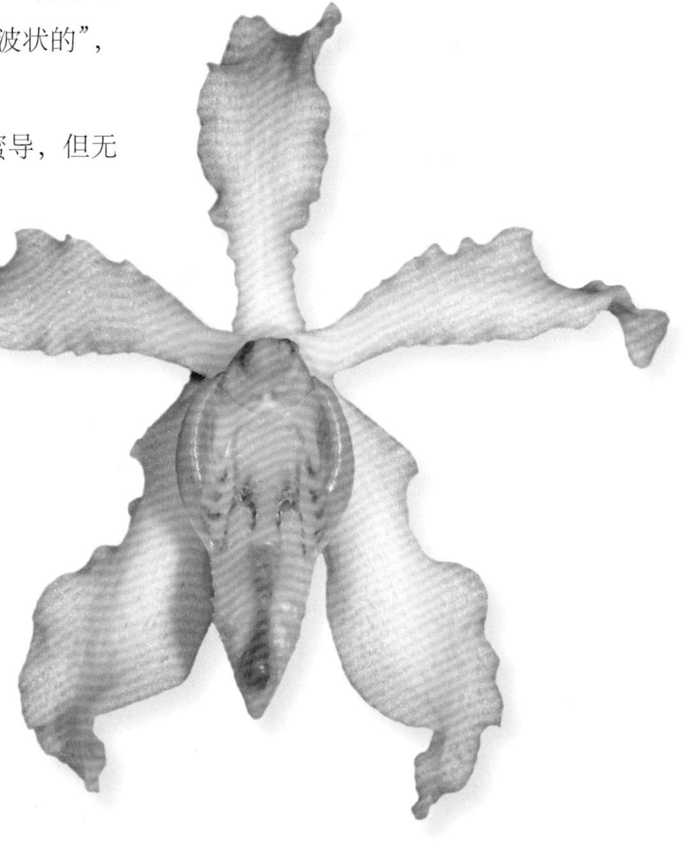

白花拟万代兰的花的萼片和花瓣为勺形，白色，侧萼片最大；唇瓣 3 裂，中裂片黄色，尖锐，有紫红色条纹，顶端膨大，两边有小齿；侧裂片黄色，围抱合蕊柱基部。

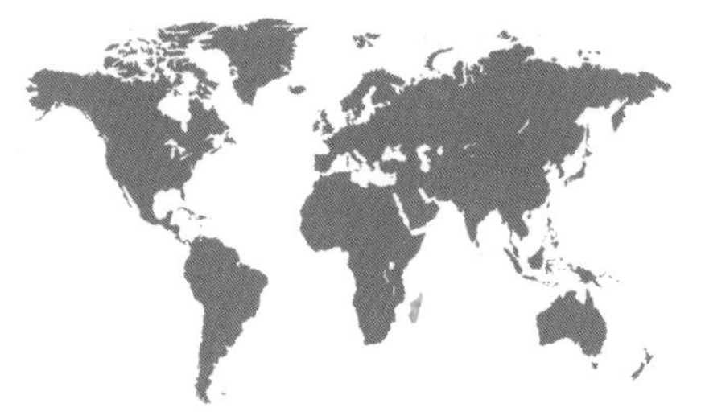

亚科	树兰亚科
族和亚族	万代兰族，彗星兰亚族
原产地	马达加斯加
生境	雨林，海拔至 1,500 m（4,920 ft）
类别和位置	附生和石生
保护现状	无危
花期	春季至秋季（5 月至 9 月）

花的大小
2~3 cm（¾~1¼ in）

植株大小
10~13 cm × 8~10 cm
（4~5 in × 3~4 in），
不包括花序，其花序直立至弓曲，长25~46 cm
（10~18 in）

柠檬空船兰
Aerangis citrata
Yellow-spotted Orchid

(Thouars) Schlechter, 1914

柠檬空船兰是一种微型兰花，其叶有光泽。其花穗长，下垂至弓曲，生有多至 20 朵的花。花形优雅，为闪亮的白色，在药帽上有黄色斑点，中文名由此而来。在这些花中透过药帽的薄壁可见有 2 枚花粉块。有人曾报道其花有微弱的柠檬香气，但多数人闻不到任何气味。已经得到研究的空船兰属 *Aerangis* 其他种在距中分泌有花蜜，可以吸引夜行性天蛾作为传粉者。

空船兰属的学名来自古希腊语词 aer（空气）和 angos（容器），指本种多数时候为附生，见于马达加斯加全境，可生于任何有池塘或溪流能让空气变得潮湿的地方。与彗星兰亚族的其他种一样，本种无假鳞茎，因而更依赖于环境中的水分。

实际大小

柠檬空船兰的花小型，白色至乳白色，萼片狭窄，花瓣比萼片宽阔得多；药帽在表面生有 2 枚黄色团块；唇瓣常有浅紫堇色调，在后部生有弯曲的蜜距。

亚科	树兰亚科
族和亚族	万代兰族，彗星兰亚族
原产地	科摩罗群岛
生境	潮湿的常绿林和半落叶林，生于海平面至海拔 750 m（2,460 ft）处
类别和位置	附生
保护现状	未评估
花期	9 月至 10 月（春季）

锈船兰
Aerangis hariotiana
Rusty Stars

(Kraenzlin) P. J. Cribb & Carlsward, 2012

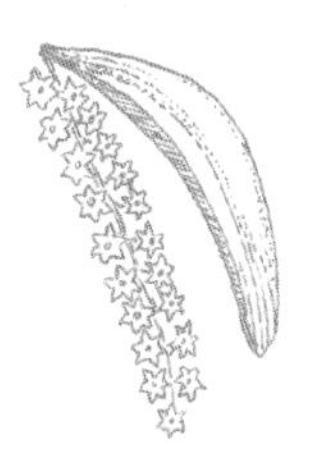

花的大小
0.3 cm（⅛ in）

植株大小
5~8 cm × 5~10 cm（2~3 in × 2~4 in），不包括花序，其花序下垂，腋生，长 13~20 cm（5~8 in）

锈船兰是一种微型兰花，其茎短，包于长圆形而不等 2 裂的叶中，常一次发出 3~5 枚花序。其开花顺序不同寻常，是茎顶的花先开，而与大多数植物相反。本种所在的空船兰属的学名 *Aerangis* 来自古希腊语词 aer（空气）和 angos（容器），指其植株有附生习性。一些学者把本种和空船兰属中其他类似的小花种类置于锈船兰属 *Microterangis* 中，但光是花的大小不足以支持这样的分属处理。

尽管本种的花颇小，它们却有较深的蜜距，显然，在科摩罗群岛上有一种昆虫——很可能是蛾类——可以探到蜜距之中。天蛾是主要的夜行性传粉者，它们在科摩罗群岛这样的小岛屿上少见，但在邻近的马达加斯加却很常见。

实际大小

锈船兰的花的萼片、花瓣和唇瓣为浅橙色至锈红橙色，三角形，外伸；唇瓣中央有沟，导向蜜距的入口；蜜距向后方直伸；合蕊柱位于距口上方不远处。

亚科	树兰亚科
族和亚族	万代兰族，彗星兰亚族
原产地	马达加斯加
生境	湿润森林，海拔 900~1,400 m（2,950~4,600 ft）
类别和位置	附生
保护现状	受毁林的威胁
花期	大多在夏秋季

花的大小
5 cm（2 in）

植株大小
25~41 cm × 20~30 cm（10~16 in × 8~12 in），不包括花序，其花序纤细，下垂，长20~51 cm（8~20 in）

枝序气花兰
Aeranthes ramosa
Green Spider Orchid

Rolfe, 1901

枝序气花兰的叶为长披针形，5~12 片生于茎的相对两侧，并以基部覆盖茎。其花序色深，纤细，从茎基发出，生有 1~3 朵相继开放的花，看上去仿佛悬浮在半空中。气花兰属的学名 *Aeranthes* 来自古希腊语词 aer（空气）和 anthos（花），指植株和花之间仿佛没有连接之物。本种的种加词 *ramosa* 来自拉丁语词 *ramosus*（多分枝的），指花序有分枝。其英文名意为“绿色蜘蛛兰”，则指花外观似蜘蛛。

本种的花在夜间可散发微弱的香气，并有长蜜距，表明它具有一套由蛾类传粉的特征，但其传粉在野外尚无研究。绿色或白色的星形花朵通常也与这种传粉方式相关联。

实际大小

枝序气花兰的花为半透明的绿色，萼片和花瓣呈蜘蛛状；唇瓣有时略呈白色，具绿色的棒状蜜腺，悬垂于花后方；药帽通常白色至白绿色。

亚科	树兰亚科
族和亚族	万代兰族，彗星兰亚族
原产地	加纳、几内亚、科特迪瓦、尼日利亚、利比里亚、塞拉利昂和多哥
生境	湿润常绿林，海拔 400~1,000 m（1,300~3,300 ft）
类别和位置	附生
保护现状	无危
花期	10 月至 11 月（秋季）

花的大小
1.5 cm（⅝ in）

植株大小
15~25 cm × 15~20 cm（6~10 in × 6~8 in），包括花序，其花序短，侧生，长 2.5~5 cm（1~2 in）

雪团兰
Ancistrorhynchus cephalotes
Snowball Orchid

(Reichenbach fils) Summerhayes, 1944

雪团兰的花气味香甜，紧密簇生，从植株基部发出，这些都是它所在的钩喙兰属 *Ancistrorhynchus* 的标志特征。本种的花序松塔状，生有 15~20 朵花。钩喙兰属的学名来自古希腊语词 ankistron（鱼钩）和 rhynchos（吻部，口鼻），指合蕊柱顶端钩状。本种的中文名“雪团兰”和种加词 *cephalotes*［来自古希腊语词 kephalos（头）］则指花簇为球形。

本种的花有短而弯的蜜距，这个特征及其白色的花色通常与天蛾传粉相关。然而与雪团兰不同，由天蛾传粉的植物的花通常有长梗而远离茎叶，这样可以让在空中盘旋的天蛾能比较容易地接触到花。可能钩喙兰属已经转而由蝶类传粉，它们在进食时需要一个落脚之处。

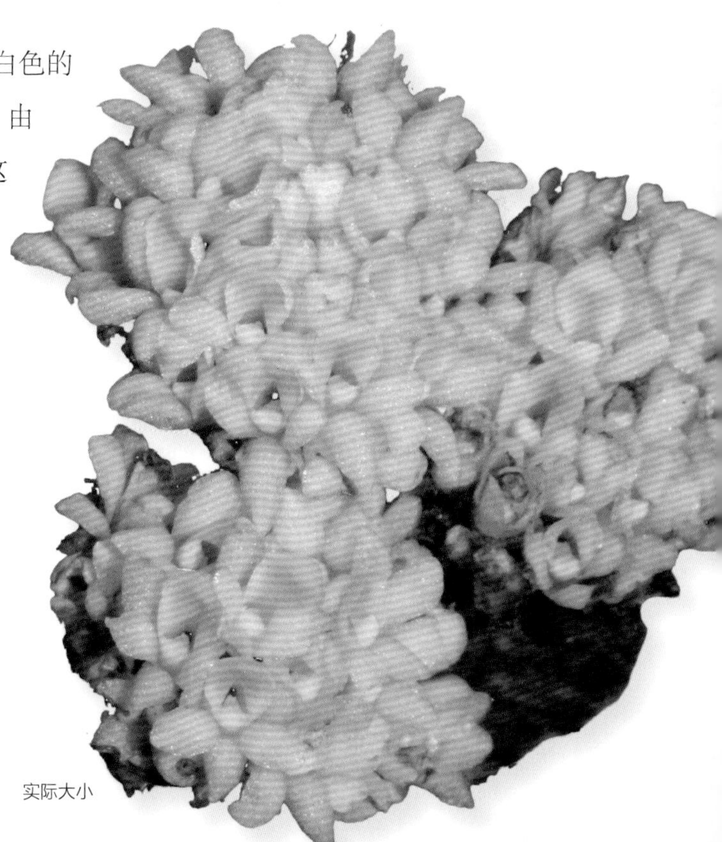

雪团兰的花为白色，花瓣和萼片彼此形似，阔披针形；唇瓣亦为白色，远为宽阔，围抱合蕊柱，常有绿色斑块或条纹，导向短而弯的距。

实际大小

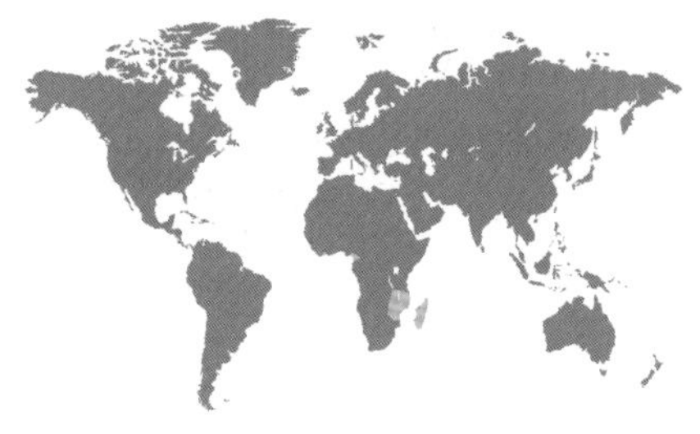

亚科	树兰亚科
族和亚族	万代兰族，彗星兰亚族
原产地	非洲热带地区、马达加斯加和马斯克林群岛
生境	海拔较低的山地林，海拔 580~1,700 m（1,900~5,600 ft）
类别和位置	附生
保护现状	未评估，但广布
花期	1月至3月（夏秋季），但在其他月份也可零星开花

花的大小
0.5 cm（¼ in）

植株大小
8~15 cm × 8~13 cm（3~6 in × 3~5 in），不包括花序

绿花小彗星兰

Angraecopsis parviflora
Dwarf Green Comet Orchid

(Thouars) Schlechter, 1914

绿花小彗星兰的植株常下垂，其茎短，以纤细的根附生于基质上。其叶在茎的相对两侧紧密排列，线形，顶端不等 2 裂。本种可生出很多茎，每条茎均生有许多花，在茎顶簇生，绿色，通常同时开放。其花序纤细，长于叶，并可像整棵植株一样下垂。

本种的花为绿色，又有长距，暗示它为蛾类传粉，但目前对此还无研究或观察。小彗星兰属的学名 *Angraecopsis* 指它与彗星兰属 *Angraecum* 大体形似（*-opsis* 意为“外观似……的”），而彗星兰属的学名又来自印度尼西亚语中的“兰花”一词——anggrek。然而，系统发育研究表明小彗星兰属与彗星兰属并不近缘，而是与齿须兰属 *Mystacidium* 和锤喙兰属 *Sphyrarhynchus* 更接近。

实际大小

绿花小彗星兰的花的萼片和花瓣彼此形似，开展；唇瓣有 3 枚长裂片，基部有沟；距长可达 1.5 cm（⅝ in），在唇瓣基部开口。

亚科	树兰亚科
族和亚族	万代兰族，彗星兰亚族
原产地	留尼汪和毛里求斯
生境	湿润内陆森林，海拔 400~1,200 m（1,300~3,950 ft）
类别和位置	附生于多藓类的树干和树枝上
保护现状	无危，但局地受保护
花期	12 月至 4 月（冬春季）

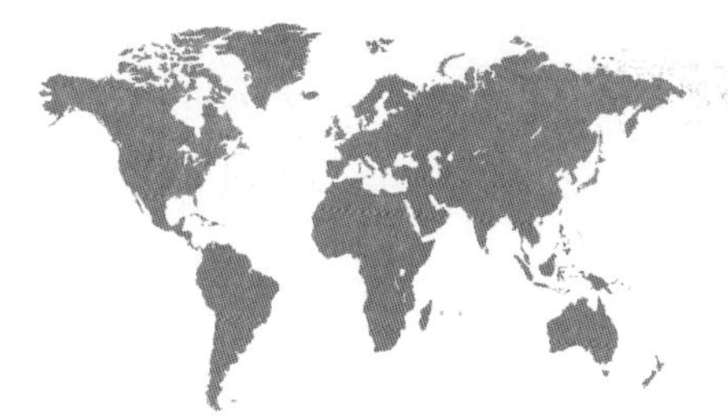

花的大小
1.25 cm（½ in）

植株大小
15~25 cm × 20~36 cm（6~10 in × 8~14 in），不包括花序，其花序弓曲下垂，长8~20 cm（3~8 in）

蟋蟀彗星兰
Angraecum cadetii
Cricket Orchid

Bosser, 1988

蟋蟀彗星兰是一种可爱的小兰花，其茎短，完全包藏于相互重叠而抱茎的叶中，叶组成扇状。其根纤细，植株以此附生于多藓类的树枝上。本种所在的彗星兰属的学名 *Angraecum* 来自印度尼西亚语词 anggrek，意为“兰花”，但彗星兰属的种仅见于非洲大陆、马达加斯加和马斯克林群岛。

本种是唯一一种已知由蟋蟀类传粉的兰花，在留尼汪岛上架设的红外相机已经把这个发生在夜间的传粉过程拍摄了下来。蟋蟀一般会以花（和植物的其他部分）为食，但其若虫却会饮用本种花中囊状的距所分泌的花蜜，之后花粉团便沾到它们头上。完成这个传粉过程的蟋蟀此前在科学上也未知，而被命名为“爱兰球蟋螽”*Glomeremus orchidophilus*。

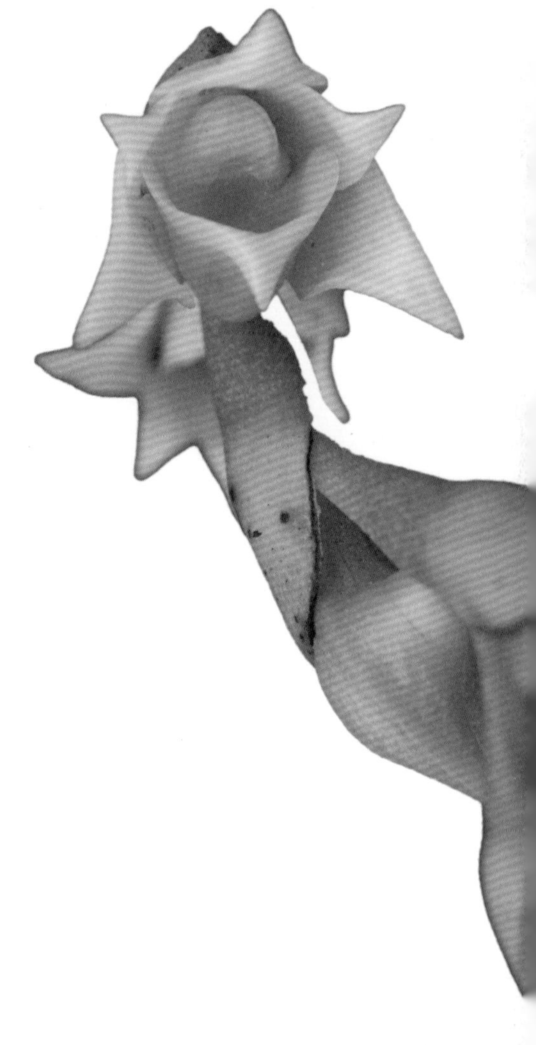

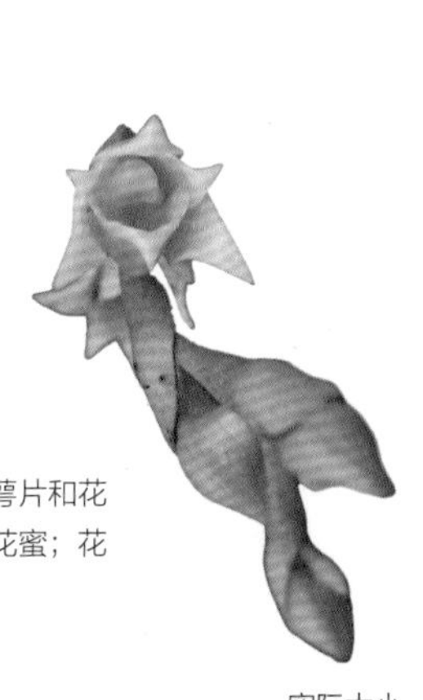

蟋蟀彗星兰的花初开时为浅绿色，杯状；萼片和花瓣尖，前伸；唇瓣形成囊状的距，其中有花蜜；花开放一段时间后颜色会变白。

实际大小

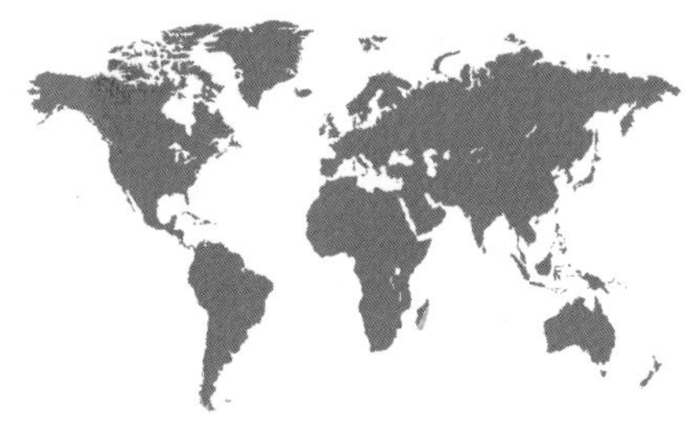

亚科	树兰亚科
族和亚族	万代兰族，彗星兰亚族
原产地	马达加斯加
生境	雨林，海拔至 100 m（330 ft）
类别和位置	附生和石生
保护现状	受盗采的威胁
花期	秋季至春季

花的大小
15~20 cm（6~8 in）

植株大小
46~91 cm × 61~102 cm（18~36 in × 24~40 in），包括高38~46 cm（15~18 in）的弓曲花序

长距彗星兰
Angraecum sesquipedale
Comet Orchid

Thouars, 1822

实际大小

长距彗星兰是一种非常著名的兰花，它的花在所有植物中是最奇特的花之一。其种加词 *sesquipedale* 来自拉丁语词 *sesqui*（一倍半）和 *pedalis*（…… 英尺的），指花后面的蜜距有惊人的长度。其植株为巨大的扇状，生有粗大而表面粗糙的气生根，附生于海平面附近较大乔木的树枝上。彗星兰属的学名 *Angraecum* 来自印度尼西亚语中的“兰花”一词——anggrek。

达尔文在 1862 年观察了本种花朵的结构，提出假说认为存在一种当时尚未描述的蛾类，其吻部长到足以完全探入花中那长达 30 cm（12 in）的蜜距。几十年后的 1903 年，在马达加斯加真的发现了这样一种蛾类——长吻天蛾 *Xanthopan morganii*，从而证实了达尔文的预言。然而，至今尚未观察到本种的实际传粉过程。

长距彗星兰的花为星形，呈闪亮的纯白色，唇瓣三角形；花在初开时有略呈绿色的色调；花中最著名的特征是极长的蜜距，在其底部常可观察到花蜜。

亚科	树兰亚科
族和亚族	万代兰族，彗星兰亚族
原产地	马达加斯加、科摩罗、留尼汪和毛里求斯
生境	海滨潮湿的常绿林，海拔 400~1,900 m（1,300~6,200 ft）
类别和位置	附生
保护现状	未正式评估，在留尼汪无危，但在毛里求斯极危，居群正在衰退
花期	12 月（夏季）

冰唇兰
Beclardia macrostachya
White-eye Orchid
(Thouars) A. Richard, 1828

花的大小
3.8 cm（1½ in）

植株大小
15~38 cm × 18~30 cm（6~15 in × 7~12 in），不包括花序，其花序直立至弓曲，长20~38 cm（8~15 in）

冰唇兰的茎短，生有多至 12 片的线状长圆形叶，其上又发出总状花序，部分为苞片所包，生有多至 12 朵有浓郁气味的花。冰唇兰属的学名 *Beclardia* 纪念的是皮埃尔・奥古斯特・贝克拉尔（Pierre Auguste Béclard, 1785— 1825），他是法国解剖学家和外科医生，但也对兰花和其他植物感兴趣。本种的种加词 *macrostachya* 来自古希腊语词 mákros（大）和 stachys（穗），指其叶长而尖。

本种的花为白色，有距，通常由夜行性的天蛾传粉。然而在留尼汪岛，却有报道表明有两种鸟类——橄榄绣眼鸟 *Zosterops olivaceus* 和马斯绣眼鸟 *Zosterops borbonicus*——会访问其花，但它们似乎与花的形状不太匹配，特别是它们的短喙不容易探入长蜜距中。

冰唇兰的花的 3 枚萼片彼此形似，白色，反曲；2 片花瓣较宽；唇瓣白色，围抱合蕊柱，内面有毛，中央绿色，边缘波状，顶端宽阔并常 2 裂；花距后指，顶端绿色。

实际大小

亚科	树兰亚科
族和亚族	万代兰族，彗星兰亚族
原产地	美洲热带地区，从墨西哥南部和安第斯山区至玻利维亚
生境	炎热热带森林中的沼泽，生于海平面至海拔 1,400 m（4,600 ft）处
类别和位置	松散附生于高湿度荫蔽处的幼枝上
保护现状	未评估，但分布区和海拔范围均广泛，所以可能暂时不需要考虑保护
花期	春季和秋季

花的大小
1.3 cm（½ in）

植株大小
15~38 cm × 8~13 cm（6~15 in × 3~5 in），包括花序，其花序弓曲，侧生，长5~10 cm（2~4 in）

弯距兰

Campylocentrum micranthum

Fairy Bent-spur Orchid

(Lindley) Rolfe, 1901

实际大小

弯距兰是一种几乎为藤状的小型兰花，其茎细长，以气生根松散地附生在树木较小的枝条上。其叶椭圆形，在茎上排成两列并抱茎。其花序肉质，覆有小型苞片，花小，在粗花序轴的两侧排列。弯距兰属的学名 *Campylocentrum* 来自古希腊语词 campylox（钩曲）和 kentron（距），中文名“弯距兰”也由此而来。该属是彗星兰亚族分布在美洲的两个属之一，该亚族的其他属则见于非洲大陆、马达加斯加和马斯克林群岛。

已有报道表明本种由小型无螯刺的隧蜂类传粉，但在一些地区会出现自花传粉现象。其相对较长的蜜距中存在花蜜，即使在自花传粉的植株上也是如此。亦有报道指出其花有芳香气味。

弯距兰的花为白色，星状；其萼片合生，背后有距；花瓣与萼片形似，亦开展；唇瓣围抱合蕊柱，与萼片和花瓣形似。

亚科	树兰亚科
族和亚族	万代兰族，彗星兰亚族
原产地	美国佛罗里达州南部和中美洲、加勒比海地区和南美洲北部
生境	湿润山地林、落羽杉沼泽和湿润的岛状林，海拔至 1,400 m（4,600 ft）
类别和位置	附生或稀见地生
保护现状	在佛罗里达州少见，但在其他地方未评估；因为花小，植株无叶，易被忽视，所以可能比预期的更常见
花期	11 月至 2 月（秋季至早春）

无叶弯距兰

Campylocentrum pachyrrhizum

Leafless Bent-spur Orchid

(Reichenbach fils) Rolfe, 1903

花的大小
0.6 cm（¼ in）

植株大小
5~8 cm × 5~8 cm
（2~3 in × 2~3 in），
包括弓曲下垂的花序

无叶弯距兰的根粗而肉质，绿色，从短根状茎发出，在树干上宽展。其花穗亦从根状茎上发出，花在其上密生，小，近无梗，在茎两侧排成两列。其植株在整个生命周期中都无叶，光合作用由其强烈压扁的绿色根代为进行。本种的种加词 *pachyrrhizum* 来自古希腊语词 pachy（粗）和 riza（根），指的就是这些粗根。

本种花中的唇瓣形状和短距暗示它由蜂类传粉，但目前尚无观察数据。其蜜距短而弯曲，在唇瓣后方突出。这个弯曲的距正是弯距兰属的学名 *Campylocentrum* 的命名由来——它来自古希腊语词 kampylox（弯曲或钩曲）和 centron（距）。这种神秘兰花生活史的各个方面将来还需要做进一步研究。

实际大小

无叶弯距兰的花小型，其花瓣和萼片形状相似，白色；唇瓣围绕合蕊柱形成小杯状，后面有短而弯的距；距的开口几乎全为黄色的药帽所充填。

亚科	树兰亚科
族和亚族	万代兰族，彗星兰亚族
原产地	西非热带地区，从利比里亚至喀麦隆
生境	潮湿森林，海拔 600~2,100 m（1,970~6,900 ft）
类别和位置	附生
保护现状	未正式评估
花期	3月至5月（春季）

花的大小
1.8 cm（¾ in）

植株大小
13~23 cm × 15~30 cm（5~9 in × 6~12 in），不包括长10~18 cm（4~7 in）的花序

大花短角兰
Cribbia confusa
Muddled Orchid

P. J. Cribb, 1996

大花短角兰的茎短而竖直，叶在其上排成2列，线状倒披针形，折叠状。叶尖不等2裂，叶相对较厚，叶基包被茎。其花序基生或腋生，具多至12朵的花，托以卵形的苞片，苞片顶端尖锐。短角兰属的学名 *Cribbia* 是为纪念邱园的兰花学家菲利普·克里布（Philip Cribb），他是非洲和亚洲兰花的专家。本种最初与短角兰 *Cribbia brachyceras* 相混淆，因此其种加词为 *confusa*（混淆的）。它与短角兰的不同之处在于花较大，浅绿橙色。

目前对短角兰属兰花的传粉几无所知，但其花形花色都像彗星兰属 *Angraecum* 等彗星兰亚族的其他成员，特别是有发育良好的蜜距，这些都意味着它们可能由蛾类传粉。

实际大小

大花短角兰的花的侧萼片绿橙色，狭窄，下垂；上萼片和花瓣开展；唇瓣绿色，杯状，基部心形，围抱蜜距的开口。

亚科	树兰亚科
族和亚族	万代兰族，彗星兰亚族
原产地	印度洋中的毛里求斯和留尼汪等岛屿
生境	湿润、开放的森林和云雾林，生于海平面至海拔 800 m（2,625 ft）
类别和位置	附生于树干和灌木的下部枝条上，有时生于多藓类的岩石上
保护现状	近危
花期	12 月至 3 月（春季）

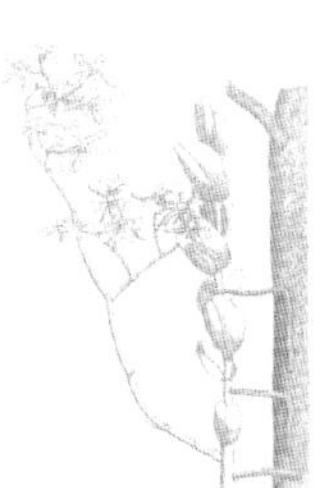

花的大小
6.4 cm（2½ in）

植株大小
30~76 cm × 20~36 cm（12~30 in × 8~14 in），不包括长30~61 cm（12~24 in）的花序

隐足兰
Cryptopus elatus
Stately Moth-orchid
(Petit-Thouars) Lindley, 1825

隐足兰的茎长形，以肉质的根竖直地附生于它所生长的树干上。其叶折叠状，彼此距离较远，抱茎，顶端不规则 2 裂，根似乎从叶之间杂乱地生出。其花序从叶基部发出，不分枝或有稀疏分枝，生有多至 15 朵的花，初为白色，开放一段时间后其中部变为杏橙色至略带红色。本种的植株在不开花时常不显眼，但其生于纤细茎上的绚丽白色花朵却十分引人注目。

本种的花距长 25~30 cm（10~12 in），其中不含花蜜，花亦无气味。目前其传粉者尚无记载，但其花形暗示传粉由长舌蛾类进行，因为昆虫从访花中得不到任何回报，所以这是欺骗式传粉之一例。

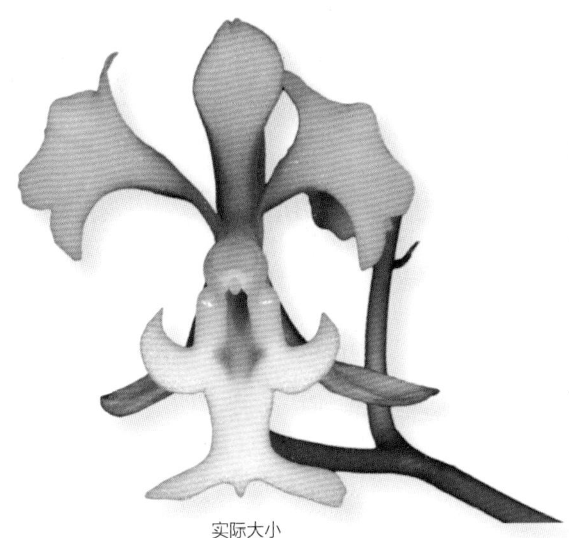

隐足兰的花的萼片狭窄，反曲；花瓣白色，扇形，顶端 4 裂，基部有爪；唇瓣结构精巧，白色，5 裂，中央常有黄色至红色的斑块，并有长而弯曲的距。

实际大小

亚科	树兰亚科
族和亚族	万代兰族，彗星兰亚族
原产地	撒哈拉以南的非洲
生境	林地和河畔林，海拔至 2,500 m（8,200 ft）
类别和位置	附生或石生
保护现状	未正式评估，但广布，可能暂时不需要考虑保护
花期	3 月至 5 月（秋季）

花的大小
3.75 cm（1½ in）

植株大小
20~38 cm × 25~41 cm（8~15 in × 10~16 in），不包括长20~30 cm（8~12 in）的下垂花序

弧距兰

Cyrtorchis arcuata

Curved Orchid

(Lindley) Schlechter, 1914

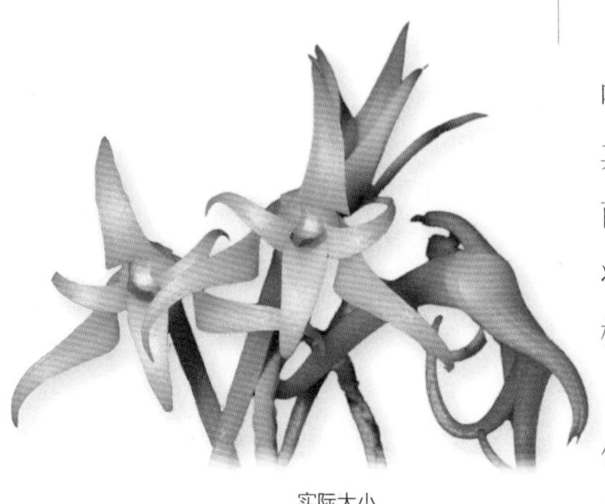

实际大小

弧距兰的花的萼片、花瓣和唇瓣形状相同，均为线形，反曲，白色至绿白色，但花瓣和唇瓣多少较小；蜜距长，向前和下方弯曲。

弧距兰的茎长而粗壮，覆有相互重叠的宿存叶基。叶基间生出气生根，各粗 0.7 cm（¼ in），把植株附着在其着生的枝条上。其叶 2 裂，肉质，在茎上排成相对的两列。总状花序从叶腋发出，生有 10~20 朵花。花有蜡状光泽，夜间可散发香气，一旦花粉团被移走便变成橙色。

本种的花形、花色和夜间的香气使之最适合由蛾类传粉。虽然已经观察到叶甲类甲虫频频光顾其花，但因为花中有很长的蜜距，它们可能不是有效的传粉者。弧距兰属 *Cyrtorchis* 某个未鉴定种的提取物曾用于治疗疟疾。

亚科	树兰亚科
族和亚族	万代兰族，彗星兰亚族
原产地	美国佛罗里达州南部、古巴和巴哈马
生境	低海拔沼泽中的雨林
类别和位置	附生
保护现状	因盗采而濒危，但在佛罗里达州已得到专门保护
花期	7月至9月（夏秋季）

幽灵兰
Dendrophylax lindenii
Ghost Orchid

(Lindley) Bentham ex Rolfe, 1888

花的大小
9~15 cm（3½~6 in）

植株大小
无叶，根丛的大小常为8~13 cm × 20~38 cm（3~5 in × 8~15 in），不包括长8~30 cm（3~12 in）的弓曲花序

幽灵兰是一种少见的兰花，其植株完全无叶，由根代行光合作用，因此在不开花时难于发现。其花状如幽灵，悬于空中，仿佛没有任何连接作为依托。本种所在的抱树兰属的学名 *Dendrophylax* 来自古希腊语词 dendro（树木）和 phylax（卫士），指其根丛仿佛在“保卫”宿主树木。本种的种加词 *lindenii* 是为了纪念比利时植物学家让·儒勒·林登，他让欧洲的兰花栽培有了革命性突破。在他之前的欧洲人把兰花种在过于炎热的环境中，结果几乎所有进口的植株都因此而死。

本种的花在形状上类似其非洲的近亲彗星兰属 *Angraecum* 及彗星兰亚族的其他亲缘属。曾有人根据巨天蛾 *Cocytius antaeus* 的吻部（舌头）长度，推测幽灵兰由它传粉。

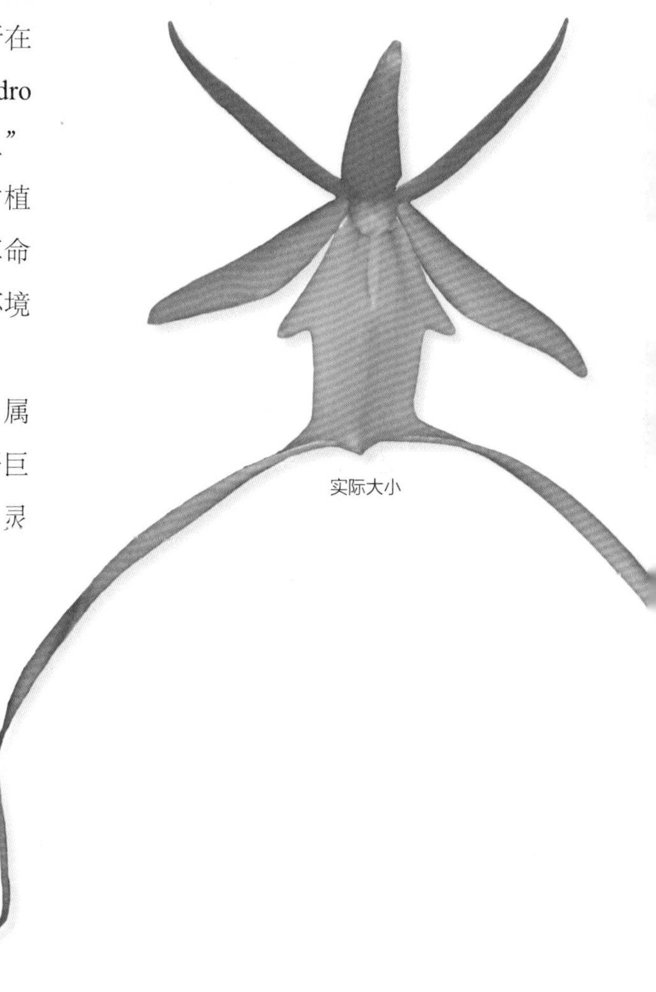

实际大小

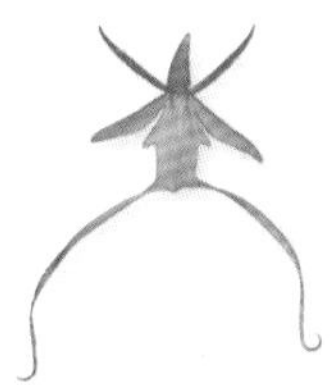

幽灵兰的花的萼片和花瓣为浅绿白色，披针形；唇瓣明显4裂，白色；顶端2枚裂片长，腿状，弯曲，使花形如蛙。

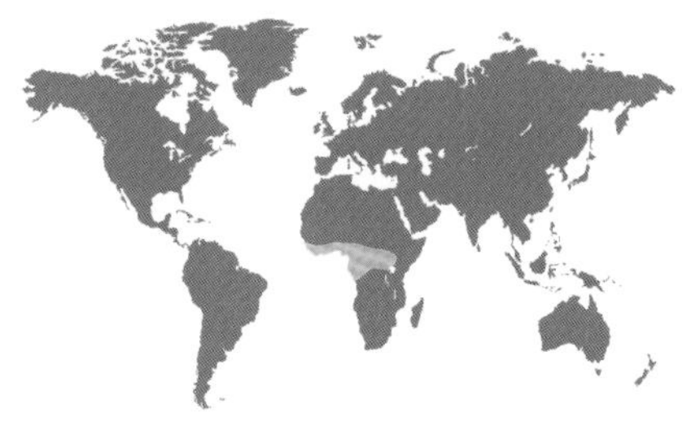

亚科	树兰亚科
族和亚族	万代兰族，彗星兰亚族
原产地	非洲热带地区，从塞拉利昂至乌干达
生境	常绿林中的密荫，海拔 600~1,500 m（1,970~4,920 ft）
类别和位置	附生于树干和下部枝条上的湿润凹处
保护现状	未评估
花期	9 月至 12 月

花的大小
1.3 cm（½ in）

植株大小
38~76 cm × 30~64 cm（15~30 in × 12~25 in），不包括长20~51 cm（8~20 in）的下垂花序

透瓣兰
Diaphananthe pellucida
Translucent Orchid

(Lindley) Schlechter, 1914

实际大小

透瓣兰的花的萼片和花瓣彼此形似，浅乳黄色，开展，披针形；唇瓣颜色较浅，下弯，边缘流苏状；花距长约 1 cm（⅜ in），在距口处有一枚齿状物。

透瓣兰的茎短，常弓曲至轻微下垂，生有很多叶。其叶下垂，倒披针形，肉质，基部覆盖茎。叶顶端不等2裂，叶片有明显的网脉。其总状花序下垂，从茎上发出，花在其上密生，半透明，各托以小型的纸质苞片。

透瓣兰属的学名 *Diaphananthe* 来自古希腊语词 diaphanes（透明）和 anthos（花），指其花有半透明的质地。本种的种加词 *pellucida* 则指花上有小而较模糊的圆点。本种的传粉者具体是什么种类尚未知，但一般认为蜂蛾属 *Euchromia* 是经常的访花者，其花形、花色和长蜜距都很适合这些蛾类传粉。据报道，透瓣兰属其他种的根曾用于编织篮筐。

亚科	树兰亚科
族和亚族	万代兰族，彗星兰亚族
原产地	马达加斯加
生境	砂岩上的常绿林，海拔 250~1,000 m（820~3,300 ft）
类别和位置	附生
保护现状	未评估
花期	10 月至 12 月（夏季）

夜鹰兰
Erasanthe henrici
Night Hawk

(Schlechter) Cribb, Hermans & Roberts, 2007

花的大小
10 cm（4 in）

植株大小
15~25 cm x 18~30 cm（6~10 in x 7~12 in），不包括长13~41 cm（5~16 in）的下垂花序

夜鹰兰以前置于气花兰属 *Aeranthes*，这一分类处理更为人熟知，但在 2007 年已经独立为夜鹰兰属 *Erasanthe*。这一属名由气花兰属学名中的字母重新排列而成，但这两个属并不近缘。夜鹰兰的茎直立，包有 4~6 片边缘波状的叶。其花莛下垂，从叶基部发出，生有 4~12 朵花，花后面有长距。其植株生于潮湿森林较为阴暗的地方，这些森林生长在砂岩山丘上。其花大型，在花序上的着生方式使之看起来像是翱翔在空气中的猛禽，中文名“夜鹰兰”由此得名。

目前尚未研究过本种的传粉。然而，其花的色彩、长蜜距和从植株上悬下的形态都适应由夜行性的天蛾传粉。

夜鹰兰的花的萼片和花瓣为白色，外伸，披针形，尖锐；唇瓣白色，边缘流苏状，中央有绿色深穴，通往花后方的蜜距；合蕊柱浅绿色，悬于这一凹穴上方。

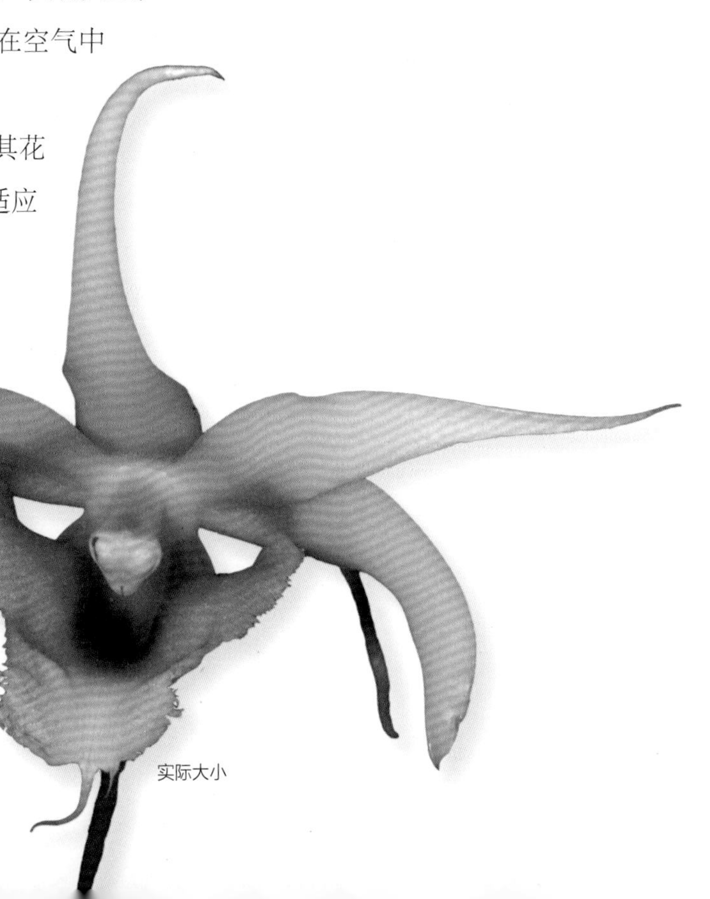

实际大小

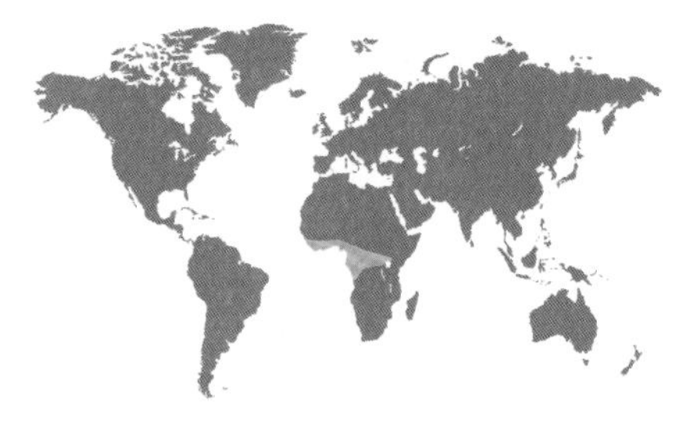

亚科	树兰亚科
族和亚族	万代兰族，彗星兰亚族
原产地	非洲热带地区，从几内亚至乌干达
生境	近溪流处的湿润常绿林，海拔 1,100~1,200 m（3,600~3,950 ft）
类别和位置	附生于多藓类的枝条上，偶见生于岩石上
保护现状	未评估
花期	全年，但多在较暖的月份开花

花的大小
6 cm（2½ in）

植株大小
10~20 cm × 15~25 cm（4~8 in × 6~10 in），包括短于叶的花序

漏斗兰

Eurychone rothschildiana

Green Throated Orchid

(O'Brien) Schlechter, 1918

漏斗兰是一种小型兰花，其茎短，根肉质，叶以两列排列在一个平面上，顶端 2 裂，边缘波状。漏斗兰属 *Eurychone* 与空船兰属 *Aerangis* 近缘，有两种，漏斗兰是其中较大的种。其花序从叶基部发出，下垂，生有 1~7 朵花，并有三角形的苞片保护花芽。其花大而绚丽，芳香，气味似肉桂。

本种在天黑之后散发芳香，这一特征加上花色和具距的形态都暗示传粉者是蛾类，很可能为一种天蛾。然而，本种的距的入口宽阔，这对一种由天蛾传粉的兰花来说是不同寻常的，所以其传粉者也可能是和天蛾完全不同的昆虫。

漏斗兰的花为白色，其萼片和花瓣略扭转，中央均为绿色；其唇瓣白色，状如“丰饶之角”，具距，中央深绿色。

实际大小

亚科	树兰亚科
族和亚族	万代兰族，彗星兰亚族
原产地	马达加斯加中部
生境	潮湿森林，海拔 500~1,200 m（1,640~3,950 ft）
类别和位置	石生，偶见附生
保护现状	无危
花期	春季

密叶矛唇兰
Jumellea densifoliata
Dog-eared Orchid

Senghas, 1964

花的大小
3.5 cm（1⅜ in）

植株大小
20~30 cm × 20~36 cm（8~12 in × 8~14 in），包括花莛，其花莛仅具单花，侧生，长8~13 cm（3~5 in）

密叶矛唇兰的叶革质，深绿色，紧密簇生，在优雅而具长距的花后面构成强烈对比的背景。其植株大多在多藓类的岩石上相互交缠，在有时会出现的严酷条件下可保护它们不受危害。其根肉质，则深扎于岩石中间的大小裂缝中。矛唇兰属的学名 *Jumellea* 纪念的是昂利·于梅尔（Henri Jumelle, 1866—1935），他时任法国马赛大学的植物学教授及马赛植物园园长。本种的种加词 *densifoliata* 意为“叶稠密的”，指其叶的排列相对较紧密。其英文名意为“狗耳兰”，则是对其不同寻常的下垂花瓣的形容。

本种的花在夜间有极为醉人的甜蜜香气，可以吸引天蛾来在黄昏时分为其传粉。天蛾探入含有花蜜的长距时，便与合蕊柱的顶端接触，而沾上花粉团。

实际大小

密叶矛唇兰的花的萼片亮白色，星状，狭披针形，背萼片直立，侧萼片向侧面张开；花瓣白色，悬垂，常在唇瓣后方弯曲；唇瓣箭头形，在后面生有长而极细的蜜距。

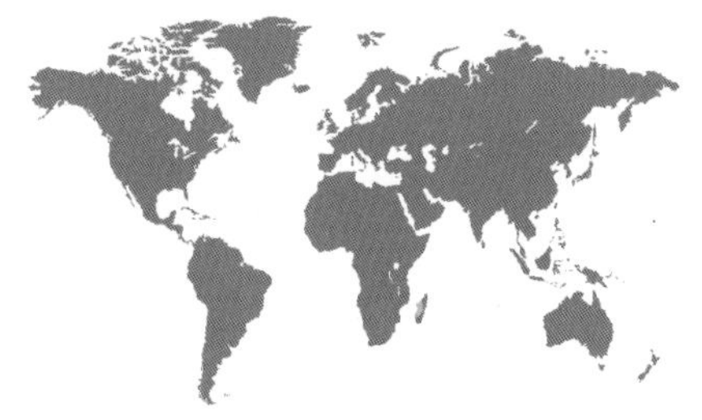

亚科	树兰亚科
族和亚族	万代兰族，彗星兰亚族
原产地	马达加斯加中部和东部
生境	潮湿常绿森林，海拔 2,000~2,200 m（6,600~7,200 ft）
类别和位置	附生
保护现状	未评估，但其生境处在火灾和人类活动的严重威胁之下
花期	12 月至 1 月（晚夏／雨季）

花的大小
0.5 cm（⅛ in）

植株大小
64~89 cm × 31~51 cm（25~35 in × 12~20 in），不包括花序，其花序顶部下垂，短于叶

狐猴兰
Lemurorchis madagascariensis
Ghost Lemur Orchid

Kraenzlin, 1893

狐猴兰是一种相对较大而少见的兰花。其叶直立，带状，多至 15 片形成扇状，每片长达 50 cm（20 in），顶端 2 裂。植株无假鳞茎，其茎顶端可持续生长。其花序 1~3 枚从叶基部发出，起初直立，后来上半部下垂，状如狐猴尾巴。花序上覆有褐色的大型鞘状苞片和许多小而有长距的花。

狐猴兰是狐猴兰属 *Lemurorchis* 的唯一种，属名由 lemur 和古希腊语词 orchis（兰花）构成，lemur 指的是马达加斯加特有的灵长类动物狐猴（这个词又来自拉丁语词 *lemures*，意为“恶鬼”）。目前尚未观察过本种的传粉，但其花色淡，又有长距，意味着传粉者可能是小型蛾类。

实际大小

狐猴兰的花的 3 枚萼片开展，顶端钝，黄色；2 片花瓣尖锐；唇瓣黄色，中央白色，短而围抱合蕊柱，并在花背后形成长距。

亚科	树兰亚科
族和亚族	万代兰族，彗星兰亚族
原产地	非洲热带地区西部和中部，从利比里亚至加蓬
生境	常绿热带森林，海拔 500~600 m（1,640~1,970 ft）
类别和位置	附生
保护现状	未评估
花期	6 月

凹唇锹穗兰
Listrostachys pertusa
Polonaise Orchid

(Lindley) Reichenbach fils, 1852

花的大小
0.6 cm（¼ in）

植株大小
20~38 cm × 20~51 cm（8~15 in × 8~20 in），不包括花序，其花序侧生，弓曲，长25~38 cm（10~15 in）

凹唇锹穗兰的茎短，生有 10~15 片紧密排成二列的叶。叶为线形，坚硬。其花莛从叶上方不远处发出，生有许多紧密排成相对的二列的花。这些小而精致的花组成的长花穗仿佛一群跳波罗乃兹舞的贵妇人，相邻花的花瓣彼此接触，好像拉在一起的手。本种的种加词 *pertusa* 在拉丁语中意为“有穿孔的”，指唇瓣上有深凹陷。锹穗兰属的学名 *Listrostachys* 来自拉丁语词 *lustra*（照亮）和 *stachys*（谷穗），指花序好像为花色鲜亮的花朵所照亮。

本种的小型花朵如何传粉还是个谜。其花色、花形和花中相对较长的蜜距都暗示传粉由天蛾进行，但这样一种天蛾必须有非常小的体形。

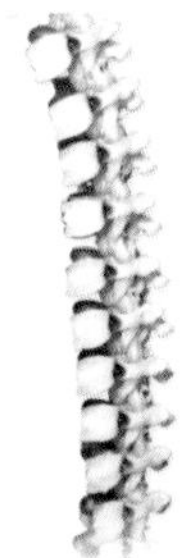

实际大小

凹唇锹穗兰的花的萼片短；花瓣较大，透明，开展，与萼片均为白色；合蕊柱顶端扩大；唇瓣在中间有边缘为绿色的大型凹陷；花后面有绿色蜜距。

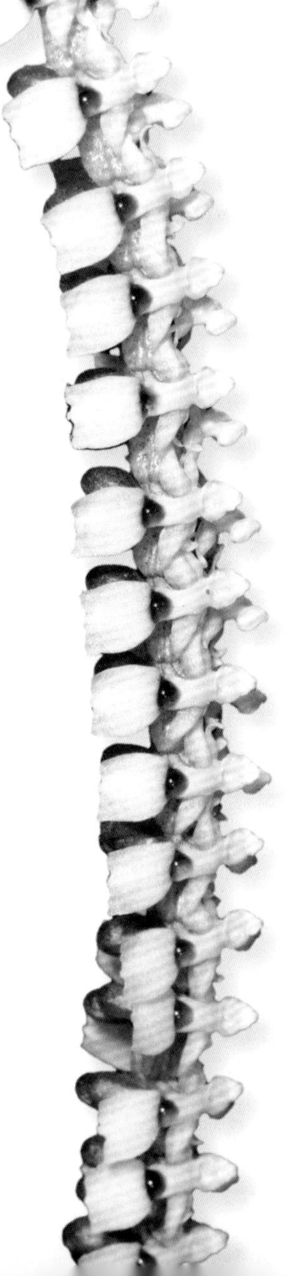

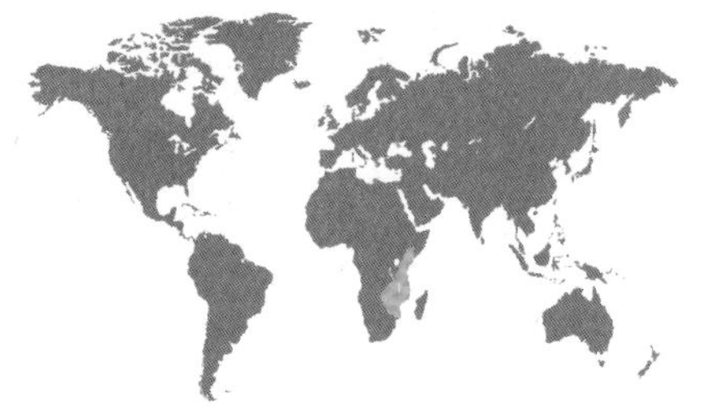

亚科	树兰亚科
族和亚族	万代兰族，彗星兰亚族
原产地	肯尼亚至津巴布韦（东非热带地区）
生境	湿润常绿林，海拔 800~2,500 m（2,625~8,200 ft）
类别和位置	附生
保护现状	未评估，但很可能无危
花期	4 月至 5 月（春季）

花的大小
0.5 cm（⅛ in）

植株大小
5~8 cm × 15~25 cm
（2~3 in × 6~10 in），
不包括花序，其花序弓曲
至下垂，长10~15 cm
（4~6 in）

密根球距兰
Microcoelia stolzii
Yellow-capped Orchid

(Schlechter) Summerhayes, 1943

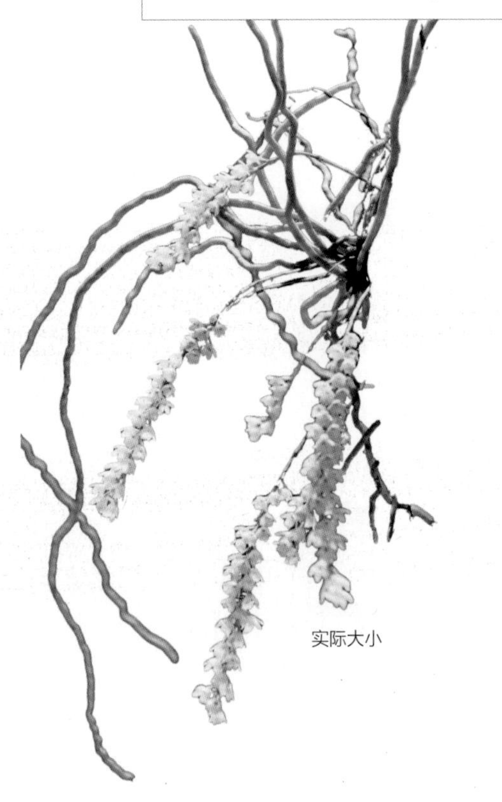

实际大小

密根球距兰通常无叶，其根长而扁平，灰绿色，形成大丛，可进行光合作用。本种在活跃生长时，在其直立的中央茎上可生有小而短命的鳞片，但很快脱落。单棵植株可生有 50~80 条根，一次就可发出多至 15 枚的花序。球距兰属的学名 *Microcoelia* 来自古希腊语词 mikros（小）和 koilos（空），指该属成员的花中有小距。本种的种加词 *stolzii* 是纪念阿道夫·施托尔茨，他是德国传教士和坦桑尼亚高原的植物采集者。

密根球距兰的花组成花簇，小而芳香，并有相对较长的蜜距，它们可能由蝶类传粉。球距兰属的其他具有类似花形的种在夜间散发芳香，符合蛾类传粉的特征。

密根球距兰的花的萼片和花瓣彼此形似，亮白色，在唇瓣和合蕊柱周围形成杯状；唇瓣白色，3 裂，2 枚侧裂片围抱花距入口，中裂片较大；合蕊柱黄色，距的顶端为褐色。

亚科	树兰亚科
族和亚族	万代兰族，彗星兰亚族
原产地	南部非洲
生境	热带稀树草原和常绿林的荫蔽地，海拔至 800 m（2,626 ft）
类别和位置	附生
保护现状	无危
花期	晚春至夏季

齿须兰
Mystacidium capense
Southern Star
(Linnaeus fils) Schlechter, 1914

花的大小
3 cm（1¼ in）

植株大小
8~13 cm x 10~13 cm（3~5 in x 4~5 in），不包括花序，其花序弓曲下垂，长20~38 cm（8~15 in），长于叶

齿须兰是一种微型兰花，植株成熟后会分枝，每枚分枝均生有许多花莛，绽放的精致、星状而有长距的花可以完全盖住叶丛。齿须兰属的学名 *Mystacidium* 来自古希腊语词 mystax（髭须），指合蕊柱顶端有流苏状边缘。本种的种加词 *capense* 意为“好望角的”，但它本身并不见于好望角附近，而是在南部非洲广布。

本种的花在晚上开放，其香气四溢，仿佛茉莉花，可吸引银条斜线天蛾 *Hippotion celerio*，这种天蛾的舌头长到足以够到蜜距最深处。齿须兰是南非附生植物中最早得到描述的种之一，在 1781 年即已发表，那时还置于树兰属 *Epidendrum*，该属最初曾把所有附生兰都包括其中。

齿须兰的花为晶莹的白色，形状如星，在唇瓣后有优雅的蜜距，长度为花本身的 3 倍；花开放时可为绿白色，但很快褪为纯白色。

实际大小

亚科	树兰亚科
族和亚族	万代兰族，彗星兰亚族
原产地	马达加斯加东北部至中部
生境	荫蔽森林，海拔 100~200 m（330~660 ft）
类别和位置	附生
保护现状	未评估
花期	晚秋

花的大小
2.5 cm（1 in）

植株大小
8~15 cm × 10~20 cm（3~6 in × 4~8 in），不包括花序，其花序弓曲下垂，长5~8 cm（2~3 in）

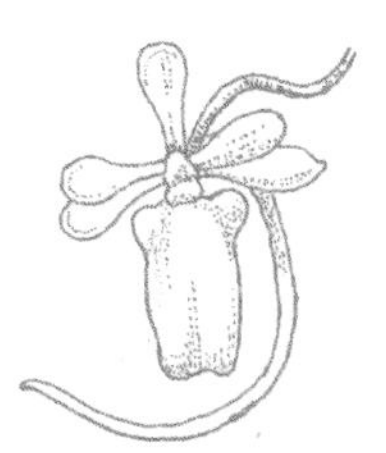

杜鹃叶靠旗兰

Neobathiea keraudrenae

Little Comet Orchid

Toilliez-Genoud & Bosser, 1964

杜鹃叶靠旗兰的茎短，生有4~5片叶。叶肉质，匙形，顶端通常短2裂。其花序短，生有1~2朵有长距的花。其英文名意为“小彗星兰”，指其形态似彗星兰 *Angraecum sesquipedale*，后者也见于马达加斯加。靠旗兰属的学名 *Neobathiea* 是纪念杰出的法国植物学家昂利·皮埃尔·德·拉巴蒂（Henri Perrier de la Bâthie, 1873—1958），他曾研究过马达加斯加的兰花。

本种的花形暗示它由天蛾传粉，这种天蛾的舌头要长到足以探到长距顶端的花蜜。其亲缘种的花粉块曾见于深色斑腹天蛾 *Panogena lingens* 的吻部背侧。这种天蛾会访问多种兰花，因为在单独一只昆虫的吻上就曾见有许多来自不同种类的彗星兰类兰花的花粉团。

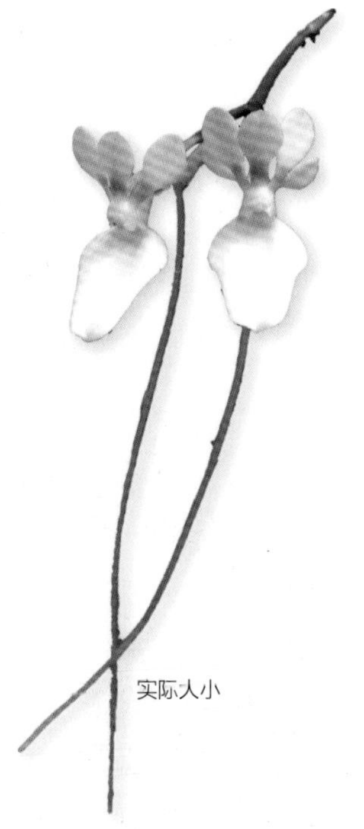

实际大小

杜鹃叶靠旗兰的花的萼片和花瓣开展，匙形，乳黄色至白色，基部略呈绿色；唇瓣较大，带状，白色，有长而下垂的蜜距。

亚科	树兰亚科
族和亚族	万代兰族，彗星兰亚族
原产地	留尼汪、毛里求斯和马达加斯加的东部滨海森林
生境	潮湿、多藓类的常绿林，生于从海平面至海拔 2,000 m（6,600 ft）处
类别和位置	附生
保护现状	受森林砍伐威胁
花期	9 月至 11 月（南半球的春季）

花的大小
2.5 cm（1 in）

植株大小
25~51 cm × 10~20 cm（10~20 in × 4~8 in），不包括花序，其花序弓曲，侧生，长25~41 cm（10~16 in）

鸟花兰
Oeonia volucris
Snowy Vine Orchid
(Thouars) Sprengel, 1826

鸟花兰的茎长形，全长上均生根，而在森林的树冠层攀缘。其花序生有 3~8 朵显眼的花。鸟花兰属的学名 *Oeonia* 来自古希腊语词 oionos，指一种猛禽，本种的种加词 *volucris* 则来自另一个古希腊语词，也是指一种鸟。这两个词都是指其合蕊柱有鸟喙状的顶端。其英文名意为“雪藤兰”，兼指其花色如雪，而植株形态几乎为藤状。

本种的花序长，花在其顶端簇生，花色洁白，有芳香气味，又有向上弯曲的蜜距，这些全都是适应天蛾传粉的典型特征。彗星兰亚族的大多数属种都有同样一套特征，因此尽管目前对鸟花兰的传粉尚无研究，但它同样可能由天蛾传粉。

实际大小

鸟花兰的花的萼片和花瓣为纯白色，倒披针形，开展；唇瓣 3 裂，侧裂片围抱合蕊柱，背后有蜜距，其入口有浅橄榄绿色的喉部；唇瓣中裂片中央有深凹缺。

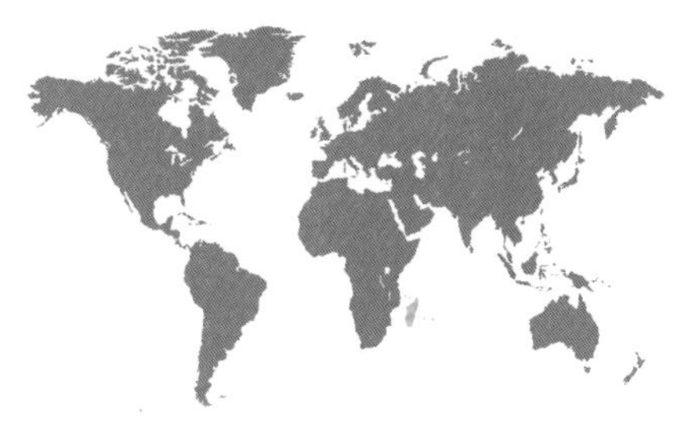

亚科	树兰亚科
族和亚族	万代兰族，彗星兰亚族
原产地	马达加斯加、科摩罗和马斯克林群岛
生境	常绿林的极荫蔽处，生于海平面至海拔 100 m（330 ft）处
类别和位置	附生
保护现状	无危
花期	春季和秋季，一年常开两次花

花的大小
达 3~6 cm（1¼~2⅜ in）

植株大小
20~51 cm × 15~30 cm（8~20 in × 6~12 in），不包括花序，其花序弓曲，长20~30 cm（8~12 in），长于叶

银鸟兰
Oeoniella polystachys
Awl-lipped Orchid

(Thouars) Schlechter, 1918

银鸟兰是马达加斯加和附近群岛中多数岛屿上一种常见的兰花。其植株直立，多少攀缘状，沿茎生有丰富的气生根，长在明亮而湿度很高的环境中，有时甚至生于海平面处的红树沼泽里。银鸟兰属的学名 *Oeoniella* 指它与亲缘属鸟花兰属 *Oeonia* 形似（-*ella* 意为某物的“较小个体”），后者的学名又来自古希腊语词 oionos（猛禽）。如此命名的确切原因现已不清楚，但很可能其作者认为花中的某个部分看起来像猛禽。银鸟兰的英文名意为“锥唇兰”，则是指唇瓣顶端形如锥子。

本种的花排成两列。目前尚未研究过其传粉，但花中的短距和管状的唇瓣都适合某种蜂类作为传粉者。

实际大小

银鸟兰的花为浅绿色至晶莹的白色，其萼片和花瓣狭披针形；唇瓣白色，基部绿色，中裂片形状独特，顶端尖锐，锥状；侧裂片围抱合蕊柱。

亚科	树兰亚科
族和亚族	万代兰族，彗星兰亚族
原产地	广布于西非和中部非洲的热带和亚热带地区
生境	森林中大乔木的低处，生于海平面至海拔 1,000 m（3,300 ft）处
类别和位置	附生
保护现状	无危
花期	11 月至 1 月，但随时可开花

蠕距兰
Plectrelminthus caudatus
Worm Orchid
(Lindley) Summerhayes, 1949

花的大小
8 cm（3 in）

植株大小
25~76 cm × 25~76 cm（10~30 in × 10~30 in），不包括花序，其花序弓曲下垂，长38~64 cm（15~25 in）

蠕距兰的叶为革质，其花引人瞩目，不扭转，具有令人惊讶的扭曲蜜距，状如蠕虫，故蠕距兰属 *Plectrelminthus* 的学名来自古希腊语词 plektron（距）和 minthion（蠕虫），其中文名“蠕距兰”亦由此而来。本种的种加词 *caudatus* 来自拉丁语，意为“有尾的”，也是形容其狭长的距。

本种的花排成两列并互生，花的朝向奇特，略向里面而非外面。花中奇异的弯距和夜间散发的花香都表明其传粉者可能是大型的长舌天蛾，但很难想象天蛾的舌头如何对付距上的弯曲。其合蕊柱顶端伸入蜜距口内，在天蛾靠近花朵并伸入舌头之时，可以接触到蛾体的下侧。

蠕距兰的花的萼片和花瓣狭窄，橄榄绿色至几乎橙色，顶端尖；花在花序轴的两侧互生，唇瓣为纯白色，锹形；中裂片狭长，矛状，向上直伸。

实际大小

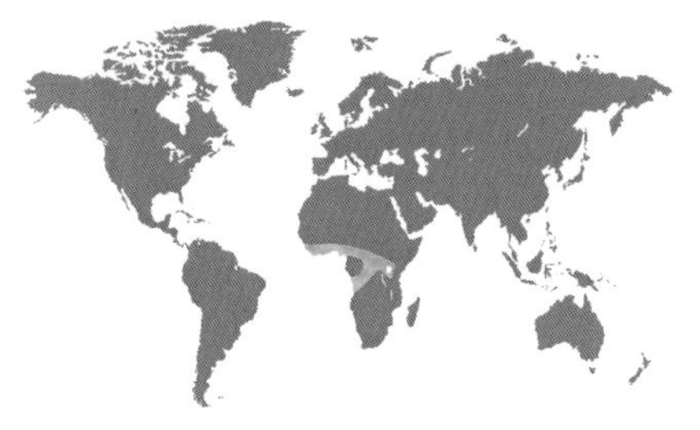

亚科	树兰亚科
族和亚族	万代兰族，彗星兰亚族
原产地	从西非热带和亚热带地区至安哥拉和坦桑尼亚广布
生境	热带湿润树林，生于海平面至海拔 1,200 m（3,950 ft）处
类别和位置	附生
保护现状	无危
花期	任何时候均可开花

花的大小
1.3 cm（½ in）

植株大小
8～13 cm × 8～13 cm（3～5 in × 3～5 in），包括长 2.5～5 cm（1～2 in）的腋生花序

裂距兰
Podangis dactyloceras
Emerald Foot Orchid

(Reichenbach fils) Schlechter, 1918

实际大小

裂距兰的花为圆形，呈半透明的白色，具显著的绿黄色药帽。花在花序近顶端紧密簇生，花梗长，将花高高举起。

裂距兰的植株呈小扇状，生有略弯曲的扁平厚叶。其花序从相互紧密重叠的叶基发出，花在其上紧密着生，使之呈密丛状。裂距兰属的学名 *Podangis* 来自古希腊语词 pous（脚）和 angos（容器），指蜜距形状如脚。本种的英文名意为“祖母绿脚兰”，也据此得名，并指其合蕊柱顶端为亮绿黄色，像祖母绿的颜色。其种加词来自古希腊语词 dactylos（手指）和 keras（角），仍然是指距的独特形状。

目前尚未研究过本种的传粉，但其花簇生的形状加上花色、花形（具长距和狭窄的口部）可以表明传粉者是蝶类。与天蛾不同，蝶类为了进食需要有一个落脚的平台。

亚科	树兰亚科
族和亚族	万代兰族，彗星兰亚族
原产地	加里曼丹岛
生境	湿润森林，生于较小的树枝上，海拔 400~1,600 m（1,300~5,250 ft）
类别和位置	附生
保护现状	未评估
花期	3 月至 5 月

鳞苞长足兰

Pteroceras fragrans

Swooping Bird Orchid

(Ridley) Garay, 1972

花的大小
2.5 cm（1 in）

植株大小
5~13 cm × 8~18 cm（2~5 in × 3~7 in），包括长8~15 cm（3~6 in）的花序

鳞苞长足兰是一种微型兰花，其茎短，完全为叶所覆盖。叶为披针形，排成两列。其花序从叶基部发出，缓慢伸长，任何时刻只有 2~3 朵花开放，花通常朝下。长足兰属的学名 *Pteroceras* 来自古希腊语词 pteron（翅）和 keras（角），指唇瓣有 2 枚直立的裂片。本种的英文名意为“飞扑的鸟之兰”，是对合蕊柱形状的比喻，指它看起来像一只鸟——合蕊柱顶端是其头，花瓣是其翅——正在朝下扑向毫无防备的猎物。

一般认为本种的传粉由某种蜂类完成，它们以唇瓣作为着陆平台，以便爬进向唇瓣基部形成的蜜距。其花的香甜气味和鲜艳颜色也符合这一传粉模式。

鳞苞长足兰的花的萼片阔披针形，乳黄色；花瓣较小，匙形，乳黄色，与萼片都常具有宽阔的同心圆状褐色条纹；唇瓣白色，结构复杂，其蜜距顶端膨大；唇瓣侧裂片直立，白色的合蕊柱悬于其上。

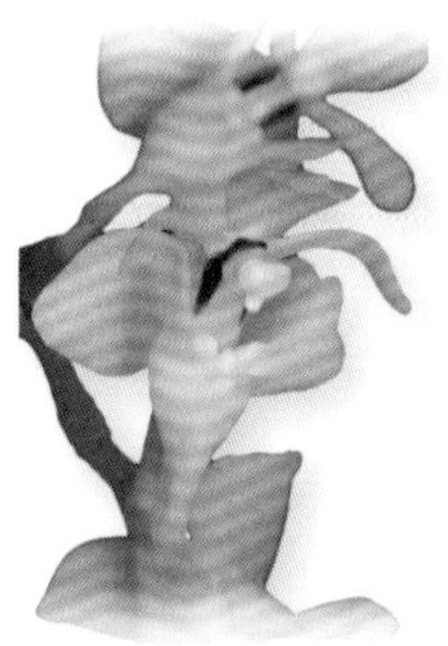

实际大小

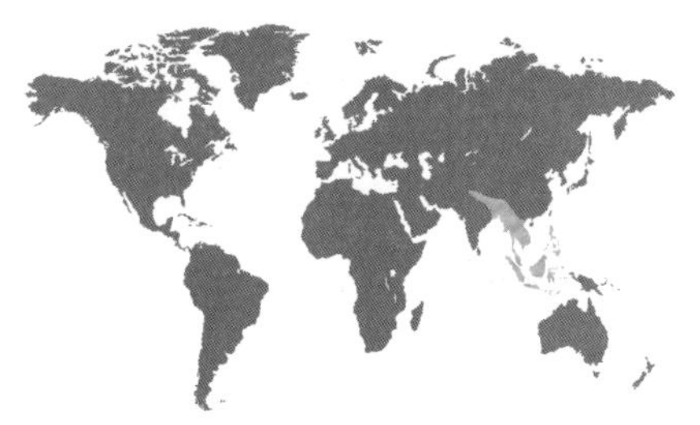

亚科	树兰亚科
族和亚族	万代兰族，彗星兰亚族
原产地	亚洲热带地区，从喜马拉雅山区东部至中南半岛、马来群岛西部和菲律宾
生境	中低海拔森林，海拔至 1,500 m（4,920 ft）
类别和位置	附生，下垂
保护现状	未正式评估
花期	3 月至 5 月（春季）

花的大小
1 cm（⅜ in）

植株大小
25~64 cm × 13~25 cm（10~25 in × 5~10 in），不包括长15~36 cm（6~14 in）的下垂花序

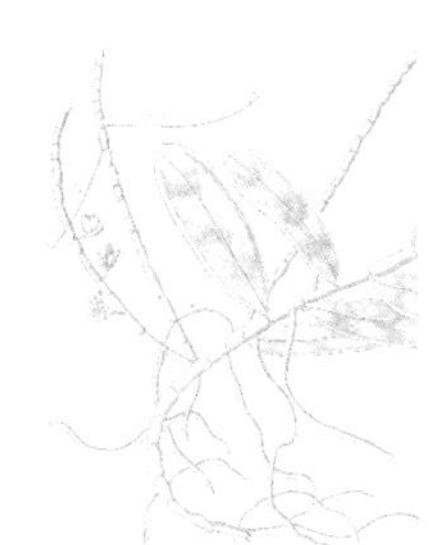

南洋长足兰
Pteroceras teres
Asian Tiger Orchid

(Blume) Holttum, 1960

南洋长足兰的茎不分枝，包有很多线状披针形的叶，叶顶端偏斜地 2 裂。其花序 1~4 枚发于叶基部，不分枝，下垂，生有许多花，任一时刻只有数朵开放。其花莛粗大，节上有翅。花开放时间不长，芳香，托以鳞片状的苞片。长足兰属的学名 *Pteroceras* 来自古希腊语词 pteron（翅）和 keras（角），指唇瓣基部有角状结构。

目前尚未研究过本种的传粉，但看来木蜂属 *Xylocopa* 的蜂类在其中发挥着作用。其唇瓣上的距、花色及花朵在白天散发的芳香气味都是蜂类传粉花朵的典型特征。

实际大小

南洋长足兰的花的花瓣和萼片开展，有斑点，革质，乳黄色，有略呈红色的斑点；唇瓣白色，有柄，2 枚侧裂片小，黄色而有红色斑块，中裂片有蜜穴，顶端深红色。

亚科	树兰亚科
族和亚族	万代兰族，彗星兰亚族
原产地	非洲热带地区，从塞内加尔至苏丹，南达莫桑比克和安哥拉
生境	季节性湿润的常绿林，海拔 550~2,000 m（1,800~6,600 ft）
类别和位置	附生
保护现状	未评估
花期	9 月至 10 月

橙花扇唇兰
Rhipidoglossum rutilum
Red Foxtail Orchid
(Reichenbach fils) Schlechter, 1918

花的大小
0.5 cm（⅛ in）

植株大小
25~64 cm × 20~38 cm（10~25 in × 8~15 in），不包括长 8~25 cm（3~10 in）的下垂花序

橙花扇唇兰可长出较长的茎，其叶线状披针形，在茎上呈两列着生，彼此之间紧密排列而几无空隙。其根大而白，形成包围植株的悬垂根网，植株则常分枝，形成大丛，看上去并非只附生在单独一根树枝上。扇唇兰属的学名 *Rhipidoglossum* 来自古希腊语词 rhipis（扇）和 glossa（舌），指唇瓣宽阔，扇状。本种的种加词 *rutilum* 在拉丁语中意为“红色”，但其花实际上更接近褐紫色。

本种微小的花朵在晚上会散发出类似栀子花的香甜气味，根据这一花香与花色和长蜜距的特征组合，其传粉者可能是夜行性的天蛾。其距中分泌有花蜜，花序离叶较远，这样传粉者可以轻易飞到花旁边。

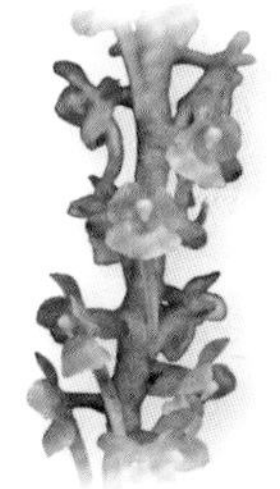

实际大小

橙花扇唇兰的花的萼片和花瓣为卵形，略呈红色或绿色；唇瓣的 2 枚侧裂片小，在合蕊柱旁边向上突起，中裂片顶端较宽；合蕊柱悬于蜜距的开口上方，蜜距长，向前弯曲。

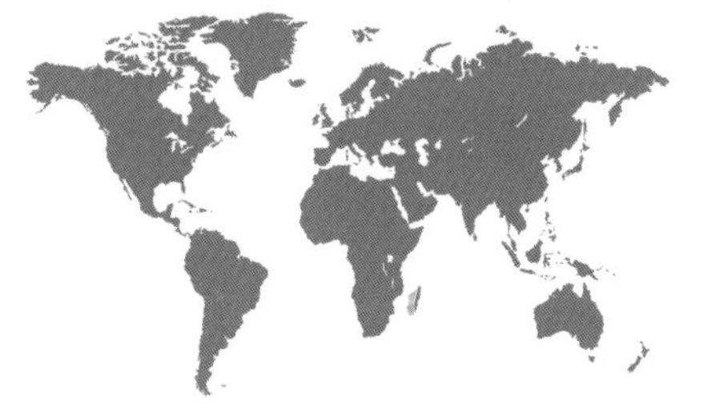

亚科	树兰亚科
族和亚族	万代兰族，彗星兰亚族
原产地	马达加斯加西部
生境	季节性干旱的森林和灌丛，海拔 1,500~2,000 m（4,920~6,600 ft）
类别和位置	附生或石生
保护现状	未评估
花期	11 月至 1 月（春夏季）

花的大小
5.6 cm（2¼ in）

植株大小
25~76 cm × 25~56 cm（10~30 in × 10~22 in），不包括花序，其花序侧生，弓曲至直立，长30~61 cm（12~24 in）

鹤距兰

Sobennikoffia robusta

Dove In Flight

(Schlechter) Schlechter, 1925

鹤距兰的茎直立，覆有线形、肉质、紧密排列的叶，叶尖不等 2 裂。其植株生长在树干基部和岩石上，常长得很大，发出生有多至 20 朵花的花序，其花极为芳香。鹤距兰属的学名 *Sobennikoffia* 是为了纪念亚历山德拉·索本尼科夫（Alexandra Sobennikoff），她是德国分类学家、该属的描述者鲁道夫·施莱希特的妻子。本种的种加词 *robusta* 意为“生长健壮”，而英文名意为“飞翔的鸽子”，指大而白的花朵有迷人的外形。

目前尚未研究过本种的传粉，但与彗星兰亚族其他属中的大多数种一样，鹤距兰也可能由天蛾传粉。其花有长而上弯的蜜距，所以为它传粉的天蛾必须也有同样长的舌头。

鹤距兰的花为纯白色，其萼片和花瓣外伸，披针形，侧萼片为镰形；唇瓣中央浅绿色，有长距，3 裂；侧裂片顶端圆形，中裂片狭窄，锐尖。

实际大小

亚科	树兰亚科
族和亚族	万代兰族，彗星兰亚族
原产地	撒哈拉以南非洲
生境	广布而多样，分布于干燥森林和疏林至湿润森林，及从海平面至海拔 2,500 m（8,200 ft）处
类别和位置	附生，有时生于岩石上
保护现状	无危，但为了农业、住宅用地和其他用途的毁林活动会导致其植株变少见
花期	11 月至 3 月（夏季）

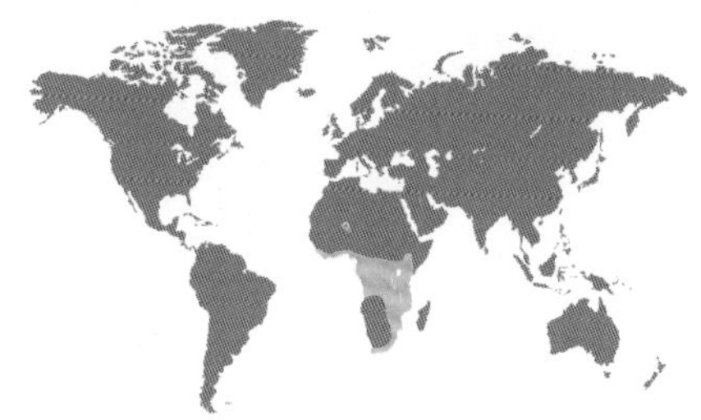

三指兰
Tridactyle bicaudata
Two Tails-three Fingers
(Lindley) Schlechter, 1914

花的大小
1.2 cm（½ in）

植株大小
20~76 cm × 23~38 cm（8~30 in × 9~15 in），不包括长 10~20 cm（4~8 in）的下垂花序

三指兰的茎紧密簇生，纤细，直立至悬垂，每条茎生有多至 14 片的叶。其叶排成 2 列，线形，顶端不等 2 裂。其花序紧密，生有 8~16 朵花，排成 2 裂，均朝向同一个方向，香气浓郁。三指兰属 *Tridactyle* 的学名来自古希腊语词 dactylos（手指）和 tri（三），指唇瓣 3 裂。在本种中，唇瓣有 2 枚裂片较大，其种加词 *bicaudata*［来自拉丁语词 *bi*（二）和 *cauda*（尾），意为“具二尾的”］和英文名（意为二尾三指）由此而来。在南非，祖鲁人管本种叫“伊帕姆巴”（iphamba），并作为护身符佩戴。

三指兰的花在夜间散发出浓郁的香草气味，又有长蜜距，因此传粉者可能是夜行性的天蛾。

实际大小

三指兰的花的萼片和花瓣绿色至黄褐色，开展，萼片阔三角形，花瓣披针形；唇瓣精致地 5 裂，2 枚侧裂片短，中间的檐部则有 2 枚具流苏边缘的裂片和一枚不分裂的中裂片。

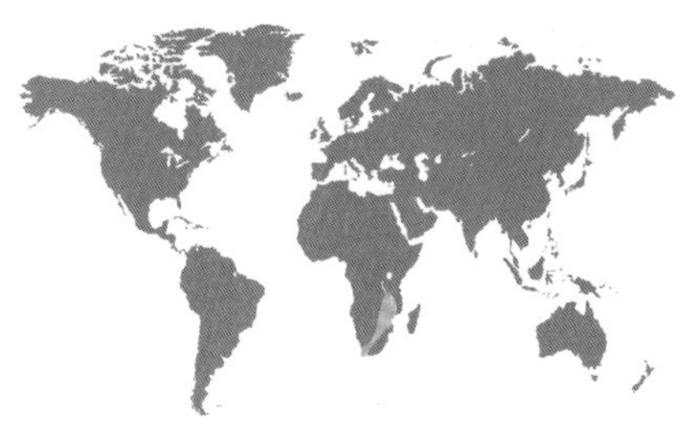

亚科	树兰亚科
族和亚族	万代兰族，彗星兰亚族
原产地	非洲东南部至开普地区，北达坦桑尼亚
生境	石坡上的短苞豆属 *Brachystegia* 林地和针叶林（由刺柏属 *Juniperus* 和南非柏属 *Widdringtonia* 构成），海拔 1,000~2,100 m（3,300~6,900 ft）
类别和位置	附生，偶为石生
保护现状	未进行全球性评估，但在南非无危
花期	3 月至 4 月（秋季）

花的大小
1.6 cm（⅝ in），不包括距

植株大小
25~46 cm × 20~38 cm（10~18 in × 8~15 in），不包括花序，其花序弓曲下垂，长 25~56 cm（10~22 in）

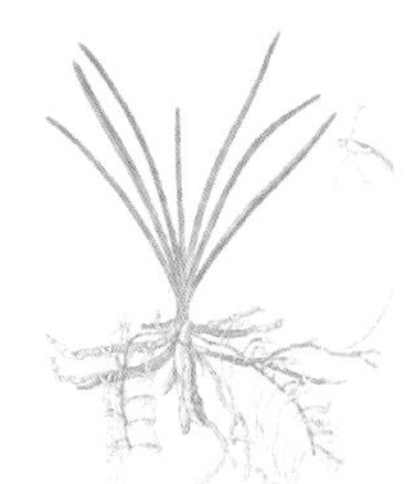

林生丫柄兰
Ypsilopus erectus
Miombo Comet Orchid

(P. J. Cribb) P. J. Cribb & J. Stewart, 1985

林生丫柄兰是一种优雅的兰花。其茎短，通常藏于根和老叶叶基中，顶端生有多至 5 片的叶。其叶线形，折叠状，反曲，组成直立的扇状。其花序 3~6 枚从茎基发出，各生有多至 12 朵的花，花为白色，有绿色的距。丫柄兰属的学名 *Ypsilopus* 来自古希腊语词 ypsilon（希腊字母“Υ”）和 pous（足，柄），指花粉团柄为“Y”形。

目前在野外尚未研究过本种的传粉，但根据其花形（特别是长蜜距）和花色，传粉者可能是一种天蛾。本种的英文名意为“短苞豆彗星兰”，既指它生于短苞豆林（miombo）这种类型的林地中，又指它的花形类似马达加斯加的彗星兰属 *Angraecum* 植物。

林生丫柄兰的花为白色，萼片和花瓣彼此形似，肉质，反曲；唇瓣菱形，有长尖；蜜距绿色，长约为花本身的 3 倍。

实际大小

亚科	树兰亚科
族和亚族	万代兰族，多穗兰亚族
原产地	马达加斯加北部和中部
生境	常绿林，海拔 700~950 m（2,300~3,120 ft）
类别和位置	附生或地生
保护现状	未评估
花期	12 月（夏季）

花的大小
0.8 cm（¼ in）

植株大小
15~25 cm × 8~13 cm（6~10 in × 3~5 in），不包括高15~20 cm（6~8 in）的顶生花序

火把多穗兰
Polystachya clareae
Clare's Corn Orchid

Hermans, 2003

火把多穗兰既生于树上，又可生于地上。其假鳞茎圆柱形，生有3~6片叶，基部包围假鳞茎。其花序顶生，上有2~4片狭窄的苞片可保护发育中的花序，并具1~3枚短侧枝。多穗兰属的学名 *Polystachya* 来自古希腊语词 polys（多）和 stachys（谷穗），指其茎形似麦穗。其英文名意为“克莱尔的谷物兰”，即由此由来。种加词 *clareae* 是为了纪念克莱尔·赫曼斯（Clare Hermans），她是英格兰的兰花种植者和专家。

实际大小

多穗兰属的大多数种由蜂类传粉，蜂类可为其唇瓣上形似花粉的毛所吸引，但得不到回报。火把多穗兰的花中也有这样的毛，所以可推测它也使用了同一套传粉策略。

火把多穗兰的花的唇瓣在最上方；萼片和花瓣亮红橙色，位于唇瓣和合蕊柱四周；唇瓣帽形，黄橙色，正好位于合蕊柱之上，其上有黄色的毛，一般认为是对花粉的模拟。

亚科	树兰亚科
族和亚族	万代兰族，多穗兰亚族
原产地	非洲大陆中南部、马达加斯加、毛里求斯、留尼汪和塞舌尔
生境	生于多种不同类型的森林中的树上及落叶层中的岩石上，见于从海平面至海拔 3,000 m（9,850 ft）处
类别和位置	附生，稀为石生
保护现状	未评估，但在很大范围内很常见
花期	4 月至 8 月（春夏季）

花的大小
1.9 cm（¾ in）

植株大小
15~25 cm × 2.5~6.5 cm（6~10 in × 1~2½ in），不包括长10~38 cm（4~15 in）的弓曲花序

刀状多穗兰
Polystachya cultriformis
Powder Orchid

(Thouars) Lindley ex Sprengel, 1826

实际大小

刀状多穗兰的假鳞茎细，纺锤状，顶端各生有单独一片叶，可为椭圆形至近阔长圆形。其花序从叶和茎的连接之处发出，可大量分枝，生有多至 20 朵的花。多穗兰属的学名 *Polystachya* 来自古希腊语词 polys（许多）和 stachys（谷穗），指其茎丛生，膨大，形似谷穗。

本种的花极芳香，颜色鲜艳，可吸引小型蜂类传粉。本种在唇瓣上生有粉末状物，其英文名（意为粉末兰）由此而来。蜂类以为这些是花粉而前来采集，结果却成为一场欺骗的受害者，因为这些粉末不堪食用，对昆虫毫无价值。在西非，其假鳞茎用于制作催情剂。

刀状多穗兰的花颜色极为多变，可从乳黄色至深玫瑰红色；其花通常上下翻转，唇瓣兜帽状，顶端颜色较深，生有粉末状物质；唇瓣基部和合蕊柱构成空穴。

亚科	树兰亚科
族和亚族	万代兰族，多穗兰亚族
原产地	南非至津巴布韦东部
生境	森林、灌丛或砂岩露头，海拔至 1,500 m（4,920 ft）
类别和位置	附生于树干或大枝上，或有时在砂岩上附石生
保护现状	局地常见
花期	10 月至 12 月（春季）

花的大小
2 cm（¾ in）

植株大小
13~25 cm × 5~8 cm（5~10 in × 2~3 in），不包括高 18~30 cm（7~12 in）的直立花序

绒毛多穗兰

Polystachya pubescens

Lucky Charm Orchid

(Lindley) Reichenbach fils, 1863

绒毛多穗兰的假鳞茎为狭锥形，在一丛肉质根上簇生。假鳞茎顶端生有 2~3 片披针形叶，叶尖不对称分裂，又生有直立而有柔毛的总状花序，具多至 12 朵的芳香花朵。其花无花蜜，但在唇瓣上生有“食物毛”，作为假花粉而被小型蜂类所采集。基本没有证据表明这些毛有营养价值，所以这又属于欺骗式传粉的情形。

有记载报道祖鲁人把本种制成一种护身符佩戴。包括绒毛多穗兰在内的多穗兰属 *Polystachya* 很多种的假鳞茎，还曾用于制作催情剂。多穗兰属的学名来自古希腊语词 polys（多）和 stachys（谷穗），指第一种在描述时归于本属的兰花的茎簇生如谷穗。

绒毛多穗兰的花的唇瓣在最上方；其花被片黄色，开展，侧萼片舟形，基部有红色条纹；唇瓣黄色，形成小而尖的帽状物覆于合蕊柱上方。

实际大小

附　录

术语表

锐尖（acuminate）：顶端尖锐。

贴生（adnate）：合生。

花药（anther）：花中生有花粉的结构。

花期（anthesis）：开花的一段时期。

顶端（apex，形容词 apical“顶端的”）：某个结构最上部的端点。

无融合生殖的（apomictic）：不通过传粉即可结出种子的。

小耳（auricle）：耳状附属物。

叶腋（axil，形容词 axillary“腋生的”）：叶与茎相连之处的上侧。

基部（basal）：指一个结构最靠近其着生点的部分。

亚寒带（boreal）：本义为“北方”，指亚北极地区。

苞片/鳞片（bract）：叶状的小型结构。生于花序上叫“苞片”，生于茎上叫“鳞片”。

小苞片（bracteole）：小型的苞片。

蜂鸣传粉（buzz polination）：一种传粉方式。采取这种方式的花的花药顶端有孔，且彼此靠合，使顶端全都相互接触。传粉昆虫抓住这些花药，让飞行肌振动发出蜂鸣声，可使花粉被震出花药，然后昆虫可在花药顶端收集这些花粉。

白垩质的（calcareous）：含白垩的。

胼胝体（callus，复数 calli）：花中膨大的结构，通常有助于引导传粉者或其舌的运动方向。

具小沟的（canaliculated）：具有凹沟。

睫毛（cilia，形容词 ciliate“具睫毛的”）：较大的毛。

环北极的（circumboreal）：见于整个北半球亚寒带（亚北极）地区。

闭花传粉的（cleistogamous）：花不开放而进行自花传粉。

无性繁殖的（clonal）：不靠有性生殖，而是靠纤匍枝或长匍枝繁殖（参见“长匍枝”stolon）。

共生关系（commensal relationship）：与其他生物在一起生活，并为其中一种提供益处。

对折的（conduplicate）：折叠出两部分的。

心形的（cordate）：形状如心。

球茎（corm）：在冬季或旱季休眠的膨大茎。

具脊的（cristate）：具有脊突。

下弯的（deflexed）：向下弯曲。

二型的（dimorphic）：具有两种类型。

末端（distal）：离着生点最远的一端。

二列的（distichous）：排成两列，用于描述叶。

内菌根的（ectomycorrhizal）：通过根与真菌相联系。

产油体（elaiophore）：能分泌某种化合物（如气味或油质）的腺体。

矮林（elfin woodland）：形成于多风而湿润的环境中的山地低矮林地。

微凹的（emarginated）：顶端钝（不尖锐）。

附石生的（epilithic）：生于岩石上。

附生的（epiphytic）：生于树上，但不是寄生植物。

啮蚀状的（erose）：边缘分裂成流苏状。

外伸的（exsert[ed]）：向外伸出。

绝迹的（extirpated）：至少在局地已经灭绝。

镰刀形的（falcate）：像镰刀一样弯曲的。

叶的（foliar）：和叶有关的。

“之”字形的（fractiflex）：一正一反弯曲的。

额（frons）：昆虫的头的上部。

纺锤形的（fusiform）：两头渐狭，形如纺锤。

具粉霜的（glaucous）：外观呈现为生有粉末的样子。

球形的（globose）：形状如球。

岛状林（hammock）：沼泽（特别是在美国南部）中高起而生有阔叶林的地域。

戟形的（hastate）：基部有两个伸展的尖锐突起。

花序（inflorescence）：生有花的茎。

脊突（keel）：纵向隆起的区域。

唇瓣（labellum 或 lip）：兰花中形态特化的一片花瓣。

褶片（lamella，复数 lamellae，形容词 lamellate“具褶片的”）：纵向隆起的区域。

披针形的（lanceolate）：形状狭长如矛头。

红土质的（lateritic）：指土壤富含铁和铝。

舌（lugule，形容词 lugulate“具舌的”）：生有一枚舌状的组织。

石生的（litohphytic）：生于岩石上。

石松类（lycopod）：一类形状如蕨类的植物，产生孢子，形似小松树。

中生的（mesic）：不湿润也不干旱，湿度较为平衡。

单轴的（monopodial）：连续多年从同一个生长点生长。

单型的（monotypic）：用于属时，指该属只含一个种。

山地的（montane）：生于山区。

形态（morphology）：植株的形状和结构。

菌根异养的（mycoheterotrophic）：从与其共生的真菌那里获取养分。

黏液（mucilage）：发黏的液体分泌物。

菌根的（mycorrhizal）：指与真菌之间有互惠关系。

不扭转的（non-resupinate）：因为支撑花的花梗旋转，使花沿轴翻转，而使唇瓣位于最上方。

倒披针形的（oblanceolate 或线状披针形的 linear-oblanceolate）：指叶或花被片的基部一端比顶端狭窄。

专性附生的（obligate）：只在树上附生。

倒卵形的（obovate 或 obovoid）：指叶或花被片的顶端较宽，与“倒披针形的”（oblanceolate）近义。

发香器（osmophore）：散发芳香物质的腺体。

远交（outbreeding）：与同种的无亲缘关系的个体杂交，与“近交”（inbreeding，指与近缘个体杂交）相对。

卵形的（ovate）：指叶或花被片的最宽阔处位于基部。

提琴形的（pandurate 或 panduriform）：形状如小提琴（指中间较细）。

圆锥花序（panicle，形容词 paniculate“圆锥状的”）：有分枝的花序，最早开的花位于基部。

乳突（papillae，形容词 papillate“具乳突的”）：像乳头的突起。

花梗（pedicel）：支撑单独一朵花的细柄。

反常整齐的（peloric）：指兰花的唇瓣与花瓣等大，造成反常的对称性。

花被（perianth）：萼片和花瓣的集体称呼。

叶柄（petiole，形容词 petiolate“有叶柄的”）：支撑叶的细柄。

具花边的（picotee）：边缘的颜色与其余部分不同。

有毛的（pilose）：生有毛。

折扇状的（plicate）：具有折扇状的折痕（形容叶）。

花粉块（pollinarium）：由花粉团、花粉块柄和黏盘（三者的定义见下）组成的结构，在兰花中是与花粉相关的结构。

花粉团（pollinium，复数 pollinia）：由非粉质的花粉组成的团块。

假鳞茎（pseudobulb）：兰花的茎上膨大的部分。

假交配（pseudocopulation）：参与的一方是花而非异性个体的交配。

假花粉（pseudopollen）：由花产生的模仿花粉的结构。

总状花序（raceme）：一种不分枝的花序，最早开的花在最下方。

总状的（racemose）：外观似总状花序（见上）的。

花序轴（rachis）：生有花梗的茎。

反曲的（recurved）：朝外弯向基部。

扭转的（resupinate）：通过花梗的旋转而使唇瓣位于最下方。

网纹（reticulation）：网状结构。

根状茎（rhizome）：水平生长的地下茎。

蕊喙（rostellum）：兰花中持有花粉并让它与接受花粉的雌性器官外表（即柱头）分隔开的结构。

有皱纹的（rugose）：表面发皱。

囊状的（saccate）：形状如囊。

花葶（scape，形容词 scapose“花葶状的”）：无叶的花茎。

硬叶的（sclerophyll）：叶片坚硬的（用于形容森林）。

萼片（sepal）：一朵花最外面的部分。

侧裂片（sidelobe）：花被片上不是顶裂片的其他裂片。

匙形的（spatulate 或 spathulate）：顶端阔而圆的。

雄蕊（stamen）：生有花粉的结构。

退化雄蕊（staminodium）：不育的雄蕊。

蕊柱突（stelidia）：合蕊柱侧面的指状结构。

花粉块柄（stipe）：作为花粉块一部分的柄状结构，连接花粉团和黏盘。

长匍枝（stolon）：顶端可产生小植株的茎状结构。

花柱（style）：生有柱头（花中接受花粉的结构）的茎状结构。

近圆形的（suborbicular）：形状几乎为圆形。

基质（substrate）：植物生长所依附的物质。

托（subtend）：位于下方，如兰科的花常托以苞片。

锥形的（subulate）：形状如锥尖，纤细而渐尖。

具沟的（sulcate）：具有沟（sulcus）。

同域的（sympatric）：生长于同一地域。

合萼片（synsepal）：由 2 枚萼片合生而成的结构。

花被片（tepal）：花瓣和萼片。

圆柱形的（terete）：横截面为圆形。

地生的（terrestrial）：生于土壤中。

蓟马（thrips）：缨翅目 Thysanoptera 的小型昆虫，以植物为食，特别是花。

具三齿的（tridentate）：生有 3 枚锯齿。

块根（tuber）：膨大的根（类似番薯）。

小瘤（tubercle，形容词 tuberculate“具小瘤的”）：膨大的斑点。

超基性的（ultrabasic）：指土壤由火成岩（火山岩）形成，硅含量低。

超基性的（ultramafic）：参见 ultrabasic。

伞形花序（umbel）：花均从一个中心点处生出的花序。

林下层（understory）：森林中的地面部分。

单面的（unifacial）：只有一面向外，用于指一些对折的、内表面彼此愈合的叶。

万代兰类（Vandoid）：看上去像万代兰属 *Vanda* 的属或种。

脉序（venation）：叶或花被片上的整个脉系统。

腹面的（ventral）：在下表面以下或其上。

蠕虫形的（vermiform）：形似蠕虫。

具长绒毛的（villous）：覆有长绒毛。

黏盘（viscidium 或 discid disc）：兰花中一个有黏性的结构，一头附着在花粉上，可以沾在传粉者身上，这样传粉者在花中活动时便可带走花粉。

兰科的分类

下面是兰花的分类系统，其中列出了属名，后面是其命名人缩写。参见 Chase et al. “An updated classification of Orchidaceae” (*Botanical Journal of the Linnean Society*, 2015).

每个属的种数以方括号括注其后。

SUBFAMILY APOSTASIOIDEAE（拟兰亚科）

Apostasia Blume [6]（拟兰属）
Neuwiedia Blume [8]（三蕊兰属）

SUBFAMILY VANILLOIDEAE（香荚兰亚科）

Tribe Vanilleae [14 属]（香荚兰族）

SUBTRIBE POGONIINAE（朱兰亚族）：
Cleistes Rich. ex Lindl. [64]（美洲朱兰属）
Cleistesiopsis Pansarin & F. Barros [2]（玫蕾兰属）
Duckeella Porto & Brade [3]（伸翅兰属）
Isotria Raf. [2]（仙指兰属）
Pogonia Juss. [5]（朱兰属）

SUBTRIBE VANILLINAE（香荚兰亚族）：
Clematepistephium N. Hallé [1]（菝葜兰属）
Cyrtosia Blume [5]（肉果兰属）
Epistephium Kunth [21]（美蕉兰属）
Eriaxis Rchb. f. [1]（绒珊兰属）
Erythrorchis Blume [2]（倒吊兰属）
Galeola Lour. [6]（山珊瑚属）
Lecanorchis Blume [20]（盂兰属）
Pseudovanilla Garay [8]（苞荚兰属）
Vanilla Plum. ex Mill. [105]（香荚兰属）

SUBFAMILY CYPRIPEDIOIDEAE [5属]（杓兰亚科）

Cypripedium L. [51]（杓兰属）
Mexipedium V.A. Albert & M.W. Chase [1]（镊萼兜兰属）
Paphiopedilum Pfitzer [86]（兜兰属）
Phragmipedium Rolfe [26]（美洲兜兰属）
Selenipedium Rchb. f. [5]（璧月兰属）

SUBFAMILY ORCHIDOIDEAE（红门兰亚科）

Tribe Codonorchideae（银钟兰族）

Codonorchis Lindl. [1]（银钟兰属）

Tribe Cranichideae [100 属]（盔唇兰族）

SUBTRIBE CHLORAEINAE（绿丝兰亚族）：
Bipinnula [11]（羽须兰属）
Chloraea Comm. ex Juss. [52]（绿丝兰属）
Gavilea Poepp. [15]（鹦喙兰属）

SUBTRIBE CRANICHIDINAE（盔唇兰亚族）：
Aa Rchb. f. [25]（纸苞兰属）
Altensteinia Kunth [7]（贝壳兰属）
Baskervilla Lindl. [10]（鼻柱兰属）
Cranichis Sw. [53]（盔唇兰属）
Fuertesiella Schltr. [1]（飞鹃兰属）
Galeoglossum A. Rich & Galeotti [3]（齿盔兰属）

Gomphichis Lindl. [24]（曲钉兰属）
Myrosmodes Rchb. f. [12]（地松兰属）
Ponthieva R. Br. in W.T. Aiton [66]（魔杖兰属）
Porphyrostachys Rchb. f. [2]（舞螳兰属）
Prescottia Lindl. [26]（雪绶草属）
Pseudocentrum Lindl. [7]（假距兰属）
Pterichis Lindl. [20]（翼盔兰属）
Solenocentrum Schltr. [4]（涵距兰属）
Stenoptera C. Presl [7]（狭翼兰属）

SUBTRIBE GALEOTTIELLINAE（玉绶草亚族）：
Galeottiella Schltr. [6]（玉绶草属）

SUBTRIBE GOODYERINAE（斑叶兰亚族）：
Aenhenrya Gopalan [1]（斑茎兰属）
Anoectochilus Blume [43]（开唇兰属）
Aspidogyne Garay [45]（盾喙兰属）
Chamaegastrodia Makino & F. Maek. [3]（叠鞘兰属）
Cheirostylis Blume [53]（叉柱兰属）
Cystorchis Blume [21]（鳔唇兰属）
Danhatchia Garay & Christenson [1]（夜雨兰属）
Dossinia C. Morren [1]（玛瑙兰属）
Erythrodes Blume [26]（钳唇兰属）
Eurycentrum Schltr. [7]（阔囊兰属）
Gonatostylis Schltr. [2]（膝柱兰属）
Goodyera R. Br. in W.T. Aiton [98]（斑叶兰属）
Halleorchis Szlach. & Olszewski [1]（玫菱兰属）
Herpysma Lindl. [1]（爬兰属）
Hetaeria Blume [29]（翻唇兰属）
Hylophila Lindl. [7]（袋唇兰属）
Kreodanthus Garay [14]（肥花兰属）
Kuhlhasseltia J.J. Sm. [9]（旗唇兰属）
Lepidogyne Blume [1]（策杖兰属）
Ligeophila Garay [12]（荫钳兰属）
Ludisia A. Rich. [1]（血叶兰属）
Macodes Lindl. [11]（笼纹兰属）
Microchilus C. Presl [137]（小唇兰属）
Myrmechis Blume [17]（全唇兰属）
Odontochilus Blume [25]（齿唇兰属）
Orchipedum Breda [3]（糙苏兰属）
Pachyplectron Schltr. [3]（粗距兰属）
Papuaea Schltr. [1]（宝囊兰属）
Platylepis A. Rich. [17]（平苞兰属）
Platythelys Garay [13]（壶距兰属）
Rhamphorhynchus Garay [1]（吻喙兰属）
Rhomboda Lindl. [22]（菱兰属）
Schuitemania Ormerod [1]（叠旗兰属）
Stephanothelys Garay [5]（冠喙兰属）
Vrydagzynea Blume [43]（二尾兰属）
Zeuxine Lindl. [74]（线柱兰属）

SUBTRIBE MANNIELLINAE（锈宝兰亚族）：
Manniella Rchb. f. [2]（锈宝兰属）

SUBTRIBE PTEROSTYLIDINAE（翅柱兰亚族）：
Achlydosa M.A. Clem. & D.L. Jones [1]（绿绢兰属）
Pterostylis R. Br. [211]（翅柱兰属）

SUBTRIBE DISCYPHUSINAE（茸帚兰亚族）：
Discyphus Schltr. [1]（茸帚兰属）

SUBTRIBE SPIRANTHINAE（绶草亚族）：
Aracamunia Carnevali & I. Ramírez [1]（延舌兰属）
Aulosepalum Garay [7]（冰绶草属）
Beloglottis Schltr. [7]（矢唇兰属）
Brachystele Schltr. [21]（短柱兰属）
Buchtienia Schltr. [3]（锚花兰属）
Coccineorchis Schltr. [7]（红伞兰属）
Cotylolabium Garay [1]（隔唇兰属）
Cybebus Garay [1]（曲项兰属）
Cyclopogon C. Presl [83]（环须兰属）
Degranvillea Determann [1]（宝簪兰属）
Deiregyne Schltr. [18]（蜜囊兰属）
Dichromanthus Garay [4]（丹绶草属）
Eltroplectris Raf. [13]（长爪兰属）
Eurystyles Wawra [20]（垂狮兰属）
Funkiella Schltr. [27]（杉林兰属）
Hapalorchis Schltr. [10]（纹管兰属）
Helonoma Garay [4]（箭爪兰属）
Kionophyton Garay [4]（柱茎兰属）
Lankesterella Ames [11]（翠珍兰属）
Lyroglossa Schltr. [2]（琴唇兰属）
Mesadenella Pabst & Garay [7]（霜绶草属）
Mesadenus Schltr. [7]（铜绶草属）
Nothostele Garay [2]（扬爪兰属）
Odontorrhynchus M.N. Correa [6]（齿喙兰属）
Pelexia Poit. ex Rich. [77]（肥根兰属）
Physogyne Garay [3]（镰角兰属）
Pseudogoodyera Schltr. [1]（珠绶草属）
Pteroglossa Schltr. [11]（翅唇兰属）
Quechua Salazar & L. Jost [1]（岩管兰属）
Sacoila Raf. [7]（焰绶草属）
Sarcoglottis C. Presl [48]（肉舌兰属）
Sauroglossum Lindl. [11]（蜥舌兰属）
Schiedeella Schltr. [24]（缎兰属）
Skeptrostachys Garay [13]（权杖兰属）
Sotoa Salazar [1]（异缎兰属）
Spiranthes Rich. [34]（绶草属）
Stalkya Garay [1]（苔绶草属）
Stenorrhynchos Rich. ex Spreng. [5]（狭喙兰属）
Svenkoeltzia Burns-Bal. [3]（金缎兰属）
Thelyschista Garay [1]（玉角兰属）
Veyretia Szlach. [11]（叩首兰属）

Tribe Diurideae [39]（双尾兰族）

SUBTRIBE ACIANTHINAE（针花兰亚族）：
Acianthus R. Br. [20]（针花兰属）
Corybas Salisb. [132]（铠兰属）
Cyrtostylis R. Br. [5]（蚊兰属）
Stigmatodactylus Maxim. ex Makino [10]（指柱兰属）
Townsonia Cheeseman [2]（青冈兰属）

SUBTRIBE CALADENIINAE（裂缘兰亚族）：
Adenochilus Hook. f. [2]（林僧兰属）
Aporostylis Rupp & Hatch [1]（藓蛛兰属）
Caladenia R. Br. [267]（裂缘兰属）
Cyanicula Hopper & A.P. Brown [10]（蓝瓷兰属）
Elythranthera [Endl.] A.S. George [2]（珐琅兰属）
Ericksonella Hopper & A.P. Br. [1]（糖鬐兰属）
Eriochilus R. Br. [9]（兔兰属）
Glossodia R. Br. [2]（蜡唇兰属）
Leptoceras [R. Br.] Lindl. [1]（野兔兰属）
Pheladenia D.L. Jones & M.A. Clem. [1]（青须兰属）
Praecoxanthus Hopper & A.P. Brown [1]（彩虹兰属）

SUBTRIBE CRYPTOSTYLIDINAE（隐柱兰亚族）：
Coilochilus Schltr. [1]（帽架兰属）
Cryptostylis R. Br. [23]（隐柱兰属）

SUBTRIBE DIURIDINAE（双尾兰亚族）：
Diuris Sm. [71]（双尾兰属）
Orthoceras R. Br. [2]（挺角兰属）

SUBTRIBE DRAKAEINAE（槌唇兰亚族）：
Arthrochilus F. Muell. [15]（肘兰属）
Caleana R. Br. [1]（飞鸭兰属）
Chiloglottis R. Br. [23]（飞鸟兰属）
Drakaea Lindl. [10]（槌唇兰属）
Paracaleana Blaxell [13]（鸭兰属）
Spiculaea Lindl. [1]（西肘兰属）

SUBTRIBE MEGASTYLIDINAE（大柱兰亚族）：
Burnettia Lindl. [1]（蜥蜴兰属）
Leporella A.S. George [1]（小兔兰属）
Lyperanthus R. Br. [2]（喙兰属）
Megastylis [Schltr.] Schltr. [7]（大柱兰属）
Pyrorchis D.L. Jones & M.A. Clements [2]（红喙兰属）
Rimacola Rupp [1]（青石兰属）
Waireia D.L. Jones, Molloy & M.A. Clements [1]（南喙兰属）

SUBTRIBE PRASOPHYLLINAE（葱叶兰亚族）：
Genoplesium R. Br. [47]（侏儒兰属）
Microtis R. Br. [19]（葱叶兰属）
Prasophyllum R. Br. [131]（蒜兰属）

SUBTRIBE RHIZANTHELLINAE（地下兰亚族）：
Rhizanthella R.S. Rogers [3]（地下兰属）

SUBTRIBE THELYMITRINAE（太阳兰亚族）：
Calochilus R. Br. [27]（胡须兰属）
Epiblema R. Br. [1]（摇篮兰属）
Thelymitra J.R. Forest. & G. Forest. [110]（太阳兰属）

Tribe Orchideae [59 属]（红门兰族）

SUBTRIBE BROWNLEEINAE（凤仙兰亚族）：
Brownleea Harv. ex Lindl. [8]（凤仙兰属）
Disperis Sw. [78]（双袋兰属）

SUBTRIBE CORYCIINAE（乌头兰亚族）：
Ceratandra Lindl. [6]（叉角兰属）
Corycium Sw. [15]（乌头兰属）
Evotella Kurzweil & H.P. Linder [1]（透鞘兰属）
Pterygodium Sw. [19]（冠萼兰属）

SUBTRIBE DISINAE（萼距兰亚族）：
Disa P.J. Bergius [182]（萼距兰属）
Huttonaea Harv. [5]（喙柱兰属）
Pachites Lindl. [2]（焚沙兰属）

SUBTRIBE ORCHIDINAE（红门兰亚族）：
Aceratorchis Schltr. [1]（无距兰属）
Anacamptis Rich. [11]（倒距兰属）
Androcorys Schltr. [10]（兜蕊兰属）
Bartholina R. Br. [2]（秀蛛兰属）
Benthamia A. Rich. [29]（边沁兰属）
Bhutanthera J. Renz [5]（高山兰属）
Bonatea Willd. [13]（凤盔兰属）
Brachycorythis Lindl. [36]（苞叶兰属）
Centrostigma Schltr. [3]（隐距兰属）
Chamorchis Rich. [1]（矮麝兰属）
Cynorkis Thouars [156]（狗兰属）
Dactylorhiza Neck. ex Nevski [40]（掌裂兰属）
Diplomeris D. Don [3]（合柱兰属）
Dracomonticola H.P. Linder & Kurweil [1]（龙山兰属）
Galearis Raf. [10]（盔花兰属）
Gennaria Parl. [1]（怒江兰属）
Gymnadenia R. Br. [23]（手参属）
Habenaria Willd. [835]（玉凤花属）
Hemipilia Lindl. [13]（舌喙兰属）
Hsenhsua X.H. Jin, Schuit. & W.T. Jin [1]（先骕兰属）
Herminium L. [19]（角盘兰属）
Himantoglossum Spreng. [11]（带舌兰属）
Holothrix Rich. ex Lindl. [45]（绒凤兰属）
Megalorchis H. Perrier [1]（魁兰属）
Neobolusia Schltr. [3]（茧裙兰属）
Neotinea Rchb. f. [4]（斑鸭兰属）
Oligophyton H.P. Linder [1]（四出兰属）
Ophrys L. [34]（蜂兰属）
Orchis Tourn. ex L. [21]（红门兰属）
Pecteilis Raf. [8]（白蝶兰属）
Peristylus Blume [103]（阔蕊兰属）
Physoceras Schltr. [12]（囊角兰属）
Platanthera Rich. [136]（舌唇兰属）
Platycoryne Rchb. f. [19]（平棒兰属）
Ponerorchis Rchb. f. [55]（小红门兰属）
Porolabium Tang & F.T. Wang [1]（孔唇兰属）
Pseudorchis Ség. [1]（白手参属）
Roeperocharis Rchb. f. [5]（翠钩兰属）
Satyrium L. [86]（鸟足兰属）
Schizochilus Sond. [11]（裂唇兰属）
Serapias L. [13]（长药兰属）
Silvorchis J.J. Sm. [3]（林荫兰属）
Sirindhornia H.A. Pedersen & Suksathan [3]（毛轴兰属）
Stenoglottis Lindl. [7]（狭舌兰属）
Steveniella Schltr. [1]（冠唇兰属）
Thulinia P.J. Cribb [1]（蛇鹫兰属）
Traunsteinera Rchb. [2]（葱序兰属）
Tsaiorchis Tang & F.T. Wang [1]（长喙兰属）
Tylostigma Schltr. [8]（瘤柱兰属）
Veyretella Szlach. & Olszewski [2]（凤巾兰属）

SUBFAMILY EPIDENDROIDEAE（树兰亚科）

Tribe Neottieae [6 属]（鸟巢兰族）
Aphyllorchis Blume [22]（无叶兰属）
Cephalanthera Rich. [19]（头蕊兰属）
Epipactis Zinn [49]（火烧兰属）
Limodorum Boehm. [3]（丛宝兰属）
Neottia Guett. [64]（鸟巢兰属）
Palmorchis Barb. Rodr. [21]（棕叶兰属）

Tribe Sobralieae [4属]（箬叶兰族）
Elleanthus C. Presl [111]（峨塔兰属）
Epilyna Schltr. [2]（舟塔兰属）
Sertifera Lindl. [7]（群塔兰属）
Sobralia Ruiz & Pav. [149]（箬叶兰属）

Tribe Triphoreae [[5属]（垂帽兰族）
SUBTRIBE DICERATOSTELINAE（尖齿兰亚族）：
Diceratostele Summerh. [1]（尖齿兰属）

SUBTRIBE TRIPHORINAE（垂帽兰亚族）：
Monophyllorchis Schltr. [1]（独心兰属）
Pogoniopsis Rchb. f. [2]（金箭兰属）
Psilochilus Barb. Rodr. [7]（三卫兰属）
Triphora Nutt. [18]（垂帽兰属）

Tribe Tropidieae [2属]（竹茎兰族）
Corymborkis Thouars [6]（管花兰属）
Tropidia Lindl. [31]（竹茎兰属）

Tribe Xerorchideae（羊柴兰族）
Xerorchis Schltr. [2]（羊柴兰属）

Tribe Wullschlaegelieae（盔天麻族）
Wullschlaegelia Rchb. f. [2]（盔天麻属）

Tribe Gastrodieae [6属]（天麻族）
Auxopus Schltr. [4]（光柱天麻属）
Didymoplexiella Garay [8]（锚柱兰属）
Didymoplexis Griff. [17]（双唇兰属）
Gastrodia R. Br. [60]（天麻属）
Neoclemensia Carr [1]（丝被天麻属）
Uleiorchis Hoehne [2]（疣茎天麻属）

Tribe Nervilieae [3属]（芋兰族）
SUBTRIBE NERVILIINAE（芋兰亚族）：
Nervilia Comm. ex Gaudich. [67]（芋兰属）

SUBTRIBE EPIPOGIINAE（虎舌兰亚族）：
Epipogium Borkh. [3]（虎舌兰属）
Stereosandra Blume [1]（肉药兰属）

Tribe Thaieae（泰兰族）
Thaia Seidenf. [1]（泰兰属）

Tribe Arethuseae [26属]（龙嘴兰族）
SUBTRIBE ARETHUSINAE（龙嘴兰亚族）：
Anthogonium Wall. ex Lindl. [9]（筒瓣兰属）
Arethusa L. [1]（龙嘴兰属）
Arundina Blume [2]（竹叶兰属）
Calopogon R. Br. [5]（美须兰属）
Eleorchis Maek. [1]（旭兰属）

SUBTRIBE COELOGYNINAE（贝母兰亚族）：
Aglossorrhyncha Schltr. [13]（油灯兰属）
Bletilla Rchb. f. [5]（白及属）
Bracisepalum J.J. Sm. [2]（裤萼兰属）
Bulleyia Schltr. [1]（蜂腰兰属）
Chelonistele Pfitzer [13]（弯柱兰属）
Coelogyne Lindl. [200]（贝母兰属）
Dendrochilum Blume [278]（足柱兰属）
Dickasonia L.O. Williams [1]（合唇兰属）
Dilochia Lindl. [8]（蔗兰属）
Entomophobia de Vogel [1]（厌虫兰属）
Geesinkorchis de Vogel [4]（继新兰属）
Glomera Blume [131]（球序兰属）
Gynoglottis J.J. Sm. [1]（连母兰属）
Ischnogyne Schltr. [1]（瘦房兰属）
Nabaluia Ames [3]（蹄茧兰属）
Neogyna Rchb. f. [1]（新型兰属）
Otochilus Lindl. [5]（耳唇兰属）
Panisea Lindl. [11]（曲唇兰属）
Pholidota Lindl. [39]（石仙桃属）
Pleione D. Don [21]（独蒜兰属）
Thunia Rchb. f. [5]（笋兰属）

Tribe Malaxideae [16属]（沼兰族）
SUBTRIBE DENDROBIINAE（石斛亚族）：
Bulbophyllum Thouars [1867]（石豆兰属）
Dendrobium Sw. [1509]（石斛属）

SUBTRIBE MALAXIDINAE（沼兰亚族）：
Alatiliparis Marg. & Szlach. [5]（翅蒜兰属）
Crepidium Blume [260]（沼兰属）
Crossoglossa Dressler & Dodson [26]（缨舌兰属）
Crossoliparis Marg. [1]（喙蒜兰属）
Dienia Lindl. [6]（无耳沼兰属）
Hammarbya Kuntze [1]（谷地兰属）
Hippeophyllum Schltr. [10]（套叶兰属）
Liparis Rich. [426]（羊耳蒜属）
Malaxis Sol. ex Sw. [182]（原沼兰属）
Oberonia Lindl. [323]（鸢尾兰属）
Oberonioides Szlach. [2]（小沼兰属）
Orestias Ridl. [4]（南山兰属）
Stichorkis Thouars [8]（覆苞兰属）
Tamayorkis Szlach. [1]（茧沼兰属）

Tribe Cymbidieae [174属]（兰族）
SUBTRIBE CYMBIDIINAE（兰亚族）：
Acriopsis Reinw. ex Blume[9]（合萼兰属）
Cymbidium Sw. [71]（兰属）
Grammatophyllum Blume [12]（斑被兰属）
Porphyroglottis Ridl. [1]（紫舌兰属）
Thecopus Seidendf. [2]（盒足兰属）
Thecostele Rchb. f. [1]（盒柱兰属）

SUBTRIBE EULOPHIINAE（美冠兰亚族）：
Acrolophia Pfitzer [7]（锐冠兰属）
Ansellia Lindl. [1]（豹斑兰属）
Claderia Hook. f. [2]（攀瓷兰属）
Cymbidiella Rolfe [3]（艳唇兰属）
Dipodium R. Br. [25]（双足兰属）
Eulophia R. Br. [200]（美冠兰属）
Eulophiella Rolfe [5]（皓冠兰属）
Geodorum Jacks. [12]（地宝兰属）
Grammangis Rchb. f. [2]（铜斑兰属）
Graphorkis Thouars [4]（画兰属）
Imerinaea Schltr. [1]（九脉兰属）
Oeceoclades Lindl. [38]（僧兰属）
Paralophia P.J. Cribb & Hermans [2]（树冠兰属）

SUBTRIBE CATASETINAE（瓢唇兰亚族）：
Catasetum Rich. ex Kunth [176]（瓢唇兰属）
Clowesia Lindl. [7]（妖精兰属）
Cyanaeorchis Barb. Rodr. [3]（雨仙兰属）
Cycnoches Lindl. [34]（天鹅兰属）

Dressleria Dodson [11]（玉兔兰属）
Galeandra Lindl. [38]（盔蕊兰属）
Grobya Lindl. [5]（金蒜兰属）
Mormodes Lindl. [80]（旋柱兰属）

SUBTRIBE CYRTOPODIINAE（弯足兰亚族）：
Cyrtopodium R. Br. [47]（弯足兰属）

SUBTRIBE COELIOPSIDINAE（信香兰亚族）：
Coeliopsis Rchb. f. [1]（信香兰属）
Lycomormium Rchb. f. [5]（狼花兰属）
Peristeria Hook. [13]（鸽兰属）

SUBTRIBE ERIOPSIDINAE（烈日兰亚族）：
Eriopsis Lindl. [5]（烈日兰属）

SUBTRIBE MAXILLARIINAE（腭唇兰亚族）：
Anguloa Ruiz & Pav. [9]（郁香兰属）
Bifrenaria Lindl. [21]（双柄兰属）
Guanchezia G.A. Romero & Carnevali [1]（洪脉兰属）
Horvatia Garay [1]（星豆兰属）
Lycaste Lindl. [32]（捧心兰属）
Maxillaria Ruiz & Pav. [658]（腭唇兰属）
Neomoorea Rolfe [1]（刺根兰属）
Rudolfiella Hoehne [6]（金猫兰属）
Scuticaria Lindl. [11]（鞭兰属）
Sudamerlycaste Archila [42]（南捧心兰属）
Teuscheria Garay [7]（丰角兰属）
Xylobium Lindl. [30]（长寿兰属）

SUBTRIBE ONCIDIINAE（文心兰亚族）：
Aspasia Salisb. [7]（喜兰属）
Brassia R. Br. [64]（长萼兰属）
Caluera Dodson & Determann [3]（独活兰属）
Capanemia Barb. Rodr. [9]（铁针兰属）
Caucaea Schltr. [9]（高加兰属）
Centroglossa Barb. Rodr. [5]（飞使兰属）
Chytroglossa Rchb. f. [3]（穴舌兰属）
Cischweinfia Dressler & N.H. Williams [11]（西施兰属）
Comparettia Poepp. & Endl. [78]（凹唇兰属）
Cuitlauzina La Llave & Lex. [7]（战王兰属）
Cypholoron Dodson & Dressler [2]（弓柄兰属）
Cyrtochiloides N.H. Williams & M.W. Chase [3]（海雕兰属）
Cyrtochilum Kunth [137]（凸唇兰属）
Dunstervillea Garay [1]（侏姬兰属）
Eloyella P. Ortiz [10]（小巾兰属）
Erycina Lindl. [7]（扇叶兰属）
Fernandezia Ruiz & Pav. [51]（栉叶兰属）
Gomesa R. Br. [119]（宫美兰属）
Grandiphyllum Docha Neto [7]（南骡耳兰属）
Hintonella Ames [1]（磬钟兰属）
Hofmeisterella Rchb. f. [2]（鹳喙兰属）
Ionopsis Kunth [6]（鞋堇兰属）
Leochilus Knowles & Westc. [12]（光唇兰属）
Lockhartia Hook. [28]（织辫兰属）
Macradenia R. Br. [11]（长腺兰属）
Macroclinium Barb. Rodr. [42]（开扇兰属）
Miltonia Lindl. [12]（堇花兰属）
Miltoniopsis God.-Leb. [5]（美堇兰属）
Notylia Lindl. [56]（驼背兰属）
Notyliopsis P. Ortiz [2]（愉兰属）
Oliveriana Rchb. f. [6]（翠心兰属）
Oncidium Sw. [311]（文心兰属）
Ornithocephalus Hook. [55]（鸟首兰属）
Otoglossum [Schltr.] Garay & Dunst. [13]（耳舌兰属）
Phymatidium Lindl. [10]（仙气兰属）
Platyrhiza Barb. Rodr. [1]（扁根兰属）
Plectrophora H. Focke [10]（距角兰属）
Polyotidium Garay [1]（多耳兰属）
Psychopsiella Lückel & Braem [1]（小蝶唇兰属）
Psychopsis Raf. [4]（拟蝶唇兰属）
Pterostemma Kraenzl. [3]（翅冠兰属）
Quekettia Lindl. [4]（纹剑兰属）
Rauhiella Pabst & Braga [3]（鹅扇兰属）
Rhynchostele Rchb. f. [17]（虎斑兰属）
Rodriguezia Ruiz & Pav. [48]（套距兰属）
Rossioglossum [Schltr.] Garay & G.C. Kenn. [9]（金虎兰属）
Sanderella Kuntze [2]（蜂巢兰属）
Saundersia Rchb. f. [2]（裘帽兰属）
Schunkea Senghas [1]（冰心兰属）
Seegeriella Senghas [2]（松针兰属）
Solenidium Lindl. [3]（管基兰属）
Suarezia Dodson [1]（金箔兰属）
Sutrina Lindl. [2]（海葵兰属）
Systeloglossum Schltr. [5]（乌膝兰属）
Telipogon Kunth [205]（毛顶兰属）
Thysanoglossa Porto & Brade [3]（黄龙兰属）
Tolumnia Raf. [27]（剑心兰属）
Trichocentrum Poepp. & Endl. [70]（距心兰属）
Trichoceros Kunth [10]（毛角兰属）
Trichopilia Lindl. [44]（毛帽兰属）
Trizeuxis Lindl. [1]（三轭兰属）
Vitekorchis Romowicz & Szlach. [4]（金架兰属）
Warmingia Rchb. f. [4]（剑唇兰属）
Zelenkoa M.W. Chase & N.H. Williams [1]（富仙兰属）
Zygostates Lindl. [22]（天平兰属）

SUBTRIBE STANHOPEINAE（奇唇兰亚族）：
Acineta Lindl. [17]（固唇兰属）
Braemia Jenny [1]（玄鹤兰属）
Cirrhaea Lindl. [7]（须喙兰属）
Coryanthes Hook. [59]（吊桶兰属）
Embreea Dodson [2]（鳍舌兰属）
Gongora Ruiz & Pav. [74]（爪唇兰属）
Horichia Jenny [1]（牛头兰属）
Houlletia Brongn. [9]（花豹兰属）
Kegeliella Mansf. [4]（翔鹰兰属）
Lacaena Lindl. [2]（熏灯兰属）
Lueckelia Jenny [1]（虎蚊兰属）
Lueddemannia Linden & Rchb. f. [3]（貂尾兰属）
Paphinia Lindl. [16]（缨星兰属）
Polycycnis Rchb. f. [17]（鸿渐兰属）
Schlimia Planch. & Linden [7]（茶杯兰属）
Sievekingia Rchb. f. [16]（领瓣兰属）
Soterosanthus F. Lehm. ex Jenny [1]（金领兰属）
Stanhopea J. Frost ex Hook. [61]（奇唇兰属）
Trevoria F. Lehm. [5]（飘带兰属）
Vasqueziella Dodson [1]（橙香兰属）

SUBTRIBE ZYGOPETALINAE（轭瓣兰亚族）：
Aetheorhyncha Dressler [1]（脊瓶兰属）
Aganisia Lindl. [4]（雨娇兰属）
Batemannia Lindl. [5]（抱婴兰属）
Benzingia Dodson [9]（揭盆兰属）
Chaubardia Rchb. f. [3]（梳杯兰属）
Chaubardiella Garay [8]（虎盆兰属）
Cheiradenia Lindl. [1]（指茧兰属）
Chondrorhyncha Lindl. [7]（羚角兰属）
Chondroscaphe [Dressler] Senghas & G. Gerlach [14]（厚羚兰属）
Cochleanthes Raf. [4]（贝壳兰属）
Cryptarrhena R. Br. [3]（月唇兰属）
Daiotyla Dressler [4]（裂羚兰属）
Dichaea Lindl. [118]（篦叶兰属）
Echinorhyncha Dressler [5]（棘羚兰属）
Euryblema Dressler [2]（薄羚兰属）
Galeottia A. Rich. [12]（缟狸兰属）
Hoehneella Ruschi [2]（梳碟兰属）
Huntleya Bateman ex Lindl. [14]（刺茧兰属）
Ixyophora Dressler [5]（瘦羚兰属）
Kefersteinia Rchb. f. [70]（钩盘兰属）
Koellensteinia Rchb. f. [17]（绣唇兰属）
Neogardneria Schltr. ex Garay [1]（叶被兰属）
Otostylis Schltr. [4]（耳柱兰属）
Pabstia Garay [5]（飞鹰兰属）
Paradisanthus Rchb. f. [4]（乐园兰属）
Pescatoria Rchb. f. [23]（修丽兰属）
Promenaea Lindl. [18]（豹皮兰属）
Stenia Lindl. [22]（狭团兰属）
Stenotyla Dressler [9]（细茧兰属）
Vargasiella C. Schweinf. [1]（画舫兰属）
Warczewiczella Rchb. f. [11]（盾羚兰属）
Warrea Lindl. [3]（盆蕙兰属）
Warreella Schltr. [2]（展蕙兰属）
Warreopsis Garay [4]（柄蕙兰属）
Zygopetalum Hook. [14]（轭瓣兰属）
Zygosepalum [Rchb. f.] Rchb. f. [8]（接萼兰属）

Tribe Epidendreae [99属]（树兰族）

SUBTRIBE BLETIINAE（拟白及亚族）：
Basiphyllaea Schltr. [7]（蟹兰属）
Bletia Ruiz & Pav. [33]（拟白及属）
Chysis Lindl. [10]（合粉兰属）
Hexalectris Raf. [10]（冠珊兰属）

SUBTRIBE LAELIINAE（蕾丽兰亚族）：
Acrorchis Dressler [1]（尖锋兰属）
Adamantinia van den Berg & C.N. Conç [1]（素堇兰属）
Alamania Llave & Lex. [1]（朱鸢兰属）
Arpophyllum Llave & Lex. [3]（镰叶兰属）
Artorima Dressler & G.E. Pollard [1]（雀鹰兰属）
Barkeria Knowl. & Westc. [17]（朱虾兰属）
Brassavola R. Br. [22]（柏拉兰属）
Broughtonia R. Br. [6]（紫薇兰属）
Cattleya Lindl. [112]（卡特兰属）
Cattleyella van den Berg & M.W. Chase [1]（赤索兰属）
Caularthron Raf. [4]（双角兰属）

Constantia Barb. Rodr. [6]（树甲兰属）
Dimerandra Schltr. [8]（丰堇兰属）
Dinema Lindl. [1]（双丝兰属）
Domingoa Schltr. [4]（幡唇兰属）
Encyclia Hook. [165]（围柱兰属）
Epidendrum L. [1413]（树兰属）
Guarianthe Dressler & W.E. Higgins [4]（哥丽兰属）
Hagsatera R. González [2]（血唇兰属）
Homalopetalum Rolfe [8]（同心兰属）
Isabelia Barb. Rodr. [3]（玉贞兰属）
Jacquiniella Schltr. [12]（束刀兰属）
Laelia Lindl. [23]（蕾丽兰属）
Leptotes Lindl. [9]（秀钗兰属）
Loefgrenianthus Hoehne [1]（玉秀兰属）
Meiracyllium Rchb. f. [2]（弱冠兰属）
Microepidendrum Brieger ex W.E. Higgins [1]（锥叶兰属）
Myrmecophila Rolfe [10]（蚁蕉兰属）
Nidema Britton & Millsp. [2]（玉锋兰属）
Oestlundia W.E. Higgins [4]（短柱兰属）
Orleanesia Barb. Rodr. [9]（瓢柱兰属）
Prosthechea Knowles & Westc. [117]（附柱兰属）
Pseudolaelia Porto & Brade [18]（群丽兰属）
Psychilis Raf. [14]（蝶唇兰属）
Pygmaeorchis Brade [2]（侏丽兰属）
Quisqueya Dod [4]（地母兰属）
Rhyncholaelia Schltr. [2]（喙丽兰属）
Scaphyglottis Poepp. & Endl. [69]（渠唇兰属）
Tetramicra Lindl. [14]（糖芥兰属）

SUBTRIBE PLEUROTHALLIDINAE（腋花兰亚族）：
Acianthera Scheidw. [118]（梗帽兰属）
Anathallis Barb. Rodr. [152]（羽线兰属）
Andinia [Luer] Luer [13]（翼靴兰属）
Barbosella Schltr. [19]（销唇兰属）
Brachionidium Lindl. [75]（杯兰属）
Chamelophyton Garay [1]（步甲兰属）
Dilomilis Raf. [5]（双脊兰属）
Diodonopsis Pridgeon & M.W. Chase [5]（矮髭兰属）
Draconanthes [Luer] Luer [2]（龙靴兰属）
Dracula Luer [127]（小龙兰属）
Dresslerella Luer [13]（拳套兰属）
Dryadella Luer [54]（雉斑兰属）
Echinosepala Pridgeon & M.W. Chase [11]（蛎萼兰属）
Frondaria Luer [1]（抱草兰属）
Kraenzlinella Kuntze [9]（耳帽兰属）
Lepanthes Sw. [1085]（婴靴兰属）
Lepanthopsis [Cogn.] Ames [43]（排帽兰属）
Masdevallia Ruiz & Pav. [589]（尾萼兰属）
Myoxanthus Poepp. & Endl. [48]（鼠花兰属）
Neocogniauxia Schltr. [2]（短唇兰属）
Octomeria D. Don [159]（八团兰属）
Pabstiella Brieger & Senghas [29]（婴毯兰属）
Phloeophila Hoehne & Schltr. [11]（树币兰属）
Platystele Schltr. [101]（树精兰属）
Pleurothallis R. Br. [552]（腋花兰属）
Pleurothallopsis Porto & Brade [18]（林帽兰属）
Porroglossum Schltr. [43]（伸唇兰属）
Restrepia Kunth [53]（蜚蠊兰属）
Restrepiella Garay & Dunst. [2]（蛇头兰属）
Scaphosepalum Pfitzer [46]（碗萼兰属）
Specklinia Lindl. [135]（帽花兰属）
Stelis Sw. [879]（银光兰属）
Teagueia [Luer] Luer [13]（肉垂兰属）
Tomzanonia Nir [1]（蕨脊兰属）
Trichosalpinx Luer [111]（绒帽兰属）
Trisetella Luer [23]（三尾兰属）
Zootrophion Luer [22]（虫首兰属）

SUBTRIBE PONERINAE（蔺叶兰亚族）：
Helleriella A.D. Hawkes [2]（美蝉兰属）
Isochilus R. Br. [13]（等唇兰属）
Nemaconia Knowles & Westc. [6]（枪叶兰属）
Ponera Lindl. [2]（蔺叶兰属）

SUBTRIBE CALYPSOINAE（布袋兰亚族）：
Aplectrum Nutt. [1]（腻根兰属）
Calypso Salisb. [1]（布袋兰属）
Changnienia S.S. Chien [1]（独花兰属）
Coelia Lindl. [5]（凸粉兰属）
Corallorhiza Gagnebin [11]（珊瑚兰属）
Cremastra Lindl. [4]（杜鹃兰属）
Dactylostalix Rchb. f. [1]（指脊兰属）
Danxiaorchis J.W. Zhai, F.W. Xing & Z.J. Liu [1]（丹霞兰属）
Ephippianthus Rchb. f. [2]（马鞍兰属）
Govenia Lindl. [24]（虾钳兰属）
Oreorchis Lindl. [16]（山兰属）
Tipularia Nutt. [7]（筒距兰属）
Yoania Maxim. [4]（宽距兰属）

SUBTRIBE AGROSTOPHYLLINAE（禾叶兰亚族）：
Agrostophyllum Blume [100]（禾叶兰属）
Earina Lindl. [7]（悬树兰属）

Tribe Collabieae [20 属]（吻兰族）
Acanthephippium Blume [13]（坛花兰属）
Ancistrochilus Rolfe [2]（钩唇兰属）
Ania Lindl. [11]（安兰属）
Calanthe R. Br. [216]（虾脊兰属）
Cephalantheropsis Guillaumin [4]（黄兰属）
Chrysoglossum Blume [4]（金唇兰属）
Collabium Blume [14]（吻兰属）
Diglyphosa Blume [3]（密花兰属）
Eriodes Rolfe [1]（毛梗兰属）
Gastrorchis Thouars [8]（鹤腹兰属）
Hancockia Rolfe [1]（滇兰属）
Ipsea Lindl. [3]（水仙兰属）
Nephelaphyllum Blume [11]（云叶兰属）
Pachystoma Blume [3]（粉口兰属）
Phaius Lour. [45]（鹤顶兰属）
Pilophyllum Schltr. [1]（帽叶兰属）
Plocoglottis Blume [41]（卷舌兰属）
Risleya King & Pantl. [1]（紫茎兰属）
Spathoglottis Blume [48]（苞舌兰属）
Tainia Blume [23]（带唇兰属）

Tribe Podochileae [27 属]（柄唇兰族）
Appendicula Blume [146]（牛齿兰属）
Ascidieria Seidenf. [8]（毛舟兰属）
Bryobium Lindl. [8]（藓兰属）
Callostylis Blume [5]（美柱兰属）
Campanulorchis Brieger in F.R.R. Schlechter [5]（钟兰属）
Ceratostylis Blume [147]（牛角兰属）
Conchidium Griff. [10]（蛤兰属）
Cryptochilus Wall. [5]（宿苞兰属）
Dilochiopsis [Hook.] Brieger in F.R.R. Schlechter [1]（歧蔗兰属）
Epiblastus Schltr. [22]（宝铎兰属）
Eria Lindl. [237]（毛兰属）
Mediocalcar J.J. Sm. [17]（石榴兰属）
Mycaranthes Blume [36]（拟毛兰属）
Notheria P. O'Byrne and J.J. Verm. [15]（冰星兰属）
Octarrhena Thwaites [52]（八雄兰属）
Oxystophyllum Blume [36]（拟石斛属）
Phreatia Lindl. [211]（馥兰属）
Pinalia Lindl. [105]（苹兰属）
Poaephyllum Ridl. [6]（杉叶兰属）
Podochilus Blume [62]（柄唇兰属）
Porpax Lindl. [13]（盾柄兰属）
Pseuderia Schltr. [20]（双镰兰属）
Ridleyella Schltr. [1]（紫锥兰属）
Sarcostoma Blume [5]（肉口兰属）
Stolzia Schltr. [15]（封树兰属）
Thelasis Blume [26]（矮柱兰属）
Trichotosia Blume [78]（毛鞘兰属）

Tribe Vandeae [137 属]（万代兰族）
SUBTRIBE ADRORHIZINAE（仙梨兰亚族）：
Adrorhizon Hook. f. [1]（仙梨兰属）
Bromheadia Lindl. [30]（白苇兰属）
Sirhookera Kuntze [2]（鼻钉兰属）

SUBTRIBE POLYSTACHYINAE（多穗兰亚族）：
Hederorkis Thouars [2]（洋萝兰属）
Polystachya Hook. [234]（多穗兰属）

SUBTRIBE AERIDINAE（指甲兰亚族）：
Acampe Lindl. [8]（脆兰属）
Adenoncos Blume [17]（宝钗兰属）
Aerides Lour. [25]（指甲兰属）
Amesiella Schltr. ex Garay [3]（吕宋兰属）
Arachnis Blume [14]（蜘蛛兰属）
Biermannia King & Pantl. [11]（胼胝兰属）
Bogoria J.J. Sm. [4]（茂物兰属）
Brachypeza Garay [10]（短足兰属）
Calymmanthera Schltr. [5]（冕药兰属）
Ceratocentron Senghas [1]（反戈兰属）
Chamaeanthus Schltr. [3]（低药兰属）
Chiloschista Lindl. [20]（异型兰属）
Chroniochilus J.J. Sm. [4]（宿唇兰属）
Cleisocentron Brühl [6]（闭距兰属）
Cleisomeria Lindl. ex D. Don in Loud. [2]（虎牙兰属）
Cleisostoma Blume [88]（隔距兰属）
Cleisostomopsis Seidenf. [2]（拟隔距兰属）
Cottonia Wight [1]（琴蜂兰属）
Cryptopylos Garay [1]（隐户兰属）
Deceptor Seidenf. [1]（毛环兰属）
Dimorphorchis Rolfe [5]（异花兰属）
Diplocentrum Lindl. [2]（双窦兰属）
Diploprora Hook. f. [2]（蛇舌兰属）
Dryadorchis Schltr. [5]（髯仙兰属）
Drymoanthus Nicholls [4]（翠侏兰属）
Dyakia Christenson [1]（达雅兰属）
Eclecticus P. O'Byrne [1]（厚囊兰属）

Gastrochilus D. Don [56]（盆距兰属）
Grosourdya Rchb. f. [11]（火炬兰属）
Gunnarella Senghas [9]（舟雪兰属）
Holcoglossum Schltr. [14]（槽舌兰属）
Hymenorchis Schltr. [12]（膜花兰属）
Jejewoodia Szlach. [6]（柔浩兰属）
Luisia Gaudich. [39]（钗子股属）
Macropodanthus L.O. Williams [8]（缆车兰属）
Micropera Lindl. [21]（小囊兰属）
Microsaccus Blume [12]（小瓶兰属）
Mobilabium Rupp [1]（钩叶兰属）
Omoea Blume [2]（枕碧兰属）
Ophioglossella Schuit. & Ormerod [1]（啄金兰属）
Papilionanthe Schltr. [11]（凤蝶兰属）
Papillilabium Dockrill [1]（小魔兰属）
Paraphalaenopsis A.D. Hawkes [4]（筒叶蝶兰属）
Pelatantheria Ridl. [8]（钻柱兰属）
Pennilabium J.J. Sm. [15]（巾唇兰属）
Peristeranthus T.E. Hunt [1]（群鸽兰属）
Phalaenopsis Blume [70]（蝴蝶兰属）
Phragmorchis L.O. Williams [1]（苇钗兰属）
Plectorrhiza Dockrill [3]（缠根兰属）
Pomatocalpa Breda [25]（鹿角兰属）
Porrorhachis Garay [2]（伸轴兰属）
Pteroceras Hassk. [27]（长足兰属）
Renanthera Lour. [20]（火焰兰属）
Rhinerrhiza Rupp [1]（糙根兰属）
Rhinerrhizopsis Ormerod [3]（树鼠兰属）
Rhynchogyna Seidenf. & Garay [3]（长蕊兰属）
Rhynchostylis Blume [3]（钻喙兰属）
Robiquetia Gaudich. [45]（寄树兰属）
Saccolabiopsis J.J. Sm. [14]（拟囊唇兰属）
Saccolabium Blume [5]（囊唇兰属）
Santotomasia Ormerod [1]（乳距兰属）
Sarcanthopsis Garay [5]（垫壁兰属）
Sarcochilus R. Br. [25]（肉唇兰属）
Sarcoglyphis Garay [12]（大喙兰属）
Sarcophyton Garay [3]（肉兰属）
Schistotylus Dockrill [1]（乘鸮兰属）
Schoenorchis Reinw. ex Blume [25]（匙唇兰属）
Seidenfadenia Garay [1]（举喙兰属）
Seidenfadeniella C.S. Kumar [2]（栖蜓兰属）
Singchia Z.J. Liu & L.J. Chen [1]（心启兰属）
Smithsonia C.J. Saldanha [3]（羞颊兰属）
Smitinandia Holttum [3]（盖喉兰属）
Spongiola J.J. Wood & A.L. Lamb [1]（海绵兰属）
Stereochilus Lindl. [7]（坚唇兰属）
Taeniophyllum Blume [185]（带叶兰属）
Taprobanea Christenson [1]（金匙兰属）
Thrixspermum Lour. [161]（白点兰属）
Trachoma Garay [14]（短头兰属）
Trichoglottis Blume [69]（毛舌兰属）
Tuberolabium Yaman. [11]（红头兰属）
Uncifera Lindl. [6]（叉喙兰属）
Vanda R. Br. [73]（万代兰属）
Vandopsis Pfitzer in Engler & Prantl [4]（拟万代兰属）

SUBTRIBE ANGRAECINAE（彗星兰亚族）：
Aerangis Rchb. f. [58]（空船兰属）
Aeranthes Lindl. [43]（气花兰属）
Ambrella H. Perrier [1]（狸藻兰属）
Ancistrorhynchus Finet [17]（钩喙兰属）
Angraecopsis Kraenzl. [22]（小彗星兰属）
Angraecum Bory [221]（彗星兰属）
Beclardia A. Rich. [2]（冰唇兰属）
Bolusiella Schltr. [6]（豆鸢兰属）
Calyptrochilum Kraenzl. [2]（幕唇兰属）
Campylocentrum Benth. [65]（弯距兰属）
Cardiochilos P.J. Cribb [1]（心唇兰属）
Chauliodon Summerh. [1]（翠雀兰属）
Cribbia Senghas [4]（短角兰属）
Cryptopus Lindl. [4]（隐足兰属）
Cyrtorchis Schltr. [18]（弧距兰属）
Dendrophylax Rchb. f. [14]（抱树兰属）
Diaphananthe Schltr. [33]（透瓣兰属）
Dinklageella Mansf. [4]（丰攀兰属）
Distylodon Summerh. [1]（齿带兰属）
Eggelingia Summerh. [3]（舌鞘兰属）
Erasanthe P.J. Cribb, Hermans & D.L. Roberts [1]（夜鹰兰属）
Eurychone Schltr. [2]（漏斗兰属）
Jumellea Schltr. [59]（矛唇兰属）
Lemurella Schltr. [4]（青猴兰属）
Lemurorchis Kraenzl. [1]（狐猴兰属）
Listrostachys Rchb. f. [1]（锹穗兰属）
Margelliantha P.J. Cribb [6]（银珠兰属）
Microcoelia Lindl. [30]（球距兰属）
Mystacidium Lindl. [10]（齿须兰属）
Neobathiea Schltr. [5]（靠旗兰属）
Nephrangis Summerh. [2]（肾唇兰属）
Oeonia Lindl. [5]（鸟花兰属）
Oeoniella Schltr. [2]（银鸟兰属）
Ossiculum P.J. Cribb & Laan [1]（金骨兰属）
Plectrelminthus Raf. [1]（蠕距兰属）
Podangis Schltr. [1]（裂距兰属）
Rangaeris [Schltr.] Summerh. [6]（双船兰属）
Rhaesteria Summerh. [1]（颌距兰属）
Rhipidoglossum Schltr. [35]（扇唇兰属）
Sobennikoffia Schltr. [4]（鹤距兰属）
Solenangis Schltr. [8]（攀根兰属）
Sphyrarhynchus Mansf. [1]（锤喙兰属）
Summerhayesia P.J. Cribb [2]（扇舟兰属）
Taeniorrhiza Summerh. [1]（姜唇兰属）
Triceratorhynchus Summerh. [1]（三叉兰属）
Tridactyle Schltr. [47]（三指兰属）
Ypsilopus Summerh. [5]（丫柄兰属）

INCERTAE SEDIS [IN EPIDENDROIDEAE]（树兰亚科位置未定属）：
Devogelia Schuit. [1]（三像兰属）

参考资料

图书和期刊

Chase, M. W., K. M. Cameron, J. V. Freudenstein, A. M. Pridgeon, G. Salazar, C. van den Berg, and A. Schuiteman. An updated classification of Orchidaceae. *Botanical Journal of the Linnean Society* 177: 151–174 (2015).

文中提供了兰科各属的名录和每个属的种数，并对近年来出版的有关兰花系统发育的论文做了综述。

Van der Cingel, N. H. *An Atlas of Orchid Pollination: European Orchids*. CRC PRESS, 2001.

Van der Cingel, N. H. *An Atlas of Orchid Pollination: America, Africa, Asia and Australasia*. BALKEMA, 2001.

Davy, A. and D. Gibson. Virtual issue: Charismatic Orchids. *Journal of Ecology*, 2015: www.journalofecology.org/view/0/orchidVI.html.

本文汇总了《生态学报》（*Journal of Ecology*）近年来发表的有关文章的论文，这些文章涵盖的主题包括不列颠群岛的生物区系、居群研究、菌根关系和生殖生态学。

Fay, M. F. and M. W. Chase. Orchid biology: from Linnaeus via Darwin to the 21st century. *Annals of Botany* 104: 359–364 (2009).

本综述发表于该杂志的兰花专卷上，介绍了兰花生物学的很多领域。

Kull, T., J. Arditti, and S. M. Wong. *Orchid biology: reviews and perspectives* X (2009). SPRINGER.

本书是一套从 1977 年开始出版的丛书的第 10 部，这套丛书的多数单册都由阿迪蒂（Arditti）主编。本书各章特约相关专家撰写，介绍了兰花生物学、历史、栽培以至太空中的兰花等多个主题。

Pridgeon, A. M., P. J. Cribb, M. W. Chase, and F. N. Rasmussen. *Genera Orchidacearum, Vol. 1: General Introduction, Apostasioideae and Cypripedioideae*. OXFORD UNIVERSITY PRESS, 1999.

Pridgeon, A. M., P. J. Cribb, M. W. Chase, and F. N. Rasmussen. *Genera Orchidacearum, Vol. 2: Orchidoideae (Part one)*. OXFORD UNIVERSITY PRESS, 2001.

Pridgeon, A. M., P. J. Cribb, M. W. Chase, and F. N. Rasmussen. *Genera Orchidacearum, Vol. 3: Orchidoideae (Part two) and Vanilloideae*. OXFORD UNIVERSITY PRESS, 2003.

Pridgeon, A. M., P. J. Cribb, M. W. Chase, and F. N. Rasmussen. *Genera Orchidacearum, Vol. 4: Epidendroideae (Part one)*. OXFORD UNIVERSITY PRESS, 2005.

Pridgeon, A. M., P. J. Cribb, M. W. Chase, and F. N. Rasmussen. *Genera Orchidacearum, Vol. 5: Epidendroideae (Part two)*. OXFORD UNIVERSITY PRESS, 2009.

Pridgeon, A. M., P. J. Cribb, M. W. Chase, and F. N. Rasmussen. *Genera Orchidacearum, Vol. 6: Epidendroideae (Part three)*. OXFORD UNIVERSITY PRESS, 2014.

有用的网站

World checklist of selected plant families (Orchidaceae)

apps.kew.org/wcsp/home.do

本网站提供了兰科所有发表的科的名称和异名，以及每个接受种的地理分布，网站上还有谷歌图片等其他资源的链接。

An online resource for monocot plants: e-Monocot

e-monocot.org

本网站为单子叶植物信息数据库，其上有关兰科的所有信息均来自《兰科属志》（*Genera Orchidacearum*）系列专著，可按属查询。

Internet orchid species photo encyclopaedia

www.orchidspecies.com

国际兰花物种照片百科全书（IOSPE）收录了将近一半兰花的种的图像，并有生境和栽培信息。

World orchid iconography/Bibliorchidea

orchid.unibas.ch

本网站包括了瑞士兰花基金（Swiss Orchid Foundation）的文档，其中有 11,000 多种兰花的标本馆馆藏标本、手绘线条图和彩图。

Epidendra: the global orchid taxonomic network

www.epidendra.org

本网站提供了有关兰花的多种类型的信息和资源，包括图片、国家公园信息、区系和历史。

First nature: nature and biology of orchids

www.first-nature.com/flowers/~nature-orchids.php

本网站有一套有关兰花的常见问题，其答案为一位非生物学者的作者所撰写。

命名人姓名中的缩写

在植物学上，植物学名后面经常会跟有命名人的姓名，且常采取缩写形式。比如很多种最早由“科学命名之父”卡尔·林奈描述，他的姓名就经常简写为 L.。在本书中，我们给出了命名人姓氏的完整拼写，而不是其缩写，以便读者参考。然而，我们也仍然使用了下述缩写：

ex 在拉丁语中意为“从……”。以 Smith ex Jones 为例，这表明虽然琼斯（Jones）是第一个合格地发表该学名的人，但他知道这个学名此前由史密斯（Smith）所命名，只是史密斯并没有将它合格地发表。

fils 拉丁语 filius 的缩写，意为“儿子”。如果一对父子都是命名人，那就可以用到这个缩写，比如林奈父子就是 Linnaeus 和 Linnaeus fils，二人都叫卡尔·林奈。

中文名索引

有关本册中兰花中文名的由来，参见"译后记"。

J

K

L

M

N

O

P

Q

R

S

T

W

X

Y

Z

英文名索引

尽管植物学名必须有唯一性，但英文名却不是如此，一些重名不可避免。原书索引通过括注学名区分英文名重名，中译本索引则通过中文名区分英文重名。

学名索引

致 谢

图片著作权人

本书出版者要感谢以下个人和组织，他们慷慨惠允本书复制其照片。以下的名录已经尽一切可能详细地开列，但若其中仍有遗落，则非有意，我们会对此表示歉意。名录中的错误敬希惠正，我们会在本书重印或再版时订正。

Alamy/©Krystyna Szulecka Photography: 60. **Alpsdake**/CC BY-SA 4.0: 407. **Manolo Arias:** 370. **Prof. Leonid V. Averyanov**/www.binran.ru: 43, 595. **Prashant Awale:** 181. **Tom Ballinger:** 208. **Dalton Holland Baptista**/CC BY-SA 3.0: 278. **Dot Potter Barnett:** 50, 80. **Ella Baron:** 307. **Guillermo Barreto**, Terrestrial Orchid Collector: 104. **Alejandro Bayer Tamayo**/CC BY-SA 2.0: 223. **Cássio van den Berg**/CC BY-SA 2.5: 410. **Gavin Campbell:** 431. **André Cardoso:** 331. **Prof. Sahut Chantanaorrapint:** 44. **Jason Marcus Chin**, Nature Guide (TG11678), Cameron Highlands, Malaysia: 523. © **Maarten Christenhusz:** 143, 179, 298, 608. © **Mark A. Clements:** 88. **Jim Cootes:** 85. **Alan Cressler:** 163, 237, 402, 513, 539. **Norbert Dank**/www.flickr.de/nurelias: 15 (top), 291, 306, 328, 345, 386. **Wiel Driessen:** 330, 346, 452. **Maja Dumat**/CC BY 2.0: 546. **Ecuagenera:** 366, 454. **Felix**/CC BY-SA 2.0: 211. **Suranjan Fernando:** 541, 543. **Branka Forscek:** 260, 585. **Brett Francis**/CC BY-SA 2.0: 460. **Elena Andrews Gaillard:** 103, 166. **Juan Galarza:** 459. **Stephan Gale:** 78. **Mark A. Garland**/U. S. Department of Agriculture: 87. **Brian Gratwicke**/CC BY 2.0: 149. **Lourens Grobler:** 57, 64, 156, 267, 310, 349, 357, 360, 362, 494, 535, 633. **Martin Guenther:** 550. **Claudine et Pierre Guezennec:** 75. **Roger L. Hammer:** 398. **Jörg Hempel**/CC BY-SA 2.0: 172. **Benoît Henry:** 41. **Frédéric Henze:** 84, 247, 607. **John Henry Hills:** 124. **Johan Hermans:** 145, 151, 547, 609, 627, 632. **VanLap Hoàng**/CC BY 2.0: 588. **Tim Hodges**, Melbourne Australia: 570. **Jason Hollinger**/CC BY 2.0: 29, 62, 405. **Jean and Fred Hort:** 119, 121. **Richard C. Hoyer:** 91. **Eric Hunt:** 1, 3, 6-11, 12 (top, bottom center, bottom right), 14 (top), 15 (bottom), 16, 17 (top), 18, 21 (top, bottom), 27 (top), 32, 42, 46, 51-55, 65, 72, 74, 79, 158-159, 167, 169, 192-193, 196, 200, 202, 206, 209-210, 212-214, 222, 226, 229-234, 242, 248-252, 254, 258, 263, 265 266, 268, 271-273, 276, 279-281, 284-285, 289, 292-293, 297, 300-303, 309, 311-317, 321-322, 324, 326, 332, 337-338, 341, 348, 353-356, 358, 361, 364-365, 372, 376, 378-382, 384, 387-390, 394, 396-397, 403-404, 408, 411-413, 417-418, 420, 423-429, 432-433, 435-442, 444-445, 447, 450-451, 455-456, 462-466, 469-472, 474, 476, 478, 485-488, 491-493, 495, 497-499, 501, 503, 505, 509, 519, 521, 524-525, 527-529, 534, 544, 548-549, 551, 555-556, 558, 562-567, 573-575, 579-580, 583, 589, 591-593, 596-598, 601-604, 610, 612-620, 625-626, 628-629, 631, 635. **Rudolf Jenny:** 359, 581, 605. **Carlos Jerez:** 282. **Daniel Jiménez:** 93, 255, 304, 319, 475, 507. **Bart Jones**, Memphis, TN, USA: 66. **Kevin B. Jones**, Charleston Southern University Biology Department: 335. **Marie Gyslene Kamdem Meikeu:** 531. **Dominique Karadjoff:** 624 **Mikael Karlbom:** 457. **Andreas Kay**, Ecuador Megadiverso: www.flickr.com/andreaskay/albums: 70. **Ron Kinsey:** 90, 138. **Ryan Kitko**/CC BY 2.0: 236. **Jacques Klein:** 102, 538. **Pablo Leautaud**/CC BY 3.0: 100. **Rich Leighton:** 611. **Michael Lo**/www.junglemikey.blogspot.co.uk: 12 (bottom left), 35, 241, 569. **David Lochli**/CC BY 2.0: 243. **Carlos Velazco Macias:** 96. Malcolm M. Manners: 105, 600. **Roberto Martins:** 69, 203, 262. **Peter Matthews:** 139. **Buddhika Mawella:** 219, 557. **Joshua Mayer**/CC BY-SA 2.0: 197. **David R. McAdoo:** 36, 37, 99, 195, 401. **Warren McCleland:** 23 (right), 155, 184, 244. **Cameron McMaster:** 147. **João Medeiros**/CC BY 2.0: 168. **Mauricio Mercadante:** 40. Guilmin Micheline: 467. **Juan Sebastián Moreno:** 253. **Margaret Morgan:** 137. **Fabien Naneix:** 374. **Philip Norton:** 28 (bottom), 116, 339. **Patricio Novoa**. National Botanic Gardens, Chile/CC BY 2.0: 61, 92. **Dr Henry Oakeley:** 239, 245, 256, 257, 264, 290, 296, 320, 323, 344, 363, 406, 443, 568. **P. O'Byrne:** 86, 594. **Jin-Yao Ong:** 511. **P. T. Ong:** 218. **Orchi**/CC BY-SA 3.0: 216. **Stefano Pagnoni:** 73, 190, 416 **Guillaume Paumier**/CC BY-SA 2.0: 553. **Marcelo Pedron:** 108. **P.B. Pelser & J.F. Barcelona:** 34. **Luis Pérez**/CC BY-2.0: 342. **Andreas Philipp**, Colombia/andreas.philipp@quimbaya.me: 13 (right), 391. **Udai C. Pradhan:** 162. **Michael Pratt:** 560. **Qwert1234**/CC BY-SA 3.0: 39, 409. **rduta**/CC BY 2.0: 586. **Rebecca E. Repasky**/AABP Atrium. Atrium Biodiversity Information System for the Andes to Amazon Biodiversity Program at the Botanical Research Institute of Texas/atrium.andesamazon.org: 71 **Rexness**/CC BY-SA 2.0: 89 **Richard**/CC BY-SA 2.0: 13 (left), 58, 59, 183. **Mauro Rosim** - Brazil: 351, 448. **Colin & Mischa Rowan**/www.RetiredAussies.com: 112, 117, 122, 123, 125, 127, 129, 133, 490, 576, 584. **Björn S...**/CC BY 2.0: 165, 175, 178, 187, 191. **Rich Sajdak:** 81. **Gerardo A. Salazar**/Instituto de Biologia, Universidad Nacional Autonoma de Mexico: 95, 299. **David Scherberich:** 537. **André Schuiteman:** 207, 526, 530, 545. **Antje Schultner**/CC BY-ND 2.0: 2, 47. **Eerika Schulz:** 368, 480, 561, 587. **Michael Schwerdtfeger**/University of Goettingen: 295. **Shikoku Garden Inc.:** 198. **Shutterstock:** 14 (center left), 20, 22 (top, bottom), 23 (left), 24 (left, right), 25 (top, bottom), 28 (top), 160-161, 164. **Sociedad Colombiana de Orquideología:** 98, 228, 308, 333, 393. **Species Orchids**/www.flickr.com/photos/54925614@N08: 148, 329. **Herbert Stärker:** 144, 146, 153, 578, 623, 634. **Hans Stieglitz**/CC BY-SA 3.0: 45. **StingrayPhil**/CC BY 2.0: 109. Jeremy Storey: 19 (top), 130-131, 136, 140. Reproduced with kind permission from the **Swiss Orchid Foundation** at the Herbarium Jany Renz, University of Basel/ **W. Bachmann:** 327, 622; /**H. Baumann:** 515; /**P. Bernet:** 606; /**P. Bertaux:** 269; /**J. Blättler:** 48; /**G. Chiron:** 106, 395; /**J. F. Christians:** 504, 508; /**J. B Comber:** 552; /**P. J. Cribb:** 49, 141; /**E. la Croix:** 173; /**M. Erijri:** 419; /**D. Gerhard:** 400; /**R. Jenny:** 270, 325, 334, 352, 367, 468, 554; /**K. Keller:** 76, 194, 536; /**H. Kretzschmar:** 17 (bottom), 152; /**C. A. J. Kreutz:** 174; /**R. Kuehn:** 171, 176, 177; /**J. Levy:** 5, 225, 496; /**W. Löderbusch:** 26, 399; /**C. Luer:** 94, 97; /**S. Manning:** 204, 461, 479, 482, 484; /**G. Meyer:** 369; /**M.N./BBG:** 189; /**Th. Nordhausen:** 120, 134; /**R. Parsons:** 215, 318, 336, 371; /**J. Renz:** 188; /**D. Rückbrodt:** 182; /**A. Schuiteman:** 502; /**K. Senghas:** 83, 118, 132, 224, 240, 275, 287, 305, 347, 350, 373, 375, 377, 385, 414-415, 477, 522, 630, 637; /**S. Sprunger:** 514; /**R. van Vugt:** 19 (center), 38, 68, 110-111, 113-114, 128, 180, 185, 221, 238, 277, 421-422, 500, 512, 516-517, 533, 572. **HIsanori Takeuchi:** 115. **Edgardo Varela Torres**, M.D. from Puerto Rico: 235. **Luiz Filipe Klein Varella**/www.orquideasgauchas.net: 101, 107, 227, 259, 294, 392, 446, 473. **John Varigos:** 246, 274, 283, 286, 340, 343, 383, 430, 434, 453, 458, 481, 483, 510, 532, 542, 577, 582, 599, 621, 636. **Miguel Vieira**/CC BY 2.0: 63. **Sebastián Vieira:** 288. **Ed de Vogel:** 520. **Rogier van Vugt:** 67, 77, 142, 150, 154, 157, 170, 186, 199, 201, 205, 217, 220, 261, 540, 559, 571, 590. **Ming-I Weng**, Taiwan: 82, 489. **Chinthaka Wijesinghe:** 506. **Scott Wilson**/CC BY-ND 2.0: 449. **Len Worthington:** 518. **Gary Yong Gee:** 126. **Scott Zona:** 56, 135.

我们亦要感谢以下作者提供植物学插画：David Anstey, Bibliothèque de l'Université de Strasbourg, Naturalis Biodiversity Centre, New York Botanical Garden, Pennsylvania Horticultural Society, Peter H. Raven Library/Missouri Botanical Garden, the Swiss Orchid Foundation at the Herbarium Jany Renz, University of Basel.

译后记

在译完北京大学出版社“自然博物馆丛书”中的《树叶博物馆》之后，我们又继续翻译了这本《兰花博物馆》。在《树叶博物馆》的译后记中，我们已经对国外博物学知识积累之宏富发表了感叹，此处不再赘述。

和《树叶博物馆》不同，《兰花博物馆》有两位作者——马克·切斯和马尔滕·克里斯滕许斯——是专职的植物分类学家。切斯是英国皇家植物园邱园的兰花专家，曾经与合作者一起编辑出版了煌煌六册的巨著《兰花属志》（*Genera Orchidacearum*，详细出版信息见本书“参考资料”），并在2015年与合作者提出了基于分子研究的兰科新分类系统。本书的编排所依据的就是这个分类系统，并把完整的系统列表作为附录之一。克里斯滕许斯早年研究蕨类，曾在2011年提出了基于分子研究的石松类和蕨类以及裸子植物的新分类系统，近年来则与切斯有密切联系和合作。有他们二人参与，这本书的专业性和准确性是毋庸置疑的。专职的学者愿意拿出时间，编撰这样一本面向普通读者的精美科普图书，是西方学界的优良传统，在中国还做得远远不够。

和《树叶博物馆》一样，《兰花博物馆》的翻译难点在于如何为大量非国产的兰花拟定中文名。本书介绍的是全世界的兰花，600个种分属于481个属，占到切斯兰科系统全部739个属的65%，其分布地包括了欧洲、非洲大陆、马达加斯加、南亚、东亚、东南亚、澳大利亚、新西兰、北美洲、南美洲等所有兰花种类较多的地区。在刚开始翻译本书时，书中的600种兰花有中文名的可谓寥寥无几。然而，因为我们和几位合作者近年来一直致力于世界植物中文名研究和选拟工作，努力攻克这个难点，恰恰是我们在翻译本书时的最大乐趣。

植物大多数物种的中文名都是“修饰语＋属中文名”的结构，如短穗竹茎兰，就由修饰语“短穗”与属中文名“竹茎兰”构成。因此，拟名的第一步是确定属中文名。对此，中国研究兰科分类的前辈学者（如陈心启）已经做了不少工作，本书很多中国不产的属的中文名（如双足兰属 *Dipodium*、蠕距兰属 *Plectrelminthus* 等）即使用了他们的拟名。

当然，也有不少非中国属一直没有中文名，还有一些知名度不高的属只有纯音译名，而纯音译名按植物分类学界传统应该回避使用。对这些属，我们只能亲自拟定中文名。幸好，本书作者为书中每一种兰花都选用或拟定了一个专门的英文名，很多名字非常生动，我们就把这些英文名直译过来作为该种（及该属）的中文名，比如“翔鹰兰”译自Soaring Eagle、“夜鹰兰”译自Night Hawk，等等。

有了属中文名，接下来的工作相对就简单了。种中文名中的修饰语经常是学名种加词的翻译，很多时候直译即可。但出于种种原因，有时候也要略为曲译，或者抛开种加词另外拟名。我们在此要特别感谢植物爱好者冯真豪先生，本书中有不少中文名都是他利用自己的业余时间拟定的，这大大加快了全书的翻译进度。还有“凤盔兰”*Bonatea speciosa*这个名字，是2015年4月4日刘夙在重庆大足区复隆实验学校做有关植物拟名的报告时，由前来听讲的大足区实验学校五年级学生罗富元当场拟定。因为颇为形象，后来即为我们所采用。其他为中文名拟名做出贡献的人还有很多，恕不能一一致谢。

为了能够让我们选定或拟定的兰花中文名为更多人所知，并能方便地查询，我们已经把它们都收录到由我主持的植物百科网站“多识植物百科”（http://duocet.ibiodiversity.net/）中了。在这个网站的“兰科”条目中不仅有本书附录的切斯兰科系统中的全部属中文名，而且凡是其中新拟的名字都注明了拟名理由。

当然，在具体的分类观点上，我们和切斯不完全相同。切斯是一个“归拢派”（lumper）学者，倾向于合并小属、建立大属，因此他的系统中出现了好几个上千种的特大属，总属数只有739个（相比之下，和兰科并列为被子植物第一大科的菊科有将近1700个属）。“归拢”的好处是可以先把属的范围确定下来（因此学名中的属名也就可以确定下来而不再频繁变动），而把属下的分类问题留到以后慢慢解决。但其不方便之处则是造成信息检索十分困难——假如待查询的一个种属于一个只有20～30个种的属，那么用属名检索可以保证查询出来的大部分结果与这个种或其近缘种密切相关。但如果是一个上千种的大属中的种，只用属名检索会查出很多与这个种及其近缘种没什么关系的信息。此外，切斯在没有分子数据的情况下就把中国有分布的一些小属直接归并，也很难让中国学者信服。

因此，我们并不同意切斯兰科系统对一些属（如腭唇兰属*Maxillaria*）采取的广义处理，建议还是将它们细分为好。为了避免中文名在不同分类系统中发生变化，我们在为这些广义大属中的兰花拟名时采取了“最小属原则”——先为其中曾经独立成小属或有可能独立成小属的“演化支”拟定专门的名称，然后用这些专门名称为其下的种命名。比如本书中的腭唇兰属各种并没有都叫“××腭唇兰”，而是分别以“角腭兰”“距腭兰”“茂腭兰”“鸟腭兰”“折腭兰”“茵腭兰”“松腭兰”“沟腭兰”“怪花兰”“小腭兰”“壶唇兰”等专门名称命名。这样，无论这些小属是分是合，中文名都无须改变，从而保证了其稳定性。

尽管在植物中文名方面，我们可以保证本书的处理在国内最为准确权威，但在其他文字的翻译方面，则一定还有一些问题。比如书中还提到了很多昆虫，基本都只给出了拉丁学名。虽然我们已尽量去查找这些昆虫的中文名，但最终还是有不少无法查到，而只能新拟（如 *Eulaema* 是书中多次提到的美洲兰花蜂类的一个属，我们拟为“熊兰蜂属”）。但因为我们非昆虫分类学者，这些拟名未必妥当。此外，原书也不可避免会有错误，尽管我们已经改正了一些，但也仍然可能有遗漏。所有这些问题都欢迎读者致信提出，在此先表谢意！刘夙的电子邮箱为su.liu1982@foxmail.com。

刘夙　李佳　谨识

2018 年 2 月 2 日于上海辰山植物园

博物文库·自然博物馆丛书

◎ 甲虫博物馆
◎ 蘑菇博物馆
◎ 贝壳博物馆
◎ 树叶博物馆
◎ 兰花博物馆
◎ 蛙类博物馆
◎ 细胞博物馆
◎ 病毒博物馆
◎ 鸟卵博物馆
◎ 种子博物馆
◎ 毛虫博物馆